Energietechnische Arbeitsmappe

Energietechnische Arbeitsmappe

Fünfzehnte, bearbeitete und erweiterte Auflage

Herausgeber:
Verein Deutscher Ingenieure
VDI-Gesellschaft Energietechnik

Springer

Verein Deutscher Ingenieure
VDI-Gesellschaft Energietechnik

Additional material to this book can be downloaded from http://extras.springer.com.

ISBN 978-3-642-63080-4   ISBN 978-3-642-56960-9 (eBook)
DOI 10.1007/978-3-642-56960-9

Die Deutsche Bibliothek – CIP-Einheitsaufnahme

Energietechnische Arbeitsmappe / Hrsg.: VDI-Energie-
technik. – 15., bearb. und erw. Aufl. – Berlin ; Heidelberg ;
New York ; Barcelona ; Hongkong ; London ; Mailand ; Paris ;
Singapur ; Tokio : Springer, 2000

   (VDI-Buch)

Einbandgestaltung: de'blik, Berlin
Satzherstellung: Fotosatz-Service Köhler GmbH, Würzburg

Gedruckt auf säurefreiem Papier   SPIN: 10715110   68/3020 CU – 5 4 3 2 1 0

Vorwort zur fünfzehnten Auflage

Die ab der 14. Auflage unter dem neuen Titel „Energietechnische Arbeitsmappe"
erschienene bisherige „Wärmetechnische Arbeitsmappe" ist von der Fachwelt gut
angenommen worden.

Deshalb wurde der bewährte Aufbau der „Energietechnischen Arbeitsmappe"
grundsätzlich beibehalten. Allerdings bedurfte es einer weitgehenden Überarbeitung fast aller Kapitel und Abschnitte, um dem weiterentwickelten Stand der
Technik Rechnung zu tragen.

Dabei wird das Ziel der Energietechnischen Arbeitsmappe sich immer stärker in
Richtung überschlägiger Resultate entwickeln, je größer die Fortschritte bei der
elektronischen Datenverarbeitung sind. Folglich liegt die Bedeutung der Energietechnischen Arbeitsmappe verstärkt sowohl im Konzeptionellen, wo es gilt, schnell
ausreichend genaue Aussagen zu energietechnischen Systemen und Anlagen zu
machen, als auch in der Plausibilitätsprüfung der Ergebnisse numerischer Berechnungen zu deren Auslegung.

Idee und Gestaltung der Arbeitsmappe gehen auf Herrn Dipl.-Ing. W. Goldstern
zurück. Nach ihm hat Herr Prof. Dr. techn. T. Bohn über zwei Jahrzehnte bis 1997
die Aufgabe des Obmanns verantwortungsvoll wahrgenommen. Für diese nicht
einfache Aufgabe danken wir ihm ganz besonders. Sein erfolgreiches Wirken kann
u.a. daran gesehen werden, dass die Arbeitsmappe in dieser Zeit ins Englische und
Chinesische übersetzt wurde.

Folgende wesentliche Änderungen und Ergänzungen wurden in diese Ausgabe eingearbeitet:

1. Aus didaktischen Gründen wurden die Erläuterungen eines Arbeitsblattes an-
   statt wie bisher auf der Rückseite nun links neben das jeweilige Arbeitsblatt
   (Rückseite des vorangegangenen Arbeitsblattes) angeordnet.
2. Es wurden konsequent die ISO-Einheiten und zugleich die genormte Symbolik
   für Komponenten, Apparate und Maschinen in Schaltplänen von Wärmekraftanlagen verwendet.
3. Wegen der Bedeutung, die der Exergie zur Veranschaulichung und besseren
   theoretischen Durchdringung der physikalischen Zusammenhänge mittler-
   weile zukommt, wurde sie in die Arbeitsmappe aufgenommen. Da jedoch viele
   Ingenieure mit diesem Begriff nicht so intensiv vertraut sind, wurde in das
   Kapitel „Grundlagen und Allgemeines" der Abschnitt 1.2 über Energie- und
   Exergiebilanzen aufgenommen, in dem in Form eines Nachschlagewerkes die
   Zusammenhänge knapp erklärt wurden und zugleich die Beziehungen und
   Berechnungsformeln aufgeführt sind.
4. Im Kapitel 2 „Stoffeigenschaften" werden für verschiedene Stoffe, Gemische
   und chemische Verbindungen Zahlenwerte für die Exergie und deren Berechnung angeführt.
5. Auf Anregung aus der Praxis wurde das bisherige h,s-Diagramm für Wasser
   und Wasserdampf um ein rechtwinkliges ergänzt.
6. Für die feuchte Luft wurden die h,x- und s,x-Diagramme aufgenommen, um
   zum einen Aufgaben der Klimatechnik, zum anderen Aufgaben der Trock-
   nungstechnik bearbeiten zu können.
7. Außerdem wurde für die Klimatechnik das Stoffgemisch NH_3/H_2O aufgenommen.
8. Die Betriebscharakteristiken von Gleich-, Gegen- und Kreuzstromwärme-
   tauschern wurden wegen der zentralen Bedeutung in der Energietechnik aufgenommen.
9. Die Vorschriften der Großfeuerungsanlagen-Verordnung (GFAVO, 13. BimSchV)
   wurden in ihrem wesentlichen Inhalt in knapper Form wiedergegeben und in
   einem Flussdiagramm veranschaulicht.
10. Das Kapitel 12 „Gasturbinen" musste wegen der jüngsten technischen Ent-
    wicklung neu strukturiert und mit neuen Daten unterlegt werden.
11. Im Kapitel „Wärmetechnische Messverfahren" wurden die zentralen Messungen
    von Druck, Temperatur, Durchfluss, Abgaszusammensetzung und Feuchtigkeit
    aufgenommen und sowohl das Verfahren als auch deren ordnungsgemäßer Ein-
    bau beschrieben.

Folgende Herren haben an der Durchsicht und Überarbeitung sowie an der Erstellung neuer Kapitel und Arbeitsblätter mitgewirkt:

Kapitel 1	Winske, P., Prof. Dr. rer. nat., Essen,
	Bitterlich, W., Prof. Dr.-Ing., Essen,
	Fratzscher, W., Prof. Dr. rer. nat., Halle,
	Michalek, K., Dr.-Ing., Linsengericht,
Kapitel 2	Knoche, K. F., Prof. Dr.-Ing., Aachen,
	Dibelius, G., Prof. Dr.-Ing. Dr. h.c., Aachen,
	Fratzscher, W., Prof. Dr. rer. nat., Halle,
	Michalek, K., Dr.-Ing., Linsengericht,
	Kretzschmar, H.-J., Prof. Dr.-Ing. habil., Zittau,
	Brochhaus, M., Dipl.-Phys., Dipl.-Betr.w., Aachen,
Kapitel 3	Renz, U., Prof. Dr.-Ing. Aachen,
Kapitel 4	Brandt, F., Prof. Dr.-Ing., Darmstadt,
	Winske, P., Prof. Dr. rer. nat., Essen,
Kapitel 5	Brandt, F., Prof. Dr.-Ing., Darmstadt,
Kapitel 6	Pieper, B., Dipl.-Ing., Grevenbroich,
Kapitel 7	Bopp, P., Dr.-Ing., Weinheim,
Kapitel 8	Sauer, E., Prof. Dr.-Ing., Essen,
Kapitel 9	Brandt, F., Prof. Dr.-Ing., Darmstadt,
	Auracher, H., Prof. Dr.-Ing., Berlin,
Kapitel 10	Bitterlich, W., Prof. Dr.-Ing., Essen,
Kapitel 11	Dibelius, G., Prof. Dr.-Ing. Dr. h.c., Aachen,
	Bitterlich, W., Prof. Dr.-Ing., Essen,
Kapitel 12	Becker, Th., Dipl.-Ing., Essen,
	Dibelius, G., Prof. Dr.-Ing. Dr. h.c., Aachen,
Kapitel 13	Leijendeckers, P.H.H., Prof. ir., Eindhoven, Niederlande,
Kapitel 14	Winske, P., Prof. Dr. rer. nat., Essen,
Kapitel 15	Kaiser E., Prof. Dr.-Ing., Dresden.

Diesen genannten Herren und vielen weiteren ungenannten Helfern sei herzlich für ihre Mitarbeit gedankt.

Essen, im April 2000

VDI-Gesellschaft Energietechnik
Ausschuss „Energietechnische Arbeitsmappe"
Der Obmann
Prof. Dr. rer. nat. Paul Winske

Inhalt

Arbeitsblatt-Nr.

3. Wärmeübertragung

4. Verbrennung

5. Dampferzeuger

6. Anforderungen an Speisewasser, Kesselwasser und Dampf von Dampferzeugern

7. Dampfturbinen

8. Kühlsysteme

9. Rohrleitungen

10. Energiespeicherung

11. Arbeits- und Kraftmaschinen

12. Gasturbinenanlagen

13. Verbrennungsmotoranlagen

14. Wärme-Kraft-Kopplung

15. Wärmetechnische Messverfahren

Zeichen	(Einheit)	Bedeutung (Auftreten in Kapitel K.)
a	$\left(\dfrac{1}{a}; \dfrac{\%}{a}\right)$	Annuität (K.1, K.8)
a	(m)	Querteilungsverhältnis (K.2)
A	(m²)	Fläche, Querschnitts~, Austausch~, Grund~, Ober~ (K.2, K.3, K.7, K.8, K.9, K.10, K.15)
b	(m)	Längsteilungsverhältnis (K.2)
b_N	$\left(\dfrac{h}{a}\right)$	Benutzungsdauer der Nennlast (K.8)
b_VH	$\left(\dfrac{h}{a}\right)$	Vollbenutzungsstunden (K.13)
B	(1)	Betriebskennzahl (K.9)
B^*	(1)	Korrekturfaktor (K.9)
c	$\left(\dfrac{m}{s}\right)$	Strömungsgeschwindigkeit (K.2)
c	$\left(\dfrac{J}{kgK}\right)$	spezifische Wärmekapazität des Fluides (K.9)
c_p	$\left(\dfrac{J}{kgK}\right)$	spezifische Wärmekapazität bei konst. Druck (K.2, K.3, K.8, K.12)
c_s	$\left(\dfrac{m}{s}\right)$	Schallgeschwindigkeit (K.2)
C	$\left(\dfrac{cm^3}{m^3}\right)$	Schadstoffkonzentration (K.13)
C_p	$\left(\dfrac{J}{kmolK}\right)$	molare Wärmekapazität bei konst. Druck (K.2)
d, D	(m)	Durchmesser (K.3, K.8, K.9, K.10)
d	(1)	relative Gasdichte (K.13)
e	$\left(\dfrac{J}{kg}\right)$	spezifische Exergie (K.1, K.2)
e_Sp	$\left(\dfrac{J}{kgK}\right)$	spezifische Exergiekapazität (K.2)
e_Sp	$\left(\dfrac{J}{kg}\right)$	spezifische Energiekapazität (K.10)
E	(J)	Energie allgemein (Sammelbegriff für viele Energiearten) (K.10)
$\dot{E}$	$\left(\dfrac{J}{s}\right)$	Energiestrom (K.10)
E	$\left(\dfrac{J}{K}\right)$	Exergie (K.2)
$\dot{E}$	$\left(\dfrac{W}{K}\right)$	Exergiestrom (K.2)
E_e	$\left(\dfrac{mg}{kWh}\right)$	Emissionsfaktor (K.13)
E_m	$\left(\dfrac{mg}{kg}\right)$	Emissionsfaktor (K.13)
f	(s⁻¹)	Frequenz (K.15)
f	$\left(\dfrac{g}{m^3}\right)$	absolute Feuchte (K.15)
f	(1)	Dynamisierungsfaktor (K.9)
f	(1)	Korrekturfaktor (K.11)
f_S	(1)	Schlankheitsgrad (K.10)
F	(N)	Kraft (K.15)

Zeichen	Einheit	Bedeutung
g	$\left(\dfrac{\%}{a}\right)$	jährlicher Gemeinkostenanteil (K.9)
g	$\left(\dfrac{m}{s^2}\right)$	Fallbeschleunigung (K.15)
h	$\left(\dfrac{J}{kg}\right)$	spezifische Enthalpie (K.2, K.5, K.7, K.10)
h	(m)	geodätische Höhe (K.15)
h_1	$\left(\dfrac{kJ}{kg}\right)$	Enthalpiedifferenz für Aufheizung und Verdampfung (K.12)
h_2	$\left(\dfrac{kJ}{kg}\right)$	Enthalpiedifferenz für Druckerhöhung (Sattdampf) (K.12)
h_3	$\left(\dfrac{kJ}{kg}\right)$	Enthalpiedifferenz für Überhitzung (K.12)
H	(m)	Schornsteinhöhe (K.5)
H	(m)	Förderhöhe (K.11)
H	$\left(\dfrac{kJ}{mol}\right)$	molare Enthalpie (K.2)
$\dot{H}$	(W)	Enthalpiestrom (K.2)
H_{on}^{*}	$\left(\dfrac{kWh}{m^3}\right)$	Brennwert (bei Normalzustand) (K.4)
H_u; H_{um}	$\left(\dfrac{MJ}{kg}\,;\dfrac{MJ}{kmol}\right)$	spezifischer; molarer Heizwert (K.4, K.5, K.13)
H_u	$\left(\dfrac{kWh}{m^3}\right)$	Heizwert (K.13)
J	$\left(\dfrac{kJ}{kg}\right)$	bezogene Enthalpie des Rauchgases (K.5)
k	(1)	Isentropenexponent (K.2)
k	$\left(\dfrac{W}{m^2 K}\right)$	Wärmedurchgangskoeffizient (K.8)
k	(m)	absolute Rauigkeit (K.5, K.9)
k	$\left(\dfrac{kJ}{kg}\right)$	spezifische Austrittsenergie (K.7)
k_V	(1)	Ventilkoeffizient (K.9)
K	(1)	Faktor (K.7)
K	(1)	Kostenkennzahl (K.9)
l	(m)	Länge (K.3)
l_{AB}	(1)	Abgasverlust (K.5)
L	(m)	Rohrlänge (K.3)
m	(kg)	Masse (K.10, K.13)
m	(1)	Isenthalpenexponent (K.2)
m	(1)	Öffnungsverhältnis (K.9)
$\dot{m}$	$\left(\dfrac{kg}{s}\right)$	Massenstrom (K.7, K.9, K.11, K.13)
M	(Nm)	Drehmoment (K.13)
M	(1)	Modul (K.8)
M	(1)	Merkelzahl (K.8)
M^{*}	$\left(\dfrac{kg}{kmol}\right)$	molare Masse
$\dot{M}$	$\left(\dfrac{kg}{sW}\right)$	Massenstrom, bezogen auf die Leistung (K.7)
n	(1)	Polytropenexponent (K.2)
n	(s^{-1})	Drehzahl (K.7)

n	(1)	Anzahl der Rohrreihen (K.3)
N	(1)	Schrittzahl (K.8)
p	(Pa, MPa)	Druck (K.2, K.3, K.7, K.8, K.9, K.10, K.11)
p	(Pa, kPa)	Dampfdruck (K.9)
p	$\left(\dfrac{1}{a};\dfrac{\%}{a}\right)$	kalkulatorischer Zinsfuß (K.1)
p^*	(Pa)	Barometerstand (K.5)
P	(W, kW)	Leistung (K.2, K.11, K.12, K.13)
q	$\left(\dfrac{\text{MW}}{\text{m}^2}\right)$	Wärmestromdichte (K.5)
$\dot{q}$	$\left(\dfrac{\text{W}}{\text{m}^2}\right)$	Wärmestromdichte (K.3)
Q	(kW)	Wärmeleistung (K.12)
$\dot{Q}$	(kW)	Wärmestrom (K.2, K.7, K.8)
r	$\left(\dfrac{\text{kJ}}{\text{kg}}\right)$	spezifische Verdampfungsenthalpie (K.8)
r	$\left(\dfrac{\%}{a}\right)$	jährlicher Wartungsanteil (K.9)
R	$\left(\dfrac{\text{J}}{\text{kgK}}\right)$	spezifische Gaskonstante (K.2, K.11)
Re	(1)	Reynoldszahl (K.15)
R_p	(μm)	Rauhtiefe (K.3)
s	$\left(\dfrac{\text{J}}{\text{kgK}}\right)$	spezifische Entropie (K.2)
s	(m)	Dämmschichtdicke (K.9)
s_1	(m)	Querteilung (K.3)
s_2	(m)	Längsteilung (K.3)
S	$\left(\dfrac{\text{J}}{\text{kmolK}}\right)$	molare Entropie (K.2)
$\dot{S}$	$\left(\dfrac{\text{W}}{\text{K}}\right)$	Entropiestrom (K.2)
t	(h)	Betriebszeit (K.13)
t	$(^\circ\text{C})$	Temperatur (K.2, K.3, K.5, K.8, K.10, K.11)
T	(K)	Temperatur (K.2, K.3, K.5, K.8, K.10, K.11)
T_E	(s)	Einschwingzeit (K.15)
u	$\left(\dfrac{\text{J}}{\text{kg}}\right)$	spezifische innere Energie
u	$\left(\dfrac{\text{m}}{\text{s}}\right)$	Geschwindigkeit (K.8)
U	(J)	innere Energie (K.2)
U	$(\text{m}^{0,8})$	Formziffer (K.8)
v	$\left(\dfrac{\text{m}^3}{\text{kg}}\right)$	spezifisches Volumen (K.2)
v	$\left(\dfrac{\text{m}}{\text{s}}\right)$	Geschwindigkeit (K.11)
V	(m^3)	Volumen (K.10, K.13)
V	$\left(\dfrac{\text{m}^3}{\text{kg}}\right)$	bezogenes Volumen (K.4, K.5)
V_H	(1)	Hubvolumen (K.13)
$\dot{V}$	$\left(\dfrac{\text{m}^3}{\text{s}}\right)$	Volumenstrom (K.2, K.3, K.7, K.11, K.13)

VW	(1)	Anzahl der Vorwärmstufen (K.7)
w	$\left(\dfrac{m}{s}\right)$	Strömungsgeschwindigkeit (K.3; K.9, K.10)
w, W	$\left(\dfrac{DM}{GJ}\right)$	Wärmepreis (K.8; K.9)
w	$\left(\dfrac{kJ}{kWh}\right)$	Wärmeverbrauch (K.7)
W	(J)	Arbeit (K.2)
$W_{0,n}$	$\left(\dfrac{kJWh}{m^3}\right)$	Wobbeindex (K.13)
w_t	$\left(\dfrac{J}{kg}\right)$	spezifische Arbeit (K.11)
x	(1)	Feuchtigkeitsgehalt der Luft (K.2, K.8, K.15)
x	(1)	Dampfgehalt von Nassdampf $\left(x =_{\text{def}} \dfrac{m_{\text{Dampf}}}{m_{\text{ges}}}\right)$ (K.2, K.7, K.10)
x	(1)	Massenanteil des gebundenen Wassers (K.11)
y	$\left(\dfrac{J}{kg}\right)$	spez. Strömungsarbeit $(y =_{\text{def}} \int v \cdot dp)$ (K.11)
y_t	$\left(\dfrac{J}{kg}\right)$	spez. totale Strömungsarbeit, Gasarbeit $(y_t = y + c^2/2)$ (K.11)
z_a	$\left(\dfrac{\%}{a}\right)$	Zinssatz (K.9)
z	(1)	Vorwärmstufenzahl (K.7)
Z	(1)	Realgasfaktor $\left(Z =_{\text{def}} \dfrac{p \cdot v}{R \cdot T}\right)$ (K.2)
Z	(K)	Kühlzonenbreite (K.8)
Z_W	(1)	Zahl der Wasserwege (K.8)
α	$\left(\dfrac{W}{m^2 K}\right)$	Wärmeübergangskoeffizient (K.3, K.5, K.7, K.8, K.9)
α	(1)	Absorptionsgrad (K.15)
α	(1)	Durchflussbeiwert (K.9)
β	$\left(\dfrac{h}{a}\right)$	Benutzungsdauer (K.9)
β	$\left(\dfrac{1}{K}\right)$	isobarer Ausdehnungskoeffizient, thermischer $\sim$ (K.3, K.9)
β	(1)	Brennstoffaufwand (K.14)
γ	$\left(\dfrac{m^2}{s}\right)$	kinematische Zähigkeit (K.15)
δ	(1)	relative Näherung von K_{NV} an K_{NA} (K.8)
δ_{yM}	(1)	spezifischer Durchmesser (K.11)
ε	(1)	Druckverhältnis (K.7)
ε	(1)	Emissionsgrad (K.9, K.15)
ε	(1)	Stromeigenbedarf (K.14)
ε	(1)	absolute Näherung von K_{NV} an K_{NA} (K.8)
ζ	(1)	Widerstandsbeiwert (K.9)
η	(1)	Wirkungsgrad (K.2, K.7, K.8, K.10, K.11, K.13)
$(\eta), \mu$	$\left(\dfrac{kg}{ms}\right)$	dynamische Zähigkeit $((\eta), \mu = \varrho \cdot v)$ (K.2)
η	$\left(\dfrac{m^2}{s}\right)$	kinematische Zähigkeit (K.9)
ϑ	$(°C)$	Temperatur (K.2, K.3, K.5, K.7, K.8, K.9, K.10, K.11, K.15)

κ	(1)	Kondensatorkennzahl (K.8)
κ	(1)	Wärmeübertragerzahl (K.8)
κ	(1)	Polytropenexponent (K.7)
λ	(1)	Luftverhältnis $\left(\lambda \underset{\text{def}}{=} \dfrac{l}{l_{\min}} = \dfrac{\beta_{\text{st}}}{\beta}\right)$ (K.12, K.13)
λ	$\left(\dfrac{\text{W}}{\text{mK}}\right)$	Wärmeleitfähigkeit (K.2, K.3, K.8, K.9)
λ	(1)	Reibungsbeiwert (K.5, K.9, K.8, K.9)
$\mu, (\eta)$	$\left(\dfrac{\text{kg}}{\text{ms}}\right)$	dynamische Zähigkeit $(\mu, (\eta) = \varrho \cdot v)$
μ_{CO_2}	$\left(\dfrac{\text{kg}}{\text{kg}}\right)$	bezogener CO_2-Gehalt des Rauchgases (K.5)
μ_{Ln}	$\left(\dfrac{\text{kg}}{\text{m}^3}\right)$	bezogene Verbrennungsluftmasse (K.4)
μ_{F}	(1)	Abflutung bei Nasskühlung (K.8)
ν	(1)	Polytropenverhältnis $\left(\nu \underset{\text{def}}{=} \dfrac{dh}{v \cdot dp}\right)$ (K.11)
ν	(1)	exergetischer Gütegrad (K.2)
ν	$\left(\dfrac{\text{m}^2}{\text{s}}\right)$	kinematische Zähigkeit $\left(\nu = \dfrac{\mu, (\eta)}{\varrho}\right)$ (K.3, K.8, K.9, K.11)
ν	$\left(\dfrac{\text{m}}{\text{s}}\right)$	Geschwindigkeit am Austritt (K.5)
ξ	(1)	Rohrreibungsbeiwert (K.7)
π	(1)	Ludolfsche Zahl $\left(\pi \underset{\text{def}}{=} \dfrac{U_{\text{Kreis}}}{d} = 3{,}141592\ldots\right)$
π	(1)	Druckverhältnis (K.11)
ϱ	$\left(\dfrac{\text{kg}}{\text{m}^3}\right)$	Dichte (K.2, K.3, K.9, K.10, K.11, K.13, K.15)
ϱ	(1)	Reflexionsgrad (K.15)
σ	(1)	Stromkennzahl (K.14)
σ	(1)	äußerer Verlustgrad (K.2)
σ_{yM}	(1)	spezifische Drehzahl (K.11)
τ	(s)	Zeit (K.2)
τ	(1)	Transmissionsgrad (K.2)
τ	(1)	technologischer Gütegrad (K.2)
ϕ	(1)	Betriebscharakteristik eines Wärmeübertragers (K.8)
φ	(1)	Belastungsfaktor (K.5)
φ	(1; %)	relative Feuchtigkeit der Luft $\left(\varphi \underset{\text{def}}{=} \dfrac{p_{\text{LH}_2\text{O}}}{p_{\text{D}}}\right)$ (K.4, K.11)
ϕ/l	$\left(\dfrac{\text{W}}{\text{m}}\right)$	Wärmeverlust pro Meter (K.9)
χ_{Sp}	$\left(\dfrac{\text{J}}{\text{m}^3}\right)$	volumenbezogene Speicherkapazität (K.10)
ψ	(1)	Sättigungsgrad (K.15)

Der zunehmende Gebrauch der Einheiten des Internationalen Systems (SI-Einheiten) macht es nötig, die Zahlenfaktoren, die die Einheiten dieses Systems mit denen des technischen Einheitensystems verbinden, häufig zu benutzen. Der größte Teil der nachstehenden Tafeln (die auch die wichtigsten britischen Einheiten mit enthalten) ist entnommen aus INGENIEURWISSEN, Bd. 4 „Die Umstellung auf das internationale Einheitensystem in der Mechanik und Wärmetechnik" von *H.W. Hahnemann* (VDI-Verlag, Düsseldorf).

Selbstverständlich wird man viele der in den Tafeln angegebenen Zahlenwerte vor der Benutzung so weit runden, wie es der gewünschten Genauigkeit entspricht.

1. Kraft

Einheit	Newton N	Kilopond kp	pound l
1 N =	1	0,10197	0,2247
1 kp =	9,80665	1	2,2046
1 lb =	4,45	0,4536	1

In Frankreich auch 1 sthène (sn) = 10^3 N.

2. Druck

Einheit	Pa	bar	kp/cm^2	Torr	atm	lb./ft^2	lb./in^2
1 Pa = 1 N/m^2	1	10^{-5}	$1,0197 \cdot 10^{-3}$	$7,5006 \cdot 10^{-3}$	$9,8692 \cdot 10^{-6}$	$2,089 \cdot 19^{-2}$	$1,45038 \cdot 10^{-4}$
1 bar	10^5	1	1,0197	750,06	0,98692	2089	14,5038
1 Torr = 1 mm QS (0 °C)	133,3	$1,333 \cdot 10^{-3}$	$1,3595 \cdot 10^{-3}$	1	$1,3158 \cdot 10^{-3}$	2,7841	0,01934
1 atm	101 325	1,01325	1,03323	760	1	$2,116 \cdot 10^{-3}$	14,696
1 lb./ft^2	$4,788 \cdot 10^7$	478,8	$0,4883 \cdot 10^{-3}$	0,3591	472,58	1	1/144
1 lb./in^2	6895	0,06895	0,07031	51,715	0,06806	144	1

In Frankreich auch 1 pièze (pz) = 10^3 N/m^2 und 1 hectopièze (hpz) = 100 pz = 1 bar.

3. Energie

Einheit	Joule J	Kilopond-meter kpm	Kilokalorie kcal	Kilowatt-stunde kWh	Pferdestärke-stunde PSh	British thermal unit Btu
1 J = 1 Nm = 1 Ws = 1 kg m^2/s^2 =	1	0,101972	$2,38844 \cdot 10^{-4}$	$2,77778 \cdot 10^{-7}$	$3,77673 \cdot 10^{-7}$	$9,47817 \cdot 10^{-4}$
1 kpm =	9,80665	1	$2,34228 \cdot 10^{-3}$	$2,72407 \cdot 10^{-6}$	$3,70370 \cdot 10^{-6}$	$9,29491 \cdot 10^{-3}$
1 kcal =	$4,1868 \cdot 10^3$	426,935	1	$1,16300 \cdot 10^{-3}$	$1,58124 \cdot 10^{-3}$	3,96832
1 kWh =	$3,6 \cdot 10^6$	$3,670978 \cdot 10^5$	859,845	1	1,35962	$3,41214 \cdot 10^3$
1 PSh =	$2,647796 \cdot 10^6$	$2,70000 \cdot 10^5$	632,416	0,735499	1	$2,50963 \cdot 10^3$
1 Btu =	$1,055056 \cdot 10^3$	107,5857	0,251996	$2,93071 \cdot 10^{-4}$	$3,98466 \cdot 10^{-4}$	1

4. Spezifische Wärmekapazität

Einheit	Joule je Kilogramm und Kelvin J/(kg · K)	Kilokalorie je Kilogramm und Kelvin kcal/(kg · K)	Kilowattstunde je Kilogramm und Kelvin kWh/(kg · K)	British thermal units per pound and degree*) Btu/(lb. · deg)
1 J/(kg · K) =	1	$2,38844 \cdot 10^{-4}$	$2,77778 \cdot 10^{-7}$	$2,38844 \cdot 10^{-4}$
1 kcal/(kg · K) =	4186,8	1	$1,16300 \cdot 10^{-8}$	1
1 kWh/(kg · K) =	$3,6 \cdot 10^6$	859,845	1	859,845
1 Btu/lb · deg) =	4186,8	1	$1,16300 \cdot 10^{-3}$	1

*) degree entspricht Grad Fahrenheit.

5. Wärmestromdichte

Einheit	Watt je Quadratmeter W/m²	Kilowatt je Quadratzentimeter kW/cm²	Kilokalorie je Quadratmeter und Stunde kcal/(m² · h)	British thermal units per square inch and second Btu/(in² · sec)	British thermal units per square foot and second Btu/(ft² · sec)	British thermal units per square foot and hour Btu/(ft² · hr)
1 W/m² =	1	$0{,}1 \cdot 10^{-6}$	0,860	$0{,}612 \cdot 10^{-6}$	$88{,}06 \cdot 10^{-6}$	0,317
1 kW/cm² =	$10 \cdot 10^{6}$	1	$8{,}6 \cdot 10^{6}$	6,12	880,6	$3{,}17 \cdot 10^{6}$
1 kcal/(m² · h) =	1,163	$11{,}63 \cdot 10^{-8}$	1	$71{,}17 \cdot 10^{-8}$	$1{,}024 \cdot 10^{-4}$	0,3687
1 Btu/(in² · sec) =	$1634 \cdot 10^{3}$	$16{,}34 \cdot 10^{-2}$	$1{,}405 \cdot 10^{6}$	1	144	$51{,}84 \cdot 10^{4}$
1 Btu/(ft² · sec) =	$11{,}35 \cdot 10^{3}$	$1{,}135 \cdot 10^{-3}$	$9{,}765 \cdot 10^{3}$	$6{,}944 \cdot 10^{-3}$	1	3600
1 Btu/(in² · h) =	3,154	$31{,}54 \cdot 10^{-8}$	2,713	$1{,}929 \cdot 10^{-6}$	$2{,}778 \cdot 10^{-4}$	1

6. Wärmeleitfähigkeit

Einheit	Watt je Meter und Kelvin W/(m · K)	Kilokalorie je Meter, Stunde und Kelvin kcal/(m · h · K)	British thermal units per square foot, hour, and degree*) per inch Btu in/ft² · hr · deg)	British thermal units per foot, hour and degree*) Btu/(ft · hr · deg)	British thermal units per inch, hour and degree*) Btu/(in · hr · deg)
1 W/(m · K) = J/(m · s · K) =	1	0,86	6,935	0,5779	0,04815
1 kcal/(m · h · K) =	1,163	1	8,064	0,6719	0,05599
1 Btu in/(ft² · hr · deg) =	0,1442	0,1240	1	0,08333	$6{,}944 \cdot 10^{-3}$
1 Btu/(ft · hr · deg) =	1,731	1,488	12	1	0,08333
1 Btu/(in · hr · deg) =	20,77	17,858	144	12	1

*) degree entspricht Grad Fahrenheit.

7. Wärmeübergangs- und Wärmedurchgangskoeffizient

Einheit	Watt je Quadratmeter und Kelvin W/(m² · K)	Kilokalorie je Quadratmeter, Stunde und Kelvin kcal/(m² · h · K)	British thermal units per square foot, hour and degree Btu/(ft² · hr · deg)
1 W/(m² · K) = 1 J/(m² · s · K) =	1	0,859845	0,1761
1 kcal/(m² · h · K) =	1,163	1	0,2048
1 Btu/(ft² · hr · deg) =	5,681	4,886	1

8. Wärmestrahlungskonstante

Einheit	Watt je Quadratmeter und Kelvin W/(m² · K⁴)	Kilokalorie je Quadratmeter, Stunde und Kelvin kcal/(m² · hK⁴)	British thermal units per square foot, hour and degree Btu/(ft² · hr · deg⁴)
1 W/(m² · K⁴) = 1 J/(m² · s · K⁴) =	1	0,859845	$3{,}020 \cdot 10^{-2}$
1 kcal/(m² · h · K⁴) =	1,163	1	$3{,}512 \cdot 10^{-2}$
1 Btu/(ft² · hr · deg⁴) =	33,11	28,49	1

9. Dynamische Viskosität

Einheit	Pascalsekunde Pa s	Poise P	Kilogramm je Meter und Stunde kg/(m · h)	Kilopond-Sekunde je Quadratmeter kp s/m²	Kilopond-Stunde je Quadratmeter kp h/m²	pound-mass per foot and second $\frac{\text{lb.-mass}}{\text{ft} \cdot \text{s}}$	pound-force second per square foot $\frac{\text{lb.-force} \cdot \text{s}}{\text{ft}^2}$
1 Pa s = 1 N s/m² = 1 kg /(m · s) =	1	10	3600	0,10197	$2{,}833 \cdot 10^{-5}$	0,6721	$2{,}0885 \cdot 10^{-2}$
1 P =	0,1	1	360	0,010197	$2{,}833 \cdot 10^{-6}$	0,06721	$2{,}0885 \cdot 10^{-3}$
1 kg/(m · h) =	$2{,}778 \cdot 10^{-4}$	$2{,}778 \cdot 10^{-3}$	1	$2{,}833 \cdot 10^{-5}$	$78{,}68 \cdot 10^{-10}$	$1{,}867 \cdot 10^{-4}$	$5{,}801 \cdot 10^{-6}$
1 kp s/m² =	9,807	98,07	$3{,}5304 \cdot 10^{4}$	1	$2{,}778 \cdot 10^{-4}$	6,5919	0,20482
1 kp h/m² =	$0{,}35304 \cdot 10^{5}$	$0{,}35304 \cdot 10^{6}$	$1{,}2709 \cdot 10^{8}$	3600	1	$2{,}3730 \cdot 10^{-4}$	$0{,}73728 \cdot 10^{3}$
1 lb.-mass/(ft · s) =	1,488	14,882	5357	0,1518	$4{,}214 \cdot 10^{-5}$	1	0,03108
1 lb.-force s/ft² =	47,88	478,8	$1{,}724 \cdot 10^{5}$	4,882	$1{,}3558 \cdot 10^{-3}$	32,174	1

Benennung	Symbol		Benennung	Symbol
Dampf			Brennbare Abfälle	
Ölhaltiger Dampf			Sonstige Stoffe	
Kreislaufwasser			Steuerleitung Signalleitung	
Ölhaltiges Wasser			Rohrleitung mit Heizung o. Kühlung	
Rohwasser			Rohrleitung mit Dampf beheizt	
Schlammwasser, Schmutzwasser			Rohrleitung elektrisch beheizt	
Lösungen, Chemikalien			Wärmedämmung (Isolierung)	
Öl			Kreuzung zweier Leitungen ohne Verbindungsstelle	
Flüssigmetall			Kreuzung zweier Leitungen mit Verbindungsstelle	
Luft			Abzweigstelle	
Brennbare Gase			Trichter	
Nicht brennbare Gase			Reduzierstück	
Feste Brennstoffe			Auspuff	
Absperrarmatur, allgemein			Absperrarmatur mit Magnetantrieb	
Absperrarmatur mit Sicherheitsfunktion			Absperrarmatur mit Antrieb durch Fluide	
Rückschlagarmatur, allgemein			Absperrarmatur mit Kolbenantrieb	
Absperrventil			Absperrarmatur mit Membranantrieb	
Rückschlagventil			Sicherheitsventil, gewichtsbelastet	
Kugelrückschlagventil			Sicherheitsventil, federbelastet	
Kugelschwimmerventil			Absperrarmatur, geschlossen	
Druckminderventil			Absperrarmatur, geöffnet	
Dampfumformventil			Schalldämpfer	
Absperrschieber			Blindscheibe	
Durchgangshahn			Umsteckscheibe	
Absperrklappe			Druckprobenverschluss	
Rückschlagklappe			Drosselscheibe	
Absperrarmatur mit Handantrieb			Berstscheibe	
Absperrarmatur mit Motorantrieb			Kondensatableiter	

P. Winske

Symbole für Schaltpläne von Wärmekraftanlagen

Benennung	Symbol
Wärmeübertrager mit Kreuzung der Stoffflüsse. Durch den gezackten Linienzug fließt der wärmeaufnehmende Stoff.	
Wärmeübertrager rauchgasbeheizt	
Speisewasservorwärmer, beheizt durch kondensierenden Dampf.	
Enthitzer	
Kondensatkühler	
Wärmeübertrager ohne Kreuzung der Stoffflüsse. Durch den gezackten Linienzug fließt der wärmeaufnehmende Stoff.	
Luftvorwärmer, rauchgasbeheizt	
Wasserdampfkondensator	
Kondensator mit Luftkühlung	
Wärmeübertrager durch Mischen der Stoffe	
Dampfkühler mit Wassereinspritzung	
Mischvorwärmer – Entgaser	
Dampferzeuger ohne Überhitzer	
Stetigförderer, allgemein	
Zuteiler für feste Brennstoffe	
Kupplung, allgemein	
Hydraulische Kupplung	
Getriebe, allgemein	
Abscheider, allgemein	
Elektrostatischer Abscheider	
Fliehkraftabscheider	
Entspanner	
Sieb, Siebapparat	
Grobrechen	
Feinrechen	
Filterapparat, allgemein	
Luftfilter, Gasfilter	
Flüssigkeitsfilter	

Benennung	Symbol
Dampferzeuger, elektrisch beheizt	
Dampfumformer	
Dampferzeuger mit Überhitzer	
Dampferzeuger mit rauchgasbeheiztem Zwischenüberhitzer	
Dampferzeuger, gasgefeuert	
Dampferzeuger, ölgefeuert	
Dampferzeuger, kohlenstaubgefeuert	
Dampferzeuger, kohlenstaubgefeuert mit flüssigem Schlackeabzug	
Dampferzeuger mit Rostfeuerung	
Dampferzeuger, müllgefeuert	
Gaserzeugungsanlage	
Brennkammer	
Wärmeverbraucher	
Wärmeverbraucher mit Heizfläche	
Becken, allgemein	
Rührer, allgemein	
Anlage zur chemischen Behandlung von Betriebswasser, allgemein	
Wasseraufbereitungsbehälter	
Dosiereinrichtung	
Kühlturm, allgemein	
Nasskühlturm mit natürlichem Zug	
Nasskühlturm mit saugendem Lüfter	
Nasskühlturm mit drückendem Lüfter	
Trockenkühlturm mit natürlichem Zug	
Trockenkühlturm mit saugendem Lüfter	
Trockenkühlturm mit drückendem Lüfter	
Nass-Trockenkühlturm mit natürlichem Zug	

Benennung	Symbol	Benennung	Symbol
Behälter, allgemein		Stromerzeuger, umlaufend	
Behälter mit Rieselentgasung, z.B. Speisewasserbehälter		Flüssigkeitspumpe, allgemein	
Behälter mit Rieselentgasung und unterer Dampfeinführung		Kreiselpumpe	
Gefällespeicher		Hubkolbenpumpe	
Antriebsmaschine mit Expansion des Arbeitsstoffes		Strahlflüssigkeitspumpe, z.B. Ejektor	
Dampfturbine		Verdichter, Ventilatoren, Gebläse	
Dampfturbine mit Anzapfung (ungeregelt)		Laufschaufel-Verstelleinrichtung	
Dampfturbine mit geregelter Entnahme		Leitschaufel-Verstelleinrichtung	
Gasturbine		Zerkleinerungsmaschine, allgemein	
Antriebsmaschine mit Hubkolben		Brecher	
Kolbendampfmaschine		Mühle, allgemein	
Dieselmotor, Ottomotor		Schlägermühle, Schlagradmühle	
Elektromotor		Kugelmühle	
Wechselstrommotor		Rohrmühle	
Gleichstrommotor		Walzenmühle	
Dampfkühler mit Wassereinspritzung und Temperaturregelung zur Erzielung einer konstanten Dampftemperatur		Motor mit Käfigläufer, Ständerwicklung in Sternschaltung	
Wirkungshinweis für Druckminderventil, öffnet bei sinkendem Druck in Leitung b.		Motor mit Käfigläufer und Anlaufkondensator	
Wirkungshinweis für Druckminderventil mit Dampfkühler, öffnet bei sinkendem Druck in Leitung b, öffnet aber unabhängig hiervon, wenn der Druck in Leitung a einen bestimmten Wert überschreitet. Das Wassereinspritzventil regelt selbsttätig die Dampftemperatur hinter dem Kühler.		Drosselspule	
		Transformator mit 2 getrennten Wicklungen	
		Transformator mit 3 getrennten Wicklungen	
		Spartransformator	
Generator, allgemein		Drosselspule stetig verstellbar	
Gleichstrom-Generator, allgemein		Transformator stufig verstellbar	
Drehstrom-Generator, allgemein		Einschaltglied, Schließer	
Motor, allgemein		Ausschaltglied, Öffner	
Gleichstrom-Motor, allgemein		Umschaltglied, Wechsler	
Drehstrom-Motor, allgemein		Trennstelle	
Synchronmotor		Stromwandler mit 1 Kern	
Motor mit zweisträngigem Schleifringläufer, Ständerwicklung in Sternschaltung		Stromwandler mit 2 Kernen	
		Spannungswandler	

Benennung	Symbol			
	Messung		Kennbuchstabe	Meßgerät
	Form A	Form B		
Durchflussmessung, allgemein			F	
Niveaumessung			L	
Feuchtemessung			M	
Druckmessung			P	
pH-Wert Messung		–	Q	–
Leitfähigkeitsmessung		–	Q	–
Drehzahlmessung			S	
Temperaturmessung			T	
Dehnungsmessung				
Schwingungsmessung				

Benennung	Symbol	Benennung	Symbol
Hauptimpuls, öffnet bei Zunahme der Regelgröße		Grenzimpuls, schließt beim Erreichen des oberen Grenzwertes	
Hauptimpuls, öffnet bei Abnahme der Regelgröße		Grenzimpuls, schließt beim Erreichen des unteren Grenzwertes	
Grenzimpuls, öffnet beim Erreichen des oberen Grenzwertes		Ablaufregelung zur Konstanthaltung des Wasserstandes	
Grenzimpuls, öffnet beim Erreichen des unteren Grenzwertes			

Schrifttum

Handbuchreihe Energie, herausgegeben von Prof. Dr. *Thomas Bohn*. Band 6: Fossil beheizte Dampfkraftwerke. Technischer Verlag, Resch-Verlag, TÜV Rheinland 1986.

DIN 2481: Wärmekraftanlagen, 1979.

Anwendung des Arbeitsblattes

Das Arbeitsblatt stellt im oberen Teil Beziehungen zur Massen- und Stoffmengenbilanzierung zusammen. Diese Beziehungen können als Grundlage zur Aufstellung von Energie- und Exergiebilanzen dienen (Vgl. 1.2.2).

Im unteren Teil wird die Systematik für die Verbrennung angewandt. Die Tabelle gibt Gleichungen an, die es gestatten, ausgehend von der Brennstoffkennzeichnung den Luftbedarf, den Anfall von Verbrennungsgas und seine Zusammensetzung zu berechnen.

Bilanzierung

Die Bilanzgrenze wird i. a. an den Grenzen einer Anlage oder Maschine oder dem Anfangs- und Endpunkt eines untersuchten Prozesses festgelegt. Soweit keine Wechselwirkungen bestehen, ist es üblich, Stoffbilanzen in Teilbilanzen aufzuspalten, z.B. Kühlwasserbilanz, Kondensatbilanz.

Wenn die Stoffwandlung im Vordergrund steht ist es üblich, aus der Stoffbilanz analog zur Energiewandlung (Vgl. Blatt 1.2.5) Bewertungskriterien zu bilden, z.B. Ausbeute (Wirkungsgrad der stofflichen Nutzung), Verlustgrad.

Für die Massenbilanz gilt der Massenerhaltungssatz, wobei gegebenenfalls Speicher- oder Entladeprozesse des betrachteten Systems zu berücksichtigen sind. Bei stationär durchströmten Systemen ist die Summe der austretenden Massenströme gleich der Summe der eintretenden Ströme. Bei der Verwendung von Messdaten ist wegen auftretender Messfehler gewöhnlich ein Bilanzausgleich durchzuführen.

Über die Molmasse lässt sich die Massen- in die Stoffmengenbilanz der Ströme i umrechnen:

$$\dot{n}_i = M_i \cdot \dot{m}_i \, .$$

Außer der Gesamtbilanz gelten Einzelbilanzen für die Komponenten j der Stoffströme, deren Summe zur Gesamtbilanz führt. Die Gesamtbilanz ist mit den Komponentenbilanzen über die Zusammensetzungsangaben der Stoffströme (Vgl. Blatt 1.2.1.2) verknüpft

$$\dot{n}_{i,j} = x_{i,j} \cdot \dot{n}_i \, , \quad \dot{m}_{i,j} = \xi_{i,j} \cdot \dot{m}_i \, .$$

Beim Auftreten von chemischen Reaktionen gelten für die Stoffmengenbilanzen und die Komponentenbilanzen keine Erhaltungssätze. Es gilt aber ein Erhaltungssatz für die beteiligten Atomarten, was über eine formale Umwandlungsgleichung von einer in die andere Stoffart ausgedrückt wird:

$$\frac{dn_j}{d\tau} = -\omega_{j,k} \frac{\partial n_k}{\partial \tau} \, .$$

Eine Modellierung dieses Stoffwandlungsprozesses ist auch über den Reaktionsfortschritt ξ^R von r unabhängigen Reaktionen mit den entsprechenden stöchiometrischen Faktor $v_{j,r}$ (für Reaktionspartner negativ, für Reaktionsprodukte positiv) möglich:

$$\frac{dn_j}{d\tau} = \Sigma \, v_{j,r} \frac{\partial \xi^R_r}{\partial \tau} \, .$$

Verbrennung

Der Brennstoff bei der stationären Verbrennung wird durch die Globalanteile der an der Reaktion beteiligten Atomarten gekennzeichnet. Es werden nur Hauptreaktionen mit einem vereinfachten Modell zur Berücksichtigung des Reaktionsfortschrittes und konkurrierender Reaktionen (v_1, v_2, λ) betrachtet.

In der Tabelle sind die Gleichungen für die Berechnung gasförmiger, flüssiger und fester Brennstoffe zusammengefasst. Das Luftverhältnis λ (gewöhnlich > 1) ist mit der Vollständigkeit v_1 und Vollkommenheit v_2 der Verbrennung verknüpft. Werte von $\lambda < 1$ führen zur unvollkommenen Verbrennung und CO im Verbrennungsgas, was durch $v_2 < 1$ beschrieben wird. Die Gleichung für den Sauerstoff im Verbrennungsgas ($n_{RG,O_2} > = 0$) liefert eine Kontrolle der Zahlenvorgaben.

Beispiel

Bilanz pro Zeiteinheit (1 s) für die Verbrennung von festem Brennstoff.

fester Brennstoff:
Masse: $m_{Br} = 500$ kg,
Zusammensetzung (Massenanteile): $c = 0,6$, $h = 0,05$, $s = 0,01$, $o = 0,14$, $w = 0,11$, $a = 0,09$.
Verbrennungsluft:
Zusammensetzung (Volumen- bzw. Molanteile).
$x_{L,O_2} = 0,21$, $x_{L,N_2} = 0,78$, $x_{L,H_2O} = 0,01$.
Verbrennungführung:
Luftverhältnis: $\lambda = 1,2$, Ausbrand: $v_1 = 0,99$, Anteil der C-Verbrennung zu CO_2: $v_2 = 1,00$.
Bilanzrechnung:
Feste Rückstände: $m_{Br}(a + (1 - a - w)(1 - v_1)) = (45 + 4)$ kg.
Stoffmenge der Reaktanten:
$n_{Br}C = 0,6/12 \cdot 500$ kmol $= 25$ kmol,
$n_{Br}H = 12,5$ kmol, $n_{Br}S = 0,16$ kmol, $n_{Br}O = 2,19$ kmol, $n_{Br}W = 0,006$ kmol.
Minimaler, stöchiometrischer Sauerstoffbedarf:
$O_{2,min} = (25 + 12,5/2 + 0,16 - 2,19)$ kmol $= 29,22$ kmol.
Luftzufuhr: $\lambda \cdot O_{2,min}/x_{L,O2} = 1,2 \cdot 29,22/0,21 = 167$ kmol,
Luftvolumen i.N.: $22,41 \cdot 167$ m³ $= 3742$ m³.
Verbrennungsgas:
Kohlendioxid: $0,99 \cdot 1 \cdot 25$ kmol $= 24,75$ kmol,
Kohlenmonoxid: $0,99 \cdot (1 - 1) \cdot 25$ kmol $= 0$,
Wasserdampf: $(0,99 \cdot 12,5 + 0,006)$ kmol $= 12,38$ kmol,
Schwefeldioxid: $0,99 \cdot 0,16$ kmol $= 0,16$ kmol,
Sauerstoff: $((1,2 - 1) 29,22 + 0,99 \cdot (1 - 1)/2 \cdot 25)$ kmol $= 5,84$ kmol,
Stickstoff: $0,78 \cdot 167$ kmol $= 130$ kmol,
Gesamtes Verbrennungsgas: 173 kmol, Verbrennungsgasvolumen i.N.: 3877 m³.

Symbole

$C, H, S,$	Molverhältnisse, bezogen auf aschefreien Brennstoff,
O, W:	zur Kennzeichnung der Zusammensetzung aus der Elementaranalyse für C, H_2, S, O_2 und Wasser.
$c, h, s,$	Massenanteile, bezogen auf Brennstoff, zur
o, w, a:	Kennzeichnung der Zusammensetzung aus der Elementaranalyse für C, H_2, S, O_2, Wasser und Asche.
M:	Molmasse.
$m, \dot{m}$:	Masse, Massenstrom.
$n, \dot{n}$:	Stoffmenge, Stoffmengenstrom.
$O_{2,min}$:	Stoffmenge des stöchiometrischen Sauerstoffbedarfs bei vollständiger und vollkommener Verbrennung.
V:	Volumen.
v_1, v_2:	Faktoren für die Vollständigkeit und Vollkommenheit der Verbrennung (Werte zwischen 0 und 1).
x:	Stoffmengenanteil (Molanteil).
λ:	Luftverhältnis.
$v_{j,r}$:	stöchiometrischer Faktor für die Stoffart j in der Reaktion r.
ξ^R_r:	Reaktionsfortschritt der Reaktion r.
ϱ:	Dichte.
τ:	Zeit.
$\omega_{j,k}$:	Faktor für die Umwandlung von der Stoffart k in die Stoffart j.

Indizes

Br:	Brennstoff.
I:	Input (dem System zugeführter Strom).
i, j, k:	Laufindizes.
L:	Luft.
O:	Output (vom System abgeführter Strom).
$Syst$:	System (innerhalb der Bilanzgrenze).
Vg:	Verbrennungsgas.
$\cdot$:	Strom (Ableitung nach der Zeit).

Schrifttum

S. Weiß u.a. (Hrg.): Verfahrenstechnische Berechnungsmethoden, Teil 6: Verfahren und Anlagen. Grundstoffverlag Leipzig 1984.

K.-H. Näser, D. Lempe, O. Regen: Physikalische Chemie für Techniker und Ingenieure. Grundstoffverlag Leipzig 1988.

N. Elsner: Grundlagen der Technischen Thermodynamik: Akademie-Verlag Berlin 1992.

H. Schaefer (Hrg): VDI-Lexikon Energietechnik. VDI-Verlag Düsseldorf 1994.

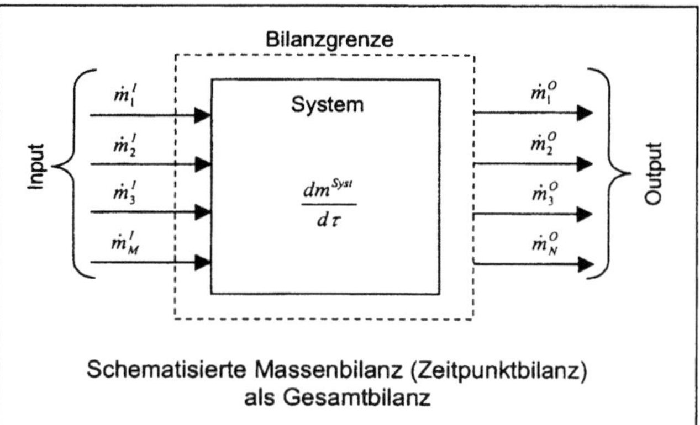

Schematisierte Massenbilanz (Zeitpunktbilanz) als Gesamtbilanz

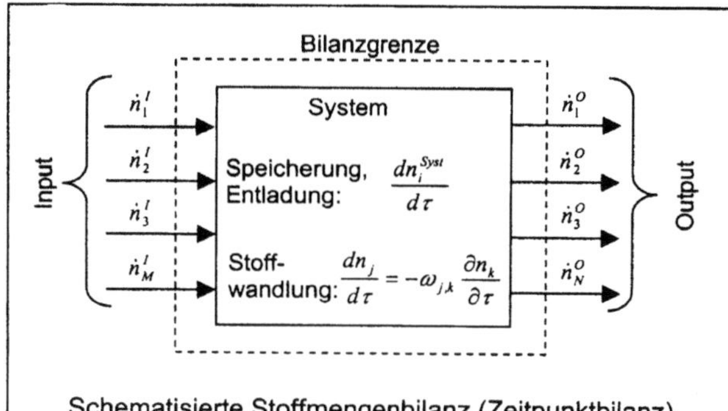

Schematisierte Stoffmengenbilanz (Zeitpunktbilanz) als Komponentenbilanz

Bilanzgleichungen für die Ströme i:

Massenbilanz:

$$\sum \dot{m}_i = \frac{dm^{Syst}}{d\tau}$$

$$\sum \dot{m}_i^I = \frac{dm^{Syst}}{d\tau} + \sum \left|\dot{m}_i^O\right|$$

stationär durchströmt:

$$\sum \dot{m}_i^I = \sum \left|\dot{m}_i^O\right|$$

$$\dot{n}_{i,j} = x_{i,j} \cdot \dot{n}_j$$

$$\dot{m}_i = \sum_j M_j \cdot \dot{n}_{i,j}$$

$$\sum_{i,j} M_j \cdot \dot{n}_{i,j} = \frac{dm^{Syst}}{d\tau}$$

Stoffmengenbilanz für die Komponente j:

$$\sum_i \dot{n}_{i,j} = \frac{dn_j^{Syst}}{d\tau} - \sum_{k \neq j} \omega_{j,k} \frac{\partial n_k}{\partial \tau}$$

$$mit \quad \frac{\partial n_k}{\partial \tau} = \frac{dn_k^{Syst}}{d\tau} - \sum_{i,k} \dot{n}_{i,k}$$

$$\sum_i \dot{n}_{i,j}^I = \sum_i \left|\dot{n}_{i,j}^O\right| + \frac{dn_j}{d\tau} - \sum_{k \neq j} \omega_{j,k} \frac{\partial n_k}{\partial \tau}$$

$$mit \quad \frac{\partial n_k}{\partial \tau} = \frac{dn_k^{Syst}}{d\tau} - \sum_{i,k} \dot{n}_{i,k}^I + \sum_{i,k} \left|\dot{n}_{i,k}^O\right|$$

Vorzeichenfestlegung: Systemstandpunkt. Zufuhr zum System ist positiv. Abfuhr vom System ist negativ.
i – Stromnummer, j – Nummer der betrachteten Komponente, k – Laufindex über die anderen Komponenten.

Stoffwandlung bei der Verbrennung

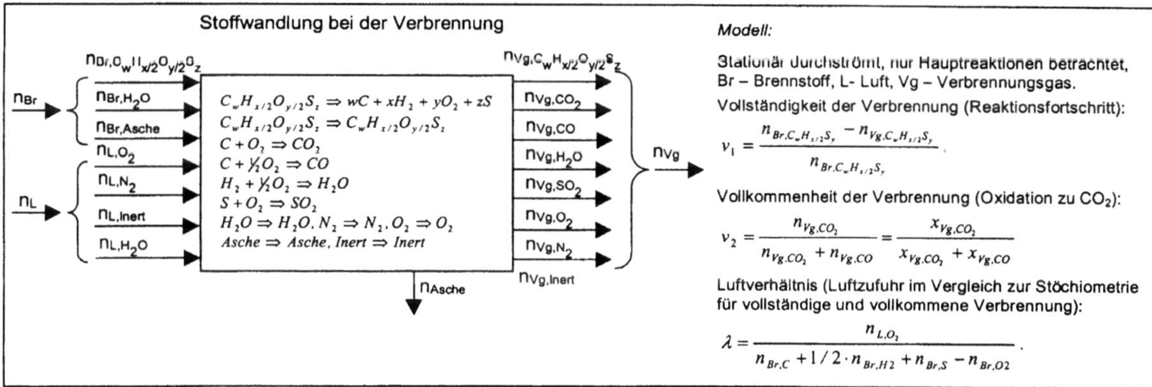

Modell:

Stationär durchströmt, nur Hauptreaktionen betrachtet, Br – Brennstoff, L- Luft, Vg – Verbrennungsgas.

Vollständigkeit der Verbrennung (Reaktionsfortschritt):

$$v_1 = \frac{n_{Br,C_wH_{x/2}S_y} - n_{Vg,C_wH_{x/2}S_y}}{n_{Br,C_wH_{x/2}S_y}}.$$

Vollkommenheit der Verbrennung (Oxidation zu CO_2):

$$v_2 = \frac{n_{Vg,CO_2}}{n_{Vg,CO_2} + n_{Vg,CO}} = \frac{x_{Vg,CO_2}}{x_{Vg,CO_2} + x_{Vg,CO}}$$

Luftverhältnis (Luftzufuhr im Vergleich zur Stöchiometrie für vollständige und vollkommene Verbrennung):

$$\lambda = \frac{n_{L,O_2}}{n_{Br,C} + 1/2 \cdot n_{Br,H2} + n_{Br,S} - n_{Br,O2}}.$$

Stoffbilanz der Verbrennung:

Brennstoff	Stoffmenge [2] in kmol	Masse [1] in kg	Luft	Stoffmenge [2] in kmol	Verbrennungsgas in kmol	Stoffmenge [2] in kmol
Kohlenstoff	$n_{Br}\ C = \frac{c}{12} m_{Br}$	$m_{Br}\ c = 12\,C\,n_{Br}$	Sauerstoff ($x_{L,O_2} \approx 0,21$)	$\lambda O_{2,min} = \lambda(C + \frac{H}{2} + S - O)n_{Br}$	Kohlendioxid	$v_1 v_2 C\,n_{Br}$
Wasserstoff	$n_{Br}\ H = \frac{h}{2} m_{Br}$	$m_{Br}\ h = 2\,H\,n_{Br}$	Stickstoff ($x_{L,N_2} \approx 0,78$)	$\frac{x_{L,N2}}{x_{L,O2}} \lambda O_{2,min}$	Kohlenmonoxid	$v_1(1 - v_2)C\,n_{Br}$
Schwefel	$n_{Br}\ S = \frac{s}{32} m_{Br}$	$m_{Br}\ s = 32\,S\,n_{Br}$	Inerte ($x_{L,In} \approx 0,01$)	$\frac{x_{L,In}}{x_{L,O2}} \lambda O_{2,min}$	Wasserdampf	$(v_1 H + W)n_{Br}$
Sauerstoff	$n_{Br}\ O = \frac{o}{32} m_{Br}$	$m_{Br}\ o = 32\,O\,n_{Br}$	Wasserdampf ($x_{L,H_2O} \approx 0,01$)	$\frac{x_{L,H22}}{x_{L,O2}} \lambda O_{2,min}$	Schwefeldioxid	$v_1 S\,n_{Br}$
Wasser	$n_{Br}\ W = w/18 \cdot m_{Br}$	$m_{Br}\ w = 18\,W\,n_{Br}$			Kohlenwasserstoffe [3]	$(1 - v_1)n_{Br}$
Asche	-	$m_{Br}a$	Sauerstoff ($n_{Vg,O_2} \geq 0!$)	$(\lambda - v_1)(C + \frac{H}{2} + (S - O))n_{Br} + v_1 \frac{1 - v_2}{2} C\,n_{Br}$		
			Stickstoff, Inerte	$\frac{x_{L,N2} + x_{L,In}}{x_{L,O2}} \lambda O_{2,min}$		

[1] $\dfrac{n_{Br}}{m_{Br}} = \dfrac{1 - a}{12 \cdot C + 2 \cdot H + 32 \cdot (S + O) + 18 \cdot W} = \dfrac{1}{M_m}$.   [2] gasförmige Stoffe: $\dfrac{V/m^3}{n/kmol} = \dfrac{M_m/(kg/kmol)}{\rho/(kg/m^3)} \approx 22,41 \dfrac{0,1013 \cdot (t/°C + 273)}{298 \cdot p/Mpa}$.

[3] Das Unverbrannte kann auch mit einem anderen Strom abgeführt werden.

W. Fratzscher, K. Michalek

Anwendung des Arbeitsblattes

Das Arbeitsblatt stellt Möglichkeiten für die Charakterisierung der Zusammensetzung von Stoffen und Phasen zusammen und gibt Umrechnungsbeziehungen zwischen den verschiedenen möglichen Angaben an.

Charakterisierung der Zusammensetzung

Die Zusammensetzung kann über Massen-, Stoffmengen- und Volumenanteile angegeben werden. Die Normierung ergibt als Summe der Komponentenanteile 1. Die gleichfalls mögliche Angabe in % folgt aus der einfachen Umrechnung einer Zusammensetzung Z_i:

$$Z_{i,\%} = Z_i \cdot 100\% \,.$$

Die Einheitenangaben in der Tabelle beinhalten die kohärenten SI-Einheiten. Bei Verwendung von Einheitenvorsätzen können die Zahlenwerte als Vielfache oder Bruchteile angegeben werden. Es ist weiterhin die Einheit l für 10^{-3} m^3 zulässig und üblich. Für besondere Zahlenbereiche sind noch andere Angaben wie z.B. ‰ für $\cdot 10^{-3}$ oder *ppm* (parts per million) für $\cdot 10^{-6}$ üblich.

Die relativen Massen-, Stoffmengen oder Volumenanteile charakterisieren Stoffgemische, die in einem Lösungsmittel oder in einem anderen inerten Stoff j enthalten sind, z.B. die Brennstoffzusammensetzung für einen asche- und wasserfrei definierten Brennstoff. Zur Umrechnung in die vollständige Beschreibung der Zusammensetzung muss der Anteil der Komponente j bekannt sein.

Die Massenbeladung stellt eine Möglichkeit zur Zusammensetzungsbeschreibung durch Verhältnisbildung zu einer hervorgehoben Komponente dar, z.B. der Wassergehalt x als g Wasser pro kg trockene Luft.

Konzentrationsangaben erfordern eigentlich eine Temperaturangabe, weil das Volumen eine thermodynamische Zustandsgröße ist.

Die Angabe von Volumenanteilen ist wie eine Mischungsrezeptur zu interpretieren, weil sich die Teilvolumina V_{0i} und das Bezugsvolumen aus den Daten für die reinen Komponenten ergeben und ein sich bei der Mischung möglicherweise ergebender Exzessanteil nicht berücksichtigt wird. Bei idealen Gemischen stimmt das Bezugsvolumen mit dem Gesamtvolumen überein.

Für ideale Gasgemische gilt das Gesetz von Dalton für den Zusammenhang zwischen Partialdrücken und Stoffmengenanteilen,

$$p_i = x_i \cdot p, \quad p = \sum p_i \,.$$

Beispiele

Verbrennungsgas (Vgl. Blatt 1.2.1.1)

Gegebene Partialvolumina (V_{0i}):
  CO_2: 555 m³, H_2O: 277 m³, SO_2: 4 m³, O_2: 131 m³,
  N_2: 2913 m³.
Summe der Partialvolumina ($\sum V_{0k}$): 3880 m³.
Volumenanteile ($\varphi_i = V_{0i}/\sum V_{0k}$):
  CO_2: 0,143, H_2O: 0,071, SO_2: 0,001, O_2: 0,034, N_2: 0,751.
Berechnung der Stoffmengenanteile
  ($x_i = \varrho_{0i}/M_i \cdot \varphi_i/\sum (\varrho_{0k}/M_k \cdot \varphi_k)$):
Spezifische Molvolumen ($1/(\varrho_{0i}/M_i)$):
    für alle i: 22,41 m³/kmol.
Stoffmengenanteil: $x_i = \varphi_i$.
Berechnung der Massenanteile ($\xi_i = M_i \cdot x_i/\sum (M_k \cdot x_k)$):
  Masse von i pro Stoffmenge Gemische $(M_i \cdot x_i)$ in kg/kmol:
    CO_2: 44 · 0,143 = 6,292, H_2O: 18 · 0,071 = 1,278,
    SO_2: 64 · 0,001 = 0,064, O_2: 32 · 0,034 = 1,088,
    N_2: 28 · 0,751 = 21,028.
  Mittlere Molmasse ($M_m = \sum (M_k \cdot x_k)$): 29,75 kg/kmol.
  Massenanteile ($\xi_i = M_i \cdot x_i/M_m$):
    CO_2: 0,211, H_2O: 0,043, SO_2: 0,002, O_2: 0,037, N_2: 0,707.
Berechnung der relativen Volumen- bzw. Stoffmengenanteile
  bei Bezug auf das trockene Verbrennungsgas
  ($\tilde{\varphi}_i = \varphi_i/(1 - \varphi_{H_2O}) = \tilde{x}_i = x_i/(1 - x_{H_2O})$):
    CO_2: 0,154, SO_2: 0,001, O_2: 0,037, N_2: 0,808.

Berechnung der Massenkonzentration i.N.:
  Dichte des Verprennungsgases ($\varrho = M_m/(22,41$ m³/kmol)):
    1,328 kg/m³.
  Massenkonzentration ($\zeta_i = \varrho \cdot \xi_i$) in kg/m³:
    CO_2: 0,280, H_2O: 0,057, SO_2: 0,003, O_2: 0,049, N_2: 0,939.
Berechnung der Stoffmengenkonzentration i.N.:
  Stoffmengendichte: $\varrho/\sum (M_k \cdot x_k) = \varrho/M_m = 1/(22,41$ m³/kmol)
    = 44,62 mol/m³.
  Stoffmengenkonzentration ($c_i = (44,62$ mol/m³) x_i) in mol/m³:
    CO_2: 6,38, H_2O: 3,17, SO_2: 0,04, O_2: 1,52, N_2: 33,51.

Feuchte Luft (Vgl. Blätter 2.2.7)

Gegeben:
  Massenbeladung: $x = \hat{\xi}_{H_2O} = m_{H_2O}/m_{tL}$
  = 15 g Wasser/kg trockene Luft = 0,015,
  Luftdruck: $p = 0,0990$ MPa, Temperatur: $t = 50\,°C$,
  mittlere Molmasse der trockenen Luft: $M_{tL} = 28,97$ kg/kmol.
Berechnung des Massenanteils: $\xi_{H_2O} = \dfrac{x}{1 + x} = 0,01478$.
Berechnung des Stoffmengenanteils:

$$x_{H_2O} = \frac{x/18}{1/28,97 + x/18} = 0,02357 \,.$$

Berechnung des Volumenanteils: ideales Gas: $\varphi_{H2O} = x_{H2O}$.
Berechnung der Massenkonzentration:
  Mittlere Molmasse:
    $M_m = (0,02357 \cdot 18 + (1 - 0,02357) \cdot 28,97)$ kg/kmol
    = 28,71 kg/kmol.
  Dichte: $\varrho = \dfrac{28,71 \cdot 0,0990 \cdot 298}{22,41 \cdot 0,1013 \cdot 323} \dfrac{kg}{m^3} = 1,155$ kg/m³.
  Massenkonzentration:
    $\zeta_{H_2O} = 0,01478 \cdot 1,155$ kg/m³ = 17,07 g/m³.
Berechnung der Stoffmengenkonzentration:
  $c_{H_2O} = (17,07/18)$ mol/m³ = 0,9483 mol/m³.
Berechnung der relativen Luftfeuchtigkeit:
  Partialdruck: ideales Gas:
    $p_{H_2O} = x_{H_2O} \cdot p = 0,02357 \cdot 0,0990$ MPa = 2,333 kPa.
  Bezugsdruck: Sättigungsdruck bzw. Dampfdruck aus
    Wasserdampftafel bzw. -diagramm (Vgl. Blatt 2.1.1.1):
    $p_S(50\,°C) = 12,34$ kPa.
  Relative Luftfeuchtigkeit:
    $\varphi = p_{H_2O}/p_S = 2,333/12,34 = 18,9\%$.

Symbole

c_i:	Stoffmengenkonzentration der Komponente i.
M:	Molmasse.
m:	Masse.
V:	Volumen.
x:	Wasserbeladung.
x_i:	Stoffmengenanteil (Molanteil) der Komponente i.
p:	Druck.
p_i:	Partialdruck.
p_s:	Sättigungsdruck.
t:	Temperatur.
Z:	Allgemeine Bezeichnung für Massen-, Stoffmengen- und Volumenanteile in der Tabelle.
ζ_i:	Massenkonzentration der Komponente i.
ξ_i:	Massenanteil der Komponente i.
ϱ:	Dichte.
τ:	Zeit.
φ:	relative Luftfeuchtigkeit.
φ_i:	Volumenanteil der Komponente i.

Indizes

I:	Input (dem System zugeführter Strom).
m:	Mittelung.
O:	Output (vom System abgeführter Strom).
Syst:	System (innerhalb der Bilanzgrenze).
$\sim, \,\hat{}$:	Relativ. Beladung.
i, j, k:	Laufindex.

Schrifttum

S. Weiß u.a. (Hrg.): Verfahrenstechnische Berechnungsmethoden, Teil 6: Verfahren und Anlagen. Grundstoffverlag Leipzig 1984.

K.-H. Näser, D. Lempe, O. Regen: Physikalische Chemie für Techniker und Ingenieure. Grundstoffverlag Leipzig 1988.

Charakterisierung der Zusammensetzung von Stoffen oder Phasen

Bezeichnung für Z_i	Definition von Z_i	Normierung	kohärente SI-Einheit	$Z_i = Fkt(\xi_i)$	$Z_i = Fkt(x_i)$	$Z_i = Fkt(\varphi_i)$	$\xi_i = Fkt(Z_i)$	$x_i = Fkt(Z_i)$	$\varphi_i = Fkt(Z_i)$
Massenbezogene Größen									
Massenanteil (Massenbruch, Massengehalt)	$\xi_i = \dfrac{m_i}{\sum m_k}$	$\sum \xi_k = 1,\ 0 \le \xi_k \le 1$	1 (kg / kg)	ξ_i	$\dfrac{M_i \cdot x_i}{\sum M_k \cdot x_k}$	$\dfrac{\rho_{0i} \cdot \varphi_i}{\sum \rho_{0k} \cdot \varphi_k}$	ξ_i	$\dfrac{\xi_i/M_i}{\sum \xi_k/M_k}$	$\dfrac{\xi_i/\rho_{0i}}{\sum \xi_k/\rho_{0k}}$
Molalität (Massenmolarität)	$b_i = \dfrac{n_i}{m_j}$	$\sum_{k \ne j} b_k = \dfrac{1-x_j}{M_j \cdot x_j},\ 0 \le b_k$	mol / kg	$\dfrac{\xi_i/M_i}{\xi_j}$	$\dfrac{x_i}{M_i \cdot x_j}$	$\dfrac{\rho_{0i} \cdot \varphi_i/M_i}{\rho_{0j} \cdot \varphi_j}$	$\dfrac{M_i \cdot b_i}{1+\sum_{k \ne j} M_k b_k}$	$\dfrac{b_i}{1/M_j + \sum_{k \ne j} b_k}$	$\dfrac{M_i b_i/\rho_{0i}}{1+\sum_{k \ne j} M_k b_k/\rho_{0k}}$
Massenbeladung	$\hat{\xi}_i = \dfrac{m_i}{m_j}$	$\sum_{k \ne j} \hat{\xi}_k = \dfrac{1-\xi_j}{\xi_j},\ 0 \le \hat{\xi}_k$	1 (kg / kg)	$\dfrac{\xi_i}{\xi_j}$	$\dfrac{M_i \cdot x_i}{M_j \cdot x_j}$	$\dfrac{\rho_i \cdot \varphi_i}{\rho_j \cdot \varphi_j}$	$\dfrac{\hat{\xi}_i}{1+\sum_{k \ne j} \hat{\xi}_k}$	$\dfrac{\hat{\xi}_i/M_i}{1/M_j + \sum_{k \ne j} \hat{\xi}_k/M_k}$	$\dfrac{\hat{\xi}_i/\rho_{0i}}{1/\rho_{0j} + \sum_{k \ne j} \hat{\xi}_k/\rho_{0k}}$
relativer Massenbruch	$\widetilde{\xi}_i = \dfrac{m_i}{\sum_{k \ne j} m_k}$	$\sum_{k \ne j} \widetilde{\xi}_k = 1,\ 0 \le \widetilde{\xi}_{k \ne j} \le 1$	1 (kg / kg)	$\dfrac{\xi_i}{1-\xi_j}$	$\dfrac{M_i \cdot x_i}{\sum_{k \ne j} M_k \cdot x_k}$	$\dfrac{\rho_{0i} \cdot \varphi_i}{\sum_{k \ne j} \rho_{0k} \cdot \varphi_k}$	$(1-\xi_j) \cdot \widetilde{\xi}_i$ $\alpha = \xi_j/(1-\xi_j)$	$\dfrac{\widetilde{\xi}_i/M_i}{\alpha/M_j + \sum_{k \ne j} \widetilde{\xi}_k/M_k}$	$\dfrac{\widetilde{\xi}_i/\rho_{0i}}{\alpha/\rho_{0j} + \sum_{k \ne j} \widetilde{\xi}_k/\rho_{0k}}$
Stoffmengenbezogene Größen									
Stoffmengenanteil (Stoffmengenbruch, Stoffmengengehalt, Molanteil, Molenbruch)	$x_i = \dfrac{n_i}{\sum n_k}$	$\sum x_k = 1,\ 0 \le x_k \le 1$	1 (mol / mol)	$\dfrac{\xi_i/M_i}{\sum_k \xi_k/M_k}$	x_i	$\dfrac{\rho_{0i}/M_i \cdot \varphi_i}{\sum \rho_{0k}/M_k \cdot \varphi_k}$	$\dfrac{M_i \cdot x_i}{\sum M_k \cdot x_k}$	x_i	$\dfrac{M_i \cdot x_i/\rho_{0i}}{\sum M_k \cdot x_k/\rho_{0k}}$
relativer Stoffmengenanteil	$\widetilde{x}_i = \dfrac{n_i}{\sum_{k \ne j} n_k}$	$\sum_{k \ne j} \widetilde{x}_k = 1,\ 0 \le \widetilde{x}_{k \ne j} \le 1$	1 (mol / mol)	$\dfrac{\xi_i/M_i}{\sum_{k \ne j} \xi_k/M_k}$	$\dfrac{x_i}{1-x_j}$	$\dfrac{\rho_{0i}/M_i \cdot \varphi_i}{\sum_{k \ne j} \rho_{0k}/M_k \cdot \varphi_k}$	$\dfrac{M_i \cdot \widetilde{x}_i}{M_j \cdot \beta + \sum_{k \ne j} M_k \cdot \widetilde{x}_k}$	$(1-x_j) \cdot \widetilde{x}_i$ $\beta = x_j/(1-x_j)$	$\dfrac{M_i/\rho_{0i} \cdot \widetilde{x}_i}{M_j/\rho_{0i} \cdot \beta + \sum_{k \ne j} M_k/\rho_{0i} \cdot \widetilde{x}_k}$
Volumenbezogene Größen (Konzentrationen)									
Massenkonzentration	$\zeta_i = \dfrac{m_i}{V}$	$\sum \zeta_k = \rho,\ 0 \le \zeta_k \le \rho$	kg / m³	$\rho \cdot \xi_i$	$\dfrac{\rho \cdot M_i \cdot x_i}{\sum M_k \cdot x_k}$	$\dfrac{\rho \cdot \rho_{0i} \cdot \varphi_i}{\sum \rho_{0k} \cdot \varphi_k}$	$\dfrac{\zeta_i}{\rho}$	$\dfrac{\zeta_i/M_i}{\sum \zeta_k/M_k}$	$\dfrac{\zeta_i/\rho_{0i}}{\sum \zeta_k/\rho_{0k}}$
Stoffmengenkonzentration (Molarität)	$c_i = \dfrac{n_i}{V}$	$\sum M_k \cdot c_k = \rho,\ 0 \le M_k \cdot c_k \le \rho$	mol / m³	$\dfrac{\rho \cdot \xi_i}{M_i}$	$\dfrac{\rho \cdot x_i}{\sum M_k \cdot x_k}$	$\dfrac{\rho \cdot \rho_{0i} \cdot \varphi_i}{M_i \cdot \sum \rho_{0k} \cdot \varphi_k}$	$\dfrac{M_i \cdot c_i}{\rho}$	$\dfrac{c_i}{\sum c_k}$	$\dfrac{M_i \cdot c_i/\rho_{0i}}{\sum M_k \cdot c_k/\rho_{0k}}$
Äquivalentkonzentration (Normalität)	$c_{ev,i} = z_i \cdot c_i$	$\sum M_k/z_k \cdot c_k = \rho,\ 0 \le M_k/z_k \cdot c_k \le \rho$	mol / m³	$\dfrac{\rho \cdot z_i \cdot \xi_i}{M_i}$	$\dfrac{\rho \cdot z_i \cdot x_i}{\sum M_k \cdot x_k}$	$\dfrac{\rho \cdot \rho_{0i} \cdot z_i \cdot \varphi_i}{M_i \cdot \sum \rho_{0k} \cdot \varphi_k}$	$\dfrac{M_i \cdot c_{ev,i}}{z_i \cdot \rho}$	$\dfrac{c_{ev,i}/z_i}{\sum c_{ev,k}/z_k}$	$\dfrac{M_i \cdot c_i/(z_i \cdot \rho_{0i})}{\sum M_k \cdot c_k/(z_k \cdot \rho_{0k})}$
Volumenanteil (Volumenbruch, Volumengehalt)	$\varphi_i = \dfrac{V_{0i}}{\sum V_{0k}}$	$\sum \varphi_k = 1,\ 0 \le \varphi_k \le 1$	1 (m³ / m³)	$\dfrac{\xi_i/\rho_{0i}}{\sum \xi_k/\rho_{0k}}$	$\dfrac{M_i \cdot x_i/\rho_{0i}}{\sum M_k \cdot x_k/\rho_{0k}}$	φ_i	$\dfrac{\rho_{0i} \cdot \varphi_i}{\sum \rho_{0k} \cdot \varphi_k}$	$\dfrac{\rho_{0i}/M_i \cdot \varphi_i}{\sum \rho_{0k}/M_k \cdot \varphi_k}$	φ_i
relativer Volumenanteil	$\widetilde{\varphi}_i = \dfrac{V_{0i}}{\sum_{k \ne j} V_{0k}}$	$\sum_{k \ne j} \widetilde{\varphi}_k = 1,\ 0 \le \widetilde{\varphi}_{k \ne j} \le 1$	1 (m³ / m³)	$\dfrac{\xi_i/\rho_{0i}}{\sum_{k \ne j} \xi_k/\rho_{0k}}$	$\dfrac{M_i \cdot x_i/\rho_{0i}}{\sum_{k \ne j} M_k \cdot x_k/\rho_{0k}}$	$\dfrac{\varphi_i}{1-\varphi_j}$	$\dfrac{\rho_{0i} \cdot \widetilde{\varphi}_i}{\sum_{k \ne j} \rho_{0k} \cdot \widetilde{\varphi}_k + \rho_{0j} \cdot \gamma}$	$\dfrac{\rho_{0i}/M_i \cdot \widetilde{\varphi}_i}{\sum_{k \ne j} \rho_{0k}/M_k \cdot \widetilde{\varphi}_k + \rho_{0j}/M_j \cdot \gamma}$	$(1-\varphi_j) \cdot \widetilde{\varphi}_i$ $\gamma = \varphi_j/(1-\varphi_j)$

i – ausgewählte Komponente, j – besonders hervorgehobene Komponente (z. B. Lösungsmittel, inerter Stoff), k – Laufindex. $M_m = \sum M_k \cdot x_k$, ideale Gase: $\rho/(kg/m^3) = \dfrac{M_m/(kg/kmol) \cdot 298 \cdot p/MPa}{22{,}41 \cdot 0{,}1013\,(t/°C+273)}$.

W. Fratzscher, K. Michalek

Grundbegriffe

Thermodynamisches System

Das thermodynamische System wird von seiner Umgebung durch eine gedachte Bilanzgrenze abgetrennt. Die Wechselwirkung des Systems mit der Umgebung und sein Zustand sind durch thermodynamische Variable beschreibbar.

Die Bilanzgrenze wird i.a. an den Grenzen eines betrachteten Stoffsystems, an den materiellen Grenzen einer Anlage oder Maschine oder dem Anfangs- und Endpunkt eines untersuchten Prozesses festgelegt. Ihre Festlegung ist vom Untersuchungsziel und der Möglichkeit der Beschaffung der notwendigen Daten für Berechnungen abhängig.

Thermodynamische Systeme können homogen (die intensiven thermodynamischen Zustandsgrößen sind ortsunabhängig), kontinuierlich (die intensiven thermodynamischen Zustandsgrößen sind zeitlich und räumlich stetig veränderlich) oder diskontinuierlich bzw. heterogen sein (an Phasengrenzen ändern sich intensive Zustandsgrößen sprunghaft).

Wechselwirkung des Systems mit seiner Umgebung

Die Wechselwirkung des Systems mit seiner Umgebung kann stofffrei und stoffgebunden erfolgen.

Die stofffreie Wechselwirkung ist durch die Prozessgrößen Arbeit und Wärme möglich. Prozessgrößen sind von der Art der Prozessführung (Art der Zustandsänderung der beteiligten Systeme) abhängig. Systeme ohne Arbeitsaustausch werden arbeitsisoliert (z.B. Wärmeübertrager, Drosselungen), Systeme ohne Wärmeaustausch werden wärmeisoliert oder adiabat genannt (z.B. näherungsweise Turbinen, Kompressoren, Drosselungen).

Die stoffgebundene Wechselwirkung wird durch die entsprechenden intensiven Zustandsgrößen multipliziert mit der Masse bzw. Stoffmenge berücksichtigt. Masseisolierte Systeme werden geschlossen genannt. Bei Fehlen jeglicher Wechselwirkung mit der Umgebung spricht man von abgeschlossenen Systemen.

Bilanzgleichungen

Für energietechnische Systeme sind Massenbilanzen, Stoffmengenbilanzen (Vgl. 1.2.1.1), Energiebilanzen, Impulsbilanzen, Entropiebilanzen, Exergiebilanzen[1] wesentlich.

Dabei gelten für Entropie- und Exergiebilanzen keine Erhaltungssätze. Dissipation und/oder Triebkraftabbau der im System ablaufenden Prozesse führen zu Entropiezunahme bzw. innerem Exergieverlust, die zu verringern, Ziel technischer Entwicklung ist, weil sie einen energetischen Mehraufwand oder eine Minderleistung verursachen.

Alle natürlichen und technischen Prozesse verursachen eine Entropiezunahme. Der Wert Null für die Entropieproduktion kennzeichnet einen theoretischen, bestmöglichen Vergleichsprozess.

Die Bilanzen können als Zeitpunktbilanzen (wie in den Bildern und der Tabelle), für einen differenziellen Zeitbereich und für einen endlichen Zeitbereich (Integration der Zeitpunktbilanz über einen Zeitraum) geschrieben werden.

Zustands- und Bilanzgrößen

Die dargestellten Bilanzen sind typisiert und enthalten alle das System bzw. den Prozeß an den Bilanzgrenzen

---

[1] Ursprünglich wurde die Exergie über die maximale Arbeitsfähigkeit eines Stoffstromes wie eine Zustandsgröße bei gleichbleibendem Umgebungszustand definiert. Der Begriff wird im engeren Sinne auch so verwendet. Eine verallgemeinerte Verwendung des Exergiebegriffes für die gesamte Bilanz und seine Anteile ist eine spätere Entwicklung.

beschreibenden Arten von Bilanzgrößen (z.B. $\dot{H}_{ges} = \dot{H} + \dot{m}\, g\, h_{geo} + \dot{m}\, c_{geo}^2/2$). Bilanzgrößen, die sich ändern, müssen in die Bilanzierung eingehen; diejenigen, die sich nicht ändern (z.B. die chemische Energie/Exergie in einem Wärmeübertrager), können in die Bilanzierung eingehen. Die angeführten intensiven thermodynamischen Zustandsgrößen sind zwar so definierbar, können aber nur für homogene Stoffströme und Systeme und für den thermomechanischen Exergieanteil unmittelbar aus thermodynamischen Datensammlungen entnommen werden. Für die Berechnung der Exergie von Gemischen und der chemischen Exergie sind die Arbeitsblätter 2.4.5 und 2.4.6 verwendbar.

Potenzielle und kinetische Energie

	Stoffströme	Stoffmenge
potenzielle Energie	$\dot{m} \cdot g \cdot h_{geo}$	$\partial\,(m \cdot g \cdot h_{geo})^{Syst}/\partial\,\tau$
kinetische Energie	$\dot{m} \cdot c_{geo}^2/2$	$\partial\,(m \cdot c_{geo}^2/2)^{Syst}/\partial\,\tau$

In vielen Fällen kann die Änderung der kinetischen und potentiellen Energie vernachlässigt werden. Bei ihrer Berücksichtigung sind sie in Energie- und Exergiebilanzen mit dem vollen Betrag einzubeziehen, während sie in Entropiebilanzen nicht auftreten.

Regeln

1. Exergiebilanzen werden aufgestellt, um mit ihnen bei gegebenem Umgebungszustand maximal erzielbare Nutzen oder minimal notwendige Aufwendungen zu bestimmen. Das gelingt, weil über den zweiten Hauptsatz der Thermodynamik die unterschiedliche Umwandelbarkeit der Energieformen – bei Festlegung des Bezugspunktes in der Umgebung – berücksichtigt wird.
2. Die in die Bilanzgrenze eingeschlossenen Stoffsysteme sind über die innere Energie und bzw. die „Exergie von Stoffsystemen" zu bilanzieren.
3. Für den technisch häufigen Fall, der Bilanz eines stationär durchströmten Systems, sind die Änderung der inneren Energie und Exergie des Systems selbst gleich Null.
4. Wegen der Berücksichtigung von Ein- und Ausschubarbeiten an der Bilanzgrenze sind Stoffströme über Enthalpie bzw. Exergie[1] zu bilanzieren.
5. Die über Datensammlungen oder Zustandsfunktionen bestimmbaren intensiven energetischen Zustandsgrößen werden über Multiplikation mit der Masse oder bei Molbezogenheit mit der Stoffmenge zu extensiven Zustandsgrößen, den Bilanzgrößen.
6. Wärme und Arbeit sind Prozessgrößen und müssen für den konkreten Fall aus Messungen oder über die Bilanzen aus Zustandsänderungen bestimmt werden. Deshalb ist für das Aufstellen einer Exergiebilanz i.a. die Berechnung der Energiebilanz erforderlich.
7. Geordnete Energieformen, Arbeit, potenzielle Energie, kinetische Energie, erscheinen in der Exergiebilanz mit dem vollen Betrag und sind in der Entropiebilanz nicht enthalten.
8. Die ungeordnete Energieform Wärme ist in die Entropiebilanz als reduzierte Wärme (Q/T) und in die Exergiebilanz als Arbeitswert der Wärme bzw. Exergie der Wärme (Multiplikation mit Carnotfunktion) aufzunehmen.
9. Irreversibilitäten durch Dissipation oder Triebkraftabbau im System bewirken Bilanzdifferenzen in der Entropie- und Exergiebilanz als Entropieproduktion und innere Exergieverluste. Der Betrag der inneren Exergieverluste ergibt sich aus der Entropieproduktion durch Multiplikation mit der absoluten Umgebungstemperatur.

Symbole und Schrifttum

c_{geo}: Geschwindigkeit bezüglich der Erdoberfläche
h_{geo}: geodätische Höhe

s. bei Blatt 1.2.3

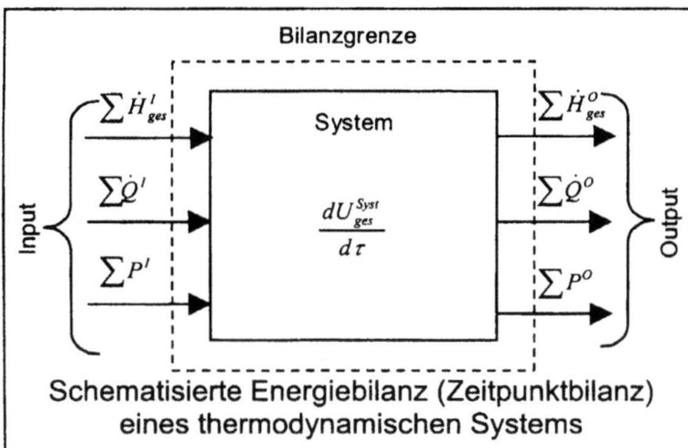

Schematisierte Energiebilanz (Zeitpunktbilanz) eines thermodynamischen Systems

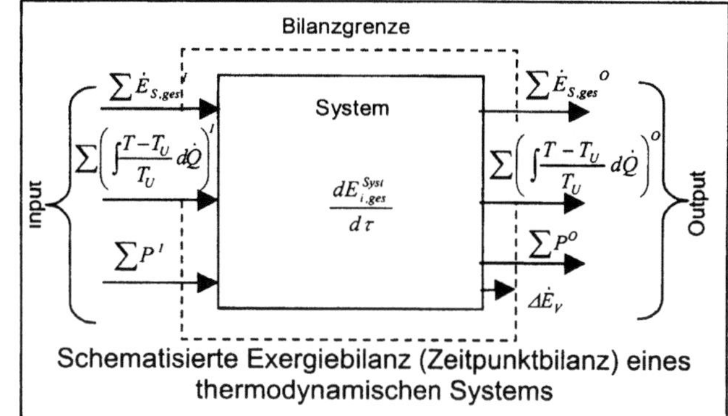

Schematisierte Exergiebilanz (Zeitpunktbilanz) eines thermodynamischen Systems

Bilanzgleichungen

Energiebilanz:

$$\sum Energiestrom = \frac{dU_{ges}^{Syst}}{d\tau}$$

$$\sum \dot{H}_{ges} + \sum \dot{Q} + \sum P = \frac{dU_{ges}^{Syst}}{d\tau}$$

$$\sum \dot{m}h_{ges} + \sum \dot{Q} + \sum P = \frac{d(mu)^{Syst}}{d\tau}$$

$$\left| \sum Energiestrom^{I} \right| = \frac{dU_{ges}^{Syst}}{d\tau} + \left| \sum Energiestrom^{O} \right|$$

stationär durchströmt:

$$\left| \sum Energiestrom^{I} \right| = \left| \sum Energiestrom^{O} \right|$$

Exergiebilanz:

$$\sum Exergiestrom + \Delta \dot{E}_V = \frac{dE_{i,ges}^{Syst}}{d\tau}$$

$$\sum \dot{E}_{S,ges} + \sum \int \frac{T-T_U}{T}\partial \dot{Q} + \sum P + \Delta \dot{E}_V = \frac{dE_{i,ges}^{Syst}}{d\tau}$$

$$\sum \dot{m}e_{ges} + \sum \int \frac{T-T_U}{T}\partial \dot{Q} + \sum P + \Delta \dot{E}_V = \frac{d(me_{i,ges})^{Syst}}{d\tau}$$

$$\left| \sum Exergiestrom^{I} \right| = \frac{dE_{i,ges}^{Syst}}{d\tau} + \left| \sum Exergiestrom^{O} \right| + \left| \Delta \dot{E}_V \right|$$

stationär durchströmt:

$$\left| \sum Exergiestrom^{I} \right| = \left| \sum Exergiestrom^{O} \right| + \left| \Delta \dot{E}_V \right|$$

Vorzeichenfestlegung: Systemstandpunkt. Zufuhr zum System ist positiv, Abfuhr vom System ist negativ.

Bilanzierte Größen

Bilanzanteil für	Massen-bilanz	Energiebilanz	Entropiebilanz	Exergiebilanz
Inputs/Outputs:				
- Stoffstrom [1]	$\dot{m}$	$\dot{H} = \dot{m}(h - h_0)$	$\dot{S} = \dot{m}(s - s_0)$	$\dot{E} = \dot{m}e = \dot{m}[h - h_U - T_U(s - s_U)]$
- Wärmestrom	-	$\dot{Q} = \dfrac{\partial Q}{\partial \tau}$	$\dot{S} = \int \dfrac{\partial \dot{Q}}{T} = \dfrac{\dot{Q}}{T_m}$	$\dot{E}_Q = \int \dfrac{T-T_U}{T}\partial \dot{Q} = \dfrac{T_m - T_U}{T_m}\dot{Q}$
- Arbeit/ Leistung	-	$P = \dfrac{\partial W}{\partial \tau}$	0	P
zeitliche Änderung im Bilanzkreis [1]	$\dfrac{dm^{Syst}}{d\tau}$	$\dfrac{dU^{Syst}}{d\tau} = \dfrac{d(mu)^{Syst}}{d\tau}$	$\dfrac{dS^{Syst}}{d\tau} = \dfrac{d(m(s - s_0))^{Syst}}{d\tau}$	$\dfrac{dE_i^{Syst}}{d\tau} = \dfrac{d(me_i)^{Syst}}{d\tau}$ $= \dfrac{d\{m[u - u_U - T_U(s - s_U) + p_U(v - v_U)]\}^{Syst}}{d\tau}$
Produktion /Extermination	0	0	$\Delta \dot{S}_{irr} = \dfrac{\partial S_{irr}}{\partial \tau} \geq \int \dfrac{\partial \dot{W}_{diss}}{T}$	$\Delta \dot{E}_V = -T_U \Delta \dot{S}_{irr} \leq -\int \dfrac{T_U \partial \dot{W}_{diss}}{T}$

[1] Gegebenenfalls sind neben dem thermischen Zustand in der Energie- und Exergiebilanz noch die potenziellen und kinetischen Energien additiv zu berücksichtigen, was zu H_{ges}, U_{ges} und E_{ges} führt. Die chemische Energie und die Konzentrationsanteile der Exergie werden durch die Wahl des Bezugszustandes 0 bzw. des Umgebungszustandes U einbezogen.

W. Fratzscher, K. Michalek

Anwendung des Arbeitsblattes

Arbeitsblatt 1.2.2 vermittelt eine Systematik zum thermodynamischen System und seinen Bilanzen, erlaubt aber noch keine Berechnung. Die hier aufgeführten Gleichungen sollen für häufige Fälle in energietechnischen Anlagen nach Beschaffung der entsprechenden thermodynamischen Stoffdaten die Berechnung der Energie- und Exergiebilanz ermöglichen.

Kinetische und potenzielle Energie wurden hierbei nicht berücksichtigt (s. Blatt 1.2.2). Die Exergieberechnung ist auf Definitionsgleichungen und wesentliche Spezialfälle für den thermomechanischen Exergieanteil und die Prozessgrößen Wärme und Arbeit beschränkt.

Die Systematik der Exergieanteile geht aus Blatt 1.2.4 hervor, graphische Möglichkeiten zu Bestimmung der Exergie der Wärme sind in Blatt 2.4.1 dargestellt, worauf weitere Arbeitsblätter zur Bestimmung der thermomechanischen Exergie und anderer Exergieanteile folgen.

Die Tabelle ist in den Zeilen zuerst nach den Bilanzgrößen (ohne die inneren Exergieverluste), dann nach extensiven und intensiven Größen, Definitionsgleichungen und wichtigen Spezialfällen gegliedert. Die Spalten haben eine Hauptgliederung in Energie- und Exergiebilanz und in Bemerkungen zum Gültigkeitsbereich bzw. der Anwendbarkeit der angeführten Gleichungen. Die dargestellten Gleichungen sind in zwei Spalten aufgeteilt, links für das Symbol der berechneten Größe und rechts für den entsprechenden Berechnungsalgorithmus.

Der Bezugszustand für Energie- und Exergieberechnung von Stoffen fallen i.a. nicht zusammen, weshalb die Zustandswerte für den Umgebungszustand nicht ohne weiteres Null gesetzt werden können. Die Bezugszustände für Energie- und Entropieberechnung sind nicht einheitlich definiert, müssen aber für alle an der Wandlung beteiligten Ströme gleich sein, was die Berücksichtigung von endlichen Korrekturwerten bei Verwendung von Datensammlungen erfordert.

Die angegebenen Gleichungen sind Größengleichungen, d.h. beim Einsetzen von SI-Einheiten erhält man auch als Ergebnis SI-Einheiten. Das in den Gleichungen angegebene spezifische

Volumen ist der reziproke Wert der Dichte: $v = \dfrac{1}{\varrho}$.

Thermodynamische Zusammenhänge

Stoffstrom

Die extensiven Bilanzgrößen werden aus dem Produkt der entsprechenden intensiven Zustandsgrößen und dem Massen- bzw. Stoffmengenstrom ermittelt. Durch die Einschub- bzw. Ausschubarbeiten entstehen die Differenzen zwischen den Definitionsgleichungen für Enthalpie und Exergie eines Stoffstromes und für innere Energie bzw. Exergie eines Stoffsystems. Diese bewirken, dass die Exergie eines Stoffstromes, bei Drücken die unter dem Umgebungsdruck liegen, negativ sein kann.

Die allgemeinen Definitionsgleichungen in der Tabelle werden in der nächsten Zeile so umgeformt, dass sie nur noch für den thermomechanischen Exergieanteil gelten. Bei vereinfachenden Annahmen zur Temperaturabhängigkeit der spezifischen Wärmekapazität und der Druckabhängigkeit können die Gleichungen für ideale Gase und inkompressible Medien verwendet werden.

Stoffsystem

Bei instationären Prozessen muß die Änderung der intensiven Zustandsgrößen und die Stoffmengenänderung im System beachtet werden. Deshalb müssen neben der inneren Energie und der Exergie des Stoffsystems auch deren zeitliche Ableitungen berechnet werden. Die Exergie eines Stoffsystems (nicht deren Änderung) ist immer positiv, wenn nicht ungewöhnliche Verhältnisse bei der chemischen Exergie vorliegen.

Wärme

Die Wärme folgt als Prozessgröße aus den Randbedingungen des Prozesses und der Energiebilanz. Die für die Berechnung des Wärmestroms am häufigsten benutzte Gleichung gilt für stationär durchströmte arbeitsisolierte Systeme.

Arbeit

Die Arbeit folgt als Prozessgröße aus den Randbedingungen des Prozesses und der Energiebilanz. Das stationär durchströmte, adiabate System wird gewöhnlich für die Turbinen- und Verdichterberechnung herangezogen. Dabei kann der reversible Grenzfall (Isentrope) über $n = \kappa$ für ideale Gase oder aus den h,s-Zustandswerten für $s = \text{const.}$ berechnet werden. Die Korrektur zum Realverhalten ist über n oder den isentropen Wirkungsgrad möglich.

Symbole

$c_\mathrm{p}, c_\mathrm{V}$: spezifische Wärmekapazität bei konstantem Druck, bei konstantem Volumen.

$E, \dot{E}, e$: Exergie, Exergiestrom, spezifische Exergie (massenbezogen).

$\dot{H}, h$: Enthalpiestrom, spezifische Enthalpie (massenbezogen).

M: Molmasse.

$m, \dot{m}$: Masse, Massenstrom.

n: Polytropenexponent.

$n, \dot{n}$: Stoffmenge (Molmenge), Stoffmengenstrom.

P: Leistung (Ableitung der Arbeit nach der Zeit).

p: Druck.

$Q, \dot{Q}$: Wärme, Wärmestrom.

$\bar{R}$: allgemeine Gaskonstante (molbezogen).

$S, \dot{S}, s$: Entropie, Entropiestrom, spezifische Entropie (massenbezogen).

T: absolute Temperatur (in K).

U, u: innere Energie, spezifische innere Energie (massenbezogen).

V, v: Volumen, spezifisches Volumen (massenbezogen).

W: Arbeit (mechanische oder elektrische).

$\Delta \dot{E}_\mathrm{V}$: (innerer) Exergieverlust durch Irreversibilität.

$\Delta \dot{S}_\mathrm{irr}$: Entropieproduktion durch Irreversibilität.

η: Wirkungsgrad.

κ: Isentropenexponent ($c_\mathrm{p}/c_\mathrm{V}$).

ϱ: Dichte.

τ: Zeit.

Indizes, hochgestellt

I: Input (dem System zugeführter Strom).

O: Output (vom System abgeführter Strom).

$Syst$: System (innerhalb der Bilanzgrenze).

$\cdot$: Strom (Ableitung nach der Zeit).

$-$: stoffmengenbezogen (molbezogen).

Indizes, tiefgestellt

0: Bezugszustand.

$diss$: dissipativ (durch Reibung verursachte Umwandlung).

ges: gesamt (alle Energie- bzw. Exergieanteile erfassend).

i: innere (bezogen auf das Stoffsystem).

irr: irreversibel.

is: isentrop (S = const.), bei stationärer Durchströmng reversibel adiabat.

m: mittlere.

S: Stoffstrom.

U: Umgebungszustand.

Schrifttum

W. Fratzscher, V.M. Brodjanskij, K. Michalek: Exergie – Theorie und Anwendung. Grundstoffverlag Leipzig 1986.

J. Szargut, D.R. Morris, F.R. Steward: Exergy Analysis of Thermal, Chemical, and Metallurgical Processes. Hemisphere Publishing Corp. New York 1988.

Bilanzanteil	Energiebilanz		Exergiebilanz		Gültigkeitsbereich, Bemerkung
	Symbol	Berechnungsgleichung	Symbol	Berechnungsgleichung	
Stoffstrom	$\dot{H}$	$\dot{m}(h - h_0)$ $= \dot{n}(\bar{h} - \bar{h}_0)$	$\dot{E}$	$\dot{m}e$ $= \dot{n}\bar{e}$	Extensive Zustandsgrößen. Sie ergeben sich aus Multiplikation des Massen- oder Stoffmengenstroms mit intensiven Zustandsgrößen.
	h	$u + p \cdot v$	e	$e_i + (p - p_U) \cdot v$	Definitiver Zusammenhang zu intensiven Zustandsgrößen eines Stoffsystems.
	h	$\int\limits_0^x [Tds + vdp] =$ $\int\limits_0^x \left\{ c_p dT + \left[v - T\left(\dfrac{\partial v}{\partial T}\right)_P \right] \right\} dp$	e	$\int\limits_U^x [dh - T_U ds] = h - h_U - T_U (s - s_U) =$ $\int\limits_U^x \left\{ \dfrac{T - T_U}{T} c_p dT + \left[v - (T - T_U) \cdot \left(\dfrac{\partial v}{\partial T}\right)_p \right] dp \right\}$	Definitionsgleichungen und Abhängigkeit vom thermischen Zustand. Auf dem Integrationsweg (der beliebig ist) können durch Phasenänderung und chemische Reaktion Probleme mit der Definition der entsprechenden Differentialquotienten auftreten. Diese sind entsprechend der thermodynamischen Gesetze dann zweckmäßigerweise zu substituieren.
	h	$c_{p,m}(T - T_0)$	e	$c_{p,m}(T - T_U - T_U \ln\dfrac{T}{T_U}) + \dfrac{\bar{R}}{M} T_U \ln\dfrac{p}{p_U}$	Ideales Gases mit mittlerer spezifischen Wärmekapazität. Thermomechanischer Exergieanteil.
	h	$c_{p,m}(T - T_0) + v \cdot (p - p_0)$	e	$c_{p,m}(T - T_U - T_U \ln\dfrac{T}{T_U}) + v \cdot (p - p_U)$	Inkompressible Flüssigkeit mit mittlerer spezifischen Wärmekapazität. Thermomechanischer Exergieanteil.
Stoffsystem	$\dfrac{dU}{d\tau}$	$u\dfrac{dm}{d\tau} + m\dfrac{du}{d\tau}$	$\dfrac{dE_i}{d\tau}$	$e_i\dfrac{dm}{d\tau} + m\dfrac{de_i}{d\tau}$	Änderung des Energieinhalts eines Systems durch Massen- und Zustandsänderung.
	du	$Tds - pdv =$ $c_v dT + \left[T\left(\dfrac{\partial p}{\partial T}\right)_v - p \right] dv$	de_i	$du - T_U ds + p_U dv =$ $\dfrac{T - T_U}{T} c_v dT + \left[(T - T_U) \cdot \left(\dfrac{\partial p}{\partial T}\right)_v - (p - p_U) \right] dv$	Definitionsgleichungen und Abhängigkeit vom thermischen Zustand. Auf dem Integrationsweg (der beliebig ist) können durch Phasenänderung und chemische Reaktion Probleme mit der Definition der entsprechenden Differentialquotienten auftreten, die Substitutionen erfordern.
	u	$\int\limits_0 du$	e_i	$\int\limits_U de_i$	
	u	$c_{v,m}(T - T_0) = \dfrac{c_{p,m}}{\kappa}(T - T_0)$	e_i	$c_{v,m}\left(T - T_U - T_U \ln\dfrac{T}{T_U} \right) +$ $+ \dfrac{\bar{R}}{M} T_U \left(\dfrac{p_U \cdot T}{p \cdot T_U} - 1 - \ln\dfrac{p_U \cdot T}{p \cdot T_U} \right)$	Ideales Gas mit mittlerer spezifischen Wärmekapazität. Für Flüssigkeiten und Feststoffe bei Vernachlässigbarkeit des Druckterms und Weglassen in Gleichung für die thermomechanische Exergie.
Wärme	$\dot{Q}$	$-\left(\sum \dot{H} + \sum P - \dfrac{dU^{Syst}}{d\tau} \right)$	$\dot{E}_Q$	$\int\limits_1^2 \dfrac{T - T_U}{T} \partial \dot{Q}$	Prozessgröße. Stoffreier Strom ungeordneter Energie über die Bilanzgrenze.
	$\dot{Q}$	$\dot{H}_2 - \dot{H}_1$	$\dot{E}_Q$	$\dfrac{T_{m1,2} - T_U}{T_{m1,2}}(\dot{H}_2 - \dot{H}_1)$	Stationäre Strömung ohne Arbeitsaustausch. z.B. Modell für Rohrströmungen und Strömungen in Wärmeübertragern.
	$\dot{Q}$	$\dot{m}c_{p,m}(T_2 - T_1)$	$\dot{E}_Q$	$\dot{m}c_{p,m}\left(T_2 - T_1 - T_U \ln\dfrac{T_2}{T_1} \right)$ $T_{m1,2} = \dfrac{T_2 - T_1}{\ln\dfrac{T_2}{T_1}}$	Stationäre Strömung ohne Arbeitsaustausch. Spezifische Wärmekapazität annähernd konstant, Reibungsarbeit im Vergleich zum Wärmestrom vernachlässigbar.
Arbeit	$\dot{W} = P$	$-\left(\sum \dot{H} + \sum \dot{Q} - \dfrac{dU^{Syst}}{d\tau} \right)$			Prozessgröße. Stoffreier Strom geordneter Energie über die Bilanzgrenze. Energie gleich Exergie.
	P	$\dot{H}_2 - \dot{H}_1$			Stationär durchströmt, adiabat.
	W	$-\int\limits_1^2 pdV + p_U(V_2 - V_1) = \dfrac{1}{n-1}(p_2 V_2 - p_1 V_1) + p_U(V_2 - V_1),$ $\dfrac{dT/T}{dp/p} = \dfrac{n-1}{n}$			Technisch nutzbarer Anteil der Volumenänderungsarbeit eines Systems. Zweiter Teil der Gleichung: ideales Gas und polytrope Zustandsänderung, n=1 für isotherm, n=κ für reversibel, adiabat.
	P	$\dot{m}\int\limits_1^2 v\,dp = \dfrac{\dot{m} \cdot n}{n-1}(p_2 v_2 - p_1 v_1) = \dot{m}\dfrac{n \cdot \bar{R} T_1}{(n-1) \cdot M\, p_1}\left[\left(\dfrac{p_2}{p_1}\right)^{\frac{n-1}{n}} - 1 \right],$ $\dfrac{dT/T}{dp/p} = \dfrac{n-1}{n}$			Technische Arbeit eines Stoffstroms. Ideales Gas und polytrope Zustandsänderung: n=1 für isotherm, n=κ für reversibel, adiabat.
	P	$\eta_{is} P_{rev}\ \text{für}\ P\langle 0 \qquad \vert \qquad \dfrac{P_{rev}}{\eta_{is}}\ \text{für}\ P\rangle 0$			Technische Arbeit eines Stoffstroms. Berechnung aus reversibel, adiabatem Vergleichsprozess.

W. Fratzscher, K. Michalek

Thermodynamische Zusammenhänge

Die Exergie ist eine Größe, die von den thermodynamischen Eigenschaften des untersuchten Systems (Stoffstroms) und der Umgebung abhängt. Ihr Wert wird dem untersuchten System zugewiesen. So lange der Umgebungszustand gleich bleibt, hat sie die Eigenschaft einer Zustandsgröße. Der Integrationsweg für ihre Berechnung, ausgehend vom Umgebungszustand bis zum Berechnungszustand, ist damit beliebig.

Die Unterteilung der Exergie in Anteile ist im Zusammenhang mit der Algorithmierung von Berechnungsverfahren, mit der Veranschaulichung der Nutzung der „maximalen Arbeitsfähigkeit" in bestimmten Prozessen und mit Schwerpunkten der Prozessanalyse bei Energieumwandlungsprozessen zu sehen.

Die Blätter 2.4.2 ff erlauben die Bestimmung der Exergieanteile für unterschiedliche Stoffsysteme und unterschiedliche Modelle ihrer thermodynamischen Beschreibung. In der Literatur wird der Integrationsweg häufig als Abfolge reversibler Prozesse zur Gewinnung der maximalen Arbeit bei reversibler Wechselwirkung mit der Umgebung dargestellt. Blatt 2.4.6.1 kann hierfür als Beispiel gelten.

Exergieanteile, die nicht an den zu analysierenden Wandlungsprozessen beteiligt sind, werden in Prozessanalysen häufig nicht ausgewiesen. Durch das Nullsetzen von Teilen des Integrationsweges wird allerdings eine implizite Umgebungsdefinition vorgenommen. Ein anderer Weg bei der Prozessanalyse besteht darin, diese Anteile explizit als „Transitexergien" auszuweisen (Vgl. Blatt 1.2.5).

Integrationsweg

Der Integrationsweg führt vom Umgebungs- zum Berechnungszustand. Der Umgebungszustand wird i. a. durch Druck, Temperatur, einen Satz von Bezugssubstanzen und deren Konzentration bestimmt. Die Einführung von Bezugssubstanzen hat sich als notwendig erwiesen, weil die natürliche Umgebung keine Gleichgewichtsumgebung ist, sondern durch gehemmte chemische Gleichgewichte gekennzeichnet wird. In der Energietechnik häufige Stoffe, wie die Luftbestandteile und Wasser sind Bezugssubstanzen.

Stoffe, die keine Bezugssubstanzen sind, sind über reversible chemische Reaktionen reiner Stoffe im stöchiometrischen Verhältnis mit Bezugssubstanzen bereitzustellen[1] (Vgl. Blatt 2.4.6.1). Dazu müssen die zugeführten Bezugssubstanzen von der Umgebungskonzentration auf den Molanteil Eins und die abgeführten Bezugssubstanzen vom Molanteil Eins auf die Umgebungskonzentration gebracht werden. Die Konzentrationsänderung liefert einen ersten Anteil der Konzentrationsexergie und die Reaktion die chemische Exergie. Nach der nachfolgenden Konzentrationsänderung (zweiter Anteil der Konzentrationsexergie) liegen die Stoffe bei Umgebungstemperatur und -druck und der Konzentration des Berechnungszustandes vor. Stoffe, die keinen chemischen Exergieanteil haben, sind damit Bezugssubstanzen (oder ihnen gleichwertig) und Stoffe, die keinen Konzentrationsexergieanteil haben, entsprechen der Zusammensetzung der Umgebung.

Anschließend wird für den Stoff oder das Stoffgemisch der Berechnungszustand durch Druck- und Temperaturänderung erreicht. Die Wahl des Integrationsweges ist auch von den zur Verfügung stehenden Stoffdaten abhängig (Vgl. Blatt 2.4.3).

Nutzung von Datensammlungen

Zuerst wird bei der Berechnung der Exergie eines Stoffstromes die Exergie der im Stoffstrom enthaltenen Substanzen über eine Datensammlung zur chemischen Exergie bestimmt (Vgl. Blätter 2.4.6.2 bis 2.4.6.4). Dabei wird der erste Konzentrationsanteil und die Exergie der Reaktion mit den Bezugssubstanzen zusammengefasst als Exergie für die reinen Stoffe angegeben.

Die anschließende Berücksichtigung der Mischung der reinen Stoffe und der damit möglicherweise verbundenen energetischen Effekte und der Entropieerhöhung (Vgl. Blatt 2.4.5) und die Änderung des Druckes und der Temperatur auf den Berechnungszustand (Vgl. Blatt 2.4.2 bis 2.4.4) führt zur physikalischen Exergie.

Technische Aspekte

Die Kernexergie wird in den weiteren Betrachtungen nicht berücksichtigt. Sie beruht auf Massendefekten in den Kernen bei Kernreaktionen. Die Schwierigkeit ihrer Berechnung liegt darin, dass z. Z. kein schlüssiges Modell für eine Umgebungsdefinition (einen Bezugsatomkern vorliegt). Deshalb wird i. a. nur die bei den verschieden Kernwandlungstechniken freisetzbare thermische Energie und deren Exergie bilanziert.

Die potenzielle und kinetische Energie des Stoffstromes ist in den meisten Fällen der Bilanzierung thermodynamischer Systeme vernachlässigbar, kann aber einfach additiv hinzugefügt werden, weshalb ihre Behandlung auf die Angabe der Grundgleichungen beschränkt wird.

Die Konzentrationsexergie spielt als Nutzen von Stoffrennverfahren (z. B. Luftzerlegung, Abgasreinigung) eine entscheidende Rolle. Ihr Betrag ist im Vergleich zu anderen Exergieströmen oft relativ gering, ihre Bereitstellung über thermische Trennverfahren ist allerdings i. a. mit Wirkungsgraden von nur wenigen Prozent verbunden. Deshalb ist ihre technische Bedeutung größer als es die Exergieanteile vermuten lassen. Mischen von reinen Stoffströmen oder Stoffströmen verschiedener Zusammensetzung bedeutet einen Verlust an Konzentrationsexergie.

Die chemische Exergie weist Stoffe als Energieträger im Zusammenhang mit chemischen Reaktionen aus und macht deutlich, dass alle chemischen Reaktionen auch als Energiewandlungsprozesse zu verstehen sind. Die energietechnisch bedeutendste Reaktion ist die Verbrennung.

Für die Analyse einer Reihe von Energiewandlungsverfahren (Wärmeübertragung, Expansion, Kompression) reicht die Bestimmung des thermomechanischen Exergieanteils aus. In Einzelfällen kann es sinnvoll sein, den Druck- und Temperaturanteil getrennt auszuweisen. Das ist z. B. sinnvoll, wenn die Umwandlung von mechanischer Exergie in thermische Exergie bei Rohrreibungsverlusten oder bei der Kälteerzeugung über Drosselung betrachtet werden sollen.

Symbole

c_{geo}:   Strömungsgeschwindigkeit in Bezug auf ein geodätisches Koordinatensystem.
c_{L}:   Lichtgeschwindigkeit.
g: Erdbeschleunigung (9,81 m/s²).
h_{geo}:   geodätische Höhe.
x: Molanteil.
Index i: i-te Substanz im Stoffstrom.
Index j: j-te Bezugssubstanz in der Umgebung.

s. Blatt 1.2.3

Schrifttum

W. Fratzscher, V. M. Brodjanskij, K. Michalek: Exergie – Theorie und Anwendung. Grundstoffverlag Leipzig 1986.
J. Szargut, D. R. Morris, F. R. Steward: Exergy Analysis of Thermal, Chemical, and Metallurgical Processes. Hemisphere Publishing Corp. New York 1988.

---

[1] Szargut bezeichnet die entsprechende Reaktion als Devaluationsreaktion (Entwertungsreaktion), weil er den entsprechenden Prozess in umgekehrter Richtung betrachtet.

Definition und Interpretation von Exergieanteilen

Exergieanteil	Definition, Integrationsweg	physikalische Interpretation	technische Bedeutung
Nach technischen Aspekten:			
Kernexergie	$\left[\displaystyle\int_{1}^{m_2/m_1} de\right]_{p_U,T_U,x_{jU}} = \left(\dfrac{m_2}{m_1}-1\right)\cdot c_L^2$	Ausdruck der Umwandlung von Masse in Energie durch Kernreaktionen.	Die Kernumwandlung ist so stark durch unterschiedliche Technologien geprägt, dass der Ausweis des maximalen energetischen Potentials und die Umgebungsdefinition ungeklärt ist, i.a. wird die Bilanz nach der Wärmebereitstellung begonnen.
potentielle Energie kinetische Energie	$\rho\, g\, h_{geo}$ $\dfrac{\rho}{2}\, c_{geo}^{\,2}$	Geordnete Energieformen, die das Gesamtsystem oder Stoffströme hinsichtlich Lage und Bewegung in der Umgebung kennzeichnen.	In vielen thermodynamischen Bilanzen vernachlässigbar. Bei Bedeutung additiv den Bilanzen zufügen!
Konzentrationsexergie	$\left[\displaystyle\int_{x_{jU}}^{x_j=1} de + \int_{x_i=1}^{x_i} de\right]_{p_U,T_U}$	Ausdruck der Mischungseffekte zwischen unterschiedlichen Molekülen. Kennzeichnung des Konzentrationsgefälles zur Umgebung.	Kenzeichnet Nutzen und minimalen Aufwand von Stofftrennprozessen. Ist in der Energiebilanz nicht sichtbar. In Prozessen, in denen Stofftrennung nicht im Vordergrund steht, oft vernachlässigbar.
chemische Exergie	$\left[\displaystyle\int_{x_i=1}^{x_i=1} de\right]_{p_U,T_U}$	Ausdruck der Änderung der chemischen Zusammensetzung. Kennzeichnung des Übergangs von den Bezugssubstanzen der Umgebung zu den berechneten Stoffen.	Kennzeichnet die Einheit von Energie- und Stoffwandlung. Bedeutendster Exergieanteil konventioneller Brennstoffe. Ermöglicht die Entwicklung „energieautarker" Stoffwandlungsverfahren.
thermomechanische Exergie	$\left[\displaystyle\int_{p_U,T_U}^{p,T} de\right]_{x_i}$	Ausdruck der ungeordneten Bewegung der Moleküle. Kennzeichnung der Abweichung von Druck und Temperatur vom Umgebungsniveau.	Wichtigster Anteil für viele Verfahren der Energietechnik. Die Unterteilung in Druck- und Temperaturterm ist nur für Spezialfälle gerechtfertigt: z.B. Drosselung zur Kältegewinnung, Wirkung von Reibungsverlusten beim Transport thermischer Energie.
Bei Nutzung von Datensammlungen:			
chemische Exergie	$\left[\displaystyle\int_{x_{jU}}^{x_j=1} de + \int_{x_j=1}^{x_i=1} de\right]_{p_U,T_U}$	Ausdruck der Exergie reiner Stoffe im Vergleich zur Umgebung. Beinhaltet Konzentrationsänderung und gegebenenfalls chemische Umwandlung. Tabelliert als chemische Standardexergie.	Bewertung der Ressourcenentnahme aus der Umgebung oder der Abgabe von Stoffen in diese, allerdings für reine Stoffe. Für Gemische muß bei rein stofflicher Bewertung noch der zweite Term der Konzentrationsexergie addiert werden.
physikalische Exergie	$\displaystyle\int_{p_U,T_U,x_i=1}^{p,T,x_i} de$	Ausdruck der Exergie eines Stoffstromes bezogen auf Umgebungstemperatur, Umgebungsdruck und seine reinen Komponenten.	Bewertung von Energie- und Stoffwandlungsprozessen (ohne chemische Reaktionen), soweit die stoffliche Ressourcenentnahme aus der Umgebung oder deren Belastung durch Abgaben nicht Gegenstand der Bewertung sind.

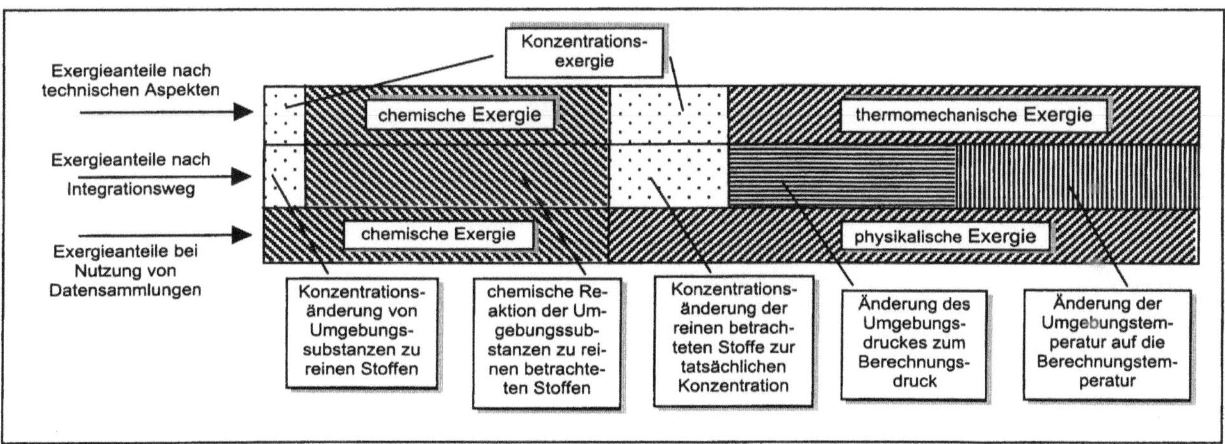

Möglichkeiten der Aufteilung der Exergie in Anteile aus berechnungsmethodischen Gründen oder zur Analyse von Energiewandlungsprozessen

W. Fratzscher, K. Michalek

Technische Bewertung

Zur Lösung technischer Bewertungsaufgaben ist es i.a. zweckmäßig, die Bilanz um das thermodynamische System (Vgl. Blatt 1.2.2) in eine technische Bilanz umzuformen. Das formalisierte Vorgehen soll dabei die thermodynamische Konsistenz der Aussagen gewährleisten. Es beinhaltet eine Umformung der Bilanzgleichungen und Gruppierung der Terme mit der Zuordnung zu Aufwand, Nutzen, äußeren und inneren Verlusten. Dabei kann es zweckmäßig sein, in diese Umgruppierung nicht die vollen Exergieströme sondern nur Anteile aufzunehmen. Die Art der Umformung ist sowohl von der Art des analysierten Energiewandlungsprozesses als auch vom Ziel der Prozessanalyse abhängig, weil sich durch die mit der Betrachtung einzelner Energiewandlungsprozesse verbundene Subtraktionen und darauf bezogene Bewertungen Aussagen verschärfen lassen.

Die Motivation für die Differenzbildung zur technischen Bewertung besteht darin, daß i.a. nicht die Gesamtheit der zugeführten Exergie an dem Energiewandlungsprozess teilnimmt. Bei einem Wärmeübertragungsprozess ist z.B. die chemische Exergie des wärmeabgebenden und des wärmeaufnehmenden Mediums bedeutungslos, sie stellt einen Exergietransit[1] dar. Wenn das Ziel der im System ablaufenden Prozesse in der Erwärmung eines Mediums besteht, ist dessen Exergieerhöhung der Nutzen und die Exergieverringerung des anderen Mediums der Aufwand.

Außerdem spielt die Stellung des bewerteten Systems in einem übergeordneten System eine Rolle. Wenn der aus dem Wärmeübertrager austretende wärmeabgebende Strom nicht weiter genutzt wird, ist es sinnvoll, ihn als äußeren Verlust (prinzipiell noch nutzbare Abfallenergie) zu betrachten. Damit kann sein Output bei der Bilanzumformung nicht aufwandsmindernd betrachtet werden und sein gesamter Input (einschließlich der chemischen Exergie) ist als Aufwand anzusehen.

Ein weiteres Beispiel für eine unbedingte Notwendigkeit einer Differenzbildung zur Bestimmung des Nutzens sind Stofftrennprozesse. Bei ihnen ist i.a. die Exergie des zu trennenden Stoffstromes als Exergietransit anzusehen und der Nutzen besteht in einer Erhöhung der Konzentrationsexergie vom eintretenden zu den austretenden Strömen, was der minimalen Trennarbeit gleichzusetzen ist.

Die Bilanzgleichungen werden i.a. in eine Aufwands- und eine Nutzens-Verlust-Seite sortiert und es wird mit Beträgen gerechnet. Das Auftreten von negativen Werten durch die Differenzbildung für Nutzen oder Aufwand ist ein Zeichen, dass der Prozess aus der Sicht der Energiewandlung nicht so abläuft wie erwartet.

Zusammenhang zwischen technischer und thermodynamischer Bilanz

Die wesentlichen Unterschiede zwischen thermodynamischer und technischer Bilanzierung ergeben sich durch die Deklarierung des Exergietransits und durch die Identifizierung von Exergie-Outputs als äußere Exergieverluste.

Der exergetische Aufwand besteht aus der Gesamtheit des exergetischen Inputs vermindert um den Exergietransit. Der innere Exergieverlust durch Irreversibilität ist mit dem bei thermodynamischer Betrachtung identisch und wird nur von der Wahl der Bilanzgrenze beeinflusst. Ein Teil der Output-Ströme wird je nach ihrer praktischen Nutzbarkeit oder tatsächlichen Nutzung in einem übergeordneten System als äußerer Verlust ausgewiesen. Der exergetische Nutzen ergibt sich aus den Output-Strömen vermindert um den Exergietransit und die äußeren Verluste.

Durch die Angabe nach vier Merkmalen klassifizierter Exergieströme lässt sich die Bilanz sowohl aus thermodynamischer als auch technischer Sicht bewerten. Das sind der Exergie-Input, der Exergie-Transit, die inneren und die äußeren Exergieverluste.

Dimensionslose Bewertungskennzahlen

Eine vollständig bewertende Beschreibung der systematischen Eigenschaften der Exergiebilanz erfordert die Angabe von drei unabhängigen Quotienten. Weitere für die Bewertng heranziehbare Quotienten sind von diesen abhängig. Dabei sind die Angaben des exergetischen Output/Input-Verhältnisses und des Wirkungsgrades üblich und notwendig. Sie weisen einen Bestwert von Eins und einen Schlechtestwert von Null auf. Wenn kein Exergie-Transit und keine äußeren Verluste lokalisiert werden, sind die beiden Bewertungskoeffizienten identisch.

Das exergetische Output/Input-Verhältnis liefert dabei eine von den Zielen des Prozesses unabhängige Bewertung hinsichtlich der Abwertung des Exergie-Inputs durch Irreversibilitäten, während der exergetische Wirkungsgrad die Umsetzung des Aufwandes für angestrebte Ziele bewertet und damit stark von der technischen Aufgabenstellung des Systems abhängt.

Der exergetische Transitgrad weist aus, welcher Anteil des Exergie-Inputs das System passiert, ohne für dessen Zielstellung eingesetzt zu werden. Seine Interpretationsmöglichkeit als Bewertungsgröße ist schwächer als bei den beiden vorangegangenen Kriterien und auch von der Stellung eines betrachteten Systems in einem übergeordneten Systems abhängig.

Der äußere Verlustgrad ist im günstigsten Fall Null, was bedeutet, dass keine Abfallenergie auftritt. Der Bezug auf die Zufuhrgröße der technischen Bilanz, den Exergieaufwand, erscheint folgerichtig, da das Auftreten äußerer Verluste an die technische Interpretation des Systems gebunden ist.

Symbole

$\dot{E}_\mathrm{V}$: äußere Exergieverluste
$\Delta \dot{E}_\mathrm{V}$: innere Exergieverluste
η: exergetischer Wirkungsgrad
v: exergetisches Output/Input-Verhältnis
σ: äußerer Verlustgrad
τ: exergetischer Transitgrad

Indizes

i, j, k: Laufindizes für Exergieströme
A: Aufwand
I: Input (Zufuhr an der Bilanzgrenze)
N: Nutzen
O: Output (Abfuhr von der Bilanzgrenze)
T: Transit

s. Blatt 1.2.3

Schrifttum

W. Fratzscher, V.M. Brodjanskij, K. Michalek: Exergie – Theorie und Anwendung. Grundstoffverlag Leipzig 1986.
J. Szargut, D.R. Morris, F.R. Steward: Exergy Analysis of Thermal, Chemical, and Metallurgical Processes. Hemisphere Publishing Corp. New York 1988.

---

[1] Die Einführung der Transitexergie in Verbindung mit einer Systematik von Bewertungskennzahlen geht auf G.N. Kostenko zurück.

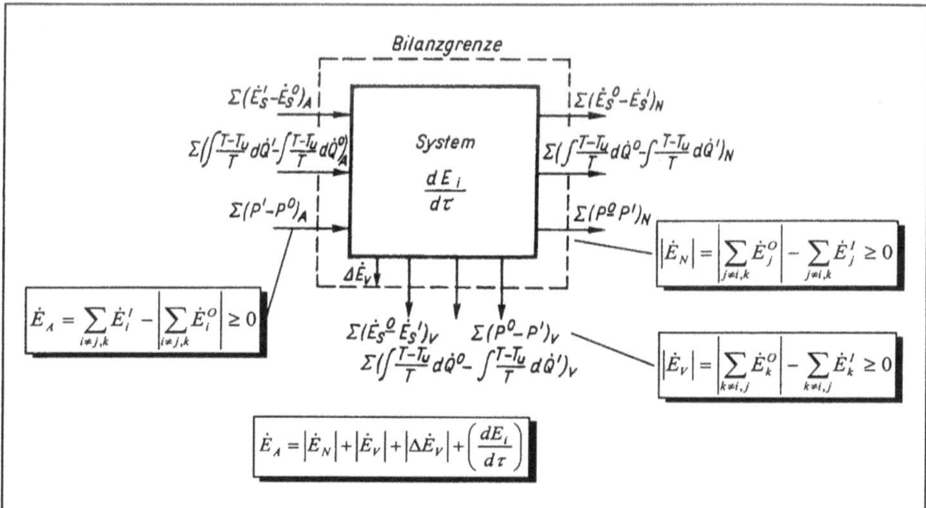

Umformen der thermodynamischen Bilanz in eine technische Bilanz
bei Unterscheidung von Aufwand, Nutzen, äußeren und inneren Verlusten

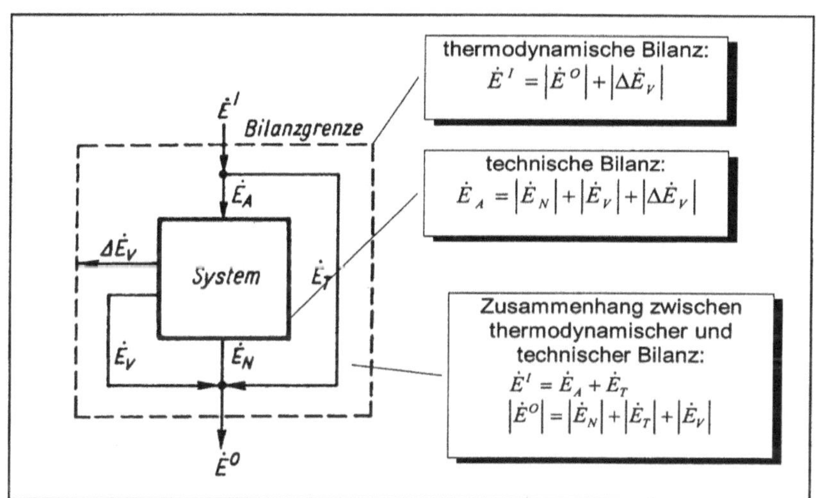

Zusammenhang zwischen thermodynamischer und technischer Exergiebilanz
für ein stationär durchströmtes System

Dimensionslose Bewertungskennzahlen für die Exergiebilanz				
für stationär durchströmte Systeme	exergetisches Output/Input-Verhältnis	exergetischer Wirkungsgrad	exergetischer Transitgrad	äußerer Verlustgrad
Symbol	ν	η	τ	σ
Definitionsgleichung	$\dfrac{\left\lvert\dot{E}^O\right\rvert}{\dot{E}^I} = 1 - \dfrac{\left\lvert\Delta\dot{E}_V\right\rvert}{\dot{E}^I}$	$\dfrac{\left\lvert\dot{E}_N\right\rvert}{\dot{E}_A} = 1 - \dfrac{\left\lvert\dot{E}_V\right\rvert + \left\lvert\Delta\dot{E}_V\right\rvert}{\dot{E}_A}$	$\dfrac{\dot{E}_T}{\dot{E}^I} = 1 - \dfrac{\dot{E}_A}{\dot{E}^I}$	$\dfrac{\left\lvert\dot{E}_V\right\rvert}{\dot{E}_A} = 1 - \dfrac{\left\lvert\dot{E}_N\right\rvert + \left\lvert\Delta\dot{E}_V\right\rvert}{\dot{E}_A}$
Schlechtest-... Bestwert	0 ... 1	0 ... 1	(1 ... 0)	1 ... 0
Berechnung aus den anderen Kennzahlen	$1 - (1 - \eta - \sigma)(1 - \tau)$	$1 - \sigma - \dfrac{1 - \nu}{1 - \tau}$	$\dfrac{\nu - \eta - \sigma}{1 - \eta - \sigma}$	$1 - \eta - \dfrac{1 - \nu}{1 - \tau}$
Interpretation (drei Angaben erlauben die dimensionslose Beschreibung der Eigenschaften der Exergiebilanz)	Reine thermodynamische Bewertung. Minderung nur durch innere Verluste, durch Triebkraftabbau (Dissipation, Relaxation).	Technische Gütebewertung. Minderung durch innere und äußere Verluste. Bezug nur auf die an der Wandlung beteiligten Ströme und Exergiearten.	Ausdruck für Anteil des an der Wandlung unbeteiligten Inputs. Die heuristische Aussage hinsichtlich einer Gütebewertung lautet, Exergietransit möglichst zu vermeiden.	Verlustbewertung. Ausweis der äußeren Verluste bezogen auf die an der Energiewandlung beteiligten Exergie. Weist das durch Abfallenergieverwertung noch nutzbare Potenzial aus.

W. Fratzscher, K. Michalek

Prinzipien der Darstellung

Flussbilder dienen der Veranschaulichung von Bilanzbeziehungen. Bilanzgrößen werden dabei proportional als Pfeile hin zur Bilanzgrenze (Inputs) oder weg von der Bilanzgrenze (Outputs) gezeichnet. Die quantitative Kennzeichnung kann außerdem durch Angabe eines Maßstabes oder Eintragen von Zahlenwerten zu den Pfeilen erfolgen.

Die Bilanzgrenze kann durch einen Strich zur Symbolisierung des Gleichheitszeichens in der Bilanz oder ein Rechteck zur Symbolisierung des betrachteten Systems gezeichnet werden.

Die Grundrichtungen für den Fluss sind von links nach rechts und von oben nach unten. Flussdiagramme eignen sich besonders zur Darstellung der Wechselwirkung zwischen mehreren Bilanzen, wobei der Output einer Bilanz der Input einer anderen ist. Die unterschiedlichen Bilanzgrenzen sind dabei durch Beschriftung zu kennzeichnen. Beim Aufstellen und Vergleichen unterschiedlicher Bilanzbeziehungen für dieselben Objekte sollte der Grundaufbau der grafischen Gestaltung analog sein.

Wesentliche Klassifizierungsmerkmale der bilanzierten Größen werden i.a. durch unterschiedliche Schraffur oder Hinterlegung der Pfeile hervorgehoben. Die inneren Verluste in der Exergiebilanz müssen von den anderen Exergieströmen unterschieden werden, weil sie außerhalb der Systemgrenze nicht sichtbar sind und im Prinzip eine Bilanzdifferenz darstellen, die eine Ungleichung zu einer Gleichung macht. Die Darstellung von Dreiecken bzw. Kreissegmenten soll in den Darstellungen an Projektionen von Pfeilen erinnern, die wieder in der Bilanzgrenze verschwinden, und damit die Besonderheit der inneren Verluste verdeutlichen. Auch die äußeren Verluste als ungenutzte Exergieabgabe an die Umgebung sind für weitere Wandlungsprozesse oder Nutzungen verloren und sollten besonders hervorgehoben werden (Vgl. Blatt 1.2.5).

Energie, Exergie und Anergie in Flussbildern

Da die Berechnung der Exergiebilanz die Berechnung der Energiebilanz voraussetzt, werden i.a. beide Bilanzen in analoger Form dargestellt. Soweit in den Bilanzen Exergien von Stoffströmen auftreten und eine vergleichende Betrachtung der beiden Flussbilder hinsichtlich der Qualitäten der Energieströme angestrebt wird, ist es notwendig, den Bezugspunkt für die Energien mit dem Umgebungszustand in Übereinstimmung zu bringen (Vgl. Blatt 1.2.2).

Die Summe aus Exergie und Anergie ergibt die Energie, wenn die Bezugspunktdefinition für die Energie mit dem Umgebungszustand zusammenfällt[1]. Da bei den meisten Untersuchungen diese drei Größen positiv sind, ist eine Interpretation der Exergie als unbeschränkt umwandelbarer Anteil der Energie möglich. Der relative Exergieanteil an der Energie kann als ihr Qualitätsmaßstab hinsichtlich der Umwandelbarkeit angesehen werden. Die Zeichnung von Energie- und Exergieflussbild kann zusammengefasst im Exergie-Anergie-Flussbild erfolgen, indem der Exergieanteil hervorgehoben wird.

Probleme mit negativen Exergien

Negative Exergien bedeuten, dass der Energie- oder Stoffstrom dem Exergiestrom entgegengerichtet ist. Das kann bei einem Stoffstrom auftreten, wenn der Druck unter dem Umgebungsdruck liegt (Vgl. Blatt 1.2.3) und so seine Förderung in die Umgebung einer Mindestarbeit bedarf. Bei der Berechnung der Exergie der Wärme (Vgl. Blatt 2.4.1) weist eine negative Carnot-Funktion (unterhalb der Umgebungstemperatur) darauf hin, daß der Wärmeentzug (und nicht die Wärmebereitstellung) einer Mindestarbeit bedarf. Die Berechnung und Interpretation der Bilanzen wirft keine grundsätzlichen Probleme auf.

Bei der grafischen Darstellung von Flussbildern tritt das Problem auf, dass die Pfeile absolute Beträge darstellen und erwartet wird, dass Stofffluss, Energiefluss und Exergiefluss in der gleichen Richtung verlaufen. Aus diesem Grunde versucht man das Problem negativer Ströme oft zu umgehen, indem man den Bezugspunkt verschiebt oder Exergieanteile und sie ändernde Prozesse vernachlässigt.

Bei Stoffströmen mit negativen Exergieanteilen aber insgesamt positiven Exergien wird das Problem im Exergie-Anergie-Flussbild noch nicht deutlich. Es ist aber zu beachten, daß isobar ablaufende Prozesse (z.B. Wärmeübertragung, chemische Reaktion) den größeren Betrag des druckunabhängigen Exergieanteils (etwa ($E(p_\mathrm{U})$)) nutzen können. Der negative Exergieanteil muss bei Prozessen, die den Unterdruck bereitstellen, indem sie auf das Umgebungsdruckniveau fördern, aufgebracht werden.

Bei insgesamt negativen Exergieströmen gilt zwar weiterhin eine additive Zusammensetzung der Energie aus Exergie und Anergie, die veranschaulichende Interpretation der Exergie als Anteil der Energie ist aber eingeschränkt. Das Energie- und Exergieflussbild sollten in diesem Fall nicht zu einem Flussbild zusammengefasst werden. Beispielsweise bedeutet unterhalb der Umgebungstemperatur eine Wärmeabfuhr vom System eine Exergiezufuhr und umgekehrt. Die im Energie- und Exergieflussbild einzuzeichnenden Pfeile haben die entgegengesetzte Richtung und wechseln ihren Charakter vom Input zum Output.

Bei Stoffströmen mit negativen Exergien kann es der Veranschaulichung dienen, diese in zwei Anteile – einen Druckanteil und die restliche Exergie – aufzuteilen und diese getrennt zu zeichnen. Damit ergeben sich zwei getrennte Flüsse, einmal mit und einmal entgegen dem Stoffstrom. Es wird z.B. deutlich, daß eine Vakuumpumpe die im Stoffstrom vorgelagerten Prozesse mit Exergie versorgt und dabei auch Beiträge zur Überwindung der Druckverluste leistet, der geförderte Stoffstrom aber andererseits thermische, Konzentrations- und chemische Exergie transportiert.

Beispiel Kraftwerk

Das Beispiel eines fossil befeuerten Kraftwerkes veranschaulicht einige Zusammenhänge zwischen Energie- und Exergiebilanz.

Zahlenwerte bezogen auf den Brennstoffenergiestrom in %	Energie-fluss	Anergie-fluss	Exergie-fluss
Brennstoff	100	0	100
Abwärme des Dampferzeugers, vor allem durch Rauchgas	16	12	4
innere Verluste des Dampferzeugers	0	33	33
Wärmeübertragung an den Kreisprozess	84	21	63
Abwärme des Kreisprozesses, vor allem über Kühlwasser	42	36	6
innere Verluste des Kreisprozesses	0	15	15
Elektroenergie	42	0	42

Brennstoff und Elektroenergie werden in der Energie- und Exergiebilanz gleich abgebildet, sodass es in diesem Fall keine Unterschiede zwischen energetischem und exergetischem Wirkungsgrad gibt. Beim Aufzeigen der Ursachen für den relativ geringen Wirkungsgrad treten aber beträchtliche Unterschiede auf. Der unmittelbare Vergleich im Exergie-Anergie-Flussbild macht diese besonders deutlich. Die Irreversibilität (insbesondere Irreversibilität der Verbrennungsreaktion, der Wärmeübertragung, der Entspannung in der Turbine) kann im Exergieflussbild nicht verdeutlicht werden. Dafür erhält die Abfallenergie im Energieflussbild ein zu hohes Gewicht, weil deren relativ geringe Qualität zur weiteren Energiewandlung nicht beachtet wird.

Schrifttum

H.D. Baehr: Thermodynamik, 8. Auflage. Berlin, Heidelberg, New York 1992. Springer-Verlag.

W. Fratzscher, V.M. Brodjanskij, K. Michalek: Exergie – Theorie und Anwendung. Grundstoffverlag Leipzig 1986.

J. Szargut, D.R. Morris, F.R. Steward: Exergy Analysis of Thermal, Chemical, and Metallurgical Processes. Hemisphere Publishing Corp. New York 1988.

---

[1] Die Einführung der Anergie als für die Umwandlung in mechanische Energie nicht nutzbaren Energieanteil geht auf H.D. Baehr und Z. Rant zurück.

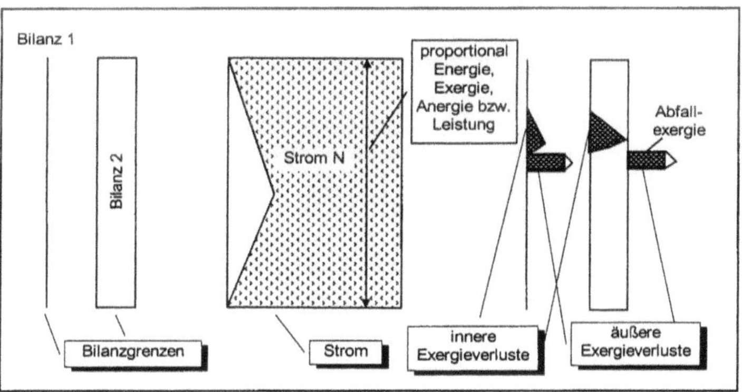

Darstellungselemente von Energie- und Exergieflussbildern

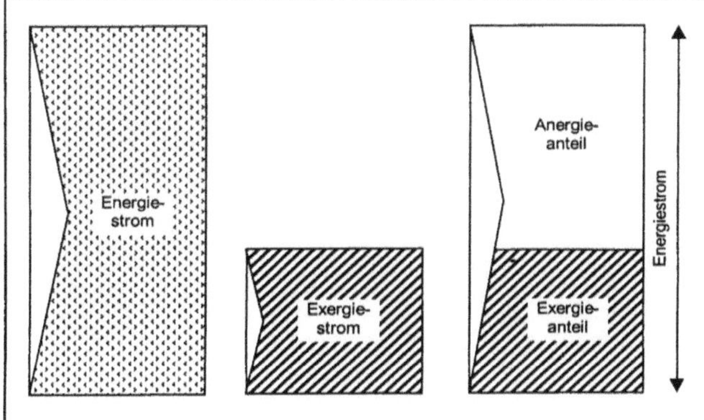

Zusammenhang zwischen Energie, Exergie und Anergie in Flussbildern

Negative Exergien bei Wärmen unterhalb der Umgebungstemperatur oder Stoffströmen mit Unterdruck in Flussbildern

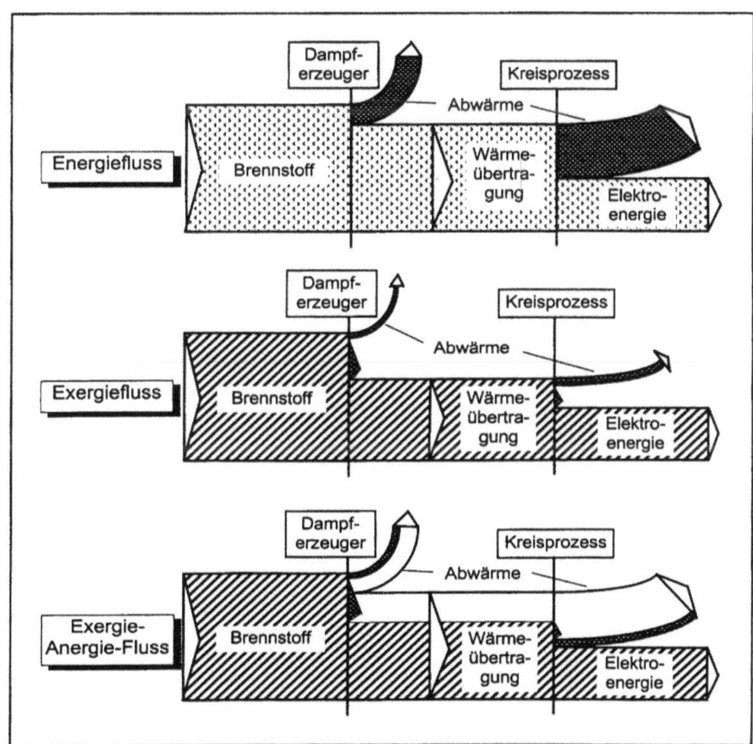

Beispiel für Energie-, Exergie und Exergie-Anergie-Flussbilder   *W. Fratzscher, K. Michalek*

Erläuterung zu 1.3

Die Annuität a %/Jahr ist die auf das Kapital bezogene jährliche Tilgungsrate, die für die Abschreibung und Verzinsung nach Ablauf jedes Jahres gezahlt werden muss.

Beispiel 1 ergibt die Annuität, wenn Zinssatz (p %/Jahr) und Tilgungszeit (Anzahl der Jahre n) gegeben sind.

Beispiel 2 ergibt die Tilgungszeit, wenn (z. B. bei Wirtschaftlichkeitsberechnungen) Annuität und Zinssatz gegeben sind

Nach Hütte 28. Aufl. 1955, Bd. 1, S. 65/67.

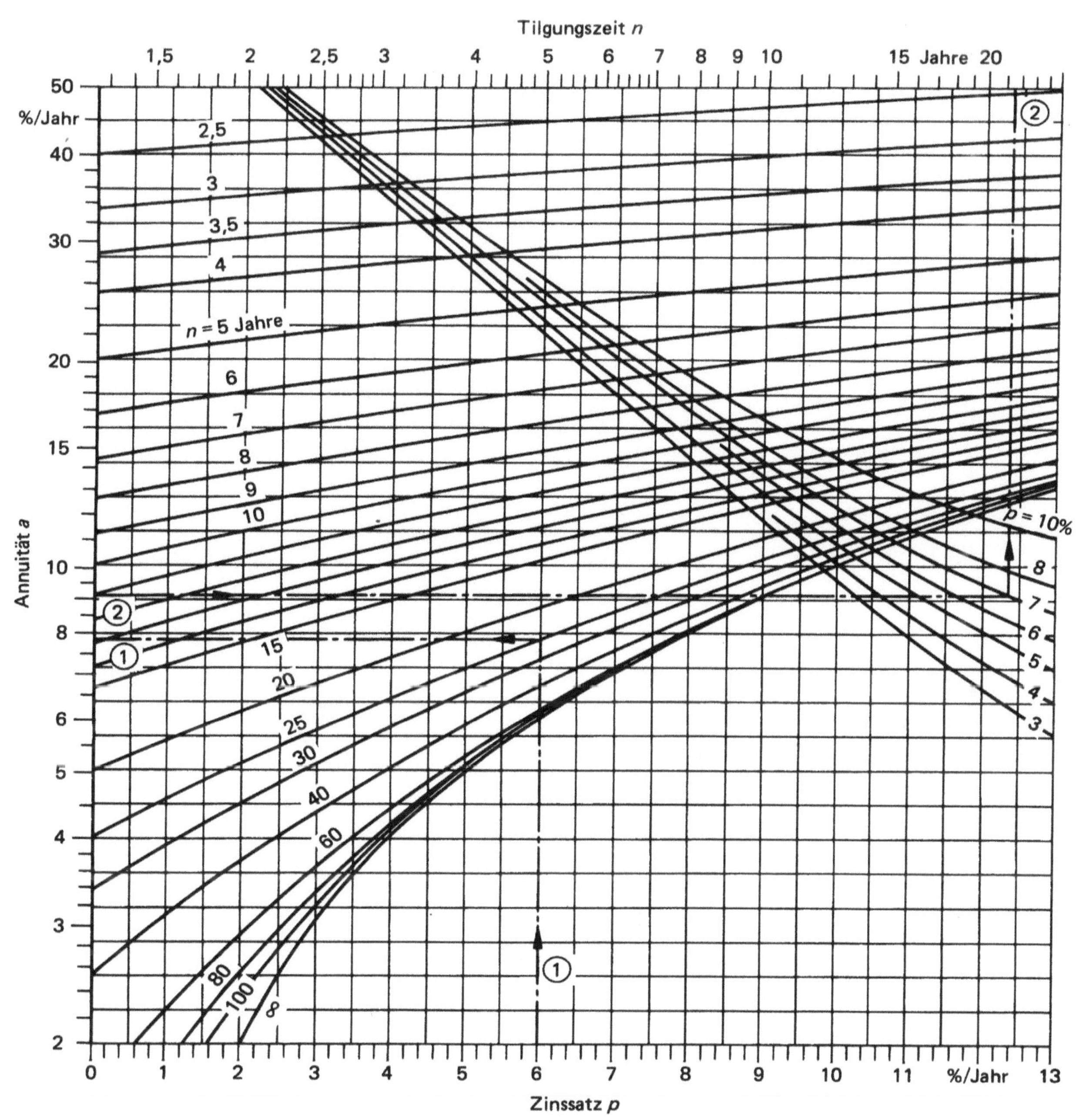

Beispiel ①: Zinssatz p %/Jahr, $p = 6{,}0$
Tilgungszeit,
Anzahl der Jahre $n = 25$
ergibt
Annuität a %/Jahr, $a = 7{,}8$.

Beispiel ②: Annuität a %/Jahr, $a = 9$
Zinssatz p %/Jahr, $p = 7$
ergibt
Tilgungszeit,
Anzahl der Jahre $n = 21{,}5$.

Zugrunde liegende Gleichung $a = \dfrac{q^n p}{q^n - 1}$, worin $q = 1 + \dfrac{p}{100}$.

W. Lenz, W. Goldstern, P. Winske

Erläuterung zu 2.1.1.1

Das Arbeitsblatt 2.1.1.1 zeigt ein rechtwinkliges h,s-Diagramm für Wasser und Wasserdampf. Dargestellt ist der Zustandsbereich, der insbesondere für die Berechnung von Dampfturbinen benötigt wird.

Die Berechnung des Diagramms erfolgte mit dem internationalen Industrie-Standard für die thermodynamischen Eigenschaften von Wasser und Wasserdampf „The IAPWS Industrial Formulation 1997 for the Thermodynamic Properties of Water and Steam" (IAPWS-IF97) [1, 2].

Der Gültigkeitsbereich der IAPWS-IF97 insgesamt erstreckt sich von 0 °C bis 800 °C für Drücke bis 100 MPa und bis 2000 °C für Drücke bis 10 MPa. Für die Berechnung von Zustandsgrößen für höhere Drücke muss der wissenschaftliche Standard „The IAPWS Formulation 1995 for the Thermodynamic Properties of Ordinary Water Substance for General and Scientific Use" (IAPWS-95) [3] verwendet werden.

Die Werte der spezifischen Enthalpie h und Entropie s stellen Differenzen zu Bezugswerten dar, die für den Tripelzustand – siedende Flüssigkeit – bei

$$\vartheta_t = 0{,}01\,°C, \quad p_t = 0{,}6117\,kPa, \quad \varrho_t = 999{,}79\,kg/m^3$$

festgelegt wurden. Da die innere Energie im Bezugszustand $u_t' = 0$ gesetzt wurde, ergibt sich als Wert für die spezifische Bezugsenthalpie

$$h_t' = 0{,}6118\,J/kg.$$

Der Wert der spezifischen Bezugsentropie wurde zu

$$s_t' = 0$$

vereinbart. Somit korrespondieren die Diagramme mit der Wasserdampftafel [1].

Die Werte des kritischen Punktes von Wasser betragen: $\vartheta_C = 373{,}946\,°C$, $p_c = 22{,}064\,MPa$, $\varrho_c = 322\,kg/m^3$.

Die Siedetemperatur bei Normdruck $p_b = 0{,}101325\,MPa$ hat den Wert $\vartheta_b = 99{,}97\,°C$.

Schrifttum

[1] Wagner, W.; Kruse, A.: *Properties of Water and Steam – The Industrial Standard IAPWS-IF97/Zustandsgrößen von Wasser und Wasserdampf – Der Industrie-Standard IAPWS-IF97*, Berlin, Heidelberg: Springer-Verlag 1998

[2] Wagner, W. et al.: The IAPWS Industrial Formulation 1997 for the Thermodynamic Properties of Water and Steam, *ASME Journal of Engineering for Gas Turbines and Power*, Vol. 122 (2000) Nr. 1, S. 150–182

[3] Wagner, W.; Pruß, A.: The IAPWS Formulation 1995 for the Thermodynamic Properties of Ordinary Water Substance for General and Scientific Use, *Journal Physical Chemical Reference Data*, Vol. 29 (2000) – eingereicht

Additional information of this book

(Energietechnische Arbeitsmappe; 978-3-642-63080-4;

978-3-642-63080-4_OSFO1) is provided:

http://Extras.Springer.com

Erläuterung zu 2.1.1.2

Das Arbeitsblatt 2.1.1.2 zeigt ein *h,s*-Diagramm für Wasser und Wasserdampf in der von Bošnjaković vorgeschlagenen schiefwinkligen Darstellung. Der Neigungswinkel der Enthalpie-Linien wurde so gewählt, dass die Isotherme $\vartheta = 0\,°\mathrm{C}$ im Nassdampfgebiet eine Waagerechte darstellt.

Die Berechnung des Diagramms erfolgte mit dem internationalen Industrie-Standard für die thermodynamischen Eigenschaften von Wasser und Wasserdampf „The IAPWS Industrial Formulation 1997 for the Thermodynamic Properties of Water and Steam" (IAPWS-IF97) [1, 2].

Der Gültigkeitsbereich der IAPWS-IF97 insgesamt erstreckt sich von $0\,°\mathrm{C}$ bis $800\,°\mathrm{C}$ für Drücke bis $100\,\mathrm{MPa}$ und bis $2000\,°\mathrm{C}$ für Drücke bis $10\,\mathrm{MPa}$. Für die Berechnung von Zustandsgrößen für höhere Drücke muss der wissenschaftliche Standard „The IAPWS Formulation 1995 for the Thermodynamic Properties of Ordinary Water Substance for General and Scientific Use" (IAPWS-95) [3] verwendet werden.

Die Werte der spezifischen Enthalpie h und Entropie s stellen Differenzen zu Bezugswerten dar, die für den Tripelzustand – siedende Flüssigkeit – bei

$$\vartheta_\mathrm{t} = 0{,}01\,°\mathrm{C}, \quad p_\mathrm{t} = 0{,}6117\,\mathrm{kPa}, \quad \varrho_\mathrm{t} = 999{,}79\,\mathrm{kg/m^3}$$

festgelegt wurden. Da die innere Energie im Bezugszustand $u'_\mathrm{t} = 0$ gesetzt wurde, ergibt sich als Wert für die spezifische Bezugsenthalpie

$$h'_\mathrm{t} = 0{,}6118\,\mathrm{J/kg}.$$

Der Wert der spezifischen Bezugsentropie wurde zu

$$s'_\mathrm{t} = 0$$

vereinbart. Somit korrespondieren die Diagramme mit der Wasserdampftafel [1].

Die Werte des kritischen Punktes von Wasser betragen: $\vartheta_\mathrm{C} = 373{,}946\,°\mathrm{C}$, $p_\mathrm{C} = 22{,}064\,\mathrm{MPa}$, $\varrho_\mathrm{C} = 322\,\mathrm{kg/m^3}$.

Die Siedetemperatur bei Normdruck $p_\mathrm{b} = 0{,}101325\,\mathrm{MPa}$ hat den Wert $\vartheta_\mathrm{b} = 99{,}97\,°\mathrm{C}$.

Schrifttum

[1] Wagner, W.; Kruse, A.: *Properties of Water and Steam – The Industrial Standard IAPWS-IF97/Zustandsgrößen von Wasser und Wasserdampf – Der Industrie-Standard IAPWS-IF97*, Berlin, Heidelberg: Springer-Verlag 1998
[2] Wagner, W. et al.: The IAPWS Industrial Formulation 1997 for the Thermodynamic Properties of Water and Steam, *ASME Journal of Engineering for Gas Turbines and Power*, Vol. 122 (2000) Nr. 1, S. 150–182
[3] Wagner, W.; Pruß, A.: The IAPWS Formulation 1995 for the Thermodynamic Properties of Ordinary Water Substance for General and Scientific Use, *Journal Physical Chemical Reference Data*, Vol. 29 (2000) – eingereicht

Additional information of this book

(Energietechnische Arbeitsmappe; 978-3-642-63080-4;

978-3-642-63080-4_OSFO2) is provided:

http://Extras.Springer.com

Erläuterung zu 2.1.2

Das Arbeitsblatt 2.1.2 zeigt ein T,s-Diagramm für Wasser und Wasserdampf.

Die Berechnung des Diagramms erfolgte mit dem internationalen Industrie-Standard für die thermodynamischen Eigenschaften von Wasser und Wasserdampf „The IAPWS Industrial Formulation 1997 for the Thermodynamic Properties of Water and Steam" (IAPWS-IF97) [1, 2].

Der Gültigkeitsbereich der IAPWS-IF97 insgesamt erstreckt sich von 0 °C bis 800 °C für Drücke bis 100 MPa und bis 2000 °C für Drücke bis 10 MPa. Für die Berechnung von Zustandsgrößen für höhere Drücke muss der wissenschaftliche Standard „The IAPWS Formulation 1995 for the Thermodynamic Properties of Ordinary Water Substance for General and Scientific Use" (IAPWS-95) [3] verwendet werden.

Die Werte der spezifischen Enthalpie h und Entropie s stellen Differenzen zu Bezugswerten dar, die für den Tripelzustand – siedende Flüssigkeit – bei

$$\vartheta_t = 0{,}01\,°C, \quad p_t = 0{,}6117\ \text{kPa}, \quad \varrho_t = 999{,}79\ \text{kg/m}^3$$

festgelegt wurden. Da die innere Energie im Bezugszustand $u'_t = 0$ gesetzt wurde, ergibt sich als Wert für die spezifische Bezugsenthalpie

$$h'_t = 0{,}6118\ \text{J/kg}.$$

Der Wert der spezifischen Bezugsentropie wurde zu

$$s'_t = 0$$

vereinbart. Somit korrespondieren die Diagramme mit der Wasserdampftafel [1].

Die Werte des kritischen Punktes von Wasser betragen: $\vartheta_C = 373{,}946\,°C$, $p_C = 22{,}064\ \text{MPa}$, $\varrho_C = 322\ \text{kg/m}^3$.

Die Siedetemperatur bei Normdruck $p_b = 0{,}101325\ \text{MPa}$ hat den Wert $\vartheta_b = 99{,}97\,°C$.

Schrifttum

[1] Wagner, W.; Kruse, A.: *Properties of Water and Steam – The Industrial Standard IAPWS-IF97/Zustandsgrößen von Wasser und Wasserdampf – Der Industrie-Standard IAPWS-IF97*, Berlin, Heidelberg: Springer-Verlag 1998

[2] Wagner, W. et al.: The IAPWS Industrial Formulation 1997 for the Thermodynamic Properties of Water and Steam, *ASME Journal of Engineering for Gas Turbines and Power*, Vol. 122 (2000) Nr. 1, S. 150–182

[3] Wagner, W.; Pruß, A.: The IAPWS Formulation 1995 for the Thermodynamic Properties of Ordinary Water Substance for General and Scientific Use, *Journal Physical Chemical Reference Data*, Vol. 29 (2000) – eingereicht

Additional information of this book

(Energietechnische Arbeitsmappe; 978-3-642-63080-4;

978-3-642-63080-4_OSFO3) is provided:

http://Extras.Springer.com

Erläuterung zu 2.1.3

Das Arbeitsblatt 2.1.3 zeigt ein h, $\log p$-Diagramm für Wasser und Wasserdampf.

Die Berechnung des Diagramms erfolgte mit dem internationalen Industrie-Standard für die thermodynamischen Eigenschaften von Wasser und Wasserdampf „The IAPWS Industrial Formulation 1997 for the Thermodynamic Properties of Water and Steam" (IAPWS-IF97) [1, 2].

Der Gültigkeitsbereich der IAPWS-IF97 insgesamt erstreckt sich von $0\,°C$ bis $800\,°C$ für Drücke bis $100\,MPa$ und bis $2000\,°C$ für Drücke bis $10\,MPa$. Für die Berechnung von Zustandsgrößen für höhere Drücke muss der wissenschaftliche Standard „The IAPWS Formulation 1995 for the Thermodynamic Properties of Ordinary Water Substance for General and Scientific Use" (IAPWS-95) [3] verwendet werden.

Die Werte der spezifischen Enthalpie h und Entropie s stellen Differenzen zu Bezugswerten dar, die für den Tripelzustand – siedende Flüssigkeit – bei

$$\vartheta_t = 0{,}01\,°C, \quad p_t = 0{,}6117\,kPa, \quad \varrho_t = 999{,}79\,kg/m^3$$

festgelegt wurden. Da die innere Energie im Bezugszustand $u'_t = 0$ gesetzt wurde, ergibt sich als Wert für die spezifische Bezugsenthalpie

$$h'_t = 0{,}6118\,J/kg.$$

Der Wert der spezifischen Bezugsentropie wurde zu

$$s'_t = 0$$

vereinbart. Somit korrespondieren die Diagramme mit der Wasserdampftafel [1].

Die Werte des kritischen Punktes von Wasser betragen: $\vartheta_C = 373{,}946\,°C$, $p_C = 22{,}064\,MPa$, $\varrho_C = 322\,kg/m^3$.

Die Siedetemperatur bei Normdruck $p_b = 0{,}101325\,MPa$ hat den Wert $\vartheta_b = 99{,}97\,°C$.

Schrifttum

[1] Wagner, W.; Kruse, A.: _Properties of Water and Steam – The Industrial Standard IAPWS-IF97/Zustandsgrößen von Wasser und Wasserdampf – Der Industrie-Standard IAPWS-IF97_, Berlin, Heidelberg: Springer-Verlag 1998

[2] Wagner, W. et al.: The IAPWS Industrial Formulation 1997 for the Thermodynamic Properties of Water and Steam, _ASME Journal of Engineering for Gas Turbines and Power_, Vol. 122 (2000) Nr. 1, S. 150–182

[3] Wagner, W.; Pruß, A.: The IAPWS Formulation 1995 for the Thermodynamic Properties of Ordinary Water Substance for General and Scientific Use, _Journal Physical Chemical Reference Data_, Vol. 29 (2000) – eingereicht

Additional information of this book

(Energietechnische Arbeitsmappe; 978-3-642-63080-4;

978-3-642-63080-4_OSFO4) is provided:

http://Extras.Springer.com

Erläuterung zu 2.1.4.1

Das Arbeitsblatt 2.1.4.1 zeigt ein $h, \log \varrho$-Diagramm für Wasser und Wasserdampf mit *Rankine-Hugoniot*-Kurven zur Berechnung von Verdichtungsstößen.

Die Berechnung des Diagramms erfolgte mit dem internationalen Industrie-Standard für die thermodynamischen Eigenschaften von Wasser und Wasserdampf „The IAPWS Industrial Formulation 1997 for the Thermodynamic Properties of Water and Steam" (IAPWS-IF97) [1, 2].

Der Gültigkeitsbereich der IAPWS-IF97 insgesamt erstreckt sich von 0 °C bis 800 °C für Drücke bis 100 MPa und bis 2000 °C für Drücke bis 10 MPa.

Die Werte der spezifischen Enthalpie h und Entropie s stellen Differenzen zu Bezugswerten dar, die für den Tripelzustand – siedende Flüssigkeit – bei

$$\vartheta_t = 0,01 \,°\text{C}, \quad p_t = 0,6117 \,\text{kPa}, \quad \varrho_t = 999,79 \,\text{kg/m}^3$$

festgelegt wurden. Da die innere Energie im Bezugszustand $u_t' = 0$ gesetzt wurde, ergibt sich als Wert für die spezifische Bezugsenthalpie

$$h_t' = 0,6118 \,\text{J/kg}.$$

Der Wert der spezifischen Bezugsentropie wurde zu

$$s_t' = 0$$

vereinbart. Somit korrespondieren die Diagramme mit der Wasserdampftafel [1].

Im $h, \log \varrho$-Diagramm ist die Steigung der Isentropen

$$\left[\frac{\partial h}{\partial \log \varrho} \right]_s = \left[\frac{\partial p}{\partial \varrho} \right]_s = c_s^2 \tag{1}$$

gleich dem Quadrat der isentropen Schallgeschwindigkeit c_s.

Die im Arbeitsblatt 2.1.4.1 eingezeichneten roten Kurven geben die *Rankine-Hugoniot*-Beziehung

$$h - h_1 = \frac{1}{2}(p - p_1)\left(\frac{1}{\varrho_1} + \frac{1}{\varrho} \right) \tag{2}$$

wieder [3], welche bei einem Verdichtungsstoß alle möglichen Zustände (h, ϱ, p) hinter dem Stoß mit dem Anfangszustand (h_1, ϱ_1, p_1) vor dem Stoß verknüpft. Im Diagramm wurden die mit roten Kreisen gekennzeichneten Zustandspunkte als Anfangszustände (1) bei Dichten $\varrho_1 = 0,01; 0,1; 1; 10; 100 \,\text{kg/m}^3$ und Enthalpien $h_1 = 500, 1000 \dots 4000 \,\text{kJ/kg}$ gewählt [3].

Schrifttum

[1] Wagner, W.; Kruse, A.: *Properties of Water and Steam – The Industrial Standard IAPWS-IF97/Zustandsgrößen von Wasser und Wasserdampf – Der Industrie-Standard IAPWS-IF97*, Berlin, Heidelberg: Springer-Verlag 1998

[2] Wagner, W. et al.: The IAPWS Industrial Formulation 1997 for the Thermodynamic Properties of Water and Steam, *ASME Journal of Engineering for Gas Turbines and Power*, Vol. 122 (2000) Nr. 1, S. 150–182

[3] Knoche, K.-F.: Enthalpie-Dichte-Diagramm für Hochtemperaturplasmen und Anwendungsbeispiele. *VDI-Forschungsheft 526*, Düsseldorf: VDI-Verlag 1968

Additional information of this book

(Energietechnische Arbeitsmappe; 978-3-642-63080-4; 978-3-642-63080-4_OSFO5) is provided:

http://Extras.Springer.com

Erläuterung zu 2.1.4.2

Das Enthalpie-Dichte-Diagramm eignet sich besonders zur Untersuchung eindimensionaler Strömungsvorgänge.

Massenstrom und Düsenquerschnitt

Der Volumenstrom $\dot{V}$ in einem Strömungskanal des Querschnitts A ist bei der dort vorliegenden Strömungsgeschwindigkeit c

$$\dot{V} = A \cdot c . \tag{1}$$

Wird in Gl. (1) die Geschwindigkeit c durch die Ruheenthalpie

$$h_0 = h + c^2/2 \tag{2}$$

und die statische Enthalpie h ausgedrückt, so erhält man nach dem Logarithmieren

$$\log \frac{\dot{V}}{\dot{V}^+} = \log \frac{A}{A^+} + \log \frac{c}{c^+} = \log \frac{A}{A^+} + \frac{1}{2} \log \left(\frac{h_0 - h}{c^{+2}/2} \right) . \tag{3}$$

Hierin sind $\dot{V}^+$, A^+, c^+ willkürlich gewählte Bezugsgrößen, wie z.B. $\dot{V}^+ = 1$ m³/s, $A^+ = 1$ m², $c^+ = 1$ m/s. Der Zusammenhang ist nach Gl. (3) im transparenten Bild 2.1.4.2 grafisch dargestellt. Die Linien des konstanten Querschnitts A sind die sog. Fannolinien. Ihre Steigung entspricht in jedem Punkt dem Quadrat der Strömungsgeschwindigkeit:

$$\left[\frac{\partial (h_0 - h)}{\partial \log (\dot{V}/\dot{V}^+)} \right]_A = \left[\frac{\partial (c^2/2)}{\partial \log (\dot{V}/\dot{V}^+)} \right]_A = c^2 . \tag{4}$$

Indem man gemäß Bild 1 die Ruheenthalpie h_0 im transparenten Diagramm 2.1.4.2 mit der im Enthalpie-Dichte-Diagramm zur Deckung bringt und außerdem die Fannolinie A = konst mit dem Zustandspunkt h, ϱ der Strömung, kann nach der Kontinuitätsgleichung der bezogene Massendurchsatz

$$\log \frac{\dot{m}}{\dot{m}^+} = \log \frac{\varrho}{\varrho^+} + \log \frac{\dot{V}}{\dot{V}^+} = \log \frac{\varrho}{\varrho^+} + \log \frac{A}{A^+} + \log \frac{c}{c^+} \tag{5}$$

im transparenten Diagramm an der Skala für den Volumenstrom abgelesen werden. Ist umgekehrt der bezogene Massendurchsatz $\dot{m}/\dot{m}^+$ bekannt, so bringt man den Skalenwert $\dot{m}/\dot{m}^+$ im transparenten Diagramm mit der Linie ϱ^+ = konst im h, ϱ-Diagramm zur Deckung, außerdem die Ruheenthalpie h_0. Man kann dann beim Strömungszustand h, ϱ den zugehörigen Strömungsquerschnitt A der Düse ablesen.

Der engste Düsenquerschnitt (Lavalzustand L) tritt dort auf, wo sich die Fannokurve A_L = konst und die Expansionslinie gerade berühren. Die zugehörige Geschwindigkeit c_L kann im Geschwindigkeitsnetz des transparenten Diagramms abgelesen werden.

Verdichtungsstöße

Ist die Ausströmgeschwindigkeit c_1 bekannt, so lässt sich die Ruheenthalpie $h_0 = h_1 + c_1^2/2$ im $h, \log \varrho$-Diagramm 2.1.4.1 (z.B. mit Hilfe des Geschwindigkeitsmaßstabes im Arbeitsblatt 2.1.4.2) eintragen.

Wenn man die Linien konstanter Ruheenthalpie h_0 in den Arbeitsblättern 2.1.4.1 und 2.1.4.2 zur Deckung bringt, findet man den Zustand 2 hinter dem Verdichtungsstoß als Schnittpunkt der vom Zustandspunkt 1 ausgehenden Rankine-Hugoniot-Kurve mit der durch 1 laufenden Fannolinie, s. Bild 2.

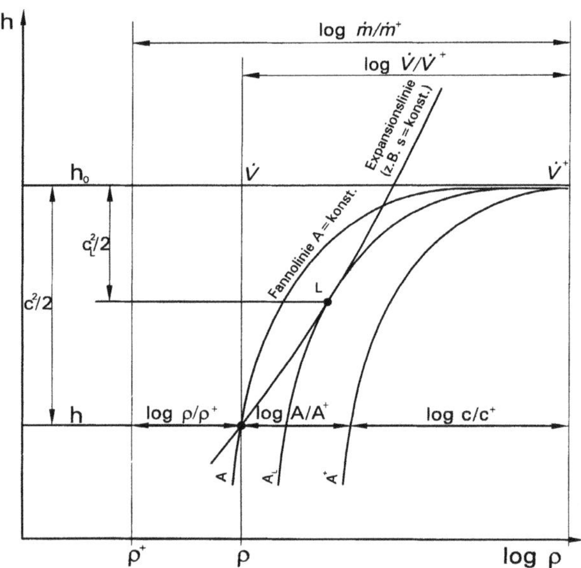

Bild 1. Düsenkontur bei eindimensionalen Strömungsvorgängen durch Überlagerung der Diagramme 2.1.4.1 und 2.1.4.2.

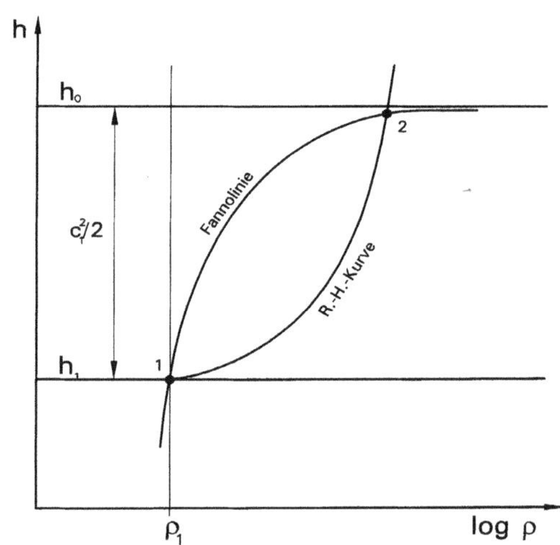

Bild 2. Darstellung des adiabaten Verdichtungsstoßes im $h, \log \varrho$-Diagramm.

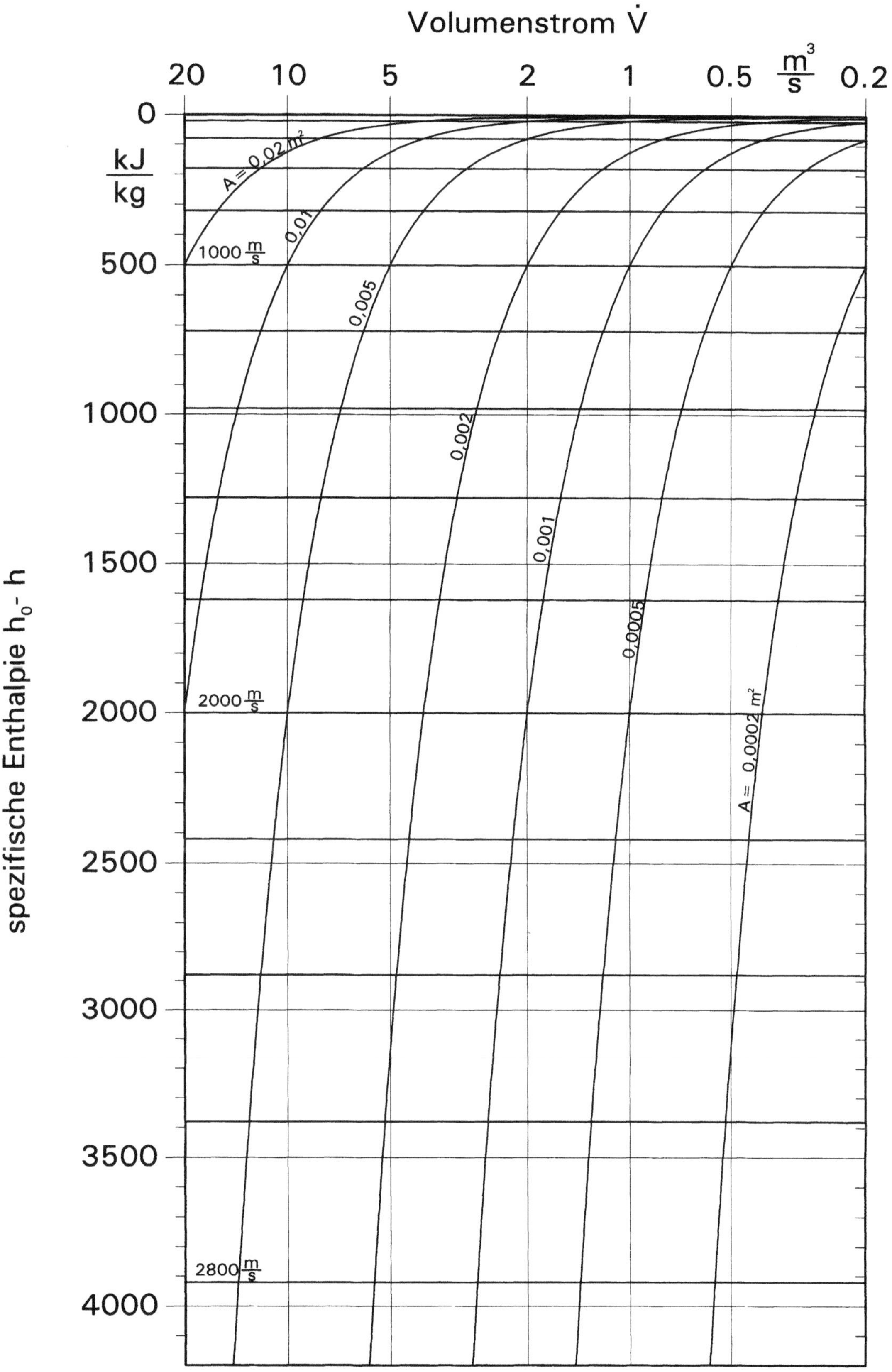

K. F. Knoche, M. Brochhaus

Berechnet nach: W. Wagner, A. Kruse, Properties of Water and Steam – The Industrial Standard IAPWS-IF97/Zustandsgrößen von Wasser und Wasserdampf – Der Industrie Standard IAPWS-IF97. Springer Verlag, Berlin, Heidelberg, 1998.

Die zur Erstellung des Diagramms verwendete Software wurde freundlicherweise von Prof. Wagner zur Verfügung gestellt.

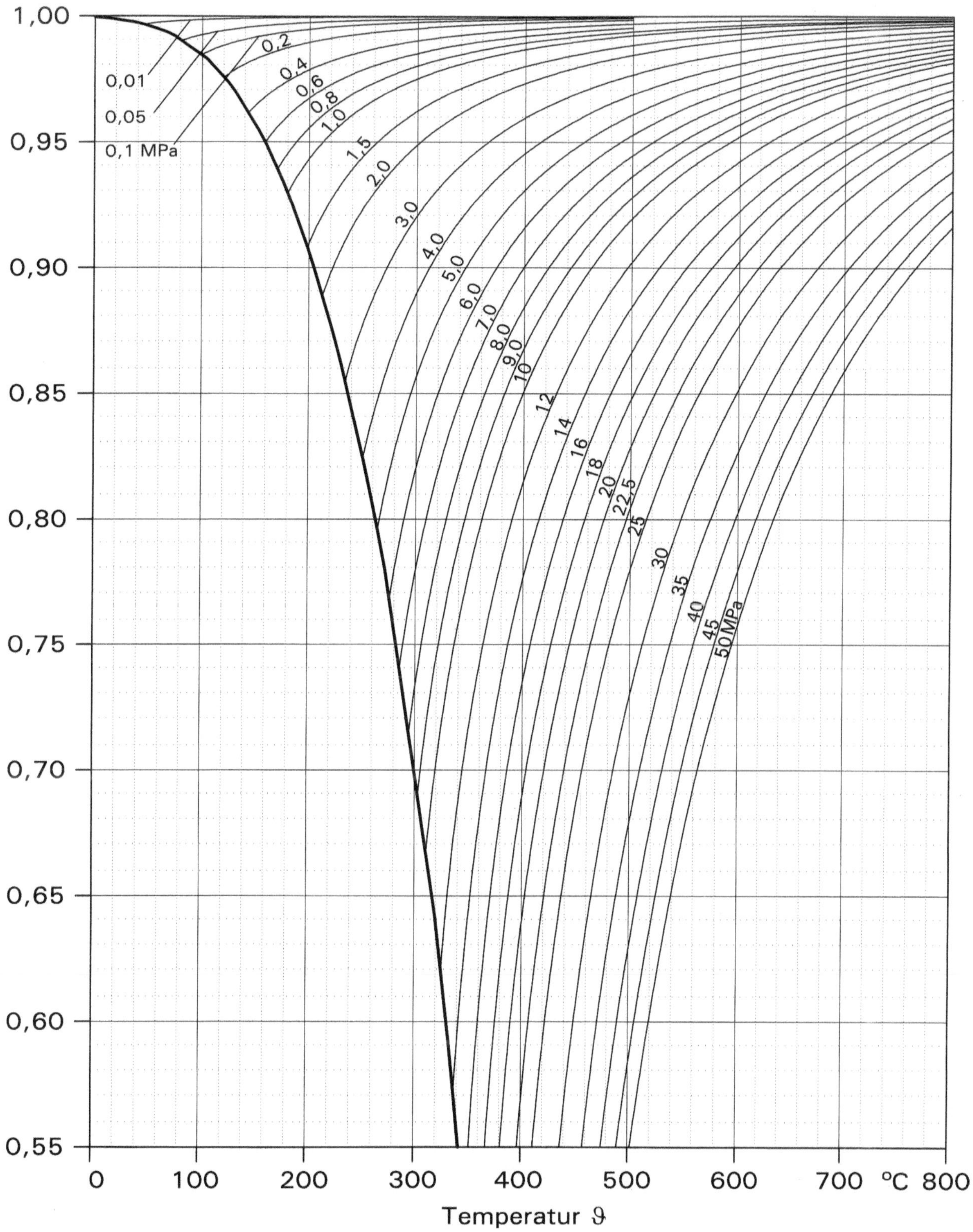

K.-F. Knoche, M. Brochhaus

Berechnet nach: W. Wagner, A. Kruse, Properties of Water and Steam – The Industrial Standard IAPWS-IF97/Zustandsgrößen von Wasser und Wasserdampf – Der Industrie Standard IAPWS-IF97. Springer Verlag, Berlin, Heidelberg, 1998.

Die zur Erstellung des Diagramms verwendete Software wurde freundlicherweise von Prof. Wagner zur Verfügung gestellt.

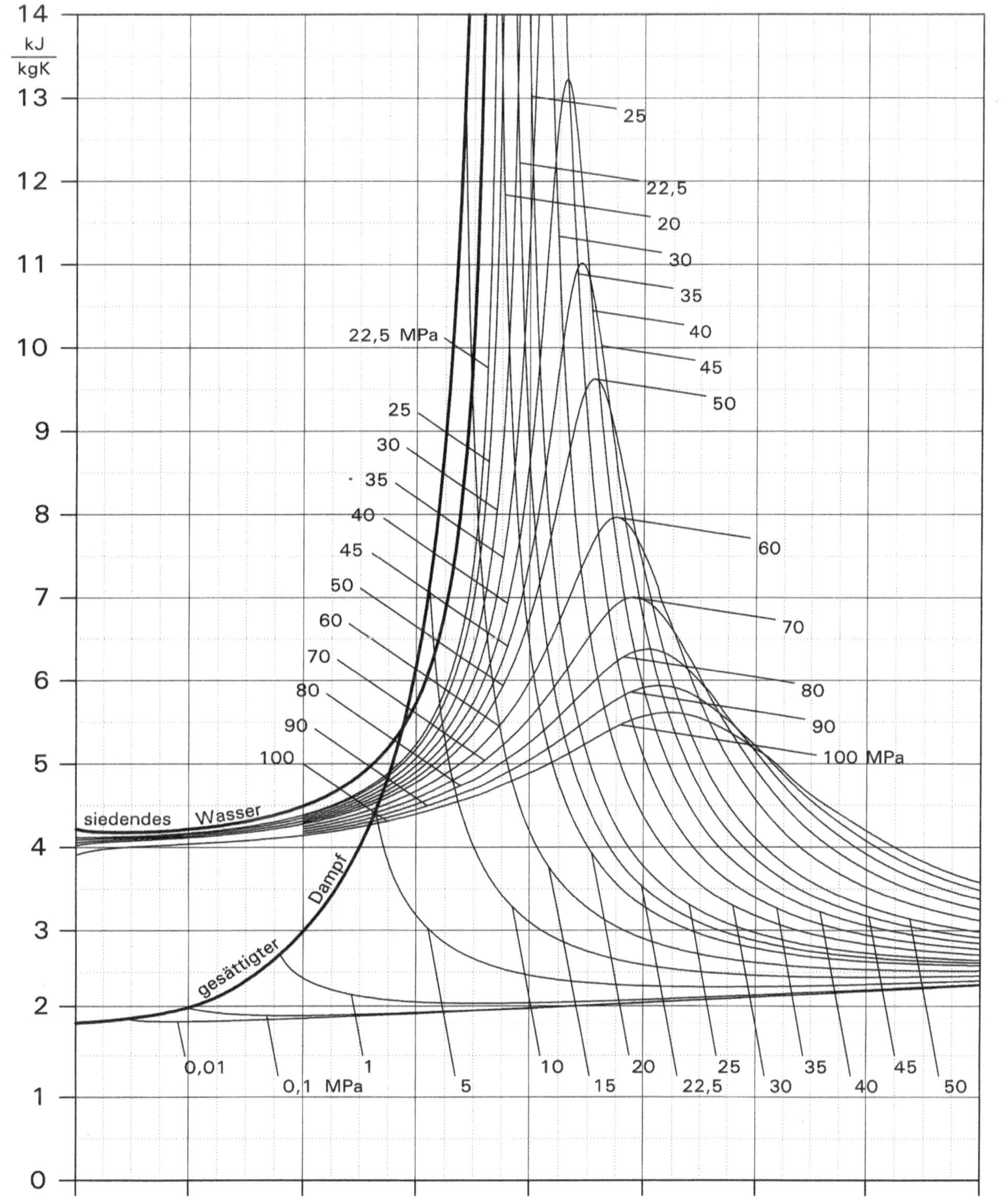

K.-F. Knoche, M. Brochhaus

Erläuterung zu 2.1.7.1 und 2.1.7.2

Bestimmung des polytropen Wirkungsgrades von Zustandsänderungen des Wasserdampfes mit Hilfe der Isentropen- und Isenthalpenexponenten.

Eine polytrope Zustandsänderung ohne Wärmeaustausch ist gekennzeichnet durch einen konstanten Wirkungsgrad mit gleichbleibendem Verhältnis von irreversibler zu reversibler Energieumwandlung

$$\eta = \mathrm{def}\,\frac{\Delta h}{\int_\eta v\,\mathrm{d}p} = 1 - \frac{\int_\eta T\,\mathrm{d}s}{\int_\eta v\,\mathrm{d}p}$$

für jede Teilentspannung und deshalb auch für die ganze Expansion. Im Gegensatz hierzu hängt der isentrope Wirkungsgrad

$$\eta_s = \mathrm{def}\,\frac{\Delta h}{\int_s v\,\mathrm{d}p} = \frac{\Delta h}{\Delta h_s} = 1 - \frac{\int T\,\mathrm{d}s}{\int_s v\,\mathrm{d}p}$$

für dasselbe Fluid zusätzlich von der Größe der Zustandsänderung und ihrer Lage im Zustandsfeld ab; denn die isentrope Bezugszustandsänderung weicht im Verlauf der Expansion immer weiter von der polytropen Zustandsänderung ab. Der isentrope Wirkungsgrad kann also nur unter zusätzlichen Bedingungen als vergleichendes Gütemaß für eine Expansionsmaschine angesehen werden.

Doch um den polytropen Wirkungsgrad zu bestimmen, ist die Schwierigkeit zu überwinden, dass sich das Integral für die Strömungsarbeit entlang der Zustandsänderung nicht unmittelbar aus Tafeln oder Diagrammen entnehmen lässt. Es hängt sowohl vom Zustandsverhalten als auch von der zu beschreibenden Zustandsänderung ab:

$$\int_\eta v\,\mathrm{d}p = \int_\eta \frac{n}{n-1}\,\mathrm{d}(pv)\,.$$

Beide Einflüsse gehen für die zu beschreibende polytrope Zustandsänderung in den Polytropenexponenten ein

$$n = \mathrm{def}\,-\frac{v}{p}\left(\frac{\partial p}{\partial v}\right)_\eta\,.$$

Dagegen bringen die für die isentrope k und die isenthalpe m Zustandsänderung definierten Exponenten das Zustandsverhalten des Dampfes zum Ausdruck. Das für die polytrope Zustandsänderung gültige Integral lässt sich weiter entwickeln zu

$$\int_\eta v\,\mathrm{d}p = \int_\eta \frac{n}{n-1}\frac{k-1}{k}\,\mathrm{d}h - \int_\eta \frac{n}{n-1}\frac{m-1}{m}\,T\,\mathrm{d}s$$

$$\int_\eta v\,\mathrm{d}p = \eta \int_\eta \frac{n}{n-1}\frac{k-1}{k}\,v\,\mathrm{d}p - (\eta-1)\int \frac{n}{n-1}\frac{m-1}{m}\,v\,\mathrm{d}p\,.$$

Für Teilintegrale können mit guter Näherung, wie die folgenden Beispielrechnungen zeigen werden, die Exponenten konstant gehalten werden, so dass sich für den Wirkungsgrad der einfache Zusammenhang ergibt

$$\eta = \frac{\left(\dfrac{n-1}{n}\right) - \left(\dfrac{m-1}{m}\right)}{\left(\dfrac{k-1}{k}\right) - \left(\dfrac{m-1}{m}\right)}\,.$$

Berechnet nach: W. Wagner, A. Kruse, Properties of Water and Steam – The Industrial Standard IAPWS-IF97/Zustandsgrößen von Wasser und Wasserdampf – Der Industrie Standard IAPWS-IF97. Springer Verlag, Berlin, Heidelberg, 1998.

Die zur Erstellung des Diagramms verwendete Software wurde freundlicherweise von Prof. Wagner zur Verfügung gestellt.

Isentropenexponent $k = -\dfrac{v}{p}\left(\dfrac{\partial p}{\partial v}\right)_s$ von Wasserdampf

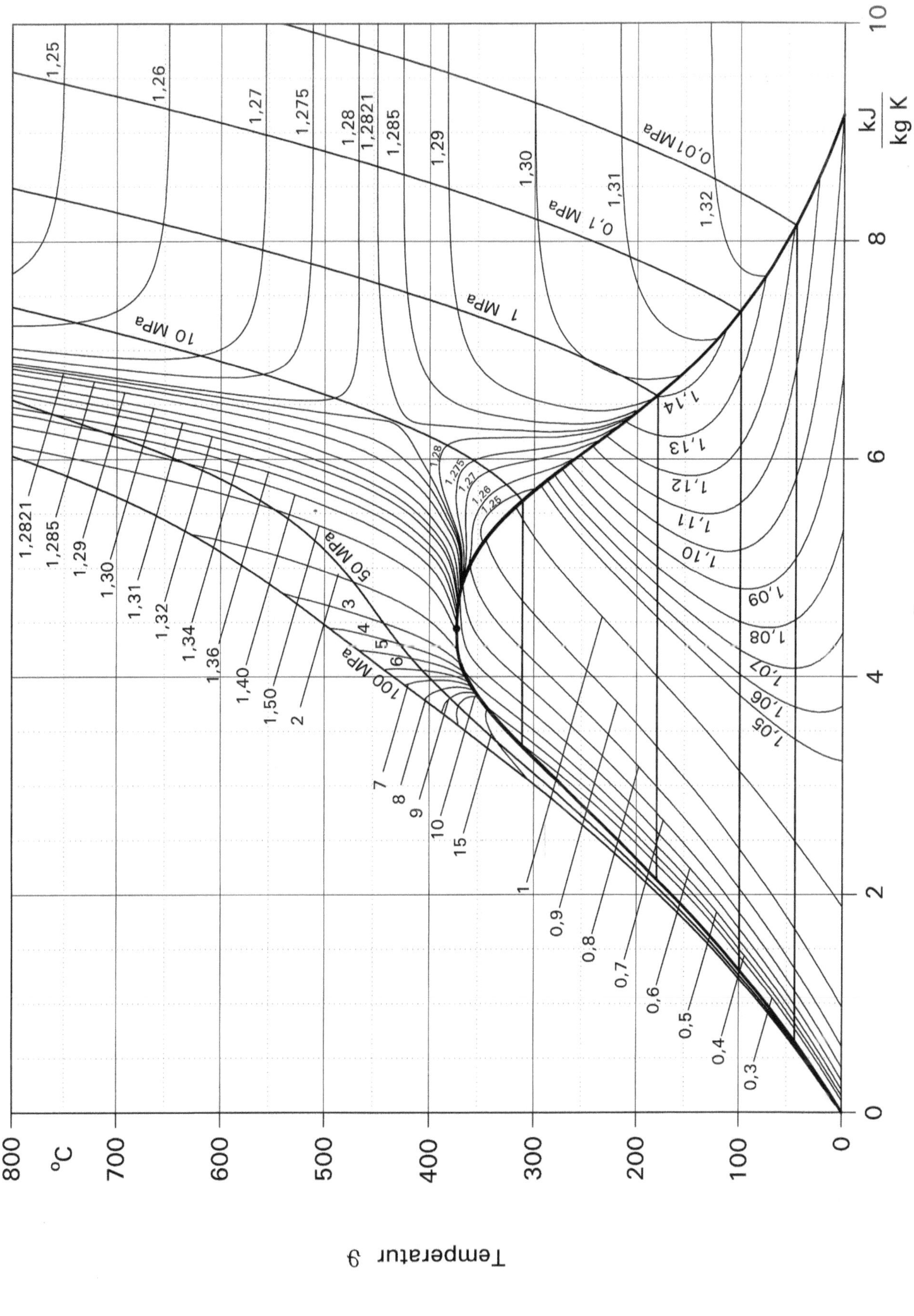

K.-F. Knoche, M. Brochhaus

Berechnet nach: W. Wagner, A. Kruse, Properties of Water and Steam – The Industrial Standard IAPWS-IF97/Zustandsgrößen von Wasser und Wasserdampf – Der Industrie Standard IAPWS-IF97. Springer Verlag, Berlin, Heidelberg, 1998.

Die zur Erstellung des Diagramms verwendete Software wurde freundlicherweise von Prof. Wagner zur Verfügung gestellt.

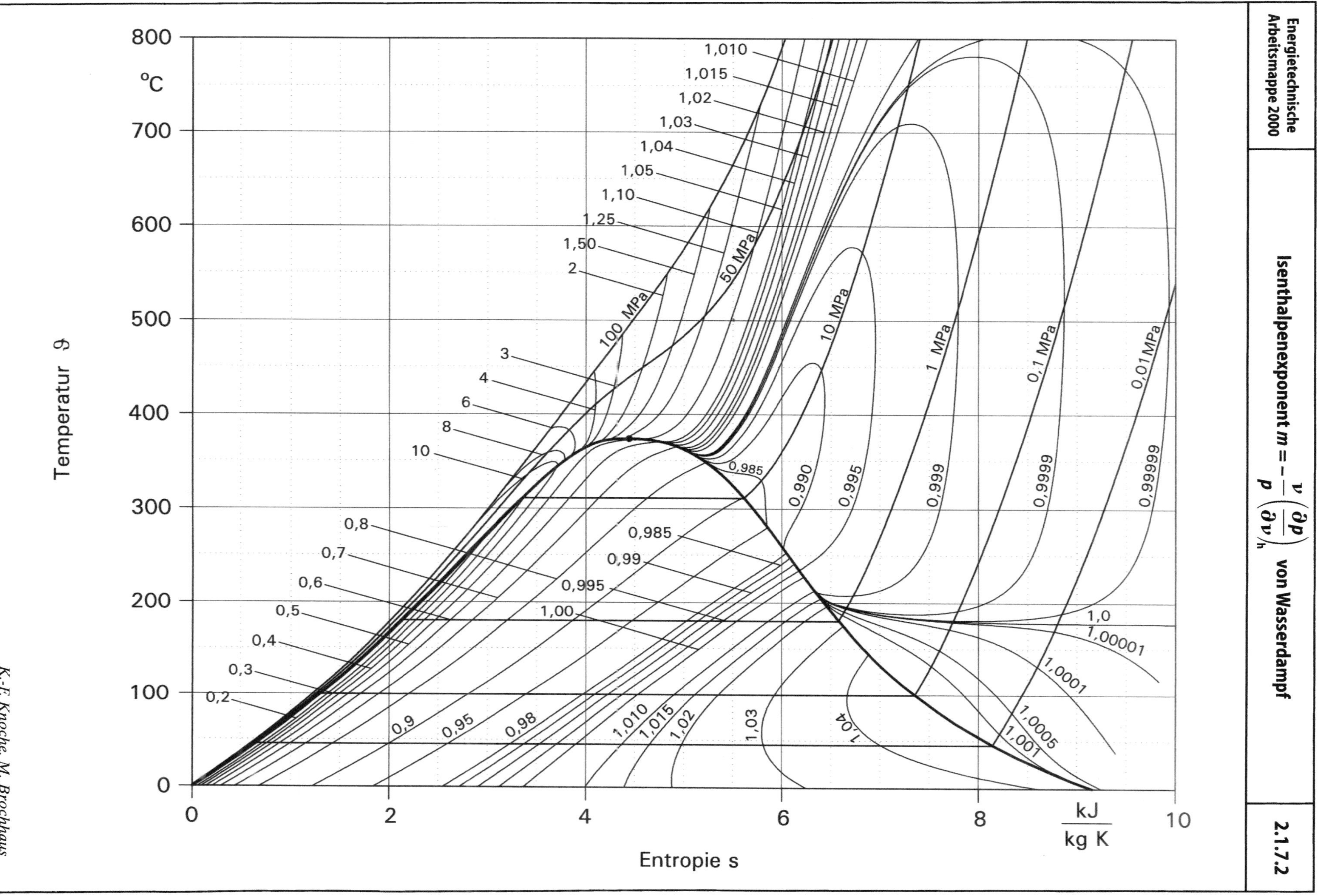

°C
Temperatur ϑ
800
700
600
500
400
300
200
100
0
1,010
1,015
1,02
1,03
1,04
1,05
1,10
1,25
1,50
2
50 MPa
100 MPa
10 MPa
1 MPa
0,1 MPa
0,01 MPa
3
4
6
8
10
0,985
0,990
0,995
0,999
0,9999
0,99999
0,8
0,7
0,6
0,5
0,4
0,3
0,2
0,985
0,99
0,995
1,00
1,0
1,00001
1,0001
1,0005
1,001
0,9
0,95
0,98
1,010
1,015
1,02
1,03
1,04
1
0
2
4
6
8
10
$\dfrac{\text{kJ}}{\text{kg K}}$
Entropie s
K.-F. Knoche, M. Brochhaus
47

Erläuterung zu 2.1.7.3

Beispiel 1

Berechnung des Wirkungsgrades aus Messungen (z. B. Abnahme einer Maschine).

Es wird angenommen, die Zustände am Ein- (1) und Austritt (2) der Teilturbinen sind messtechnisch bestimmt, der Wirkungsgrad ist gesucht:

k_1 und k_2 aus 2.1.7.1 und m_1 und m_2 aus 2.1.7.2 bestimmen; Mittelwerte für k und m bilden, $\dfrac{k-1}{k}$ und $\dfrac{m-1}{m}$ errechnen. Aus der auch für Dampf gültigen Beziehung

$$h_2 - h_1 = \frac{k}{k-1}\,(p\,v)_1 \left[\left(\frac{p_2}{p_1} \right)^{\frac{h-1}{n}} - 1 \right]$$

ergibt sich

$$\frac{n-1}{n} = \ln\left(1 + \frac{h_2 - h_1}{\dfrac{k}{k-1}\,(p\,v)_1} \right) \left(\ln \frac{p_2}{p_1} \right)^{-1} .$$

Damit erhält man (s. Erläuterung zu 2.1.7.1 u. 2.1.7.2)

$$\eta = \frac{\dfrac{n-1}{m} - \dfrac{m-1}{m}}{\dfrac{h-1}{k} - \dfrac{m-1}{m}} .$$

Beispiel 2

Berechnung des Austrittszustandes bei gegebenem Eintrittszustand und Austrittsdruck bei bekanntem Wirkungsgrad (z. B. Durchrechnen einer Maschine):

Isentropen- und Isenthalpenexponent am Austritt lassen sich zunächst nicht exakt, aber bei nur geringer Abhängigkeit vom noch unbekannten Austrittszustand schon relativ treffsicher bestimmen.

Vorgehen wie in Beispiel 1. Vergleich des berechneten mit dem vorgegebenen Wirkungsgrad h. Durch Iteration des angenommenen Austrittszustandes Wirkungsgrade zur Deckung bringen, womit auch der zugehörige Austrittszustand gewonnen ist.

Hinweise zu den Beispielen:

Da die Isentropen- und Isenthalpenexponenten sich beim Übergang vom überhitzten in das Nassdampfgebiet stärker ändern, ist die Berechnung für die Niederdruck-Teilturbine in zwei Bereiche aufgeteilt.

Der isentrope Wirkungsgrad weicht vom für alle Teilturbinen als gleich angenommen polytropen Wirkungsgrad umso mehr ab, je größer die Enthalpiedifferenz ist. Jedoch spielt dabei auch die Abhängigkeit der Exponenten vom Zustand eine Rolle.

Um die Unterschiede zwischen den polytropen und den isentropen Wirkungsgraden im Beispiel klar hervortreten zu lassen, wurde für alle Teilturbinen ein gleicher, also gleiche aerodynamische Güte aller Teilturbinen voraussetzend, und relativ niedriger polytroper Wirkungsgrad von 88 % angenommen. Die isentropen Wirkungsgrade weichen davon dann in den einzelnen Teilturbinen unterschiedlich ab.

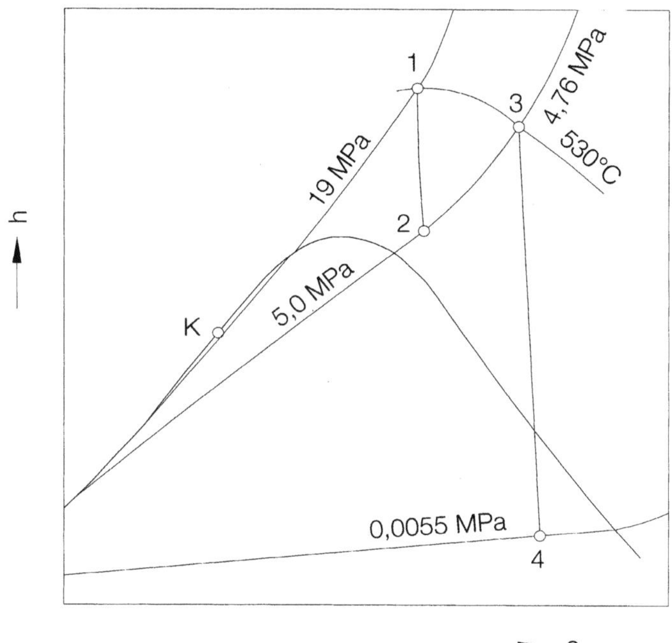

zu Beispiel 2: Expansion in einer 3 Geh. ZÜ-DT (ND überhitzter (1) und Nassdampfteil (2) getrennt

		p [1] MPa	ϑ °C	h [3] kJ/kg	s [3] kJ/kg K	v [3] m³/kg	k [4] –	m [5] –	n [7),8)] –	η [1]	η_s [14]
HD	1	19,0	530,0[1]	3346,5	6,3000	0,01685	1,288	0,998			
	2	5,0	330,5[2),12)]	3017,5	6,3670	0,04948	1,291	0,988			
	Δ			329,4							
	MiW[6)]						1,289	0,993	1,2435	0,880	0,892
MD	1	4,76	530,0[1]	3505,3	7,0899	0,07532	1,272	0,996			
	2	0,583	252,6[2),12)]	2963,7	7,2077	0,4085	1,303	0,996			
	Δ			541,6							
	MiW[6)]						1,287	0,996	1,2443	0,880	0,900
ND1	1	0,583	252,4[1]	2963,6	7,2095	0,4118	1,302	0,998			
	2	0,113	103,1[2),12)]	2680,7	7,3189	1,513	1,314	1,003			
	Δ			282,9							
	MiW[6)]						1,308	1,001	1,2614	0,880	0,900
ND2	1	0,113	103,1[5)]	2680,7	7,3189	1,513	1,136	1,045			
	2	0,0055	34,6[2),12)]	2272,2	7,4610	23,0	1,109	1,04			
	Δ			408,5							
	MiW[6)]						1,123	1,043	1,112	0,880	0,920

Berechnungsschritte (1–8, 12, 14) entsprechen den Fußnoten der Tabelle

1. gegebene Werte: p_1, ϑ_1, p_2, η
2. geschätzter Wert: ϑ_2
3. abgelesene Werte aus genauen Wasserdampftafeln (oder sehr ungenau aus Bild 2.1.1.1): h_1, h_2, s_1, s_2, ϑ_1, ϑ_2
4. abgelesene Werte aus Wasserdampftafel (oder Bild 2.1.7.1): k_1, k_2
5. abgelesene Werte aus Wasserdampftafel (oder Bild 2.1.7.2): m_1, m_2
6. Mittelwertbildung: $\bar{k} = (k_1 + k_2)/2$ $\quad$ $\bar{m} = (m_1 + m_2)/2$
7. mittlerer Polytropenexponent:

$$\frac{\overline{n-1}}{n} = \eta \cdot \left(\frac{\bar{k}-1}{\bar{k}} - \frac{\bar{m}-1}{\bar{m}} \right) + \frac{\bar{m}-1}{\bar{m}}$$

8. $$\bar{n} = \frac{1}{1 - \dfrac{\overline{n-1}}{n}}$$

9. $$\int_1^2 v \cdot dp = v_1 \cdot p_1 \cdot \frac{\bar{n}}{\bar{n}-1} \cdot \left[\left(\frac{p_2}{p_1} \right)^{\frac{\overline{n-1}}{n}} - 1 \right]$$

10. $$\Delta h_{12} = \eta \cdot \int_1^2 v \cdot dp$$

11. $h_2 = h_1 + \Delta h_{12}$

12. abgelesener Wert aus Wasserdampftafel (oder Bild 2.1.1.1): ϑ_2 (h_2, p_2)

13. abgelesener Wert aus Wasserdampftafel (oder Bild 2.1.1.1): $\Delta h_s = h_{2_s}$ (s_1, p_2) $- h_1$

14. berechneter Wert: $\eta_s \underset{\text{def}}{=} \dfrac{\Delta h}{\Delta h_s} = \dfrac{h_2 - h_1}{h_{2_s} - h_1}$

Berechnet nach: W. Wagner, A. Kruse, Properties of Water and Steam – The Industrial Standard IAPWS-IF97/Zustandsgrößen von Wasser und Wasserdampf – Der Industrie Standard IAPWS-IF97. Springer Verlag, Berlin, Heidelberg, 1998.

Die zur Erstellung des Diagramms verwendete Software wurde freundlicherweise von Prof. Wagner zur Verfügung gestellt.

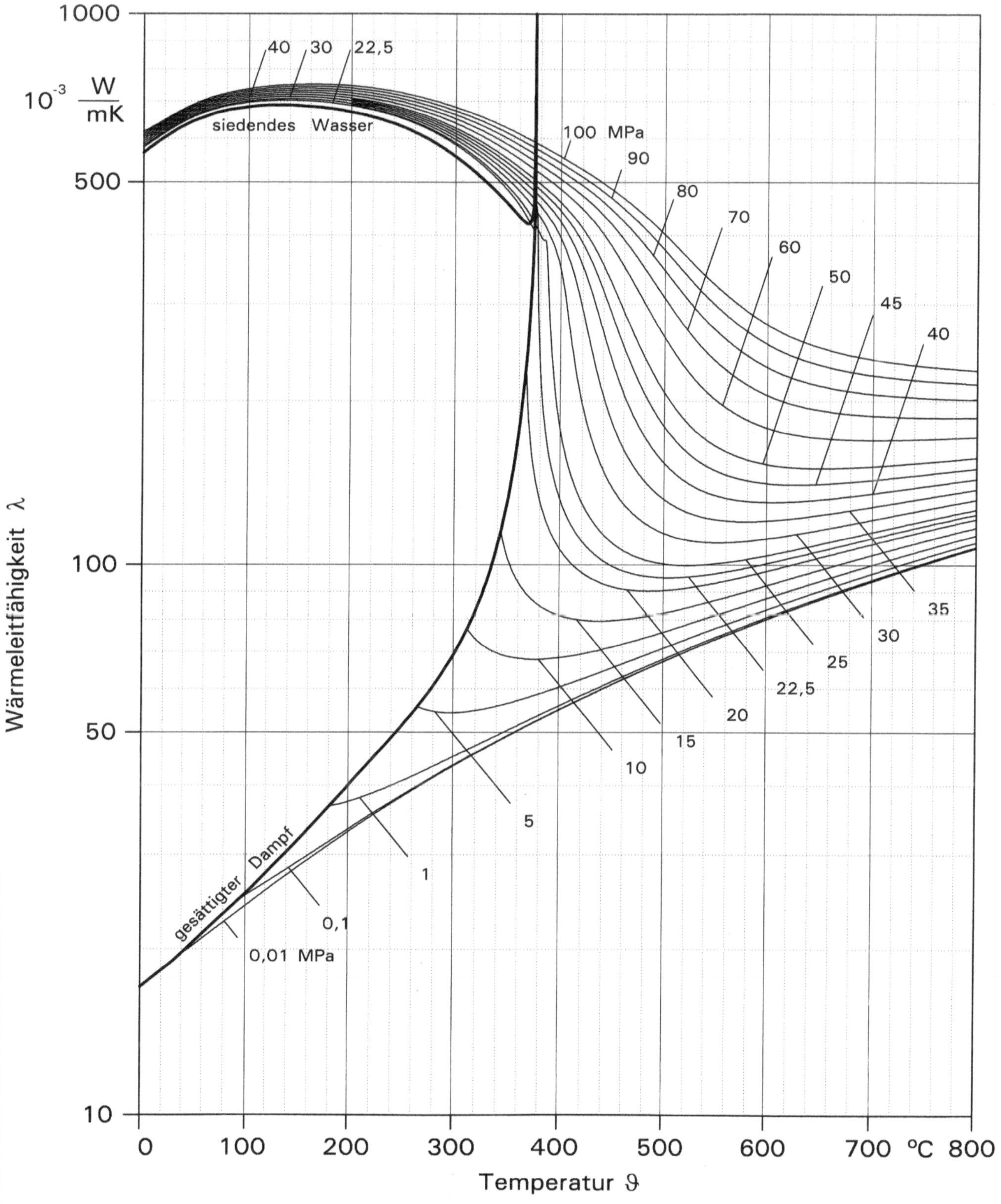

K.-F. Knoche, M. Brochhaus

Berechnet nach: W. Wagner, A. Kruse, Properties of Water and Steam – The Industrial Standard IAPWS-IF97/Zustandsgrößen von Wasser und Wasserdampf – Der Industrie Standard IAPWS-IF97. Springer Verlag, Berlin, Heidelberg, 1998.

Die zur Erstellung des Diagramms verwendete Software wurde freundlicherweise von Prof. Wagner zur Verfügung gestellt.

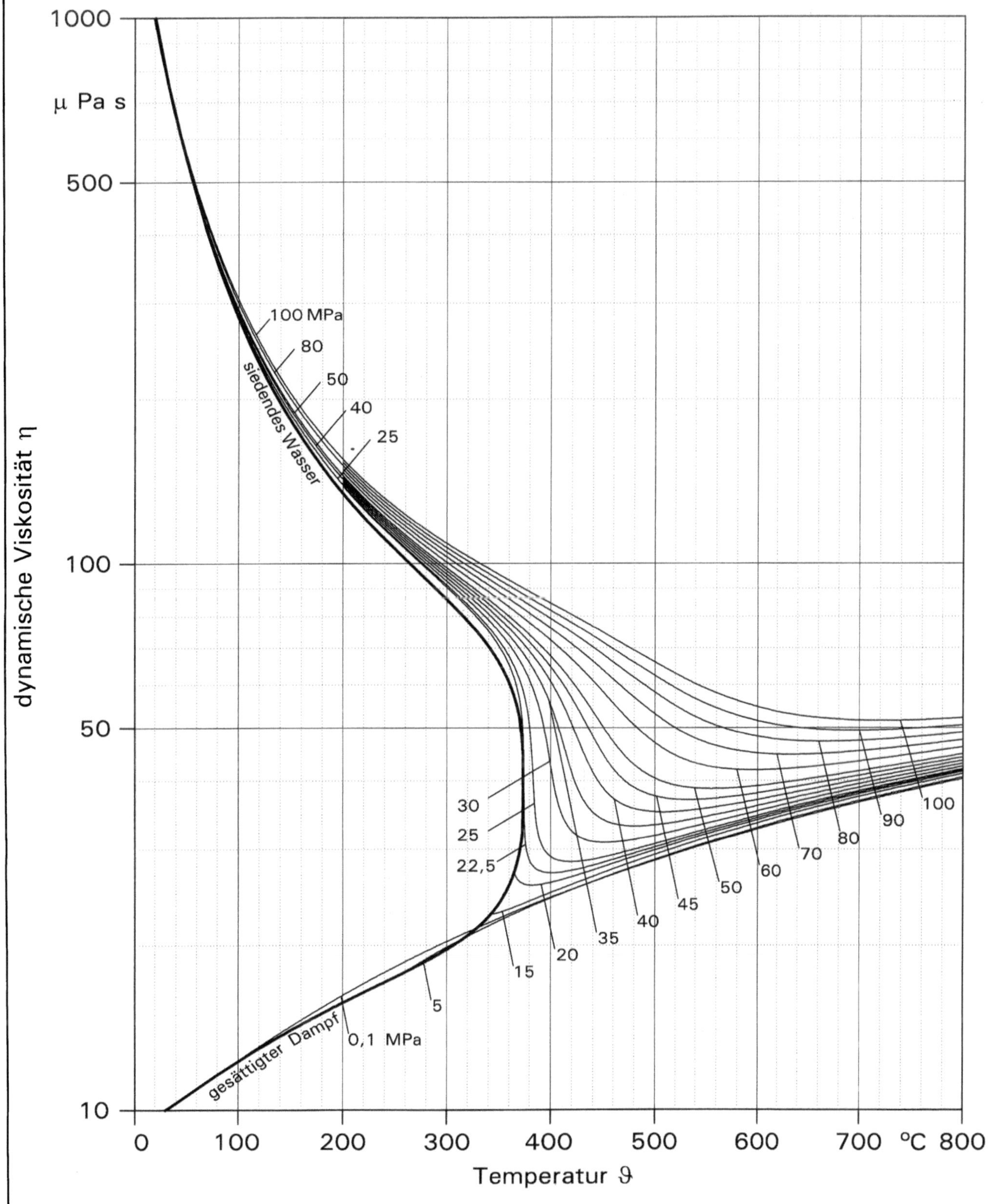

K.-F. Knoche, M. Brochhaus

Erläuterung zu 2.2.1 und 2.2.2.1

Bei allen Luftdiagrammen liegt der Nullpunkt der Enthalpie und der Entropie bei einer Temperatur von 25 °C und einem Druck von 0,1013 MPa.

Die Werte der Zustandsdiagramme (*h, s*- und *h, ϱ*-Diagramm) sind nach der Zustandsgleichung von *Lee, Kesler* unter Berücksichtigung der Erweiterung von *Plöcker* berechnet [1].

[1] *Knapp, H., Döring, R., Oellrich, L., Plöcker, U., Prausnitz, J.M.*: Vapor-Liquid Equilibria for Mixtures of Low Boiling Substances, Dechema Chemistry Data Series Vol. VI, Frankfurt 1981.

Additional information of this book

(Energietechnische Arbeitsmappe; 978-3-642-63080-4; 978-3-642-63080-4_OSFO6) is provided:

http://Extras.Springer.com

Energietechnische Arbeitsmappe 2000	***h, ρ*-Diagramm für Luft**	**2.2.2.1**

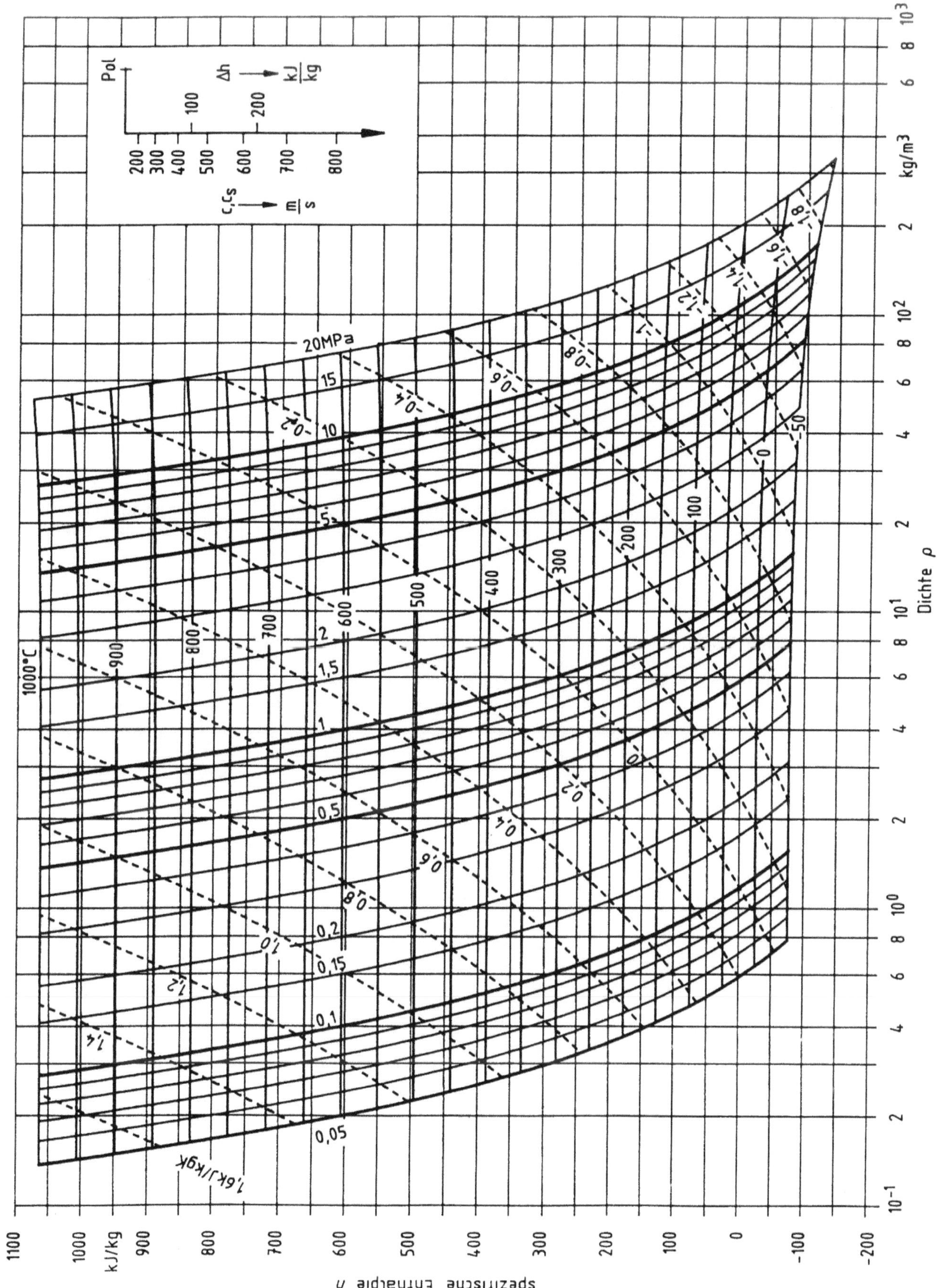

K. F. Knoche, U. Eickelmann, F. Niermann

Erläuterung zu 2.2.2.2

Das Enthalpie-Dichte-Diagramm eignet sich besonders zur Untersuchung eindimensionaler Strömungsvorgänge.

Der Volumenstrom $\dot{V}$ in einem Strömungskanal des Querschnitts A ist bei der dort vorliegenden Strömungsgeschwindigkeit c

$$\dot{V} = A \cdot c \,. \tag{1}$$

Wird in Gl. (1) die Geschwindigkeit c durch die Ruheenthalpie

$$h_0 = h + c^2/2 \tag{2}$$

und die statische Enthalpie h ausgedrückt, so erhält man nach dem Logarithmieren

$$\log \frac{\dot{V}}{\dot{V}^+} = \log \frac{A}{A^+} + \log \frac{c}{c^+} = \log \frac{A}{A^+} + \frac{1}{2} \log \left(\frac{h_0 - h}{c^{+2}/2} \right). \tag{3}$$

Hierin sind $\dot{V}^+$, A^+, c^+ willkürlich gewählte Bezugsgrößen, wie z.B. $\dot{V}^+ = 1$ m³/s, $A^+ = 1$ m², $c^+ = 1$ m/s. Der Zusammenhang ist nach Gl. (3) im transparenten Bild 2.1.4.2 grafisch dargestellt. Die Linien des konstanten Querschnitts A sind die sog. Fannolinien. Ihre Steigung entspricht in jedem Punkt dem Quadrat der Strömungsgeschwindigkeit:

$$\left[\frac{\partial (h_0 - h)}{\partial \log (\dot{V}/\dot{V}^+)} \right]_A = \left[\frac{\partial (c^2/2)}{\partial \log (\dot{V}/\dot{V}^+)} \right]_A = c^2 \,. \tag{4}$$

Indem man gemäß Bild 1 die Ruheenthalpie h_0 im transparenten Diagramm 2.1.4.2 mit der im Enthalpie-Dichte-Diagramm zur Deckung bringt und außerdem die Fannolinie A = konst mit dem Zustandspunkt h, ϱ der Strömung, kann nach der Kontinuitätsgleichung der bezogene Massendurchsatz

$$\log \frac{\dot{m}}{\dot{m}^+} = \log \frac{\varrho}{\varrho^+} + \log \frac{\dot{V}}{\dot{V}^+} = \log \frac{\varrho}{\varrho^+} + \log \frac{A}{A^+} + \log \frac{c}{c^+} \tag{5}$$

im transparenten Diagramm an der Skala für den Volumenstrom abgelesen werden. Ist umgekehrt der bezogene Massendurchsatz $\dot{m}/\dot{m}^+$ bekannt, so bringt man den Skalenwert $\dot{m}/\dot{m}^+$ im transparenten Diagramm mit der Linie ϱ^+ = konst im h, ϱ-Diagramm zur Deckung, außerdem die Ruheenthalpie h_0. Man kann dann beim Strömungszustand h, ϱ den zugehörigen Strömungsquerschnitt A der Düse ablesen.

Der engste Düsenquerschnitt (Lavalzustand L) tritt dort auf, wo sich die Fannokurve A_L = konst und die Expansionslinie gerade berühren. Die zugehörige Geschwindigkeit c_L kann im Geschwindigkeitsnetz des transparenten Diagramms abgelesen werden.

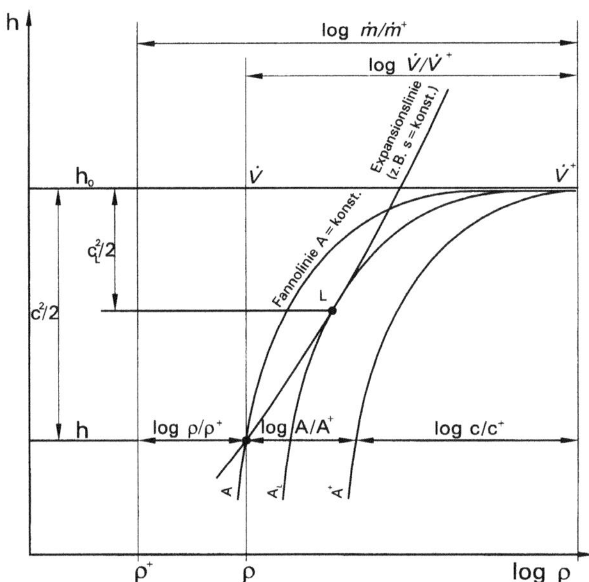

Bild 1. Düsenkontur bei eindimensionalen Strömungsvorgängen durch Überlagerung der Diagramme 2.2.2.1 und 2.2.2.2.

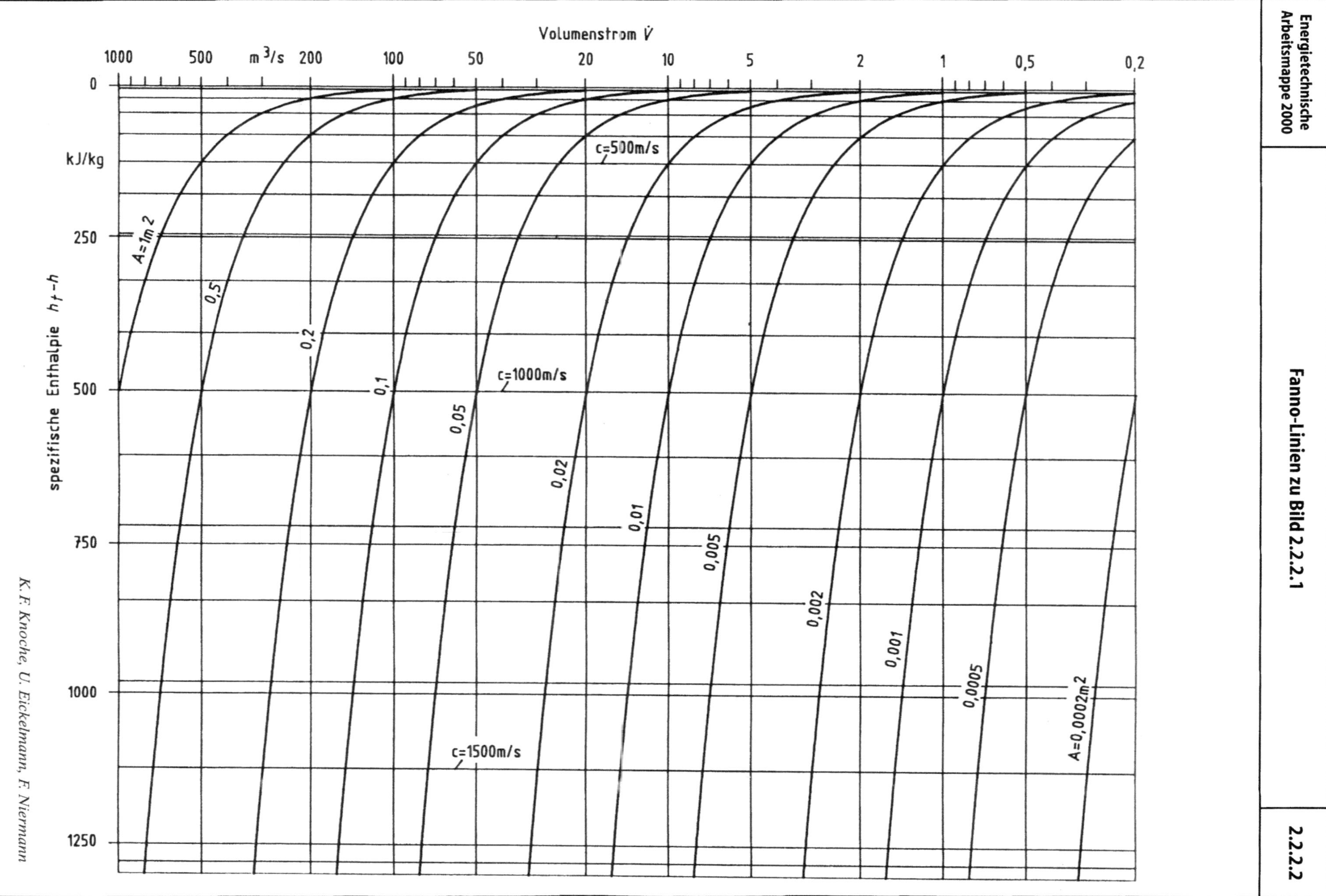

K. F. Knoche, U. Eickelmann, F. Niermann

Schrifttum

Baehr, H. D.: Thermodynamische Eigenschaften der Gase und Flüssigkeiten. 1. Band: „Die thermodynamischen Eigenschaften der Luft im Temperaturbereich zwischen −210 °C und +1250 °C bis zu Drücken von 4500 bar" von *H. D. Baehr* und *K. Schwier*, Springer Verlag, Berlin-Göttingen-Heidelberg, 1961.

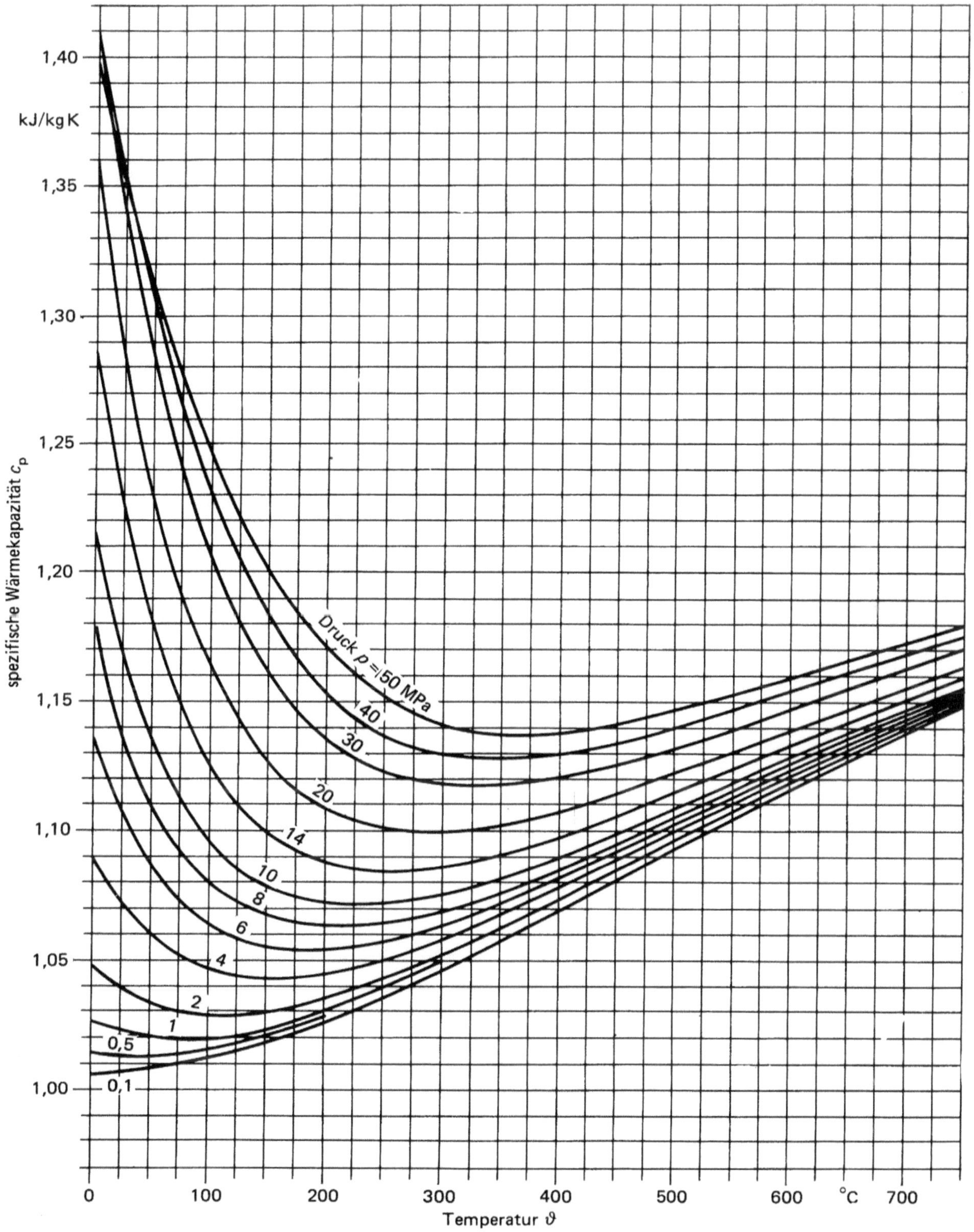

H. Rögener, J. Tölle

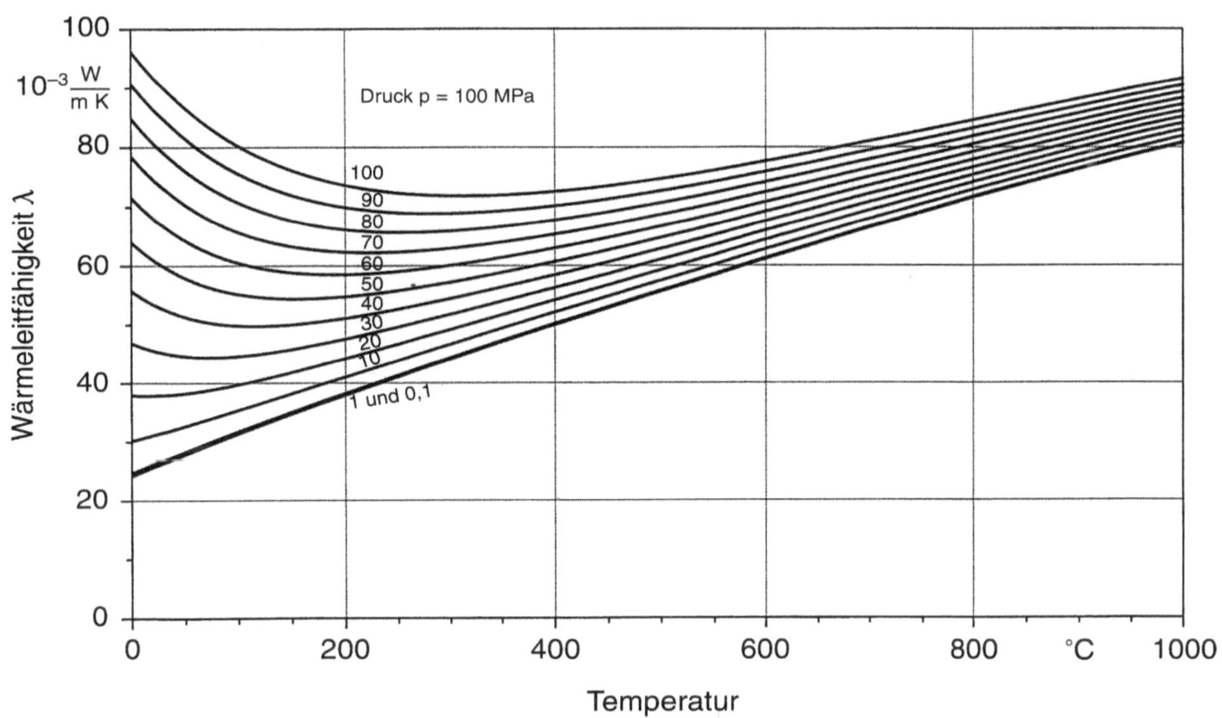

A. Bode, H. Rögener

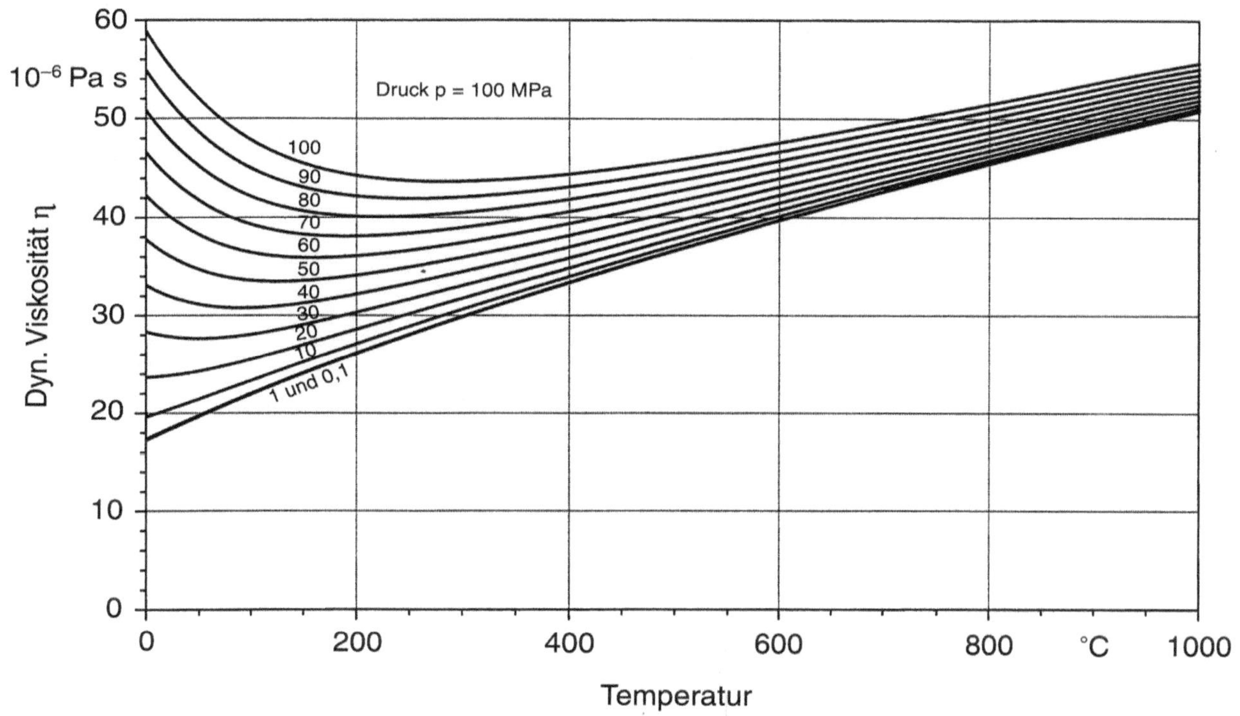

A. Bode, H. Rögener

Die Kurven sind berechnet nach:
Baehr, H. D.: Thermodynamische Eigenschaften der Gase und Flüssigkeiten. 1. Band: „Die thermodynamischen Eigenschaften der Luft im Temperaturbereich zwischen −210 °C und +1250 °C bis zu Drücken von 4500 bar" von *H. D. Baehr* und *K. Schwier*, Springer-Verlag, Berlin-Göttingen-Heidelberg 1961.

Realgasfaktor der Luft (0 °C bis 1200 °C)

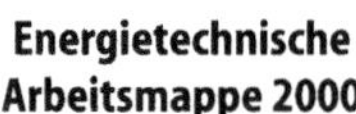

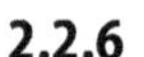

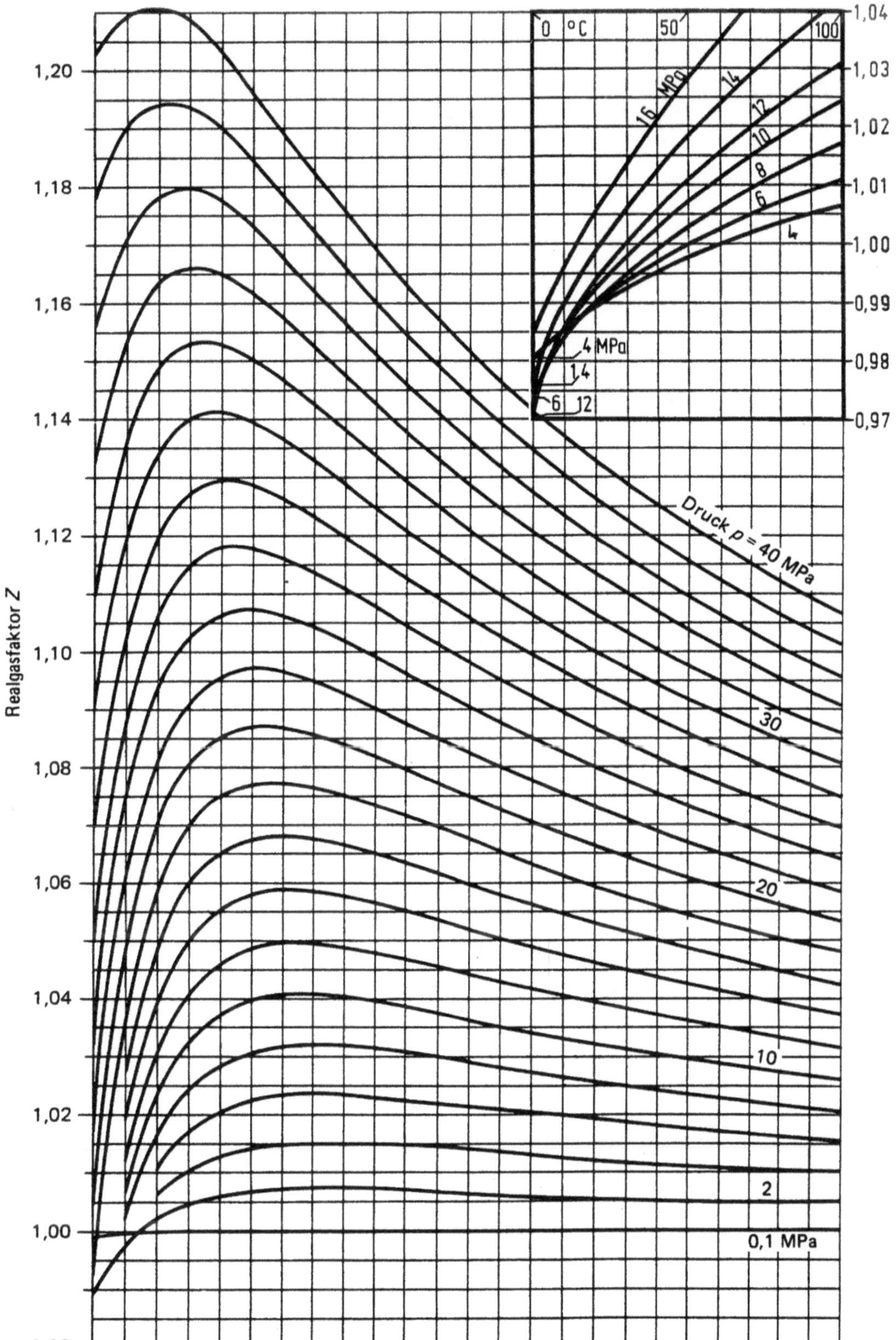

H. Rögener, J. Tölle

Erläuterung zu 2.2.7.1

Zur besseren Übersicht wurde ein schiefwinkliges Diagramm verwendet, dessen Enthalpielinien gegen die Abszisse geneigt sind, so dass die 0 °C-Isotherme horizontal verläuft.

Der Pol 0 dient zur Ablesung der Parameter $\Delta h/\Delta x$ am Randmaßstab.

Der Wassergehalt x gibt die in der feuchten Luft enthaltene Wassermasse bezogen auf die Masse der trockenen Luft an.

Die Enthalpiewerte der feuchten Luft sind auf die Masse der trockenen Luft bezogen.

h, x-Diagramm für feuchte Luft (Temperaturbereich – 10 °C bis 60 °C)

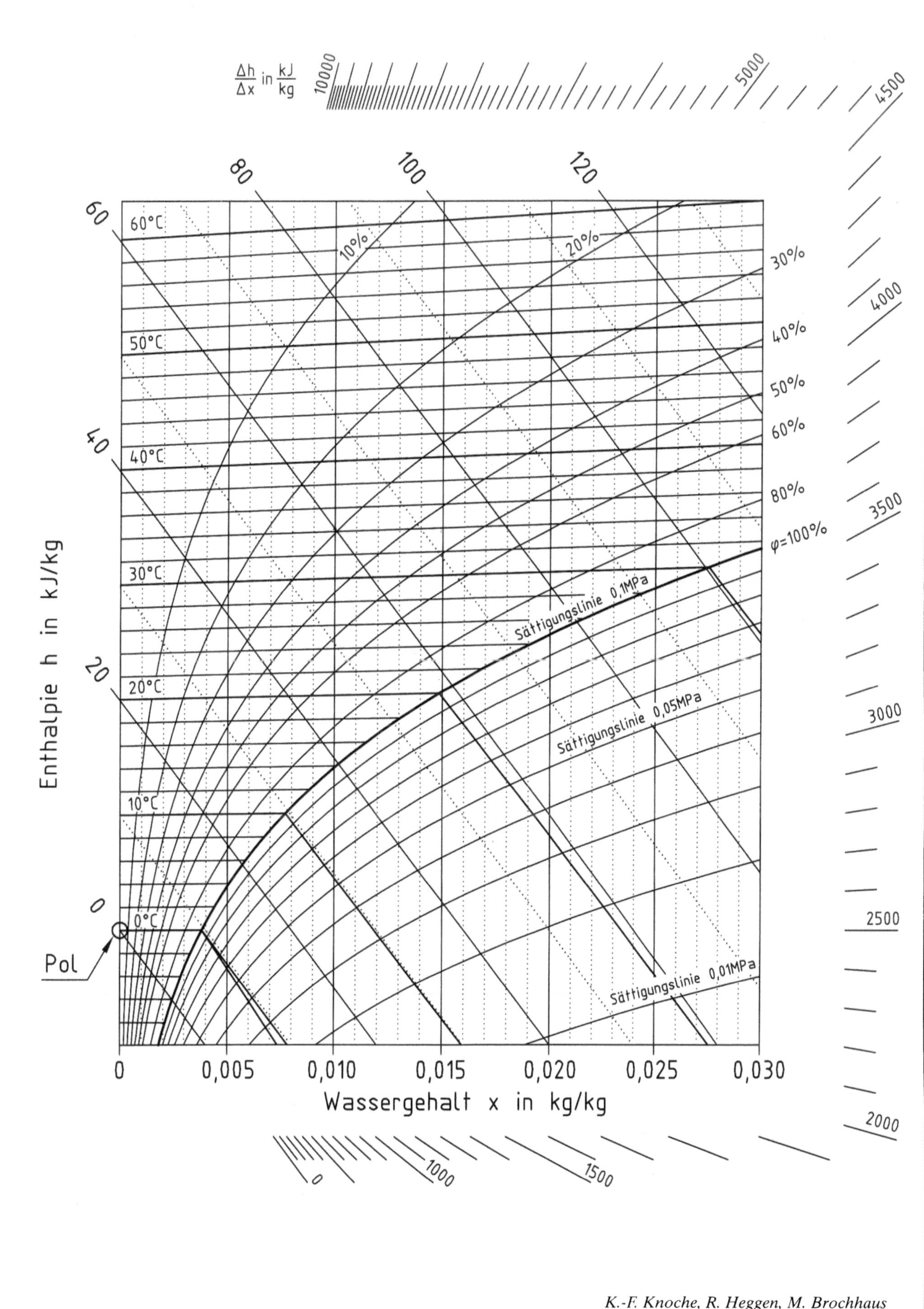

K.-F. Knoche, R. Heggen, M. Brochhaus

Erläuterung zu 2.2.7.2

Zur besseren Übersicht wurde ein schiefwinkliges Diagramm verwendet, dessen Entropielinien gegen die Abszisse geneigt sind, so dass die 0 °C-Isotherme horizontal verläuft.

Der Pol 0 dient zur Ablesung der Parameter $\Delta s/\Delta x$ am Randmaßstab.

Der Wassergehalt x gibt die in der feuchten Luft enthaltene Wassermasse bezogen auf die Masse der trockenen Luft an.

Die Entropiewerte der feuchten Luft sind auf die Masse der trockenen Luft bezogen.

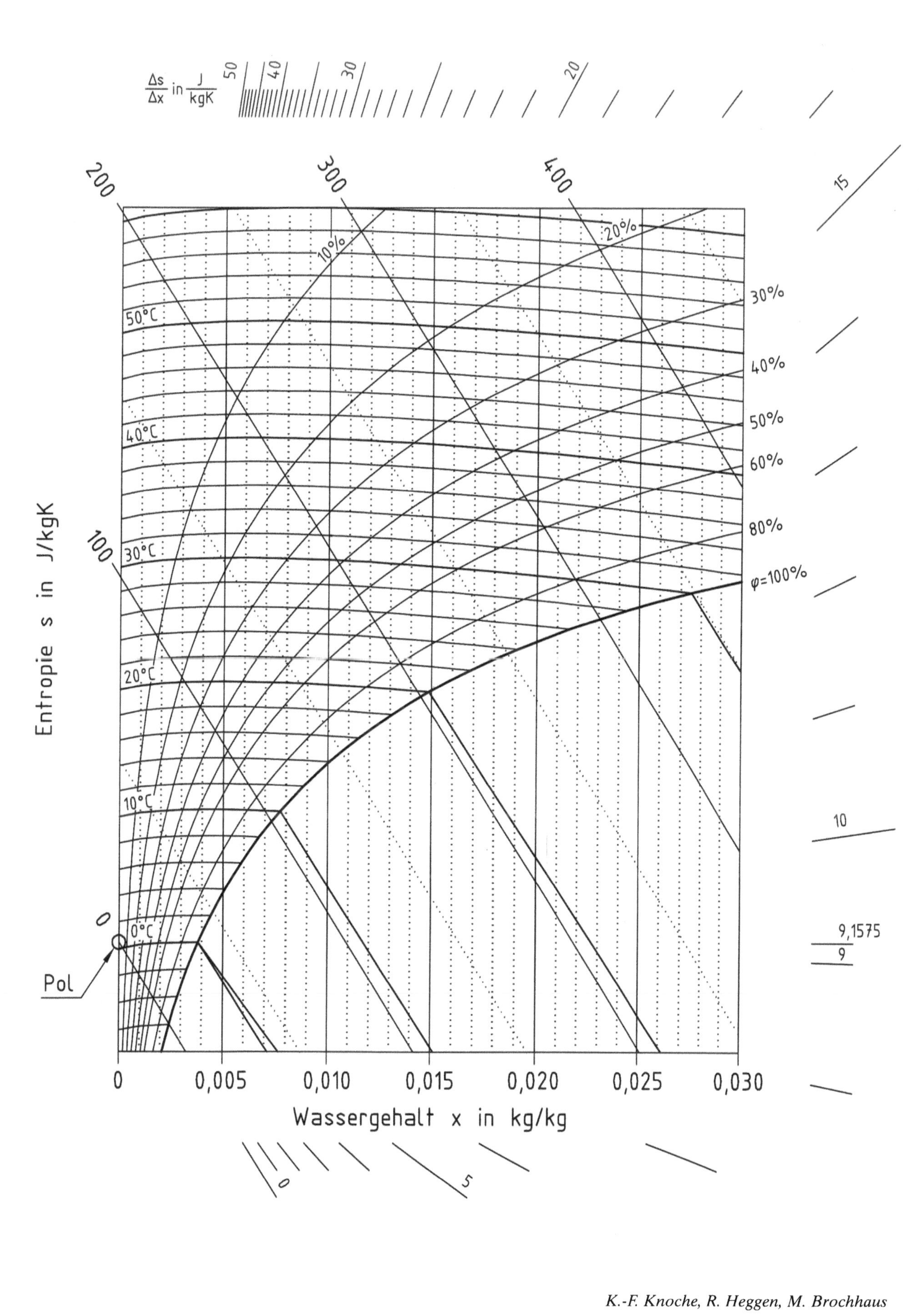

K.-F. Knoche, R. Heggen, M. Brochhaus

Erläuterung zu 2.2.7.3

Zur besseren Übersicht wurde ein schiefwinkliges Diagramm verwendet, dessen Enthalpielinien gegen die Abszisse geneigt sind, so dass die 0 °C-Isotherme horizontal verläuft.

Der Pol 0 dient zur Ablesung der Parameter $\Delta h/\Delta x$ am Randmaßstab.

Der Wassergehalt x gibt die in der feuchten Luft enthaltene Wassermasse bezogen auf die Masse der trockenen Luft an.

Die Enthalpiewerte der feuchten Luft sind auf die Masse der trockenen Luft bezogen.

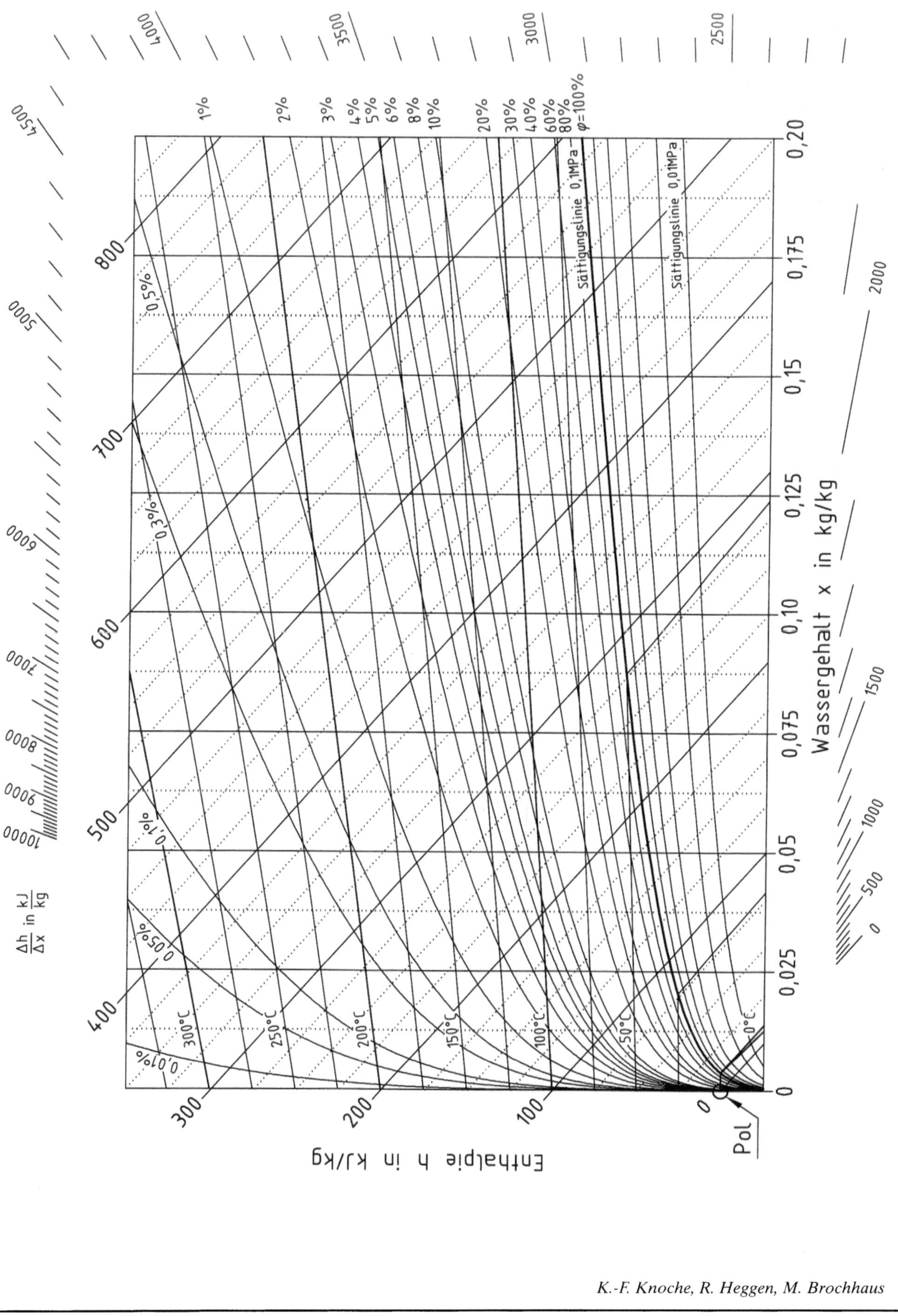

K.-F. Knoche, R. Heggen, M. Brochhaus

Erläuterung zu 2.2.7.4

Zur besseren Übersicht wurde ein schiefwinkliges Diagramm verwendet, dessen Entropielinien gegen die Abszisse geneigt sind, so dass die 0 °C-Isotherme horizontal verläuft.

Der Pol 0 dient zur Ablesung der Parameter $\Delta s/\Delta x$ am Randmaßstab.

Der Wassergehalt x gibt die in der feuchten Luft enthaltene Wassermasse bezogen auf die Masse der trockenen Luft an.

Die Entropiewerte der feuchten Luft sind auf die Masse der trockenen Luft bezogen.

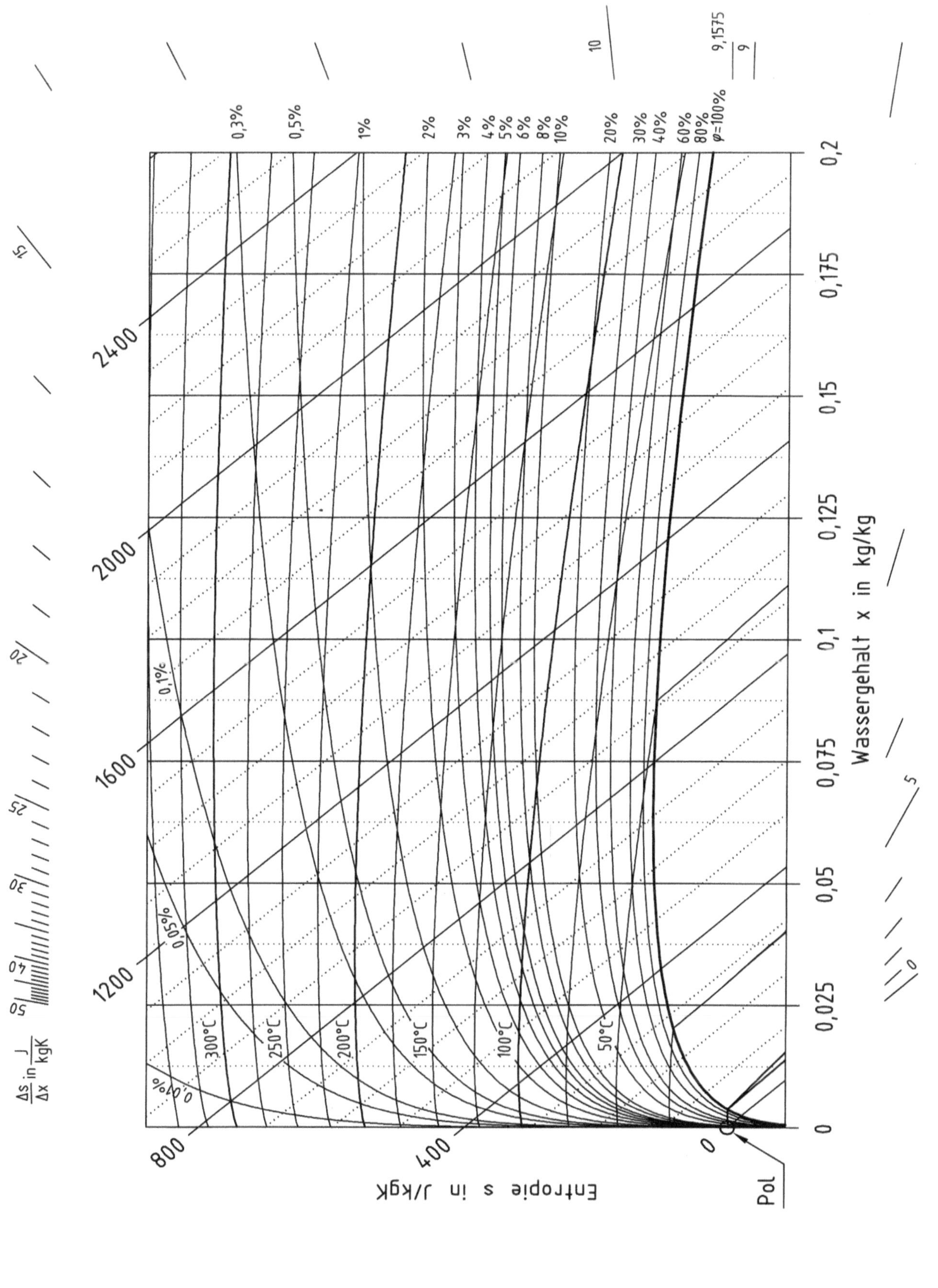

K.-F. Knoche, R. Heggen, M. Brochhaus

Erläuterung zu 2.2.8.1

Nach: Landolt-Börnstein, Zahlenwerte und Funktionen aus Physik, Chemie, Astronomie, Geophysik und Technik, Bd. 4b, Springer Verlag, 1972, S. 199. Gezeichnet und ergänzt durch W. Seitz mit Hilfe der Zustandsgleichung von B. Ziegler in: B. Ziegler, Ch. Trapp, „Equation of State for Ammonia-Water Mixtures", in: International Journal of Refrigeration, 1982, S. 101–106.

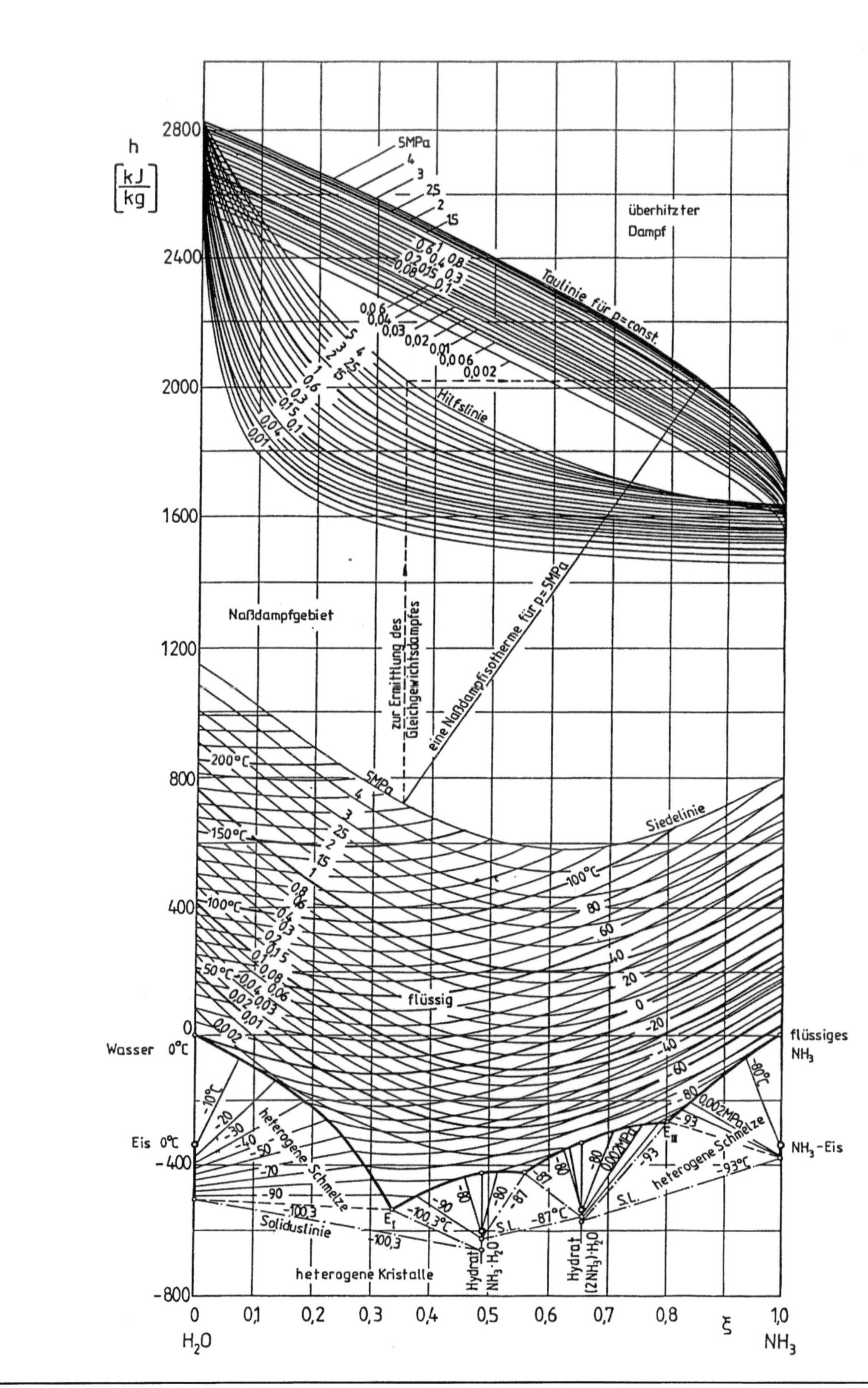

h [kJ/kg]
2800
2400
2000
1600
1200
800
400
0
-400
-800
5MPa
4
3
25
2
15
0,6 1 0,8 0,4
0,2 0,15 0,3
0,08 0,1
überhitzter Dampf
0,06
0,04
0,03 0,02 0,01
0,006
0,002
Taulinie für p=const.
Hilfslinie
5
3 25
4
2
15
1
0,6
0,3
0,15 0,1
0,04
0,01
Naßdampfgebiet
zur Ermittlung des Gleichgewichtsdampfes
eine Naßdampfisotherme für p=5MPa
200°C
5MPa
4
3
25
2
15
1
150°C
0,8
0,6
0,3
0,2
0,15
100°C
0,1
0,08
50°C 0,04 0,06
0,02 0,03
0,01
0 0,002
Wasser 0°C
Siedelinie
-100°C
80
60
40
20
0
-20
-40
-60
flüssig
flüssiges NH₃
-10°C
-20
-30
-40
-50
heterogene Schmelze
-70
-80
0,002MPa
-80°C
-93
-80
0,002MPa
-93
-93°C
heterogene Schmelze
Eis 0°C
NH₃-Eis
-400
-90
-100,3
Soliduslinie
E₁
-100,3
-100,3°C
-90
-80
-87
S.L.
-80
-87°C
S.L.
heterogene Kristalle
Hydrat NH₃·H₂O
Hydrat (2NH₃)·H₂O
0   0,1   0,2   0,3   0,4   0,5   0,6   0,7   0,8   ξ   1,0
H₂O   NH₃

Berechnet nach: B. Ziegler, Ch. Trapp, „Equation of State for Ammonia-Water Mixtures", in: International Journal of Refrigeration, 1982, S. 101–106.

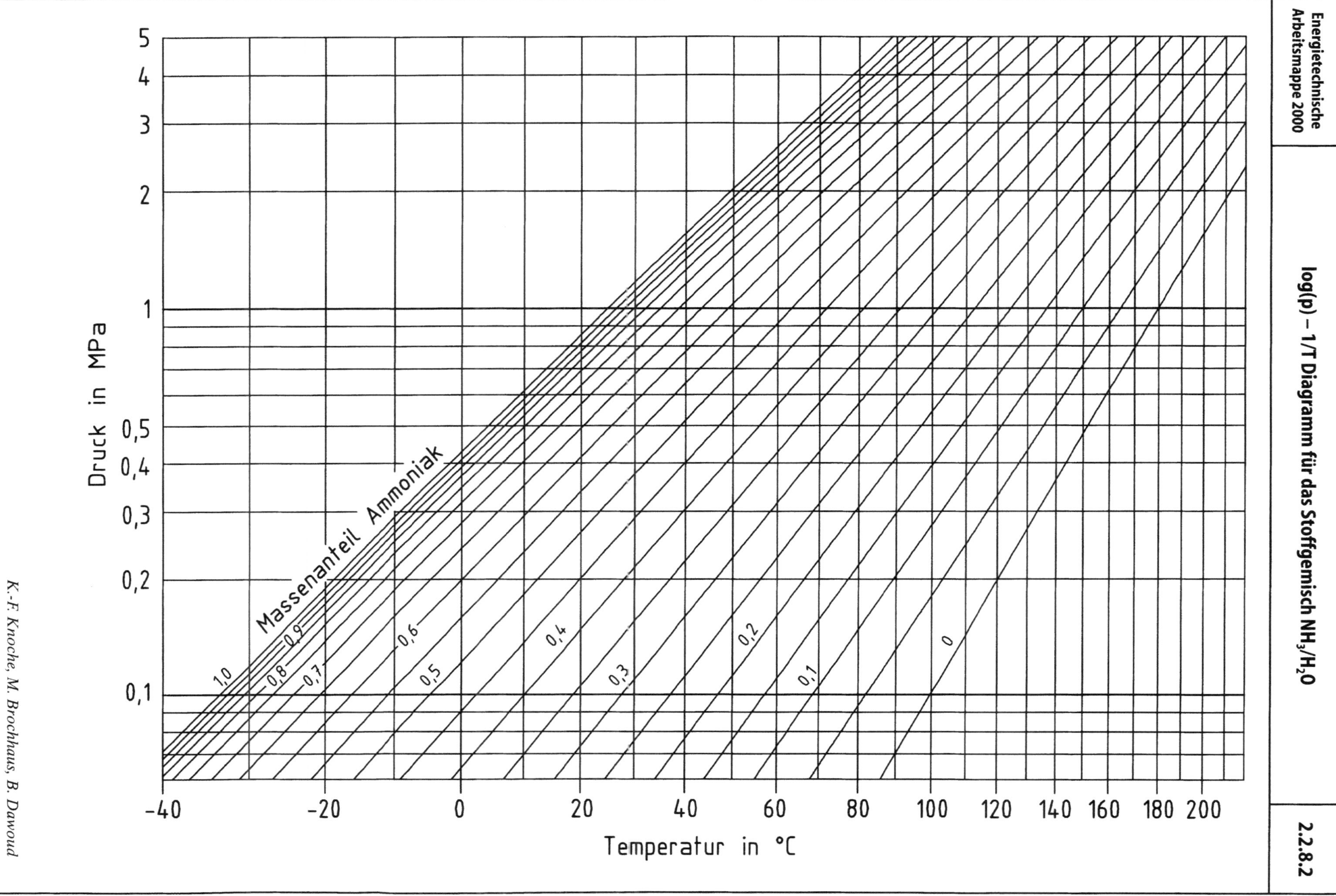

K.-F. Knoche, M. Brochhaus, B. Dawoud

$$Cp = A + B*T/1000 + C \cdot 10^5/T**2 + D*(T/1000)**2 \qquad (kJ/(kmol*K))$$

$$H = H0* + A*T/1000 + B/2*(T/1000)**2 - C*100/T + D/3*(T/1000)**3 \qquad (kJ/mol)$$

$$S = S0* + A*ln(T) + B/1000*T - 5*C*(100/T)**2 + D/2*(T/1000)**2 \qquad (kJ/(kmol*K))$$

chem.Symbol	Stoff	Agg.	A	B	C	D	Bereich	H0*	S0*
Al	Aluminium	sol	31,397	-16,404	-3,609	20,767	298- 933	-10,015	-148,598
Al	Aluminium	liq	31,769	0,000	0,000	0,000	933-2767	-0,791	-145,733
Al2O3	A-Aluminiumoxid	S-A	103,921	26,285	-29,111	0,000	298- 800	-1718,300	-565,298
Au	Gold	sol	24,024	4,379	0,000	0,000	298- 900	-7,356	-90,644
Au	Gold	sol	4,572	18,501	54,809	0,000	900-1200	10,521	32,339
Bi	Wismut	sol	11,857	30,488	4,107	0,000	298- 544	-3,509	-17,551
Bi	Wismut	liq	19,029	10,379	20,754	-3,982	544-1200	10,138	-27,640
C	Graphit	sol	0,109	38,967	-1,482	-17,396	298-1100	-2,107	-6,550
CH4	Methan	Gas	12,456	76,740	1,449	-18,016	298-2000	-81,333	94,098
C4H10	Butan	Gas	40,277	265,255	-12,669	-76,413	298-1500	-152,123	-2,048
C6H14	Hexan	Gas	65,691	377,846	-20,109	-109,615	342-1500	-210,529	-107,399
C7H16	Heptan	Gas	77,833	435,289	-23,459	-126,847	371-1500	-239,355	-158,773
C8H18	Octan	Gas	90,644	491,103	-27,013	-143,046	398-1500	-268,860	-213,363
C9H20	Nonan	Gas	102,953	548,019	-30,388	-164,056	424-1500	-298,050	-265,642
C10H22	Decan	Gas	115,472	604,620	-33,909	-176,675	447-1500	-316,706	-295,869
C2H2	Acetylen	Gas	43,656	31,673	-7,511	-6,314	298-2000	210,002	-61,115
C2H4	Ethylen	Gas	32,657	59,871	0,000	0,000	298-1200	40,112	15,480
C3H4	Propadien	Gas	39,096	111,243	-9,437	-31,749	298-1500	-211,693	-24,743
C5H8	Pentadien 1,2	Gas	64,309	223,860	-17,928	-64,573	298-1500	-180,250	-106,583
C4H6	1-Butin	Gas	49,739	164,403	12,024	45,515	298-1500	147,710	-36,629
C8H14	1-Octin	Gas	99,102	392,588	-24,966	-113,747	298-1500	28,144	-244,275
C9H16	1-Nonin	Gas	109,904	452,421	27,691	131,993	298-1500	17,128	-266,390
C6H6	Benzol	Gas	44,171	245,476	-26,339	-75,576	353-1500	50,095	-68,092
CH3OH	Methanol	Gas	4,312	128,811	4,538	-44,133	338-1000	-207,129	177,671
C2H6O	Ethanol	Gas	39,147	149,385	-5,778	-42,337	351-1500	-257,070	7,854
CO	Kohlenmonoxid	Gas	28,428	4,103	-0,461	0,000	298-2500	-119,424	34,244
CO2	Kohlendioxid	Gas	44,171	9,043	-8,541	0,000	298-2500	-410,198	-45,347
CaCl2	Calziumchlorid	sol	71,929	12,728	-2,721	0,000	298-1045	-819,244	-310,443
Ca(OH)2	Calziumhydroxid	sol	105,365	11,953	-18,979	0,000	298-1000	-1025,167	-531,079
CaSO4	Calziumsulfat	sol	70,255	98,808	0,000	0,000	298-1200	-1460,389	-324,393
CaSO4*1/2H2O	Calziumsulfat-1/2Hydra	sol	69,375	163,285	0,000	0,000	298- 800	-1605,721	-313,269
CaSO4*2H2O	Calziumsulfat-Dihydrat	sol	91,440	318,197	0,000	0,000	298- 800	-2065,386	-421,498
CaC2	Calziumcarbid	S-A	68,664	11,891	-8,667	0,000	298- 720	-83,351	-329,267
CaC2	Calziumcarbid	S-B	64,477	8,374	0,000	0,000	720-1275	-72,662	-290,652
CaCO3	Calziumcarbonat	sol	104,586	21,939	-25,958	0,000	298-1200	1248,324	-528,944
Cl2	Chlor	Gas	36,928	0,251	-2,847	0,000	298-3000	-11,970	11,099
Cr	Chrom	sol	17,727	22,981	-0,377	-9,039	298-1000	-6,351	-83,996
Cu	Kupfer	sol	24,870	3,789	-1,390	0,000	298-1357	-8,047	-110,465
CuSO4	Kupfer(II)-Sulfat	sol	73,457	152,952	-12,318	-71,636	298-1078	-802,681	-358,511
Fe	Eisen	S-A	28,194	-7,323	-2,897	25,058	298- 800	-9,270	-133,887
Fe	Eisen	S-A	-263,630	255,981	619,646	0,000	800-1000	244,421	1621,468
Fe3O4	Magnetit	S-A	86,323	209,055	0,000	0,000	298- 866	-1154,137	-407,551
Fe2O3	Hematit	S-A	98,348	77,874	-14,863	0,000	298- 953	-863,808	-504,367
FeSO4	Eisen(II)-Sulfat	sol	156,440	9,031	-118,733	19,891	298- 944	-1016,509	-840,638
H2	Wasserstoff	Gas	27,298	3,266	0,502	0,000	298-3000	-8,110	-25,539
HCl	Chlorwasserstoff	Gas	26,544	4,605	1,089	0,000	298-2000	-100,123	34,926
H2O	Wasser	Gas	30,019	10,718	0,335	0,000	298-2500	-251,292	14,805
H2S	Schwefelwasserstoff	Gas	29,391	15,407	0,000	0,000	298-1800	-29,957	33,787
H2SO4	Schwefelsäure	liq	157,005	28,320	-23,480	0,000	298- 553	-870,457	-759,121
H2SO4	Schwefelsäure	Gas	94,831	52,595	-26,080	-12,971	298-2000	-780,294	-280,735
HNO3	Salpetersäure	Gas	91,888	6,289	-94,869	17,622	298-2000	-194,050	-313,020
H3PO4	Phosphorsäure	sol	106,763	0,000	0,000	0,000	298- 316	-1311,595	-497,626
H3PO4	Phosphorsäure	liq	200,966	0,000	0,000	0,000	316-1200	-1328,451	-998,983
Hg	Quecksilber	liq	30,396	-11,472	0,000	10,161	298- 630	-8,637	-94,128
Hg	Quecksilber	Gas	20,800	0,000	0,000	0,000	630-3000	55,123	56,434
LiCl	Lithiumchlorid	sol	41,445	23,413	0,000	0,000	298- 883	-421,929	-183,754
LiCl	Lithiumchlorid	liq	73,432	-9,479	0,000	0,000	883-1701	-417,512	-349,242
LiBr	Lithiumbromid	sol	30,220	41,391	5,949	0,000	298- 823	-359,282	-107,048
LiBr	Lithiumbromid	liq	65,314	0,000	0,000	0,000	823-1562	-357,209	-287,562
Mn	Mangan	S-A	20,758	18,740	0,000	0,000	298- 600	-7,017	-91,829
Mn	Mangan	S-A	24,024	13,469	0,000	0,000	600- 980	-8,034	-109,560
Mo	Molybdän	sol	25,586	2,847	-2,186	0,000	298- 700	-8,482	-119,219
Mo	Molybdän	sol	33,934	-11,920	-9,211	6,963	700-1500	-12,510	-166,005
N2	Stickstoff	Gas	27,884	4,271	0,000	0,000	298-2500	-8,499	31,497
NH3	Ammoniak	Gas	25,812	31,644	0,352	0,000	298- 800	-54,952	36,513
NH4Cl	Ammoniumchlorid	S-1	38,895	160,354	0,000	0,000	298- 458	-333,474	-174,334
NH4Cl	Ammoniumchlorid	S-2	34,667	111,788	0,000	0,000	458- 793	-322,539	-117,666
Na	Natrium	sol	14,800	44,259	0,000	0,000	298- 371	-6,376	-46,302
Na	Natrium	liq	37,493	-19,167	0,000	10,643	371-1156	-8,022	-150,775
NaCl	Natriumchlorid	sol	45,971	16,329	0,000	0,000	298-1074	-425,819	-194,586
NaOH	Natriumhydroxid	S-A	71,804	-110,950	0,000	235,926	298- 568	-446,861	-322,008
NaOH	Natriumhydroxid	S-B	86,039	0,000	0,000	0,000	568- 593	-452,074	-426,032
NaOH	Natriumhydroxid	liq	89,514	-5,862	0,000	0,000	593- 900	-446,740	-434,043
NaOH	Natriumhydroxid	liq	83,736	0,000	0,000	0,000	900-1663	-443,918	-399,986
Na2SO4	Natriumsulfat	S-5	82,379	154,464	0,000	0,000	298- 522	-1419,543	-365,633
Na2SO4	Natriumsulfat	S-1	145,148	54,634	0,000	0,000	522- 980	-1427,958	-685,727

chem.Symbol	Stoff	Agg.	A	B	C	D	Bereich	HO*	SO*
Na2CO3	Natriumkarbonat	S-1	11,024	244,199	24,510	0,000	298- 723	-1137,428	17,099
Na2CO3	Natriumkarbonat	S-2	50,116	129,163	0,000	0,000	723-1123	-1138,341	-158,533
Ni	Nickel	sol	19,096	23,513	0,000	0,000	298- 500	-6,737	-85,905
Ni	Nickel	sol	-251,334	356,678	259,628	0,000	500- 631	138,755	1480,042
Ni	Nickel	sol	467,506	-679,191	0,000	0,000	631- 640	-149,758	-2533,512
Ni	Nickel	sol	-385,956	404,495	654,970	0,000	640- 700	276,861	2367,501
Ni	Nickel	sol	-10,881	54,705	56,513	-16,500	700-1400	16,400	98,189
Ni	Nickel	sol	36,216	0,000	0,000	0,000	1400-1726	-15,056	-184,022
O2	Sauerstoff	Gas	29,977	4,187	-1,675	0,000	298-3000	-9,680	32,201
O3	Ozon	Gas	44,376	15,604	-8,616	-4,350	298-2000	126,002	-23,139
Pb	Blei	sol	24,237	8,717	0,000	0,000	298- 600	-7,612	-75,852
Pb	Blei	liq	32,511	-3,090	0,000	0,000	600-1200	-5,656	-113,718
PbO2	Bleidioxid	sol	63,258	31,037	-8,985	-14,001	298-1200	-297,774	-302,230
Pt	Platin	sol	24,267	5,380	0,000	0,000	298-2043	-7,469	-98,193
S(rhombisch)	Schwefel	sol	14,821	24,074	0,729	0,000	298- 368	-5,241	-59,298
S(monoklin)	Schwefel	sol	68,400	-118,625	0,000	0,000	368- 374	-15,085	-322,488
S(monoklin)	Schwefel	sol	13,691	29,986	0,000	0,000	374- 388	-5,028	-53,993
S	Schwefel	liq	-2065,738	3469,723	1132,056	0,000	388- 440	836,368	11387,301
S	Schwefel	liq	-25,577	57,816	88,685	0,000	440- 718	31,828	201,054
SO2	Schwefeldioxid	Gas	43,459	10,634	-5,945	0,000	298-1800	-312,432	-5,828
SO3	Schwefeltrioxid	Gas	57,183	27,365	-12,920	-7,733	298-2000	-418,553	-84,047
Si	Silizium	sol	22,839	3,860	-3,542	0,000	298-1685	-8,164	-114,429
SiO2	Quartz	S-A	43,945	38,841	-9,684	0,000	298- 847	-929,537	-225,895
SiO2	Quartz	S-B	58,950	10,048	0,000	0,000	847-1696	-930,056	-301,157
SiC	Siliziumkarbid	sol	50,824	1,951	-49,237	8,210	298-3259	-105,097	-301,593
Sn	Zinn	S-B	21,608	18,108	0,000	0,000	298- 505	-7,243	-77,272
Sn	Zinn	liq	21,554	6,150	12,891	0,000	505- 800	3,894	-54,449
Sn	Zinn	liq	28,470	0,000	0,000	0,000	800-2876	-1,285	-96,774
SnO2	Zinn(4)-Oxid	S-1	73,939	10,048	-21,604	0,000	298-1500	-610,858	-384,059
Ti	Titan	S-A	22,173	10,291	0,000	0,000	298-1155	-7,063	-98,721
U	Uran	S-A	27,411	-3,643	-0,959	27,290	298- 941	-8,570	-106,504
V	Vanadium	sol	26,507	2,633	-2,114	0,000	298- 600	-8,725	-124,055
V	Vanadium	sol	16,722	12,678	11,438	0,000	600-1400	-2,407	-65,624
W	Wolfram	sol	22,927	4,689	0,000	0,000	298-2500	-7,042	-99,332
Zn	Zink	sol	20,750	12,519	0,833	0,000	298- 693	-6,460	-79,817
Zn	Zink	liq	31,401	0,000	0,000	0,000	693-1180	-3,643	-130,348
ZnSO4	Zinksulfat	sol	76,409	76,200	0,000	0,000	298-1027	-1008,169	-347,404
Zr	Zirkon	S-A	21,989	11,639	0,000	0,000	298-1135	-7,072	-89,807
Zr	Zirkon	S-B	23,253	4,647	0,000	0,000	1135-2125	0,013	-87,236
Zr	Zirkon	liq	33,494	0,000	0,000	0,000	2125-4777	9,680	-145,969

Hinweis: Aus obiger Tafel berechnete Stoffdaten sind nur für Überschlagsrechnungen zu verwenden. Gegenüber nach VDI 4670 berechneten Werten ist z. B. von Abweichungen von durchschnittlich 3 bis 5 % auszugehen.

Beispiel für die Berechnung einer idealen Mischung

Die molare Enthalpie von Erdgas ist für eine Temperatur von 127 °C (400 K) zu berechnen. Das Erdgas (Wels, Oberösterreich) hat folgende molare Zusammensetzung:

96,3 % CH_4

0,8 % H_2

0,7 % CO

0,6 % CO_2

0,6 % O_2

1,0 % N_2

$$Hm = \sum_i \psi_i {}^* HO^*_i + (\sum_i \psi_i {}^* A_i) {}^* T/1000$$
$$+ (\sum_i \psi_i {}^* B_i)/2 {}^* (T/1000)^{**}2$$
$$- (\sum_i \psi_i {}^* c_i) {}^* 100/T$$
$$+ (\sum_i \psi_i {}^* D_i)/3 {}^* (T/1000)^{**}3$$

mit $\psi_i = n_i / \sum n_i$

$HO^* = \psi_i {}^* HO^*_i = 0,963 {}^* (-81,333) + 0,008 {}^* (-8,110)$
$+ 0,007 {}^* (-119,424) + 0,006 {}^* (-410,198)$
$+ 0,06 {}^* (-9,680) + 0,010 {}^* (-8,499)$
$= -81,8288$

$A = \sum_i \varphi_i {}^* A_i = 0,963 {}^* 12,456 + 0,008 {}^* 27,298$
$+ 0,007 {}^* 28,428 + 0,006 {}^* 44,171$
$+ 0,006 {}^* 29,977 + 0,010 {}^* 27,884$
$= 13,1362$

$B = \sum_i \varphi_i {}^* B_i = 0,963 {}^* 76,740 + 0,008 {}^* 3,266$
$+ 0,007 {}^* 4,103 + 0,006 {}^* 9,043$
$+ 0,006 {}^* 4,187 + 0,010 {}^* 4,271$
$= 74,0776$

$C = \sum_i \varphi_i {}^* C_i = 0,963 {}^* 1,449 + 0,008 {}^* 0,502$
$+ 0,007 {}^* (-0,461) + 0,006 {}^* (-8,541)$
$+ 0,006 {}^* (-1,675) + 0,010 {}^* 0,000$
$= 1,33488$

$D = \sum_i \varphi_i {}^* D_i = 0,063 {}^* (-18,016) + 0,008 {}^* 0,000$
$+ 0,007 {}^* 0,000 + 0,006 {}^* 0,000$
$+ 0,006 {}^* 0,000 + 0,010 {}^* 0,000$
$= -17,3494$

$Hm = -81,8288 + 13,1362 {}^* 400/1000$
$+ 74,0776/2 {}^* (400/1000)^{**}2$
$- 1,33488 {}^* 100/400$
$- 17,3494/3 {}^* (400/1000)^{**}3$

$Hm = -71,352$ kJ/mol

Gemäß der Richtlinie VDI 4670 „Thermodynamische Stoffwerte von feuchter Luft und Verbrennungsgasen" [1] gilt für die *isobare Wärmekapazität* c_p (J mol^{-1} K^{-1}), die *Enthalpie h* (J mol^{-1}) und die *Entropie s* (J mol^{-1} K^{-1}) von feuchter Luft und von Verbrennungsgasen

$$c^{\mathrm{o}}_{p,\mathrm{m,mix}}(T,\bar{x}) = \sum_{i=1}^{10} \frac{c_{\mathrm{mix},i}}{T_0}\,(b_i+1)\left(\frac{T}{T_0}\right)^{b_i}$$

$$h^{\mathrm{o}}_{\mathrm{m,mix}}(T,\bar{x}) = c_{\mathrm{mix},0} + \sum_{i=1}^{10} c_{\mathrm{mix},i}\left(\frac{T}{T_0}\right)^{b_i+1}$$

$$s^{\mathrm{o}}_{\mathrm{m,mix}}(T,p,\bar{x}) = d_{\mathrm{mix},0} + \frac{c_{\mathrm{mix},1}}{T_0}\ln\left(\frac{T}{T_0}\right) - R_{\mathrm{m}}\ln\left(\frac{p}{p_0}\right) + \Delta^{\mathrm{mix}}s^{\mathrm{o}}_{\mathrm{m}} + \sum_{i=2}^{10} \frac{c_{\mathrm{mix},i}}{T_0}\,\frac{b_i+1}{b_i}\left(\frac{T}{T_0}\right)^{b_i}$$

mit $c_{\mathrm{mix},i}(\bar{x}) = \sum_{k=1}^{K} x_k\,c_{k,i}$, $\quad d_{\mathrm{mix},0}(\bar{x}) = \sum_{k=1}^{K} x_k\,d_{k,0}$, $\quad \Delta^{\mathrm{mix}}s^{\mathrm{o}}_{\mathrm{m}}(\bar{x}) = -R_{\mathrm{m}}\sum_{k=1}^{K} x_k\ln(x_k)$,

der molaren Gaskonstante $R_{\mathrm{m}} = 8{,}314472$ J mol^{-1} K^{-1}, den Normierungsgrößen $T_0 = 273{,}15$ K und $p_0 = 0{,}101325$ MPa und den Molenbrüchen (Stoffmengenanteilen) x_k der k betrachteten Komponenten. Die oben angegebenen Beziehungen gelten unter der Annahme, dass die betrachteten Gemische als ideale Gase angesehen werden können und dass Dissoziationseffekte vernachlässigt werden können. Unter diesen Annahmen sind Konzentrationsangaben in Molprozent und in Volumenprozent gleichbedeutend. Für die Umrechnung der Ergebnisse auf spezifische Einheiten gilt

$$y = y_{\mathrm{m},k}/M_k \quad \text{bzw.} \quad y_{\mathrm{mix}} = y_{\mathrm{m,mix}}/M_{\mathrm{mix}} = y_{\mathrm{m,mix}}\Big/ \sum_{k=1}^{K} x_k\,M_k$$

mit $y = c_p, h, s$.

i	Exponenten b_i	c_i, Stickstoff	c_i, Sauerstoff	c_i, Argon / Neon
0		$4{,}305300363 \times 10^8$	$5{,}295253592 \times 10^7$	$-5{,}677745067 \times 10^3$
1	0,00	$6{,}762730590 \times 10^8$	$1{,}750411457 \times 10^8$	$5{,}677745067 \times 10^3$
2	$-1{,}50$	$1{,}537965552 \times 10^7$	$8{,}740456077 \times 10^5$	
3	$-1{,}25$	$-1{,}219779913 \times 10^8$	$-1{,}090939385 \times 10^7$	
4	$-0{,}75$	$-8{,}902116039 \times 10^8$	$-1{,}399482325 \times 10^8$	
5	$-0{,}50$	$1{,}193731277 \times 10^9$	$2{,}287139119 \times 10^8$	
6	$-0{,}25$	$-1{,}084599001 \times 10^9$	$-2{,}447476009 \times 10^8$	
7	0,25	$-2{,}858259084 \times 10^8$	$-8{,}303710182 \times 10^7$	
8	0,50	$7{,}841132237 \times 10^7$	$2{,}510597770 \times 10^7$	
9	0,75	$-1{,}261531969 \times 10^7$	$-4{,}381254489 \times 10^6$	
10	1,00	$9{,}044741126 \times 10^5$	$3{,}359667285 \times 10^5$	
$d_{k,0}$		$-4{,}085709350 \times 10^6$	$-7{,}353805669 \times 10^5$	
M_k (kg mol^{-1})		$28{,}01348 \times 10^{-3}$	$31{,}9988 \times 10^{-3}$	$39{,}948 \,/\, 20{,}1797 \times 10^{-3}$

i	c_i, Wasser	c_i, Kohlendioxid	c_i, Kohlenmonoxid	c_i, Schwefeldioxid
0	$-7{,}574888563 \times 10^8$	$2{,}042361458 \times 10^8$	$4{,}306836224 \times 10^8$	$-3{,}845730250 \times 10^8$
1	$-1{,}296856662 \times 10^9$	$3{,}014743302 \times 10^8$	$7{,}295169271 \times 10^8$	$-5{,}672379511 \times 10^8$
2	$-2{,}622195908 \times 10^7$	$7{,}457524419 \times 10^6$	$1{,}483548634 \times 10^7$	$-1{,}414682776 \times 10^7$
3	$2{,}110454091 \times 10^8$	$-5{,}853828422 \times 10^7$	$-1{,}198045747 \times 10^8$	$1{,}106283108 \times 10^8$
4	$1{,}595991784 \times 10^9$	$-4{,}169431378 \times 10^8$	$-9{,}072432360 \times 10^8$	$7{,}825052554 \times 10^8$
5	$-2{,}185241389 \times 10^9$	$5{,}511895625 \times 10^8$	$1{,}239671386 \times 10^9$	$-1{,}032373036 \times 10^9$
6	$2{,}030855630 \times 10^9$	$-4{,}927402880 \times 10^8$	$-1{,}147909490 \times 10^9$	$9{,}232544137 \times 10^8$
7	$5{,}617031027 \times 10^8$	$-1{,}245959439 \times 10^8$	$-3{,}142593296 \times 10^8$	$2{,}366226662 \times 10^8$
8	$-1{,}578901878 \times 10^8$	$3{,}329722415 \times 10^7$	$8{,}786021680 \times 10^7$	$-6{,}417924954 \times 10^7$
9	$2{,}601058216 \times 10^7$	$-5{,}197058388 \times 10^6$	$-1{,}440284754 \times 10^7$	$1{,}022679183 \times 10^7$
10	$-1{,}907453732 \times 10^6$	$3{,}599252107 \times 10^5$	$1{,}051839215 \times 10^6$	$-7{,}273485723 \times 10^5$
$d_{k,0}$	$7{,}373724814 \times 10^6$	$-1{,}912121053 \times 10^6$	$-4{,}203685809 \times 10^6$	$3{,}543224735 \times 10^6$
M_k (kg mol^{-1})	$18{,}01528 \times 10^{-3}$	$44{,}0095 \times 10^{-3}$	$28{,}0101 \times 10^{-3}$	$64{,}0648 \times 10^{-3}$

Für Temperaturen $T > 1200$ K empfiehlt die Richtlinie VDI 4670 eine vereinfachte Berücksichtigung von Dissoziationseffekten gemäß

$$c^{\mathrm{o}}_{p,\,\mathrm{m,\,dis}}(T,\bar{x}) = c^{\mathrm{o}}_{p,\,\mathrm{m,\,mix}}(T,\bar{x}) + \frac{1}{U_{\mathrm{ges}}(T,p,\bar{x})} \sum_{j=1}^{6} U_{j}(T,p,\bar{x})\,V_{j}(T)$$

$$h^{\mathrm{o}}_{\mathrm{m,\,dis}}(T,p,\bar{x}) = h^{\mathrm{o}}_{\mathrm{m,\,mix}}(T,\bar{x}) - \frac{T^2}{U_{\mathrm{ges}}(T,p,\bar{x})} \sum_{j=1}^{6} \frac{U_{j}(T,p,\bar{x})\,V_{j}(T)}{B_{j}}$$

$$s^{\mathrm{o}}_{\mathrm{m,\,dis}}(T,p,\bar{x}) = s^{\mathrm{o}}_{\mathrm{m,\,mix}}(T,p,\bar{x}) - \frac{T}{U_{\mathrm{ges}}(T,p,\bar{x})} \sum_{j=1}^{6} \frac{U_{j}(T,p,\bar{x})\,V_{j}(T)}{B_{j}}$$

mit $\quad U_{\mathrm{ges}}(T,p,\bar{x}) = 1 + \sum_{j=1}^{6} U_{j}(T,p,\bar{x}) \quad$ und $\quad V_{j}(T)\,(\mathrm{J\ mol^{-1}\ K^{-1}}) = C_{j} + \dfrac{D_{j}}{T} + \dfrac{E_{j}}{T^2}$.

Die angegebenen Beziehungen gelten bei Temperaturen $T \le 2000$ K für Verbrennungsgase mit einem Restsauerstoffgehalt von $x_{\mathrm{O2}} \ge 1\,\%$ ($\lambda \ge \approx 1{,}05$). Gasanalysen, die bereits Dissoziationsprodukte ausweisen, müssen ggf. auf den undissoziierten Zustand zurückgerechnet werden.

Bildung von	Umsatzkennzahl $U_{j}(T,p,\bar{x})$	$A_{j}\,[-]$	$B_{j}\,[\mathrm{K}]$	C_{j} $(\mathrm{J\ mol^{-1}\ K^{-1}})$	D_{j} $(\mathrm{J\ mol^{-1}})$	E_{j} $(\mathrm{J\ K\ mol^{-1}})$
1 CO	$U_{1} = A_{1}\,\dfrac{x_{\mathrm{CO2}}}{\sqrt{x_{\mathrm{O2}}}}\left(\dfrac{p}{p_{0}}\right)^{-0{,}5}\exp\left(\dfrac{B_{1}}{T}\right)$	20413,2	−33086,5	−19,5	$-1{,}15 \times 10^{5}$	$9{,}483 \times 10^{9}$
2 H$_2$	$U_{2} = A_{2}\,\dfrac{x_{\mathrm{H2O}}}{\sqrt{x_{\mathrm{O2}}}}\left(\dfrac{p}{p_{0}}\right)^{-0{,}5}\exp\left(\dfrac{B_{2}}{T}\right)$	1075,5	−30283,3	−65,2	$3{,}03 \times 10^{5}$	$7{,}277 \times 10^{9}$
3 OH	$U_{3} = A_{3}\,\sqrt{x_{\mathrm{H2O}}}\,\sqrt[4]{x_{\mathrm{O2}}}\left(\dfrac{p}{p_{0}}\right)^{-0{,}25}\exp\left(\dfrac{B_{3}}{T}\right)$	165,95	−19526,8	−18,7	$5{,}72 \times 10^{4}$	$3{,}136 \times 10^{9}$
4 H	$U_{4} = A_{4}\,\sqrt{U_{2}}\left(\dfrac{p}{p_{0}}\right)^{-0{,}5}\exp\left(\dfrac{B_{4}}{T}\right)$	1491,75	−27488,0	−3,60	$3{,}93 \times 10^{5}$	$5{,}826 \times 10^{9}$
5 O	$U_{5} = A_{5}\,\sqrt{x_{\mathrm{O2}}}\left(\dfrac{p}{p_{0}}\right)^{-0{,}5}\exp\left(\dfrac{B_{5}}{T}\right)$	3235,34	−30807,8	−21,8	$1{,}50 \times 10^{5}$	$7{,}659 \times 10^{9}$
6 NO	$U_{6} = A_{6}\,\sqrt{x_{\mathrm{N2}}}\,\sqrt{x_{\mathrm{O2}}}\exp\left(\dfrac{B_{6}}{T}\right)$	4,55420	−10973,6	−5,60	$1{,}62 \times 10^{4}$	$9{,}940 \times 10^{8}$

Überprüfung eigener Programme: Für ein Verbrennungsgas mit der Zusammensetzung $x_{\mathrm{N2}} = 0{,}6$, $x_{\mathrm{O2}} = 0{,}1$, $x_{\mathrm{Ar}} = 0{,}01$, $x_{\mathrm{H2O}} = 0{,}17$, $x_{\mathrm{CO2}} = 0{,}11$ und $x_{\mathrm{SO2}} = 0{,}01$ ergibt sich bei $T = 1400$ K und $p = 2$ MPa unter Vernachlässigung der Dissoziation $c^{\mathrm{o}}_{p,\,\mathrm{m,\,mix}} = 39{,}332$ J mol^{-1} K^{-1}, $h^{\mathrm{o}}_{\mathrm{m,\,mix}} = 39771{,}9$ J mol^{-1} und $s^{\mathrm{o}}_{\mathrm{m,\,mix}} = 40{,}644$ J mol^{-1} K^{-1}. Unter Berücksichtigung des Dissoziationseinflusses ergibt sich $c^{\mathrm{o}}_{p,\,\mathrm{m,\,dis}} = 39{,}585$ J mol^{-1} K^{-1}, $h^{\mathrm{o}}_{\mathrm{m,\,dis}} = 39814{,}8$ J mol^{-1} und $s^{\mathrm{o}}_{\mathrm{m,\,dis}} = 40{,}675$ J mol^{-1} K^{-1}. Umfangreichere Testmöglichkeiten finden sich in [1].

[1] Richtlinie VDI 4670: 2000-08 Thermodynamische Stoffwerte von feuchter Luft und Verbrennungsgasen. Berlin: Beuth Verlag

R. Span, D. Bücker, W. Wagner

Erläuterung zu 2.3.3

In dem h, s-Diagramm eines für Gasturbinen typischen Verbrennungsgases mit der molaren Zusammensetzung $x_{N_2} = 0{,}74854$, $x_{O_2} = 0{,}13952$, $x_{H_2O} = 0{,}07162$, $x_{CO_2} = 0{,}03092$, $x_{Ar} = 0{,}00940$ (Verbrennung eines Erdgases mit $\lambda \approx 3$) sind die Isothermen, Isobaren und Isochoren dargestellt. Die benötigten Stoffdaten wurden nach den Berechnungsvorschriften der Richtlinie VDI 4670 [1], Thermodynamische Stoffwerte von feuchter Luft und Verbrennungsgasen, unter Berücksichtigung von Dissoziationseffekten ermittelt.

[1] Richtlinie VDI 4670: 2000-08 Thermodynamische Stoffwerte von feuchter Luft und Verbrennungsgasen. Berlin: Beuth Verlag

Additional information of this book

(Energietechnische Arbeitsmappe; 978-3-642-63080-4;

978-3-642-63080-4_OSFO7) is provided:

http://Extras.Springer.com

Erläuterung zu 2.4.1

Grundgleichungen

Exergie der im Temperaturbereich zwischen T_1 und T_2 übertragenen Wärme $Q_{1,2}$:

$$E_Q = \int_{T_1}^{T_2} \frac{T - T_U}{T}\, dQ = \frac{T_{m1,2} - T_U}{T_{m1,2}}\, Q_{1,2}$$

Carnot-Funktion f_{eQ} (auch als CARNOT-Faktor oder Exergiefaktor bezeichnet) als Temperaturfunktion in Abhängigkeit von den Wärmeübertragungsbedingungen (Mittelung über den Integrationsweg):

$$f_{eQ} = \frac{T_{m1,2} - T_U}{T_{m1,2}}$$

Mitteltemperatur der Wärmeübertragung (kein zusätzlicher Arbeits- bzw. Stoffaustausch, bzw. Stationarität der Stoffströme):

$$T_{m1,2} = \frac{\dot{Q}_{1,2}}{\dot{S}_2 - \dot{S}_1} \qquad \text{als Definitionsgleichung,}$$

$$T_{m1,2} = \frac{h_2 - h_1}{s_2 - s_1} \qquad \text{für Stoffströme,}$$

$$T_{m1,2} = \frac{u_2 - u_1}{s_2 - s_1} \qquad \text{für Stoffsysteme,}$$

$$T_{m1,2} = \frac{T_2 - T_1}{\ln \dfrac{T_2}{T_1}} \qquad \text{für konstante Wärmekapazität,}$$

$$T_{m1,2} = \frac{T_1 + T_2}{2} \qquad \text{für geringe oder keine Temperaturänderung bei der Wärmeübertragung.}$$

Negative Carnot-Funktion unterhalb der Umgebungstemperatur:

Das bedeutet, dass unterhalb der Umgebungstemperatur die Wärmezufuhr zu einem System mit der Verringerung seiner Exergie (maximale Arbeitsfähigkeit gegenüber der Umgebung) verbunden ist. Energie- und Exergiestrom haben daher das entgegengesetzte Vorzeichen. Die Aufgabe der Kältetechnik besteht daher in der Exergieerhöhung durch Wärmeentzug unterhalb der Umgebungstemperatur. Aus technischer Sicht bedeutet Wärmebereitstellung eine Wärmezufuhr oberhalb der Umgebungstemperatur und Kältebereitstellung eine Wärmeabfuhr unterhalb der Umgebungstemperatur.

Der *Zusammenhang zwischen Energie, Exergie und Anergie* (vgl. Blatt 1.2.6) gilt für beide Temperaturbereiche:

Energie = Exergie + Anergie

Allerdings ist der Vorzeichenwechsel unterhalb T_U zu beachten. Der Anergiestrom ist dabei als notwendige Wärmeübertragung zur Umgebung zu interpretieren, um durch eine Mindestleistung an mechanischer Energie (entspricht positivem Exergiestrom) die Wärme-

ströme zu erzeugen oder um aus den Wärmeströmen eine Maximalleistung (entspricht negativem Exergiestrom) bereitzustellen. Es sind folgende Fälle zu unterscheiden:

- $T > T_U$ (positive Carnot-Funktion):
  Wärmezufuhr zum System bedeutet dann positive Energie, positive Exergie, positive Anergie.
  Wärmeabfuhr vom System bedeutet dann negative Energie, negative Exergie, negative Anergie.
  Der Betrag der Energie ist größer als der Betrag der Exergie und als der der Anergie.
- $T < T_U$ (negative Carnot-Funktion):
  Wärmezufuhr zum System bedeutet dann positive Energie, negative Exergie, positive Anergie.
  Wärmeabfuhr vom System bedeutet dann negative Energie, positive Exergie, negative Anergie.
  Der Betrag der Energie ist kleiner als der Betrag der Anergie und kann größer oder kleiner als der Betrag der Exergie sein.

Zum Gebrauch der Diagramme

Im oberen Diagramm ist mit der *Mitteltemperatur* der Wärmeübertragung zu arbeiten. Diese Mitteltemperatur lässt sich für den Fall konstanter Wärmekapazität aus dem unteren Diagramm ermitteln.

Die Hauptkurve der Carnot-Funktion ist im oberen Diagramm für eine Umgebungstemperatur von $t_U = 0\,°C$ eingetragen. Der Einfluss der Umgebungstemperatur auf die Carnotfunktion lässt sich über den Parameter t_U von $-25\,°C$ bis $25\,°C$ bestimmen.

Anmerkung: Das untere Diagramm gilt für den Fall konstanter Wärmekapazität, also die Annahme, dass für jeden Teil des Prozesses die auf die Temperaturänderung übertragene Wärme gleich ist, oder für den Fall, daß keine Temperaturänderung erfolgt. Diese Bedingung ist für viele technische Prozesse wenigstens näherungsweise erfüllt. Probleme mit dieser Bedingung (z. B. bei einer Verdampfung mit anschließender Überhitzung) lassen sich dadurch überwinden, daß für die Teilprozesse die Mitteltemperatur bestimmt und daraus eine Mitteltemperatur für den Gesamtprozess bestimmt wird. Die Entropiebilanz liefert die Beziehung

$$\frac{Q_{1,2}}{T_{m1,2}} = \frac{Q_{1,z}}{T_{m1,z}} + \frac{Q_{z,2}}{T_{mz,2}}$$

mit $Q_{1,z} + Q_{z,2} = Q_{1,2}$ für zwei Teilprozesse, was zur Mitteltemperatur für den Gesamtprozess führt

$$T_{m1,2} = 1 \left/ \left(\frac{Q_{1,z}}{Q_{1,2}} \cdot \frac{1}{T_{m1,z}} + \frac{Q_{z,2}}{Q_{1,2}} \cdot \frac{1}{T_{mz,2}} \right) \right.$$

Schrifttum

W. Fratzscher, V. M. Brodjanskij, K. Michalek: Exergie – Theorie und Anwendung. Grundstoffverlag Leipzig (1986).

J. Szargut, D. R. Morris, F. R. Steward: Exergy Analysis of Thermal, Chemical, and Metallurgical Processes. Hemisphere Publishing Corp. New York 1988.

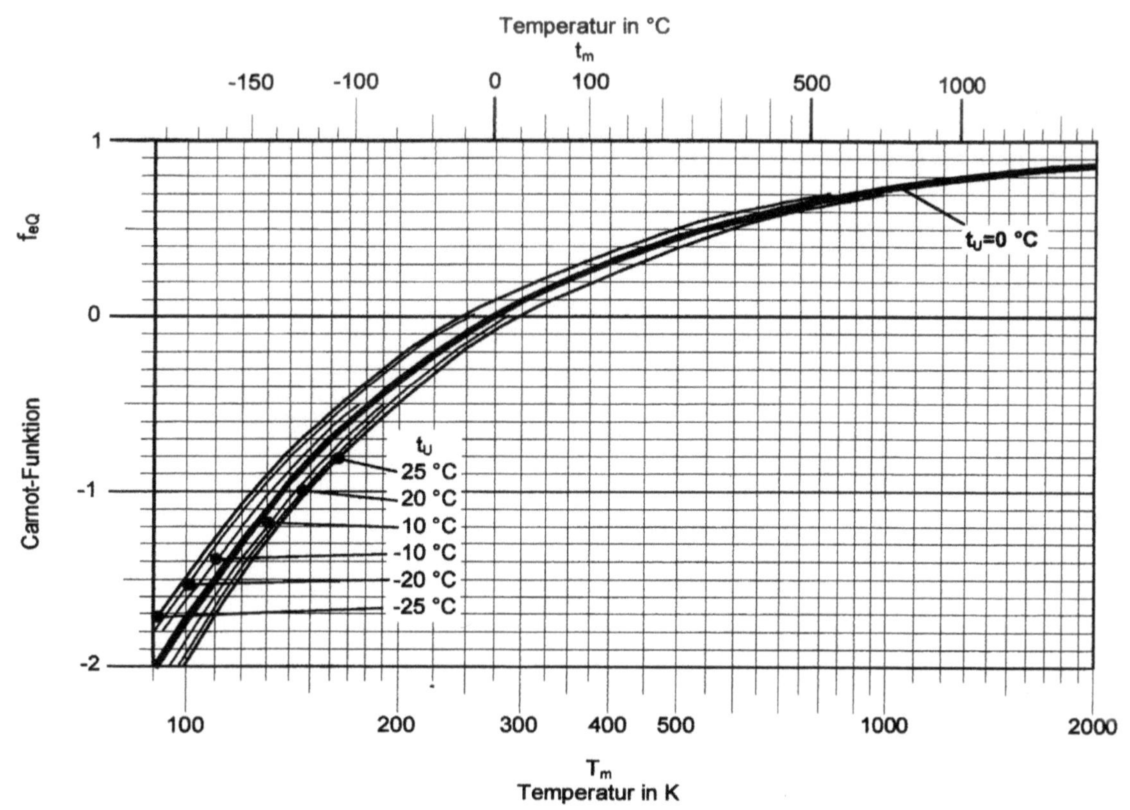

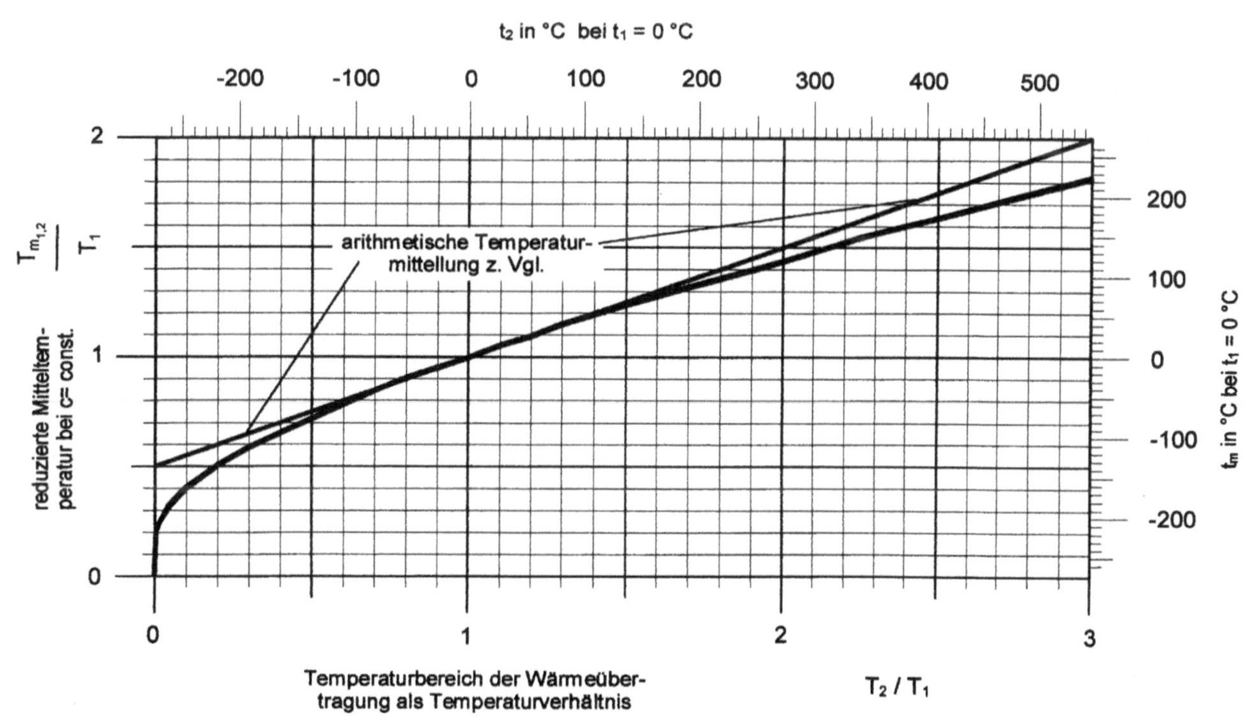

W. Fratzscher, K. Michalek

Erläuterung zu 2.4.2

Ideale Gase

Grundgleichungen

Die *thermomechanische Exergie* eines idealen Gase im Stoffstrom wird mit

$$e = c_\mathrm{p} \cdot \left(T - T_\mathrm{U} - T_\mathrm{U} \cdot \ln \frac{T}{T_\mathrm{U}} \right) + R \cdot T_\mathrm{U} \cdot \ln \frac{p}{p_\mathrm{U}}$$

für c_p = const. berechnet.

Die Umformung für eine dimensionslose Darstellung führt zu

$$\frac{e}{c_\mathrm{p} \cdot T_\mathrm{U}} = \frac{T}{T_\mathrm{U}} - 1 - \ln \frac{T}{T_\mathrm{U}} + \frac{\kappa - 1}{\kappa} \cdot \ln \frac{p}{p_\mathrm{U}}$$

mit $\kappa = c_\mathrm{p}/c_\mathrm{V}$ und $R = c_\mathrm{p} - c_\mathrm{V}$ bzw. $R/c_\mathrm{p} = (\kappa - 1)/\kappa$.

Die Enthalpie eines idealen Gases ergibt sich als

$$h = c_\mathrm{p} \cdot (T - T_\mathrm{U})$$

für c_p = const. und $T_0 = T_\mathrm{U}$. Sie ist druckunabhängig.

Die Umformung für eine dimensionslose Darstellung lautet

$$\frac{h}{c_\mathrm{p} \cdot T_\mathrm{U}} = \frac{T}{T_\mathrm{U}} - 1 \, .$$

Anwendungsbereich

Die Gleichungen sind für Gase, deren molekulare Wechselwirkungskräfte und Eigenvolumina zu vernachlässigen sind, bei relativ geringen Drücken und/oder hohen Temperaturen im Vergleich zum kritischen Punkt (z.B. für einen breiten Zustandsbereich von Luft) anwendbar.

Das Modell des idealen Gases muß sowohl für den Berechnungs- als auch den Umgebungszustand annähernd gelten und die spezifische Wärmekapazität muss für den gesamten Bereich annähernd durch einen konstanten Wert beschreibbar sein.

Außerdem sind Überschlagsrechnungen für Gase möglich, wenn von ihnen wenige thermodynamische Daten bekannt sind.

Dazu kann eine *überschlägige Bestimmung des κ-Wertes* vorgenommen werden:

$\kappa = 5/3$ für einatomige Gase.

$\kappa = 7/5$ für Gase mit zweiatomigen und mehratomigen linearen Molekülen.

$\kappa = 4/3$ für zwei- und mehratomige Gase mit gewinkelten Molekülen.

Die *thermomechanische Exergie von Gasgemischen* ist über die Gemischeigenschaften für c_p und κ beschreibbar. Die mittlere spezifische Wärmekapazität ergibt sich aus der Summe der Produkte aus Komponentenanteilen und deren spezifischer Wärmekapazität.

Anwendung des Diagramms

Das Grunddiagramm ist dimensionslos:
Abzisse:

$$T/T_\mathrm{U} \text{ oder } (h - h_\mathrm{u})/(c_\mathrm{p} \cdot T_\mathrm{U})$$

mit $(h - h_\mathrm{u})/(c_\mathrm{p} \cdot T_\mathrm{U}) = h/(c_\mathrm{p} \cdot T_\mathrm{U})$ für $h\,(T_\mathrm{U}) = 0$,

Ordinate:

$$e/(c_\mathrm{p} \cdot T_\mathrm{U}) \, ,$$

und den *Isobaren* als Parameter:

p/p_U für $\kappa = 1{,}4$ (dem häufigsten Wert).

Randmaßstäbe für *Isobaren* ermöglichen die Verwendung des Diagramms mit anderen κ-Werten. Die Isobaren verlaufen äquidistant. Bei anderen κ-Werten wird der Kurve nur ein anderer Wert des Druckverhältnisses zugeordnet. Da der Umgebungsdruck meist 0,1 Mpa beträgt, ist i.a. eine einfache Umrechnung in absolute Drücke gegeben.

Abzissenrandmaßstäbe

Der Temperaturmaßstab gilt nur für eine Umgebungstemperatur von 10 °C exakt, dient also im wesentlichen der Orientierung.

Die molaren Enthalpien $(\bar{h} - \bar{h}_\mathrm{U})$ sind auf 10 °C bezogen und sind für verschiedene κ-Werte angegeben, da über die Gaskonstante eine Beziehung zu c_p besteht.

Ordinatenrandmaßstäbe

Die molaren Exergien $\bar{e}$ sind auf die Umgebungstemperatur von 10 °C bezogen und für verschiedene κ-Werte angegeben, da über die Gaskonstante eine Beziehung zu c_p besteht.

Flüssigkeiten und Feststoffe

Bei Flüssigkeiten und Feststoffe ist oft nur der Temperaturanteil der Exergie signifikant. Für diesen gilt die *dick hervorgehobene Kurve*. Die κ-abhängigen Randmaßstäbe sind nicht relevant. Der *Druckanteil* kann näherungsweise durch Addition von

$$e_\mathrm{p} \approx \frac{p - p_\mathrm{U}}{\varrho}$$

(mit z.B. p in MPa, ϱ in 10^3 kg/m³, e_p in kJ/kg) berücksichtigt werden.

Temperaturabhängigkeit der spezifischen Wärmekapazität

Im Rahmen der Diagrammgenauigkeit kann die mittlere spezifische Wärmekapazität nach den Mittelungsregeln für kalorische Rechnungen benutzt werden.

Beispiel

Der eingetragene Punkt zur Bestimmung der Exergie eines idealen Gases entspricht folgenden Werten:
- Abzisse:
  - $T/T_\mathrm{U} = 1{,}25$ mit T bzw. T_U in K
  - $(h - h_\mathrm{U})/(c_\mathrm{p} \cdot T_\mathrm{U}) = 0{,}25$
  - $t = 80$ °C für $t_\mathrm{U} = 10$ °C
  - $\bar{h} - \bar{h}_\mathrm{U} = 2{,}35$ MJ/kmol für $t_\mathrm{U} = 10$ °C und $\kappa = 1{,}333$
  - oder $\bar{h} - \bar{h}_\mathrm{U} = 2{,}05$ MJ/kmol für $t_\mathrm{U} = 10$ °C und $\kappa = 1{,}4$
  - oder $\bar{h} - \bar{h}_\mathrm{U} = 1{,}45$ MJ/kmol für $t_\mathrm{U} = 10$ °C und $\kappa = 1{,}667$
- Kurvenparameter:
  - $p/p_\mathrm{U} = 1{,}4$ für $\kappa = 1{,}4$
  - oder $p/p_\mathrm{U} = 1{,}25$ für $\kappa = 1{,}666$
  - oder $p/p_\mathrm{U} = 1{,}5$ für $\kappa = 1{,}333$
- Ordinate:
  - $e/(c_\mathrm{p} \cdot T_\mathrm{U}) = 0{,}12$
  - $\bar{e} = 1{,}20$ MJ/kmol für $t_\mathrm{U} = 10$ °C und $\kappa = 1{,}333$
  - oder $\bar{e} = 1{,}00$ MJ/kmol für $t_\mathrm{U} = 10$ °C und $\kappa = 1{,}4$
  - oder $\bar{e} = 0{,}70$ MJ/kmol für $t_\mathrm{U} = 10$ °C und $\kappa = 1{,}667$

Schrifttum

W. Fratzscher, V.M. Brodjanskij, K. Michalek: Exergie – Theorie und Anwendung. Grundstoffverlag Leipzig 1986.

J. Szargut, D.R. Morris, F.R. Steward: Exergy Analysis of Thermal, Chemical, and Metallurgical Processes. Hemisphere Publishing Corp. New York 1988.

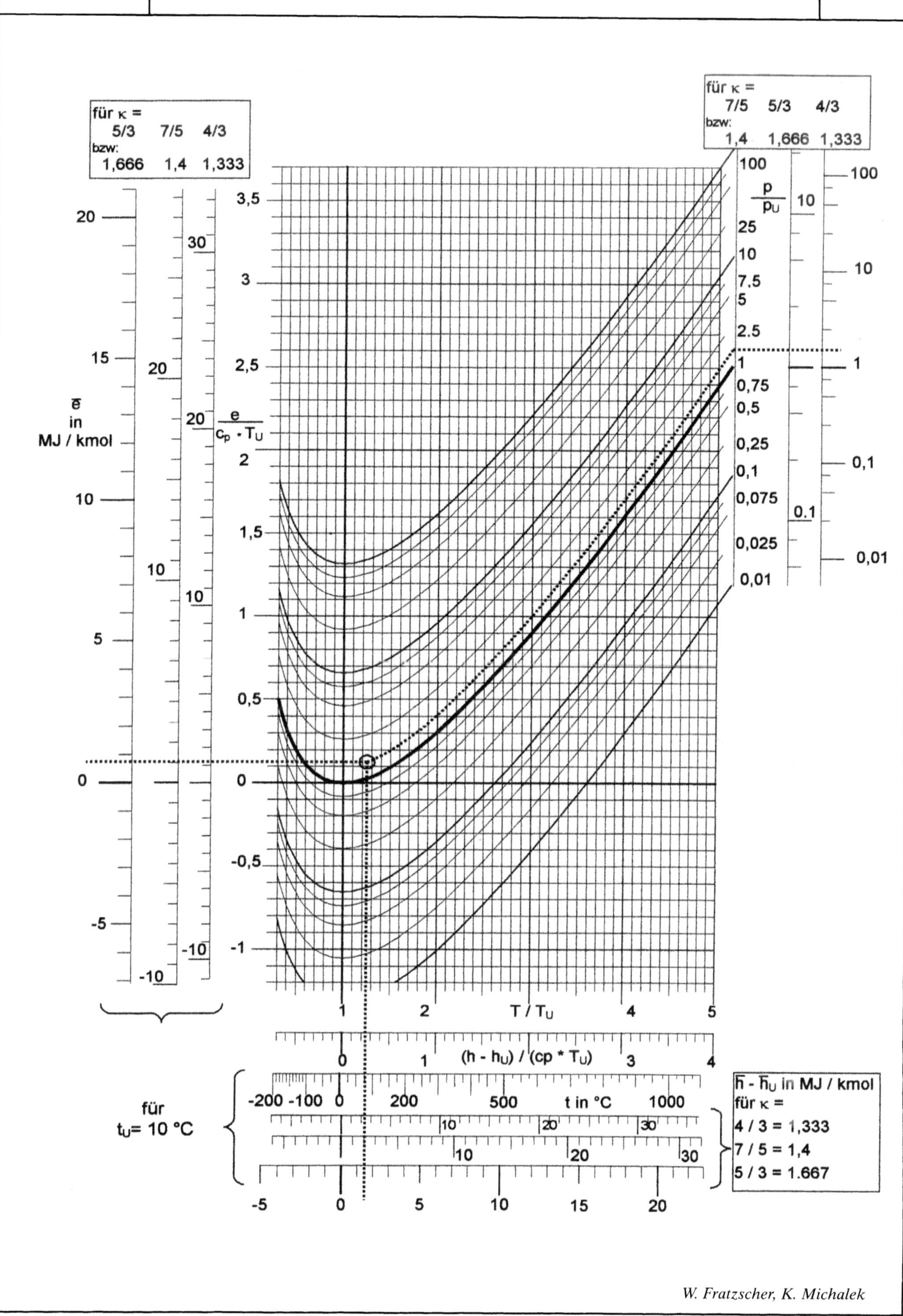

W. Fratzscher, K. Michalek

Erläuterung zu 2.4.3

Anwendung

Die angegebenen Gleichungen dienen zur Berechnung der thermomechanischen Exergie von Stoffströmen (vgl. Blatt 1.2.4). Sie sind für Stoffe angegeben, die vom Umgebungszustand zum Berechnungszustand eine Phasenänderung vom flüssigen zum gasförmigen Zustand oder umgekehrt erfahren.

Die unterschiedlichen Gleichungen für die verschiedenen Zustandsbereiche und Integrationswege sind als Näherungsgleichungen bei Fehlen genauerer Zustandsbeschreibungen gedacht. Bei genaueren Angaben zum Zustandsverhalten können auch die aufgeführten bestimmten Integrale berechnet werden. Die Verwendung der Gleichungen erfordert die Kenntnis der Dampfdruckkurve, der Verdampfungsenthalpie und der Enthalpien bzw. spezifischen Wärmekapazitäten in den betrachteten Zustandsbereichen. Für die Berücksichtigung der Druckänderung im Gasgebiet ist die Kenntnis der mittleren Molmasse und für die Berücksichtigung des Druckeinflusses im Flüssigkeitsgebiet die Kenntnis der Dichte erforderlich. Bei relativ geringen Drücken bzw. ausreichend hohen Temperaturdifferenzen zur Umgebung kann die Druckänderung im Flüssigkeitsgebiet vernachlässigt werden.

Durch eine zusätzliche Näherung kann mit den angegebenen Gleichungen auch die Exergie von Stoffgemischen (z.B. Erdölfraktionen bestimmt werden). Die Näherung besteht darin, daß eine mittlere Siedetemperatur zur Repräsentation der gleitenden Siedetemperaturen von Gemischen eingesetzt wird. Diese mittlere Siedetemperatur liegt i.a. in der Nähe der Temperatur, bei der die Hälfte der Siedeenthalpie für die Verdampfung des Gemisches aufgebracht wurde. Die Dampfdruckkurve dieser Gemische kann mit Hilfe von Cox-Diagrammen beschrieben werden.

Die Gleichungen für flüssige oder gasförmige Stoffe ohne Phasenänderung auf dem Integrationsweg sind als Grenzfälle angegeben.

Bei Vorliegen von Enthalpie- und Entropiedaten empfiehlt sich die Verwendung der in Blatt 1.2.2 bis 1.2.4 angegebenen Gleichungen. Die Bestimmung der thermomechanischen Stoffstromexergie realer Gase aus h,s-Diagrammen ist in Blatt 2.4.4 dargestellt.

Thermodynamische Grundlagen

Der Integrationsweg für den gegebenen Stoffstrom von den Umgebungsparametern p_U, T_U auf den Berechnungszustand bei p, T ist prinzipiell beliebig.

$$e_{tm} = \int_{x_i.\,p_U.\,T_U}^{x_i.\,p.\,T} (dh - T_U ds)\,.$$

Auf Grund der i.a. vorliegenden Daten empfiehlt sich eine Zerlegung in isobare und isotherme Integrationsschritte. Außerdem ist die Phasenänderung bei p oder bei p_U zu berücksichtigen. Dazu werden die Differentiale dh und ds über die entsprechenden partiellen Differentialquotienten nach p und T ersetzt. Da die Verdampfung eines reinen Stoffes ein isobar-isothermer Prozeß ist, wird er über die Verdampfungsenthalpie beschrieben.

Die bis dahin allgemeingültigen Gleichungen werden über Modelle an die Verwendung nur weniger Stoffdaten angepasst, was eine Verringerung der Genauigkeit bedeutet. Der Modellfehler ist dabei sowohl vom Stoff als auch vom Zustandsbereich abhängig. Die erreichbare Genauigkeit ist für die energetischen Zustandswerte aber oft höher als die durch die Integration mehrparametriger thermischer Realgasgleichungen (z.B. van der Waals, Redlich-Kwong).

Für die Flüssigkeit wird das Modell der inkompressiblen Flüssigkeit und für den Gasbereich das Modell des idealen Gases zugrunde gelegt.

Die Enthalpiedifferenzen für die isobaren Zustandsänderungen können über mittlere spezifische Wärmekapazitäten, gegebenenfalls unter Hinzuziehung der Verdampfungsenthalpie, berechnet werden.

- Enthalpiedifferenzen zum Umgebungszustand:
  - Für flüssigen Umgebungzustand:
$$h^L - h_U = c_p^L(T - T_U)$$
$$h' - h_U = c_p^L(T^{LV} - T_U)$$
  - Für gasförmigen Umgebungszustand:
$$h^V - h_U = c_p^V(T - T_U)$$
$$h'' - h_U = c_p^V(T^{LV} - T_U)$$
  - Für Flüssig-Gas-Gleichgewicht-Umgebungszustand:
$$h^V - h_{pU}'' = c_p^V(T - T_U)$$
$$h_p' - h_{pU}' = c_p^L(T_p^{LV} - T_U)$$
$$h_p'' - h_{pU}'' = c_p^V(T_p^{LV} - T_U)$$
  - Andere Enthalpiedifferenzen:
$$h^L - h' = c_p^L(T - T^{LV})$$
$$h^V - h'' = c_p^V(T - T^{LV})$$

Die Berechnungsgleichungen für den Exergie- bzw. Carnotfaktor (vgl. Blatt 2.4.2) bei gleitenden Temperaturen $f_{eQ}(T_1, T_2)$ gelten nur im Fall konstanter spezifischer Wärmekapazität exakt, bei Verwendung mittlerer Wärmekapazitäten aber i.a. mit ausreichender Genauigkeit:

$$T_{m1.2} = \frac{T_2 - T_1}{\ln \dfrac{T_2}{T_1}}\,; \quad f_{eQ}(T_1, T_2) = 1 - \frac{T_U}{T_2 - T_1}\ln \frac{T_2}{T_1}\,.$$

Symbole

h':　　spezifische Enthalpie, siedend flüssiger Zustand.

h'':　　spezifische Enthalpie, Zustand des trocken gesättigten Dampfes.

p_T^{LV}:　　Dampfdruck bei der Temperatur T.

r:　　Verdampfungsenthalpie.

T_p^{LV}:　　Siedetemperatur beim Druck p.

f_{eQ}:　　Exergiefaktor.

Index L: Flüssigkeit

Index V: Gas, Dampf

s. Blatt 1.2.3

Schrifttum

W. Fratzscher, V.M. Brodjanskij, K. Michalek: Exergie – Theorie und Anwendung. Grundstoffverlag Leipzig 1986. Distributed by Springer Verlag.

Integrationswege für Umgebungszustand flüssig und Berechnungszustand gasförmig:

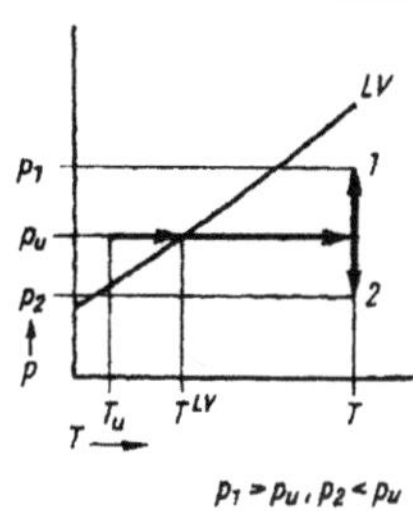

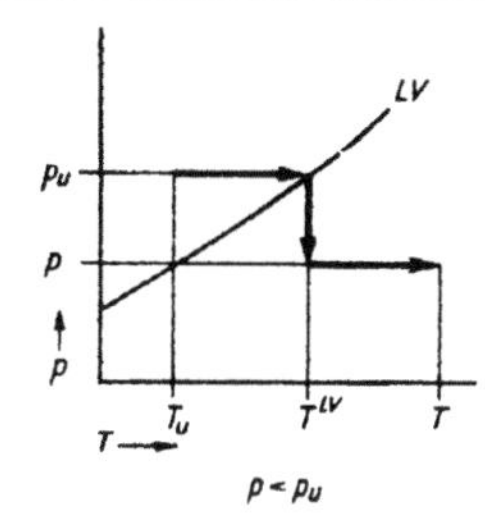

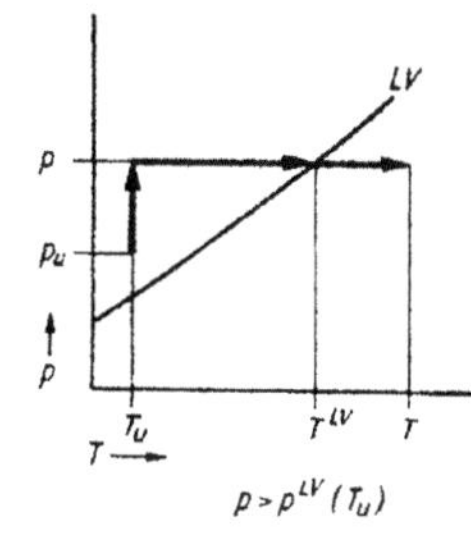

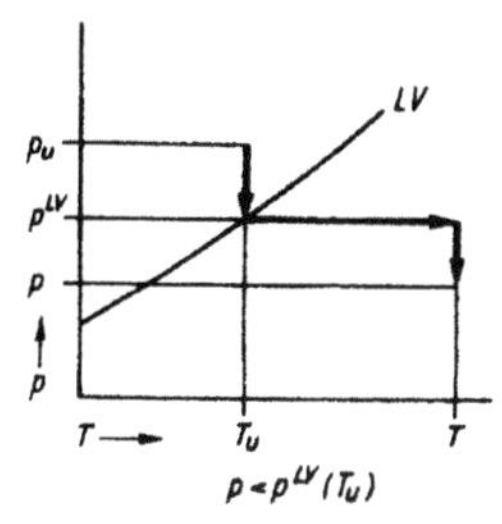

Gleichungen für e_{tm} mit $f_{eQ}(T)=(T-T_U)/T$:

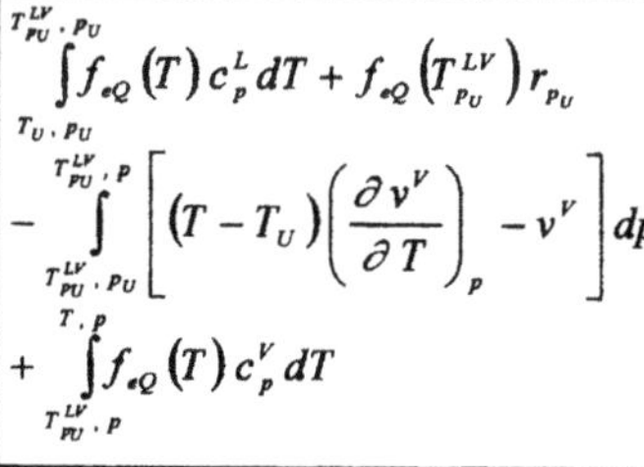

$$\int_{T_U\cdot p_U}^{T_{p_U}^{LV}\cdot p_U} f_{eQ}(T)\,c_p^L\,dT + f_{eQ}\!\left(T_{p_U}^{LV}\right)r_{p_U}$$
$$+ \int_{T_{p_U}^{LV}\cdot p_U}^{T\cdot p_U} f_{eQ}(T)\,c_p^V\,dT$$
$$- \int_{T\cdot p_U}^{T\cdot p}\left[(T-T_U)\left(\frac{\partial v}{\partial T}\right)_p - v\right]dp$$

$$\int_{T_U\cdot p_U}^{T_{p_U}^{LV}\cdot p_U} f_{eQ}(T)\,c_p^L\,dT + f_{eQ}\!\left(T_{p_U}^{LV}\right)r_{p_U}$$
$$- \int_{T_{p_U}^{LV}\cdot p_U}^{T_{p_U}^{LV}\cdot p}\left[(T-T_U)\left(\frac{\partial v^V}{\partial T}\right)_p - v^V\right]dp$$
$$+ \int_{T_{p_U}^{LV}\cdot p}^{T\cdot p} f_{eQ}(T)\,c_p^V\,dT$$

$$\int_{T_U\cdot p_U}^{T_U\cdot p} v^L\,dp + \int_{T_U\cdot p}^{T_p^{LV}\cdot p} f_{eQ}(T)\,c_p^L\,dT$$
$$+ f_{eQ}\!\left(T_p^{LV}\right)r_p$$
$$+ \int_{T_p^{LV}\cdot p}^{T\cdot p} f_{eQ}(T)\,c_p^V\,dT$$

$$\int_{T_U\cdot p_U}^{T\cdot p_{T_U}^{LV}} v^L\,dp + \int_{T_U\cdot p_{T_U}^{LV}}^{T\cdot p_{T_U}^{LV}} f_{eQ}(T)\,c_p^V\,dT$$
$$- \int_{T\cdot p_{T_U}^{LV}}^{T\cdot p}\left[(T-T_U)\left(\frac{\partial v}{\partial T}\right)_p - v^V\right]dp$$

Berechnungsgleichungen für die thermomechanische Exergie realer Gase e_{tm}

Zust.	Umg.	Beding.	Näherungsgleichung
Gas	Gas		$f_{eQ}(T_U,T)\left(h^V-h_U\right)+RT_U\ln\dfrac{p}{p_U}$
Gas	LV-Gleich-gew.		$f_{eQ}(T_U,T)\left(h^V-h_{p_U}''\right)+RT_U\ln\dfrac{p}{p_U}$
Gas	Flüssig.	$p\gtrless p_U$	$f_{eQ}\!\left(T_U,T_p^{LV}\right)\left(h_p'-h_U\right)+f_{eQ}\!\left(T_p^{LV}\right)r_p$ $+ f_{eQ}\!\left(T_p^{LV},T\right)\left(h^V-h_p''\right)+v_U^L(p-p_U)$
Gas	Flüssig.		$f_{eQ}\!\left(T_U,T_{p_U}^{LV}\right)\left(h_{p_U}'-h_U\right)+f_{eQ}\!\left(T_{p_U}^{LV}\right)r_{p_U}$ $+ f_{eQ}\!\left(T_{p_U}^{LV},T\right)\left(h^V-h_{p_U}''\right)+RT_U\ln\dfrac{p}{p_U}$
Gas	Flüssig.	$T_p^{LV}\geq T_U$	$f_{eQ}\!\left(T_U,T_p^{LV}\right)\left(h_p'-h_U\right)+f_{eQ}\!\left(T_p^{LV}\right)r_p$ $+ f_{eQ}\!\left(T_p^{LV},T\right)\left(h^V-h_p''\right)+v_U^L(p-p_U)$
Gas	Flüssig.	$T_p^{LV}\leq T_U$ $p\langle p_U$	$f_{eQ}(T_U,T)\left(h^V-h_{p_U}''\right)+v_U^L\!\left(p_{T_U}^{LV}-p_U\right)$ $+ RT_U\ln\dfrac{p}{p_{T_U}^{LV}}$
LV-Gleich-gew.	Gas		$f_{eQ}\!\left(T_U,T_p^{LV}\right)\left(h_p''-h_U\right)$ $- f_{eQ}\!\left(T_p^{LV}\right)(1-x)r+RT_U\ln\dfrac{p}{p_U}$
LV-Gleich-gew.	LV-Gleich-gew.		$f_{eQ}\!\left(T_U,T_p^{LV}\right)\left(h_p'-h_{p_U}'\right)$ $+ f_{eQ}\!\left(T_p^{LV}\right)x\,r_p+v_U^L(p-p_U)$
es gilt:			$R=\dfrac{\bar R}{M}$; $f_{eQ}(T_1,T_2)=1-\dfrac{T_U}{T_2-T_1}\ln\dfrac{T_2}{T_1}$; $f_{eQ}(T_1)=\dfrac{T_1-T_U}{T_1}$; $\quad T_p^{LV}=T^{LV}(p)$; $p_T^{LV}=p^{LV}(T)$; $\quad r=h''-h'$; $r_p=r(p)$; $h_p'=h'(p)$; $h_p''=h''(p)$.

Zust.	Umg.	Beding.	Näherungsgleichung
LV-Gleich-gew.	LV-Gleich-gew.		$f_{eQ}\!\left(T_{p_U}^{LV},T_p^{LV}\right)\left(h_p''-h_{p_U}''\right)$ $- f_{eQ}\!\left(T_p^{LV}\right)(1-x)r_p+RT_U\ln\dfrac{p}{p_U}$
LV-Gleich-gew.	Flüssig.		$f_{eQ}\!\left(T_U,T_{p_U}^{LV}\right)\left(h_{p_U}'-h_U\right)+f_{eQ}\!\left(T_{p_U}^{LV}\right)r_{p_U}$ $+ f_{eQ}\!\left(T_{p_U}^{LV},T_p^{LV}\right)\left(h_p''-h_{p_U}''\right)$ $- f_{eQ}\!\left(T_p^{LV}\right)(1-x)r_p+RT_U\ln\dfrac{p}{p_U}$
LV-Gleich-gew.	Flüssig.		$f_{eQ}\!\left(T_U,T_p^{LV}\right)\left(h_p'-h_U\right)+f_{eQ}\!\left(T_p^{LV}\right)x\,r_p$ $+ v_U^L(p-p_U)$
Flüssig.	Gas		$f_{eQ}\!\left(T_p^{LV},T\right)\left(h^L-h_p'\right)-f_{eQ}\!\left(T_p^{LV}\right)r_p$ $+ f_{eQ}\!\left(T_p^{LV},T_U\right)\left(h_p''-h_U\right)+RT_U\ln\dfrac{p}{p_U}$
Flüssig.	Gas	$T_{p_U}^{LV}\geq T$	$f_{eQ}\!\left(T_{p_U}^{LV},T\right)\left(h^L-h_{p_U}'\right)-f_{eQ}\!\left(T_{p_U}^{LV}\right)r_{p_U}+$ $f_{eQ}\!\left(T_U,T_{p_U}^{LV}\right)\left(h_{p_U}''-h_U\right)+\dfrac{T_U}{T}v^L(p-p_U)$
Flüssig.	Gas	$T\geq T_{p_U}^{LV}$ $p\rangle p_U$	$f_{eQ}(T_U,T)\left(h^L-h_{T_U}'\right)-\dfrac{T_U}{T}v^L\!\left(p-p_{T_U}^{LV}\right)$ $+ RT_U\ln\dfrac{p_{T_U}^{LV}}{p_U}$
Flüssig.	LV-Gleich-gew.		$f_{eQ}\!\left(T_p^{LV},T\right)\left(h^L-h_p'\right)-f_{eQ}\!\left(T_p^{LV}\right)r_p$ $+ f_{eQ}\!\left(T_{p_U}^{LV},T_p^{LV}\right)\left(h_{p_U}''-h_p''\right)$ $+ f_{eQ}\!\left(T_{p_U}^{LV}\right)(1-x)r_{p_U}+RT_U\ln\dfrac{p}{p_U}$
Flüssig.	LV-Gleich-gew.		$f_{eQ}\!\left(T_{p_U}^{LV},T\right)\left(h^L-h_{p_U}'\right)-f_{eQ}\!\left(T_{p_U}^{LV}\right)x\,r_{p_U}$ $+ \dfrac{T_U}{T}v^L(p-p_U)$
Flüssig.	Flüssig.		$f_{eQ}(T_U,T)\left(h^L-h_U\right)+\dfrac{T_U}{T}v^L(p-p_U)$

Näherungsgleichungen zur Berechnung der Exergie realer Gase e_{tm}

W. Fratzscher, K. Michalek

Erläuterung zu 2.4.4

Anwendung

Die thermomechanische Exergie lässt sich in h,s-Diagrammen (vgl. 2.1.1, 2.2.1) leicht als Abstand von einer einzutragenden Umgebungsgeraden in Richtung der Enthalpieordinaten ablesen. Aufgrund der einfachen linearen Zusammenhänge können h,s-Diagramme durch Randmaßstäbe leicht zu schiefwinkligen e,s-Diagrammen erweitert werden.

Ein e,s-Diagramm gilt nur für den definierten Umgebungszustand. Mit einem Randmaßstab ist die Korrektur auf eine andere Umgebungstemperatur leicht möglich.

Thermodynamische Grundlagen

Der partielle Differentialquotient $\left(\dfrac{\partial h}{\partial s}\right)_p = T$ entspricht der Tangente an eine Isobare bei der Temperatur T im h,s-Diagramm. Bestimmt man diese Tangente an die Isobare p_U bei der Temperatur T_U, so erhält man die Umgebungsgerade. Diese erlaubt das Ablesen der graphischen Multiplikation $T_U \cdot \Delta s$ in der h-Richtung. Auf allen zur Umgebungsgeraden parallel verlaufenden Linien haben zwei darauf liegende Punkte denselben Abstand Δh und $T_U \cdot \Delta s$, die das entgegengesetzte Vorzeichen bei der Exergieberechnung haben. Deshalb liegen auf diesen Geraden Linien gleicher Exergie und auf der Umgebungsgerade die Linien mit der Exergie Null. Beim Bestimmen der Exergiedifferenz zwischen zwei Zustandspunkten als Abstand der durch sie verlaufenden Parallelen zur Umgebungsgerade in h-Richtung wird graphisch $\Delta h - T_U \cdot \Delta s$ ausgewertet.

Zur Umgebungsgerade sei angemerkt, dass der Umgebungszustand zwar die Exergie Null hat, die Exergie Null aber nicht hinreichend auf den Umgebungszustand hinweist. Bei Stoffströmen können negative Druckterme bei Unterdruck auftreten, die die positiven Temperaturterme kompensieren, d. h. es sind Ausgleichsprozesse mit der Umgebung möglich, die aber insgesamt keine Arbeit zur Verfügung stellen können.

Gleichgewichtszustände mit dem Umgebungszustand sind diesem gleichwertig. Das erfordert Gleichheit der freien Enthalpie $h - T \cdot s$ bzw. des chemischen Potentials. Damit sind alle von der siedenden Flüssigkeit bis zum trocken gesättigten Dampf auf einer Isobare liegenden Umgebungszustände gleichwertig.

Bei Änderung des Umgebungszustandes ergeben sich andere Exergiewerte für denselben Zustand.

$$e_{U1} = h - h_{U1} - T_{U1} \cdot (s - s_{U1}) ,$$
$$e_{U2} = h - h_{U2} - T_{U2} \cdot (s - s_{U2}) .$$

Die notwendige Korrektur muss neben der Änderung der Umgebungstemperatur auch die Entropie des Berechnungszustandes berücksichtigen. Deshalb haben e,s-Diagramme oft Randdiagramme.

$$\Delta e_U = e_{U2} - e_{U1} = h_{U1} - h_{U2} + T_{U2} \cdot s_{U2} - T_{U1} \cdot s_{U1} + $$
$$(T_{U1} - T_{U2}) \cdot s , \; \Delta e_U = a + (T_{U1} - T_{U2}) \cdot s .$$

Das konstante Korrekturglied a ist dabei im h,s-Diagramm als Abstand der zwei Umgebungsgeraden in h-Richtung bei s = 0 darstellbar.

Zeichnen eines e,s-Diagrammes in ein h,s-Diagramm

Zunächst ist die Umgebungsgerade, die Linie $e = 0$, einzutragen. Dazu ist an die Umgebungsisobare bei T_u eine Tangente zu legen. Wenn der Umgebungszustand zum Zweiphasengebiet eines reinen Stoffes gehört, fallen hier Isotherme und Isobare zusammen. Die Umgebungsgerade ergibt sich somit aus der Verlängerung der entsprechenden Gleichgewichtsgeraden.

Ein genaueres Zeichnen ist oft möglich, wenn die Gerade nicht als Tangente, sondern durch zwei Punkte gezeichnet wird. Der erste Punkt ergibt sich aus dem Umgebungszustand für den auch h und s bekannt sind. Der zweite Punkt ergibt sich aus einem günstig positionierten Entropiewert s und der Exergiegleichheit mit dem ersten Punkt.

$$h_2 = h_1 + T_U(s_2 - s_1) \quad \text{für} \quad e_2 = e_1 .$$

Es sind dann Parallelen mit einer Verschiebung in Richtung der Enthalpie-Achse h zu zeichnen, die dem Maßstab auf dieser Achse entsprechen. Verschiebungen in positiver h-Richtung ergeben positive Exergien und Verschiebungen in die entgegengesetzte Richtung negative Exergien. Da es sich um Geraden handelt, reicht es oft aus, deren Verlauf als Randmaßstab um das h,s-Diagramm anzugeben.

Wenn der Umgebungszustand nicht im Diagrammbereich dargestellt ist, müssen seine Enthalpie- und Entropiedaten anderweitig bereitgestellt werden, und es ist mit dem Zeichen einer Gerade konstanter Exergie zu beginnen, für die bereits der erste Entropiewert in einem sinnvollen Bereich frei zu wählen ist.

$$h = e + h_U + T_U(s - s_U) .$$

Man erhält so ein schiefwinkliges, in ein h,s-Diagramm gezeichnetes e,s-Diagramm.

e,s-Diagramm für Wasserdampf

Das angeführte e,s-Diagramm für Wasserdampf entspricht dem üblicherweise in der Energietechnik verwendeten Diagrammbereich. Im Prinzip ist das dem h,s-Diagramm hinterlegte schiefwinklige e,s-Diagramm in ein rechtwinkliges Diagramm umgezeichnet. Im Hintergrund wäre wiederum ein schiefwinkliges h,s-Diagramm eintragbar, worauf durch die Richtung der Isenthalpen ($h = \text{const.}$) hingewiesen wird.

Ein Korrekturdiagramm für Δe_U erlaubt die Umrechnung auf andere Umgebungszustände für T_U unter Berücksichtigung der Entropie des Berechnungszustandes s.

Der Umgebungszustand dieses Diagrammes ist auf das Flüssig-Dampf-Gleichgewicht bei der entsprechenden Temperatur bezogen. Das heißt, in dem Umgebungsmodell bilden Wasser und Luft ein Gleichgewichtssystem in Form der gesättigten feuchten Luft. Der Unterschied zum oft gewählten Umgebungszustand für Wasser, flüssig, $p_U = 0,1$ MPa, $t_U = 10\,°C$, ist für energietechnischen Berechnungen mit $\Delta e_U = -\,0,1$ kJ/kg gering.

Die Endpunkte von Entspannungs- und Verdichtungsprozessen lassen sich ähnlich wie im h,s-Diagramm eintragen.

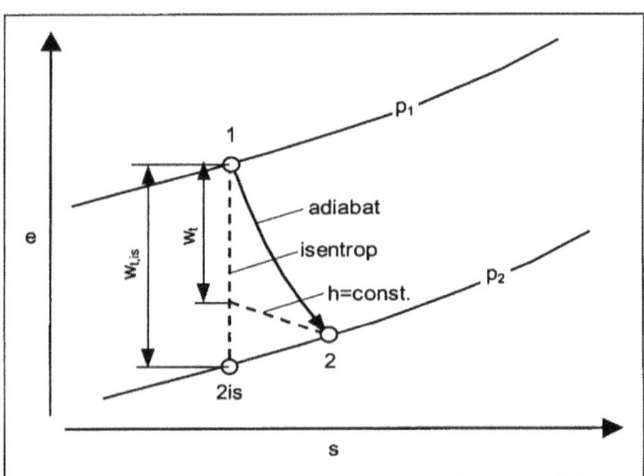

Darstellung der Entspannung in einer Turbine im e,s-Diagramm

Schrifttum

W. Fratzscher, V.M. Brodjanskij, K. Michalek: Exergie – Theorie und Anwendung. Grundstoffverlag Leipzig 1986.

J. Szargut, D.R. Morris, F.R. Steward: Exergy Analysis of Thermal, Chemical, and Metallurgical Processes. Hemisphere Publishing Corp. New York 1988.

N. Elsner: Grundlagen der Technischen Thermodynamik, 8. Auflage. Akademie-Verlag. Berlin 1992.

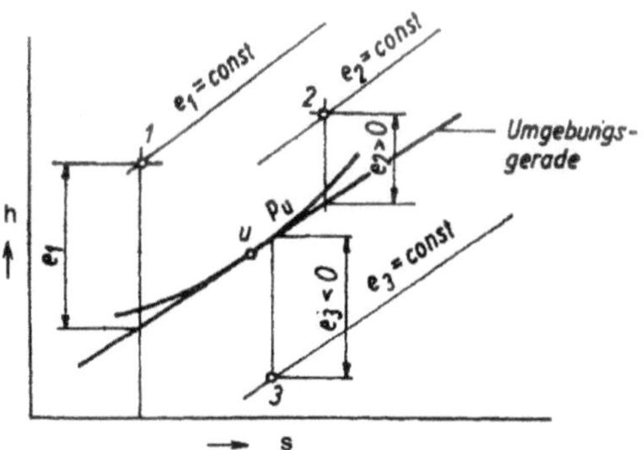

Eintragen von Linien konstanter Exergie in ein h,s-Diagramm

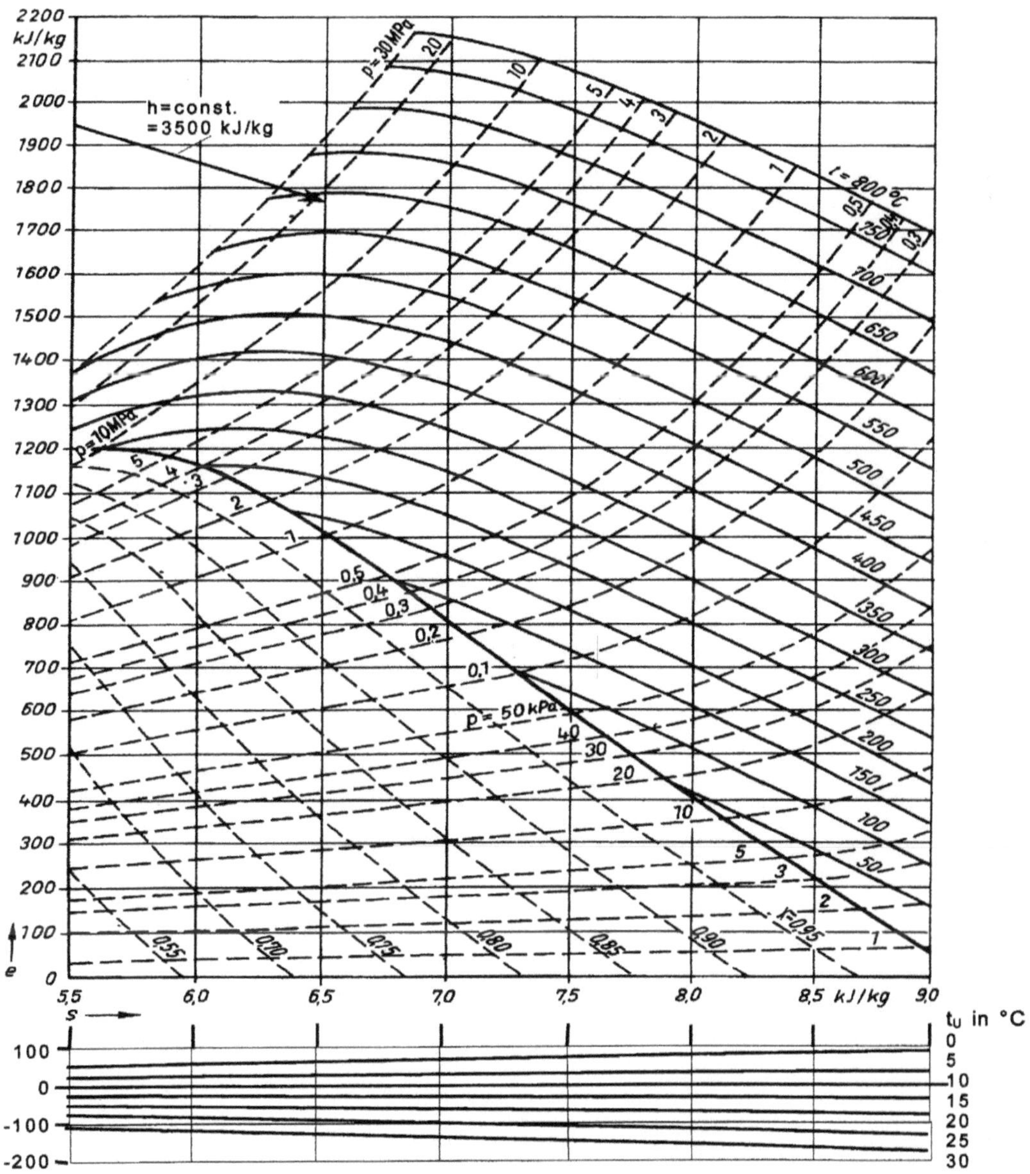

e,s-Diagramm für Wasserdampf bei t_u=10 °C und Korrektur für andere Umgebungstemperatur

W. Fratzscher, K. Michalek

Erläuterung zu 2.4.5

Anwendung

Die Diagramme ermöglichen die Bestimmung der Konzentrationsexergie (vgl. Blatt 1.2.4) idealer Gemische, deren Komponenten in der Umgebung vorhanden sind. Ideale Gemische sind dadurch gekennzeichnet, dass die Wechselwirkungskräfte zwischen ihren Komponenten etwa gleich groß sind und durch die Mischung der Komponenten keine energetischen Effekte (Mischungsenthalpien) auftreten.

Die dimensionslosen Angaben zur Konzentrationsexergie sind dabei allgemeingültig und mit der Gaskonstante und der absoluten Umgebungstemperatur auf eine massen- oder molbezogene Konzentrationsexergie umrechenbar. Die molbezogenen Angaben zur Konzentrationsexergie gelten für eine Umgebungstemperatur von 298,15 K (25 °C). Für die Berechnung der massenbezogenen Konzentrationsexergie ist die mittlere Molmasse des Gemisches zu verwenden. Dabei ist zu beachten, dass sich diese mit der Gemischzusammensetzung ändert.

Das Diagramm für Zweistoffgemische gibt die gesamte Konzentrationsexergie in Abhängigkeit vom Molanteil der Komponente 1 und deren parametrisiertem Molanteil in der Umgebung an. Die Identifikation einer der zwei Komponenten mit dem angeführten Index 1 ist beliebig. Die Berechnung der Konzentrationsexergie von Mehrstoffgemischen über dieses Diagramm durch Einführung von zwei Pseudokomponenten ist nur möglich, wenn die Molanteile innerhalb der Pseudokomponenten im Umgebungs- und Berechnungszustand übereinstimmen.

Bei der Mischung zweier verschiedener Gemische gilt das Hebelgesetz im Diagramm für Zweistoffgemische nur in Richtung der Molanteil-Abszisse. Die Konzentrationsexergie des durch Mischung entstandenen neuen Gemisches ist auf der durch die Umgebungszusammensetzung parametrisierten Kurve abzulesen. Im Diagramm ist als Beispiel eine Mischung der Gemische A und B zum Gemisch M dargestellt. Diese Mischung ist durch Exergieverluste gekennzeichnet, denn es gilt

$$n_A \bar{e}_{konz,\,A} + n_B \bar{e}_{konz,\,B} \geq (n_A + n_B)\,\bar{e}_{konz,\,M}\,.$$

Für Mehrstoffgemische eignet sich das Diagramm, das die Anteile der einzelnen Komponenten an der Konzentrationsexergie ausweist. Die Konzentrationsexergie des Gemisches ergibt sich hierbei als Summe der Anteile aller Komponenten. Dabei sind negative Anteile möglich, der Gesamtwert der Konzentrationsexergie muss aber positiv sein. Die Parametrisierung der Kurvenschar kann beim Wert Null für den Anteil an der Konzentrationsexergie abgelesen werden. Hier stimmen Molanteil im Berechnungs- und im Umgebungszustand überein.

Thermodynamische Grundlagen

Die Konzentrationsexergie eines Gemisches ergibt sich bei Umgebungstemperatur und Druck durch Konzentrationsänderung. Wenn die das Gemisch bildenden Stoffe keine Umgebungsbestandteile sind, tritt ein Zwischenzustand zur Bestimmung der chemischen Exergie auf (vgl. Blatt 2.4.6.1), der in den Diagrammen nicht ausgewiesen wird.

$$\bar{e}_{konz} = \int_{p_U,\,T_U,\,x_{jU}}^{p_U,\,T_U,\,x_j=1} d\bar{e} + \int_{p_U,\,T_U,\,x_{i=1}}^{p_U,\,T_U,\,x_1} d\bar{e}\,, \quad \bar{e}_{konz} = \int_{p_U,\,T_U,\,x_{iU}}^{p_U,\,T_U,\,x_1} d\bar{e} \quad für \quad x_i = x_j\,.$$

Bei idealen Mischungen treten keine energetischen Effekte auf, so dass nur die Entropieänderung durch Änderung der Molanteile berücksichtigt werden muss.

$$\bar{e}_{konz} = \bar{R}T_U \sum_i \left(x_i \ln \frac{x_i}{x_{iU}} \right).$$

Für Gemische idealer Gase entspricht das Verhältnis der Molanteile dem Verhältnis der Partialdrücke, wenn der Gesamtdruck dem Umgebunsdruck entspricht. Die allgemeine Gaskonstante $\bar{R}$ beträgt 8,314 J/(mol K).

Die molare Konzentrationsexergie kann über die mittlere Molmasse der Mischung in eine massenbezogene umgerechnet werden. Mit der speziellen Gaskonstante für das Gemisch kann auch die massenbezogene Konzentrationsexergie berechnet werden.

$$e_{konz} = \frac{\bar{e}_{konz}}{M_m}\,, \quad R_m = \frac{\bar{R}}{M_m} \quad mit \quad M_m = \Sigma\,(x_i\,M_i)\,.$$

Massen und Stoffmengen bzw. Massen- und Molanteile können über die Molmassen ineinander umgerechnet werden. Für die Anteile muss immer die Normierungsbedingungen gelten, dass ihre Summe eins ist. Das gestattet, die Zusammensetzung von Zweistoffgemischen nur über einen Anteil anzugeben.

$$n_i\,M_i = m_i\,, \quad x_i = \frac{\xi_i/M_i}{\Sigma\,(\xi_i/M_i)}\,, \quad \xi_i = \frac{x_i\,M_i}{\Sigma\,(x_i\,M_i)}\,,$$

$$\Sigma\,x_i = 1\,, \quad \Sigma\,\xi_i = 1\,, \quad x_1 = 1 - x_2 \quad für \quad i \in 1,\,2\,.$$

Kurvenverlauf in den Diagrammen

Die Diagramme im Blatt haben Koordinatenteilungen, die ein Ablesen mit möglichst gleichbleibender Genauigkeit erlauben sollen.

Die Konzentrationsexergie nähert sich in der Nähe der Umgebungszusammensetzung asymptotisch dem Wert Null. Die höchste Konzentrationsexergie haben die reinen Stoffe. Sie ist umso höher je weiter diese vom Umgebungszustand entfernt sind. Der größtmögliche Wert wird durch die Umgebungszusammensetzung bestimmt.

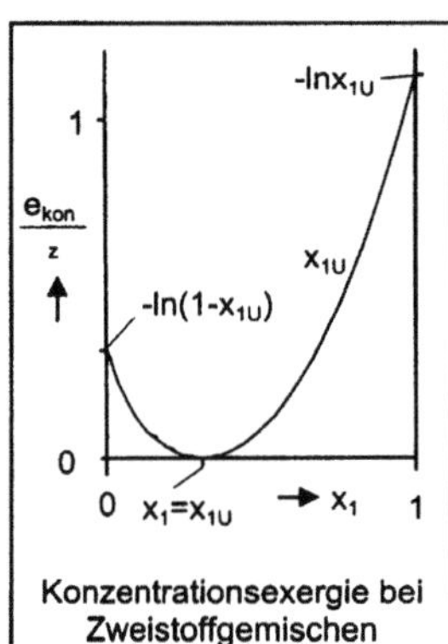

Konzentrationsexergie bei Zweistoffgemischen

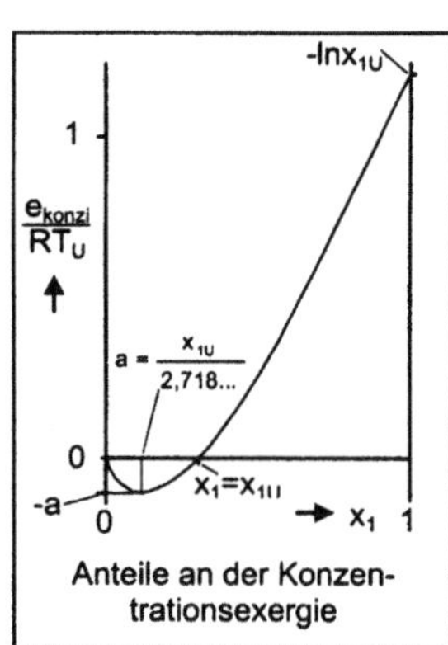

Anteile an der Konzentrationsexergie

Die Anteile der Konzentrationsexergie haben bei reinen Stoffen denselben größtmöglichen Wert wie die Konzentrationsexergie. Sie werden aber bei Molanteilen unterhalb der Umgebungszusammensetzung negativ und streben nach Durchlaufen eines Extremwertes von $-\,x_{1U}/2{,}718$ beim Molanteil von $x_{1U}/2{,}718$ dem Wert Null zu.

Symbole

$\bar{e}_{konz}$: molbezogene Konzentrationsexergie.
$\bar{e}_{konz,\,j}$: Anteil an der molbezogenen Konzentrationsexergie der i-ten Komponente.
x: Molanteil.
ξ: Massenanteil.
Index i: i-te Substanz (Komponente) im Stoffstrom.
Index j: j-te Bezugssubstanz (Komponente) in der Umgebung.
$-$: Überstreichung bedeutet stoffmengen- bzw. molbezogen.
s. Blatt 1.2.3

Schrifttum

W. Fratzscher, V. M. Brodjanskij, K. Michalek: Exergie – Theorie und Anwendung. Grundstoffverlag Leipzig 1986.
J. Szargut, D. R. Morris, F. R. Steward: Exergy Analysis of Thermal, Chemical, and Metallurgical Processes. Hemisphere Publishing Corp. New York 1988.

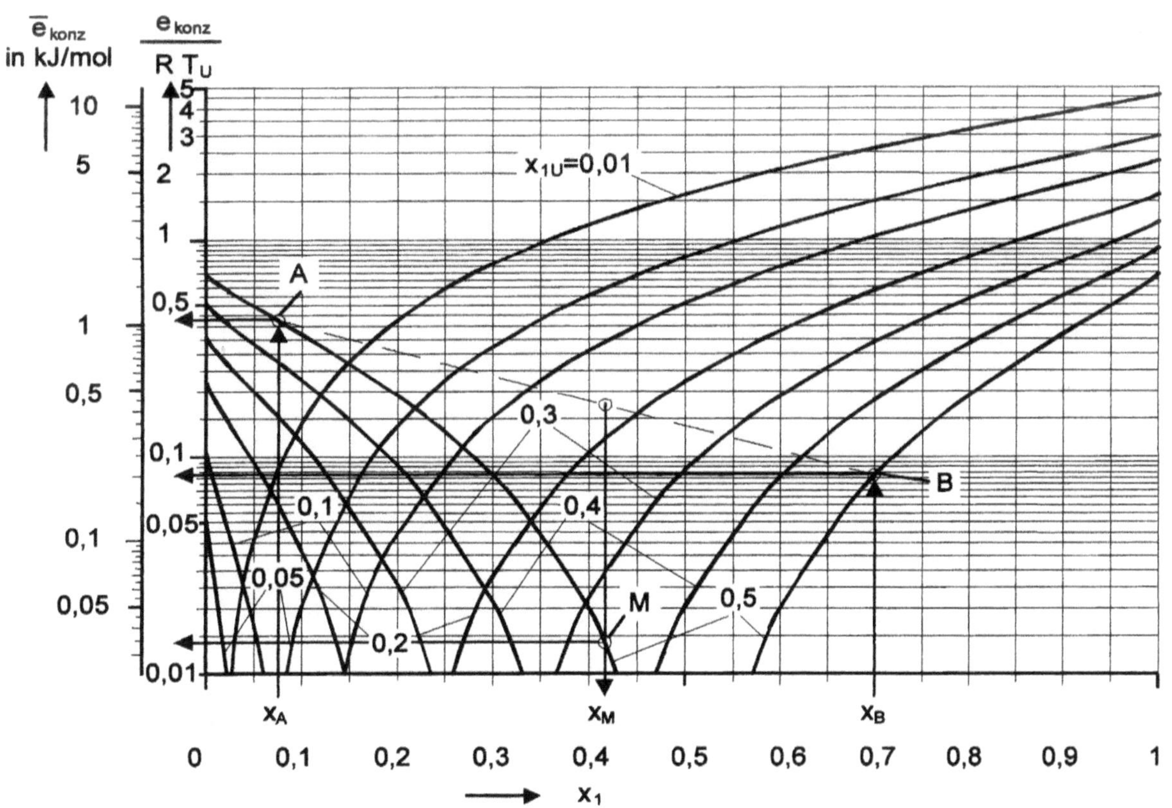

Konzentrationsexergie eines Zweistoffgemisches (ideales Gemisch)

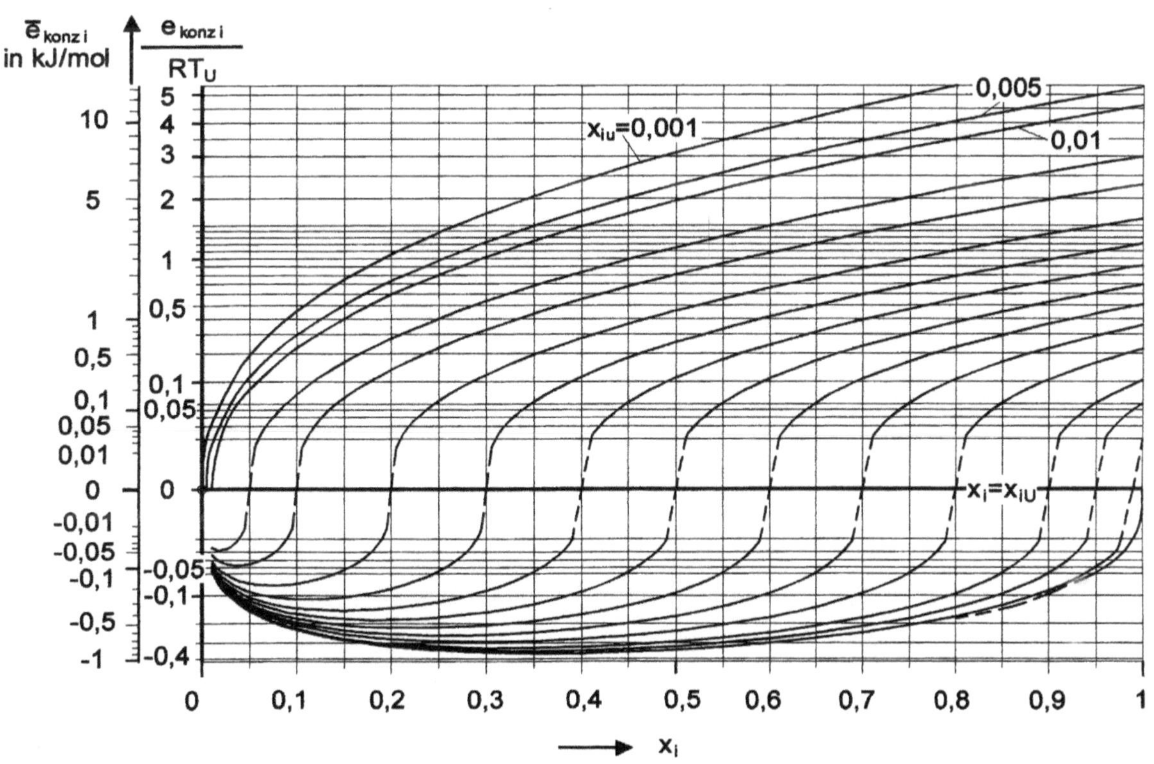

Anteil an der Konzentrationsexergie durch die Komponente i (ideales Gemisch)

W. Fratzscher, K. Michalek

Erläuterung zu 2.4.6.1

Anwendung

Das Arbeitsblatt stellt die Berechnungen der chemischen Exergie nach erfolgter Umgebungsdefinition und die Einordnung dieses Exergieanteils in die Gesamtexergie eines Stoffstromes dar. Dabei kann die chemische Exergie von Stoffen sowohl über die Bildungsreaktion aus Umgebungssubstanzen[1] als auch über die Bildungsreaktion aus Elementen, wenn deren Exergien bekannt sind, berechnet werden.

Die in den Bildern dargestellten Prozesse sind im Zusammenhang mit der Unterteilung der Exergie in Anteile, den damit verbundenen Integrationswegen (vgl. Blatt 1.2.4) und mit der Verwendung von Datensammlungen zur Berechnung der chemischen Exergie (vgl. Blatt 2.4.6.2 bis 2.4.6.5) zu sehen.

Die zwei ersten Bilder stellen Rechenwege und Gleichungen unter Verwendung von Datensammlungen zur chemischen Thermodynamik bereit. Damit ist die Berechnung für ein spezielles, für bestimmte Prozessanalysen angepasstes Bezugssystem möglich.

Die untere Darstellung dient der Berechnung der chemischen Exergie von Stoffen, deren freie Bildungsenthalpie bekannt ist und die aus Elementen bestehen, deren chemische Exergie bereits bestimmt wurde. Damit wird i.a. ein Standardbezugssystem anerkannt, und nicht tabellierte Daten werden ergänzt.

Prozesse zur Berechnung der Exergie

Die dargestellten Prozesse zur Exergieberechnung, als Veranschaulichung der Zustandsintegrale, gehen davon aus,

– dass die Exergie die maximale Arbeit ist, die man aus einem Stoffstrom gewinnen kann, wenn man ihn reversibel mit der Umgebung in Gleichgewicht bringt,
– oder dass die Exergie die minimale Arbeit ist, die man benötigt, um einen Stoffstrom reversibel aus der Umgebung zu erzeugen.

Zur Beibehaltung der Richtung der Zustandsintegrale und wegen der thermodynamischen Vorzeichenfestlegung, die Arbeitszufuhr positiv zählt, wurde die Prozessrichtung so festgelegt, dass die minimale Arbeit berechnet wird.

Die Bedingung der Reversibilität erfordert, dass alle Teilprozesse reversibel sind und Wärme- und Stoffstrom-Kopplungen zur Umgebung mit Umgebungsparametern, also reine Anergie (vgl. Blatt 1.2.6), erfolgen.

Die Berechnung der chemischen Exergie

In Datensammlungen wird unter chemischer Exergie, die Exergie reiner Stoffe (chemische Elemente oder Verbindungen, vgl. Blatt 2.4.6.2 bis 2.4.6.4) oder technischer Stoffe (die z.B. durch Heizwert oder Elementaranalyse beschrieben werden, vgl. Blatt 2.4.6.5) bei Umgebungsdruck und -temperatur verstanden. Dabei wird i.a. eine chemische Standardexergie angegeben, die sich hinsichtlich Umgebungsdruck und -temperatur auf den Standardzustand der chemischen Thermodynamik bezieht ($p_U = 0{,}1$ MPa[2], $t_U = 25\,°C$).

Zur Berechnung der gesamten Exergie des Stoffstromes ist dieser Anteil noch um die Konzentrationsänderung zur Gemischbildung, wobei die Verdünnung einen negativen Anteil liefert, und um die thermomechanische Exergie zur Druck und Temperaturänderung (vgl. Blatt 2.4.2 bis 2.4.4) zu ergänzen. Die Verdünnung kann ggf. auch aus Blatt 2.4.5 bestimmt werden, wenn dort der Parameter x_{iU} durch x_i ersetzt, bei den reinen Stoffen $x_i = 1$ abgelesen und das Ergebnis mit minus Eins multipliziert wird.

Die chemische Exergie im engeren Sinne, die an die Bezugsreaktion gebunden ist, muss nicht in jedem Falle auftreten. Sie fällt für die Stoffe, die selbst Bezugssubstanzen sind, weg. Für diese Stoffe kann die Konzentrationsexergie (Konzentrationsänderung vom Umgebungs- bis zum Berechnungszustand) direkt bestimmt werden (vgl. Blatt 2.4.5), ohne dass Datensammlungen zur chemischen Exergie mit anschließender Verdünnung benutzt werden.

Die Bezugsreaktion geht von reinen Stoffen aus (chemischen Elementen und Verbindungen) und liefert wieder reine Stoffe. Die bei der Reaktion auftretende freie Reaktionsenergie (bei P_U, T_U), ist die minimale Arbeit zur Erzeugung des betrachteten Stoffes durch chemische Reaktion aus Bezugssubstanzen und Abgabe von Bezugssubstanzen neben dem betrachteten Stoff (chemische Exergie im engeren Sinne). Sie wird i.a. zusammen mit den Konzentrationsänderungen der Bezugssubstanzen auf das Umgebungsniveau tabelliert.

Die Bezugsreaktion

Die Definition von Bezugssubstanzen ist notwendig, weil die natürliche Umgebung technischer Systeme keine Gleichgewichtsumgebung darstellt. Im Falle einer Gleichgewichtsumgebung hätten alle Stoffe in dieser Umgebung das gleiche chemische Potential. Die Exergie eines Stoffes bei Umgebungsdruck und -temperatur (chemische und Konzentrationsexergie) wäre über

$$\bar{e} = \sum (x_i(\mu_i - \mu_{i,U})) \quad bei\ p_U,\ T_U$$

zu berechnen.

Um der Forderung zu genügen, dass die Umgebung einen energetisch abgewerteten Zustand darstellt (ohne ein Gleichgewichtssystem mit minimaler freier Enthalpie zu definieren) gelten Auswahlkriterien für die Bezugssubstanzen. Sie sollen häufig in der Umgebung vorkommen und abgewertet sein, d.h. eine möglichst geringe freie Bildungsenthalpie aufweisen. Das von Szargut vorgeschlagene und mehrfach verbesserte Bezugssystem (vgl. Blatt 2.4.6.2) wird i.a. akzeptiert. Die Bezugssubstanzen müssen für jedes betrachtete chemische Element genau eine Gleichung in einem linearen System von Reaktionsgleichungen liefern. Das Auswechseln einer Bezugssubstanz hat aufgrund der Verknüpfungen im Gleichungssystem oft Auswirkungen auf die Exergie mehrerer chemischer Elemente.

Nach der Festlegung der Bezugssubstanzen sind für die Erzeugung des betrachteten Stoffes die stöchiometrischen, formalen Reaktionsgleichungen aufzuschreiben. Aus den Tabellenwerten für die freien Bildungsenthalpien der Reaktionspartner lässt sich die freie Reaktionsenthalpie bestimmen, die bei p_U, T_U der chemischen Exergie entspricht.

Die Berechnung der chemischen Exergie von Verbindungen aus der von Elementen

Für chemische Verbindungen braucht die Bezugsreaktion nicht berechnet zu werden, wenn die Exergie der sie bildenden Elemente bekannt ist. In diesem Fall wird eine Reaktion der Elemente zur chemischen Verbindung betrachtet. Die freie Reaktionsenthalpie entspricht dabei der freien Bildungsenthalpie der Verbindung. Nach Addition der durch die Elemente zugeführten Exergie erhält man die chemische Exergie der Verbindung.

Symbole

$[I_1 \dots I_N]$, elementare Zusammensetzung von zugeführten,
$[J_1 \dots J_N]$, abgeführten und betrachteten Stoffen
$[X_1 \dots X_N]$:

$\bar{g}$:   freie Enthalpie, molbezogen
μ: chemisches Potential
Index B: Bildungsgrößen
Index R: Reaktionsgrößen
s. Blatt 1.2.3

Schrifttum

W. Fratzscher, V.M. Brodjanskij, K. Michalek: Exergie – Theorie und Anwendung. Grundstoffverlag Leipzig 1986.
J. Szargut, D.R. Morris, F.R. Steward: Exergy Analysis of Thermal, Chemical, and Metallurgical Processes. Hemisphere Publishing Corp. New York 1988.

---

[1] Diese Bezugsreaktion wurde von Szargut als Devaluations- bzw. Entwertungsreaktion eingeführt, weil er den Prozess in umgekehrter Richtung zur Bereitstellung der maximalen Arbeit betrachtete.
[2] Die Daten wurden ursprünglich für exakt $p_u = 1$ atm bereitgestellt.

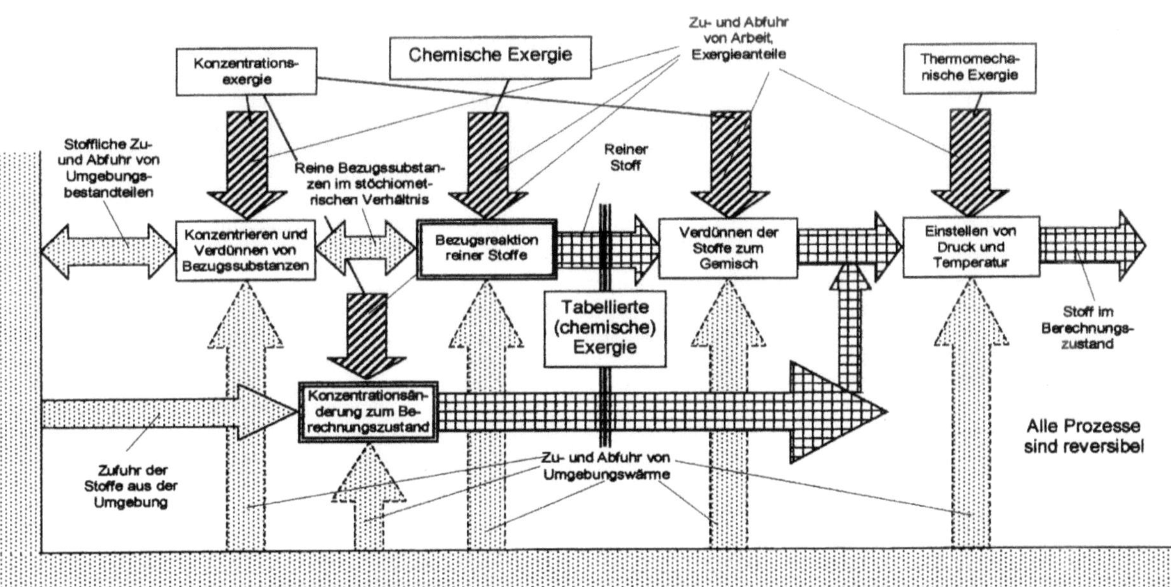

Von reversiblen Prozessen ausgehendes Berechnungsschema zur Berechnung der Exergie von Stoffen, insbesondere der chemischen Exergie

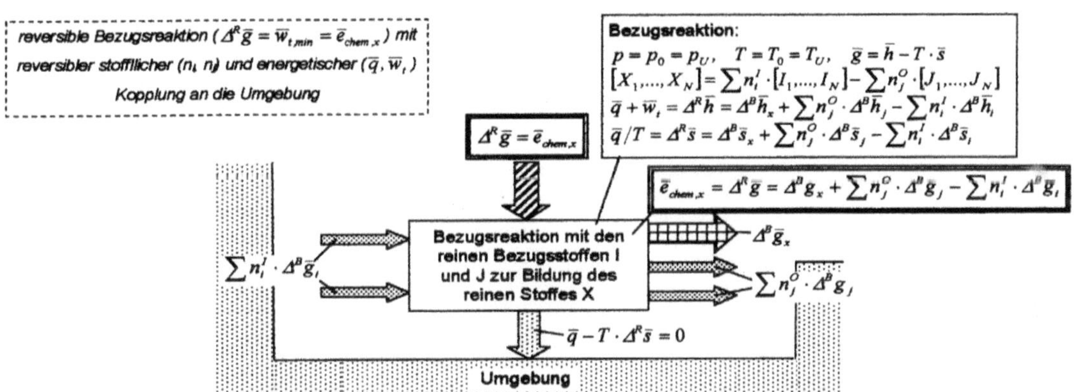

Die Bezugsreaktion zur Berechnung der chemischen Exergie $\bar{w}_{t,min} = \bar{e}_{chem,x}$ aus Daten der chemischen Thermodynamik bei Kenntnis der Bezugs-(Umgebungs-)Substanzen. Die spezifischen Größen sind molar (stoffmengenbezogen).

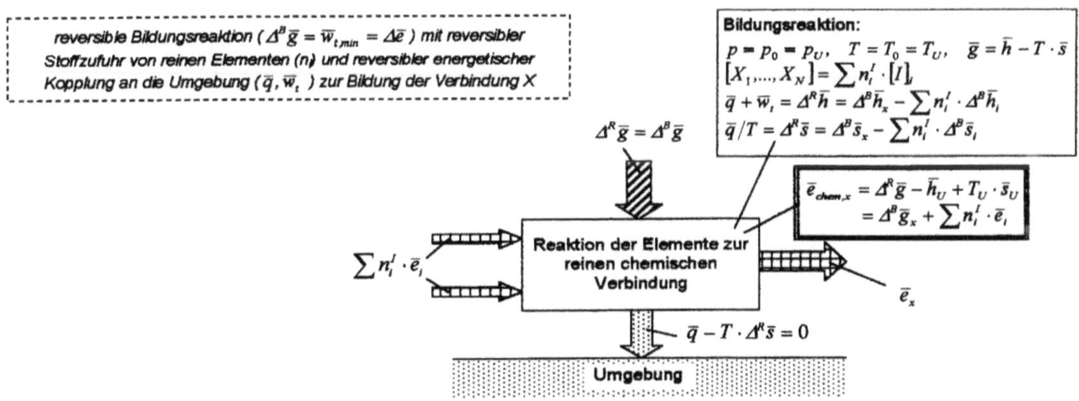

Die Berechnung der chemischen Exergie von reinen chemischen Verbindungen aus Exergiedaten der sie bildenden Elemente. Die spezifischen Größen sind molar (stoffmengenbezogen).

W. Fratzscher, K. Michalek

Erläuterung zu 2.4.6.2

Anwendung

Die Tabelle dient der Bestimmung der chemischen Exergie von Elementen (vgl. Blatt 1.2.4 und 2.4.6.1) für den Bezugszustand (Bezugssubstanzen nach Szargut, $p_U = 0{,}1$ MPa, $t_U = 25\,°C$)[1]. Sie kann verwendet werden, um mit Daten zur freien Bildungsenthalpie die Exergie chemischer Verbindungen für den angegebenen Umgebungszustand zu berechnen (vgl. Blatt 2.4.6.1).

Die erste und letzte Spalte der Tabelle bilden die Hauptspalten, die alphabetisch geordnete chemische Kurzbezeichnung des Elementes und seine molbezogene Exergie. Die Angabe zur Molmasse in der zweiten Spalte dient der Umrechnung in eine massenbezogene Darstellung.

$$e = \frac{\bar{e}}{M}.$$

Die Angabe von $^1/_2$ vor der Elementbezeichnung weist darauf hin, dass der Bezugszustand in einem zweiatomigen Molekül des Elementes besteht, die weiteren Angaben in dieser Zeile der Tabelle aber für ein Atom erfolgen.

Die weiteren Spalten in der Tabelle sollen Variationen des Umgebungszustandes erleichtern.

Teilsysteme der Umgebung

Die Bezugssubstanzen kommen in drei Teilsystemen der Umgebung, in Luft, Seewasser und der Erdkruste vor. Dabei kann in der Luft i. a. von einem Gleichgewichtssystem ausgegangen werden, dass es aber nicht erlaubt, für alle Elemente Bezugssubstanzen bereitzustellen. Das Teilsystem Seewasser wird i. a. am Teilsystem Erdkruste vorgezogen, weil es einen wesentlichen Beitrag zu den natürlichen Ressourcen liefert, seine mittlere Zusammensetzung relativ gut bekannt ist, die Verhältnisse einer Gleichgewichtsumgebung wesentlich ähnlicher sind als in der Erdkruste und bessere Modelle für thermodynamische Berechnungen zur Verfügung stehen. Das Teilsystem Erdkruste wird zur Umgebungsdefinition angewandt, wenn die Elemente nicht in ausreichendem Maße im Seewasser vorkommen und die Bezugsbasis Seewasser für technische Systeme untypische Werte liefert.

Bezugssubstanzen und Bezugsreaktionen

In der Tabelle sind die Bezugssubstanzen, die den einzelnen Elementen zugeordnet werden, fettgedruckt. Die aufgelisteten Bezugsreaktionen (vgl. Blatt 2.4.6.1) sollen Konsequenzen, die bei Wechsel der Bezugssubstanzen auftreten, deutlich machen. Wenn in dieser Reaktionsgleichung neben den Bezugssubstanzen des betrachteten Elements noch andere Bezugssubstanzen auftreten, haben Festlegungen für diese gleichfalls Folgen für die Elementexergie. Andererseits hat ein Wechsel in der Bezugssubstanz des Elements auch für alle anderen Elemente Konsequenzen, in deren Bezugsreaktionen diese auftritt.

Durch das Bezugssystem Meerwasser ist bei der Bezugsreaktion außer der Bildung von chemischen Verbindungen auch deren Ionisation zu berücksichtigen. Das erweiterte Reaktionssystem wird in den Reaktionsgleichungen durch e für die Abgabe oder Bindung von Elektronen über Ionentransport angedeutet. Dieser Ionentransport bewirkt die entsprechende Wasserstoffionenkonzentration.

$$e + H^+ + \frac{1}{2}O_2 \rightarrow \frac{1}{2}H_2O$$

Dabei beträgt die freie Bildungsenthalpie für ein Wasserstoffion 468 J/mol.

Zur Berechnung der Auswirkungen auf die Exergie wird nach einem Vorschlag von Morris und Steward die chemische Bezugsreaktion um eine Standard-Wasserstoffzelle erweitert, die die entsprechenden Wasserstoffionen in Abhängigkeit davon bindet oder bereitstellt, je nachdem ob es sich um positive oder negative Ionen handelt.

Molare Aktivität der Bezugssubstanz

Die molare Aktivität der Bezugssubstanz weist auf deren Verteilung im entsprechenden Teilsystem der Umgebung hin. Insbesondere beim Meerwasser wurden hierbei die Abweichungen von der idealen Mischung durch einen Aktivitätskoeffizienten α_i ungleich Eins berücksichtigt. Bei einer Korrektur der Umgebungsparameter Temperatur und Aktivität sind die stöchiometrischen Faktoren ω_i für die Bezugssubstanzen in den Gleichungen zur Bezugsreaktion zu berücksichtigen. Diese Faktoren sind für die linke Seite der Gleichungen positiv.

$$a_{iU} = \alpha_{iU}\, x_{iU}$$

$$\bar{e}_{U2} - \bar{e}_{U1} = \bar{R} \sum \omega_i (T_{U1} \ln a_{iU1} - T_{U2} \ln a_{iU2})$$

Zusätzliche thermodynamische Angaben

Die freie Energie der Bezugssubstanz im Meerwasser bildet deren elektrolytische Eigenschaften ab. In den anderen Bezugssystemen zeigt die Exergie der Bezugssubstanz den Einfluss ihrer Konzentrationsexergie auf die gesamte Exergie an. Für die in der Luft enthaltenen Gase stimmt dieser Teil mit der chemischen Exergie überein.

Änderung der Umgebungstemperatur

Die in der Tabelle angegebene chemische Energie ist in Analogie zum Brennwert bei Brennstoffen zu sehen. Sie wird durch eine Verschiebung des Bezugssystems der chemischen Thermodynamik auf die Umgebungsdefinition verursacht. Ihre Differenz zur Exergie kann aufgrund des Zusammenhanges mit der Entropiedifferenz zur Anpassung der Exergiewerte auf eine andere Umgebungstemperatur herangezogen werden. Die molare Temperaturabhängigkeit der energetischen Effekte der Bezugsreaktion $\bar{c}_p^R$ kann dabei i. a. vernachlässigt werden.

$$\bar{e}_{ch.\,U2} - \bar{e}_{ch.\,U1} = \bar{h}_{U1} - \bar{h}_{U2} - (T_{U2} - T_{U1})(\bar{s} - s_{U1}) - T_{U2}(\bar{s}_{U1} - \bar{s}_{U2})$$

$$= (T_{U1} - T_{U2}) \cdot (\bar{s} - \bar{s}_{U1}) + c_p^R \cdot \left(T_{U1} - T_{U2} - T_{U2} \ln \frac{T_{U1}}{T_{U2}}\right)$$

$$\bar{e}_{ch.\,U2} \approx \bar{e}_{ch.\,U1} + \frac{T_{U1} - T_{U2}}{T_{U1}} \cdot (\bar{h}_{ch.U1} - \bar{e}_{ch.\,U1}).$$

Symbole

a_{iU}:	Aktivität der Bezugssubstanz i in der Umgebung
$\bar{c}_p^R$:	molare Wärmekapazität der Reaktion
$\bar{h}_{ch.\,U}$:	molare chem. Energie, bezogen auf die Umgebung
α_{iU}:	Aktivitätskoeffizient der Bezugssubstanz i in der Umgebung

Index U1: Umgebungszustand 1 (Tabellenwert)
Index U2: Umgebungszustand 2
s. Blatt 1.2.3

Schrifttum

W. Fratzscher, V. M. Brodjanskij, K. Michalek: Exergie – Theorie und Anwendung. Grundstoffverlag Leipzig 1986.

J. Szargut, D. R. Morris, F. R. Steward: Exergy Analysis of Thermal, Chemical, and Metallurgical Processes. Hemisphere Publishing Corp. New York 1988.

---

[1] Die Daten wurden exakt für einen Umgebungsdruck von $p_U = 1$ atm $= 0{,}1013$ MPa berechnet.

Element	Molmasse[1] in g/mol	Vorkommen der Bezugssubstanz	Bezugsreaktion	mol. Aktivität der Bezugssubstanz	zus. thermod. Angaben in kJ/mol	chemische Energie[2] in kJ/mol	chemische Exergie in kJ/mol
Ag	107,9	Seewasser	$AgCl_2^- + e \rightarrow Ag + 2\,Cl^-$	$2,9{*}10^{-11}$	$-215,5^3$	47,5	70,2
Al	27,0	Erdkruste	$\frac{1}{2}\,Al_2SiO_5 \rightarrow Al + \frac{1}{2}\,SiO_2 + {}^3/_4\,O_2$	$2{*}10^{-3}$	$15,4^4$	930,7	888,4
Ar	39,9	Luft	$Ar \rightarrow Ar$	$8,94{*}10^{-3}$	$11,69^4$	0	11,69
As	74,9	Seewasser	$HAsO_4^{2-} \rightarrow As + \frac{1}{2}\,H_2O + {}^7/_4\,O_2 + 2e$	$3,7{*}10^{-11}$	$-714,7^3$	462,4	494,6
Au	197,0	Seewasser	$AuCl_2^- + e \rightarrow Au + 2\,Cl^-$	$6,1{*}10^{-13}$	$-151,17^3$	0	15,4
B	10,8	Seewasser	$B(OH)_3 \rightarrow B + {}^3/_2\,H_2O + \frac{3}{4}\,O_2$	$6,0{*}10^{-6}$	$-968,84^3$	636,4	628,5
Ba	137,3	Seewasser	$Ba^{2+} + 2e \rightarrow Ba$	$4,9{*}10^{-10}$	$-561,0^3$	747,8	747,7
Bi	209,0	Seewasser	$BiO^+ + e \rightarrow Bi + \frac{1}{2}\,O_2$	$1,1{*}10^{-12}$	$-146,4^3$	286,9	274,5
½ Br₂	79,9	Seewasser	$Br^- \rightarrow \frac{1}{2}\,Br_2 + e$	$1,0{*}10^{-5}$	$-103,97^3$		50,6
C	12,0	Luft	$CO_2 \rightarrow O_2 + C$	$3,31{*}10^{-4}$	$19,87^4$	393,5	410,3
Ca	40,1	Seewasser	$Ca^{2+} + 2e \rightarrow Ca$	$3,6{*}10^{-5}$	$-553,41^3$	813,6	712,4
Cd	112,4	Seewasser	$CdCl_2 + 2e \rightarrow Cd + 2\,Cl^-$	$1,2{*}10^{-12}$	$-359,4^3$	357,1	293,8
½ Cl₂	35,5	Seewasser	$Cl^- \rightarrow \frac{1}{2}\,Cl_2 + e$	$6,80{*}10^{-3}$	$-131,26^3$	80,22	61,8
Co	58,9	Erdkruste	${}^1/_3\,Co_3O_4 \rightarrow Co + {}^2/_3\,O_2$	$2{*}10^{*-7}$	$38,2^4$	297,1	265,0
Cr	52,0	Erdkruste	$\frac{1}{2}\,Cr_2O_3 \rightarrow Cr + \frac{3}{4}\,O_2$	$4{*}10^{-7}$	$36,5^4$	569,9	544,3
Cs	132,9	Seewasser	$Cs^+ + e \rightarrow Cs$	$2,4{*}10^{-11}$	$-282,23^3$	362,7	404,4
Cu	63,5	Seewasser	$Cu^{2+} + 2e \rightarrow Cu$	$2,6{*}10^{-12}$	$65,52^3$	201,6	134,2
½ D₂	2,0	Luft	$\frac{1}{2}\,D_2O \rightarrow \frac{1}{4}\,O_2 + \frac{1}{2}\,D_2$	$3,38{*}10^{-6}$	$31,23^4$	124,6	131,9
½ F₂	19,0	Seewasser	$F^- \rightarrow \frac{1}{2}\,F_2 + e$	$4,65{*}10^{-7}$	$-278,82^3$	203,0	233,2
Fe	55,8	Erdkruste	$\frac{1}{2}\,Fe_2O_3 \rightarrow Fe + \frac{3}{4}\,O_2$	$1,3{*}10^{-3}$	$16,5^4$	412,1	376,4
½ H₂	1,0	Luft	$\frac{1}{2}\,H_2O \rightarrow \frac{1}{4}\,O_2 + \frac{1}{2}\,H_2$	$2,17{*}10^{-2}$	$9,49^4$	120,9	118,1
He	4,0	Luft	$He \rightarrow He$	$4,79{*}10^{-6}$	$30,37^4$	0	30,37
Hg	200,6	Seewasser	$HgCl_4^{2-} + 2e \rightarrow Hg + 4\,Cl^-$	$6,0{*}10^{-13}$	$-446,9^3$	63,8	115,9
½ I₂	126,9	Seewasser	$IO_3^- \rightarrow \frac{1}{2}\,I_2 + {}^3/_2\,O_2 + e$	$5,5{*}10^{-9}$	$-128,0^3$		87,35
K	39,1	Seewasser	$K^+ + e \rightarrow K$	$1,18{*}10^{-4}$	$-282,4^3$	356,6	366,6
Kr	83,8	Luft	$Kr \rightarrow Kr$	$9,57{*}10^{-7}$	$34,36^4$	0	34,36
Li	6,9	Seewasser	$Li^+ + e \rightarrow Li$	$3,0{*}10^{-7}$	$-294,0^3$	328,1	393,0
Mg	24,3	Erdkruste	$CaCO_3{\cdot}MgCO_3 \rightarrow Mg + Ca^{2+} + 2e + 2\,CO_2 + O_2$	$2,3{*}10^{-3}$	$15,1^4$	725,7	633,8
Mn	54,9	Erdkruste	$MnO_2 \rightarrow Mn + O_2$	$2{*}10^{-4}$	$21,1^4$	520,0	482,3
Mo	95,9	Seewasser	$MoO_4^{2-} \rightarrow Mo + 2\,O_2 + 2e$	$1,9{*}10^{-10}$	$-836,4^3$	745,1	730,3
½ N₂	14,0	Luft	$\frac{1}{2}\,N_2 \rightarrow \frac{1}{2}\,N_2$	$7,48{*}10^{-1}$	$0,72^4$	0	0,36
Na	23,0	Seewasser	$Na^+ + e \rightarrow Na$	$5,70{*}10^{-3}$	$-262,0^3$	330,9	336,6
Ne	20,2	Luft	$Ne \rightarrow Ne$	$1,75{*}10^{-5}$	$27,19^4$	0	27,19
Ni	58,7	Seewasser	$Ni^{2+} + 2e \rightarrow Ni$	$4,2{*}10^{-10}$	$-45,6^3$	239,7	232,7
½ O₂	16,0	Luft	$\frac{1}{2}\,O_2 \rightarrow \frac{1}{2}\,O_2$	$2,01{*}10^{-1}$	$1,99^4$	0	1,99
P	31,0	Erdkruste	$\frac{1}{2}\,Ca_3(PO_4)_2 \rightarrow P + 2\,O_2 + {}^3/_2\,Ca^{2+} + 3e$	$4{*}10^{-4}$	$19,4^4$	840,1	875,8
Pb	207,2	Seewasser	$PbCl_2 + 2e \rightarrow Pb + 2\,Cl^-$	$7,4{*}10^{-13}$	$-297,2^3$	305,6	232,8
Rb	85,5	Seewasser	$Rb^+ + e \rightarrow Rb$	$1,5{*}10^{-8}$	$-282,4^3$	350,4	388,6
S	32,1	Seewasser	$SO_4^{2-} \rightarrow S + 2\,O_2 + 2e$	$2,27{*}10^{-5}$	$-744,6^3$	725,4	609,6
Sb	121,8	Erdkruste	$\frac{1}{2}\,Sb_2O_5 \rightarrow Sb + {}^5/_4\,O_2$	$7{*}10^{-10}$	$52,3^4$	486,0	435,8
Se	79,0	Seewasser	$SeO_4^{2-} \rightarrow Se + 2\,O_2 + 2e$	$2,1{*}10^{-12}$	$-441,4^3$		346,5
Si	28,1	Erdkruste	$SiO_2 \rightarrow Si + O_2$	$4,72{*}10^{-1}$	$1,9^4$	910,9	854,6
Sn	118,7	Erdkruste	$SnO_2 \rightarrow Sn + O_2$	$8{*}10^{-8}$	$29,1^4$	580,7	544,8
Sr	87,6	Seewasser	$Sr^{2+} + 2e \rightarrow Sr$	$3,1{*}10^{-7}$	$-559,4^3$	826,3	730,2
Ti	47,9	Erdkruste	$TiO_2 \rightarrow Ti + O_2$	$1,8{*}10^{-4}$	$21,4^4$	944,8	906,9
U	238,0	Erdkruste	$UO_3 \rightarrow U + {}^3/_2\,O_2$	$2{*}10^{-8}$	$43,9^4$	1230,1	1190,7
V	50,9	Erdkruste	$\frac{1}{2}\,V_2O_5 \rightarrow V + {}^5/_4\,O_2$	$2{*}10^{-8}$	$32,5^4$	775,3	721,1
W	183,9	Seewasser	$WO_4^{2-} \rightarrow W + 2\,O_2 + 2e$	$9,9{*}10^{-13}$	$-920,5^3$	842,9	827,5
Xe	131,3	Luft	$Xe \rightarrow Xe$	$8,59{*}10^{-8}$	$40,33^4$	0	40,33
Zn	65,4	Seewasser	$Zn^{2+} + 2e \rightarrow Zn$	$6,0{*}10^{-11}$	$-147,3^3$	419,3	339,2

[1] Mit der Molmasse können molbezogene in massenbezogene Angaben umgerechnet werden (z. B. $e = \bar{e}/M$)

[2] Bezogen auf die Bezugssubstanzen
[3] Freie Energie der Bezugssubstanz
[4] Exergie der reinen Bezugssubstanz

W. Fratzscher, K. Michalek

Erläuterung zu 2.4.6.3

Anwendung

Die Tabelle dient der Bestimmung der chemischen Exergie (vgl. Blatt 1.2.4 und 2.4.6.1) anorganischer Verbindungen für den Bezugsstand (Bezugssubstanzen nach Szargut, $p_U = 0,1$ MPa, $t_U = 25\,°C$)[1].

Die Tabelle ist in drei Druckspalten fortlaufend zu lesen. Die erste und letzte Spalte der Tabelle bilden die Hauptspalten. Die Verbindungen sind alphabetisch entsprechend der chemischen Symbolschreibweise geordnet.

Die Angaben zur Molmasse in der zweiten Spalte dient der Umrechnung in eine massenbezogene Darstellung.

$$e = \frac{\overline{e}}{M} \,.$$

Die Angaben zur chemischen Energie können zur Umrechnung der Exergiewerte auf eine andere Umgebungstemperatur herangezogen werden.

Nicht aufgelistete Verbindungen

Die Exergie von anorganischen chemischen Verbindungen, die nicht in der Tabelle vorhanden sind, kann aus den Exergieangaben zu den die Verbindung bildenden Elementen und der freien Bildungsenthalpie der Verbindung berechnet werden (vgl. Blatt 2.4.6.1 und 2.4.6.2).

---

[1] Die Daten wurden exakt für einen Umgebungsdruck von $p_U = 1$ atm $= 0{,}1013$ MPa berechnet.

Änderung der Umgebungstemperatur

Die in der Tabelle angegebene chemische Energie ist in Analogie zum Brennwert bei Brennstoffen zu sehen. Sie unterscheidet sich durch die Verschiebung des Bezugssystems der chemischen Thermodynamik von der Bildungsenthalpie. Ihre Differenz zur Exergie kann aufgrund des Zusammenhanges mit der Entropiedifferenz zur Anpassung der Exergiewerte auf eine andere Umgebungstemperatur herangezogen werden. Die molare Temperaturabhängigkeit der energetischen Effekte der Bezugsreaktion zur Bildung der Verbindung $\overline{c}_p^{R}$ kann dabei i. a. vernachlässigt werden.

$$\overline{e}_{ch,U2} - \overline{e}_{ch,U1} = \overline{h}_{U1} - \overline{h}_{U2} - (T_{U2} - T_{U1})(\overline{s} - \overline{s}_{U1}) - T_{U2}(\overline{s}_{U1} - \overline{s}_{U2})$$

$$= (T_{U1} - T_{U2}) \cdot (\overline{s} - \overline{s}_{U1}) + c_p^{R}\left(T_{U1} - T_{U2} - T_{U2} \ln \frac{T_{U1}}{T_{U2}}\right)$$

$$\overline{e}_{ch,U2} \approx \overline{e}_{ch,U1} + \frac{T_{U1} - T_{U2}}{T_{U1}}\,(\overline{h}_{ch,U1} - \overline{e}_{ch,U1})\,.$$

Symbole

$\overline{c}_p^{R}$:   molare Wärmekapazität der Bezugsreaktion.

$\overline{h}_{ch,U}$:   molare chem. Energie, bezogen auf die Umgebung.

Index U1: Umgebungszustand 1 (Tabellenwert).

Index U2: Umgebungszustand 2.

s. Blatt 1.2.3

Schrifttum

W. Fratzscher, V.M. Brodjanskij, K. Michalek: Exergie – Theorie und Anwendung. Grundstoffverlag Leipzig 1986.

J. Szargut, D.R. Morris, F.R. Steward: Exergy Analysis of Thermal, Chemical, and Metallurgical Processes. Hemisphere Publishing Corp. New York 1988.

Verbindung	Mol-masse in g/mol	chem. Energie[1] in kJ/mol	chem. Exergie in kJ/mol	Verbindung	Mol-masse in g/mol	chem. Energie[1] in kJ/mol	chem. Exergie in kJ/mol	Verbindung	Mol-masse in g/mol	chem. Energie[1] in kJ/mol	chem. Exergie in kJ/mol
Ag_2CO_3	275,7	-17,4	115,0	Cr_3C_2	180,0	2415,9	2372,0	$Mg_3(PO_4)_2$	262,9	76,6	130,0
$AgCl$	143,3	0	22,2	$CrCl_3$	158,4	281,1	261,6	MgS	56,4	1105,1	901,6
AgF	126,9	47,6	118,5	Cr_2O_3	152,0	0	36,5	$MgSO_4$	120,4	166,2	80,7
$AgNO_3$	169,9	-76,9	43,1	$CuCO_3$	123,6	0	31,5	$MgSiO_3$	100,4	87,7	22,0
Ag_2O	231,7	63,9	57,6	$CuCl$	99,0	144,6	76,2	$MgSiO_4$	140,7	188,4	74,9
Ag_2S	247,8	787,8	709,5	$CuCl_2$	134,5	142,0	82,1	NH_3	17,0	316,6	337,9
Ag_2SO_4	311,8	104,5	139,6	CuO	79,5	44,3	6,5	NH_4Cl	53,5	249,4	331,3
Al_4C_3	144,0	4694,5	4588,2	Cu_2O	143,1	234,6	124,4	NH_4NO_3	80,0	118,1	294,8
$AlCl_3$	133,3	467,2	444,9	$Cu(OH)_2$	97,6	-6,4	15,3	$(NH_4)_2SO_4$	132,1	511,8	660,6
Al_2O_3	102,0	185,7	200,4	CuS	95,6	873,9	690,3	NO	30,0	90,3	88,9
$Al_2O_3 \cdot H_2O$	120,0	128,4	195,3	Cu_2S	159,1	1049,1	791,8	NO_2	46,0	33,2	55,6
$Al_2O_3 \cdot 3H_2O$	156,0	24,1	209,5	$CuSO_4$	159,6	155,7	89,8	N_2O	44,0	82,1	106,9
Al_2S_3	150,2	3313,8	2890,7	Cu_2SO_4	223,1	377,2	253,6	N_2O_4	92,0	9,2	106,5
$Al_2(SO_4)_3$	342,1	596,8	529,7	Fe_3C	179,6	1655,0	1560,2	N_2O_5	108,0	11,3	125,7
Al_2SiO_5, andal.	162,0	28,0	43,9	$FeCO_3$	115,9	65,1	125,9	Na_2CO_3	106,0	-75,6	41,5
Al_2SiO_5, kyan.	162,0	25,9	45,1	$FeCl_2$	126,8	230,8	197,6	$NaCl$	58,4	0	14,3
Al_2SiO_5, sillm.	162,0	0	15,4	$FeCl_3$	162,2	253,3	230,2	$NaHCO_3$	84,0	-101,9	21,6
$Al_2SiO_5(OH)_4$	258,2	68,3	197,8	$FeCr_2O_4$	223,8	107,1	129,1	$NaNO_3$	85,0	-135,6	-22,7
As_2O_5	229,8	0	216,9	FeO	71,8	140,2	127,0	Na_2O	62,0	243,8	296,2
$AuCl_3$	303,3	123,1	155,5	Fe_2O_3	159,7	0	16,5	$NaOH$	40,0	23,8	74,9
AuF_3	254,0	246,5	437,3	Fe_3O_4	231,5	118,0	121,6	Na_2S	78,0	1014,8	921,4
Au_2O_3	441,9	-80,8	114,7	$Fe(OH)_3$	106,9	-48,1	39,6	Na_2SO_3	126,0	297,6	287,5
B_2O_3	69,6	0	69,4	FeS	87,9	1037,5	885,6	Na_2SO_4	142,0	0	21,4
$BaCO_3$	197,4	-75,2	26,3	FeS_2	120,0	1684,7	1428,7	Na_2SiO_3	122,0	11,3	66,1
$BaCl_2$	208,3	48,7	61,3	$FeSO_4$	151,9	209,1	173,0	Ni_3C	188,1	1180,1	1142,9
BaF_2	175,3	-53,2	57,2	$FeSi$	83,9	1249,4	1157,3	$NiCO_3$	118,7	-49,9	36,4
BaO	153,3	194,2	224,6	$FeSiO_3$	131,9	118,1	161,7	$NiCl_2$	129,6	94,9	97,2
$Ba(OH)_2$	171,4	45,9	132,9	Fe_2SiO_4	203,8	255,3	236,2	NiO	74,7	0	23,0
BaS	169,4	1012,9	901,9	HCl	36,5	108,8	84,5	$Ni(OH)_2$	92,7	-48,1	25,5
$BaSO_4$	233,4	0	3,4	HF	20,0	52,8	80,0	NiS	90,8	883,2	762,8
CCl_4	153,8	579,0	473,1	HNO_3	63,0	-53,2	43,5	$NiSO_4$	154,8	92,3	90,4
CN	26,0	858,0	845,0	H_3PO_4	98,0	-76,3	104,0	$PbCO_3$	267,2	0	23,5
C_2N_2	52,0	1096,1	1118,9	H_2S	34,1	946,6	812,0	$PbCl_2$	278,1	106,7	42,3
CO	28,0	283,0	275,1	H_2SO_4	98,1	153,3	163,4	PbO	223,2	88,3	46,9
CO_2	44,0	0	19,9	Hg_2CO_3	461,2	-12,4	179,8	$Pb(OH)_2$	241,2	32,5	20,6
CS_2	76,1	1934,1	1694,7	$HgCl_2$	271,5	0	60,8	PbS	239,3	930,6	743,7
CaC_2	64,1	1541,2	1468,3	Hg_2Cl_2	472,1	22,9	144,5	$PbSO_4$	303,3	111,1	37,2
$CaCO_3$	100,1	0	1,0	HgO	216,6	-27,0	57,3	$PbSiO_3$	283,3	70,9	31,2
$CaCl_2$	111,0	178,2	87,9	HgS	232,7	731,1	674,8	SO_2	64,1	428,6	313,4
CaF_2	78,1	0	11,4	$HgSO_4$	269,7	81,7	146,0	SO_3	80,1	329,7	249,1
$Ca(NO_3)_2$	164,1	-124,9	-18,1	Hg_2SO_4	497,2	110,4	223,4	SiC	40,1	1241,7	1204,6
CaO	56,1	178,4	110,2	K_2CO_3	138,2	-43,6	85,1	$SiCl_4$	169,9	544,8	481,9
$CaO \cdot Al_2O_3$	158,0	351,7	275,4	KCl	75,6	0	19,6	SiO_2	60,1	0	1,9
$Ca(OH)_2$	74,1	69,0	53,7	$KClO_4$	138,6	6,7	136,0	SiS_2	92,2	2149,2	1866,3
$Ca_3(PO_4)_2$	310,2	0	19,4	KF	58,1	-7,8	62,2	$SnCl_2$	189,6	416,1	386,4
CaS	72,1	1056,6	844,6	KNO_3	101,1	-135,9	-19,4	SnO	134,7	295,0	289,9
$CaSO_4$	136,1	104,9	8,2	K_2O	94,2	350,0	413,1	SnO_2	150,7	0	29,1
$CaSO_4 \cdot 2H_2O$	172,2	0	8,6	K_2S	110,3	1024,4	943,0	SnS	150,8	1205,7	1056,1
$CaSiO_3$	116,2	90,2	23,6	K_2SO_3	158,3	300,5	302,6	SnS_2	182,8	1863,8	1604,6
Ca_2SiO_4	172,2	232,3	95,7	K_2SO_4	174,3	4,6	35,0	$ZnCO_3$	125,4	0	23,9
$CdCO_3$	172,4	0	40,6	K_2SiO_3	154,3	75,9	137,9	$ZnCl_2$	136,3	583,9	93,4
$CdCl_2$	183,3	126,0	73,4	$MgCO_3$	84,3	23,4	37,9	ZnO	81,4	71,0	22,9
CdO	128,4	99,0	67,3	$MgCl_2$	95,2	244,7	165,9	$Zn(OH)_2$	99,4	19,2	25,7
$Cd(OH)_2$	146,4	38,3	59,5	MgO	40,3	124,4	66,8	ZnS	97,4	938,7	747,6
CdS	144,5	920,6	746,9	$Mg(OH)_2$	58,3	42,7	40,9	$ZnSO_4$	161,4	161,9	82,3
$CdSO_4$	208,5	149,2	88,6	$Mg(NO_3)_2$	148,3	-64,3	57,4	Zn_2SiO_4	222,8	112,7	17,8

[1] Bezogen auf die Bezugssubstanzen

W. Fratzscher, K. Michalek

Erläuterung zu 2.4.6.4

Anwendung

Die Tabelle dient zur Berechnung der chemischen Exergie (vgl. Blatt 1.2.4 und 2.4.6.1) organischer Verbindungen für den Bezugszustand (Bezugssubstanzen nach Szargut, $p_U = 0{,}1$ MPa, $t_U = 25\,°C$)[1] nach der Inkrementenmethode. Mit dieser Methode kann die Exergie einer beliebigen organischen Verbindung berechnet werden. Dabei ist die chemische Verbindung ausgehend von den Bindungen der Kohlenstoffatome aus den Inkrementen (Gruppenanteilen) zusammenzusetzen. Die Summe der Exergieanteile der Inkremente und der Strukturgröße für Aromaten führt zur chemischen Exergie der Verbindung.

Thermodynamische Grundlagen

Die Berechnung der chemischen Exergie wurde für eine Vielzahl organischer Verbindungen über Bezugsreaktionen vorgenommen. Die Ergebnisse wurden von Szargut und Mitarbeitern einer statistischen Analyse zur Bestimmung der Gruppenanteile unterworfen. Mit den Gruppenanteilen können die Ergebnisse auch auf andere Verbindungen extrapoliert werden. Diese Methode ist zwar im Vergleich zur Verwendung exakter Messdaten mit einem Genauigkeitsverlust verbunden, erlaubt aber die Exergieberechnung auch für Verbindungen, für die keine weitere Datenbasis zur Verfügung steht, soweit die chemische Struktur der Verbindung bekannt ist.

Die Volumenänderungen bei chemischen Reaktionen beeinflussen die Reaktionsentropie und die freie Reaktionsenthalpie wesentlich. Deshalb sind die Inkremente für zwei Stoffklassen angegeben: Gase und Flüssigkeiten.

Änderung der Umgebungstemperatur

Die in der Tabelle angegebene chemische Energie ist in Analogie zum Brennwert bei Brennstoffen zu sehen. Sie unterscheidet sich durch die Verschiebung des Bezugssystems der chemischen Thermodynamik von der Bildungsenthalpie. Ihre Differenz zur Exergie kann aufgrund des Zusammenhanges mit der Entropiedifferenz zur Anpassung der Exergiewerte auf eine andere Umgebungstemperatur herangezogen werden. Die molare Temperaturabhängigkeit der energetischen Effekte der Bezugsreaktion zur Bildung der Verbindung $\bar{c}_p^R$ kann dabei i. a. vernachlässigt werden.

$$\bar{e}_{ch,U2} - \bar{e}_{ch,U1} = \bar{h}_{U1} - \bar{h}_{U2} - (T_{U2} - T_{U1}) \cdot (\bar{s} - \bar{s}_{U1}) - T_{U2}(\bar{s}_{U1} - \bar{s}_{U2})$$

$$= (T_{U1} - T_{U2}) \cdot (\bar{s} - \bar{s}_{U1}) + c_p^R \left(T_{U1} - T_{U2} - T_{U2} \ln \frac{T_{U1}}{T_{U2}} \right)$$

$$\bar{e}_{ch,U2} \approx \bar{e}_{ch,U1} + \frac{T_{U1} - T_{U2}}{T_{U1}} (\bar{h}_{ch,U1} - \bar{e}_{ch,U1}).$$

---

[1] Die Daten wurden exakt für einen Umgebungsdruck von $p_U = 1$ atm $= 0{,}1013$ MPa berechnet.
[2] Informativer Hinweis zum Vergleich der Berechnung über Gruppenanteile mit der über die thermodynamischen Daten der chemischen Verbindung.

Beispiele

Ethylalkohol:
C_2H_5OH, Flüssigkeit, Molmasse: 46,1 g/mol.

	chemische Energie in kJ/mol	chemische Exergie in kJ/mol
$-CH_3$	715,35	752,03
$-\overset{\shortmid}{C}H_2$	607,38	651,46
$-OH$ (an CH_2)	$-84{,}82$	$-51{,}34$
$H-\underset{H}{\overset{H}{C}}-\underset{H}{\overset{H}{C}}-OH$	1237,91	1652,15
Fehler[2]	$+0.16\,\%$	$-0.41\,\%$

Die massenbezogene chemische Exergie für flüssigen Ethylalkohol ergibt sich damit zu

$$\frac{1352{,}15 \text{ kJ mol}}{\text{mol } 46{,}1 \text{ g}} = 29{,}3 \text{ kJ/g} = 29{,}3 \text{ MJ/kg}.$$

o-Xylen (Xylol):
$C_6H_4(CH_3)_2$, Flüssigkeit, Molmasse: 106,2 g/mol.

	chemische Energie in kJ/mol	chemische Exergie in kJ/mol
$4 \cdot HC {\scriptstyle\nwarrow}^{\nearrow}$	$4 \cdot 519{,}93$	$4 \cdot 547{,}15$
$2 \cdot -C {\scriptstyle\nwarrow}^{\nearrow}$	$2 \cdot 426{,}22$	$2 \cdot 436{,}45$
$2 \cdot -CH_3$	$2 \cdot 715{,}35$	$2 \cdot 752{,}03$
1,2-Pos. (ortho)	0	0
$\begin{array}{c} H \\ C \\ HC \diagup \diagdown C-CH_3 \\ HC \diagdown \diagup C-CH_3 \\ C \\ H \end{array}$	4362,86	4565,56
Fehler[2]	$+0.69\,\%$	$-0{,}26\,\%$

Die massenbezogene chemische Exergie für flüssiges o-Xylen ergibt sich damit zu

$$\frac{4565{,}56 \text{ kJ mol}}{\text{mol } 106{,}2 \text{ g}} = 43{,}0 \text{ kJ/g} = 43{,}0 \text{ MJ/kg}.$$

Symbole

$\bar{c}_p^R$:   molare Wärmekapazität der Bezugsreaktion

$\bar{h}_{ch,U}$:   molare chem. Energie, bezogen auf die Umgebung

Index U1: Umgebungszustand 1 (Tabellenwert)
Index U2: Umgebungszustand 2
s. Blatt 1.2.3

Schrifttum

W. Fratzscher, V.M. Brodjanskij, K. Michalek: Exergie – Theorie und Anwendung. Grundstoffverlag Leipzig 1986.
J. Szargut, D.R. Morris, F.R. Steward: Exergy Analysis of Thermal, Chemical, and Metallurgical Processes. Hemisphere Publishing Corp. New York 1988.

Gruppe	Gase chem. Energ. [1]	Gase chem. Exerg. [2]	Flüssigkeiten chem. Energ. [1]	Flüssigkeiten chem. Exerg. [2]
—C—	398,57	462,77	403,54	462,64
—C— (Ring)	413,34	461,01	379,03	425,11
—CH	509,77	557,40	485,75	545,27
—CH (Ring)	522,78	561,37	468,76	543,05
—CH$_2$	614,91	654,51	607,38	651,46
—CH$_2$ (Ring)	629,05	662,29	614,16	653,63
—CH$_3$	713,47	747,97	715,35	752,03
CH$_4$	802,33	831,65		
=C—	440,53	513,35	443,16	473,02
=C— (Ring)	442,71	466,41		
=CH	551,86	576,31	535,08	569,95
=CH (Ring)	559,18	576,65	542,95	568,28
=CH$_2$	660,26	678,74	680,26	675,68
=C=	543,04	554,23	539,28	559,21
≡C—	510,20	519,58	494,34	515,27
≡CH	625,37	630,28	623,86	634,34
↔C<	414,22	436,03	416,14	435,03
—C<	415,47	440,00	426,22	436,45
HC<	528,26	549,91	519,93	547,15
—O—	-111,59	-89,11	-131,17	-86,52
—O— (Ring)	-117,42	-97,12	-126,27	-106,64
=O	-246,86	-245,09	-91,46	
O<	-89,96	-83,59	-84,43	-73,13
—OH (an —C—)	-68,42	-165,48	-137,54	-80,08
—OH (an —CH)	-63,90	-66,78	-85,11	-52,59
—OH (an —CH , Ring)	-65,16	-46,78	-70,47	-58,16
—OH (an —CH$_2$)	-56,66	-42,89	-84,82	-51,34
—OH (an —CH$_3$)	-77,00	-25,52	-76,87	-33,97
—OH (an Aromaten)	-66,12	-52,01	81,64	-47,57
—C=O	262,38	293,87	231,58	281,36
—C— (Ring) [O]		305,66		277,76
—C=O (H)	388,64	412,68	356,72	400,21
—C=O (an Aromaten) (H)	382,87	415,07	379,60	410,21
—C—O— [O]	65,69	108,30	35,90	101,15
—C—O—C— [O]	296,94	382,66	244,81	362,70
—C—OH [O]		168,04		155,11
—O—C—H [O]	207,01	250,09	183,96	
—N—	97,03	142,05	64,60	131,09
—N— (an Aromaten)	77,07	134,06		
—NH	181,49	213,38	137,18	195,56
—NH (Ring)	186,19	209,24	151,20	199,37

Gruppe	Gase chem. Energ. [1]	Gase chem. Exerg. [2]	Flüssigkeiten chem. Energ. [1]	Flüssigkeiten chem. Exerg. [2]
—NH (an Aromaten)	153,58	196,27		
—NH$_2$	258,43	290,20	235,43	284,39
—NH$_2$ (an Aromaten)	237,80	240,16	216,84	269,24
=N	56,82	72,98	-103,43	
≡N	24,18	23,06	0	29,97
N<	69,08	81,68	72,34	83,33
—NO$_2$	-42,30	1,45	-58,32	12,16
—O—NO	-19,66	18,89		
—O—O$_2$	-89,91	-89,77	-121,71	-23,88
—N=C—	585,26	592,73	551,97	584,03
N≡C—	516,93	527,50	510,53	522,14
—S—	761,07	636,88	741,74	642,32
—S— (Ring)	764,08	633,45	755,42	687,25
—SH	862,06	724,36	848,67	732,26
S<	781,15	653,56	762,45	654,41
=SO	692,04	553,78	696,47	566,88
—SO	660,53	562,95	686,39	
—SO$_2$	439,87	373,78	414,68	
—F	-15,00	16,25	-8,85	34,70
—F (an Aromaten)	15,08	45,16	-8,85	34,70
—Cl	46,08	26,24	42,89	32,01
Berücksichtigung der Bindungstellen und Ringbildung bei Aromaten:				
1,2 –Position (ortho)	4,35	7,66	0,0	0,0
1,3-Position (meta)	1,76	3,47	0,0	0,0
1,4-Position (para)	1,26	4,60	0,0	0,0
1,2,3-Position	12,89	20,08	0,0	0,0
1,2,4-Position	9,05	13,60	0,0	0,0
1,3,5-Position	6,28	14,27	0,0	0,0
1,2,3,4-Position	14,06	26,94	0,0	0,0
1,2,3,5-Position	12,80	23,93	0,0	0,0
1,2,4,5-Position	12,38	24,27	0,0	0,0
1,2,3,4,5-Position	17,99	35,36	0,0	0,0
1,2,3,4,5,6-Position	19,66	62,34	0,0	0,0
3-Atom-Ring, gesättigt	62,30	49,04	83,68	83,68
4-Atom-Ring, gesättigt	50,84	43,76	87,82	82,30
5-Atom-Ring, gesättigt	-50,38	-45,52	0,0	0,0
6-Atom-Ring, gesättigt	-83,05	-61,25	-28,79	0,0
7-Atom-Ring, gesättigt	-73,81	-46,32		
8-Atom-Ring, gesättigt	-72,59	-33,47		
5-Atom-Ring, ungesättigt	-50,38	-45,52	0,0	0,0
6-Atom-Ring, ungesättigt	-83,05	-61,25	-28,79	0,0

[1] Bezogen auf die Bezugssubstanzen in kJ/mol   [2] in kJ/mol

W. Fratzscher, K. Michalek

Erläuterung zu 2.4.6.5

Anwendung

Die angeführten Tabellen dienen zur Berechnung der chemischen Exergie (vgl. Blatt 1.2.4 und 2.4.6.1) technischer Brennstoffe mit unterschiedlicher Genauigkeit bei unterschiedlicher Datenbasis zur Brennstoffkennzeichnung.

Der erste Typ von Gleichungen geht vom Brennwert B bzw. Heizwert H aus. Die Unterschiede für die Brennstoffklassen werden im Wesentlichen durch die Unterschiede in der Reaktionsentropie in Abhängigkeit vom Aggregatzustand des Brennstoffes hervorgerufen.

Der zweite Gleichungstyp stellt eine Analogie zur Brennwertberechnung aus elementaren Brennstoffkenngrößen dar.

Der dritte Typ von Gleichungen ist im Zusammenhang mit der Berechnung der chemischen Exergie für Kohlenwasserstoffe zu sehen (Bezugssubstanzen nach Szargut, $p_U = 0{,}1$ MPa, $t_U = 25\,°C$, vgl. Blatt 2.4.6.4), wobei die Stoffbeschreibung durch Beschränkung auf die Elementaranalyse vereinfacht, aber die Exergieberechnung durch den Heizwert bzw. Brennwert parametrisiert wird.

Thermodynamische Grundlagen

Die zahlenmäßige Übereinstimmung der Exergie von Brennstoffen und ihrer Brennwerte beruht darauf, dass das Bezugssystem zur Brennwertbestimmung, das von einer chemischen Reaktion des Brennstoffes mit Luft ausgeht, mit der Bezugsreaktion zur Exergiebestimmung für die dominierenden Bestandteile Kohlenstoff und Wasserstoff übereinstimmt. Die übereinstimmende Reaktionsenthalpie ist dabei für Brennstoffe wesentlich größer als der bei der Exergieberechnung zusätzlich zu beachtende Anteil aus der Reaktionsentropie.

Exergiebestimmung aus dem Brennwert

Die Exergiebestimmung aus dem Brennwert stellt eine Methode mit geringer Genauigkeit dar, die aber keine Aussagen zur Zusammensetzung der Brennstoffe erfordert. Die Berechnungsgleichung für feste Brennstoffe führt ausgehend vom Heizwert zu einem Modellbrennwert B^*. Dieser Wert unterscheidet sich vom Brennwert dadurch, dass zwar das im Brennstoff gebundene Wasser, nicht aber der im Brennstoff gebundene Wasserstoff, der zu Wasser reagiert, berücksichtigt werden.

Berechnung über Brennstoffkennwerte

Analog zu einer von Boie entwickelten Brennwertberechnung über Brennstoffkennzahlen stellten Fratzscher und Schmidt eine Berechnungsmethode für die chemische Exergie bereit. Dabei werden die asche- und wasserfreien festen und flüssigen Brennstoffe über ihre massenbezogenen Elementarzusammensetzungen (c, h, n, s) beschrieben und daraus Brennstoffkennzah-len $(\zeta, \nu, \sigma, \omega)$ abgeleitet. Über bekannte chemische Verbindungen in Brennstoffen wurden die Reaktionsentropien ermittelt, gemittelt und in die Berechnungsgleichungen einbezogen. Bei Verwendung typischer Werte für das Stickstoff-Kohlenstoff- und das Schwefel-Kohlenstoff-Verhältnis vereinfachen sich die Gleichungen, so dass die Exergie e_{ch} von Kohlen und Heizölen nur in Abhängigkeit vom Wasserstoff-, Kohlenstoff- und Sauerstoffanteil beschrieben werden kann.

Berechnung über Brennwert und Elementarzusammensetzung

Mit Hilfe der statistischen Auswertung der Exergieberechnungen für eine Vielzahl bekannter organischer Verbindungen, die in Brennstoffen vorkommen, wurde von Szargut und Styrylska eine Exergieberechnung für Brennstoffe entwickelt. Dazu werden die Zusammenhänge durch einen anzugebenden Modellbrennwert parametrisiert. Dieser Modellbrennwert B^* wird aus Heizwert H und Wassergehalt w ermittelt. Der in der Tabelle angegebene Wert β korrigiert diesen Modellbrennwert (ohne Berücksichtigung des ungebundenen Schwefels) in Abhängigkeit von der Elementarzusammensetzung auf den Exergiewert des aschefreien Brennstoffes e_{ch}^* bei Umgebungstemperatur und -druck.

Die Elementarzusammensetzung ist teilweise als Massen- und teilweise als Molverhältnis zu berücksichtigen. In den Tabellen werden die Massenanteile durch kleine (c, h, n, s) und die Molanteile der Atomarten durch große Buchstaben (C, H, N, S) des Symbols für das chemische Element geschrieben. Die Umrechnung ist einfach:

$$\frac{x_A\,M_A}{x_B\,M_B} = \frac{\xi_A}{\xi_B}\,.$$

Symbole

B, B^*: Brennwert, Modellbrennwert
H: Heizwert
M: Molmasse
$x, (C, H, N, S)$: Molanteil, (Molanteile der entsprechenden Atomarten im asche- und wasserfreien Brennstoff)
w: Massenanteil von Wasser im Brennstoff
$\xi, (c, h, n, s)$: Massenanteil, (Massenanteile der entsprechenden Elemente im asche- und wasserfreien Brennstoff)
$-$: Überstreichung bedeutet molbezogen
s. Tabellenköpfe und Blatt 1.2.3.

Schrifttum

W. Fratzscher, V.M. Brodjanskij, K. Michalek: Exergie – Theorie und Anwendung. Grundstoffverlag Leipzig 1986.
J. Szargut, D.R. Morris, F.R. Steward: Exergy Analysis of Thermal, Chemical, and Metallurgical Processes. Hemisphere Publishing Corp. New York 1988.

Brennstoffart	Gleichung	Bemerkung
In Abhängigkeit vom Heizwert bzw. Brennwert		
fest	$e_{ch} = B^* = H + 2500\ kJ\,/\,kg \cdot w$	Orientierungswert, für viele Analysen ausreichend und thermodynamisch konsistent, entspricht etwa dem Brennwert B, w – Massenanteil des Wassers
flüssig	$e_{ch} = 0{,}975 \cdot B$	Orientierungswert, für viele Analysen ausreichend und thermodynamisch konsistent
gasförmig	$e_{ch} = 0{,}95 \cdot B$	Orientierungswert, für viele Analysen ausreichend und thermodynamisch konsistent
gasförmig, $380 < \overline{B} < 2500$, $\overline{B}$ in MJ / kmol	$\overline{e}_{ch} = \left(0{,}6662 + 3{,}656 \cdot 10^{-2}\ ln\,\dfrac{\overline{B}}{MJ\,/\,kmol} \right)\overline{B}$	molbezogen, molarer Kohlenwasserstoffanteil >0,26, mit 22,41 m³/kmol in volumenbezogene Angaben i. N. umrechenbar
In Analogie zur Brennwertberechnung nach Boie von Fratzscher und Schmidt:		
K=7,817 kJ/kg·c, ν=3/7·(n/c), σ=1+ 3·(h-(o-s)/8)/c, ω=6·h/c, ζ=3/8·(s/c) mit c, h, o, s, n als Massenanteilen von Kohlenstoff, Wasserstoff, Sauerstoff, Schwefel, Stickstoff für den wasser- und aschefreien Brennstoff und $c+h+o+s+n=1$.		
Kohle	$e_{ch} = K \cdot (\,809{,}1 + 67{,}4 \cdot \omega + 1875 \cdot \nu + 3784 \cdot \sigma - 177{,}8 \cdot \zeta\,)$	Modellgenauigkeit: Fehler i. a. bei 1 bis 2%
Kohle	$e_{ch} = K \cdot (\,823 + 67{,}4 \cdot \omega + 3784 \cdot \sigma\,)$	Näherungsgleichung mit ν=0,008, ζ=0,006
Rohöle, Erdölfraktionen	$e_{ch} = K \cdot (\,1066 + 67{,}4 \cdot \omega + 1875 \cdot \nu + 3784 \cdot \sigma - 177{,}8 \cdot \zeta\,)$	Modellgenauigkeit: Fehler i. a. bei 1 bis 2%
Rohöle, Erdölfrakt.	$e_{ch} = K \cdot (\,1065 + 67{,}4 \cdot \omega + 3784 \cdot \sigma\,)$	Näherungsgleichung mit ν=0, ζ=0,006
In Auswertung statistischer Zusammenhänge zwischen der Exergie von Kohlenwasserstoffen und Brennwert bzw. Heizwert durch Szargut und Styrylska: $e^*_{ch} = \beta * B^*$		
β=e^*_{ch}/ B^*, B^*=H + 2500 kJ/kg · w, e^*_{ch}: chem. Exergie ohne die der Asche und des ungebundenen Schwefels. w: Wasseranteil des Brennstoffes. C, H, N, S: Stoffmengenanteile der Atomart zur Berechnung von Atomverhältnissen und c, h, n, s: Massenanteile von Kohlenstoff, Wasserstoff, Stickstoff, Schwefel für den wasser- und aschefreien Brennstoff.		
feste Stoffe, C,H-Verbindungen	$\beta = 1{,}0435 + 0{,}0159\dfrac{H}{C}$	Standardfehler: ±0,05%
feste Stoffe, C,H,O-Verbindungen mit geringem Sauerstoffanteil	$\beta = 1{,}0438 + 0{,}0158\dfrac{H}{C} + 0{,}0813\dfrac{O}{C}$	O/C<=0,5. Standardfehler: ±0,1%
feste Stoffe, C, H, O-Verbindungen mit hohem Sauerstoffanteil	$\beta = \dfrac{1{,}0438 + 0{,}0177\dfrac{H}{C} - 0{,}3328\dfrac{O}{C}\left(1 + 0{,}0537\dfrac{H}{C}\right)}{1 - 0{,}4021\dfrac{O}{C}}$	O/C<=2. Standardfehler: ±0,69%
feste Stoffe, C,H,O, N-Verbindungen mit geringem Sauerstoffanteil	$\beta = 1{,}0447 + 0{,}0140\dfrac{H}{C} + 0{,}0968\dfrac{O}{C} + 0{,}0467\dfrac{N}{C}$	O/C<=0,5. Standardfehler: ±0,38%
feste Stoffe, C, H, O, N-Verbindungen mit hohem Sauerstoffanteil	$\beta = \dfrac{1{,}044 + 0{,}0160\dfrac{H}{C} - 0{,}3493\dfrac{O}{C}\left(1 + 0{,}0531\dfrac{H}{C}\right) + 0{,}0493\dfrac{N}{C}}{1 - 0{,}4124\dfrac{O}{C}}$	O/C<=2. Standardfehler: ±0,72%
flüssige Stoffe, C, H-Verbindungen	$\beta = 1{,}0406 + 0{,}0144\dfrac{H}{C}$	Standardfehler: ±0,21%
flüssige Stoffe, C, H, O-Verbindungen	$\beta = 1{,}0374 + 0{,}0159\dfrac{H}{C} + 0{,}0567\dfrac{O}{C}$	O/C<= 1. Standardfehler: ±0,34%
flüssige Stoffe, C, H, O, S-Verbindungen	$\beta = 1{,}0407 + 0{,}0154\dfrac{H}{C} + 0{,}0562\dfrac{O}{C} + 0{,}5904\dfrac{S}{C}\left(1 - 0{,}175\dfrac{H}{C}\right)$	O/C<= 1. Standardfehler: ±0,5%
gasförmige Stoffe, C, H-Verbindungen	$\beta = 1{,}0334 + 0{,}0183\dfrac{H}{C} + 0{,}0694\dfrac{1}{n_C}$	n_C: Anzahl der Kohlenstoffatome pro Molekül. Standardfehler: ±0,27%
Steinkohle, Braunkohle, Koks, Torf	$\beta = 1{,}0437 + 0{,}1896\dfrac{h}{c} + 0{,}0617\dfrac{o}{c} + 0{,}0428\dfrac{n}{c}$	o/c<=0,667. Standardfehler: ±1%
Holz	$\beta = \dfrac{1{,}0412 + 0{,}2160\dfrac{h}{c} - 0{,}2499\dfrac{o}{c}\left(1 + 0{,}7884\dfrac{h}{c}\right) + 0{,}0450\dfrac{n}{c}}{1 - 0{,}3035\dfrac{o}{c}}$	o/c<=2,67. Standardfehler: ±1,5%
flüssige technische Brennstoffe	$\beta = 1{,}0401 + 0{,}1728\dfrac{h}{c} + 0{,}0432\dfrac{o}{c} + 0{,}2169\dfrac{s}{c}\left(1 - 2{,}0628\dfrac{h}{c}\right)$	Standardfehler: ±0,5%

W. Fratzscher, K. Michalek

Allgemeines

Wärmeübergang in einphasigen Strömungen

Die in diesem Abschnitt für die erzwungene und freie Konvektion angebotenen Wärmeübergangsbeziehungen sind in dimensionsloser Form zu Nomogrammen verarbeitet und führen jeweils auf die Nußelt-Zahl (Abschn. 3.2 und 3.3). Dies Darstellugsart ermöglicht die Anwendung bei allen einphasigen Fluiden im Rahmen der angegebenen Gültigkeitsbereiche.

Die Benutzung der Nomogramme und die Umrechnung der Nußelt-Zahl in den Wärmeübergangskoeffizienten setzen die Kenntnis der stoffwerteabhängigen Größen voraus. Für diesen Zweck sind speziell für die Stoffe Luft, Wasser und Wasserdampf in Abschn. 3.1 weitere Nomogramme enthalten. Die Bestimmung des Wärmeübergangskoeffizienten bei den genannten Stoffen läßt sich in folgende Arbeitsschritte einteilen.

- *Vorgabedaten*
  z. B. Temperatur, Druck, Geschwindigkeit, charakteristische Abmessungen

- *Ermittlung der Reynolds-Zahl bzw. Grashof-Zahl*

	Reynolds-Zahl	*Grashof-Zahl*
Luft	Nomogramm 3.1.1.1	Nomogramm 3.1.1.4
Wasser/Wasserdampf	Nomogramm 3.1.2.1	Nomogramm 3.1.2.4

- *Ermittlung der Prandtl-Zahl*

Luft	Nomogramm 3.1.1.2
Wasser/Wasserdampf	Nomogramm 3.1.2.2

- *Ermittlung der Nußelt-Zahl*
  Gesetze für verschiedene Geometrien und Strömungszustände
  Nomogramm 3.2.1.1 bis 3.3.1

- *Ermittlung des Wärmeübergangskoeffizienten*

Luft	Nomogramm 3.1.1.3
Wasser/Wasserdampf	Nomogramm 3.1.2.3

Zur Bestimmung des Wärmeübergangskoeffizienten bei anderen Stoffen sind die benötigten Stoffwerte anderen Unterlagen zu entnehmen und die stoffwerteabhängigen Größen rechnerisch zu bestimmen.

Wärmeübergang beim Behältersieden von Wasser

Das in Abschn. 3.4 enthaltene Nomogramm bezieht sich ausschließlich auf das Behältersieden von Wasser und gestattet eine direkte Bestimmung des Wärmeübergangskoeffizienten.

1200
°C
1000
800
600
400
200
0
Temperatur ϑ
30
20
15
10
8
6
4
3
2
1,5
1
0,8
0,6
0,4
0,3
0,2
0,15
$p = 0,1$ MPa
6 8 10⁻⁷
2
4
6 8 10⁻⁶
2
4
6 8 10⁻⁵
2
4
6 8 10⁻⁴
m²/s
kinematische Zähigkeit ν
6
2
4
d, d_h bzw. $l = 1$m (kennzeichnende Länge)
0,6
0,4
0,2
0,1
0,06
0,04
0,02
0,01
0,006
0,004
$w = 0,01$ m/s
0,02
0,05
0,1
0,2
0,5
1
2
5
10
20
50
100
10¹
2
4 6 10²
2
4 6 10³
2
4 6 10⁴
2
4 6 10⁵
2
4 6 10⁶
2
4 6 10⁷
Reynolds-Zahl Re

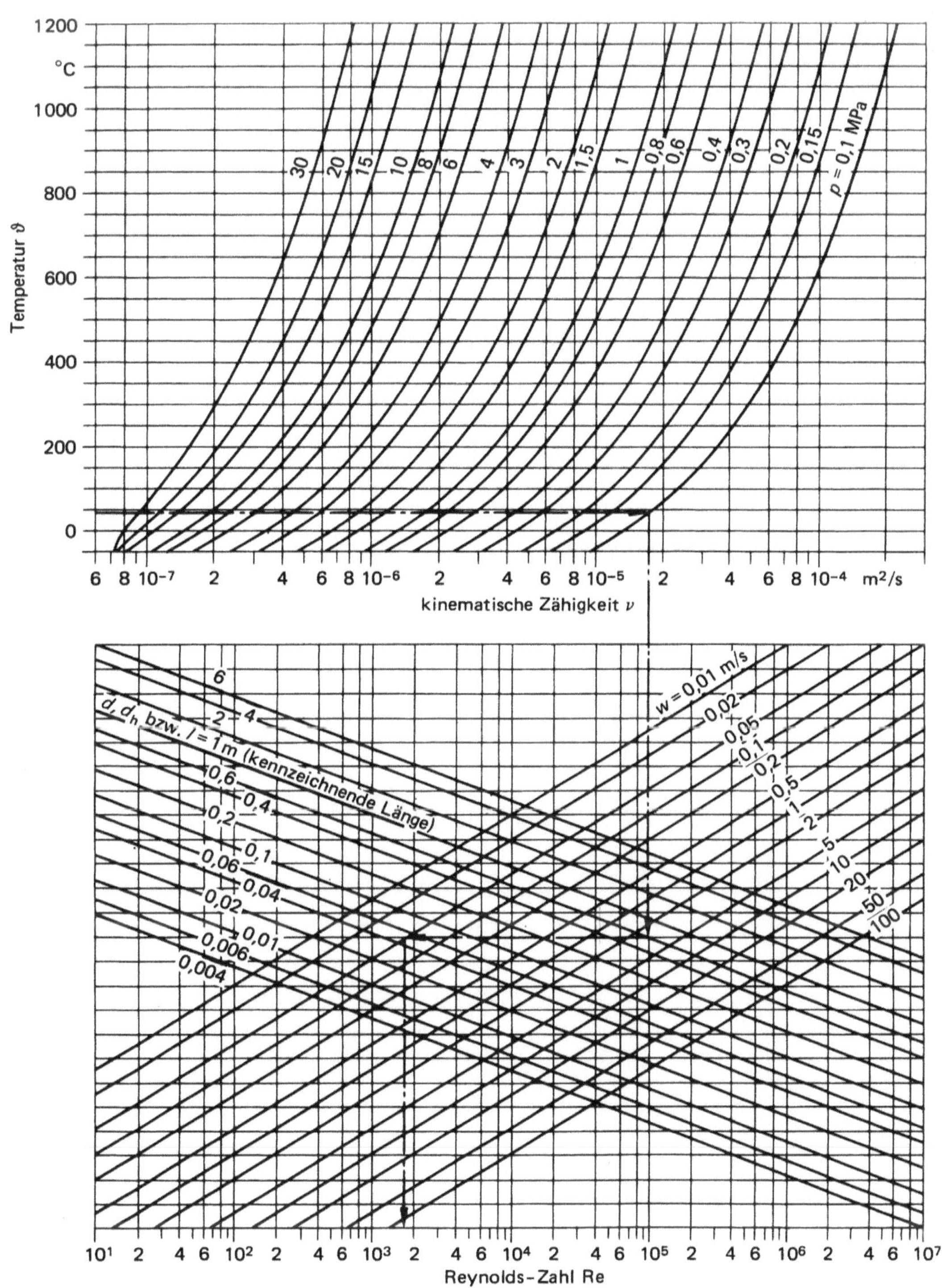

U. Renz

600
°C
500
400
300
200
100
0
Temperatur ϑ
p = 0,1 MPa
0,15
0,2
0,3
0,4
0,6
0,8
1,0
1,5
2
3
4
6
8
10
15
20
30
4 6 8 10⁰ 2 4 6 8 10¹ 2 4 6 8 10² 2 kg/m³ 4
Dichte ρ

500
°C
400
300
200
100
0
Temperatur ϑ
p = 0,1 MPa
30
20
10
5
0,65 0,70 0,75 0,80 0,85 0,90 0,95
Prandtl-Zahl Pr

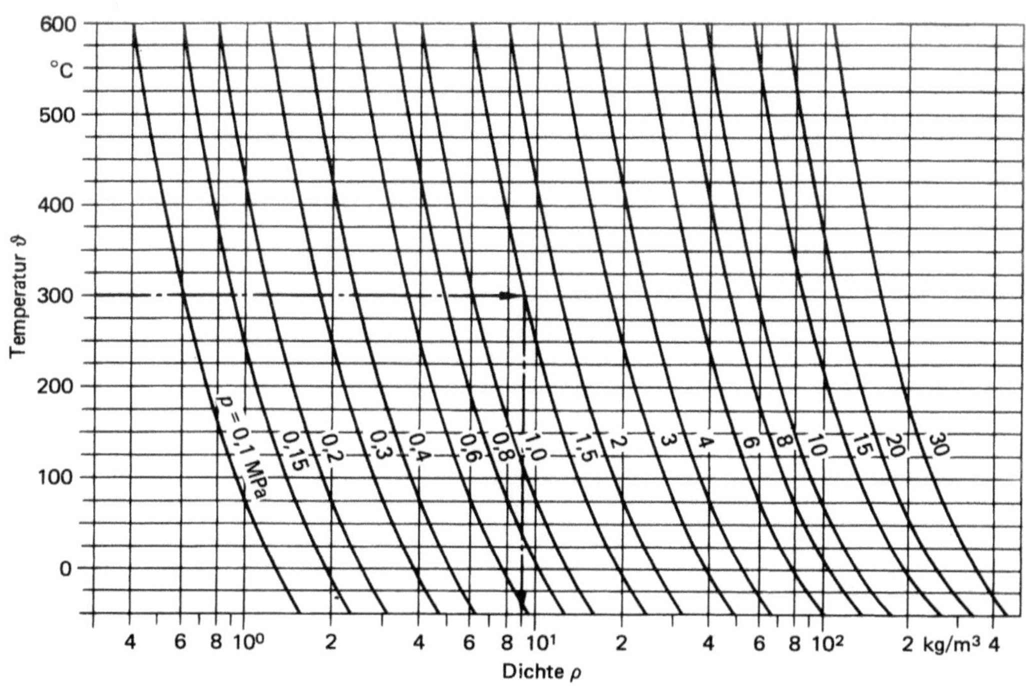

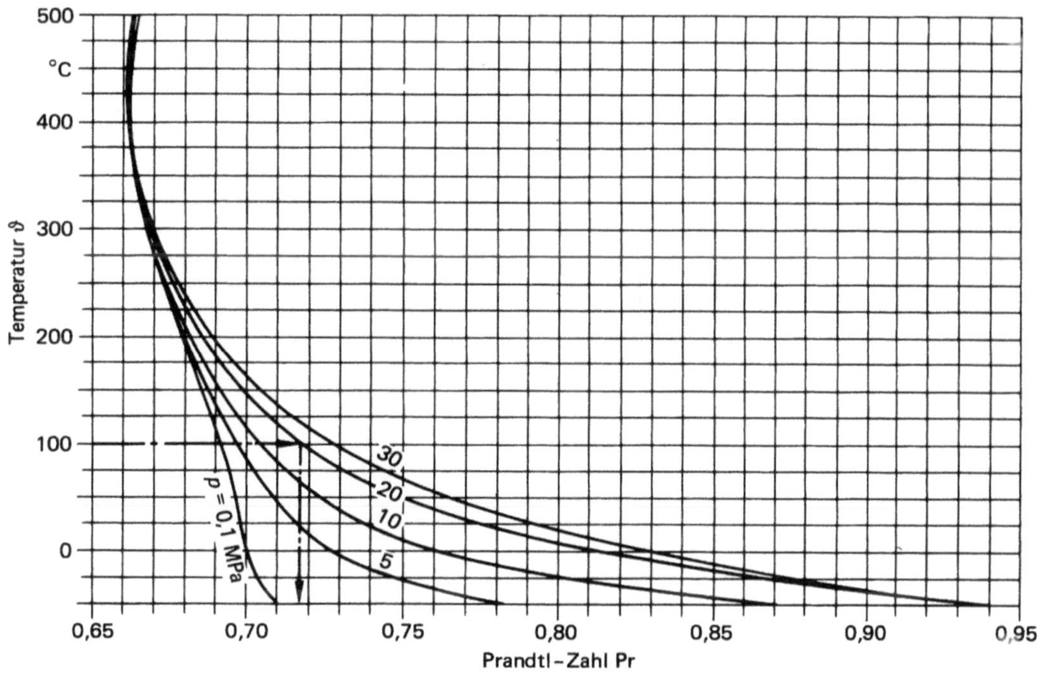

U. Renz

109

800
°C
600
Temperatur ϑ
400
200
0
p = 0,1 MPa
5
10
15
20
25
30
0,02
0,03
0,04
0,05
0,06
W/m K
0,07
Wärmeleitfähigkeit λ
d, d_h bzw. l = 0,004 m (kennzeichnende Länge)
0,006
0,01
0,02
0,04
0,06
0,1
0,2
0,4
0,6
1
2
4
6
Nu = 3,66
5
10
20
30
50
100
200
300
500
1000
2000
2
4
6 8 10⁰
2
4
6 8 10¹
2
4
6 8 10²
2
W/m² K
10³
Wärmeübergangskoeffizient α

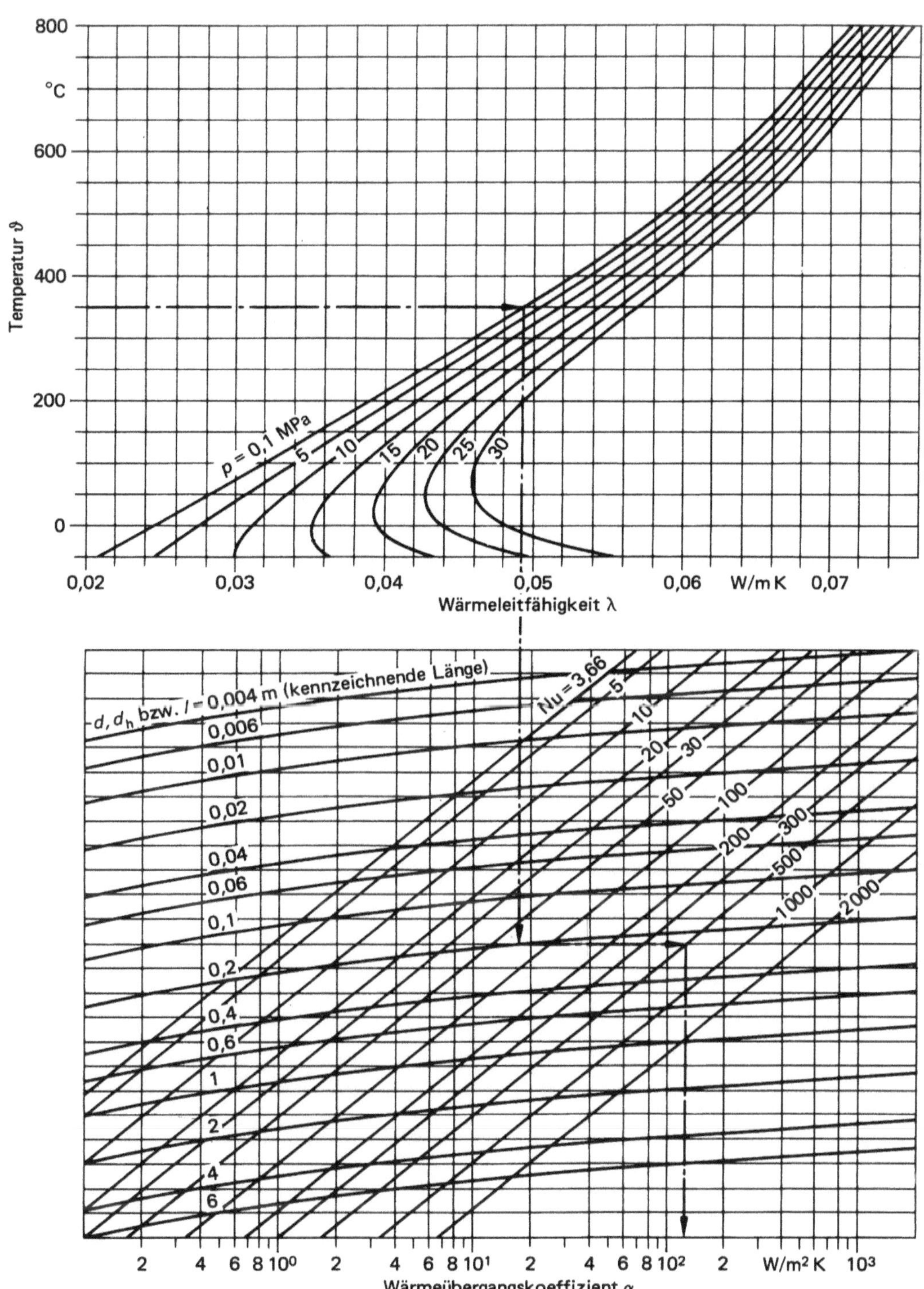

U. Renz

111

1200
°C
1000
800
600
400
200
0
Temperatur ϑ
30
20
15
10
8
6
4
3
2
1,5
1,0
0,8
0,6
0,4
0,3
0,2
0,15
$p = 0,1$ MPa
8 10⁻⁷
2
4
6
8 10⁻⁶
2
4
6
8 10⁻⁵
2
4
6
8 10⁻⁴
m²/s
kinematische Zähigkeit ν
20
10
5
3
2
$l = 1$ m
0,5
0,3
0,2
0,1
0,05
0,02
$(\rho_\infty - \rho_w)/\rho_w = 0,1$
0,2
0,5
1
2
5
10
10⁶
10⁷
10⁸
10⁹
10¹⁰
10¹¹
10¹²
10¹³
Grashof-Zahl Gr

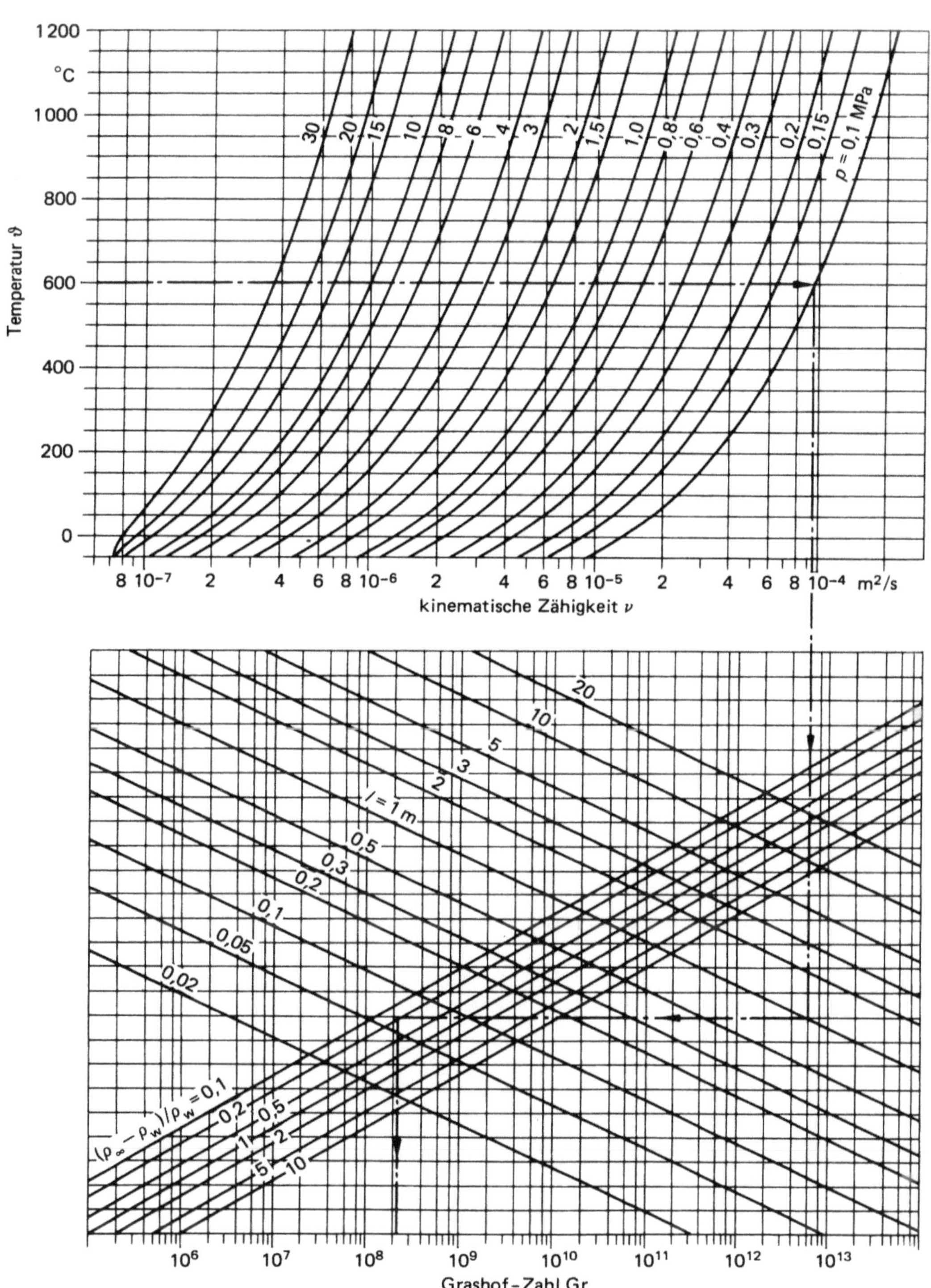

U. Renz

113

600
°C
500
40 MPa
30
20
22,12
10
5
2
1
0,5
0,2
p = 0,1 MPa
50 kPa
10
5
1
0,5
0,1 kPa
Temperatur ϑ
400
300
200
flüssig
100
0
Dampf
10⁻⁷ 2   4 6 10⁻⁶ 2   4 6 10⁻⁵ 2   4 6 10⁻⁴ 2   4 6 10⁻³ 2   4 6 10⁻² 2   m²/s   10⁻¹
kinematische Zähigkeit ν
d, dₕ bzw. l = 6m (kennzeichnende Länge)
4
2
1
0,6
0,2
0,4
0,06
0,1
0,02
0,04
0,006
0,01
0,004
0,01
0,02
0,05
0,1
w = 0,2 m/s
0,5
1
2
5
10
20
50
100
10¹ 2   4 6 10² 2   4 6 10³ 2   4 6 10⁴ 2   4 6 10⁵ 2   4 6 10⁶ 2   4 6 10⁷
Reynolds-Zahl Re

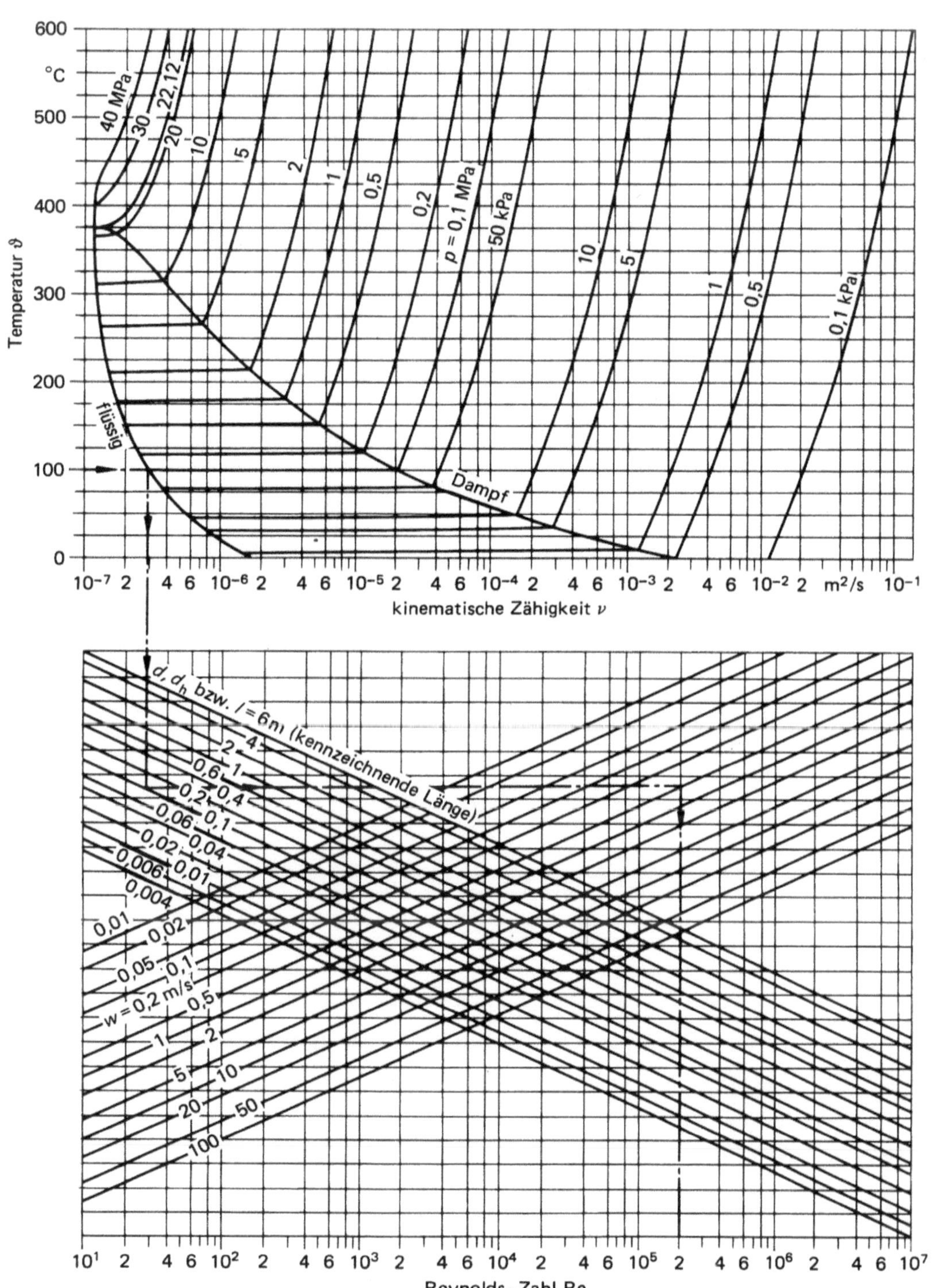

U. Renz

600
°C
500
400
300
200
100
0
Temperatur ϑ
40 MPa
22,12
30
20
10
5
2
1
0,5
0,2
$p = 0,1$ MPa
50 kPa
10
5
1
0,5
0,1 kPa
flüssig
Dampf
10^{-4}
10^{-3}
10^{-2}
10^{-1}
10^0
10^1
10^2
kg/m³
10^3
Dichte ρ

600
°C
500
400
300
200
100
0
Temperatur ϑ
40 MPa
30
22,12
20
10
5
2
1
0,5
0,2
0,1 MPa
flüssig
Dampf
50 kPa
10
5
1 kPa
8
10^0
2
4
6
8
10^1
Prandtl-Zahl Pr

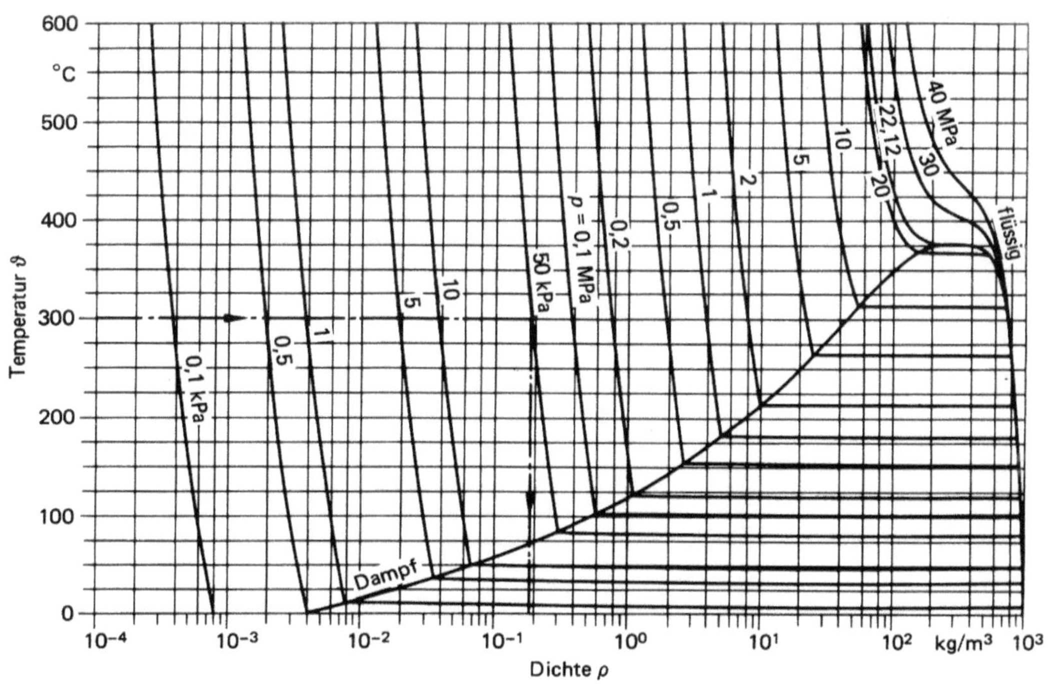

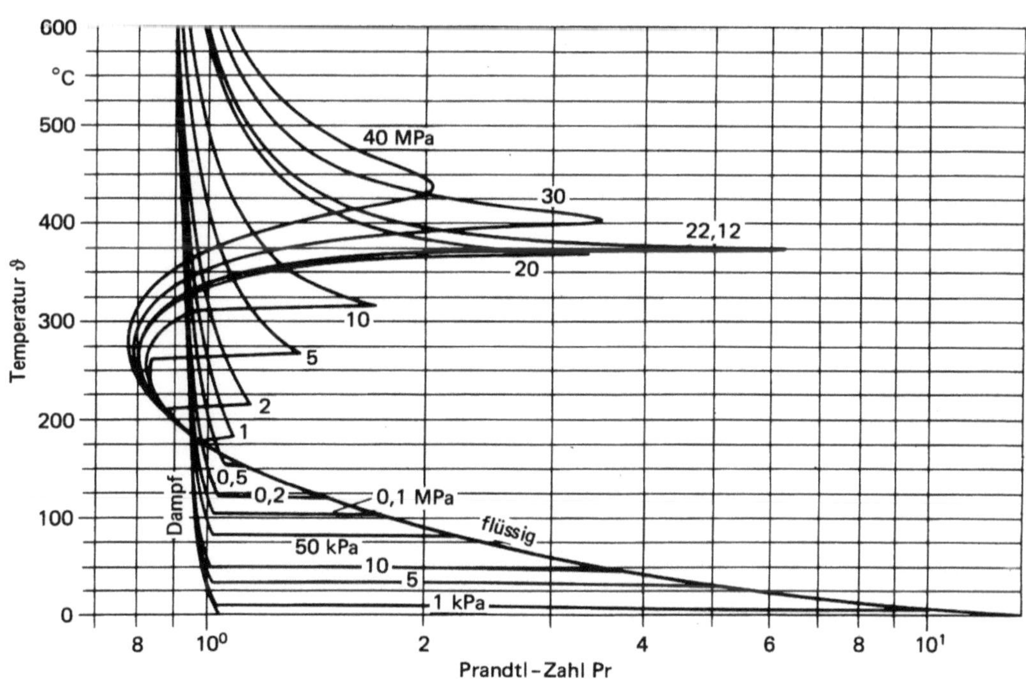

U. Renz

600
°C
500
400
300
200
100
0
Temperatur ϑ
Dampf
p = 40 MPa
30
22,12
20
10
5
2
1
0,5
0,2
0,1 MPa
50 kPa
10
5
1 kPa
flüssig
0
0,1
0,2
0,3
0,4
0,5
0,6 W/m K 0,7
Wärmeleitfähigkeit λ
d, d_h bzw. l = 0,004 m (kennzeichnende Länge)
0,006
0,01
0,02
0,04
0,06
0,1
0,2
0,4
0,6
1
2
4
6
10
20
30
50
100
Nu = 200
300
500
1000
2000
3000
5000
10000
20000
10⁰
2
4
6
8 10¹
2
4
6
8 10²
2
4
6
8 10³
2 W/m²K 6 8 10⁴
Wärmeübergangskoeffizient α

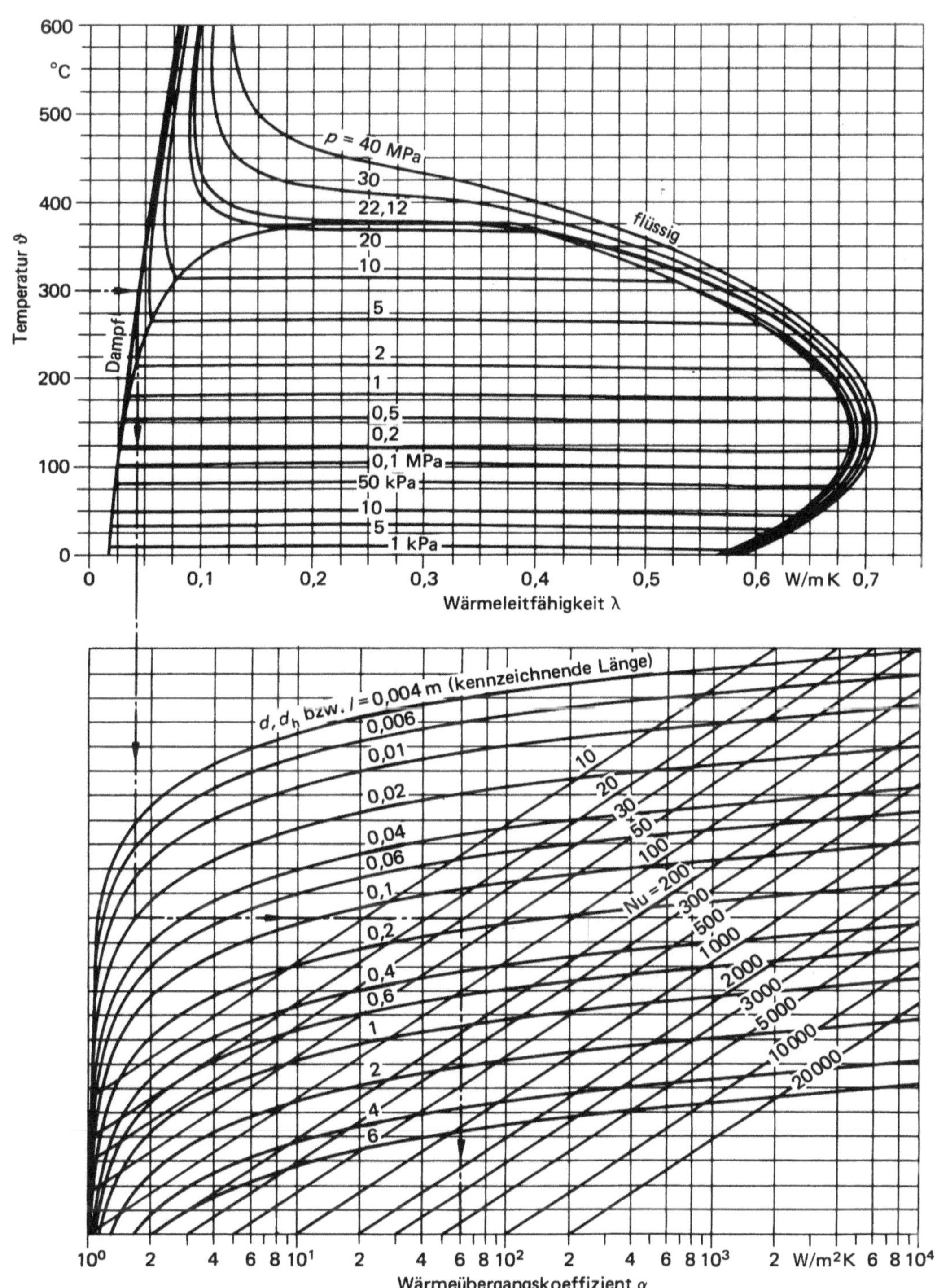

U. Renz

119

Temperatur ϑ
°C
600
500
400
300
200
100
0
40 MPa
22,12
30
20
10
5
2
1
0,5
0,2
p = 0,1 MPa
50 kPa
10
5
1
0,5
0,1 kPa
flüssig
Dampf
10⁻⁷ 2 4 6 10⁻⁶ 2 4 6 10⁻⁵ 2 4 6 10⁻⁴ 2 4 6 10⁻³ 2 4 6 10⁻² 2 m²/s 10⁻¹
kinematische Zähigkeit ν
(ρ∞ − ρw)/ρw = 0,1
0,2
1
0,5
2
5
10
20
10
5
3
2
l = 1 m
0,5
0,3
0,2
0,1
0,05
0,02
10³ 10⁴ 10⁵ 10⁶ 10⁷ 10⁸ 10⁹ 10¹⁰ 10¹¹ 10¹² 10¹³ 10¹⁴ 10¹⁵
Grashof-Zahl Gr

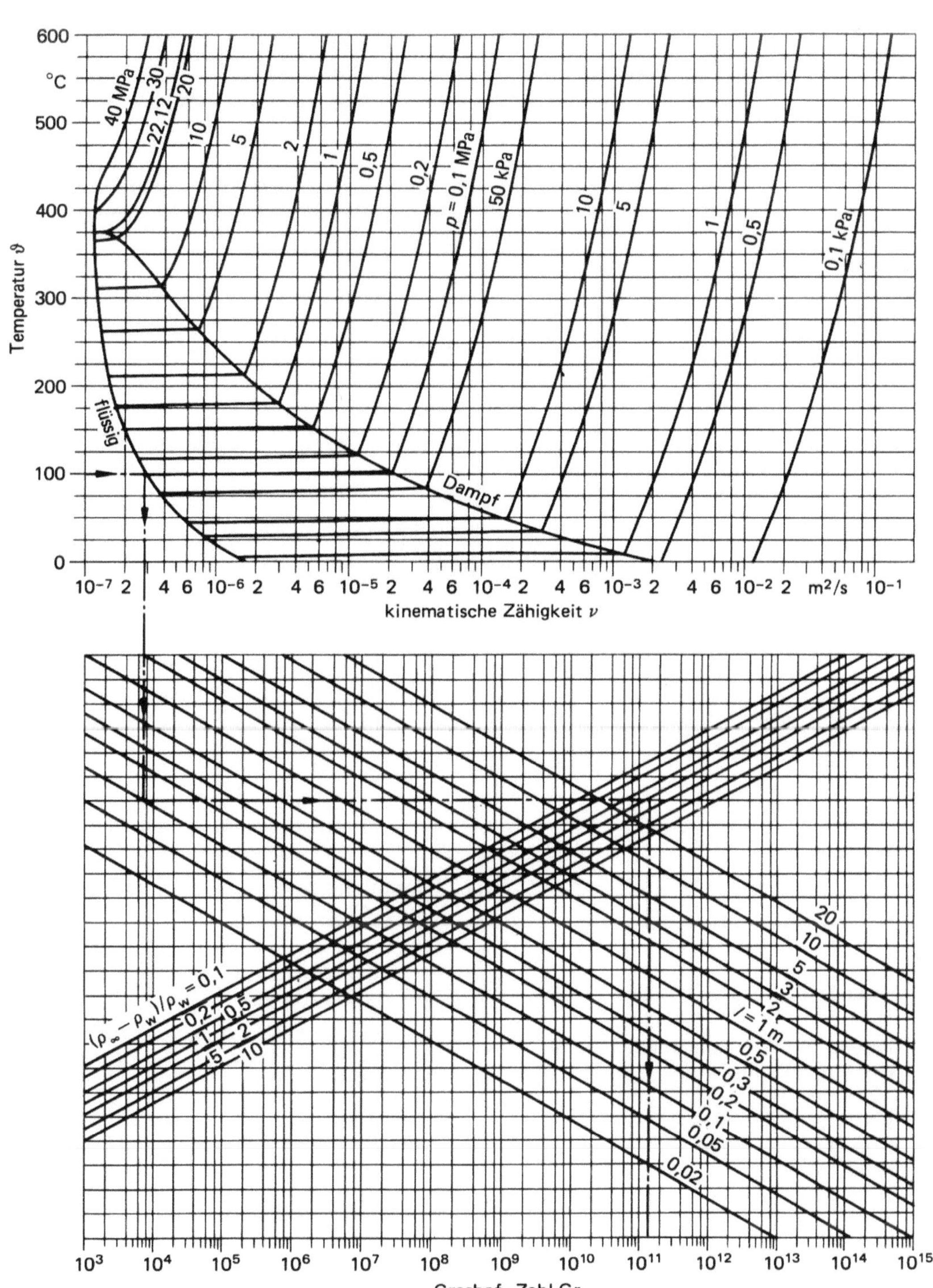

U. Renz

Erläuterung zu 3.2.1.1

$$Nu = Nu_{m.\vartheta} \cdot K$$

$$Nu_{m,\vartheta} = \left[3{,}66^3 + 0{,}7^3 + \left(1{,}615 \cdot \sqrt[3]{Re \cdot Pr \frac{d_i}{l}} - 0{,}7 \right)^3 \right]^{1/3} \quad [1]$$

Gültigkeitsbereich:

$$Re < 2300$$

$$0{,}1 < Re \; Pr \frac{d}{L} < 10^4$$

Korrekturfaktor K

Der Einfluss der Wärmestromrichtung (Heizen oder Kühlen) wird durch einen Korrekturfaktor K berücksichtigt.

Für Flüssigkeiten gilt:

$$K = (Pr/Pr_w)^{0{,}11} \; .$$

Für Gase ist im Bereich $0{,}5 < T/T_w < 2$:

$$Pr/Pr_w = 1$$

zu setzen.

Die *Stoffwerte* werden bei dem mittleren Druck p und bei der mittleren Temperatur ϑ_m des Strömungsmediums ermittelt:

$$\vartheta_m = \frac{\vartheta_e + \vartheta_a}{2} \; .$$

Definitionen

$$Nu = \frac{\alpha \cdot d}{\lambda} \quad \text{Nußelt-Zahl}$$

$$Re = \frac{w \cdot d}{\nu} = \frac{\dot{m} \cdot d}{A \cdot \varrho \cdot \nu} = \frac{\dot{V} \cdot d}{A \cdot \nu} \quad \text{Reynolds-Zahl} \; .$$

$$Pr = \frac{\eta}{\lambda/c_p} \quad \text{Prandtl-Zahl}$$

Pr_w	Prandtl-Zahl bei Rohrwandtemperatur ϑ_w
A in m²	Rohrquerschnittsfläche
c_p in J/kgK	spezifische Wärmekapazität
d in m	Rohrinnendurchmesser
L in m	Rohrlänge
$\dot{m}$ in kg/s	Massenstrom
p in MPa	mittlerer Druck
ϑ_m in °C	mittlere Fluidtemperatur
ϑ_e in °C	Temperatur am Rohreintritt
ϑ_2 in °C	Temperatur am Rohraustritt
T in K	mittlere Fluidtemperatur
T_w in K	Rohrwandtemperatur
$\dot{V}$ in m³/s	Volumenstrom
w in m/s	mittlere Strömungsgeschwindigkeit
α in W/m² K	Wärmeübergangskoeffizient
λ in W/mK	Wärmeleitfähigkeit
ν in m²/s	kinematische Zähigkeit
ϱ in kg/m³	Dichte
η in kg/ms	dynamische Zähigkeit

Bemerkung

Bei sehr kurzen Rohren ($d/L > 0{,}1$) kann die Gleichung für $Nu_{m,\vartheta}$ bei laminar überströmter, ebener Platte, umgerechnet für das durchströmte Rohr

$$Nu_{m,\vartheta} = 0{,}664 \, (Pr)^{1/3} \left(Re \cdot \frac{d}{L} \right)^{1/2} \quad [1]$$

einen höheren $Nu_{m,\vartheta}$-Wert ergeben. In diesem Fall ist die größere der beiden $Nu_{m,\vartheta}$-Zahlen zu verwenden. Dieser Sachverhalt ist nicht im Nomogramm berücksichtigt.

Beispiel: Luft

Rohrinnendurchmesser	$d = 0{,}01$ m	
Rohrlänge	$L = 2$ m	$d/L = 0{,}005$
mittlere Strömungs-geschwindigkeit	$w = 3$ m/s	
Druck	$p = 0{,}1$ MPa	
mittlere Lufttemperatur	$\vartheta_m = 50$ °C	
Rohrwandtemperatur	$\vartheta_w = 80$ °C	

Lösungsweg

1. Bestimmung der Reynolds-Zahl mit den Größen ϑ_m, p, w, d: Re = 1680 (s. 3.1.1.1).
   Bem.: Bei gegebenem Massenstrom berechnet sich die mittlere Strömungsgeschwindigkeit aus

$$w = \frac{\dot{m}}{A \cdot \varrho} = \frac{\dot{m}}{\varrho} \frac{4}{\pi d^2} \; .$$

   Die Dichte ϱ ergibt sich mit der mittleren Lufttemperatur ϑ_m und dem Druck p aus dem Nomogramm 3.1.1.2.

2. Ermittlung der Prandtl-Zahl mit den Größen ϑ_m und p: Pr = 0,69 (s. 3.1.1.2).

3. Überprüfung des Gültigkeitsbereichs des Wärmeübergangsgesetzes mit den Größen Re, Pr, d/L, T/T_w (s. 3.2.1.1).

4. Auswertng des Wärmeübergangsgesetzes: Nu = 3,9 (s. 3.2.1.1).
   Bem.: $Pr/Pr_w = 1$.

5. Bestimmung der Wärmeübergangskoeffizienten mit den Größen d, Nu, ϑ_m, p: $\alpha = 10{,}9$ W/m² K (s. 3.1.1.3).

Schrifttum

[1] VDI-Wärmeatlas, 7. Auflage 1994. VDI-Verlag Düsseldorf.

Reynolds-Zahl Re
1000
100
10
Pr=0,1
0,2
0,5
0,71
1
2
5
10
20
50
100
200
500
1000
Pr/Pr w =0,1
1
10
d/L=1,0
0,5
0,2
0,1
0,05
0,02
0,01
0,005
0,002
0,001
10
100
Nußelt-Zahl Nu

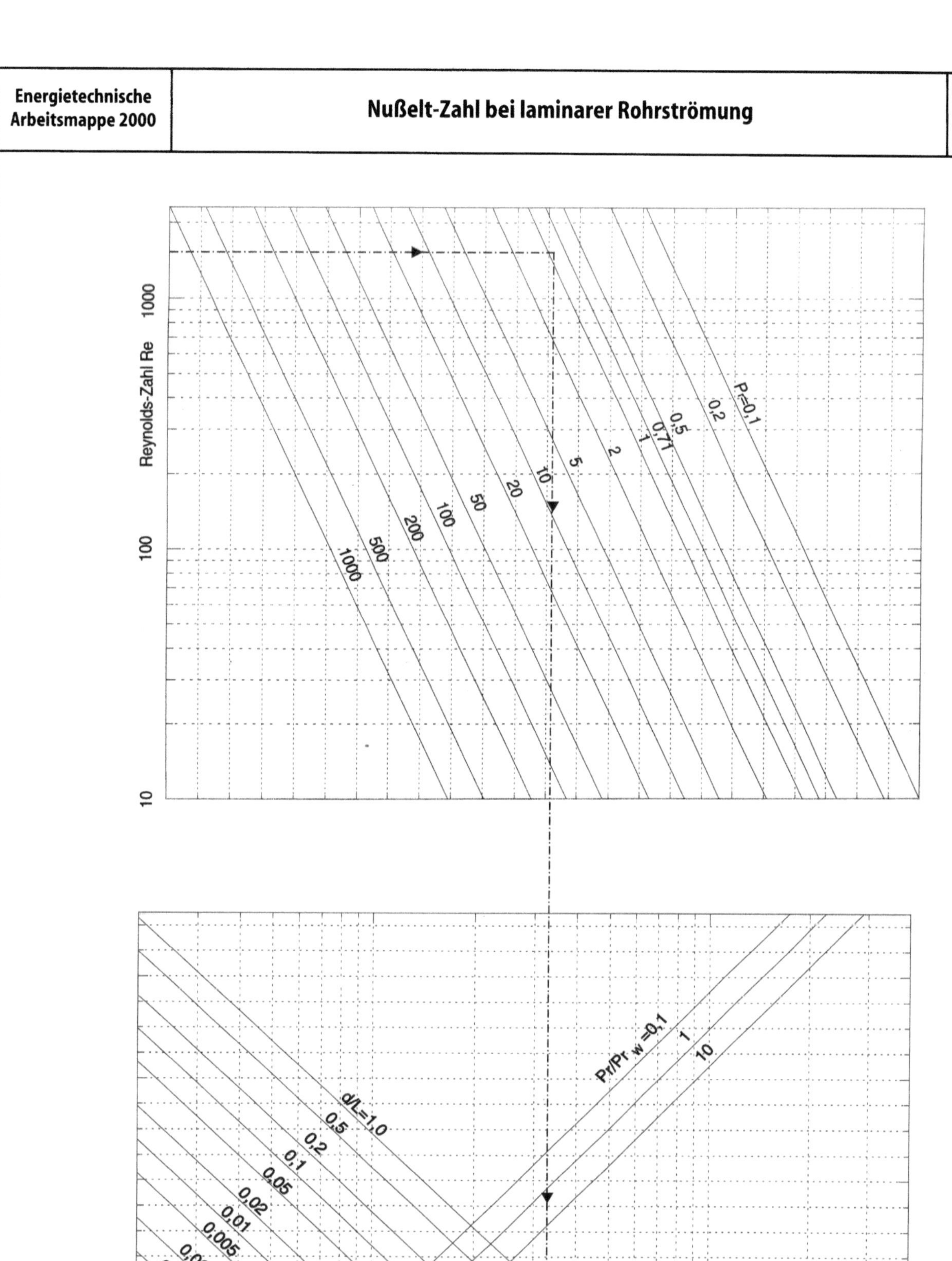

U. Renz

Erläuterung zu 3.2.1.2

$$\mathrm{Nu} = \mathrm{Nu_o} \cdot K$$

$$\mathrm{Nu_o} = \frac{\xi/8 \cdot (\mathrm{Re} - 1000) \cdot \mathrm{Pr}}{1 + 12{,}7 \sqrt{\xi/8} \cdot (\mathrm{Pr}^{2/3} - 1)} \left[1 + \left(\frac{d}{L} \right)^{2/3} \right] \qquad [1]$$

mit dem Druckverlustbeiwert

$$\xi = (1{,}82 \cdot \log_{10} \mathrm{Re} - 1{,}64)^{-2}$$

Gültigkeitsbereich

$$2300 < \mathrm{Re} < 10^6$$

$$\frac{d}{L} < 1$$

Korrekturfaktor K

Der Einfluss der Wärmestromrichtung (Heizen oder Kühlen) wird durch einen Korrekturfaktor K berücksichtigt.

Für Flüssigkeiten:

$$K = (\mathrm{Pr}/\mathrm{Pr_w})^{0{,}11} \quad \text{für} \quad 0{,}1 < \mathrm{Pr}/\mathrm{Pw_w} < 10$$

Für das Kühlen von Gasen:

$$K = 1 \quad \text{für} \quad T/T_w > 1$$

Für das Heizen von Gasen:

$$K = (T/T_w)^{0{,}45} \quad \text{für} \quad 0{,}5 < T/T_w < 1$$

Die *Stoffwerte* werden bei dem mittleren Druck p und bei der mittleren Temperatur ϑ_m des Strömungsmediums ermittelt:

$$\vartheta_m = \frac{\vartheta_e + \vartheta_a}{2}$$

Definitionen

$$\mathrm{Nu} = \frac{\alpha \cdot d}{\lambda} \quad \text{Nußelt-Zahl}$$

$$\mathrm{Re} = \frac{w \cdot d}{\nu} = \frac{\dot{m} \cdot d}{A \cdot \varrho \cdot \nu} = \frac{\dot{V} \cdot d}{A \cdot \nu} \quad \text{Reynolds-Zahl}$$

$$\mathrm{Pr} = \frac{\eta}{\lambda/c_p} \quad \text{Prandtl-Zahl}$$

$\mathrm{Pr_w}$	Prandtl-Zahl bei Rohrwandtemperatur ϑ_w
A in $\mathrm{m^2}$	Rohrquerschnittsfläche
c_p in J/kgK	spezifische Wärmekapazität
d in m	Rohrinnendurchmesser
L in m	Rohrlänge
$\dot{m}$ in kg/s	Massenstrom
p in MPa	mittlerer Druck
ϑ_m in °C	mittlere Fluidtemperatur
ϑ in °C	Temperatur am Rohreintritt
ϑ_a in °C	Temperatur am Rohraustritt
T in K	mittlere Fluidtemperatur
T_w in K	Rohrwandtemperatur
$\dot{V}$ in $\mathrm{m^3/s}$	Volumenstrom
w in m/s	mittlere Strömungsgeschwindigkeit
α in $\mathrm{W/m^2\,K}$	Wärmeübergangskoeffizient
λ in W/mK	Wärmeleitfähigkeit
ν in $\mathrm{m^2/s}$	kinematische Zähigkeit
ϱ in $\mathrm{kg/m^3}$	Dichte
η in kg/ms	dynamische Zähigkeit

Bemerkung

Bei sehr kurzen Rohren ($0{,}1 < d/L < 1$) können im Übergangsbereich ($2300 < \mathrm{Re} < 10^4$) die folgenden Gleichungen höhere $\mathrm{Nu_o}$-Werte ergeben:

$$1. \quad \mathrm{Nu_o} = \left(3{,}66^3 + 1{,}61^3\, \mathrm{Re} \cdot \mathrm{Pr} \cdot \frac{d}{L} \right)^{1/3}$$

($\mathrm{Nu_o}$ bei laminarer Rohrströmung: s. auch Nomogramm 3.2.1.1).

$$2. \quad \mathrm{Nu_o} = 0{,}664 (\mathrm{Pr})^{1/3} \left(\mathrm{Re}\, \frac{d}{L} \right)^{1/2}$$

($\mathrm{Nu_o}$ bei laminar überströmter, ebener Platte, umgerechnet für das durchströmte Rohr).

Es ist der größte sich ergebende $\mathrm{Nu_o}$-Wert zu verwenden [1].

Dieser Sachverhalt ist nicht im Nomogramm berücksichtigt.

Beispiel: Wasser

Rohrdurchmesser	$d = 0{,}04$ m	} $d/L = 0{,}01$
Rohrlänge	$L = 4$ m	
mittlere Strömungsgeschwindigkeit	$w = 0{,}83$ m/s	
mittlere Wassertemperatur	$\vartheta_m = 90\,°\mathrm{C}$	
Druck	$p = 0{,}2$ MPa	
Rohrwandtemperatur	$\vartheta_w = 60\,°\mathrm{C}$	

Lösungsweg

1. Bestimmung der Reynolds-Zahl mit den Größen ϑ_m, p, w, d: $\mathrm{Re} = 1 \cdot 10^5$ (s. 3.1.2.1).
   Bem.: Bei gegebenem Massenstrom berechnet sich die mittlere Strömungsgeschwindigkeit aus

   $$w = \frac{\dot{m}}{A \cdot \varrho} = \frac{\dot{m} \cdot 4}{\varrho \cdot \pi d^2}.$$

   Die Dichte ergibt sich mit der mittleren Wassertemperatur ϑ_m und dem Druck p aus dem Nomogramm 3.1.2.2.

2. Bestimmung der Prandtl-Zahl bei der mittleren Wassertemperatur (Pr) sowie bei der Rohrwandtemperatur ($\mathrm{Pr_w}$) mit den Größen p und ϑ_m bzw. ϑ_w: $\mathrm{Pr} = 2$, $\mathrm{Pr_w} = 3$ (s. 3.1.2.2).

3. Überprüfung des Gültigkeitsbereiches des Wärmeübergangsgesetzes mit den Größen Re, $\mathrm{Pr}/\mathrm{Pr_w}$ und d/L (s. 3.2.1.2).

4. Auswertung des Wärmeübergangsgesetzes: $\mathrm{Nu} = 320$ (s. 3.2.1.2).

5. Bestimmung des Wärmeübergangskoeffizienten mit den Größen $\mathrm{Nu}, \vartheta_m, p, d$: $\alpha = 5400$ $\mathrm{W/m^2\,K}$ (s. 3.1.2.3).

Schrifttum

[1] VDI-Wärmeatlas, 7. Auflage 1994. VDI-Verlag Düsseldorf.

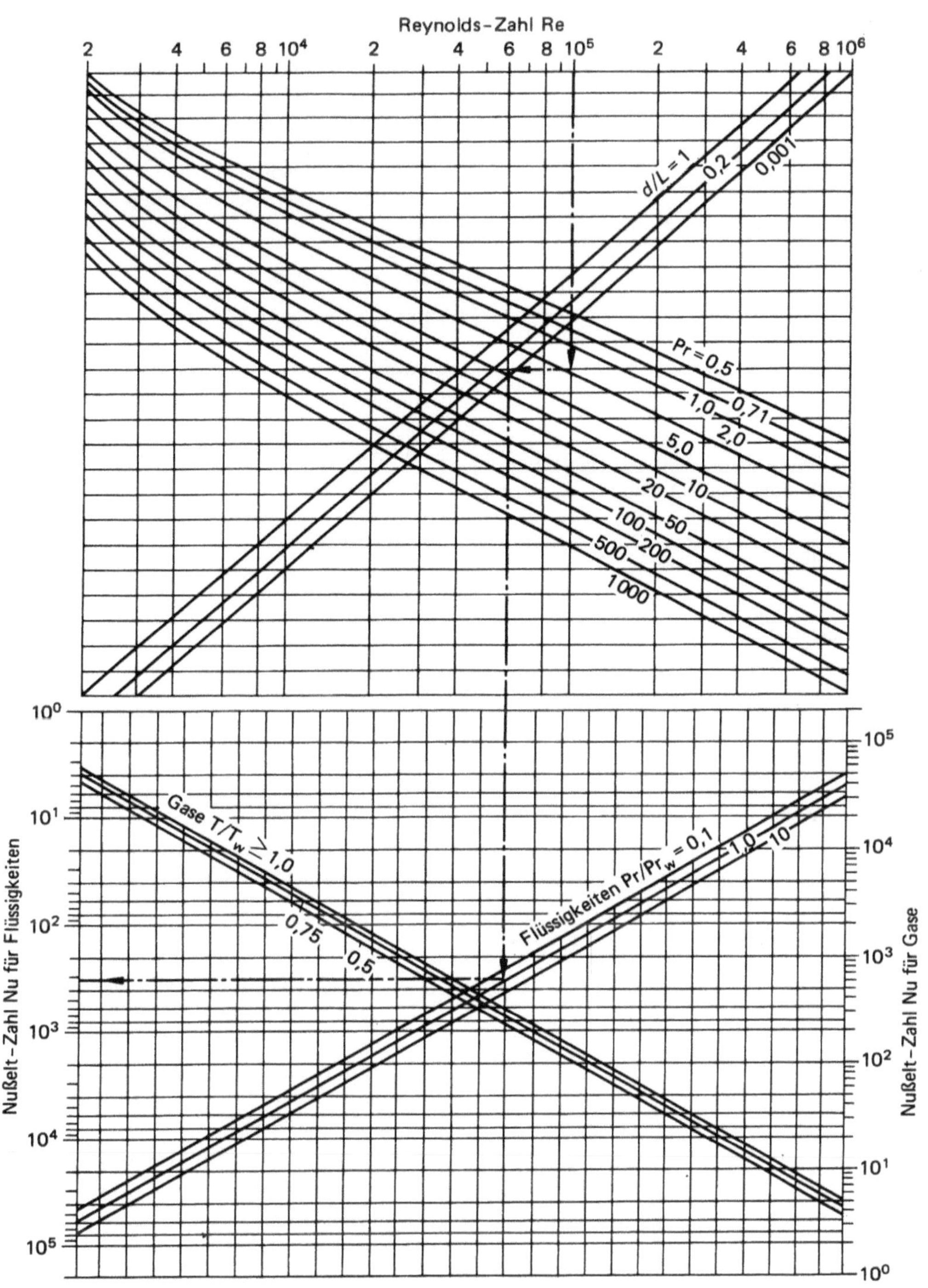
Reynolds-Zahl Re
d/L = 1
0,2
0,001
Pr = 0,5
1,0
0,71
2,0
5,0
20
10
100
50
500
200
1000
Nußelt-Zahl Nu für Flüssigkeiten
Gase T/T_w ≥ 1,0
0,75
0,5
Flüssigkeiten Pr/Pr_w = 0,1
1,0
10
Nußelt-Zahl Nu für Gase

Erläuterung zu 3.2.2.1

$$Nu = Nu_m \cdot K$$

$$Nu_m = \left(Nu_1^3 + \left[f_g \cdot \sqrt[3]{Re \cdot Pr \frac{d_n}{l}} \right]^3 \right)^{1/3}$$

$$Nu_1 = 3{,}66 + 1{,}2 \left(\frac{d_i}{d_a} \right)^{-0{,}8}$$

$$f_g = 1{,}615 \left[1 + 0{,}14 \left(\frac{d_i}{d_a} \right)^{-1/2} \right] \qquad [1]$$

Gültigkeitsbereich: Konzentrische Rohre

$$Re < 2300$$

$$0{,}1 < Pr < 1000$$

$$0 < \frac{d_i}{d_a} < 1$$

Korrekturfaktor K

Der Einfluss der Wärmestromrichtung (Heizen oder Kühlen) wird durch den Korrekturfaktor K berücksichtigt.

Für Flüssigkeiten gilt:

$$K = (Pr/Pr_w)^{0{,}11} \,.$$

Für Gase ist im Bereich $0{,}5 < T/T_w < 2$:

$$Pr/Pr_w = 1$$

zu setzen.

Die *Stoffwerte* werden bei dem mittleren Druck p und bei der mittleren Temperatur ϑ_m des Strömungsmediums ermittelt:

$$\vartheta_m = \frac{\vartheta_e + \vartheta_a}{2} \,.$$

Charakteristische Länge bei der Bildung der Kennzahlen Re und Nu ist der hydraulische Durchmesser des Ringspalts:

$$d_h = d_a - d_i \,.$$

Definitionen

$$Nu = \frac{\alpha \cdot d_h}{\lambda} \quad \text{Nußelt-Zahl}$$

$$Re = \frac{w \cdot d_h}{v} = \frac{\dot{m} \cdot d_h}{\varrho \cdot A \cdot v} = \frac{\dot{V} \cdot d_h}{A \cdot v} \quad \text{Reynolds-Zahl}$$

$$Pr = \frac{\eta}{\lambda/c_p} \quad \text{Prandtl-Zahl}$$

Pr_w	Prandtl-Zahl bei Rohrwandtemperatur
A in m²	Querschnittsfläche des Ringspalts $= \pi(d_a^2 - d_i^2)/4$
c_p in J/kgK	spezifische Wärmekapazität
d_a in m	Innendurchmesser des Außenrohrs
d_h in m	hydraulischer Durchmesser des Ringspalts
d_i in m	Außendurchmesser des Innenrohrs
L in m	Rohrlänge
$\dot{m}$ in kg/s	Massenstrom
p in MPa	mittlerer Druck
ϑ_a in °C	Temperatur am Ringspaltaustritt

ϑ_e in °C	Temperatur am Ringspalteintritt
ϑ_w in °C	Rohrwandtemperatur
T in K	mittlere Fluidtemperatur
T_w in K	Rohrwandtemperatur
$\dot{V}$ in m³/s	Volumenstrom
w in m/s	mittlere Strömungsgeschwindigkeit
α in W/m² K	Wärmeübergangskoeffizient
λ in W/mK	Wärmeleitfähigkeit
v in m²/s	kinematische Zähigkeit
ϱ in kg/m³	Dichte
η in kg/ms	dynamische Zähigkeit

Beispiel: Wasser

mittlere Wassertemperatur	$\vartheta_m = 20\,°C$	
Druck	$p = 0{,}1$ MPa	
Innendurchmesser des Außenrohres	$d_a = 0{,}04$ m	$d_h = d_a - d_i = 0{,}02$ m
Außendurchmesser des Innenrohres	$d_i = 0{,}02$ m	$d_h/L = 0{,}001$
Rohrlänge	$L = 20$ m	$d_i/d_a = 0{,}5$
mittlere Strömungsgeschwindigkeit	$w = 0{,}1$ m/s	
Wandtemperatur des Innenrohres	$\vartheta_w = 60\,°C$	

Lösungsweg

1. Bestimmung der Reynolds-Zahl mit den Größen ϑ_m, d_h, p, w: Re = 2000 (s. 3.1.2.1).
   Bem.: Bei gegebenem Massenstrom berechnet sich die mittlere Strömungsgeschwindigkeit aus

   $$w = \frac{\dot{m}}{A \cdot \varrho} \,.$$

   Die Dichte ϱ ergibt sich mit der mittleren Wassertemperatur ϑ_m und dem Druck p aus dem Nomogramm 3.1.2.2.

2. Bestimmung der Prandtl-Zahl bei mittlerer Fluidtemperatur (Pr) sowie bei der Wandtemperatur des Innenrohres (Pr$_w$): Pr = 7, Pr$_w$ = 3 (s. 3.1.2.2).

3. Überprüfung des Gültigkeitsbereichs des Wärmeübergangsgesetzes mit den Größen Re, Pr, d_i/d_a (s. 3.2.2.1).

4. Auswertung des Wärmeüberganggesetzes: Nu = 7,3
   Bem.: Pr/Pr$_w$ = 2,3 (s. 3.2.2.1).

5. Bestimmung des Wärmeübergangskoeffizienten mit den Größen Nu, d_h, ϑ_m, p: $\alpha = 218$ W/m² K (s. 3.1.2.3).

Schrifttum

[1] VDI-Wärmeatlas, 7. Auflage 1994. VDI-Verlag Düsseldorf.

Nußelt-Zahl bei laminarer Ringspaltströmung – Wärmeübergang nur am Innenrohr

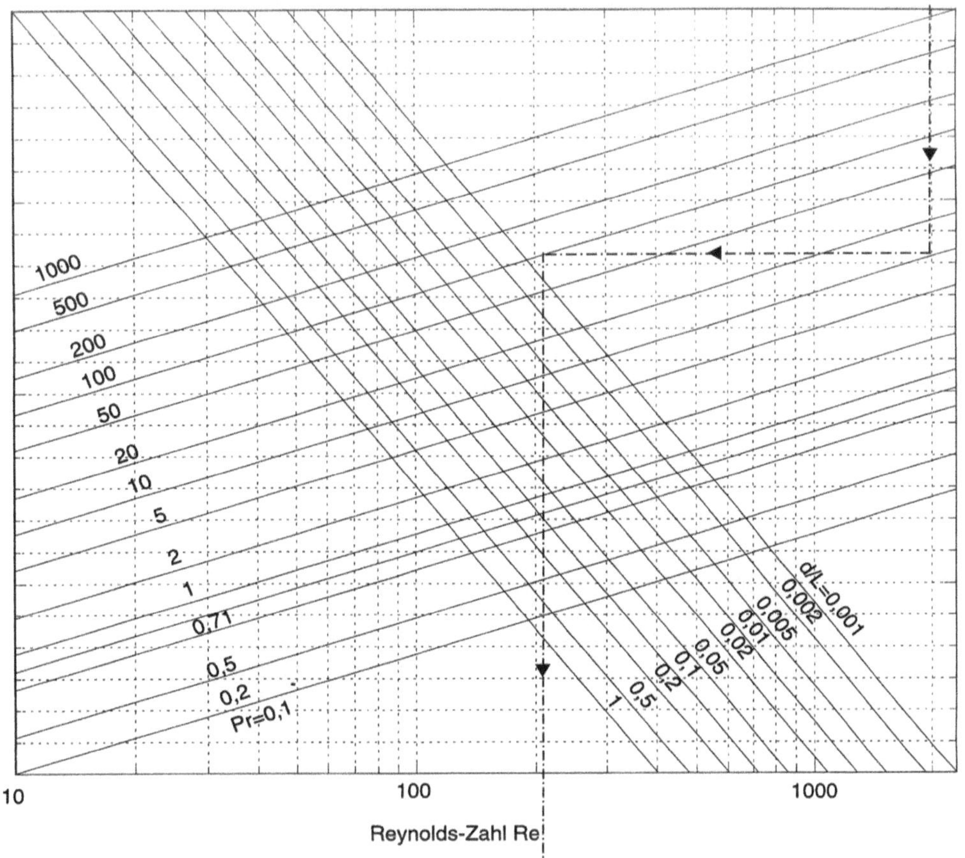

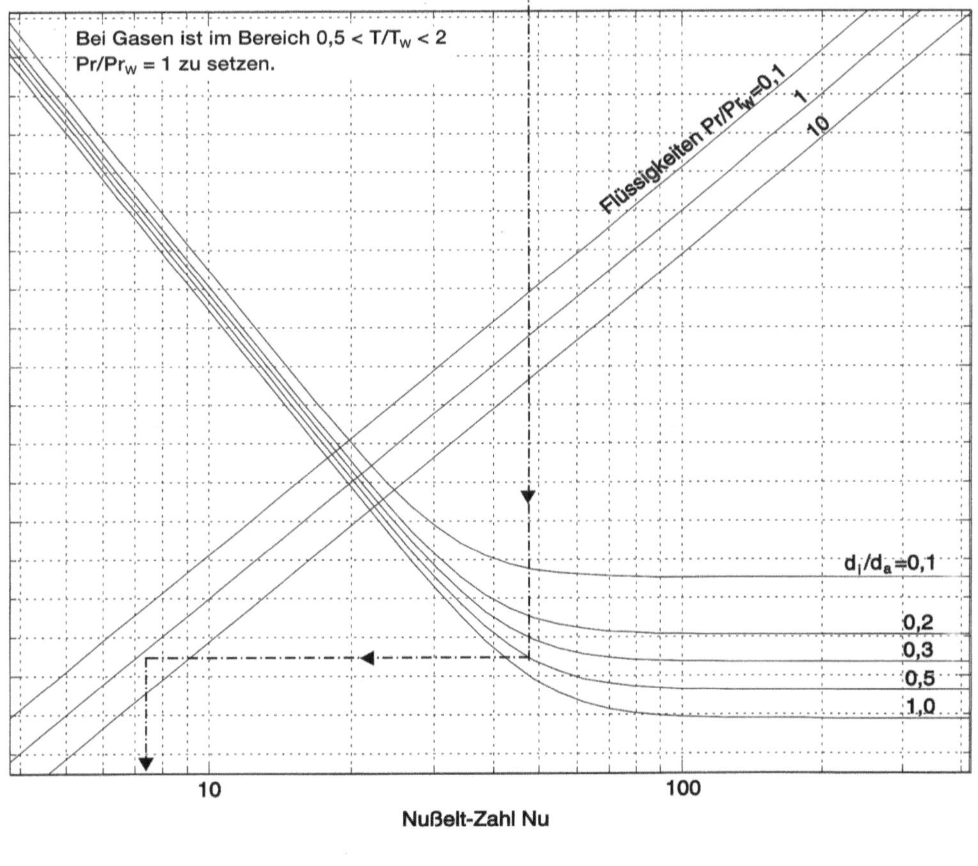

U. Renz

127

Erläuterung zu 3.2.2.2

$$Nu = Nu_m \cdot K$$

$$Nu_m = \left(Nu_1^3 + \left[f_g \cdot \sqrt[3]{Re \cdot Pr \frac{d_h}{l}} \right]^3 \right)^{1/3}$$

$$Nu_1 = 3{,}66 + 1{,}2 \left(\frac{d_i}{d_a} \right)^{0.5}$$

$$f_g = 1{,}615 \left[1 + 0{,}14 \left(\frac{d_i}{d_a} \right)^{1/3} \right] \qquad [1]$$

Gültigkeitsbereich: Konzentrische Rohre

$$Re < 2300$$

$$0{,}1 < Pr < 1000$$

$$0 < \frac{d_i}{d_a} < 1$$

Korrekturfaktor K

Der Einfluss der Wärmestromrichtung (Heizen oder Kühlen) wird durch den Korrekturfaktor K berücksichtigt.

Für Flüssigkeiten gilt:

$$K = (Pr/Pr_w)^{0{,}11}$$

Für Gase ist im Bereich $0{,}5 < T/T_w < 2$:

$$Pr/Pr_w = 1$$

zu setzen.

Die *Stoffwerte* werden bei dem mittleren Druck p und bei der mittleren Temperatur ϑ_m des Strömungsmediums ermittelt:

$$\vartheta_m = \frac{\vartheta_e + \vartheta_a}{2}$$

Charakteristische Länge bei der Bildung der Kennzahlen Re und Nu ist der hydraulische Durchmesser des Ringspaltes:

$$d_h = d_a - d_i$$

Definitionen

$$Nu = \frac{\alpha \cdot d_h}{\lambda} \quad \text{Nußelt-Zahl}$$

$$Re = \frac{w \cdot d_h}{v} = \frac{\dot{m} \cdot d_h}{\varrho \cdot A \cdot v} = \frac{\dot{V} \cdot d_h}{A \cdot v} \quad \text{Reynolds-Zahl}$$

$$Pr = \frac{\eta}{\lambda/c_p} \quad \text{Prandtl-Zahl}$$

Pr_w — Prandtl-Zahl bei Rohrwandtemperatur
A in m² — Querschnittsfläche des Ringspalts $= \pi(d_a^2 - d_i^2)/4$
c_p in J/kgK — spezifische Wärmekapazität
d_a in m — Innendurchmesser des Außenrohrs
d_h in m — hydraulischer Durchmesser des Ringspalts
d_i in m — Außendurchmesser des Innenrohrs
L in m — Rohrlänge
$\dot{m}$ in kg/s — Massenstrom
p in MPa — mittlerer Druck

ϑ_a in °C — Temperatur am Ringspaltaustritt
ϑ_e in °C — Temperatur am Ringspalteintritt
ϑ_w in °C — Rohrwandtemperatur
T in K — mittlere Fluidtemperatur
T_w in K — Rohrwandtemperatur
$\dot{V}$ in m³/s — Volumenstrom
w in m/s — mittlere Strömungsgeschwindigkeit
α in W/m² K — Wärmeübergangskoeffizient
λ in W/mK — Wärmeleitfähigkeit
v in m²/s — kinematische Zähigkeit
ϱ in kg/m³ — Dichte
η in kg/ms — dynamische Zähigkeit

Beispiel: Luft

mittlere Lufttemperatur	$\vartheta_m = 0\,°C$	
Druck	$p = 0{,}1$ MPa	
Innendurchmesser des Außenrohres	$d_a = 0{,}02$ m	$d_h = d_a - d_i = 0{,}01$ m
Außendurchmesser des Innenrohres	$d_i = 0{,}01$ m	$d_h/L = 0{,}01$
Rohrlänge	$L = 1$ m	$d_i/d_a = 0{,}5$
mittlere Strömungsgeschwindigkeit	$w = 2{,}7$ m/s	
Wandtemperatur des Außenrohres	$\vartheta_w = 20\,°C$	

Lösungsweg

1. Bestimmung der Reynolds-Zahl mit den Größen ϑ_m, p, d_h, w: Re = 2000 (s. 3.1.1.1).
   Bem.: Bei gegebenen Massenstrom berechnet sich die mittlere Strömungsgeschwindigkeit aus

   $$w = \frac{\dot{m}}{A \cdot \varrho}$$

   Die Dichte ϱ ergibt sich mit der mittleren Lufttemperatur ϑ_m und dem Druck p aus dem Nomogramm 3.1.1.2.

2. Bestimmung der Prandtl-Zahl mit den Größen ϑ_m, p: Pr = 0,7 (s. 3.1.1.2).

3. Überprüfung des Gültigkeitsbereiches des Wärmeübergangsgesetzes mit den Größen Re, Pr, d_i/d_a, T/T_w (s. 3.2.2.2).

4. Auswertung des Wärmeübergangsgesetzes: Nu = 5,6.
   Bem.: $Pr/Pr_w = 1$ (s. 3.2.2.2).

5. Bestimmung des Wärmeübergangskoeffizienten mit den Größen Nu, d_h, ϑ_m, p: $\alpha = 13{,}5$ W/m² K (s. 3.1.1.3).

Schrifttum

[1] VDI-Wärmeatlas, 7. Auflage 1994. VDI-Verlag Düsseldorf.

1000
500
200
100
50
20
10
5
2
1
0,71
0,5
0,2
Pr=0,1
d/L=0,001
0,002
0,005
0,01
0,02
0,05
0,1
0,2
0,5
1
Reynolds-Zahl Re
10
100
1000
Bei Gasen ist im Bereich 0,5 < T/T_w < 2
Pr/Pr_w = 1 zu setzen.
Flüssigkeiten Pr/Pr_w=0,1
1
10
d_i/d_a=1,0
0,5
0,1
Nußelt-Zahl Nu
10
100

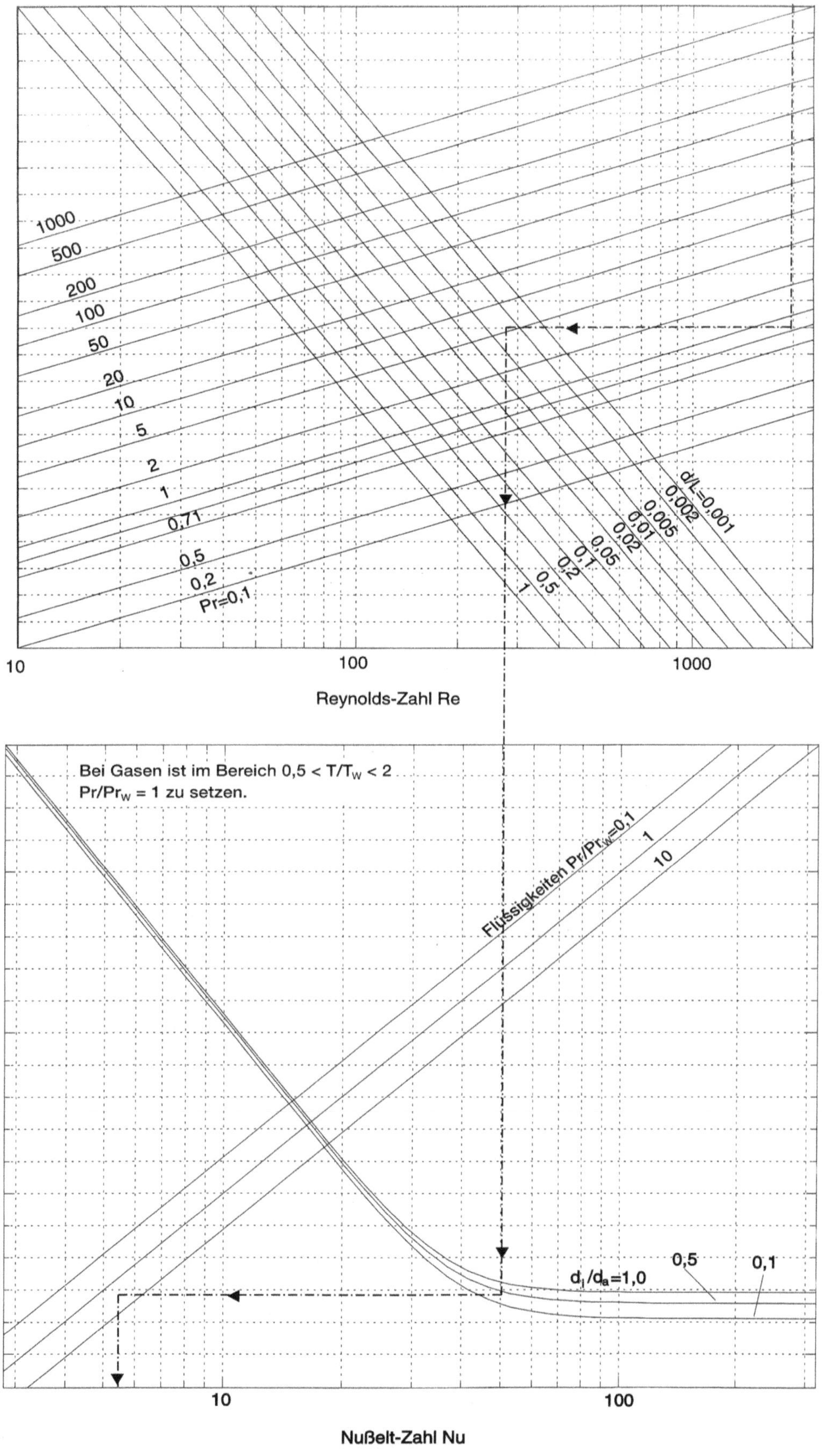

U. Renz

Erläuterung zu 3.2.2.3

$$Nu = Nu_m \cdot K$$

$$Nu_m = \left(Nu_1^3 + \left[f_g \cdot \sqrt[3]{Re \cdot Pr \frac{d_h}{l}} \right]^3 \right)^{1/3}$$

$$Nu_1 = 3{,}66 + \left[4 - \frac{0{,}102}{\frac{d_i}{d_a} + 0{,}02} \right] \cdot \left(\frac{d_i}{d_a} \right)^{0{,}04}$$

$$f_g = 1{,}615 \left[1 + 0{,}14 \left(\frac{d_i}{d_a} \right)^{0{,}1} \right] \qquad [1]$$

Gültigkeitsbereich: Konzentrische Rohre

$$Re < 2300$$

$$0{,}1 < Pr < 1000$$

$$0 < \frac{d_i}{d_a} < 1$$

Korrekturfaktor K

Der Einfluss der Wärmestromrichtung (Heizen oder Kühlen) wird durch den Korrekturfaktor K berücksichtigt.

Für Flüssigkeiten gilt:

$$K = (Pr/Pr_w)^{0{,}11}$$

Für Gase ist im Bereich $0{,}5 < T/T_w < 2$:

$$Pr/Pr_w = 1$$

zu setzen.

Die *Stoffwerte* werden bei dem mittleren Druck p und bei der mittleren Temperatur ϑ_m des Strömungsmediums ermittelt:

$$\vartheta_m = \frac{\vartheta_e + \vartheta_a}{2}$$

Charakteristische Länge bei der Bildung der Kennzahlen Re und Nu ist der hydraulische Durchmesser des Ringspaltes:

$$d_h = d_a - d_i$$

Definitionen

$$Nu = \frac{\alpha \cdot d_h}{\lambda} \quad \text{Nußelt-Zahl}$$

$$Re = \frac{w \cdot d_h}{\nu} = \frac{\dot{m} \cdot d_h}{\varrho \cdot A \cdot \nu} = \frac{\dot{V} \cdot d_h}{A \cdot \nu} \quad \text{Reynolds-Zahl}$$

$$Pr = \frac{\eta}{\lambda / c_p} \quad \text{Prandtl-Zahl}$$

Pr_w	Prandtl-Zahl bei Rohrwandtemperatur
A in m²	Querschnittsfläche des Ringspalts $= \pi(d_a^2 - d_i^2)/4$
c_p in J/kgK	spezifische Wärmekapazität
d_a in m	Innendurchmesser des Außenrohrs
d_h in m	hydraulischer Durchmesser des Ringspalts
d_i in m	Außendurchmesser des Innenrohrs
L in m	Rohrlänge
$\dot{m}$ in kg/s	Massenstrom
p in MPa	mittlerer Druck

ϑ_a in °C		Temperatur am Ringspaltaustritt
ϑ_e in °C		Temperatur am Ringspalteintritt
ϑ_w in °C		Rohrwandtemperatur
T in K		mittlere Fluidtemperatur
T_w in K		Rohrwandtemperatur
$\dot{V}$ in m³/s		Volumenstrom
w in m/s		mittlere Strömungsgeschwindigkeit
α in W/m² K		Wärmeübergangskoeffizient
λ in W/mK		Wärmeleitfähigkeit
ν in m²/s		kinematische Zähigkeit
ϱ in kg/m³		Dichte
η in kg/ms		dynamische Zähigkeit

Beispiel: Wasser(Dampf)

mittlere Dampftemperatur	$\vartheta_m = 200\,°C$	
Druck	$p = 0{,}1$ MPa	
Innendurchmesser des Außenrohres	$d_a = 0{,}01$ m	$d_h = d_a - d_i = 0{,}02$ m
Außendurchmesser des Innenrohres	$d_i = 0{,}08$ m	$d_h/L = 0{,}005$
Rohrlänge	$L = 4$ m	$d_i/d_a = 0{,}8$
mittlere Strömungsgeschwindigkeit	$w = 1{,}8$ m/s	
Wandtemperatur des Innenrohres	$\vartheta_w = 280\,°C$	

Lösungsweg

1. Bestimmung der Reynolds-Zahl mit den Größen ϑ_m, d_h, p, w: Re = 1000 (s. 3.1.2.1).
   Bem.: Bei gegebenen Massenstrom berechnet sich die mittlere Strömungsgeschwindigkeit aus

$$w = \frac{\dot{m}}{A \cdot \varrho}$$

   Die Dichte ϱ ergibt sich mit der mittleren Lufttemperatur ϑ_m und dem Druck p aus dem Nomogramm 3.1.2.2.

2. Bestimmung der Prandtl-Zahl bei mittlerer Fluidtemperatur (Pr) sowie bei der Wandtemperatur des Innenrohres (Pr_w): Pr = 1, $Pr_w = 1$ (s. 3.1.2.2).

3. Überprüfung des Gültigkeitsbereiches des Wärmeübergangsgesetzes mit den Größen Re, Pr, d_i/d_a, T/T_w (s. 3.2.2.3).

4. Auswertung des Wärmeübergangsgesetzes: Nu = 7,7.
   Bem.: $Pr/Pr_w = 1$ (s. 3.2.2.3).

5. Bestimmung des Wärmeübergangskoeffizienten mit den Größen Nu, d_h, ϑ_m, p: $\alpha = 14{,}6$ W/m² K (s. 3.1.2.3).

Schrifttum

[1] VDI-Wärmeatlas, 7. Auflage 1994. VDI-Verlag Düsseldorf.

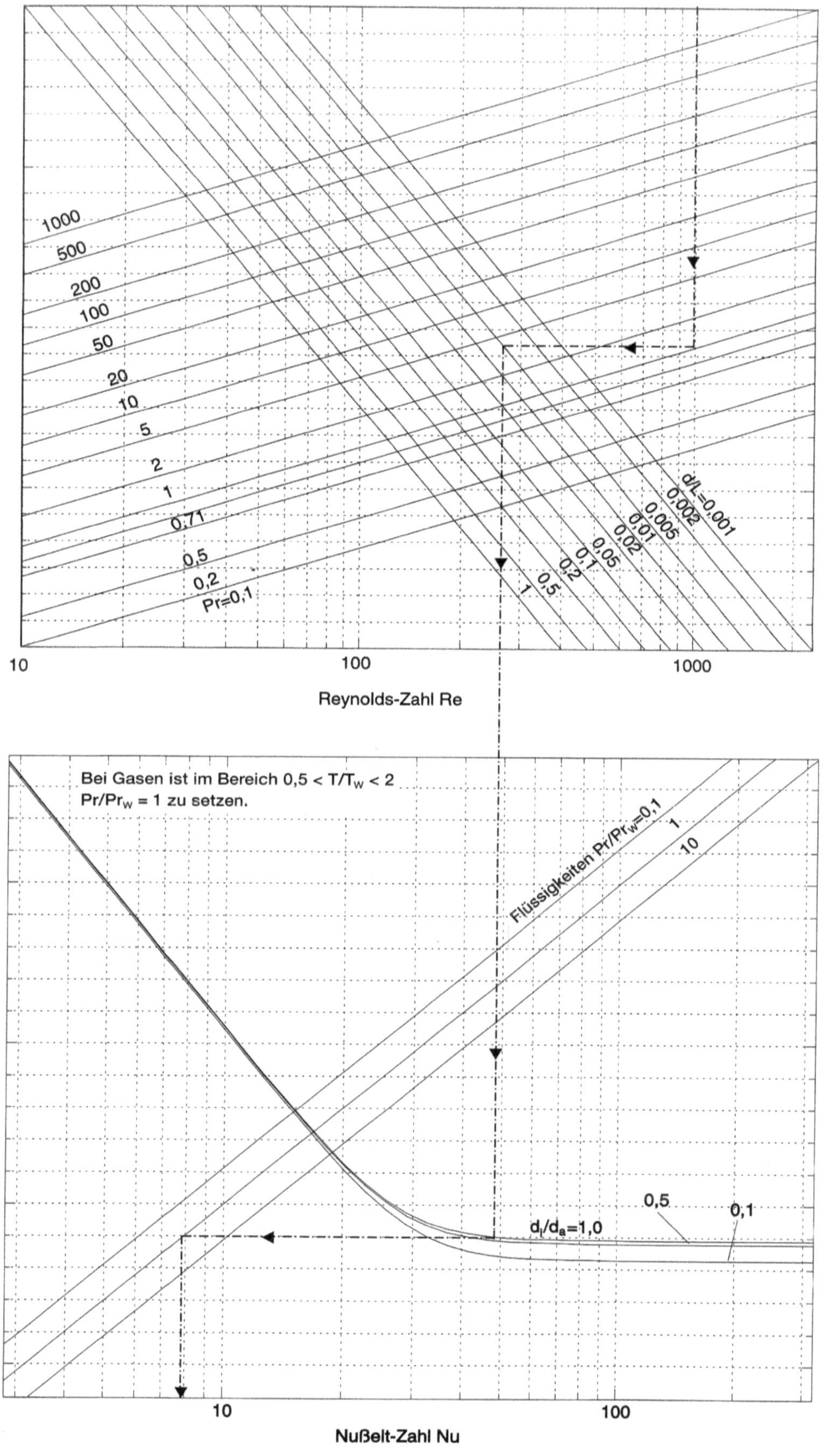

U. Renz

Erläuterung zu 3.2.2.4

$$\mathrm{Nu} = f\!\left(\frac{d_\mathrm{i}}{d_\mathrm{a}}\right) \cdot \mathrm{Nu_{Rohr}}$$

Gültigkeitsbereich: Konzentrische Rohre

$$2300 < \mathrm{Re} < 10^6 \qquad 0{,}6 < \mathrm{Pr} < 1000$$

$$0 < \frac{d_\mathrm{h}}{L} < 1 \qquad\qquad 0 < \frac{d_\mathrm{i}}{d_\mathrm{a}} < 1$$

$\mathrm{Nu_{Rohr}}$:

Nußelt-Zahl, ermittelt mit den Gleichungen für die turbulente Rohrströmung (3.2.1.2). Hierzu werden die benötigten Kennzahlen Re, Nu, d_h/L mit dem hydraulischen Durchmesser des Ringspaltes

$$d_\mathrm{h} = d_\mathrm{a} - d_\mathrm{i}$$

berechnet. Einfluss der Wärmestromrichtung wie bei der turbulenten Rohrströmung (3.2.1.2). Die *Stoffwerte* werden bei dem mittleren Druck p und bei der mittleren Temperatur ϑ_m des Strömungsmediums ermittelt:

$$\vartheta_\mathrm{m} = \frac{\vartheta_\mathrm{e} + \vartheta_\mathrm{a}}{2}$$

$f\!\left(\dfrac{d_\mathrm{i}}{d_\mathrm{a}}\right)$: ergibt sich nach der Randbedingung

Wärmeübertragung nur am Innenrohr

$$f\!\left(\frac{d_\mathrm{i}}{d_\mathrm{a}}\right) = 0{,}86 \left(\frac{d_\mathrm{i}}{d_\mathrm{a}}\right)^{-0{,}16}$$

Wärmeübergang nur am Außenrohr

$$f\!\left(\frac{d_\mathrm{i}}{d_\mathrm{a}}\right) = 1 - 0{,}14 \left(\frac{d_\mathrm{i}}{d_\mathrm{a}}\right)^{0{,}6}$$

Wärmeübergang am Innen- und Außenrohr

$$f\!\left(\frac{d_\mathrm{i}}{d_\mathrm{a}}\right) = \frac{0{,}86 \left(\dfrac{d_\mathrm{i}}{d_\mathrm{a}}\right)^{0{,}84} + \left(1 - 0{,}14 \left(\dfrac{d_\mathrm{i}}{d_\mathrm{a}}\right)^{0{,}6}\right)}{1 + \left(\dfrac{d_\mathrm{i}}{d_\mathrm{a}}\right)} \qquad [1]$$

Definitionen

$$\mathrm{Nu} = \frac{\alpha \cdot d_\mathrm{h}}{\lambda} \quad \text{Nußelt-Zahl}$$

$$\mathrm{Re} = \frac{w \cdot d_\mathrm{h}}{\nu} = \frac{\dot{m} \cdot d_\mathrm{h}}{\varrho \cdot A \cdot \nu} = \frac{\dot{V} \cdot d_\mathrm{h}}{A \cdot \nu} \quad \text{Reynolds-Zahl}$$

$$\mathrm{Pr} = \frac{\eta}{\lambda/c_\mathrm{p}} \quad \text{Prandtl-Zahl}$$

$\mathrm{Pr_w}$ Prandtl-Zahl bei Rohrwandtemperatur
A in m^2 Querschnittsfläche des Ringspalts
           $= \pi(d_\mathrm{a}^2 - d_\mathrm{i}^2)/4$
c_p in J/kgK   spezifische Wärmekapazität
d_a in m   Innendurchmesser des Außenrohrs
d_h in m   hydraulischer Durchmesser des Ringspalts
d_i in m   Außendurchmesser des Innenrohrs
L in m   Rohrlänge
$\dot{m}$ in kg/s   Massenstrom
p in MPa   mittlerer Druck
ϑ_a in °C   Temperatur am Ringspaltaustritt

ϑ_e in °C   Temperatur am Ringspalteintritt
ϑ_w in °C   Rohrwandtemperatur
T in K   mittlere Fluidtemperatur
T_w in K   Rohrwandtemperatur
$\dot{V}$ in m^3/s   Volumenstrom
w in m/s   mittlere Strömungsgeschwindigkeit
α in W/m^2 K   Wärmeübergangskoeffizient
λ in W/mK   Wärmeleitfähigkeit
ν in m^2/s   kinematische Zähigkeit
ϱ in kg/m^3 Dichte
η in kg/ms   dynamische Zähigkeit

Beispiel: Kühlung von Wasserdampf (Wärmeübergang nur am Innenrohr)

mittlere Dampftemperatur	$\vartheta_\mathrm{m} = 300\,°\mathrm{C}$	
Dampfdruck	$p = 5\,\mathrm{MPa}$	
mittlere Strömungsgeschwindigkeit	$w = 1\,\mathrm{m/s}$	
Rohrlänge	$L = 10\,\mathrm{m}$	$d_\mathrm{h} = d_\mathrm{a} - d_\mathrm{i} = 0{,}1\,\mathrm{m}$
Innendurchmesser des Außenrohres	$d_\mathrm{a} = 0{,}25\,\mathrm{m}$	$d_\mathrm{i}/d_\mathrm{a} = 0{,}6$
Außendurchmesser des Innenrohres	$d_\mathrm{i} = 0{,}15\,\mathrm{m}$	$d_\mathrm{h}/L = 0{,}01$

Lösungsweg

1. Bestimmung der Reynolds-Zahl mit den Größen $\vartheta_\mathrm{m}, p, \dot{m}, d_\mathrm{h}, d_\mathrm{i}, d_\mathrm{a}$. Kennzeichnende Länge ist d_h:
   Re $= 1{,}1 \cdot 10^5$ (s. 3.1.2.1).
   Bem.: Bei gegebenem Massenstrom berechnet sich die mittlere Strömungsgeschwindigkeit aus

   $$w = \frac{\dot{m}}{A \cdot \varrho}$$

   Die Dichte ϱ ist mit der mittleren Temperaturdichte ϑ_m und dem Druck p aus dem Nomogramm 3.1.2.2 zu ermitteln.

2. Bestimmung der Prandtl-Zahl mit den Größe ϑ_m, p: Pr $= 1{,}2$ (s. 3.1.2.2).

3. Überprüfung des Gültigkeitsbereiches des Wärmeübergangsgesetzes mit den Größen Re, Pr, $d_\mathrm{i}/d_\mathrm{a}$, d_h/L (s. 3.2.2.4).

4. Ermittlung von $\mathrm{Nu_{Rohr}}$ mit den Beziehungen für die turbulente Rohrströmung:
   $\mathrm{Nu_{Rohr}} = 282$ (s. 3.2.2.4).
   Bem.: $K = 1$

5. Bestimmung von $f(d_\mathrm{i}/d_\mathrm{a})$: $f(d_\mathrm{i}/d_\mathrm{a}) = 0{,}93$ und damit Nu $= f(d_\mathrm{i}/d_\mathrm{a}) \cdot \mathrm{Nu_{Rohr}} = 0{,}93 \cdot 282 = 262{,}3$ (s. 3.2.2.4).

6. Bestimmung des Wärmeübergangskoeffizienten mit den Größen Nu, $d_\mathrm{h}, p, \vartheta_\mathrm{m}$: $\alpha = 140\,\mathrm{W/m^2\,K}$ (s. 3.1.2.3).

Schrifttum

[1] VDI-Wärmeatlas, 7. Auflage 1994. VDI-Verlag Düsseldorf.

Reynolds-Zahl Re
$d_h/L = 1$
0,2
0,001
Pr = 0,5
0,71
1,0
2,0
5,0
10
20
50
100
200
500
1000
Nußelt-Zahl Nu für Flüssigkeiten
Gase $T/T_w \geq 1,0$
0,75
0,5
Flüssigkeiten $Pr/Pr_w = 0,1$
1,0
10
Nußelt-Zahl Nu für Gase

Wärmeübergang nur am Innenrohr
Wärmeübergang nur am Außenrohr
Wärmeübergang am Innen- und Außenrohr
$f(d_i/d_a)$
d_i/d_a

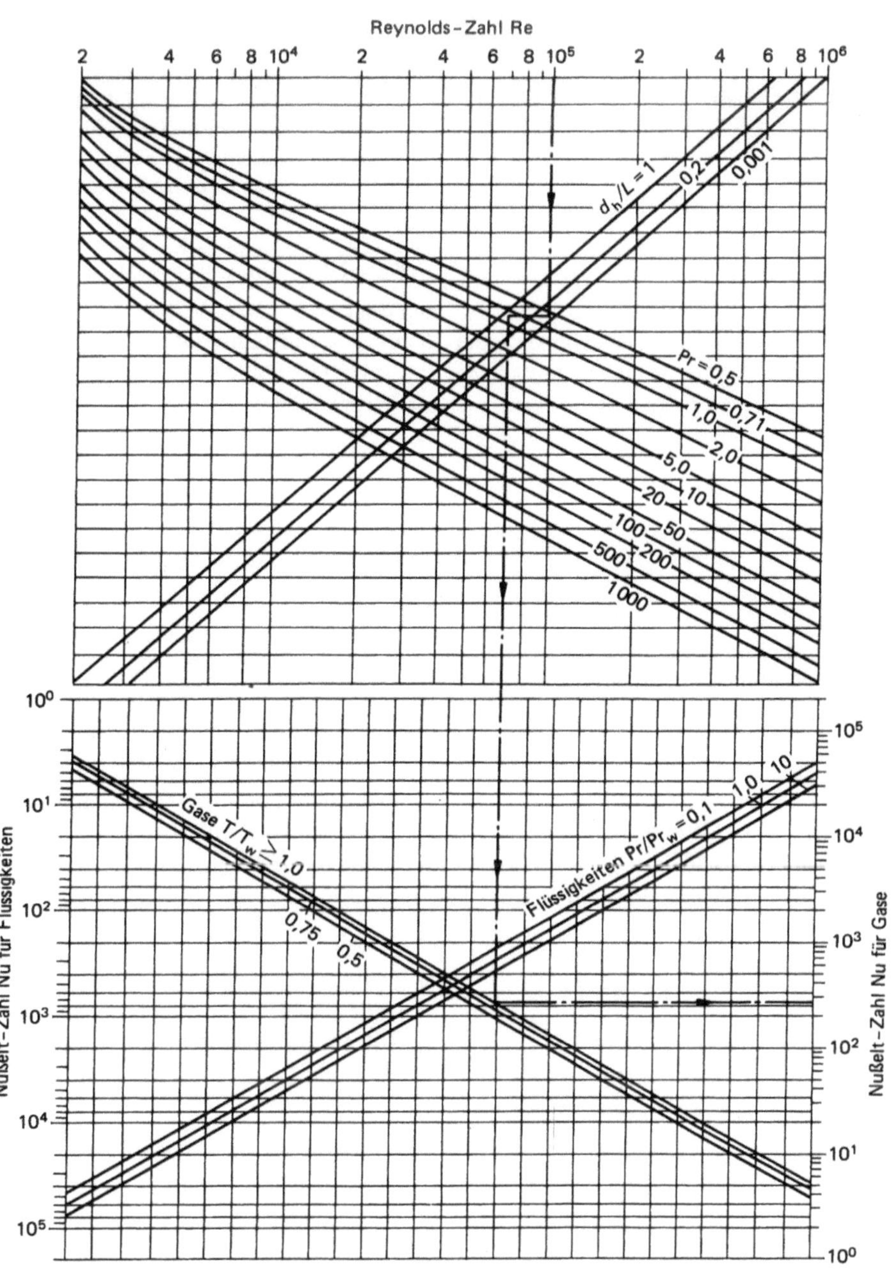

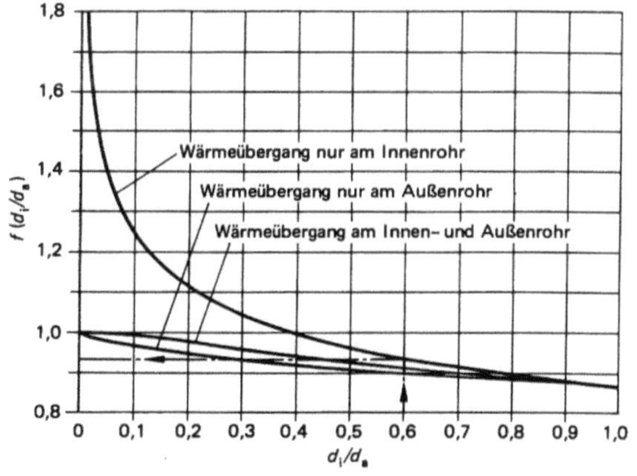

U. Renz

Erläuterung zu 3.2.3

Strömung mit turbulenter Grenzschicht:

$$\mathrm{Nu}_{\mathrm{o,turb}} = \frac{0{,}037\ \mathrm{Re}_1^{0{,}8} \cdot \mathrm{Pr}}{1 + 2{,}443\ \mathrm{Re}_1^{-0{,}1}\,(\mathrm{Pr}^{2/3} - 1)}$$

Gültigkeitsbereich:

$$5 \cdot 10^5 < \mathrm{Re}_1 < 10^7$$

$$0{,}6 < \mathrm{Pr} < 2000$$

Korrekturfaktor K

Der Einfluss der Wärmestromrichtung (Heizen oder Kühlen) wird durch den Korrekturfaktor K berücksichtigt.

Für Flüssigkeiten gilt:

$$K = (\mathrm{Pr}/\mathrm{Pr}_{\mathrm{w}})^{0{,}25}$$

Für Gase ist im Bereich $0{,}5 < T/T_{\mathrm{w}} < 2$:

$$\mathrm{Pr}/\mathrm{Pr}_{\mathrm{w}} = 1$$

zu setzen.

Die *Stoffwerte* werden bei dem mittleren Druck p und bei der mittleren Temperatur ϑ_{m} des Strömungsmediums ermittelt:

$$\vartheta_{\mathrm{m}} = \frac{\vartheta_{\mathrm{e}} + \vartheta_{\mathrm{a}}}{2}$$

Kennzeichnende Länge bei der Bildung der Kennzahlen Re_1 und Nu_1 ist die Überstromlänge l.

Überstromlänge bei ebenen Platten: Plattenlänge l

Überstromlänge l
für Rohre:

$$l = \frac{\pi}{2} \cdot D$$

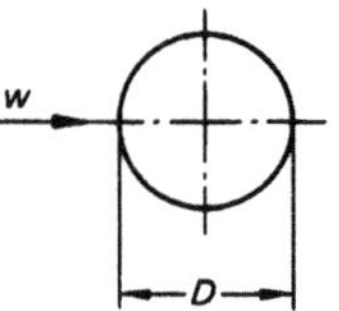

Überstromlänge l
für Kanäle:

$$l = a + b$$

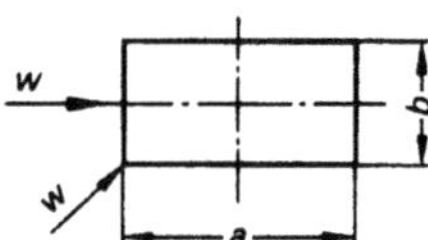

Definitionen

$$\mathrm{Nu}_1 = \frac{d \cdot l}{\lambda} \quad \text{Nußelt-Zahl}$$

$$\mathrm{Re}_1 = \frac{w \cdot l}{v} = \frac{\varrho \cdot w \cdot l}{\eta} \quad \text{Reynolds-Zahl}$$

$$\mathrm{Pr} = \frac{\eta}{\lambda/c_{\mathrm{p}}} \quad \text{Prandtl-Zahl}$$

Pr_{w} Prandtl-Zahl bei Wandtemperatur ϑ_{w}
c_{p} in J/kgK   spezifische Wärmekapazität
l in m   Überströmlänge
p in MPa   mittlerer Druck
ϑ_{a} in °C   Austrittstemperatur
ϑ_{e} in °C   Eintrittstemperatur
ϑ_{m} in °C   mittlere Fluidtemperatur
T in K   mittlere Fluidtemperatur

T_{w} in K   Wandtemperatur
w in m/s   Strömungsgeschwindigkeit
α in W/m² K   Wärmeübergangskoeffizient
λ in W/mK   Wärmeleitfähigkeit
v in m²/s   kinematische Zähigkeit
ϱ in kg/m³   Dichte
η in kg/ms   dynamische Zähigkeit

Beispiel 1: Von Luft überströmte ebene Platte

Druck	$p = 0{,}1$ MPa
mittlere Lufttemperatur	$\vartheta_{\mathrm{m}} = 50\,°\mathrm{C}$
Luftgeschwindigkeit	$w = 3{,}5$ m/s
Plattenlänge	$l = 1$ m

Lösungsweg

1. Bestimmung der Reynolds-Zahl mit den Größen $\vartheta_{\mathrm{m}}, p, w, l$: Re $= 2 \cdot 10^5$ (s. 3.1.1.1).

2. Bestimmung der Prandtl-Zahl mit den Größen $\vartheta_{\mathrm{m}}, p$: Pr $= 0{,}7$ (s. 3.1.1.2).

3. Überprüfung des Gültigkeitsbereiches des Wärmeübergangsgesetzes mit den Größen Re_1, Pr (s. 3.2.3).

4. Auswertung des Wärmeübergangsgesetzes mit den Größen Re_1, Pr: $\mathrm{Nu}_1 = 581$ (s. 3.2.3).

5. Bestimmung des Wärmeübergangskoeffizienten mit den Größen $\vartheta_{\mathrm{m}}, p, l, \mathrm{Nu}_1$: $\alpha = 16{,}4$ W/m² K (s. 3.1.1.3).

Beispiel 2: Von Luft quer angeströmtes Einzelrohr

mittlere Lufttemperatur	$\vartheta_{\mathrm{m}} = 20\,°\mathrm{C}$
Rohraußendurchmesser	$D = 0{,}1$ m
Rohrwandtemperatur	$\vartheta_{\mathrm{w}} = 100\,°\mathrm{C}$
Luftdruck	$p = 0{,}1$ MPa
Anströmgeschwindigkeit	$w = 20$ m/s

Lösungsweg

1. Bestimmung der Reynolds-Zahl mit den Größen $\vartheta_{\mathrm{m}}, p, l, w$: Re $= 2 \cdot 10^5$.
   Bem.: Die Überströmlänge l ist beim querangeströmten Einzelrohr $l = \pi/2 \cdot D$ (s. 3.1.1.1)

2. Bestimmung der Prandtl-Zahl mit den Größen ϑ_{m} und p: Pr $= 0{,}7$ (s. 3.1.1.2).

3. Überprüfung des Gültigkeitsbereiches des Wärmeübergangsgesetzes mit den Größen Re_1, Pr, T/T_{w} (s. 3.2.3).

4. Auswertung des Wärmeübergangsgesetzes mit den Größen Pr, Re_1: $\mathrm{Nu}_1 = 581$ (s. 3.2.3).

5. Bestimmung des Wärmeübergangskoeffizienten mit den Größen $\vartheta_{\mathrm{m}}, p, l, \mathrm{Nu}_1$: $\alpha = 96{,}3$ W/m² K (s. 3.1.1.3).

Schrifttum

[1] VDI-Wärmeatlas, 7. Auflage 1994. VDI-Verlag Düsseldorf.

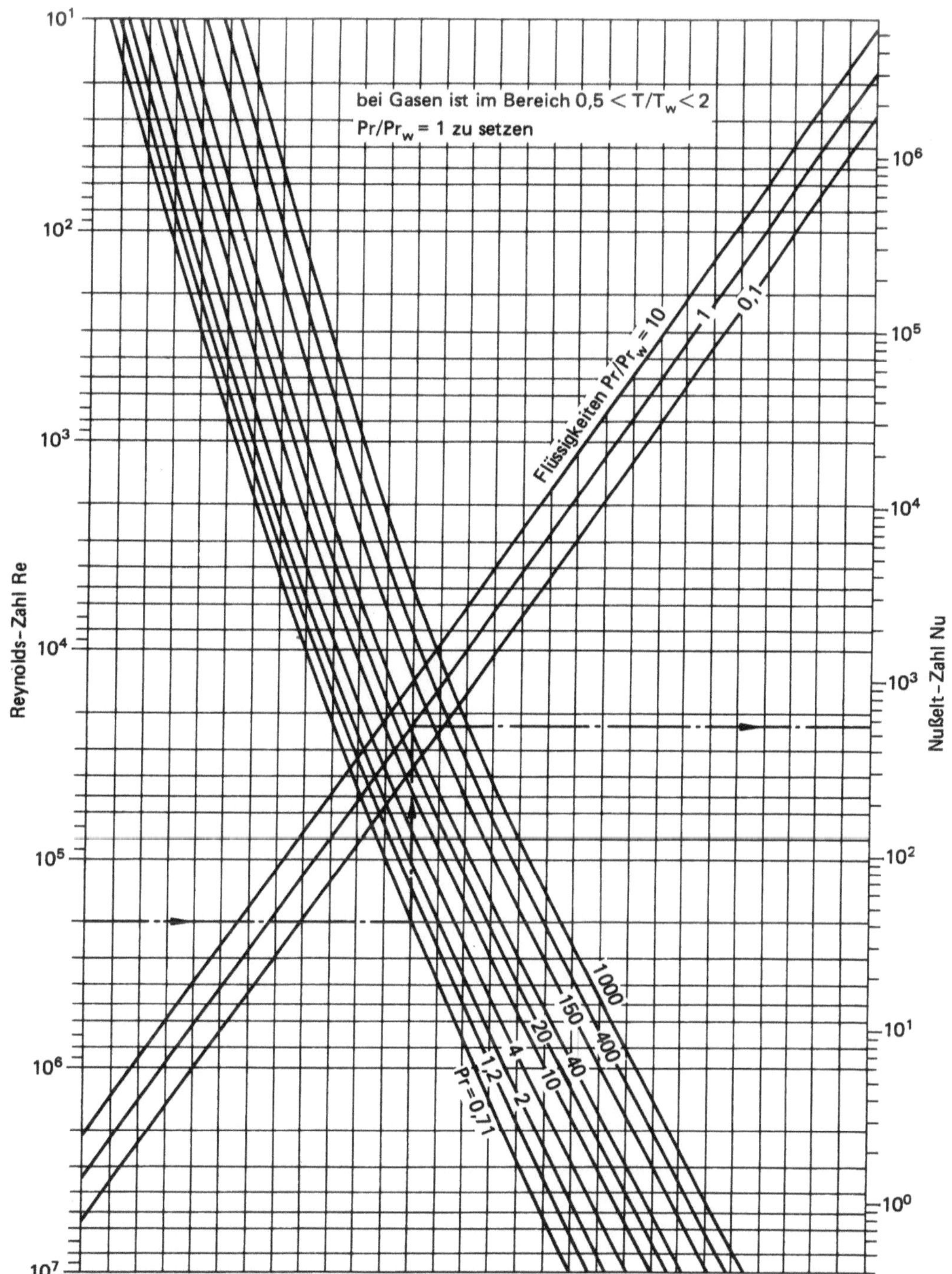

$$\mathrm{Nu_l} = \mathrm{Nu_{l,o}} \cdot K$$

$$\mathrm{Nu_{l,o}} = \left[\mathrm{Nu_{o,lam}^2} + \mathrm{Nu_{o,turb}^2} \right]^{1/2} \quad [1]$$

Gültigkeitsbereich:

Die Gleichung für $\mathrm{Nu_{l,o}}$ ist eine Zusammenfassung der Gleichungen für die laminare und für die turbulente Strömung längs einer ebenen Platte.

Strömung mit laminarer Grenzschicht:

$$\mathrm{Nu_{o,lam}} = 0{,}664 (\mathrm{Re_l})^{0,5} (\mathrm{Pr})^{1/3}$$

Gültigkeitsbereich:

$$\mathrm{Re_l} < 10^5$$

$$0{,}6 < \mathrm{Pr} < 2000$$

U. Renz

Erläuterung zu 3.2.4

$$\mathrm{Nu}_{\text{Bündel}} = F \cdot \mathrm{Nu}$$

mit

$$\mathrm{Nu} = \mathrm{Nu}_{\text{l. o}} \cdot K$$

$$\mathrm{Nu}_{\text{l. o}} = 0{,}3 + \sqrt{\mathrm{Nu}_{\text{l. lam}}^2 + \mathrm{Nu}_{\text{l. turb}}^2}$$

$$\mathrm{Nu}_{\text{l. lam}} = 0{,}664\ \mathrm{Re}_{\psi.\,1}^{1/2} \cdot \mathrm{Pr}^{1/3}$$

$$\mathrm{Nu}_{\text{l. turb}} = \frac{0{,}037\ \mathrm{Re}_{\psi.\,1}^{0{,}8} \cdot \mathrm{Pr}}{1 + 2{,}443 \cdot \mathrm{Re}_{\psi.\,1}^{-0{,}1}\,(\mathrm{Pr}^{2/3} - 1)} \qquad [1]$$

Bemerkung

Die Reynolds-Zahl $\mathrm{Re}_{\psi.\,1}$ ist rechnerisch mit der zuvor ermittelten Reynolds-Zahl Re_1 und mit dem Hohlraumanteil ψ, s. Nomogramm 3.2.4 a, zu bestimmen.

Die Nußelt-Zahl Nu und der Geometriefaktor F ergeben sich einzeln aus den Nomogrammen 3.2.4 b bis d, die Nußelt-Zahl $\mathrm{Nu}_{\text{Bündel}}$ ist rechnerisch zu bestimmen.

Gültigkeitsbereich: $10 < \mathrm{Re}_{\psi.\,1} < 10^6$

  $0{,}6 < \mathrm{Pr} < 1000$

Geometriefaktor F

Für Rohrbündel mit weniger als 10 Rohrreihen gilt:

$$F = \frac{1 + (n-1) \cdot f_A}{n}$$

Für Rohrbündel mit 10 und mehr Rohrreihen gilt:

$$F = f_A$$

mit n = Anzahl der Rohrreihen,
  f_A = Rohranordnungsfaktor.

Für fluchtende Rohranordnung gilt:

$$f_{A.\,\text{fl}} = 1 + \frac{0{,}7\ (b/a - 0{,}3)}{\psi^{1{,}5}\ (b/a + 0{,}7)^2}$$

Für versetzte Rohranordnung gilt:

$$f_{A.\,\text{vers}} = 1 + \frac{2}{3\,b}$$

Korrekturfaktor K

Der Korrekturfaktor K berücksichtigt die Richtung des Wärmestroms (Heizen oder Kühlen).

Für Flüssigkeiten gilt:

$$K = (\mathrm{Pr}/\mathrm{Pr}_w)^{0{,}25} \quad \text{für} \quad \mathrm{Pr}/\mathrm{Pr}_w > 1$$

$$K = (\mathrm{Pr}/\mathrm{Pr}_w)^{0{,}11} \quad \text{für} \quad \mathrm{Pr}/\mathrm{Pr}_w < 1 \ .$$

Für Gase ist $\mathrm{Pr}/\mathrm{Pr}_w = 1$ zu setzen.

Die *Stoffwerte* werden bei dem mittleren Druck p und bei der mittleren Temperatur ϑ_m des Strömungsmediums ermittelt:

$$\vartheta_m = \frac{\vartheta_e + \vartheta_a}{2} \ .$$

Kennzeichnende Länge bei der Bildung der Kennzahlen $\mathrm{Nu}_{\text{Bündel}}$ und Re_1 bzw. $\mathrm{Re}_{\psi.\,1}$ ist die Überströmlänge des Einzelrohres (l):

$$l = \frac{\pi}{2} \cdot d_a \ .$$

Definitionen

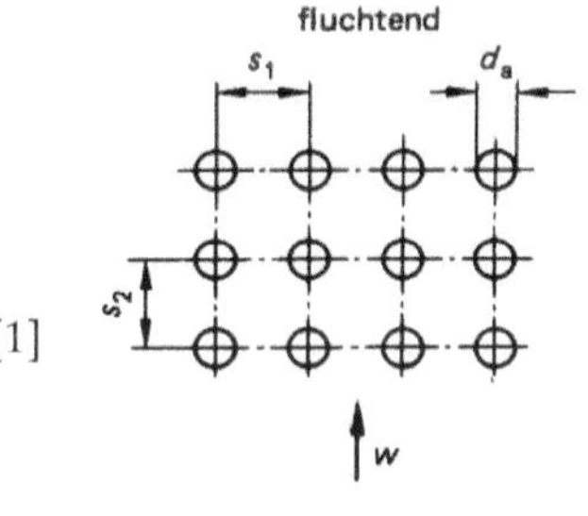

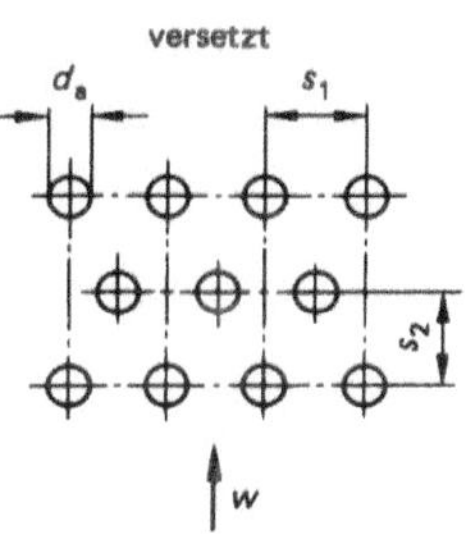

Querteilungsverhältnis: $a = s_1/d_a$

Längsteilungsverhältnis: $b = s_2/d_a$

Hohlraumanteil: $\psi = 1 - \dfrac{\pi}{4 \cdot a}$ für $b \geq 1$

  $\psi = 1 - \dfrac{\pi}{4 \cdot a \cdot b}$ für $b < 1$

$$\mathrm{Nu}_{\text{Bündel}} = \frac{\alpha \cdot l}{\lambda} \quad \text{Nußelt-Zahl}$$

$$\mathrm{Nu} = \frac{\mathrm{Nu}_{\text{Bündel}}}{F} \quad \text{Nußelt-Zahl ohne Geometriefaktor } F$$

$$\mathrm{Re}_1 = \frac{w \cdot l}{\nu} = \frac{\dot{m} \cdot l}{A \cdot \varrho \cdot \nu} = \frac{\dot{V} \cdot l}{A \cdot \nu} \quad \begin{array}{l}\text{Reynolds-Zahl ohne}\\ \text{Hohlraumanteil } \psi\end{array}$$

$$\mathrm{Re}_{\psi.\,1} = \frac{\mathrm{Re}_1}{\psi} \quad \text{Reynolds-Zahl}$$

$$\mathrm{Pr} = \frac{\eta}{\psi/c_p} \quad \text{Prandtl-Zahl}$$

A in m   freie Querschnittsfläche vor dem Rohrbündel

a Querteilungsverhältnis
b Längsteilungsverhältnis
c_p in J/kgK   spezifische Wärmekapazität
d_a in m   Rohraußendurchmesser des Einzelrohrs
l in m   Überströmlänge
$\dot{m}$ in kg/s   Massenstrom
n Anzahl der Rohrreihen
p in MPa   mittlerer Druck
s_1 in m   Querteilung
s_2 in m   Längsteilung
ϑ_a in °C   Fluidtemperatur hinter dem Rohrbündel
ϑ_e in °C   Fluidtemperatur vor dem Rohrbündel
ϑ_m in °C   mittlere Fluidtemperatur
$\dot{V}$ in m³/s   Volumenstrom
w in m/s   Geschwindigkeit des Fluids im freien Querschnitt
α in W/m² K   Wärmeübergangskoeffizient
λ in W/mK   Wärmeleitfähigkeit
ν in m²/s   kinematische Zähigkeit
ϱ in kg/M³   Dichte
η in kg/ms   dynamische Zähigkeit
ψ Hohlraumanteil

Erläuterung zu 3.2.4 (Fortsetzung)

Beispiel: Luft

mittlere Lufttemperatur	$\vartheta_m = 50\,°C$
Druck	$p = 0{,}5\ \mathrm{MPa}$
Anzahl der Rohrreihen	$n = 4$

Rohraußendurchmesser $\quad d_a = 0{,}025\ \mathrm{m}$ $\quad$ $1 = \dfrac{\pi}{2} \cdot d_a = 0{,}04\ \mathrm{m}$

Querteilung $\quad S_1 = 0{,}080\ \mathrm{m}$ $\quad$ $a = S_1/d_a = 3{,}2$

Längsteilung $\quad S_2 = 0{,}075\ \mathrm{m}$ $\quad$ $b = S_2/d_a = 3{,}0$

fluchtende Anordnung
Rohrwandtemperatur $\qquad \vartheta_w = 20\,°C$

Geschwindigkeit der Luft
im freien Querschnitt $\qquad w = 5\ \mathrm{m/s}$

Lösungsweg

1. Bestimmung der Reynolds-Zahl Re_1 mit den Größen ϑ_m, w, p, l: $\mathrm{Re}_1 = 56\,000$ (s. 3.1.1.1).
   Bem.: Bei gegebenem Massenstrom berechnet sich die Geschwindigkeit im freien Querschnitt aus

$$w = \frac{\dot{m}}{A \cdot \varrho}$$

   Die Dichte ϱ ergibt sich mit der mittleren Lufttemperatur ϑ_m und dem Druck p aus dem Nomogramm 3.1.1.2.

2. Bestimmung des Hohlraumanteils mit den Größen a und b: $\psi = 0{,}76$ (s. 3.2.4a).

3. Rechenschritt: $\mathrm{Re}_{\psi,\,1} = \mathrm{Re}_1/\psi = 74\,000$.

4. Ermittlung der Prandtl-Zahl mit den Größen ϑ_m und p: $\mathrm{Pr} = 0{,}7$ (s. 3.1.1.2).

5. Überprüfung des Gültigkeitsbereichs des Wärmeübergangsgesetzes mit den Größen $\mathrm{Re}_{\psi,\,1}$ und Pr (s. 3.2.4).

6. Auswertung des Wärmeübergangsgesetzes mit den Größen $\mathrm{Re}_{\psi,\,1}$, Pr und $\mathrm{Pr}/\mathrm{Pr}_w$: $\mathrm{Nu} = 293$.
   Bem.: $\mathrm{Pr}/\mathrm{Pr}_w = 1$ (s. 3.2.4b).

7. Bestimmung des Geometriefaktors F mit den Größen a, b und n für die fluchtende Anordnung: $F = 1{,}19$ (s. 3.2.4c).
   Bem.: Bei versetzter Anordnung ergäbe sich $F = 1{,}17$ (s. 3.2.4d).

8. Rechenschritt: $\mathrm{Nu}_{\text{Bündel}} = F \cdot \mathrm{Nu} = 348$.

9. Bestimmung des Wärmeübergangskoeffizienten mit den Größen $\mathrm{Nu}_{\text{Bündel}}$, ϑ_m, p und l: $\alpha = 207\ \mathrm{W/m^2\,K}$ (s. 3.1.1.3).

Schrifttum

[1] VDI-Wärmeatlas, 7. Auflage 1994. VDI-Verlag Düsseldorf.

a)
Querteilungsverhältnis a
für Werte b > 1 ist b = 1 zu setzen
Längsteilungsverhältnis b = 0,6
0,7
0,8
0,9
1,0
Hohlraumanteil ψ
0,2 0,3 0,4 0,5 0,6 0,7 0,8 0,9

b)
Reynolds-Zahl Re_{ψ,l}
10^1 2 4 6 10^2 2 4 6 10^3 2 4 6 10^4 2 4 6 10^5 2 4 6 10^6
bei Gasen ist
Pr/Pr_w = 1 zu setzen
Flüssigkeiten Pr/Pr_w = 0,1
1
10
Pr = 1000
400
150
40
20
10
4
2
1,2
Pr = 0,71
Nußelt-Zahl Nu
10^0 2 4 6 10^1 2 4 6 10^2 2 4 6 10^3 2 4 6 10^4 2 4 6 10^5

c)
Längsteilungsverhältnis b
1,0 1,5 2,0 2,5 3,0 3,5 4,0
Anzahl der Rohrreihen n = 2
4
6
10
1,05
1,1
1,2
a = 1,4
1,6
4 3,5 3 2,5 2 1,8
fluchtend
Geometriefaktor F
0,8 1,0 1,2 1,4 1,6 1,8 2,0 2,2 2,4

d)
Längsteilungsverhältnis b
0,5 1,0 1,5 2,0 2,5 3,0 3,5 4,0
2
Anzahl der Rohrreihen n = 4
6
10
versetzt
Geometriefaktor F
0,8 1,0 1,2 1,4 1,6 1,8 2,0 2,2 2,4

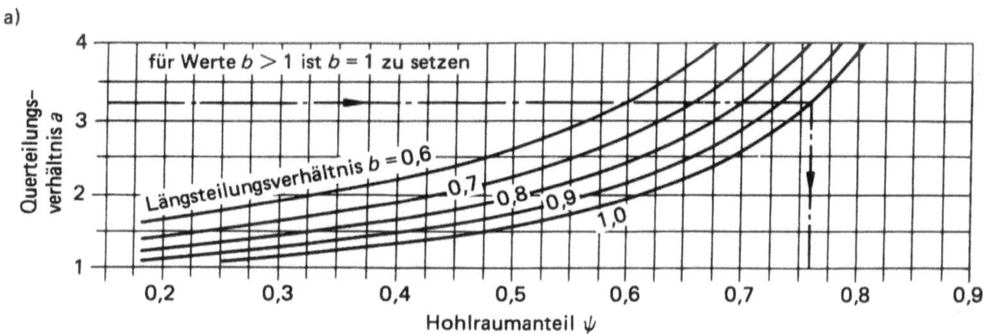

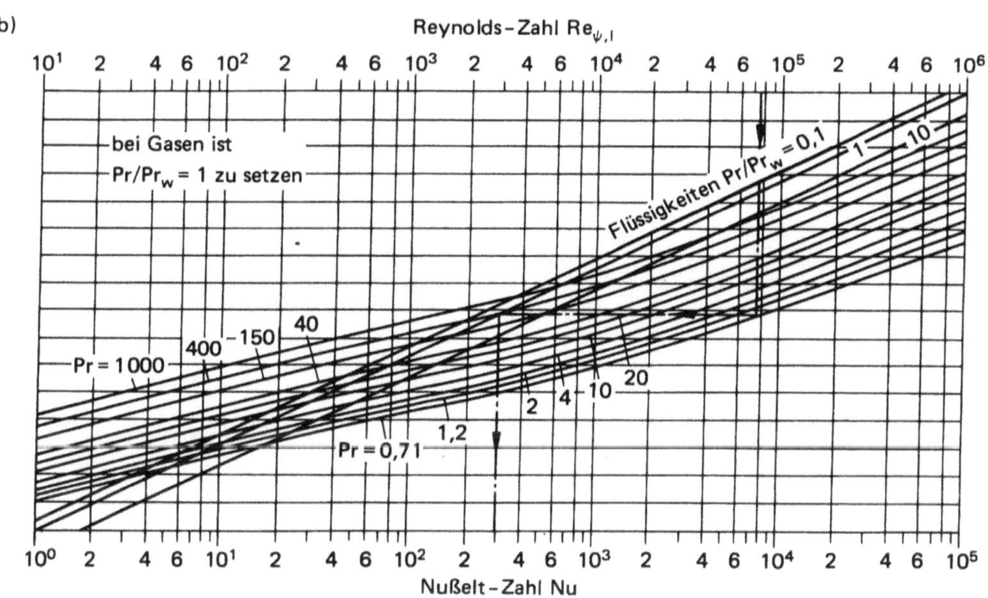

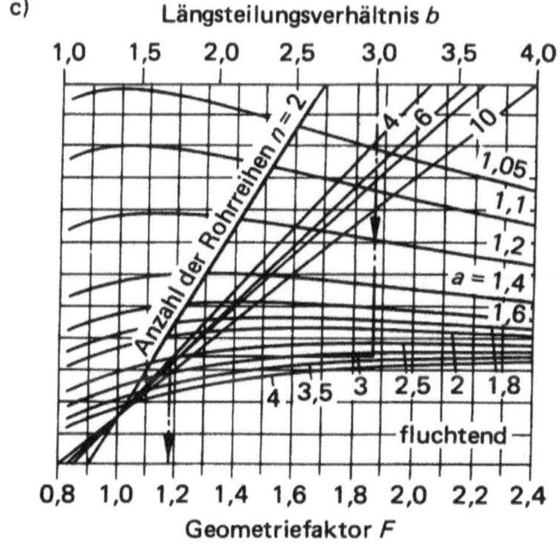

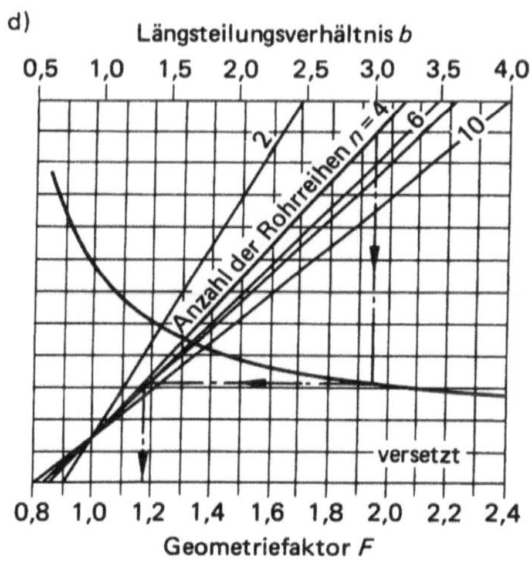

U. Renz

Erläuterung zu 3.3.1

$$Nu = \left\{ 0{,}825 + \frac{0{,}387(Gr \cdot Pr)^{1/6}}{\left[1 + \left(\dfrac{0{,}492}{Pr}\right)^{9/16}\right]^{8/27}} \right\}^2 \qquad [1]$$

Gültigkeitsbereich:

vertikale Platten

$$0 < Gr \cdot Pr < 10^{12}$$

$$0 < Pr < \infty$$

horizontale Zylinder

$$10^3 < Gr \cdot Pr < 10^{12}$$

$$0 < Pr < \infty$$

Die nichtindizierten *Stoffwerte* werden bei dem mittleren Druck p und bei der mittleren Temperatur ϑ_m ermittelt:

$$\vartheta_m = \frac{\vartheta_w + \vartheta_\infty}{2}$$

Die in der Nußelt-Zahl und in der Grashof-Zahl auftretende *Überströmlänge l* beträgt

bei der vertikalen Platte:

l = Plattenhöhe

beim horizontalen Zylinder:

$$l = \pi/2 \cdot D$$

mit D als Außendurchmesser des Zylinders.

Definitionen

$$Nu = \frac{\alpha \cdot l}{\lambda} \quad \text{Nußelt-Zahl}$$

$$Gr = \frac{g \cdot l^3}{\nu^2} \frac{\varrho_\infty - \varrho_w}{\varrho_w} \quad \text{Grashof-Zahl}$$

$$Pr = \frac{\eta}{\lambda/c_p} \quad \text{Prandtl-Zahl}$$

c_p in J/kgK   spezifische Wärmekapazität
g in m/s²   Erdbeschleunigung (g = 9,81 m/s²)
l in m   Überströmlänge
p in MPa   mittlerer Druck
ϑ_m in °C   mittlere Temperatur
ϑ_w in °C   Temperatur der Körperoberfläche
α in W/m² K   Wärmeübergangskoeffizient
λ in W/mK   Wärmeleitfähigkeit
ν in m²/s   kinematische Zähigkeit
η in kg/ms   dynamische Zähigkeit
ϱ in kg/m³   Dichte des Fluids bei der Temperatur ϑ_w
ϱ_∞ in kg/m³   Dichte des Fluids bei der Temperatur ϑ_∞

Beispiel: In ruhender Luft horizontal verlegte Rohrleitung

Länge der Rohrleitung	L = 5 m
Außendurchmesser der Leitung	D = 0,19 m
Temperatur der Rohroberfläche	ϑ_w = 80 °C
Temperatur der Umgebungsluft	ϑ_∞ = 20 °C
Luftdruck	p = 0,1 MPa

$$\vartheta_m = \frac{\vartheta_w + \vartheta_\infty}{2} = 50\,°C.$$

Lösung

1. Bestimmung der Luftdichte bei Umgebungstemperatur (ϱ_∞) und bei der Rohroberflächentemperatur (ϱ_w) mit den Größen ϑ_∞ bzw. ϑ_w und p (s. 3.1.1.2).

2. Berechnung der Größe $\dfrac{\varrho_\infty - \varrho_w}{\varrho_w} = 0{,}202$

   und Berechnung der Anströmlänge l.
   Bem.: Für horizontalen Zylinder gilt

   $$l = \frac{\pi}{2} \cdot D = 0{,}3 \text{ m.}$$

3. Bestimmung der Grashof-Zahl mit den Größen ϑ_m,

   $$p, l, \frac{\varrho_\infty - \varrho_w}{\varrho_w}: \quad Gr = 1{,}7 \cdot 10^8 \text{ (s. 3.1.1.4).}$$

4. Bestimmung der Prandtl-Zahl mit den Größen p, ϑ_m: Pr = 0,69 (s. 3.1.1.2).

5. Überprüfung des Gültigkeitsbereiches des Wärmeübergangsgesetzes mit den Größen Pr, Gr (s. 3.3.1).

6. Auswertung des Wärmeübergangsgesetzes mit den Größen Gr, Pr: Nu = 8 (s. 3.3.1).

7. Bestimmung des Wärmeübergangskoeffizienten mit den Größen ϑ_m, l, Nu, p: α = 0,8 W/m² K (s. 3.1.1.3).

Schrifttum

[1] VDI-Wärmeatlas, 7. Auflage 1994. VDI-Verlag Düsseldorf.

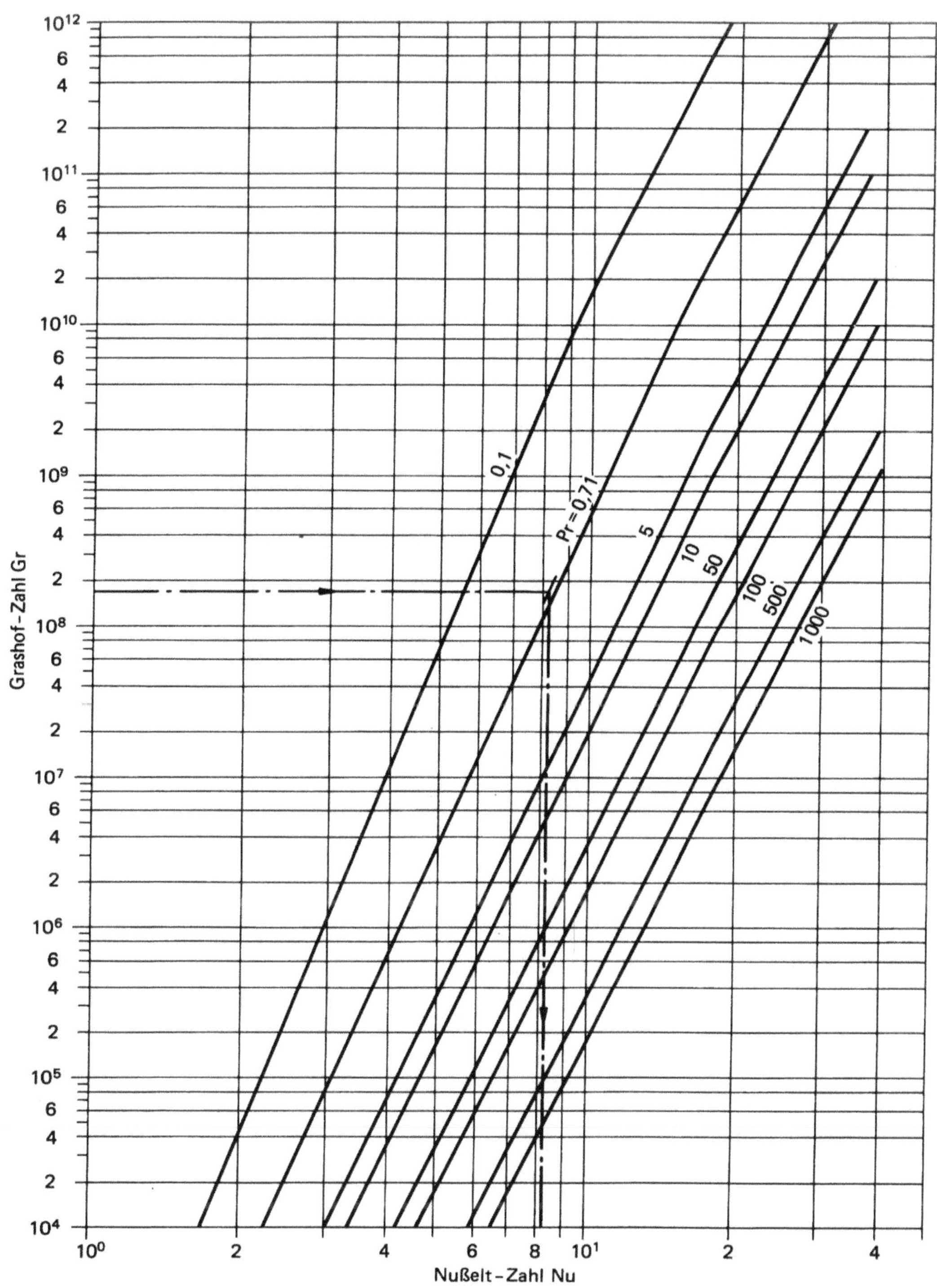

U. Renz

Erläuterung zu 3.4.1

Bei *vorgegebener Temperaturdifferenz* $T_w - T$ gilt

$$\alpha = \alpha_1 \cdot K_1$$

$$\dot{q}'' = \dot{q}_1'' \cdot K_1 = \alpha (T_w - T)$$

mit den Werten für eine Rautiefe von $R_{po} = 0,4$ μm

$$\alpha_1 = (\alpha_o \cdot f)^{1/(1-n)} \cdot [(T_w - T)/\dot{q}_o'']^{n/(1-n)} \qquad [1]$$

$$\dot{q}_1'' = \alpha_1 (T_w - T) ,$$

die dem Nomogramm zu entnehmen sind. Definition der Größen f und n siehe unten.

Bei *vorgegebener Wärmestromdichte* $\dot{q}''$ gilt

$$\alpha = \alpha_1 \cdot K_2 ,$$

wobei der Wärmeübergangskoeffizient α_1 dem Nomogramm zu entnehmen ist. Die Temperaturdifferenz ergibt sich aus

$$T_w - T = \dot{q}''/\alpha .$$

Gültigkeitsbereich: 2 kPa $< p <$ 20 MPa

Abgrenzung nach unten durch den Wärmeübergangskoeffizienten der freien Konvektion:

$$\sim\, = 0,15 \cdot c^{1/3} \cdot (T_w - T)^{1/3}$$

mit

$$c = g \cdot c_p \cdot \beta \cdot \lambda'^2 \cdot \varrho'^2/\eta' \qquad [1].$$

Abgrenzung nach oben durch maximale Wärmestromdichte $\dot{q}_{krit}''$:

$$n = 0,9 - 0,3 \cdot p^{*0.15}$$

$$p^* = p/p_c \quad \text{mit} \quad p_c = 22,064 \text{ MPa}$$

Bemerkung

Die Abgrenzungen sind im Nomogramm berücksichtigt.

Korrekturfaktoren K_1 und K_2

Die Korrekturfaktoren K_1 und K_2 erfassen den Einfluss der Wandrauigkeit und können der nachstehenden Tabelle entnommen werden.

Definitionen

c_p in J/kgK	mittlere spezifische Wärmekapazität
g in m/s^2	9,81, Erdbeschleunigung
p in MPa	Druck
R_a in μm	mittlere Rautiefe
R_{ao} in μm	0,4 (Bezugsrautiefe)
$\dot{q}''$ in W/m^2	Wärmestromdichte
$\dot{q}_o''$ in W/m^2	20000, Bezugswärmestromdichte
T in K	Wassertemperatur
T_w in K	Wandtemperatur
α in W/m^2 K	Wärmeübergangskoeffizient
α_o in W/m^2 K	5600 Wärmeübergangskoeffizient bei $p = 3$ kPa und $\dot{q}_o''$
α_1 in W/m^2 K	Wärmeübergangskoeffizient bei der Rautiefe $R_{ao} = 0,4$ μm
β in K^{-1}	isobarer Ausdehnungskoeffizient
λ' in W/mk	Wärmeleitfähigkeit des Wassers
ϱ' in kg/m^3	Dichte des Wassers
η' in kg/ms	dynamische Zähigkeit des Wassers

$$\dot{q}_{krit}'' = 9 \cdot 10^6 \cdot p^{*}0,4\,(1 - p^*)$$

$$F(p^*) = 1,73 \cdot p^{*0.27} + \left(6,1 + \frac{0,68}{1\;p^*}\right) p^{*2}$$

Schrifttum

[1] VDI-Wärmeatlas, 7. Auflage 1994. VDI-Verlag Düsseldorf.

Korrekturfaktoren zur Erfassung des Rauigkeitseinflusses

Korrekturfaktor K_1 für vorgegebene Temperaturdifferenz:

Druck (MPa)	$R_a = 0,1$ μm	0,2 μm	0,4 μm	0,5 μm	1,0 μm	2,0 μm	5,0 μm	10,0 μm
0,01	0,3892	0,6238	1,0000	1,1639	1,8656	2,9902	5,5777	8,9420
0,02	0,4066	0,6376	1,0000	1,1607	1,8126	2,8427	5,1522	8,0817
0,05	0,4330	0,6580	1,0000	1,1441	1,7386	2,6419	4,5927	6,9803
0,1	0,4540	0,6737	1,0000	1,1354	1,6851	2,5009	4,2138	6,2547
0,2	0,4756	0,6896	1,0000	1,1269	1,6184	2,3693	3,8712	5,6140
0,5	0,5051	0,7106	1,0000	1,1161	1,5566	2,2098	2,4700	4,8833
1,0	0,5279	0,7265	1,0000	1,1082	1,5129	2,0995	3,2023	4,4081
2,0	0,5509	0,7422	1,0000	1,1006	1,4829	1,9980	2,9626	3,9921
4,0	0,5740	0,7576	1,0000	1,0934	1,4431	1,9048	2,7486	3,6283
7,0	0,5927	0,7698	1,0000	1,0878	1,4129	1,8353	2,5930	3,3684
10,0	0,6046	0,7775	1,0000	1,0843	1,3946	1,7936	2,5010	3,2170
12,0	0,6106	0,7814	1,0000	1,0826	1,3854	1,7730	2,4561	3,1435
15,0	0,6180	0,7861	1,0000	1,0805	1,3745	1,7484	2,4030	3,0571
18,0	0,6240	0,7899	1,0000	1,0788	1,3657	1,7289	2,3611	2,9893
20,0	0,6274	0,7921	1,0000	1,0778	1,3608	1,7179	2,3375	2,9512

Korrekturfaktor K_2 für vorgegebene Wärmestromdichte:

R_a	0,1 μm	0,2 μm	0,4 μm	0,5 μm	1,0 μm	2,0 μm	5,0 μm	10,0 μm
K_2	0,8316	0,9119	1,0000	1,0301	1,1296	1,2387	1,3992	1,5344

Erläuterung zu 3.4.1 (Fortsetzung)

Beispiel 1

Behältersieden bei vorgegebener Temperaturdifferenz

Siededruck	$p = 0,1$ MPa
Temperaturdifferenz	$T_w - T = 10$ K
spiegelblanke Oberfläche	$R_a = 0,1$ µm

Lösungsweg

1. Bestimmung der Werte für $R_{a_0} = 0,4$ µm mit Nomogramm (s. 3.4.1):

   $\alpha_1 = 3360$ W/m² K

   $\dot{q}''_1 = 33\,600$ W/m².

2. Aus der Tabelle ergibt sich der Korrekturfaktor für $p = 0,1$ MPa und $R_a = 0,1$ µm: $K_1 = 0,454$.

3. Somit ist das Ergebnis

   $\alpha = \alpha''_1 \cdot K_1 = 0,454 \cdot 3360 = 1525$ W/m² K

   $\dot{q}'' = \dot{q}''_1 \cdot K_1 = 0,454 \cdot 33\,600 = 15\,250$ W/m².

Beispiel 2

Behältersieden bei vorgegebener Wärmestromdichte

Siededruck	$p = 0,5$ MPa
Wärmestromdichte	$\dot{q}'' = 10\,000$ W/m²
spiegelblanke Oberfläche	$R_a = 0,1$ µm

Lösungsweg

1. Bestimmung des Wärmeübergangskoeffizienten für $R_{a_0} = 0,4$ µm mit Nomogramm (s. 3.4.1):

   $\alpha_1 = 2100$ W/m² .

2. Aus der Tabelle ergibt sich der Korrekturfaktor für $R_a = 0,1$ µm: $K_2 = 0,8$.

3. Somit ist das Ergebnis

   $\alpha = \alpha_1 \cdot K_2 = 2100 \cdot 0,8816 = 1746$ W/m² K

   und

   $T_w - T = \dot{q}''/\alpha = 5,7$ K .

W/m²K
Wärmeübergangskoeffizient α
Temperaturdifferenz $T_w - T$
5 000 000
2 000 000
1 000 000
500 000
200 000
100 000
50 000
20 000
10 000
5000
2000
1000
500
200
$\dot{q}'' = 100\ \mathrm{W/m^2}$
Druck $p = 20$ MPa
18
15
12
10
7
4
2
1
0,5
0,2
0,1 MPa
50 kPa
20
10 kPa
Beispiel 1
Beispiel 2

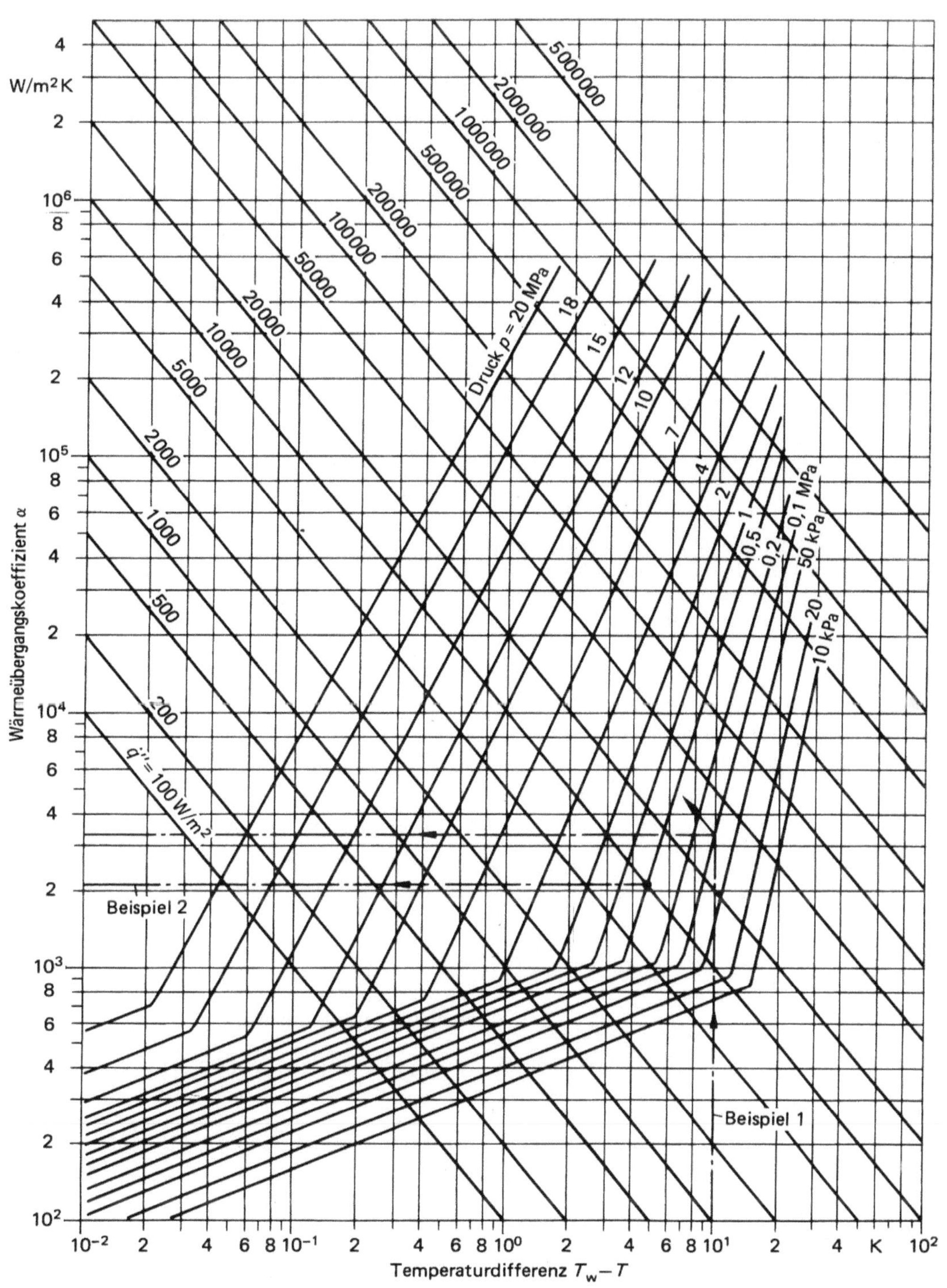

U. Renz

Erläuterung zu 3.5.1

Wärmetechnische Auslegung von Wärmeübertragern

Die Wärmeleistung $\dot{Q}$ von Wärmeübertragern ist proportional der wärmeübertragenden Fläche A und der mittleren treibenden Temperaturdifferenz $\Delta\vartheta_m$

$$\dot{Q} = kA\,\Delta\vartheta_m \tag{1}$$

der Proportionalitätsfaktor k, der Wärmedurchgangskoeffizient, ergibt sich aus den Einzelwiderständen für die Wärmeübergänge $1/\alpha_i$ und für die Wärmedurchgänge $1/(\lambda_i/\delta_i)$ des Wärmeübertragers.

Es gilt für ebene Geometrien

$$\frac{1}{k} = \Sigma\frac{1}{\alpha_i} + \Sigma\frac{\delta_i}{\lambda_i} \tag{2a}$$

und für zylindrische Geometrien, wenn für die Fläche die äußere Rohroberfläche A_a eingesetzt wird

$$\frac{1}{k} = \frac{d_a}{\alpha_1 d_i} + \frac{d_a}{2}\sum_{i=1}^{n}\frac{1}{\lambda_i}\ln\frac{d_i+1}{d_i} + \frac{1}{\alpha_{n+1}} \tag{2b}$$

(d_i = Innendurchmesser; d_a = Außendurchmesser).

Die Wärmeübergangskoeffizienten α_i lassen sich aus Kennzahlgesetzen ermitteln. In den Arbeitsblättern des Abschn. 3 sind für wichtige Grundgeometrien derartige Kennzahlgesetze angegeben und zur einfachen Handhabung für einige Arbeitsfluide in Diagrammen dargestellt.

Die Größe $\Delta\vartheta_m$ in Gl. (1) ist von der Stromführung der wärmeübertragenden Fluide und damit von der Bauart des Wärmeübertragers abhängig.

Für Wärmeübertrager, bei denen die beiden Fluide im Gleichstrom oder im Gegenstrom geführt werden, oder bei denen sich die Temperatur eines Fluids nur sehr wenig ändert, kann aus den Energiebilanzen abgeleitet werden:

$$\Delta\vartheta_m = \Delta\vartheta_{ln} = \left(\frac{(\vartheta_1-\vartheta_2)_{W\ddot{u}-Aus} - (\vartheta_1-\vartheta_2)_{W\ddot{u}-Ein}}{\ln\dfrac{(\vartheta_1-\vartheta_2)_{W\ddot{u}-Aus}}{(\vartheta_1-\vartheta_2)_{W\ddot{u}-Ein}}}\right). \tag{3}$$

Für andere Bauarten lassen sich keine geschlossenen, der Gl. (3) entsprechende Ausdrücke für die mittlere treibende Temperaturdifferenz $\Delta\vartheta_m$ ableiten. Stattdessen wird die Betriebscharakteristik Φ eingeführt, die definiert ist durch

$$\Phi \equiv \frac{\dot{Q}}{\dot{Q}_{max}}. \tag{4}$$

Dabei sind $\dot{Q}$ die vom Apparat wirklich übertragene Wärme und $\dot{Q}_{max}$ die von einem Apparat bei gleichen anliegenden Eingangstemperaturen der beiden Fluide ϑ_1' und ϑ_2' maximal übertragbare Wärme, wenn dieser als Gegenstromwärmeübertrager mit sehr großer Austauscherfläche ausgeführt wäre. Aus dieser Festlegung folgt

$$\dot{Q}_{max} = \dot{m}_1 \cdot c_{p1}(\vartheta_1' - \vartheta_2'). \tag{5}$$

Man kann zeigen, dass für die Betriebscharakteristik Φ grundsätzlich der Zusammenhang gilt

$$\Phi = \Phi(\mu, \kappa). \tag{6}$$

Dabei sind μ das Verhältnis der Wärmekapazitätsströme

$$0 < (\mu = \dot{m}_1\,c_{p1}/\dot{m}_2\,c_{p2}) < 1. \tag{7}$$

und κ eine Kennzahl für die Wärmeübertragung

$$\kappa = k\,A/\dot{m}_1\,c_{p1}. \tag{8}$$

Für einfache Bauarten lassen sich aus lokalen Energiebilanzen und Ansätzen für den Wärmeübergang durch Integration über die gesamte Wärmeübertrageroberfläche geschlossene Ausdrücke für die allgemeine Gleichung, Gl. (6), ableiten. Bei komplexeren Bauarten sind nur aufwendige numerische Lösungen oder experimentelle Untersuchungen möglich, deren Ergebnisse in sog. Betriebscharakteristik-Diagrammen dargestellt werden.

Für drei einfache, aber in der Praxis wichtige Stromführungen (Apparate) wird die Betriebscharakteristik Φ in Gleichungen und in Diagrammen wiedergegeben:

Gleichstrom-Wärmeübertrager

$$\Phi = \frac{1 - \exp[-(1+\mu)\kappa]}{1+\mu}. \tag{9}$$

Gegenstrom-Wärmeübertrager

$$\Phi = \frac{1 - \exp[-(1-\mu)\kappa]}{1 - \mu\exp[-(1-\mu)\kappa]}. \tag{10}$$

Für den Sonderfall, dass die Wärmekapazitätsströme beider Fluide gleich groß sind ($\mu = 1$) gilt

$$\Phi = \frac{\kappa}{1+\kappa}. \tag{11}$$

Kreuzstrom-Wärmeübertrager (beide Fluide bleiben im Apparat jeweils unvermischt)

$$\Phi = \frac{1}{\mu\kappa}\sum_{n=0}^{\infty}\left\{\left(1-e^{-\kappa}\sum_{m=0}^{n}\frac{\kappa^m}{m!}\right)\left(1-e^{-\mu\kappa}\sum_{m=0}^{n}\frac{(\mu\kappa)^m}{m!}\right)\right\}. \tag{12}$$

Für zahlreiche andere Wärmeübertrager finden sich entsprechende Diagramme zum Beispiel im VDI-Wärmeatlas.

Bei bekannter Betriebscharakteristik $\Phi = \Phi(\mu, \kappa)$ lässt sich aus Gl. (1) und den Gln. (4), (5) auch die mittlere treibende Temperaturdifferenz $\Delta\vartheta_m$ ermitteln:

$$\Delta\vartheta_m = \frac{\Phi}{\kappa}(\vartheta_1' - \vartheta_2'). \tag{13}$$

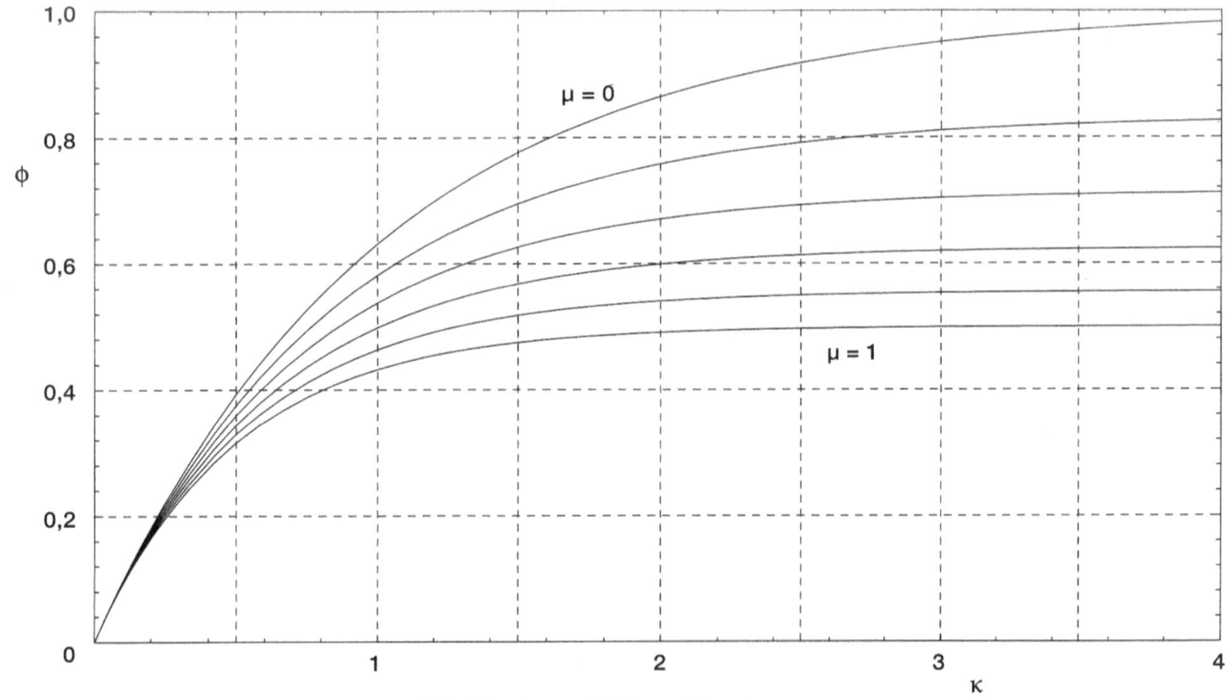

1,0
0,8
φ
0,6
0,4
0,2
0
μ = 0
μ = 1
0
1
2
3
4
κ
Gleichstrom-Wärmeübertrager

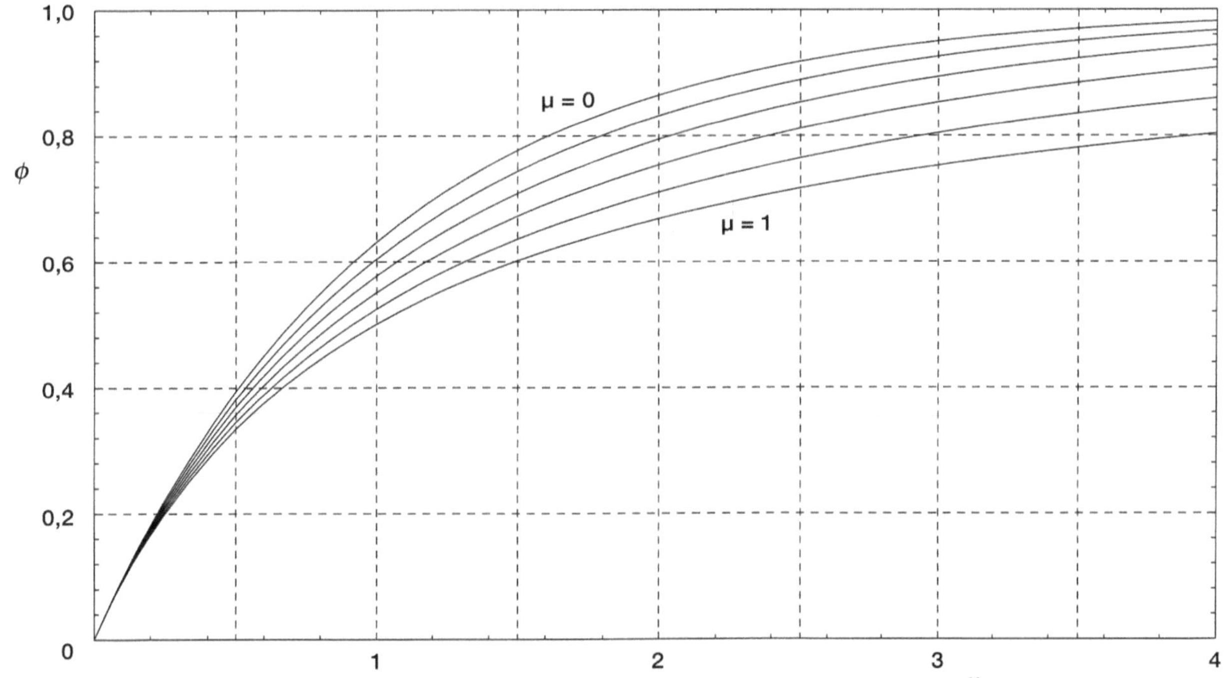

1,0
0,8
φ
0,6
0,4
0,2
0
μ = 0
μ = 1
0
1
2
3
4
κ
Gegenstrom-Wärmeübertrager

Erläuterung zu 3.5.2

Anwendungsbeispiel

Kreuzstrom-Wärmeübertrager zur Vorwärmung von Reingas durch heiße Rauchgase

In einem Kraftwerk wird heißes Rohgas in einem Plattenwärmeübertrager zur Wiederaufheizung von Reingas eingesetzt.

Die Eintrittstemperatur des Rohgases liegt bei $\vartheta'_{\text{Roh}} = 150\,°C$ und die des Reingases bei $\vartheta'_{\text{Rein}} = 50\,°C$. Der Massenstrom beider Gase ist näherungsweise gleich groß und beträgt $\dot{m}_1 = 25$ kg/s.

Weiter sind bekannt

Wärmeaustauschende Fläche $A = 450$ m²; Wärmedurchgangskoeffizient $k = 43$ W/m² K; Mittelwert der spezifischen Wärmekapazität $c_p = 1050$ J/kg K; Mittelwert der Dichte $\varrho = 1,25$ kg/m³.

Fragen

a) Wie groß ist die Betriebscharakteristik dieses ungerührten Kreuzstrom-Wärmeübertragers?
b) Welche Wärmeleistung wird übertragen?
c) Welche Austrittstemperaturen stellen sich ein?
d) Wie groß ist die mittlere treibende Temperaturdifferenz?

Lösung

a) Für $\mu = \dot{m}_1 c_{p1}/\dot{m}_2 c_{p2} = 1$ und $\kappa = k\,A/\dot{m}_1 c_{p1} = 43 \cdot 450/25 \cdot 1050 = 0,74$ ergibt sich aus Diagramm 3 für die Betriebscharakteristik des Kreuzstrom-Wärmeübertragers $\Phi = 0,40$.

b) Aus Gl. (4) folgt für die übertragende Wärmeleistung

$$\dot{Q} = \Phi\,\dot{Q}_{\max}$$

und mit Gl. (5)

$$\dot{Q} = \Phi\,\dot{m}_1 \cdot c_{p1}\,(\vartheta'_1 - \vartheta'_2) = 0,40 \cdot 25 \cdot 1050 \cdot (150 - 50)$$
$$= 1,05 \text{ MW}$$

c) Die übertragende Wärmeleistung kann auch ausgedrückt werden durch

$$\dot{Q} = \dot{m}_1 \cdot c_{p1}(\vartheta'_1 - \vartheta''_1) = \dot{m}_2 \cdot c_{p2}(\vartheta''_2 - \vartheta'_2)$$

Unter den gegebenen Bedingungen errechnen sich daraus die Austrittstemperaturen der beiden Gase

$$\vartheta''_1 = \vartheta'_1 - \frac{\dot{Q}}{\dot{m}_1\,c_{p1}} = 150 - \frac{1,05 \cdot 10^6}{25 \cdot 1050} = 110\,°C$$

und

$$\vartheta''_2 = \vartheta'_2 + \frac{\dot{Q}}{\dot{m}_2\,c_{p2}} = 50 + \frac{1,05 \cdot 10^6}{25 \cdot 1050} = 90\,°C$$

d) Die mittlere treibende Temperaturdifferenz ist durch Gl. (13) festgelegt

$$\Delta\vartheta_{\text{m}} = \frac{\Phi}{\kappa}\,(\vartheta'_1 - \vartheta'_2) = \frac{0,40}{0,74}\,(150 - 50) = 54 \text{ K}$$

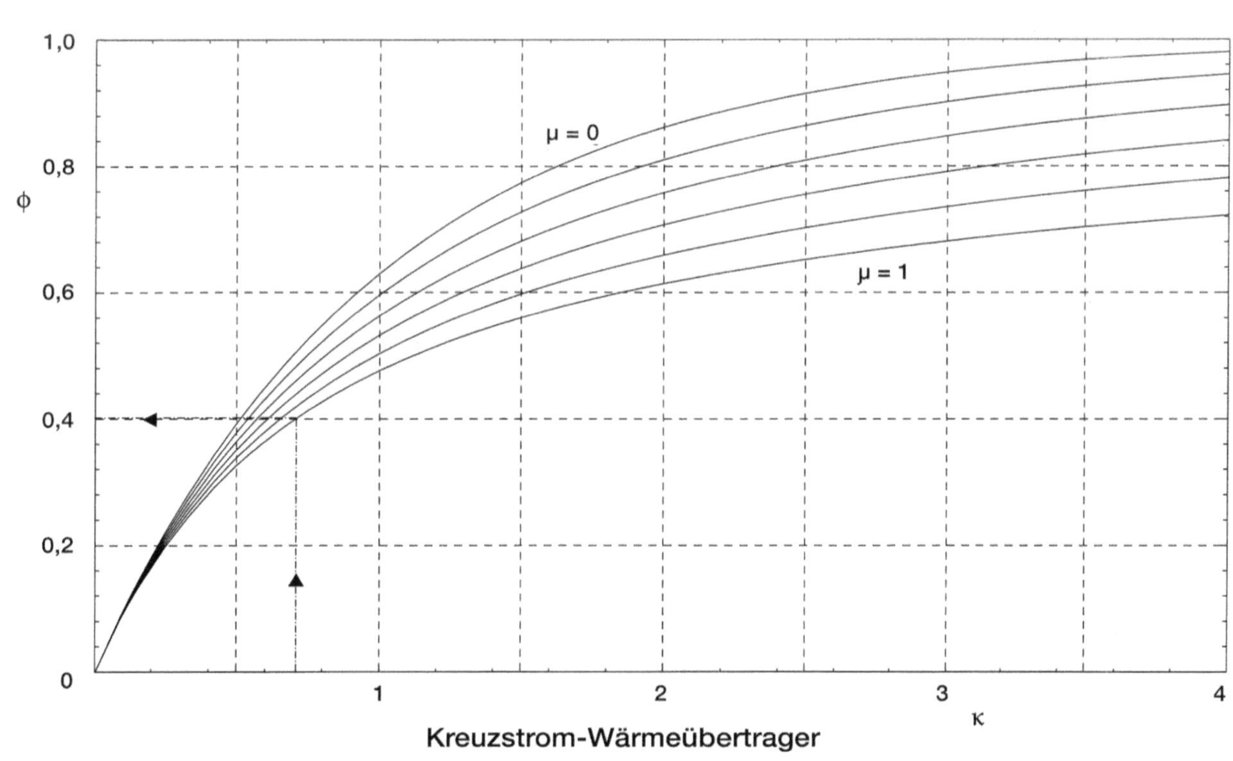
1,0
0,8
0,6
0,4
0,2
0
φ
μ = 0
μ = 1
1
2
3
4
κ
Kreuzstrom-Wärmeübertrager

Erläuterung zu 4.1

Das Arbeitsblatt 4.1 (unteres Diagramm) dient dazu, in Abhängigkeit vom Heizwert H_u den maximalen (stöchiometrischen) CO_2-Volumenanteil $\hat{y}_{CO_2\,T}$ von festen Brennstoffen, Heizöl und Erdgas zu bestimmen. Im oberen Diagramm ist der Zusammenhang zwischen dem CO_2-Volumenanteil $y_{CO_2\,T}$ und dem O_2-Volumenanteil des Rauchgases $y_{O_2\,T}$ dargestellt.

Erklärung der Größen

$y_{CO_2\,T}$ Volumenanteil Kohlendioxid
$y_{O_2\,T}$ Volumenanteil Sauerstoff
$\hat{y}_{CO_2\,T}$ maximaler Volumenanteil Kohlendioxid
V_{CO_2} bezogenes CO_2-Volumen
$V_{Go\,T}$ bezogenes Rauchgasvolumen bei stöchiometrischer Verbrennung
H_u Heizwert des Brennstoffes in MJ/kg

Berechnungsformeln

$$y_{O_2\,T} = 0{,}21 \left(1 - \frac{y_{CO_2\,T}}{\hat{y}_{CO_2\,T}}\right) \tag{1}$$

$$\hat{y}_{CO_2\,T} = \frac{V_{CO_2}}{V_{Go\,T}} \tag{2}$$

feste Brennstoffe:

$$\hat{y}_{CO_2\,T} = \frac{0{,}10162 + 0{,}04399\,H_u}{0{,}44971 + 0{,}23825\,H_u} \tag{3}$$

Heizöle:

$$\hat{y}_{CO_2\,T} = \frac{1{,}26601 + 0{,}007557\,H_u}{1{,}76427 + 0{,}20048\,H_u} \tag{4}$$

Erdgase:

$$\hat{y}_{CO_2\,T} = \frac{0{,}27900 + 0{,}022575\,H_u}{0{,}64975 + 0{,}22538\,H_u} \tag{5}$$

Beispiel

Gegeben: Erdgas, $H_u = 45$ MJ/kg; $y_{CO_2\,T} = 0{,}095$
Ergebnis: $\hat{y}_{CO_2\,T} = 0{,}12$ aus unterem Diagramm
$\ y_{O_2\,T} = 0{,}044$ (mit $y_{CO_2\,T} = 0{,}095$ und $\hat{y}_{CO_2\,T} = 0{,}12$ aus oberem Diagramm)

Hinweis

Den Verbrennungsgleichungen des Abschnittes 4 liegt die Luftzusammensetzung nach DIN 1871 (Gasförmige Brennstoffe und sonstige Gase) Ausgabe 1978 zugrunde:

$N_2 = 0{,}78084$; $O_2 = 0{,}20948$; $Ar = 0{,}00934$; $CO_2 = 0{,}00032$; $Ne = 0{,}00002$ Volumenanteile.

Diese Zusammensetzung wurde in der DIN 1871, Ausgabe 1980 geringfügig geändert:

$N_2 = 0{,}78111$; $O_2 = 0{,}20938$; $Ar = 0{,}00916$; $CO_2 = 0{,}00033$; $Ne = 0{,}00002$

Da die Auswirkung aber innerhalb der Zeichengenauigkeit liegt, wurden die Gleichungen und Diagramme nicht korrigiert.

0,12
0,10
0,08
0,06
0,04
0,02
0
Volumenanteil O$_2$ y_{O_2T}
$\hat{y}_{CO_2T} = 0,20$
0,18
0,16
0,14
0,12
0,10
0,06   0,08   0,10   0,12   0,14   0,16   0,18   0,20
Volumenanteil CO$_2$ y_{CO_2T}

0,25
0,20
0,15
0,10
maximaler Volumenanteil CO$_2$ $\hat{y}_{CO_2T}$
feste Brennstoffe
Heizöle
Erdgase
0   10   20   30   40   50   MJ/kg   60
Heizwert H_u

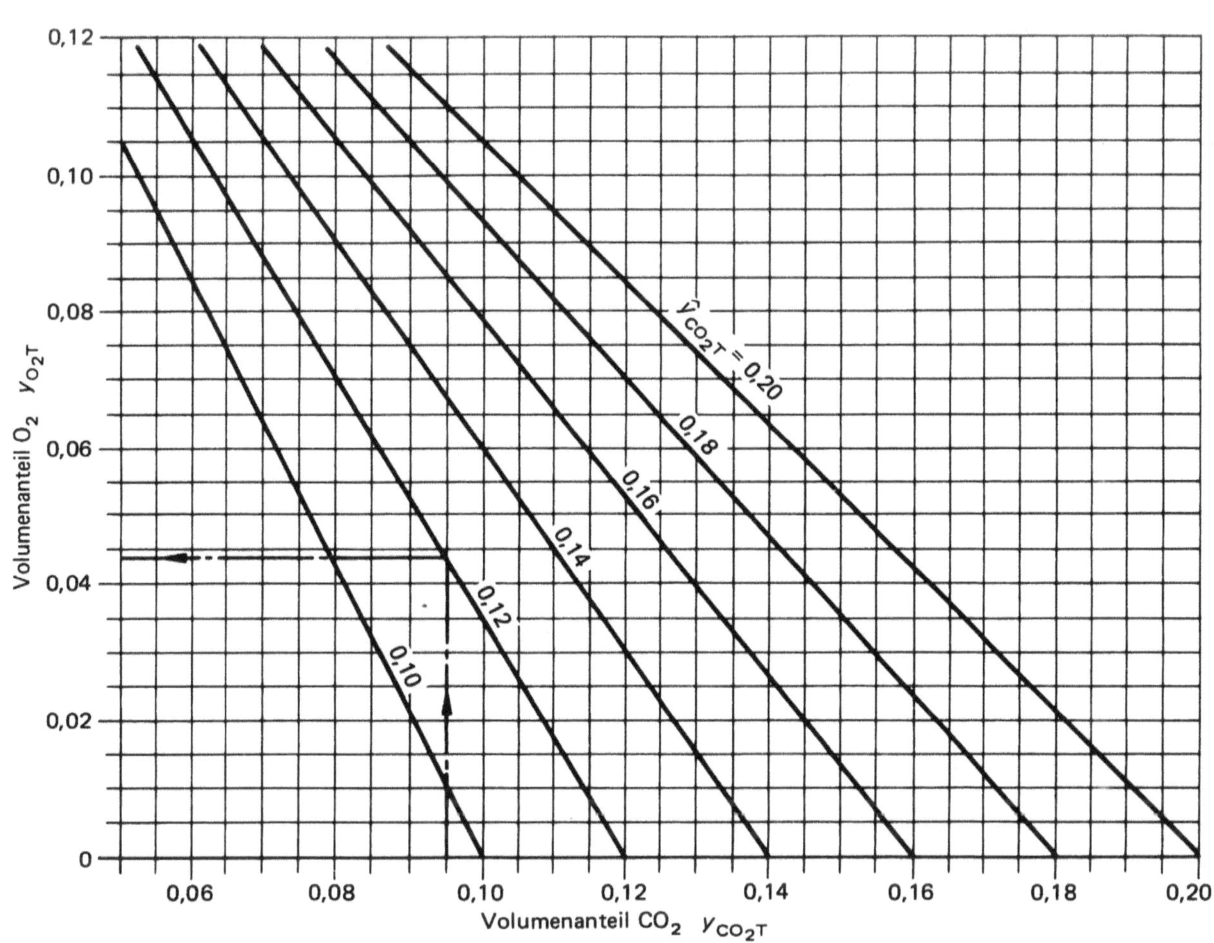

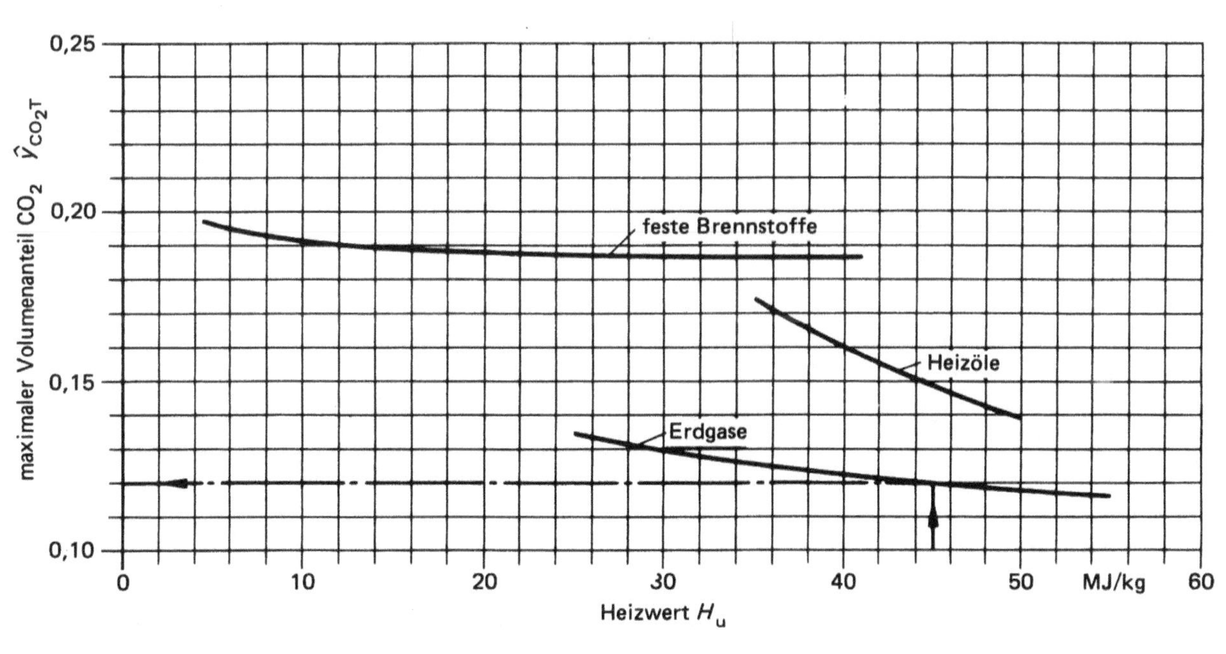

F. Brandt

Erläuterung zu 4.2.1

Das Arbeitsblatt 4.2.1 dient dazu, die bezogene trockene Verbrennungsluftmasse μ_{LT} in Abhängigkeit vom Heizwert H_u und des im Rauchgas gemessenen CO_2-Volumenanteils $y_{CO_2\,T}$ für feste Brennstoffe zu bestimmen.

Erklärung der Größen

H_u Heizwert des Brennstoffes in MJ/kg
$y_{CO_2\,T}$ gemessener Kohlendioxid-Volumenanteil
$x_{H_2\,OL}$ absolute Feuchte der Verbrennungsluft in kg/kg
p Gesamtdruck
p_s Dampfdruck bei Temperatur der Luft
φ relative Luftfeuchtigkeit
μ_{LT} bezogene Verbrennungsluftmasse in kg Luft/kg Brennstoff
V_{LT} bezogenes trockenes Verbrennungsluftvolumen in m³/kg

Berechnungsformeln:

$$\mu_{LT} = (-0{,}0139 + 0{,}0089\,H_u) + (0{,}1314 + 0{,}0569\,H_u)\,\frac{1}{y_{CO_2\,T}} \tag{1}$$

$$\mu_L = \mu_{LT}(1 + x_{H_2\,OL}) \tag{2}$$

$$V_{LT} = \mu_{LT}/1{,}2930 \tag{3}$$

$$x_{H_2\,OL} = 0{,}622\,\frac{\varphi\,p_s}{p - \varphi\,p_s} \tag{4}$$

Beispiel

Gegeben: $H_u = 27{,}5$ MJ/kg; $y_{CO_2\,T} = 0{,}15$; $x_{H_2\,OL} = 0{,}0095$ kg/kg
Ergebnis: $\mu_{LT} = 11{,}54$ kg/kg
           $\mu_L = 11{,}65$ kg/kg
           $V_{LT} = 8{,}92$ m³/kg

Bezogene trockene Verbrennungsluftmasse für feste Brennstoffe

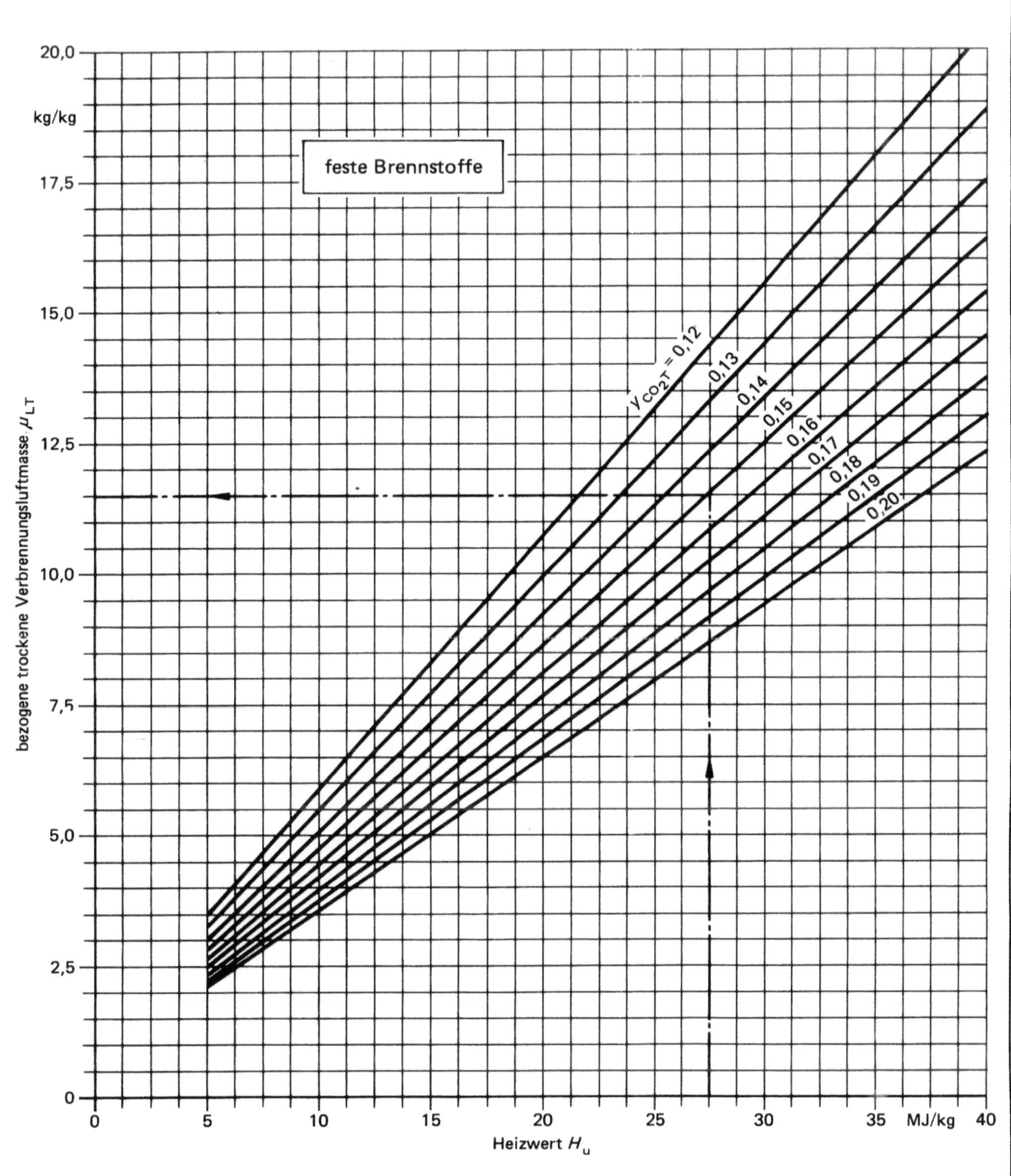

F. Brandt

Erläuterung zu 4.2.2

Das Arbeitsblatt 4.2.2 dient dazu, die bezogene trockene Verbrennungsluftmasse μ_{LT} in Abhängigkeit vom Heizwert H_u und des im Rauchgas gemessenen CO_2-Volumenanteils $y_{CO_2\,T}$ für Heizöle zu bestimmen.

Erklärung der Größen

H_u Heizwert des Brennstoffes in MJ/kg
$y_{CO_2\,T}$ gemessener Kohlendioxid-Volumenanteil
$x_{H_2\,OL}$ absolute Feuchte der Verbrennungsluft in kg/kg
p Gesamtdruck
p_s Dampfdruck bei Temperatur der Luft
φ relative Luftfeuchtigkeit
μ_{LT} bezogene trockene Verbrennungsluftmasse in kg Luft/kg Brennstoff
μ_L bezogene Verbrennungsluftmasse in kg Luft/kg Brennstoff
V_{LT} bezogenes trockenes Verbrennungsluftvolumen in m³/kg

Berechnungsformeln:

$$\mu_{LT} = (-\,1{,}8415 + 0{,}0649\,H_u) + (1{,}6370 + 0{,}0098\,H_u)\,\frac{1}{y_{CO_2\,T}} \tag{1}$$

$$\mu_{LT} = \mu_{LT}(1 + x_{H_2\,OL}) \tag{2}$$

$$V_{LT} = \mu_{LT}/1{,}2930 \tag{3}$$

$$x_{H_2\,OL} = 0{,}622\,\frac{\varphi p_s}{p - \varphi p_s} \tag{4}$$

Beispiel

Gegeben: $H_u = 42{,}5$ MJ/kg; $y_{CO_2\,T} = 0{,}13$; $x_{H_2\,OL} = 0{,}0095$ kg/kg
Ergebnis: $\mu_{LT} = 16{,}71$ kg/kg
           $\mu_L = 16{,}87$ kg/kg
           $V_{LT} = 12{,}93$ m³/kg

kg/kg
30,0
27,5
25,0
22,5
20,0
17,5
15,0
12,5
10,0
Heizöle
bezogene trockene Verbrennungsluftmasse μ_{LT}
$y_{CO_2T} = 0,10$
0,11
0,12
0,13
0,14
0,15
0,16
0,17
0,18
34
36
38
40
42
44
46
48
50
MJ/kg
Heizwert H_u

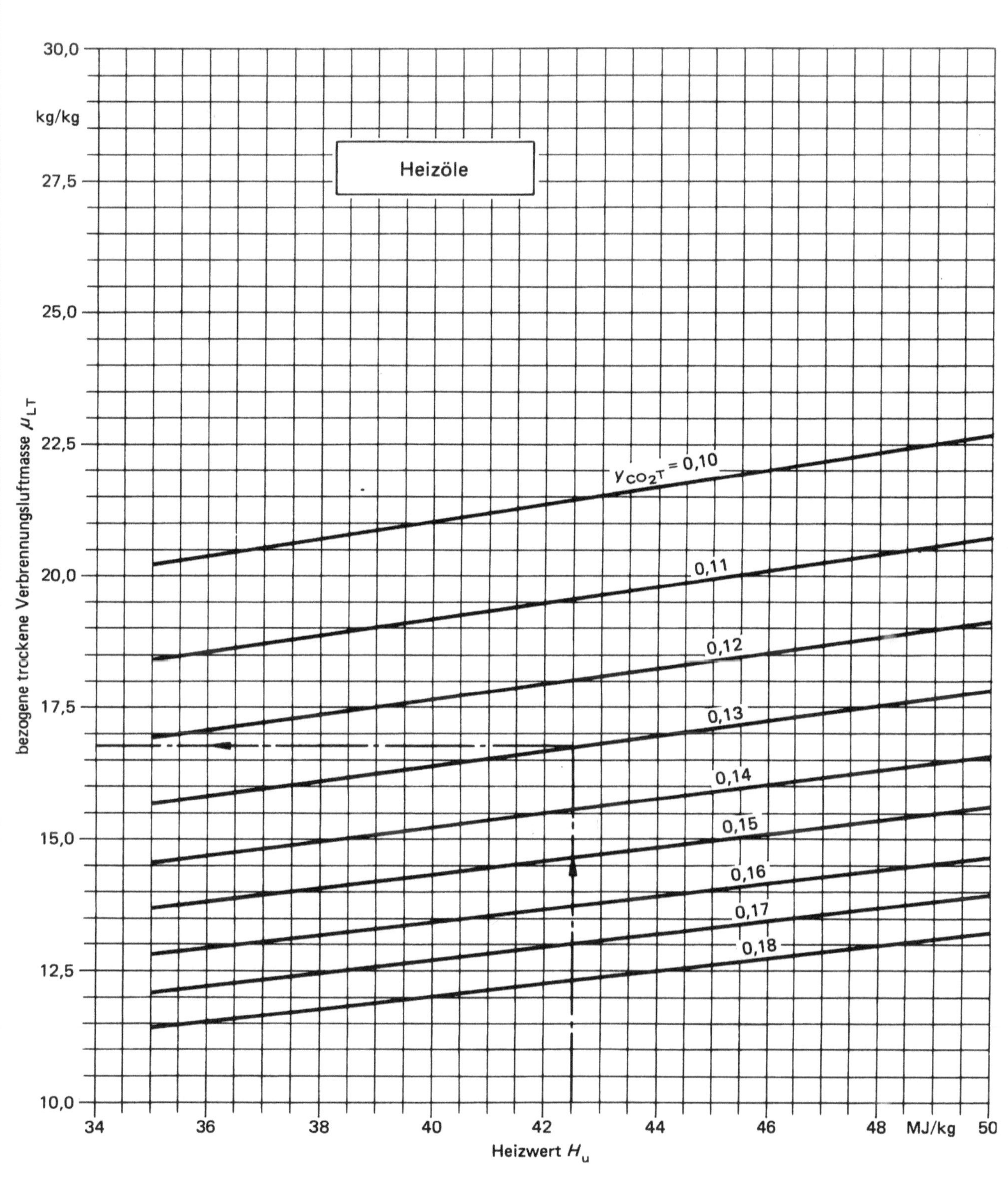

F. Brandt

Erläuterung zu 4.2.3

Das Arbeitsblatt 4.2.3 dient dazu, die bezogene trockene Verbrennungsluftmasse μ_{LT} in Abhängigkeit vom Heizwert H_u und des im Rauchgas gemessenen O_2-Volumenanteils $y_{O_2\,T}$ für Erdgase zu bestimmen.

Erklärung der Größen

H_u Heizwert des Brennstoffes in MJ/kg
$y_{O_2\,T}$ gemessener Sauerstoff-Volumenanteil
$x_{H_2\,OL}$ absolute Feuchte der Verbrennungsluft in kg/kg
p Gesamtdruck
p_s Dampfdruck bei Temperatur der Luft
φ relative Luftfeuchtigkeit
μ_{LT} bezogene trockene Verbrennungsluftmasse in kg Luft/kg Brennstoff
μ_L bezogene Verbrennungsluftmasse in kg Luft/kg Brennstoff
V_{LT} bezogenes trockenes Verbrennungsluftvolumen in m³/kg

Berechnungsformeln:

$$\mu_{LT} = (-\,0{,}0630 + 0{,}3450\,H_u) + (0{,}8401 + 0{,}2914\,H_u)\,\frac{y_{O_2\,T}}{0{,}21 - y_{O_2\,T}} \qquad (1)$$

$$\mu_L = \mu_{LT}(1 + x_{H_2\,OL}) \qquad (2)$$

$$V_{LT} = \mu_{LT}/1{,}2930 \qquad (3)$$

$$x_{H_2\,OL} = 0{,}622\,\frac{\varphi\,p_s}{p - \varphi\,p_s} \qquad (4)$$

Beispiel

Gegeben: H_u = 47,5 MJ/kg; $y_{O_2\,T}$ = 0,05; $x_{H_2\,OL}$ = 0,0095 kg/kg
Ergebnis: μ_{LT} = 20,91 kg/kg
          μ_L = 21,11 kg/kg
          V_{LT} = 16,27 m³/kg

Erdgase
kg/kg
25,0
22,5
20,0
17,5
15,0
12,5
10,0
7,5
5,0
bezogene trockene Verbrennungsluftmasse μ_{LT}
$Y_{O_2T} = 0,06$
0,05
0,04
0,03
0,02
0,01
0,00
20
25
30
35
40
45
50
55
MJ/kg
60
Heizwert H_u

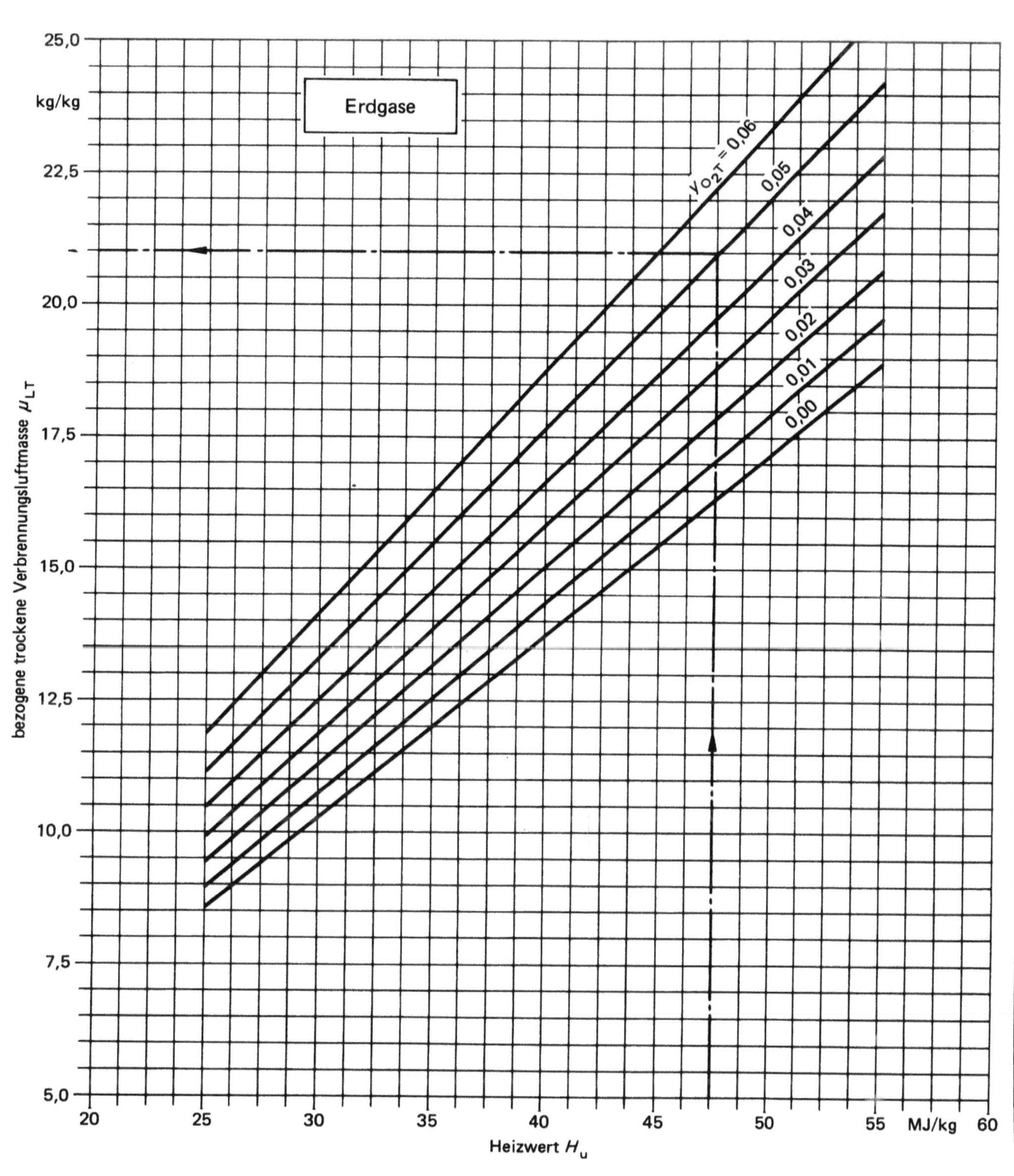

F. Brandt

Erläuterung zu 4.2.4

Das Arbeitsblatt 4.2.4 dient dazu, die bezogene trockene Verbrennungsluftmasse μ_{LTn} in Abhängigkeit vom Brennwert H_{on} und des im Rauchgas gemessenen O_2-Volumenanteils $y_{O_2\,T}$ für Erdgase zu bestimmen.

Erklärung der Größen

H_{on} Brennwert bei Normzustand in MJ/m³
H_{on}^* Brennwert bei Normzustand in kWh/m³
$y_{O_2\,T}$ gemessener Sauerstoff-Volumenanteil
$x_{\mathrm{H_2\,OL}}$ absolute Feuchte der Verbrennungsluft in kg/kg
p Gesamtdruck
p_{s} Dampfdruck bei Temperatur der Luft
φ relative Luftfeuchtigkeit
μ_{LTn} bezogene trockene Verbrennungsluftmasse im Normzustand
μ_{Ln} bezogene Verbrennungsluftmasse in kg/m³
V_{LTn} bezogenes trockenes Verbrennungsluftvolumen in m³/m³

Berechnungsformeln:

$$\mu_{\mathrm{LTn}} = (-0{,}1596 + 0{,}3140\,H_{\mathrm{on}}) + (0{,}082458 + 0{,}2786\,H_{\mathrm{on}})\,\frac{y_{O_2\,T}}{0{,}21 - y_{O_2\,T}} \tag{1}$$

$$\mu_{\mathrm{Ln}} = \mu_{\mathrm{LTn}}(1 + x_{\mathrm{H_2\,OL}}) \tag{2}$$

$$V_{\mathrm{LTn}} = \mu_{\mathrm{LTn}}/1{,}2930 \tag{3}$$

$$x_{\mathrm{H_2\,OL}} = 0{,}622\,\frac{\varphi p_{\mathrm{s}}}{p - \varphi p_{\mathrm{s}}} \tag{4}$$

$$H_{\mathrm{o}} = H_{\mathrm{o}}^*\,3{,}6 \tag{5}$$

Beispiel

Gegeben: H_{on} = 41,3 MJ/m³; $y_{O_2\,T}$ = 0,05; $x_{\mathrm{H_2\,OL}}$ = 0,0095 kg/kg
Ergebnis: μ_{LTn} = 16,43 kg/m³
    μ_{Ln} = 16,59 kg/m³
    V_{LTn} = 12,71 m³/m³

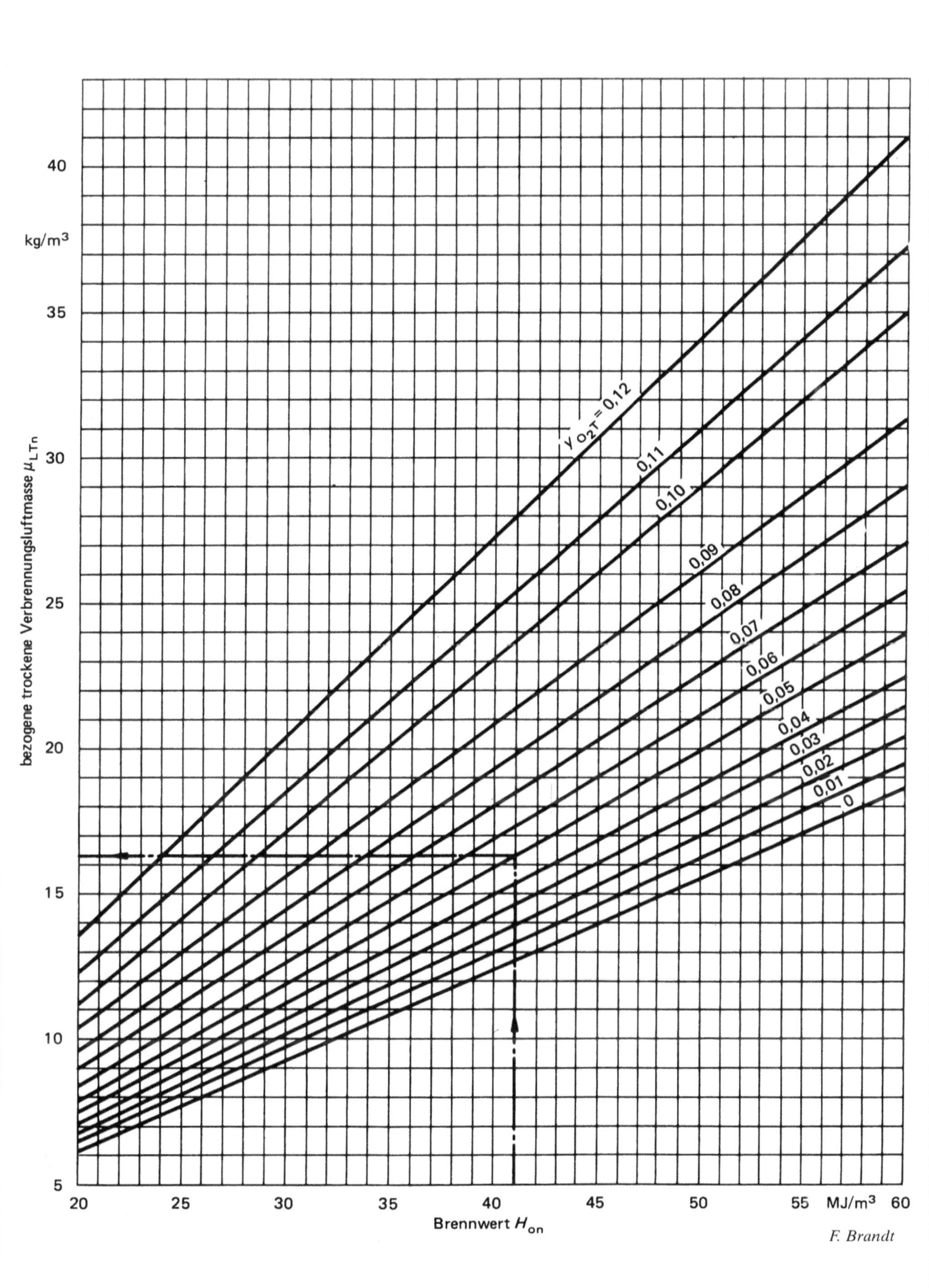
kg/m³
bezogene trockene Verbrennungsluftmasse μ_{LTn}
40
35
30
25
20
15
10
5
Y_{O_2T} = 0,12
0,11
0,10
0,09
0,08
0,07
0,06
0,05
0,04
0,03
0,02
0,01
0
20
25
30
35
40
45
50
55   MJ/m³   60
Brennwert H_{on}
F. Brandt

Erläuterung zu 4.3.1

Das Arbeitsblatt 4.3.1 dient dazu, die bezogene Rauchgasmasse μ_{GB} in Abhängigkeit vom Heizwert H_u und des im Rauchgas gemessenen CO_2-Volumenanteils $y_{CO_2\,T}$ für feste Brennstoffe zu bestimmen.

Erklärung der Größen

H_u Heizwert des Brennstoffes in MJ/kg
$y_{CO_2\,T}$ gemessener Kohlendioxid-Volumenanteil
$x_{H_2\,OL}$ absolute Feuchte der Verbrennungsluft in kg/kg
μ_{LT} bezogene trockene Verbrennungsluftmasse aus Blatt 4.2.1 in kg/kg
μ_{GB} bezogene Rauchgasmasse (ohne Luftfeuchtigkeit) in kg/kg
μ_{G} bezogene Rauchgasmasse in kg/kg

Berechnungsformeln:

$$\mu_{GB} = (0{,}96569 + 0{,}00707\,H_u) + (0{,}13139 + 0{,}05688\,H_u)\,\frac{1}{y_{CO_2\,T}} \tag{1}$$

$$\mu_{G} = \mu_{GB} + \mu_{LT}\,x_{H_2\,OL} \tag{2}$$

Beispiel

Gegeben: H_u = 27,5 MJ/kg
$\quad\quad\quad\quad y_{CO_2\,T}$ = 0,15
$\quad\quad\quad\quad x_{H_2\,OL}$ = 0,0095 kg/kg
Ergebnis: μ_{LT} = 11,54 kg/kg aus Blatt 4.2.1
$\quad\quad\quad\quad \mu_{GB}$ = 12,46 kg/kg
$\quad\quad\quad\quad \mu_{G}$ = 12,57 kg/kg

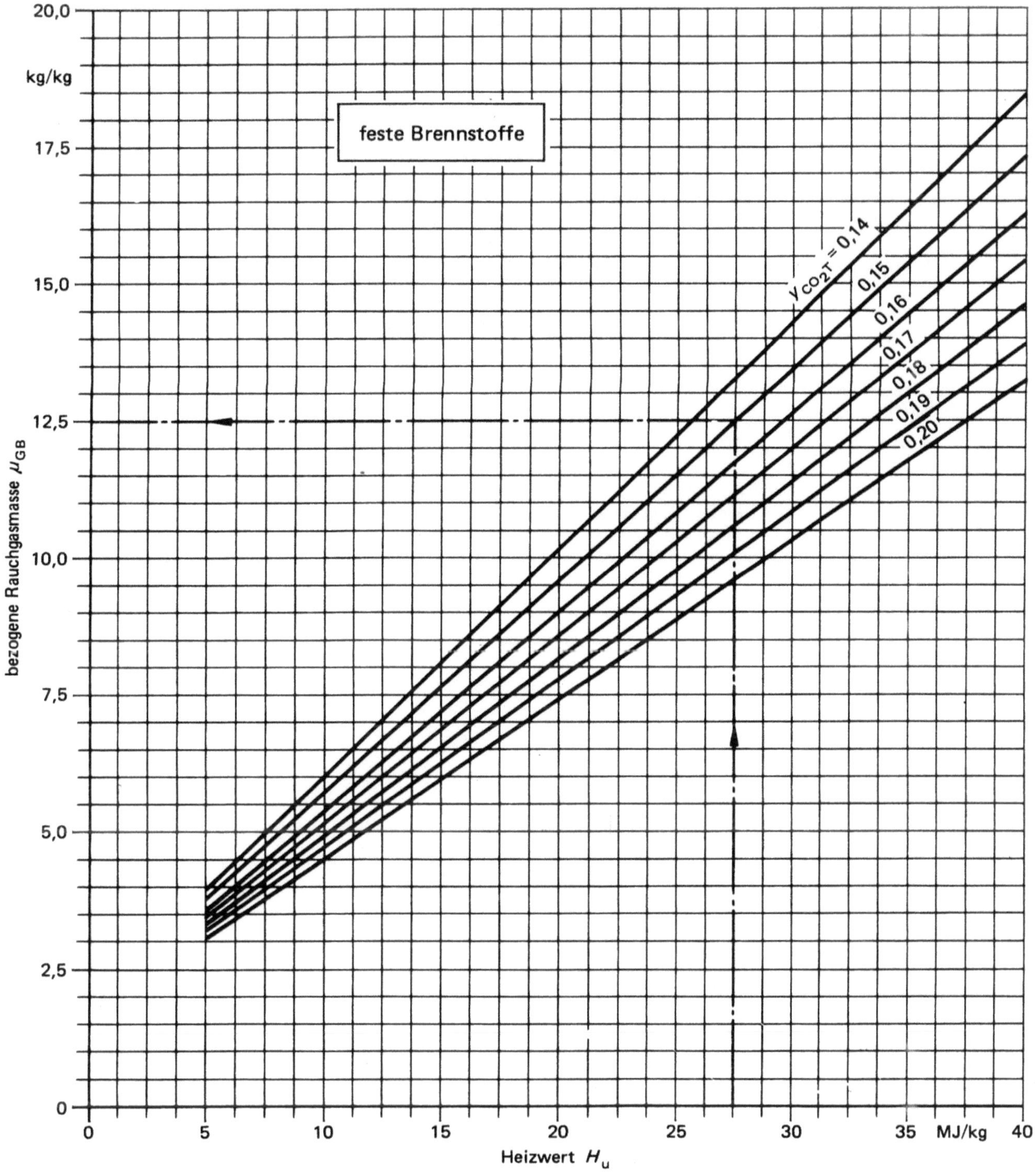
feste Brennstoffe
20,0
kg/kg
17,5
15,0
12,5
10,0
7,5
5,0
2,5
0
bezogene Rauchgasmasse μ_{GB}
y_{CO_2T} = 0,14
0,15
0,16
0,17
0,18
0,19
0,20
0
5
10
15
20
25
30
35
MJ/kg
40
Heizwert H_u

F. Brandt

Erläuterung zu 4.3.2

Das Arbeitsblatt 4.3.2 dient dazu, die bezogene Rauchgasmasse μ_{GB} in Abhängigkeit vom Heizwert H_u und des im Rauchgas gemessenen CO_2-Volumenanteils $y_{CO_2\,T}$ für Heizöle zu bestimmen.

Erklärung der Größen

H_u Heizwert des Brennstoffes in MJ/kg

$y_{CO_2\,T}$ gemessener Kohlendioxid-Volumenanteil

$x_{H_2\,OL}$ absolute Feuchte der Verbrennungsluft in kg/kg

μ_{LT} bezogene trockene Verbrennungsluftmasse aus Blatt 4.2.2 in kg/kg

μ_{GB} bezogene Rauchgasmasse (ohne Luftfeuchtigkeit) in kg/kg

μ_G bezogene Rauchgasmasse in kg/kg

Berechnungsformeln:

$$\mu_{GB} = (-\,0{,}84149 + 0{,}06491\,H_u) + (1{,}63696 + 0{,}009771\,H_u)\,\frac{1}{y_{CO_2\,T}} \tag{1}$$

$$\mu_G = \mu_{GB} + \mu_{LT}\,x_{H_2\,OL} \tag{2}$$

Beispiel

Gegeben: H_u $= 42{,}5$ MJ/kg
 $y_{CO_2\,T} = 0{,}13$
 $x_{H_2\,OL} = 0{,}0095$ kg/kg
Ergebnis: μ_{LT} $= 16{,}71$ kg/kg aus Blatt 4.2.2
 μ_{GB} $= 17{,}71$ kg/kg $= \mu_{LT} + 1$
 μ_G $= 17{,}86$ kg/kg

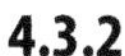

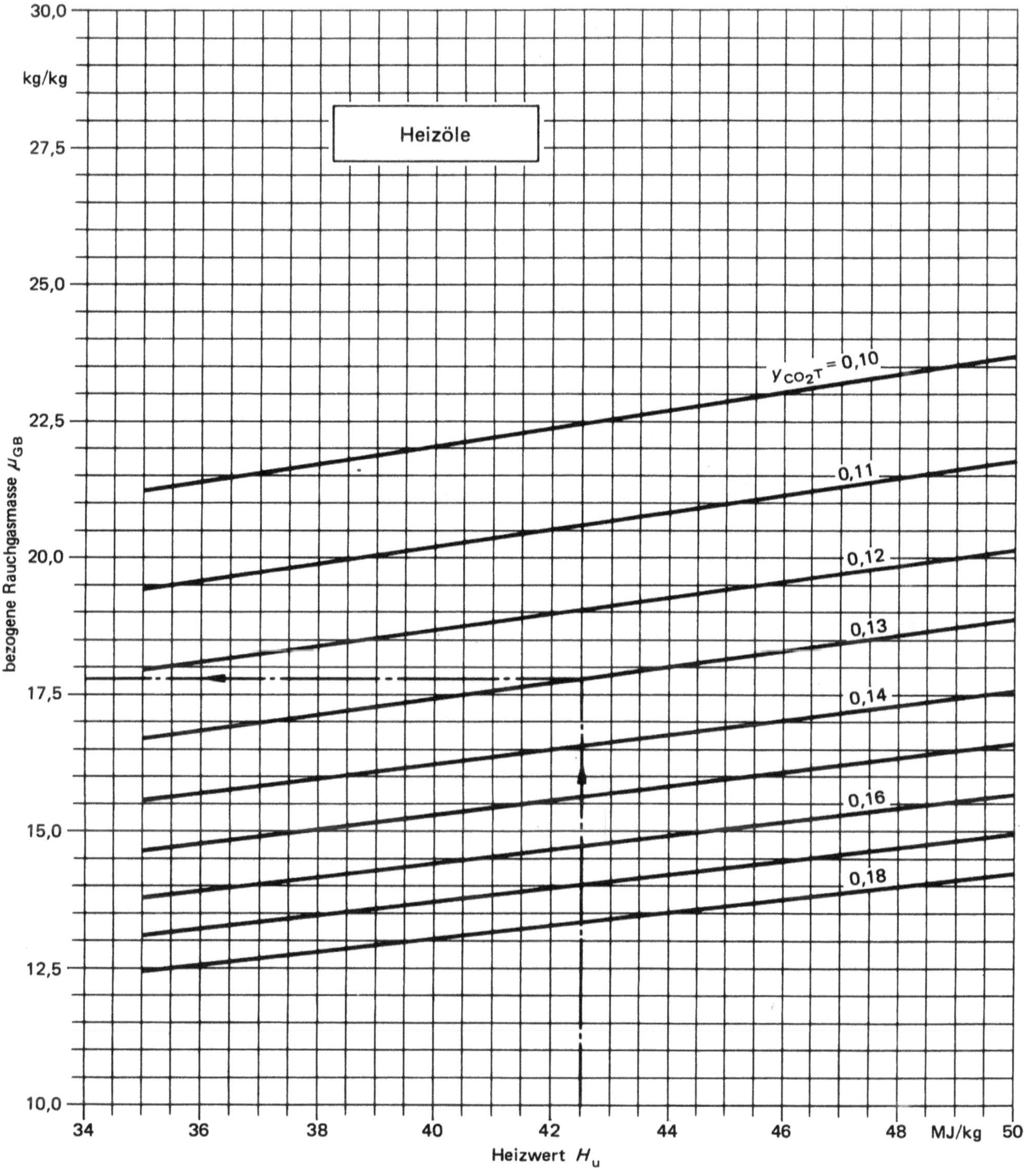

30,0
kg/kg
27,5
25,0
22,5
20,0
17,5
15,0
12,5
10,0
Heizöle
y_{CO_2T} = 0,10
0,11
0,12
0,13
0,14
0,16
0,18
bezogene Rauchgasmasse μ_{GB}
34
36
38
40
42
44
46
48
MJ/kg
50
Heizwert H_u

F. Brandt

Erläuterung zu 4.3.3

Das Arbeitsblatt 4.3.3 dient dazu, die bezogene Rauchgasmasse μ_{GB} in Abhängigkeit vom Heizwert H_u und des im Rauchgas gemessenen O_2-Volumenanteils $y_{CO_2\,T}$ für Erdgase zu bestimmen.

Erklärung der Größen

H_u Heizwert des Brennstoffes in MJ/kg

$y_{O_2\,T}$ gemessener Sauerstoff-Volumenanteil

$x_{H_2\,OL}$ absolute Feuchte der Verbrennungsluft in kg/kg

μ_{LT} bezogene trockene Verbrennungsluftmasse aus Blatt 4.2.3 in kg/kg

μ_{GB} bezogene Rauchgasmasse (ohne Luftfeuchtigkeit) in kg/kg

μ_{G} bezogene Rauchgasmasse in kg/kg

Berechnungsformeln:

$$\mu_{GB} = (0{,}93697 + 0{,}34503\,H_u) + (0{,}84013 + 0{,}29142\,H_u)\,\frac{y_{O_2\,T}}{0{,}21 - y_{O_2\,T}} \tag{1}$$

$$\mu_{G} = \mu_{GB} + \mu_{LT}\,x_{H_2\,OL} \tag{2}$$

Beispiel

Gegeben: H_u = 47,5 MJ/kg
            $y_{O_2\,T}$ = 0,05
            $x_{H_2\,OL}$ = 0,0095 kg/kg
Ergebnis: μ_{LT} = 20.91 kg/kg aus Blatt 4.2.3
            μ_{GB} = 21,91 kg/kg = μ_{LT} + 1
            μ_{G} = 22,11 kg/kg

kg/kg
45
40
35
30
25
20
15
10
bezogene Rauchgasmasse μ_{GB}
$Y_{O_2T} = 0{,}12$
0,11
0,10
0,09
0,08
0,07
0,06
0,05
0,04
0,03
0,02
0,01
0,00
25
30
35
40
45
50
55
MJ/kg
Heizwert H_u

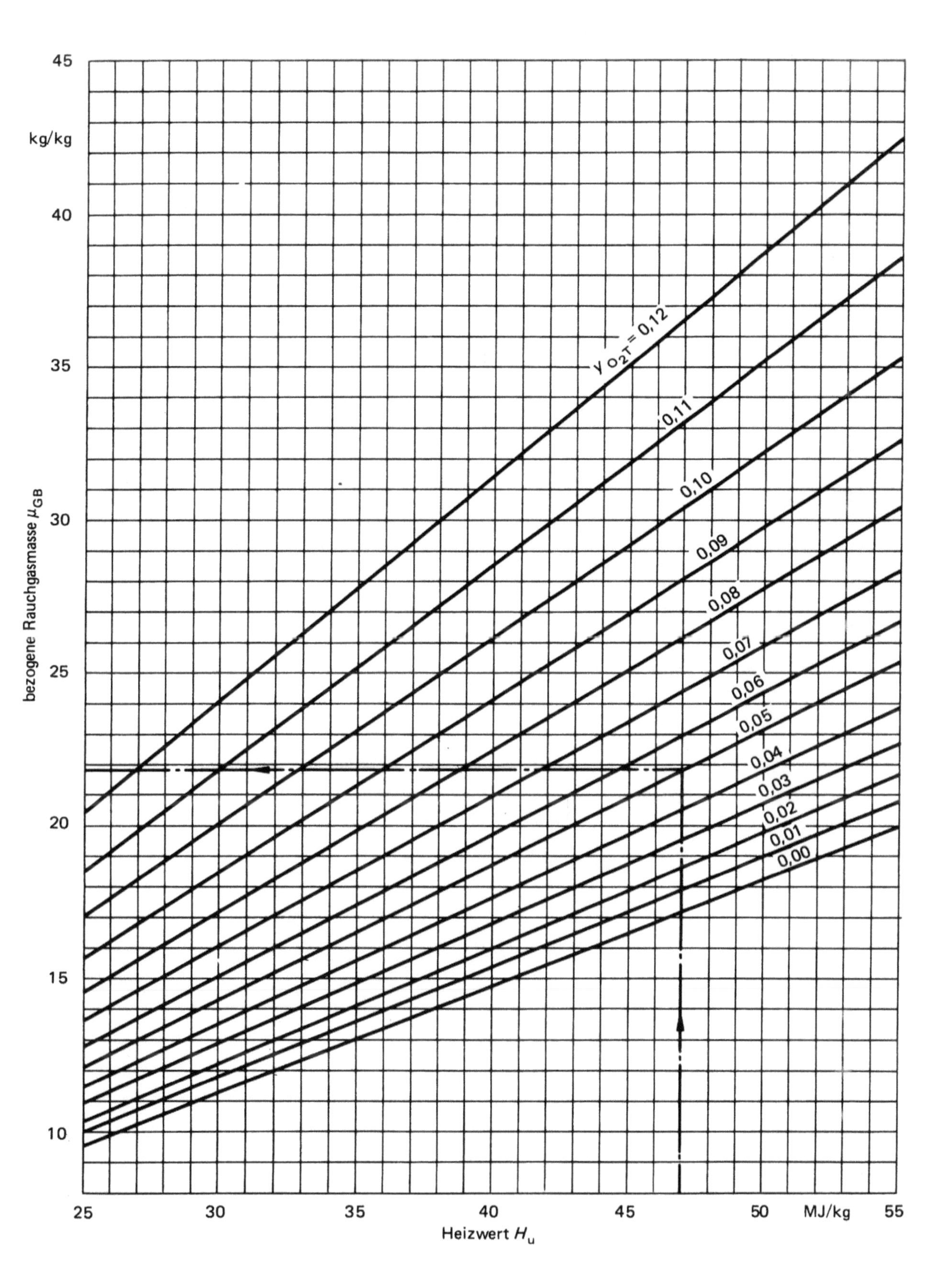

F. Brandt

Erläuterung zu 4.3.4

Das Arbeitsblatt 4.3.4 dient dazu, die bezogene Rauchgasmasse μ_{GBn} in Abhängigkeit vom Brennwert H_{on} und des im Rauchgas gemessenen O_2-Volumenanteils $y_{O_2\,T}$ für Erdgase zu bestimmen.

Erklärung der Größen

H_{on} Brennwert bei Normzustand in MJ/m³

H_{on}^{*} Brennwert bei Normzustand in kWh/m³

$y_{O_2\,T}$ gemessener Sauerstoff-Volumenanteil

$x_{H_2\,OL}$ absolute Feuchte der Verbrennungsluft in kg/kg

μ_{LTn} bezogene trockene Verbrennungsluftmasse im Normzustand aus Blatt 4.2.4 in kg/m³

μ_{GBn} bezogene Rauchgasmasse (ohne Luftfeuchtigkeit) im Normzustand in kg/m³

μ_{Gn} bezogene Rauchgasmasse im Normzustand in kg/m³

Berechnungsformeln:

$$\mu_{\text{GBn}} = (0{,}24737 + 0{,}32467\,H_{\text{on}}) + (0{,}08246 + 0{,}27860\,H_{\text{on}})\,\frac{y_{O_2\,T}}{0{,}21 - y_{O_2\,T}} \qquad (1)$$

$$H_{\text{on}} = H_{\text{on}}^{*}\,3{,}6 \qquad (2)$$

$$\mu_{\text{Gn}} = \mu_{\text{GBn}} + \mu_{\text{LTn}}\,x_{H_2\,OL} \qquad (3)$$

Beispiel

Gegeben: H_{on} = 41,3 MJ/m³

          $y_{O_2\,T}$ = 0,05

          $x_{H_2\,OL}$ = 0,0095 kg/kg

Ergebnis: μ_{LTn} = 16,43 kg/m³ aus Blatt 4.2.4

          μ_{GBn} = 17,28 kg/m³

          μ_{Gn} = 17,43 kg/m³

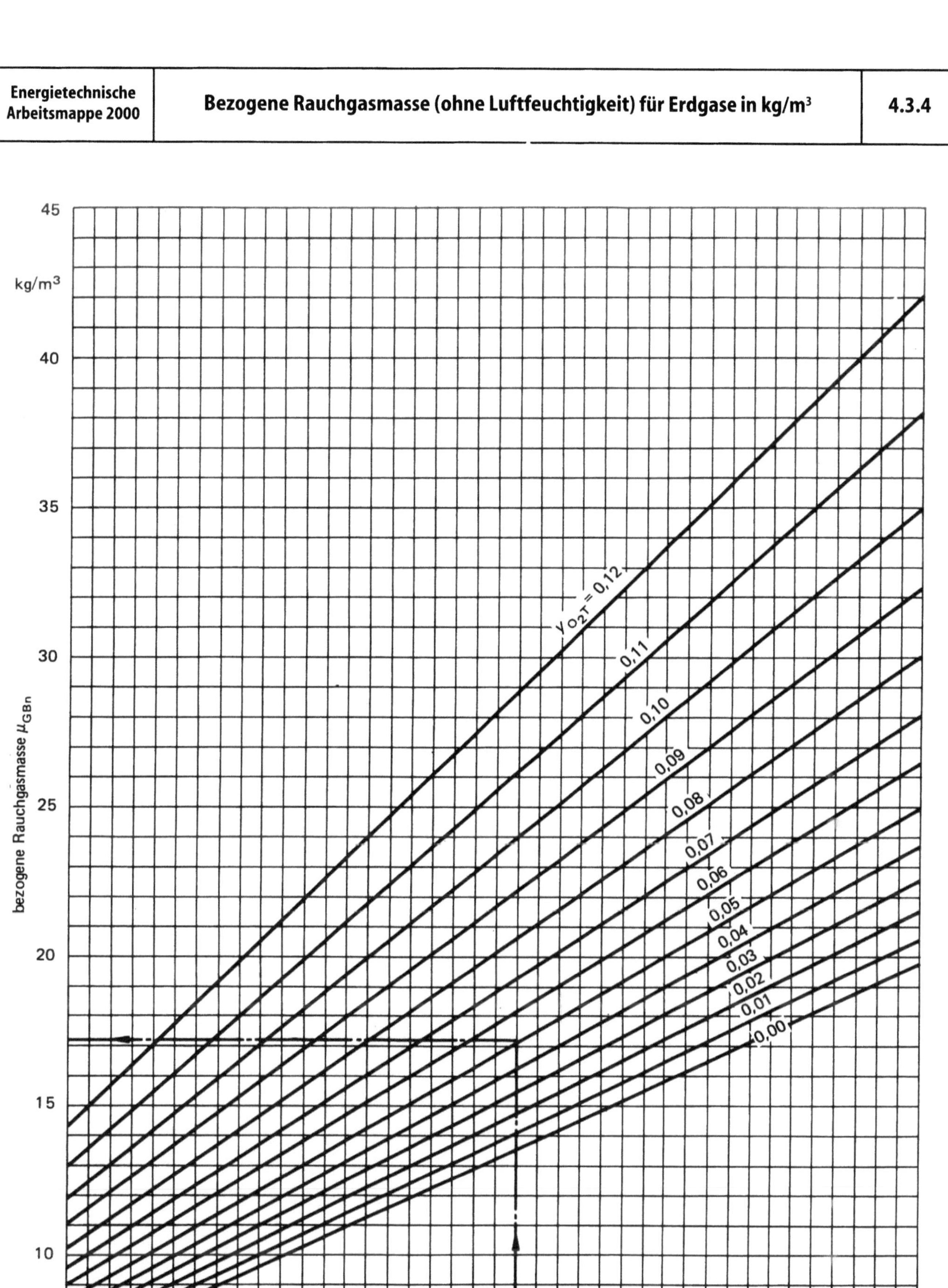
kg/m³
45
40
35
30
25
20
15
10
5
bezogene Rauchgasmasse μ_{GBn}
y_{O_2T} = 0,12
0,11
0,10
0,09
0,08
0,07
0,06
0,05
0,04
0,03
0,02
0,01
0,00
20
25
30
35
40
45
50
55
MJ/m³
60
Brennwert H_{on}
F. Brandt

Erläuterung zu 4.4.1

Das Arbeitsblatt 4.4.1 dient dazu, das bezogenen Rauchgasvolumen V_{GB} in Abhängigkeit vom Heizwert H_u und des im Rauchgas gemessenen CO_2-Volumenanteils $y_{CO_2 T}$ für feste Brennstoffe zu bestimmen.

Erklärung der Größen

H_u Heizwert des Brennstoffes in MJ/kg
$y_{CO_2 T}$ gemessener Kohlendioxid-Volumenanteil
$y_{H_2 OL}$ Feuchtigkeit der Verbrennungsluft in m^3/m^3
$x_{H_2 OL}$ absolute Feuchte der Verbrennungsluft in kg/kg
V_{LT} bezogenes trockenes Verbrennungsluftvolumen in m^3/kg aus Blatt 4.2.1
V_{GB} bezogenes Rauchgasvolumen (ohne Luftfeuchtigkeit) in m^3/kg
V_G bezogenes Rauchgasvolumen in m^3/kg

Berechnungsformeln:

$$V_{GB} = (1{,}1296 - 0{,}02028\, H_u) + (0{,}10162 + 0{,}04399\, H_u)\,\frac{1}{y_{CO_2 T}} \tag{1}$$

$$V_G = V_{GB} + V_{LT}\, y_{H_2 OL} \tag{2}$$

$$y_{H_2 OL} = 1{,}6086\, x_{H_2 OL} \tag{3}$$

Beispiel

Gegeben: H_u = 27,5 MJ/kg
           $y_{CO_2 T}$ = 0,15
           $y_{H_2 OL}$ = 0,0153 m^3/m^3
Ergebnis: V_{LT} = 8,92 m^3/kg aus Blatt 4.2.1
           V_{GB} = 9,31 m^3/kg
           V_G = 9,45 m^3/kg

feste Brennstoffe
20,0
m³/kg
17,5
15,0
12,5
10,0
7,5
5,0
2,5
0
bezogenes Rauchgasvolumen V_{GB}
$y_{CO_2T} = 0,10$
0,11
0,12
0,13
0,14
0,15
0,16
0,17
0,18
0,19
0,20
0
5
10
15
20
25
30
35
MJ/kg
40
Heizwert H_u

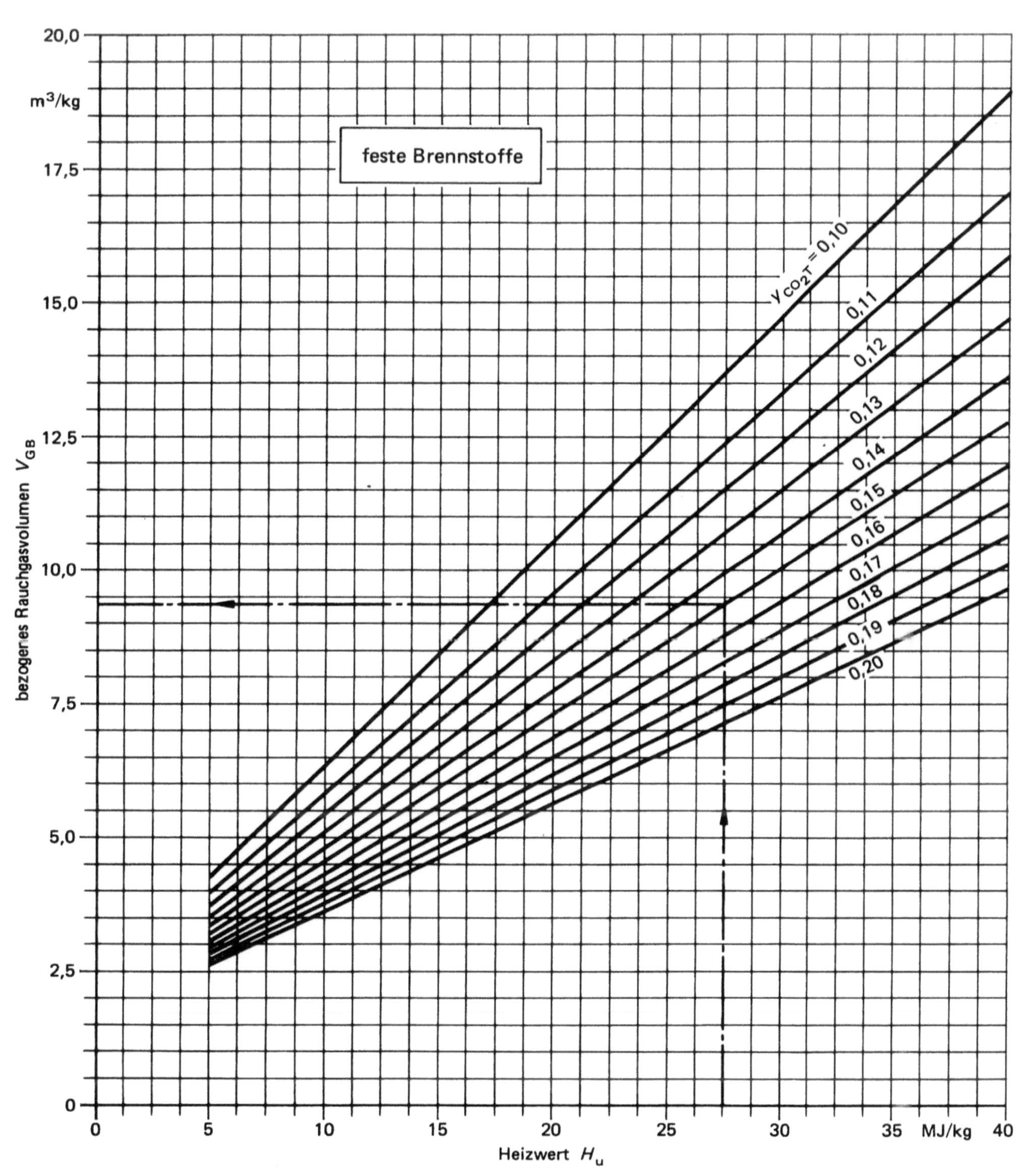

F. Brandt

Erläuterung zu 4.4.2

Das Arbeitsblatt 4.4.2 dient dazu, das bezogene Rauchgasvolumen V_{GB} in Abhängigkeit vom Heizwert H_u und des im Rauchgas gemessenen CO_2-Volumenanteils $y_{CO_2\,T}$ für Heizöle zu bestimmen.

Erklärung der Größen

H_u — Heizwert des Brennstoffes in MJ/kg

$y_{CO_2\,T}$ — gemessener Kohlendioxid-Volumenanteil

$y_{H_2\,OL}$ — Feuchtigkeit der Verbrennungsluft in m³/m³

$x_{H_2\,OL}$ — absolute Feuchte der Verbrennungsluft in kg/kg

V_{LT} — bezogenes trockenes Verbrennungsluftvolumen in m³/kg (aus Blatt 4.2.2)

V_{GB} — bezogenes Rauchgasvolumen (ohne Luftfeuchtigkeit) in m³/kg

V_G — bezogenes Rauchgasvolumen in m³/kg

Berechnungsformeln:

$$V_{GB} = (-\,2{,}49319 + 0{,}09185\,H_u) + (1{,}26601 + 0{,}007557\,H_u)\,\frac{1}{y_{CO_2\,T}} \tag{1}$$

$$V_G = V_{GB} + V_{LT}\,y_{H_2\,OL} \tag{2}$$

$$y_{H_2\,OL} = 1{,}6086\,x_{H_2\,OL} \tag{3}$$

Beispiel

Gegeben: H_u = 42,5 MJ/kg

$y_{CO_2\,T}$ = 0,13

$y_{H_2\,OL}$ = 0,0153 m³/m³

Ergebnis: V_{LT} = 12,93 m³/kg aus Blatt 4.2.2

V_{GB} = 13,62 m³/kg

V_G = 13,82 m³/kg

m³/kg
25,0
22,5
20,0
17,5
15,0
12,5
10,0
7,5
5,0
Heizöle
bezogenes Rauchgasvolumen V_{GB}
$y_{CO_2T} = 0{,}10$
0,11
0,12
0,13
0,14
0,15
0,16
0,17
0,18
34
36
38
40
42
44
46
48 MJ/kg 50
Heizwert H_u

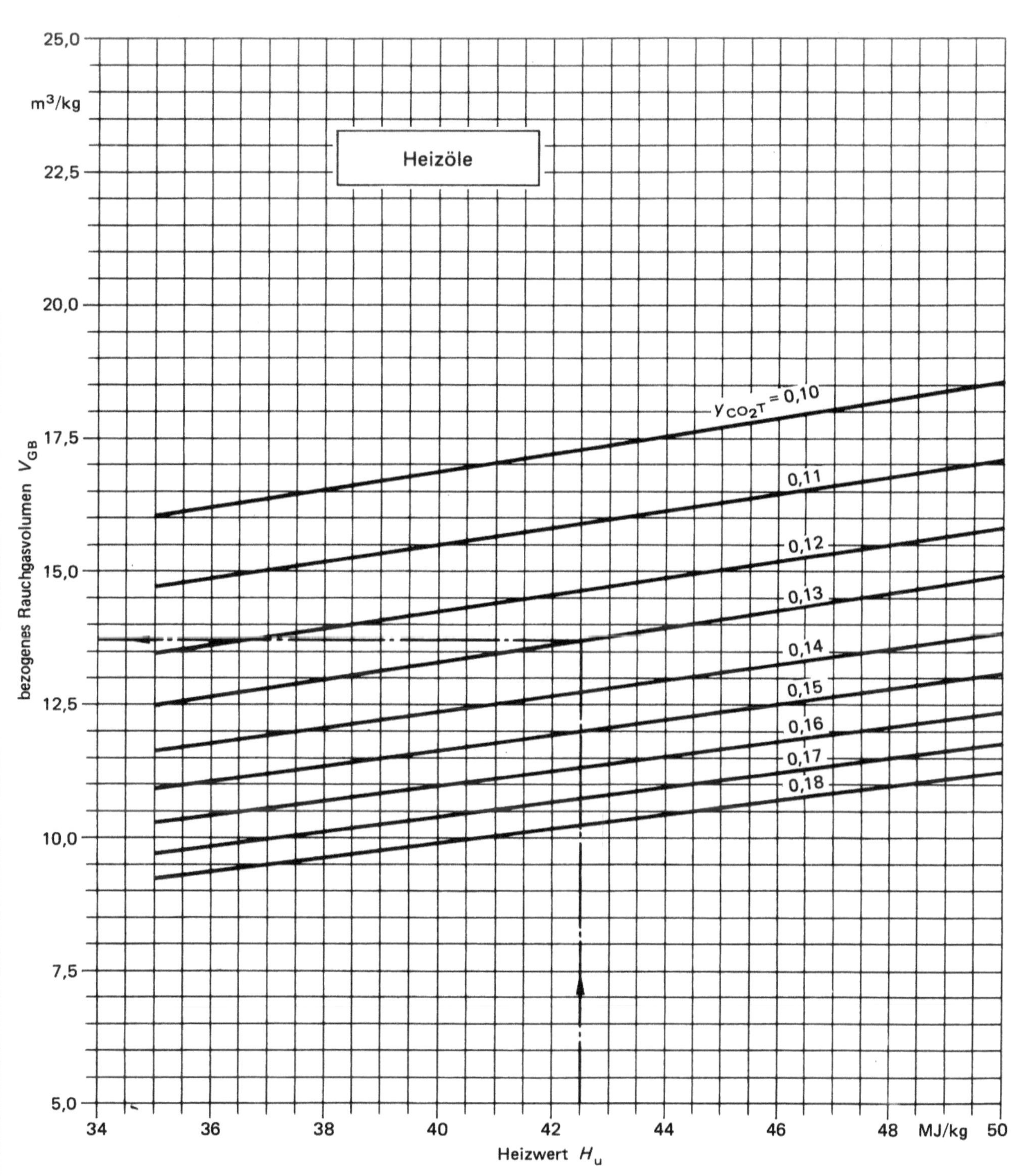

F. Brandt

Erläuterung zu 4.4.3

Das Arbeitsblatt 4.4.3 dient dazu, das bezogene Rauchgasvolumen V_{GB} in Abhängigkeit vom Heizwert H_u und des im Rauchgas gemessenen O_2-Volumenanteils $y_{O_2\,T}$ für Erdgase zu bestimmen.

Erklärung der Größen

H_u Heizwert des Brennstoffes in MJ/kg
$y_{O_2\,T}$ gemessener Sauerstoff-Volumenanteil
$y_{H_2\,OL}$ Feuchtigkeit der Verbrennungsluft in m³/m³
$x_{H_2\,OL}$ absolute Feuchte der Verbrennungsluft in kg/kg
V_{LT} bezogenes trockenes Verbrennungsluftvolumen in m³/kg (aus Blatt 4.2)
V_{GB} bezogenes Rauchgasvolumen (ohne Luftfeuchtigkeit) in m³/kg
V_G bezogenes Rauchgasvolumen in m³/kg

Berechnungsformeln:

$$V_{GB} = (0{,}55281 + 0{,}28186\,H_u) + (0{,}64975 + 0{,}22538\,H_u)\,\frac{y_{O_2\,T}}{0{,}21 - y_{O_2\,T}} \tag{1}$$

$$V_G = V_{GB} + V_{LT}\,y_{H_2\,OL} \tag{2}$$

$$y_{H_2\,OL} = 1{,}6086\,x_{H_2\,OL} \tag{3}$$

Beispiel

Gegeben:
H_u $= 47{,}5$ MJ/kg
$y_{O_2\,T}$ $= 0{,}05$
$y_{H_2\,OL}$ $= 0{,}0153$ m³/m³
Ergebnis:
V_{LT} $= 16{,}27$ m³/kg aus Blatt 4.2.3
V_{GB} $= 17{,}49$ m³/kg
V_G $= 17{,}74$ m³/kg

m³/kg
35
30
25
20
15
10
5
bezogenes Rauchgasvolumen V_{GB}
$V_{O_2T} = 0,12$
0,11
0,10
0,09
0,08
0,07
0,06
0,05
0,04
0,03
0,02
0,01
0,00
20
25
30
35
40
45
50
MJ/kg
55
Heizwert H_u

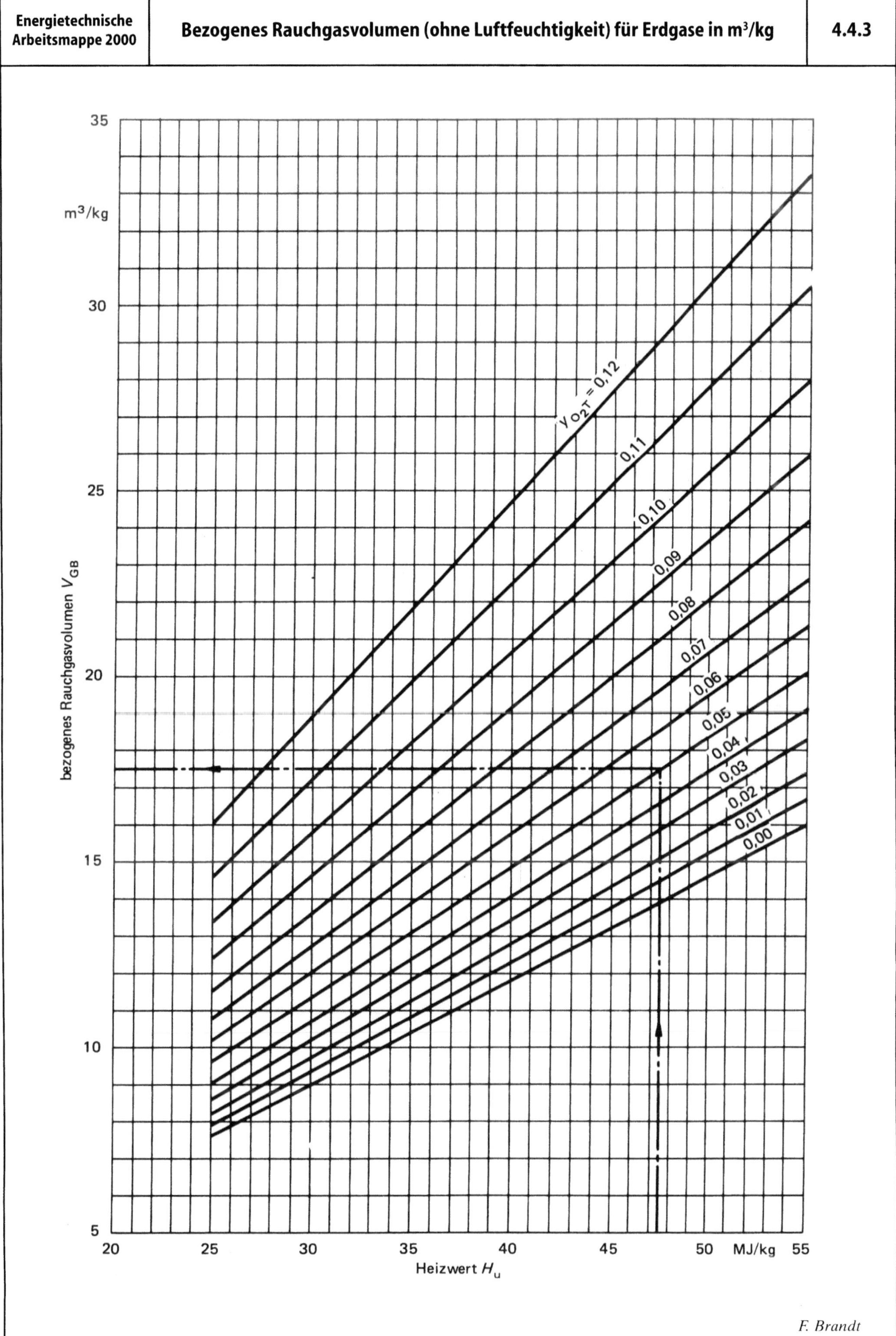

F. Brandt

Erläuterung zu 4.4.4

Das Arbeitsblatt 4.4.4 dient dazu, das bezogene Rauchgasvolumen V_{GBn} in Abhängigkeit vom Brennwert H_{on} und des im Rauchgas gemessenen O_2-Volumenanteils $y_{O_2 T}$ für Erdgase zu bestimmen.

Erklärung der Größen

H_{on} Brennwert bei Normzustand in MJ/m³
H_{on}^* Brennwert bei Normzustand in kWh/m³
$y_{O_2 T}$ gemessener Sauerstoff-Volumenanteil
$y_{H_2 OL}$ Feuchtigkeit der Verbrennungsluft in m³/m³
$x_{H_2 OL}$ absolute Feuchte der Verbrennungsluft in kg/kg
V_{LTn} bezogenes trockenes Verbrennungsluftvolumen im Normzustand in m³/m³ aus Blatt 4.2.4
V_{GBn} bezogenes Rauchgasvolumen (ohne Luftfeuchtigkeit) im Normzustand in m³/m³
V_{Gn} bezogenes Rauchgasvolumen im Normzustand in m³/m³

Berechnungsformeln:

$$V_{GBn} = (0{,}42287 + 0{,}25549\,H_{on}) + (0{,}06378 + 0{,}21546\,H_{on})\,\frac{y_{O_2 T}}{0{,}21 - y_{O_2 T}} \tag{1}$$

$$H_{on} = H_{on}^*\,3{,}6 \tag{2}$$

$$V_{Gn} = V_{GBn} + V_{LTn}\,y_{H_2 OL} \tag{3}$$

$$y_{H_2 OL} = 1{,}6086\,x_{H_2 OL} \tag{4}$$

Beispiel

Gegeben: H_{on} = 41,3 MJ/m³
          $y_{O_2 T}$ = 0,05
          $y_{H_2 OL}$ = 0,0153 m³/m³
Ergebnis: V_{LTn} = 12,71 m³/m³ aus Blatt 4.2.4
          V_{GBn} = 13,78 m³/m³
          V_{Gn} = 13,97 m³/m³

m³/m³
bezogenes Rauchgasvolumen V_{GBn}
35
30
25
20
15
10
5
$Y_{O_2T} = 0,12$
0,11
0,10
0,09
0,08
0,07
0,06
0,05
0,04
0,03
0,02
0,01
0,00
20
25
30
35
40
45
50
55
60
MJ/m³
Brennwert H_{on}

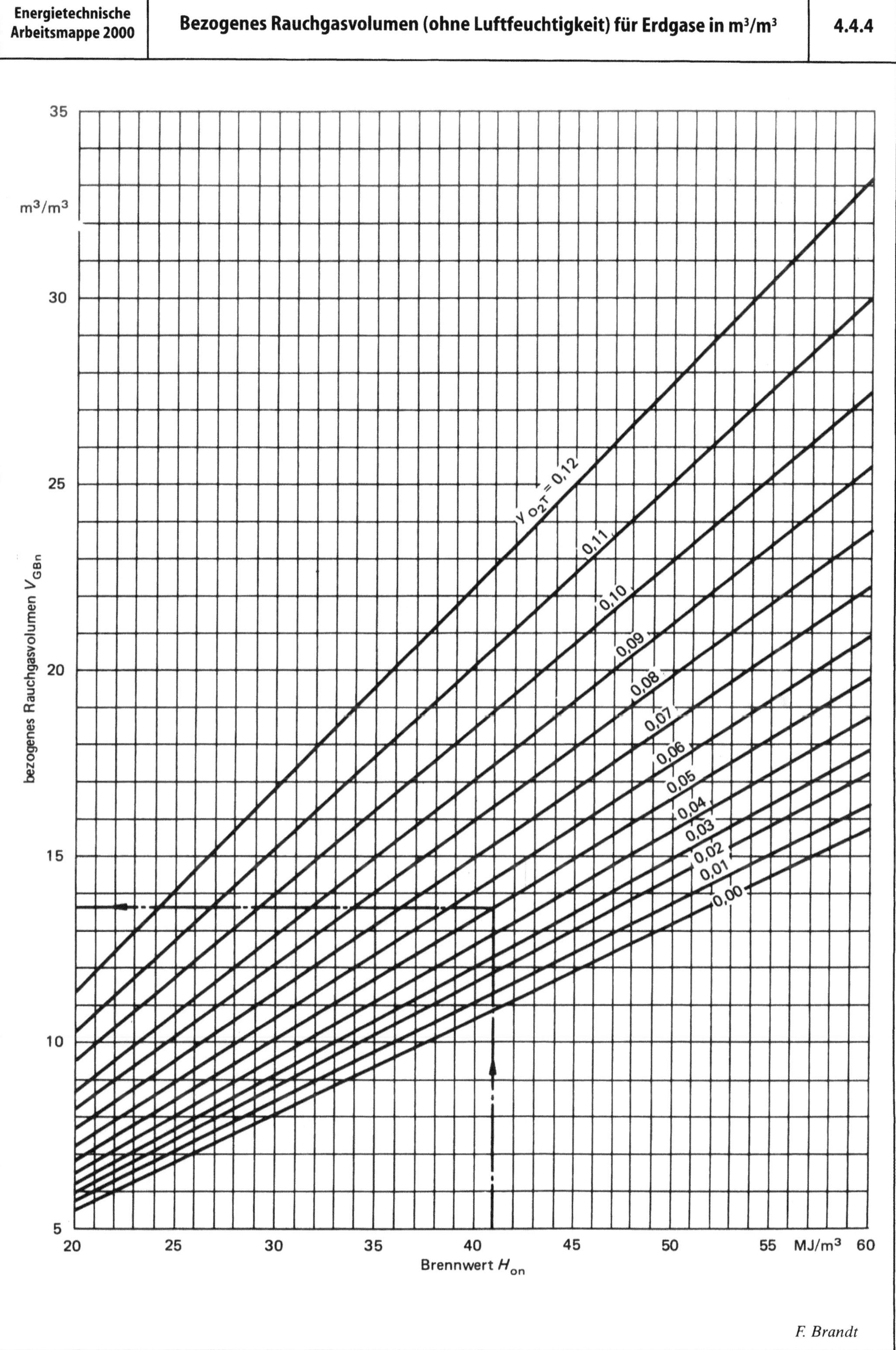

F. Brandt

Erläuterung zu 4.5.1

Das Arbeitsblatt 4.5.1 dient dazu, die Dichte des Rauchgases ϱ_{nGB} in Abhängigkeit vom Heizwert H_u und des im Rauchgas gemessenen CO_2-Volumenanteils $y_{CO_2\,T}$ für feste Brennstoffe zu bestimmen.

Erklärung der Größen

μ_{GB} bezogene Rauchgasmasse (ohne Luftfeuchtigkeit) aus Blatt 4.3.1 für feste Brennstoffe oder Blatt 4.3.2 für Heizöle in kg/kg

V_{GB} bezogenes Rauchgasvolumen (ohne Luftfeuchtigkeit) aus Blatt 4.4.1 für feste Brennstoffe oder aus Blatt 4.4.2 für Heizöle in m³/kg

ϱ_{nGB} Dichte des Rauchgases in kg/m³

Berechnungsformeln:

$$\varrho_{nGB} = \mu_{GB}/V_{GB} \tag{1}$$

Beispiel: feste Brennstoffe

Gegeben: H_u = 27,5 MJ/kg; $y_{CO_2\,T}$ = 0,14; $x_{H_2\,OL}$ = 0
Ergebnis: μ_{GB} = 13,271 kg/kg aus Blatt 4.3.1
  V_{GB} = 9,939 m³/kg aus Blatt 4.4.1
  ϱ_{nGB} = 1,335 kg/m³

Beispiel: Heizöle

Gegeben: H_u = 42,5 MJ/kg; $y_{CO_2\,T}$ = 0,14; $x_{H_2\,OL}$ = 0
Ergebnis: μ_{GB} = 17,71 kg/kg aus Blatt 4.3.2
  V_{GB} = 13,62 m³/kg aus Blatt 4.4.2
  ϱ_{nGB} = 1,300 kg/m³

feste Brennstoffe
1,40
kg/m³
1,36
1,32
1,28
1,24
1,20
1,16
Dichte ρ_{nGB}
y_{CO_2T} =
0,06
0,08
0,10
0,12
0,16
0,20
0
5
10
15
20
25
30
35
MJ/kg
40
Heizwert H_u

Heizöle
1,38
kg/m³
1,34
1,30
1,26
Dichte ρ_{nGB}
0,20
0,15
0,10
0,05
y_{CO_2T} =
36
38
40
42
44
46
48
MJ/kg
50
Heizwert H_u

F. Brandt

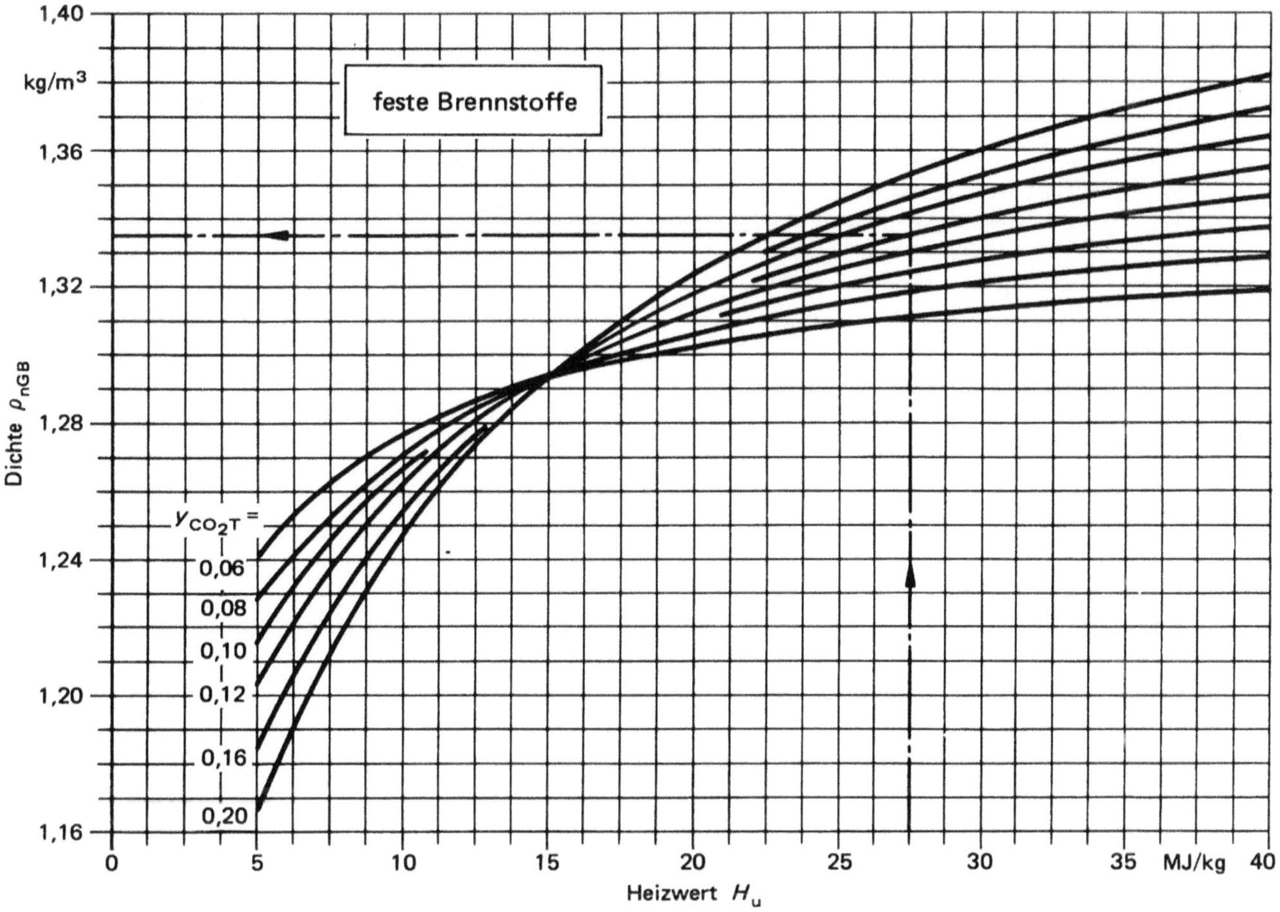

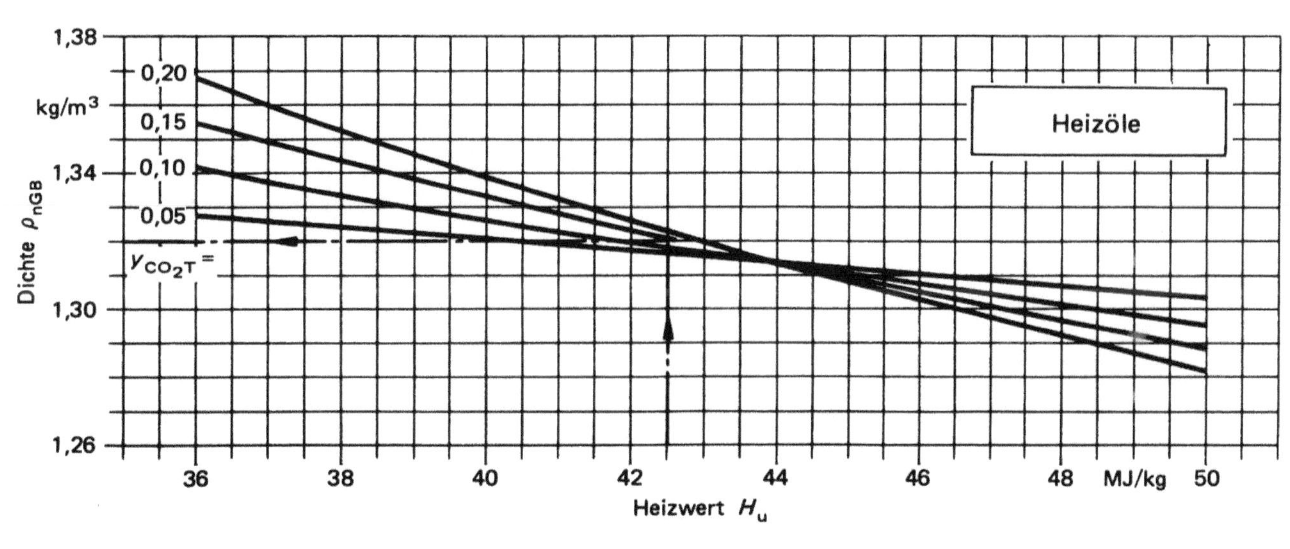

Erläuterung zu 4.5.2

Das Arbeitsblatt 4.5.2 dient dazu, die Dichte des Rauchgases ϱ_{nGB} in Abhängigkeit vom Heizwert H_u und Brennwert H_{on} des im Rauchgas gemessenen O_2-Volumenanteils $y_{O_2 T}$ für Erdgase zu bestimmen.

Erklärung der Größen

μ_{GB} bezogene Rauchgasmasse (ohne Luftfeuchtigkeit) aus Blatt 4.3.3 in kg/kg

μ_{GBn} bezogene Rauchgasmasse (ohne Luftfeuchtigkeit) im Normzustand aus Blatt 4.3.4 in kg/m³

V_{GB} bezogenes Rauchgasvolumen (ohne Luftfeuchtigkeit) aus Blatt 4.4.3 in m³/kg

V_{GBn} bezogenes Rauchgasvolumen (ohne Luftfeuchtigkeit) im Normzustand aus Blatt 4.4.4 in m³/m³

ϱ_{nGB} Dichte des Rauchgases in kg/m³

Berechnungsformeln:

$$\varrho_{nGB} = \mu_{GB}/V_{GB} = f(H_u) \tag{1}$$

$$\varrho_{nGB} = \mu_{GBn}/V_{GBn} = f(H_{on}) \tag{2}$$

Beispiel 1: Erdgas

Gegeben: H_u = 47,5 MJ/kg; $y_{O_2 T} = 0{,}05$; $x_{H_2 OL} = 0$

Ergebnis: μ_{GB} = 21,91 kg/kg aus Blatt 4.3.3

            V_{GB} = 17,49 m³/kg aus Blatt 4.43

            ϱ_{nGB} = 1,253 kg/m³

Beispiel 2: Erdgas

Gegeben: H_{on} = 41,3 MJ/m³; $y_{O_2 T} = 0{,}05$; $x_{H_2 OL} = 0$

Ergebnis: μ_{GBn} = 17,28 kg/m³ aus Blatt 4.3.4

            V_{GBn} = 13,78 m³/m³ aus Blatt 4.4.4

            ϱ_{nGB} = 1,254 kg/m³

1,32 kg/m³
1,28
$y_{O_2T} = 0,12$
0,08
Dichte ρ_{nGB}
1,24
0,04
0,00
1,20
1,16
20 25 30 35 40 45 50 55 MJ/kg 60
Heizwert H_u

1,32 kg/m³
1,28
$y_{O_2T} = 0,12$
Dichte ρ_{nGB}
0,08
0,04
1,24
0,00
1,20
1,16
20 25 30 35 40 45 50 55 MJ/m³ 60
Brennwert H_{on}

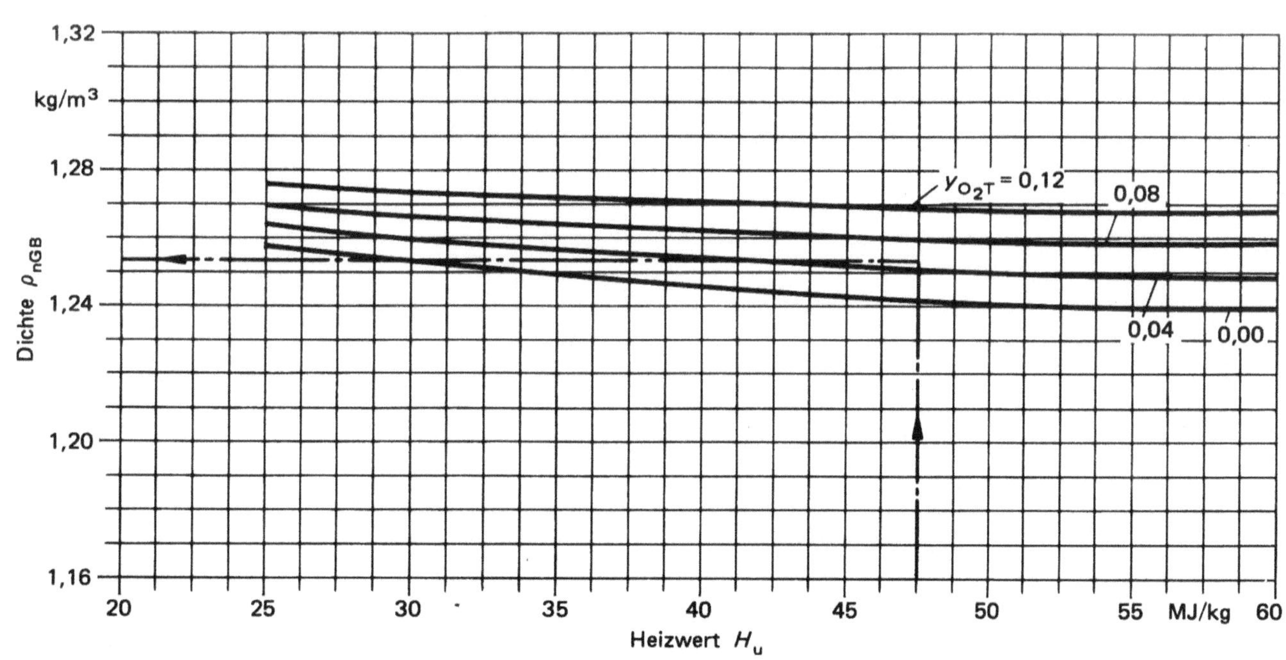

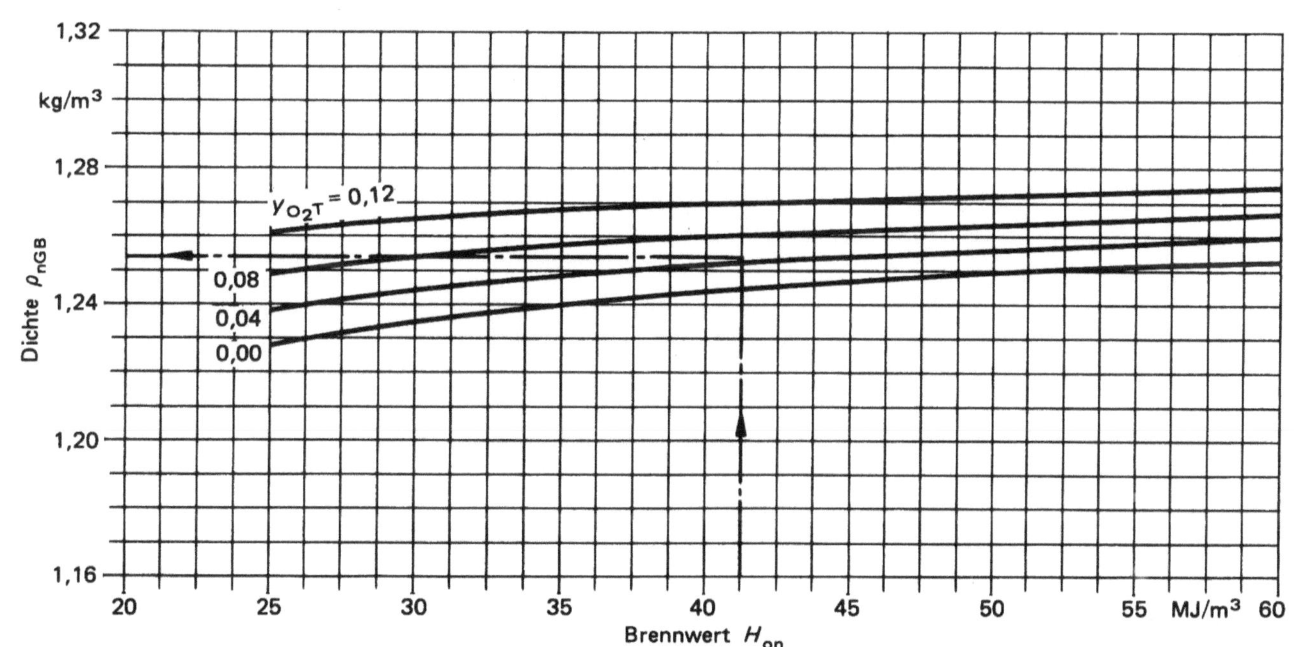

F. Brandt

Die GFAVO ist auf Anlagen gemäß Anwendungsbereichsangabe in 4.6.3 anzuwenden.

Die in der GFAVO und den ergangenen ministeriellen Ausführungserlassen festgeschriebenen Aufzeichnungs- und Auswertungsregeln für jeden betroffenen Emittenten j (Staub, CO, NO_x, SO_x) mit einer kontinuierlich gemessenen Emission $E^c_{M,j}$ sind im nachfolgenden Flussdiagramm dargestellt.

Insbesondere wird auf folgende Gegebenheiten hingewiesen, wobei für jeden Einzelfall auf die GFAVO und die Erlasse verwiesen wird.

Die kontinuierlich gemessenen Emissionswerte $E^c_{M,j}$ des Emittenten j sind auf den jeweiligen Normzustand (i.N.), trocken (tr.) und den Bezugssauerstoffgehalt O_B umzurechnen und zu diskretisieren. Für die Umrechnung auf O_B [%] gilt $E_j = E_{Mj} (21-O_B)/(21-O_M)$ mit O_M = gemessener Sauerstoffgehalt [%]. Die erhaltenen diskreten Bezugsemissionswerte E_j sind nach § 26 der 13. BImSchV – Aufzeichnungen und Auswertung der kontinuierlichen Messungen – zu Halbstundenmittelwerten $H_{1/2\,i,j}$ mit i als Index der laufenden $1/2$h-Klasse zusammenzufassen. Diese $H_{1/2\,i,j}$ sind wie nachfolgend erläutert zu klassieren und zu speichern, falls nicht Sonderbedingungen wie z.B. Anfahren oder Ausfall eine gesonderte Behandlung erfordern, d.h. Auswahl klassierbarer Halbstundenmittelwerte $H^k_{1/2\,i,j}$.

Bei Ausfall einer Entschwefelungsanlage, z.B. § 6 (6) ist ein Weiterbetrieb bis zu 72 h möglich, im Kalenderjahr jedoch kumuliert höchstens bis zu 240 h.

Nach § 26 oder 13. BImSchV und Erlassen ist für jeden Kalendertag immer dann ein Tagesmittelwert T_{mj}, bezogen auf die tägliche Betriebszeit aus den klassierbaren Halbstundenmittelwerten $H^k_{1/2\,i,j}$ zu bilden, wenn die Anzahl der $H^k_{1/2\,i,j}$ des Tages größer als 12 ist. Als Vorschrift kann z.B. die arithmetische Mittelung herangezogen werden.

$$T_{m.j} = \frac{\sum\limits_{i=N_{E.j}}^{N_{L.j}} H^k_{1/2\,i.j}}{\sum\limits_{i=N_{E.j}}^{N_{i.j}} \delta_{i.j}}$$

$N_{E.j}$ = Laufende Nummer der ersten $1/2$h-Klasse des Tages von Emittent j
$N_{L.j}$ = Letzte Nummer der $1/2$h-Klasse des Tages von Emittent j
$N_{L.j} - N_{E.j} + 1 = 48$

$$\delta_{i.j} = \begin{cases} 1 \; \textit{für } H^k_{1/2\,i.j} > 0 \\ 0 \; \textit{sonst.} \end{cases}$$

Nach § 27 der 13. BImSchV gelten die Emissionsgrenzwerte als eingehalten, wenn innerhalb eines Kalenderjahres:

1. sämtliche Tagesmittelwerte $T_{m.j}$, den Emissionsgrenzwert $E_{G.j}$ nicht überschreiten:
$$T_{m.j} \le E_{Gj}$$

und

2. mindestens 97 % aller Halbstundenmittelwerte Sechsfünftel des Emissionsgrenzwertes 1,2 $E_{G.j}$ nicht überschreiten:

$$0,97 \le \frac{\sum\limits_{i=1}^{N_j} \delta^{1.2}_{i.j}}{\sum\limits_{i=1}^{N_j} \delta_{i.j}} \quad \text{mit} \quad \delta^{1.2}_{i.j} = \begin{cases} 1 \; \textit{für} \; H^k_{1/2\,i.j} \le 1{,}2 \cdot E_{G.j} \\ 0 \; \textit{für} \; H^k_{1/2\,i.j} > 1{,}2 \cdot E_{G.j} \end{cases}$$

und $\quad N_j = 2 \cdot 8760$ bzw. $2 \cdot 8784$ für Schaltjahre

und

3. sämtliche Halbstundenmittelwerte das Zweifache des Emissionsgrenzwertes nicht überschreiten:
$$\bigvee_i H^k_{1/2\,i.j} \le 2 \cdot E_{G.j}$$

Für die Rauchgasentschwefelung gelten diese Beurteilungskriterien sinngemäß auch für den

Schwefelemissionsgrad $\quad S_{EG} = \dfrac{\text{Schwefelmenge emittiert}}{\text{Schwefelmenge im Brennstoff}}$

P. Winske

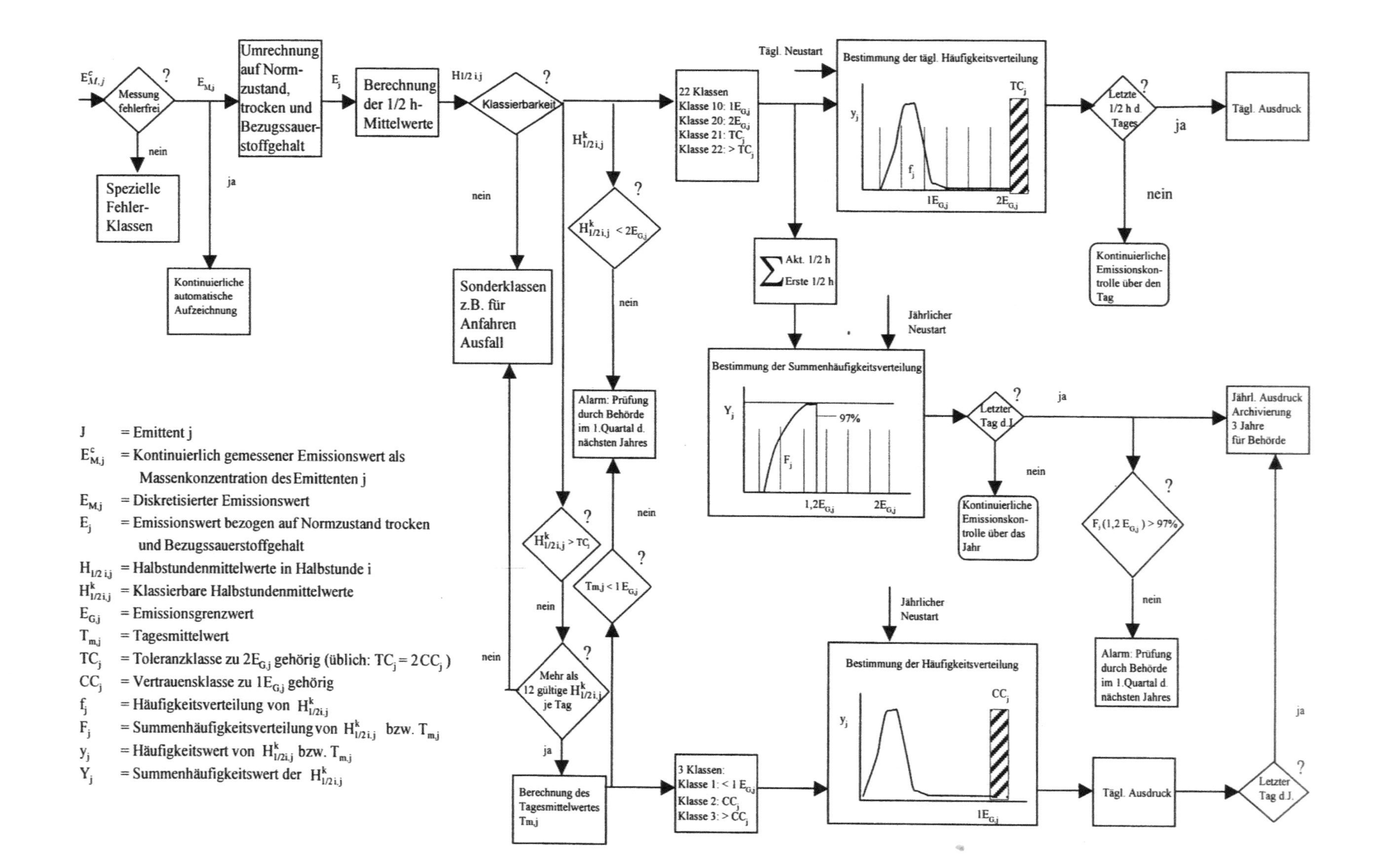

Legende:

J = Emittent j

$E^c_{M,j}$ = Kontinuierlich gemessener Emissionswert als Massenkonzentration des Emittenten j

$E_{M,j}$ = Diskretisierter Emissionswert

E_j = Emissionswert bezogen auf Normzustand trocken und Bezugssauerstoffgehalt

$H_{1/2\,i,j}$ = Halbstundenmittelwerte in Halbstunde i

$H^k_{1/2i,j}$ = Klassierbare Halbstundenmittelwerte

$E_{G,j}$ = Emissionsgrenzwert

$T_{m,j}$ = Tagesmittelwert

TC_j = Toleranzklasse zu $2E_{G,j}$ gehörig (üblich: $TC_j = 2CC_j$)

CC_j = Vertrauensklasse zu $1E_{G,j}$ gehörig

f_j = Häufigkeitsverteilung von $H^k_{1/2i,j}$

F_j = Summenhäufigkeitsverteilung von $H^k_{1/2i,j}$ bzw. $T_{m,j}$

y_j = Häufigkeitswert von $H^k_{1/2i,j}$ bzw. $T_{m,j}$

Y_j = Summenhäufigkeitswert der $H^k_{1/2i,j}$

P. Winske

Emissionsgrenzwerte $E_{G,j}$ (mg/m³ i. N. tr O_B) für Feuerungsanlagen gemäß GFAVO vom 22.06.1983 und Beschluß der Umweltministerkonferenz vom 5.04.1984

Anwendungsbereich (ohne Gasturbinen)	Kohlefeuerungen $P_{th} \geq 50$ MW				Ölfeuerung $P_{th} \geq 50$ MW	Gasfeuerung $P_{th} \geq 100$ MW	
Feuerungsart	Wirbel-schicht	Rost	Trocken	Schmelz		Erdgas	Koksgas
Bezugs-O_2-Vol.-% O_B	7	7	6	5	3	3	
Staub (auch bei Rußblasen)	50				50	5	
NO_x (als NO_2) ohne N_2O $P_{th} > 300$ MW $P_{th} \leq 300$ MW	200 400				150 300	100 200	
CO	250				175	100	
HCl/HF $P_{th} > 300$ MW $P_{th} \leq 300$ MW	100/15 200/30				30/5 30/5	–	
SO_x (als SO_2) $P_{th} > 300$ MW $100 < P_{th} \leq 300$ MW $P_{th} \leq 100$ MW	400 oder 25 % S_{EG}	400 u. 15 % S_{EG} 2000 u. 40 % S_{EG} 2000			400 u. 15 % S_{EG} 1700 25 % S_{EG} 1700	35 35 35	100 100 100

P. Winske

Emissionsanforderungen an Feuerungsanlagen für feste Brennstoffe in mg/m³

Anwendungsbereich	P_{th}: 1 bis 50 MW		P_{th}: 0,1 bis 50 MW	
	Kohle, Koks K.-Briketts	Holz, Holzver-arbeitungsreste, Stroh, Torf	Sonstige feste Brennstoffe	
TA Luft Nr.:	3.3.1.2.1		3.3.1.3.1	
Bezugs-O_2	7 %	11 %		
Staub (auch bei Rußblasen)	< 5 MW: 150 ≥ 5 MW: 50		30	
CO	250		100	
SO_x	2000/50 % S_{EG} mögl. WSF: 400 oder 25% S_{EG}		100 oder 3 % S_{EG}	
NO_x	500 stat. WSF > 20 MW u. zirk. WSF: 300		500	Ausschöpfen feuerungtechnischer Maßnahmen*
Halogene HCl HF	3.1.6 findet keine Anwendung		50 od. 0,25 % Cl_{EG} 2 od. 0,25 % F_{EG}	
Sonstige anorganische Stoffe staubförmig	3.1.4 findet keine Anwendung		Unabh. von Massenströmen 3.1.4 findet Anwendung	
dampf-/gasförmig	3.1.6 findet keine Anwendung		3.1.6 findet Anwendung	
Organische Stoffe	3.1.7 findet Anwendung	50	20	

Emissionsanforderungen an Feuerungsanlagen für flüssige Brennstoffe in mg/m³

	Heizöle der Erstraffination, Rohöle		Sonstige flüssige Brennstoffe PCB- oder PCP-haltig	
	DIN 51603 Teil 1 HEL	DIN 51603 Teil 2 HS		
TA Luft Nr.:	3.3.1.2.2		3.3.1.3.2	
Bezugs-O_2	3 %	3 %	6 %	
Anwendungsbereich	P_{th}: 5 bis 50 MW		P_{th}: 0,1 bis 50 MW	
Staub	Rußzahl 1 Anl II 1. BImSchV	< 5 MW: 150 ≥ 5 MW: 50	30	
CO	170		100	
SO_x	1700		100	Ausschöpfen der Minderungsmöglichkeiten*
NO_x	250	450	500	Ausschöpfen feuerungtechnischer Maßnahmen*
Halogene HCl HF	3.1.6 findet Anwendung		50 od. 0,25 % Cl_{EG} 2 od. 0,25 % F_{EG}	
Sonstige anorganische Stoffe staubförmig	3.1.4 findet keine Anwendung	aschearm u. keine Entstaubungseinr. notwendig 3.1.4 findet keine Anwendung	Unabh. von Massenströmen 3.1.4 findet Anwendung	
dampf-/gasförmig	3.1.6 findet Anwendung		3.1.6 findet Anwendung	
Organische Stoffe	3.1.7 findet Anwendung		20	

S_{EG} Schwefelemissionsgrad
Cl_{EG} Chloremissionsgrad
F_{EG} Fluoremissionsgrad
*   Nach dem Stand der Technik

P. Winske

Emissionsanforderungen an Feuerungsanlagen für gasförmige Brennstoffe in mg/m³

TA Luft Nr.:	3.3.1.2.3	
Bezugs-O_2	3%	
Anwendungsbereich	P_{th}: 10 bis 100 MW	
Staub Gichtgas (Hochofengas) Industriegase Stahlerzeug. sonstige Gase	 10 50 5	
CO	100	
SO_x Kokereigas, Raffineriegas Flüssiggas Brenngas Erdölgas sonstige Gase	 100 5 200–800 n. Diagramm 1700 35	 aus Verbund zwischen Hütte und Kokerei
NO_x	200	Ausschöpfen feuerungtechnischer Maßnahmen*
Sonstige anorganische Stoffe staubförmig	 3.1.4 findet Anwendung	
Dampf-/gasförmig	3.1.6 findet Anwendung	
Organische Stoffe	3.1.7 findet Anwendung	

Emissionsanforderungen an Gasturbinenanlagen (Antriebe, offener Kreislauf) in mg/m³

Brennstoff	Heizöl, Erdgas	
TA Luft Nr.:	3.3.1.5.1	
Bezugs-O_2	15%	
Anwendungsbereich	alle Anlagen	
Staub $\dot{V}_{Abgas}$ < 60000 m³/h $\dot{V}_{Abgas}$ ≥ 60000 m³/h	 Rußzahl 4 Rußzahl 2	
CO	100	
SO_x	Begrenzung auf HEL-vergleich-bare Em.	Flüssige Brennstoffe nach DIN 51603 Teil 1
NO_x $\dot{V}_{Abgas}$ < 60000 m³/h $\dot{V}_{Abgas}$ ≥ 60000 m³/h	 350 300	Ausschöpfen feuerungtechnischer Maßnahmen*
Sonstige anorganische Stoffe staubförmig	 3.1.4 findet Anwendung	
dampf-/gasförmig	3.1.6 findet Anwendung	
Organische Stoffe	3.1.7 findet Anwendung	

* Nach dem Stand der Technik

P. Winske

Erläuterung zu 5.1

Das Arbeitsblatt 5.1 dient dazu, die statische Schornsteinzugstärke Δp_{so} in Abhängigkeit von der mittleren Rauchgastemperatur T_G, der Rauchgasdichte ϱ_{GN} (aus Arbeitsblatt 4.5.1 oder 4.5.2), der Lufttemperatur T_L und der Schornsteinhöhe H zu bestimmen.

Erklärung der Größen

ϱ_L Luftdichte in kg/m³
ϱ_{Ln} Luftdichte im Normzustand in kg/m³ nach DIN 1343
ϱ_G Rauchgasdichte in kg/m³
ϱ_{Gn} Rauchgasdichte im Normzustand in kg/m³ nach DIN 1343
T_L Lufttemperatur in K
T_G Rauchgastemperatur in K
g Fallbeschleunigung in m/s²
H Schornsteinhöhe in m
Δp_{so} statische Schornsteinzugstärke in Pa
Δp_s statische Scheonsteinzugstärke in Bodenhöhe in Pa
p^* Barometerstand, gemessen in Bodenhöhe, in Pa
p_o $= p_G = 101\,325$ Pa
Index o   Größe auf $p_o = p_G$ bezogen.

Berechnungsformeln:

$$\varrho_G = \varrho_{Gn}\,\frac{273}{T_G} \tag{1}$$

$$\varrho_L = \varrho_{Ln}\,\frac{273}{T_L} \tag{2}$$

$$\Delta p_{so} = gH\,(\varrho_L - \varrho_G) \tag{3}$$

$$\Delta p_{so} = H\left(\frac{3463}{T_L}\right) - \varrho_{Gn}\,\frac{2678}{T_G}\right)\,\text{Pa} \tag{4}$$

$$\Delta p_s = \Delta p_{so}\,\frac{p^*}{p_o} \tag{5}$$

Beispiel

Gegeben: T_G $= 453$; $\varrho_{Gn} = 1{,}3$ kg/m³ aus Blatt 4.5.1 oder 4.5.2;
         ϱ_{Ln} $= 1{,}293$ kg/m³; $T_L = 278$ K; $g = 9{,}81$ m/s²; $H = 120$ m
Ergebnis: Δp_{so} $= 575$ Pa

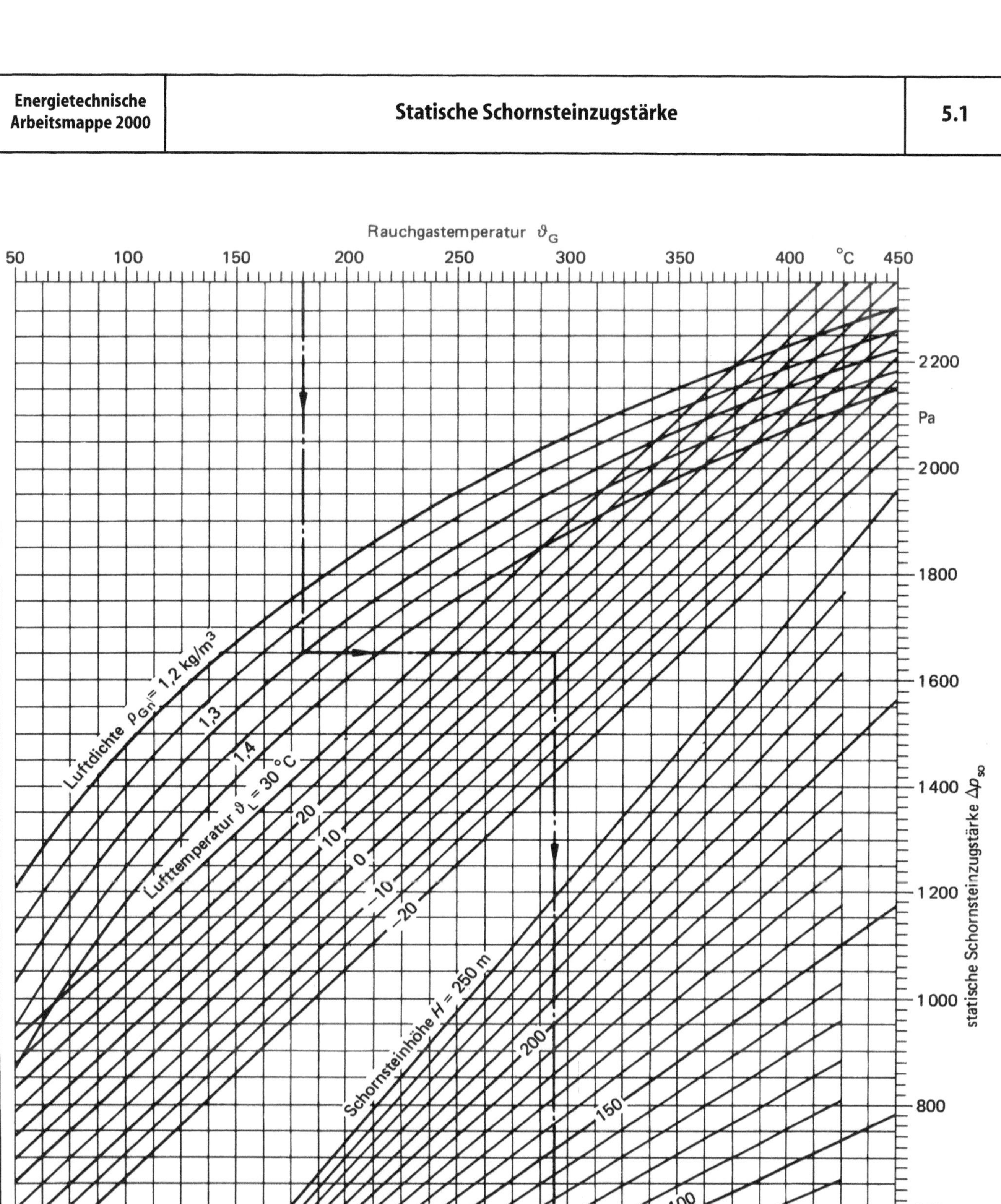

F. Brandt, W. Goldstern

Erläuterung zu 5.2

Das Arbeitsblatt 5.2 dient dazu, die Schornsteinzugverluste (Austrittsverlust Δp_{Ao} und Reibungsverlust Δp_{Ro}) in Abhängigkeit von der (mittleren) Rauchgastemperatur $T_{G(m)}$, der (mittleren) Rauchgasdichte ϱ_{Gn} (aus Blatt 4.5.1 oder 4.5.2), der (mittleren) Geschwindigkeit am Austritt $v_{(m)}$, dem mittleren Schornsteindurchmesser D_m, der Schornsteinhöhe H, der Rohrrauheit k (aus Blatt 7 …) und dem Korrekturfaktor λ/λ_1 zu bestimmen.

Erklärung der Größen

Δp_{Ao} Austrittsverlust in Pa
Δp_A Austrittsverlust in Pa bei anderem Barometerstand p^*
Δp_{Ro} Reibungsverlust in Pa
Δp_R Reibungsverlust in Pa bei anderem Barometerstand p^*
p_o 101 325 Pa
p^* abweichender Barometerstand in Pa
v Geschwindigkeit am Austritt in m/s
ϱ_G Rauchgasdichte in kg/m^3
ϱ_{Gn} Rauchgasdichte im Normzustand nach DIN 1343 in kg/m^3
T_G Rauchgastemperatur am Austritt in K
D Schornsteindurchmesser in m
H Schornsteinhöhe in m
k Rohrrauheit in mm
λ Reibungsbeiwert
λ_1 Reibungswert für $k = 1$ mm
Index o   Größe auf p_o bezogen
Index m   mittlere(r)

Berechnungsformeln:

$$\Delta p_{Ao} = \frac{v^2}{2}\,\varrho_G = \frac{v^2}{2}\,\varrho_{Gn}\,\frac{273}{T_G} \tag{1}$$

$$\Delta p_A = \Delta p_{Ao}\,\frac{p_o}{p^*} \tag{2}$$

$$\Delta p_{Ro} = \frac{\lambda}{D}\,H\,\frac{v^2}{2}\,\varrho_G \tag{3}$$

$$\varrho_G = \varrho_{Gn}\,\frac{273}{T_G} \tag{4}$$

$$\Delta p_{Ro} = \frac{\lambda}{D}\,H\,\frac{v^2}{2}\,\varrho_{Gn}\,\frac{273}{T_G} \tag{5}$$

$$\Delta p_{Ro} = \frac{\lambda_1}{D}\,\Delta p_{Ao}\,\frac{\lambda}{\lambda_1}\,H \tag{6}$$

für hydraulisch glatte Rohre:

$$\frac{1}{\sqrt{\lambda}} = 2\,\log\frac{D}{2\,k} + 1{,}74 \tag{7}$$

Der Korrekturfaktor λ/λ_1 ist damit eine Funktion von D und k.

Die Reynolds-Zahlen liegen bei den angegebenen Geschwindigkeits- und Durchmesserbereichen zwischen 10^5 und 10^7, so dass man unter Berücksichtigung der vorkommenden relativen Rauheiten von 10^{-2} bis 10^{-4} stets mit einem hydraulischen rauhen Rohr rechnen kann, wenn man bedenkt, dass die große relative Rauheit stets mit der kleinen Reynolds-Zahl verbunden ist.

$$\Delta p_r = \Delta p_{Ro}\,\frac{p_o}{p^*} \tag{8}$$

Beispiel 1

Gegeben: T_G = 473 K
           ϱ_{Gn} = 1,3 kg/m^3 aus Blatt 4.5.1 oder 4.5.2
           v = 16 m/s
Ergebnis: Δp_{Ao} = 105 Pa

Beispiel 2

Gegeben: T_{Gm} = 453 K
           ϱ_{Gn} = 1,3 kg/m^3 aus Blatt 4.5.1 oder 4.5.2
           v_m = 14 m/s
           D_m = 4 m
           H = 120 m
           k = 1,5 mm
Ergebnis: λ/λ_1 = 1,1
           Δp_{Ro} = 36,5 Pa

Schrifttum

Eck, B.: Technische Strömungslehre. Berlin: Springer 1961; S. 135.

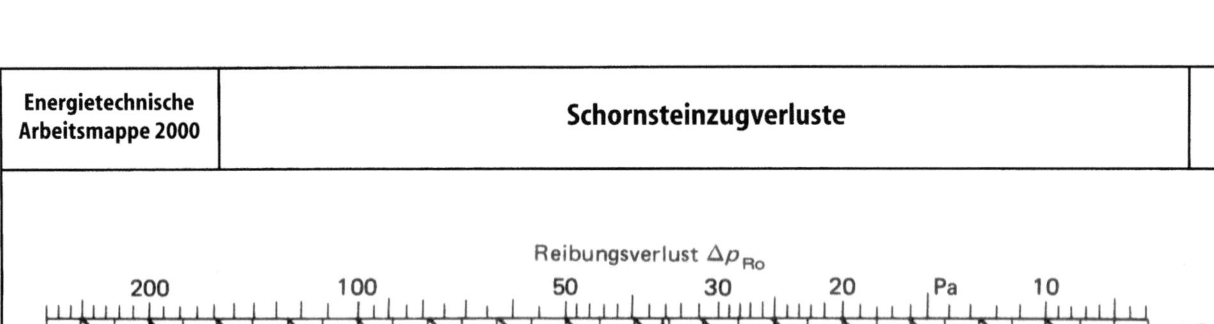

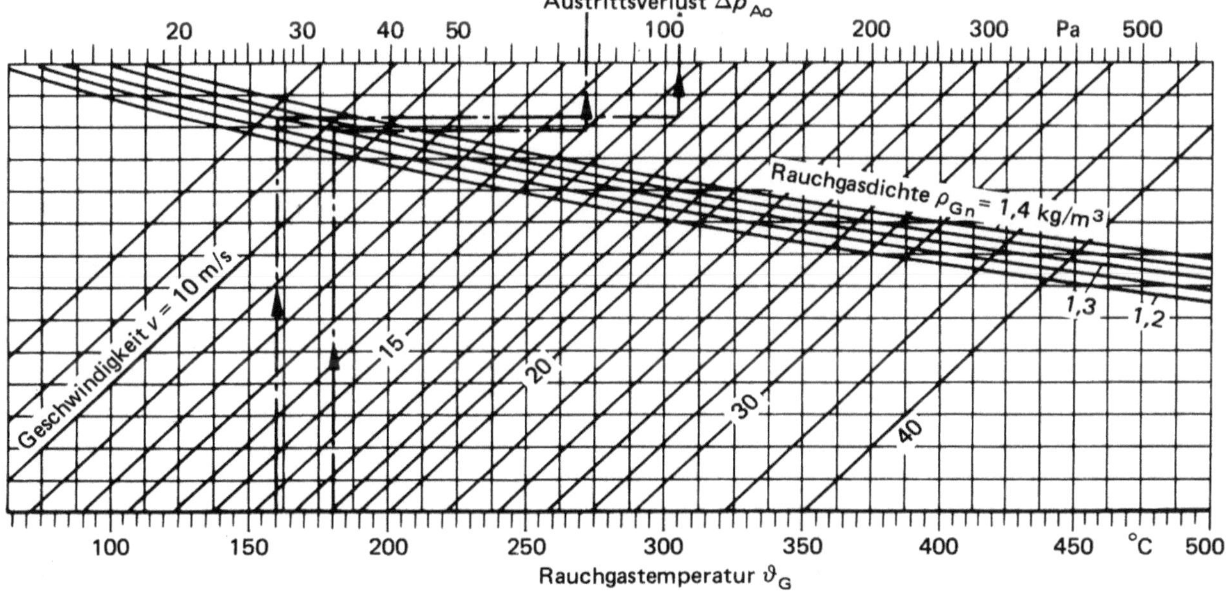

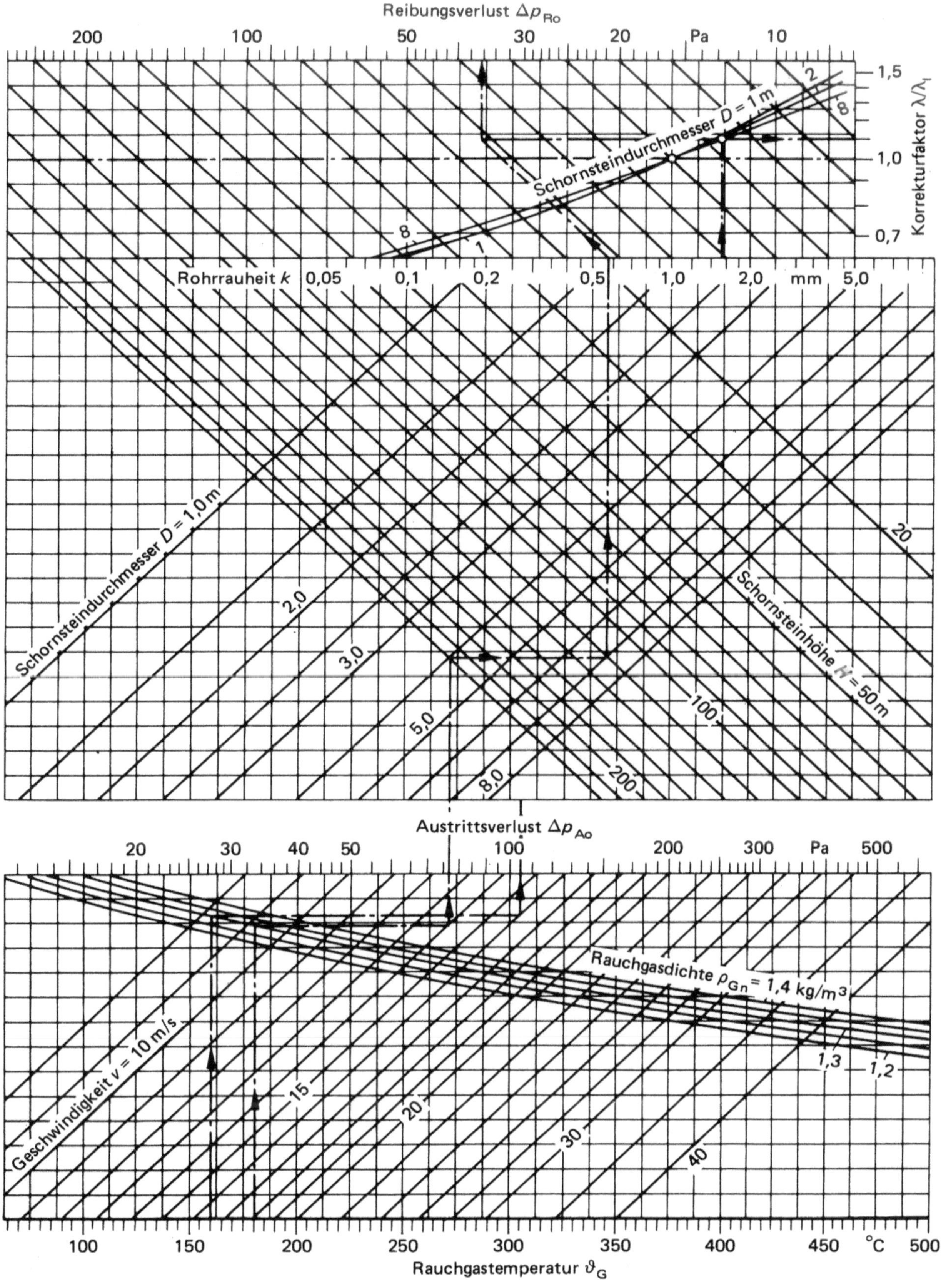

F. Brandt, W. Goldstern

Erläuterung zu 5.3

Das Arbeitsblatt 5.3 dient dazu, die integrierte spezifische Wärmekapazität des Rauchgases $\overline{c}_{pG}$ in Abhängigkeit von der Rauchgastemperatur ϑ, dem H_2O-Massenanteil x_{H_2O} und dem CO_2-Massenanteil x_{CO_2} des feuchten Rauchgases zu bestimmen.

Erklärung der Größen

$\overline{c}_{pG}$ integrierte spezifische Wärmekapazität des Rauchgases in kJ/(kg K)

$\overline{c}_{pLT}$ integrierte spezifische Wärmekapazität der trockenen Luft in kJ/(kg K)

$P_{1,2}$ Polynome in kJ/kg (s. Tabelle)

x_{H_2O} H_2O-Massenanteil des feuchten Rauchgases

x_{CO_2} CO_2-Massenanteil des feuchten Rauchgases

μ_{H_2O} bezogener Wasserdampfgehalt des Rauchgases in kg/kg

μ_G bezogene Rauchgasmasse in kg/kg aus Blatt 4.3.1 bis 4.3.3

μ_{CO_2} bezogener CO_2-Gehalt des Rauchgases in kg/kg

h spez. Enthalpie des Rauchgases in kJ/kg

ϑ Temperatur des Rauchgases in °C

J bezogene Enthalpie des Rauchgases in kJ/kg

Berechnungsformeln:

$$\overline{c}_{pG} = \overline{c}_{pLT} + P_1\, x_{H_2O} + P_2\, x_{CO_2} \tag{1}$$

$$x_{H_2O} = \frac{\mu_{H_2O}}{\mu_G} \tag{2}$$

$$x_{CO_2} = \frac{\mu_{CO_2}}{\mu_G} \tag{3}$$

$$h = c_{pG}\, \vartheta \tag{4}$$

$$J = \mu_G\, \overline{c}_{pG}\, \vartheta$$
$$= (\overline{c}_{pLT}\, \mu_G + P_1\, \mu_{H_2O} + P_2\, \mu_{CO_2})\, \vartheta \tag{5}$$

$$\overline{c}_{pLT} = a + \frac{b}{2}\vartheta + \frac{c}{3}\vartheta^2 + \frac{d}{4}\vartheta^3 + \frac{e}{5}\vartheta^4 + \frac{f}{6}\vartheta^5 \tag{6}$$

$$P_1 = a_1 + \frac{b_1}{2}\vartheta + \frac{c_1}{3}\vartheta^2 + \frac{d_1}{4} + \frac{e_1}{5}\vartheta^4 \tag{7}$$

$$P_2 = a_2 + \frac{b_2}{2}\vartheta + \frac{c_2}{3}\vartheta^2 + \frac{d_2}{4}\vartheta^3 + \frac{e_2}{5}\vartheta^4 \tag{8}$$

Tabelle:

$\overline{c}_{pLT}$	P_1		P_2	
a 0,1004173 E + 01	a_1	0,8554535 E 00	a_2	−0,1002311 E 00
b −0,1919210 E − 04	b_1	0,2036005 E − 03	b_2	0,7661864 E − 03
c 0,5883438 E − 06	c_1	0,4583082 E − 06	c_2	−0,9259622 E − 06
d −0,7011184 E − 09	d_1	−0,2798080 E − 09	d_2	0,5293496 E − 09
e 0,3309525 E − 12	e_1	0,5634413 E − 13	e_2	−0,1093573 E − 12
f −0,5673876 E − 16				

Beispiel

Gegeben: ϑ = 150 °C; x_{H_2O} = 0,15; x_{CO_2} = 0,10
            $\overline{c}_{pLT}$ = 1,009 kJ/(kg K);
            P_1 = 0,874;
            P_2 = −0,0493
Ergebnis: $\overline{c}_{pG}$ = 1,135 kJ/(kg K)

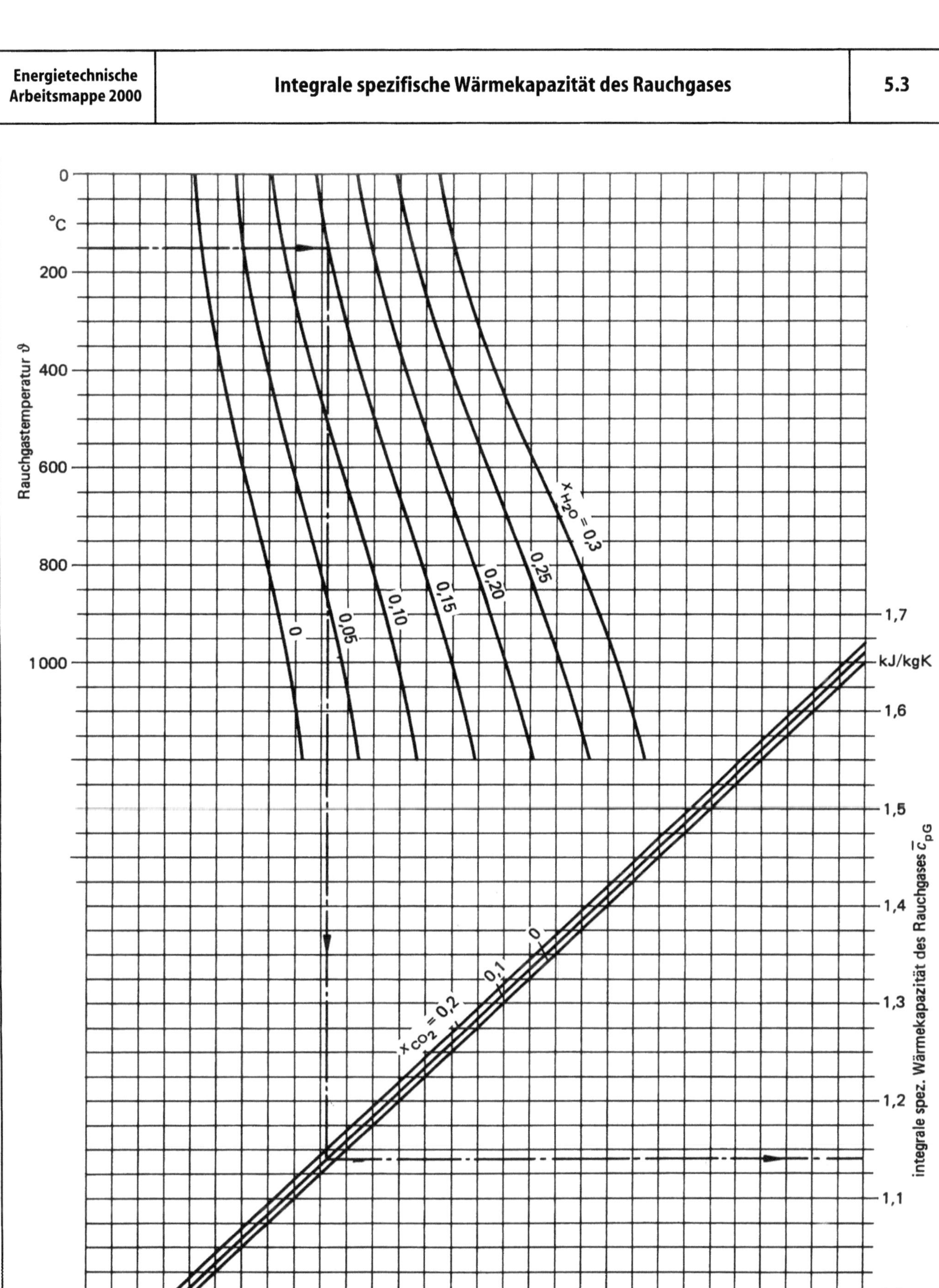
Rauchgastemperatur ϑ
°C
0
200
400
600
800
1000
$x_{H_2O} = 0{,}3$
0,25
0,20
0,15
0,10
0,05
0
kJ/kgK
1,7
1,6
1,5
1,4
1,3
1,2
1,1
1,0
0,9
$x_{CO_2} = 0{,}2$
0,1
0
integrale spez. Wärmekapazität des Rauchgases $\bar{c}_{pG}$
F. Brandt

Erläuterung zu 5.4.1

Das Arbeitsblatt 5.4.1 dient dazu, den Abgasverlust l_{AB} bei festen Brennstoffen in Abhängigkeit von der Abgastemperatur ϑ_A, dem Heizwert H_u und dem CO_2-Gehalt des trockenen Rauchgases $y_{\text{CO}_2\,\text{T}}$ zu bestimmen.

Erklärung der Größen

l_{AB} Abgasverlust bei festen Brennstoffen

μ_G bezogene Rauchgasmasse in kg/kg aus Blatt 4.3

$\mu_{\text{H}_2\text{O}}$ bezogener Wasserdampfgehalt des Rauchgases in kg/kg

μ_{CO_2} bezogener CO_2-Gehalt des Rauchgases in kg/kg

μ_{GB} bezogene Rauchgasmasse (ohne Luftfeuchtigkeit) in kg/kg aus Blatt 4.3.1

μ_{LT} bezogene trockene Verbrennungsluftmasse in kg/kg aus Blatt 4.3.1

$\mu_{\text{H}_2\,\text{OB}}$ bezogener Wasserdampfgehalt der Rauchgasmasse (ohne Luftfeuchtigkeit) in kg/kg

H_u Heizwert des Brennstoffes in MJ/kg

$\bar{c}_{\text{PG}}$ integrierte spez. Wärmekapazität des Rauchgases in kJ/kgK

ϑ_A Abgastemperatur in °C

ϑ_b Bezugstemperatur = 25 °C

ϑ Temperatur des Rauchgases in °C

h_A spez. Enthalpie des Rauchgases bei Abgastemperatur in kJ/kg

h_b spez. Enthalpie des Rauchgases bei Bezugstemperatur in kJ/kg

h spez. Enthalpie des Rauchgases in kJ/kg

h_{LT} spez. Enthalpie der trockenen Luft in kJ/kg

$h_{1,2}$ Polynome

$x_{\text{H}_2\text{O}}$ H_2O-Gehalt des feuchten Rauchgases

x_{CO_2} CO_2-Gehalt des feuchten Rauchgases

$x_{\text{H}_2\,\text{OL}}$ absolute Feuchte der Verbrennungsluft in kg/kg = 0,0062

$y_{\text{CO}_2\,\text{T}}$ gemessener Kohlendioxid-Volumenanteil

Berechnungsformeln:

$$l_{\text{AB}} = \frac{\mu_\text{G}}{H_\text{u}}\left(\bar{c}_{\text{pG}}\,\vartheta_\text{A} - \bar{c}_{\text{pG}}\,\vartheta_\text{b}\right) = \frac{\mu_\text{G}}{H_\text{u}}\left(h_\text{A} - h_\text{b}\right) \tag{1}$$

$$h = \bar{c}_{\text{pG}}\,\vartheta = h_{\text{LT}} + h_1\,x_{\text{H}_2\text{O}} + h_2\,x_{\text{CO}_2} \tag{2}$$

$$l_{\text{AB}} = \frac{1}{H_\text{u}}\big[(h_{\text{LT}}(\vartheta_\text{A}) - h_{\text{LT}}(\vartheta_\text{b}))\,\mu_\text{G} +$$
$$+ (h_1(\vartheta_\text{A}) - h_1(\vartheta_\text{b}))\,\mu_{\text{H}_2\text{O}} +$$
$$+ (h_2(\vartheta_\text{A}) - h_2(\vartheta_\text{b}))\,\mu_{\text{CO}_2}\big] \tag{3}$$

$$h_{\text{LT}} = \left(a\,\vartheta + \frac{b}{2}\,\vartheta^2 + \frac{c}{3}\,\vartheta^3 + \frac{d}{4}\,\vartheta^4 + \frac{e}{5}\,\vartheta^5 + \frac{f}{6}\,\vartheta^6\right) \tag{4}$$

$$h_1 = \left(a_1\vartheta + \frac{b_1}{2}\,\vartheta^2 + \frac{c_1}{3}\,\vartheta^3 + \frac{d_1}{4}\,\vartheta^4 + \frac{e_1}{5}\,\vartheta^5\right) \tag{5}$$

$$h_2 = \left(a_2\vartheta + \frac{b_2}{2}\,\vartheta^2 + \frac{c_2}{3}\,\vartheta^3 + \frac{d_2}{4}\,\vartheta^4 + \frac{e_2}{5}\,\vartheta^5\right) \tag{6}$$

$$\mu_{\text{GB}} = (0{,}96569 + 0{,}00707\,H_\text{u}) +$$
$$+ (0{,}13139 + 0{,}05688\,H_\text{u})\,\frac{1}{y_{\text{CO}_2\,\text{T}}} \tag{7}$$

$$\mu_{\text{LT}} = (-0{,}0139 + 0{,}0890\,H_\text{u}) +$$
$$+ (0{,}13139 + 0{,}05688\,H_\text{u})\,\frac{1}{y_{\text{CO}_2\,\text{T}}} \tag{8}$$

$$\mu_{\text{H}_2\,\text{OB}} = 0{,}90809 - 0{,}01630\,H_\text{u} \tag{9}$$

$$\mu_{\text{CO}_2} = 0{,}2009 + 0{,}08697\,H_\text{u}$$

mit

$$H_\text{u}\ \text{in MJ/kg} \tag{10}$$

$$\mu_\text{G} = \mu_{\text{GB}} + \mu_{\text{LT}}\,x_{\text{H}_2\,\text{OL}} \tag{11}$$

$$\mu_{\text{H}_2\text{O}} = \mu_{\text{H}_2\,\text{OB}} + \mu_{\text{LT}}\,x_{\text{H}_2\,\text{OL}} \tag{12}$$

Beispiel

Gegeben:
 ϑ_A = 150 °C; H_u = 18 MJ/kg; $y_{\text{CO}_2\,\text{T}}$ = 0,14.

μ_{CO_2} = 1,766 kg/kg,

$\mu_{\text{H}_2\,\text{OB}}$ = 0,6147 kg/kg,

$\mu_{\text{H}_2\text{O}}$ = 0,6668 kg/kg,

μ_{LT} = 0,398 kg/kg aus Blatt 4.3.1.

μ_{GB} = 9,345 kg/kg μ_G = 9,397 kg/kg
       aus Blatt 4.3.1   aus Blatt 4.3.1

ϑ	150	25	(150–25)
h_{LT}	151,42	25,11	126,31
h_1	131.09	21,45	109,64
h_2	−7,39	−2,27	−5,12

Ergebnis: $l_{\text{AB}} = \dfrac{1251}{18\,000} = 0{,}0695$

Schrifttum

Brandt, F.: Wärmeübertragung in Dampferzeugern und Wärmeaustauschern. FDBR Fachbuchreihe, Band 2, Vulkan-Verlag, Essen, 1985.

---

	h_{LT}		h_1		h_2
a	0,1004173 E + 01	a_1	0,8554535 E 00	a_2	−0,1002311 E 00
b	0,1919210 E − 04	b_1	0,2036005 E − 03	b_2	0,7661864 E − 03
c	0,5883438 E − 06	c_1	0,4583082 E − 06	c_2	−0,9259622 E − 06
d	−0,7011184 E − 09	d_1	−0,2798080 E − 09	d_2	0,5293496 E − 09
e	0,3309525 E − 12	e_1	0,5634413 E − 13	e_2	−0,1093573 E − 12
f	−0,5673876 E − 16				

Abgasverlust I_{AB}
$H_u = 12$ MJ/kg
14
16
18
20
24
28
32
36
$y_{CO_2T} = 0{,}20$
0,19
0,18
0,17
0,16
0,15
0,14
0,13
0,12
0,11
0,10
0
0,025
0,050
0,075
0,100
0,125
0,150
0,175
0,200
0,225
0,250
0,275
0,300
°C
400
350
300
250
200
150
100
50
0
Abgastemperatur ϑ_A

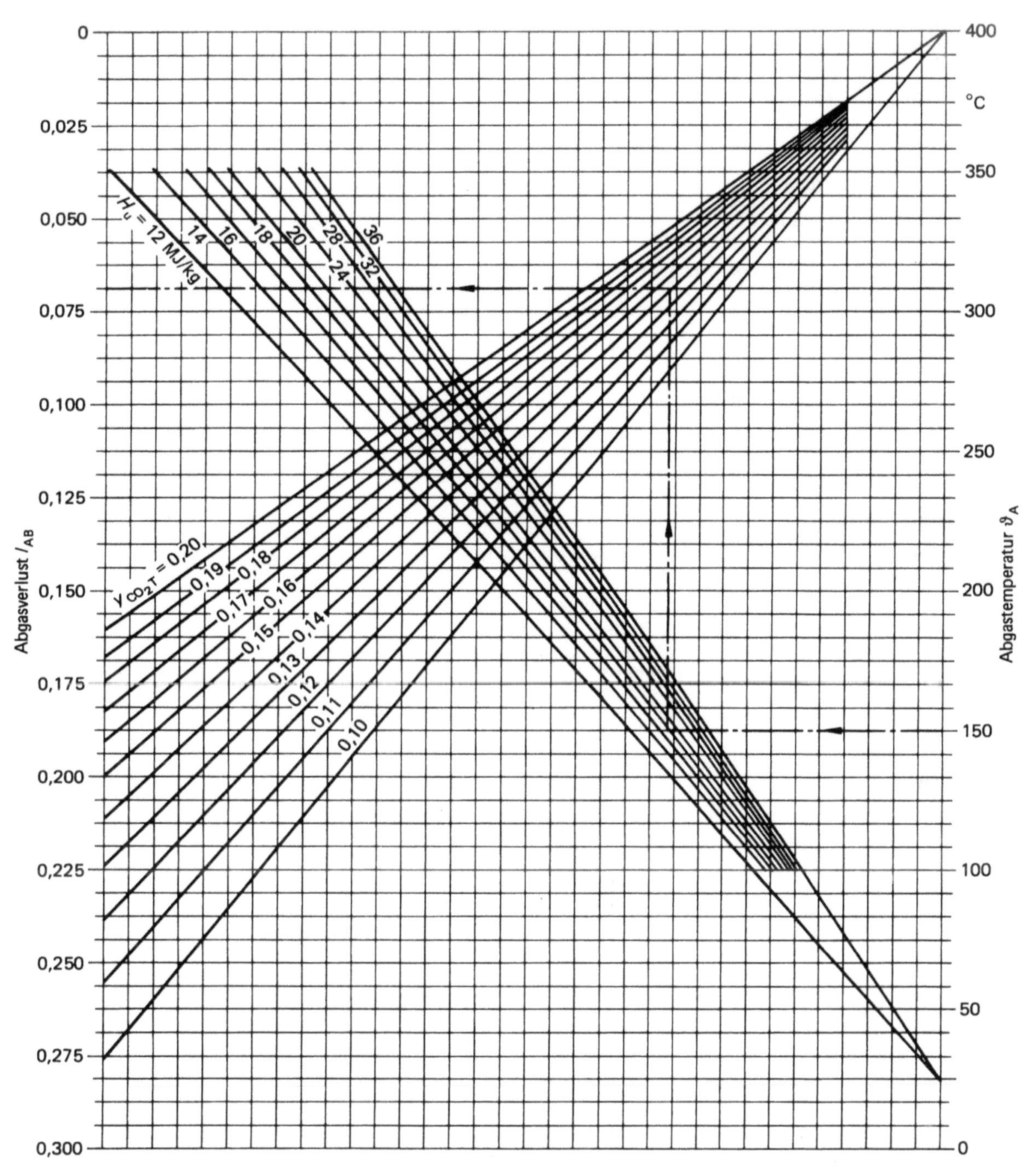

F. Brandt

Erläuterung zu 5.4.2

Das Arbeitsblatt 5.4.2 dient dazu, den Abgasverlust l_{AB} bei Heizölen in Abhängigkeit von der Abgastemperatur ϑ_A, dem Heizwert H_u und dem CO_2-Volumenanteil des trockenen Rauchgases $y_{O_2\,T}$ zu bestimmen.

Erklärung der Größen

siehe Arbeitsblatt 5.4.1.

Berechnungsformeln:

l_{AB} siehe Arbeitsblatt 5.4.1 $\hspace{6cm}$ (1) bis (6)

$$\mu_{GB} = (-0,84159 + 0,06491\,H_u) + (1,63696 + 0,009771\,H_u)\,\frac{1}{y_{CO_2\,T}} \hspace{2cm} (7)$$

$$\mu_{LT} = \mu_{GB} - 1 \hspace{6cm} (8)$$

$$\mu_{H_2\,OB} = -2,00425 + 0,07384\,H_u \hspace{4cm} (9)$$

$$\mu_{CO_2} = 2,50291 + 0,01494\,H_u \hspace{4.5cm} (10)$$

$$\mu_G = \mu_{GB} + \mu_{LT}\,x_{H_2\,OL} \hspace{5cm} (11)$$

$$\mu_{H_2O} = \mu_{H_2\,OB} + \mu_{LT}\,x_{H_2\,OL} \hspace{4.5cm} (12)$$

Beispiel für Heizöl EL

Gegeben: $\quad \vartheta_A \quad = 150\,°C;\ h_u = 42,76\ MJ/kg;\ y_{CO_2\,T} = 0,14$
$\qquad\qquad \mu_{CO_2} \ = 3,142\ kg/kg$
$\qquad\qquad \mu_{H_2\,OB} = 1,153\ kg/kg;\ \mu_{H_2O} = 1,265\ kg/kg$
$\qquad\qquad \mu_{LT} \quad = 18,06\ kg/kg\ aus\ Blatt\ 4.3.2$
$\qquad\qquad \mu_{GB} \quad = 19,06\ kg/kg\ aus\ Blatt\ 4.3.2;\ \mu_G = 19,172\ kg/kg\ aus\ Blatt\ 4.3.2$
$\qquad\qquad h_{LT}, h_1, h_2\ siehe\ Arbeitsblatt\ 5.4.1$
Ergebnis: $\quad l_{AB} \quad = \dfrac{2544}{42760} = 0,0595$

Hinweis

Für die Arbeitsblätter 5.4 und 5.5 gilt derselbe Hinweis wie auf Arbeitsblatt 4.1

Abgasverlust bei Heizölen
($\vartheta_b = 25\,°C; x_{H_2OL} = 0,0062$)

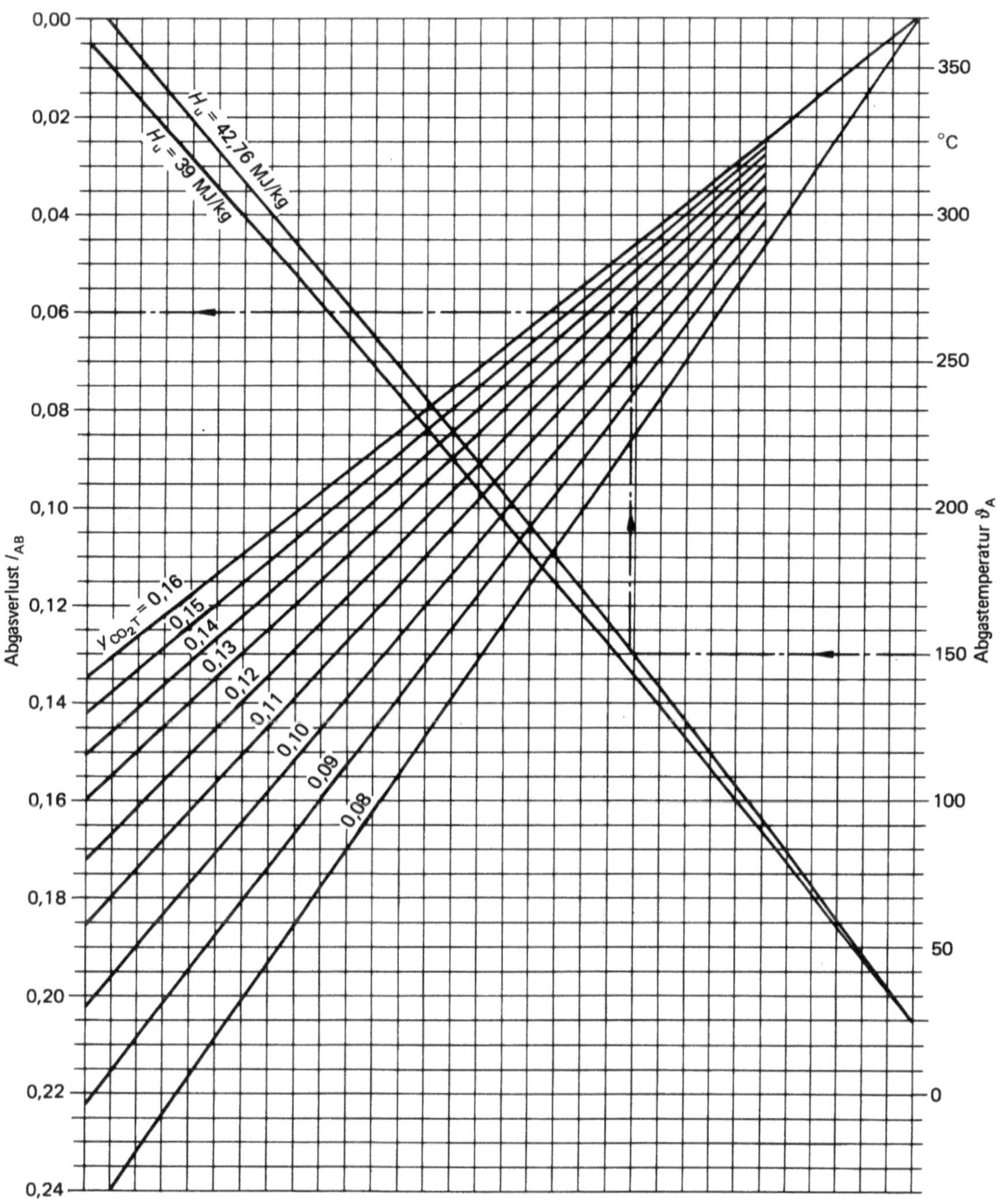

F. Brandt

Erläuterung zu 5.4.3

Das Arbeitsblatt 5.4.3 dient dazu, den Abgasverlust l_{AB} bei Erdgasen in Abhängigkeit von der Abgastemperatur ϑ_A, dem Heizwert H_u und dem O_2-Volumenanteil des trockenen Rauchgases y_{O_2T} zu bestimmen.

Erklärung der Größen

Siehe Arbeitsblatt 5.4.1, wobei der CO_2-Volumenanteil jeweils druch den O_2-Volumenanteil zu ersetzen ist.

Berechnungsformeln:

l_{AB} siehe Arbeitsblatt 5.4.1 $\hspace{2cm}$ (1) bis (6)

$$\mu_{GB} = (0{,}93697 + 0{,}34503\,H_u) + (0{,}84013 + 0{,}29142\,H_u)\,\frac{y_{O_2T}}{0{,}21 - y_{O_2T}} \tag{7}$$

$$\mu_{LT} = \mu_{GB} - 1 \tag{8}$$

$$\mu_{H_2OB} = -0{,}07793 + 0{,}0454\,H_u \tag{9}$$

$$\mu_{CO_2} = 0{,}55159 + 0{,}04463\,H_u \tag{10}$$

$$\mu_G = \mu_{GB} + \mu_{LT}\,x_{H_2OL} \tag{11}$$

$$\mu_{H_2O} = \mu_{H_2OB} + \mu_{LT}\,x_{H_2OL} \tag{12}$$

Beispiel für Erdgas H

Gegeben: $\quad \vartheta_A \quad = 150\,°C;\; H_u = 45{,}5\ \text{MJ/kg};\; y_{O_2T} = 0{,}08$
$\qquad\qquad \mu_{CO_2} \;\; = 2{,}582\ \text{kg/kg}$
$\qquad\qquad \mu_{H_2\,OB} = 1{,}988\ \text{kg/kg};\; \mu_{H_2O} = 2{,}139\ \text{kg/kg}$
$\qquad\qquad \mu_{LT} \;\; = 24{,}31\ \text{kg/kg aus Blatt 4.3.3}$
$\qquad\qquad \mu_{GB} \;\; = 25{,}31\ \text{kg/kg aus Blatt 4.3.3};\; \mu_G = 25{,}461\ \text{kg/kg aus Blatt 4.3.3}$
$\qquad\qquad h_{LT}, h_1, h_2\ \text{siehe Arbeitsblatt 5.4.1}$
Ergebnis: $\quad l_{AB} \quad = \dfrac{3437}{45\,550} = 0{,}0775$

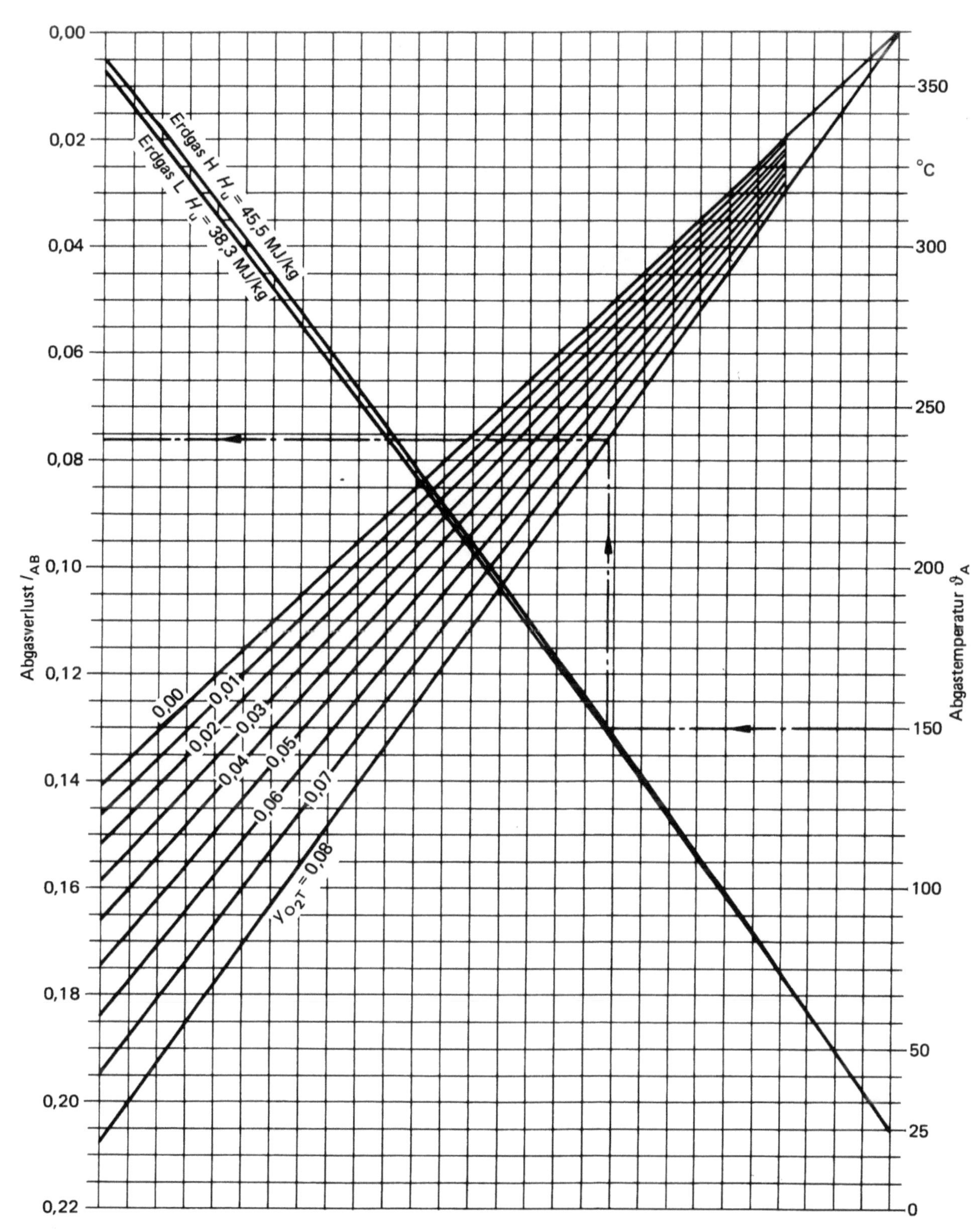

Abgasverlust l_{AB}
0,00
0,02
0,04
0,06
0,08
0,10
0,12
0,14
0,16
0,18
0,20
0,22
Erdgas H $H_u = 45,5$ MJ/kg
Erdgas L $H_u = 38,3$ MJ/kg
0,00
0,01
0,02
0,03
0,04
0,05
0,06
0,07
$y_{O_2T} = 0,08$
Abgastemperatur ϑ_A
°C
350
300
250
200
150
100
50
25
0

Erläuterung zu 5.5.1

Das Arbeitsblatt 5.5.1 dient dazu, den Verlust durch unvollkommene Verbrennung l_{CO} bei festen Brennstoffen in Abhängigkeit vom CO_2-Volumenanteil des trockenen Rauchgases $y_{CO_2\,T}$, dem Brennwert H_u und dem CO-Volumenanteil im trockenen Rauchgas $y_{CO\,T}$ zu bestimmen.

Erklärung der Größen

l_{CO} Verlust durch unvollkommene Verbrennung in %
V_{GT} bezogenes trockenes Rauchgasvolumen in m³/kg
V_{CO_2} bezogenes CO_2-Volumen in m³/kg
$y_{CO_2\,T}$ gemessener Kohlendioxid-Volumenanteil
$y_{CO\,T}$ gemessener Kohlenmonoxid-Volumenanteil
μ_{CO_2} bezogener CO_2-Gehalt des Rauchgases in kg/kg aus Blatt 5.4.1
ϱ_{nCO_2} Dichte des Kohlendioxids im Normzustand (1,977 kg/m³)
H_u Heizwert in MJ/kg
H_{unCO} Heizwert von Kohlenmonoxid im Normzustand (12,633 MJ/m³)

Berechnungsformeln:

$$V_{GT} = \frac{V_{CO_2}}{y_{CO_2\,T}} = \frac{\mu_{CO_2}}{y_{CO_2\,t}\,\varrho_{nCO_2}} \tag{1}$$

$$l_{CO} = \frac{1}{H_u}\left(V_{GT}\,y_{CO\,T}\,H_{unCO}\right) = \frac{1}{H_u}\left(\frac{\mu_{CO_2}}{y_{CO_2\,T}\,\varrho_{nCO_2}}\,y_{CO\,T}\,H_{unCO}\right) \tag{2}$$

Beispiel

Gegeben: $y_{CO\,T} = 0{,}00175$; $y_{CO_2\,T} = 0{,}165$; $H_u = 12{,}0$ MJ/kg
$\qquad\quad$ $\mu_{CO_2} = 1{,}2445$ kg/kg aus Blatt 5.4.1
$\qquad\quad$ $V_{GT} = 3{,}815$ m³/kg

Ergebnis: $l_{CO}\,\dfrac{1}{12{,}0}\,(3{,}815 \cdot 0{,}00175 \cdot 12{,}633) = 0{,}00703$

Verlust durch unvollkommene Verbrennung l_{CO}
0,020
0,018
0,016
0,014
0,012
0,010
0,008
0,006
0,004
0,002
0,000
$H_u = 12$ MJ/kg
14
16
20
24
28
36
$y_{CO\,T} = 0{,}00250$
0,00225
0,00200
0,00175
0,00150
0,00125
0,00100
0,00075
0,00050
0,00025
CO_2-Volumenanteil des trockenen Rauchgases $y_{CO_2\,T}$
0,20
0,19
0,18
0,17
0,16
0,15
0,14
0,13
0,12
0,11
0,10

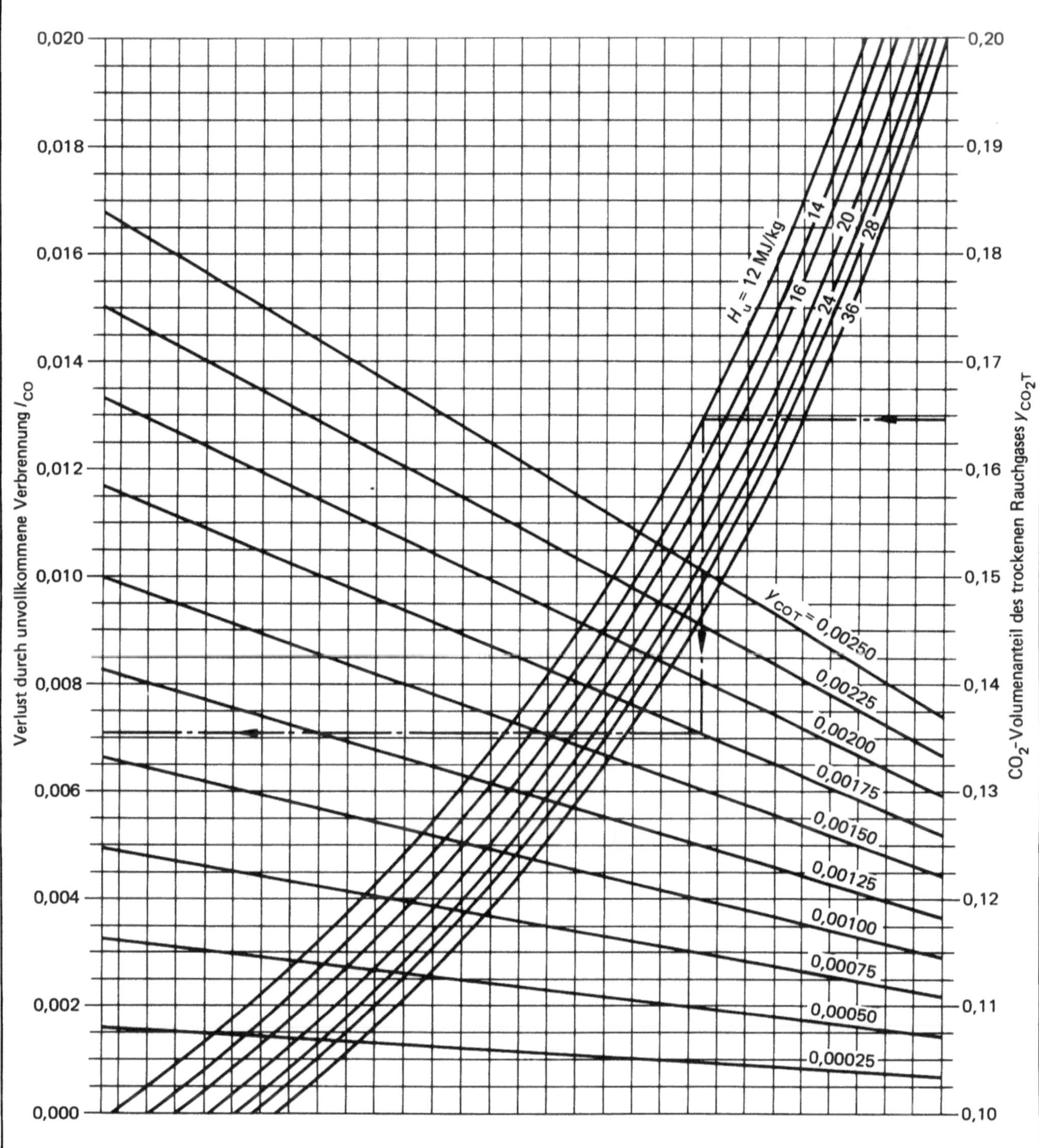

F. Brandt

Erläuterung zu 5.5.2

Das Arbeitsblatt 5.5.2 dient dazu, den Verlust durch unvollkommene Verbrennung l_{CO} bei Heizölen in Abhängigkeit vom CO_2-Volumenanteil des trockenen Rauchgases $y_{CO_2 T}$, dem Brennwert H_u und dem CO-Volumenanteil im trockenen Rauchgas $y_{CO\,T}$ zu bestimmen.

Erklärung der Größen

l_{CO} Verlust durch unvollkommene Verbrennung
V_{GT} bezogenes trockenes Rauchgasvolumen in m^3/kg
V_{CO_2} bezogenes CO_2-Volumen in m^3/kg
$y_{CO_2 T}$ gemessener Kohlendioxid-Volumenanteil
y_{COT} gemessener Kohlenmonoxid-Volumenanteil
μ_{CO_2} bezogener CO_2-Gehalt des Rauchgases in kg/kg aus Blatt 5.4.2
ϱ_{nCO_2} Dichte des Kohlendioxids im Normzustand (1,977 kg/m^3)
H_u Heizwert in MJ/kg
H_{unCO} Heizwert von Kohlenmonoxid im Normzustand (12,633 MJ/m^3)

Berechnungsformeln:

$$V_{GT} = \frac{V_{CO_2}}{y_{CO_2 T}} = \frac{\mu_{CO_2}}{y_{CO_2 T}\, \varrho_{nCO_2}} \tag{1}$$

$$l_{CO} = \frac{1}{H_u}\left(V_{GT}\, y_{COT}\, H_{unCO}\right) = \frac{1}{H_u}\left(\frac{\mu_{CO_2}}{y_{CO_2 T}\, \varrho_{nCO_2}}\, y_{COT}\, H_{unCO}\right) \tag{2}$$

Beispiel

Gegeben: $y_{COT} = 0{,}0025$; $y_{CO_2 T} = 0{,}13$; $H_u = 44{,}0$ MJ/kg
          $\mu_{CO_2} = 3{,}160$ kg/kg aus Blatt 5.4.2
          $V_{GT} = 12{,}296$ m^3/kg

Ergebnis: $l_{CO} = \dfrac{1}{44}\,(12{,}296 \cdot 0{,}0025 \cdot 12{,}633) = 0{,}00883$

Verlust durch unvollkommene Verbrennung I_{CO}
0,0250
0,0225
0,0200
0,0175
0,0150
0,0125
0,0100
0,0075
0,0050
0,0025
0,0000
5,5
5,0
4,5
4,0
3,5
3,0
H_u = 39 MJ/kg
40
41
42
42,8
44
y_{COT} = 0,0034
0,0032
0,0030
0,0028
0,0026
0,0024
0,0022
0,0020
0,0018
0,0016
0,0014
0,0012
0,0010
0,0008
0,0006
0,0004
0,0002
0,18
0,17
0,16
0,15
0,14
0,13
0,12
0,11
0,10
0,09
0,08
CO_2-Volumenanteil des trockenen Rauchgases $y_{CO_2 T}$

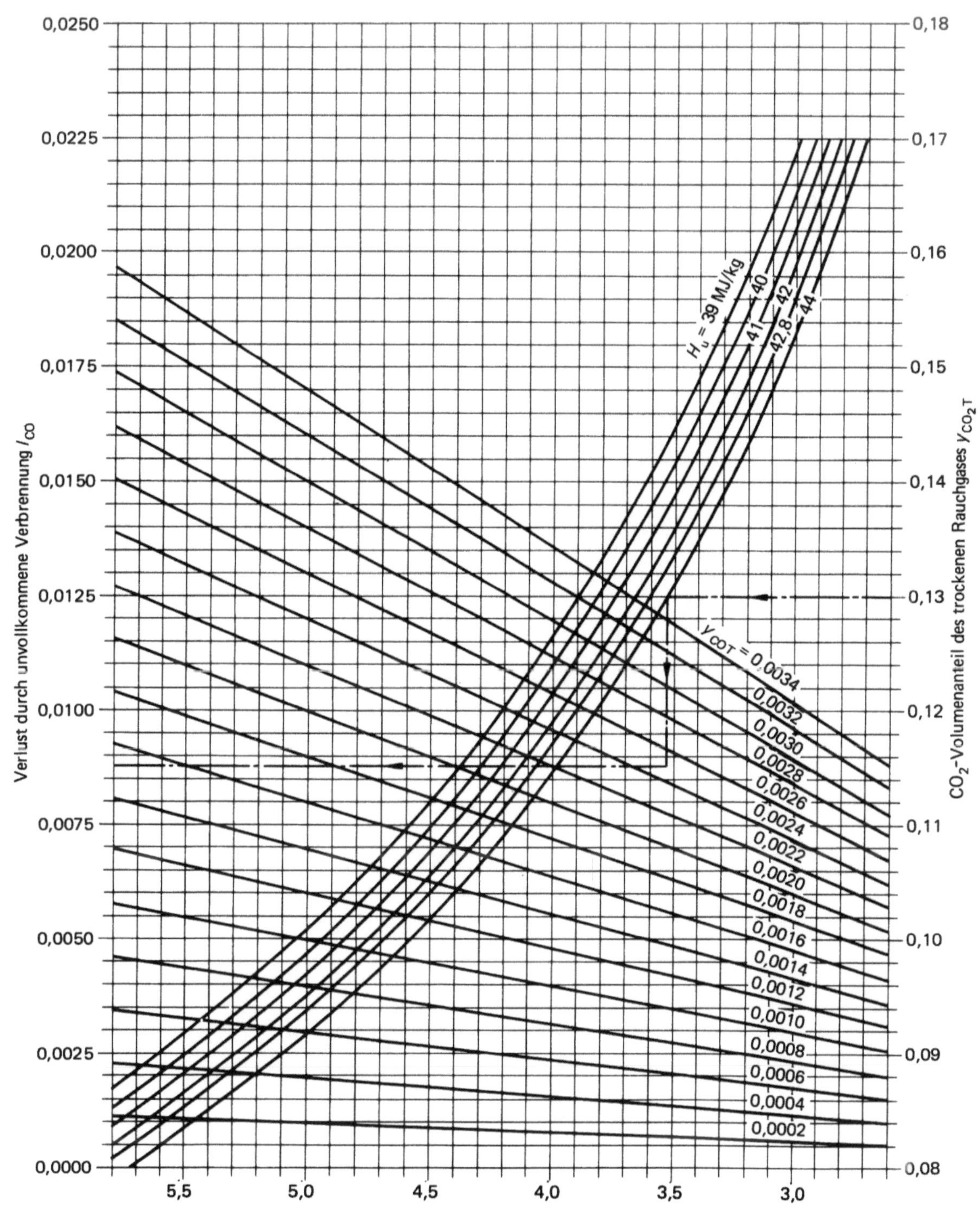

F. Brandt

Erläuterung zu 5.5.3

Das Arbeitsblatt 5.5.3 dient dazu, den Verlust durch unvollkommene Verbrennung l_{CO} bei Erdgasen in Abhängigkeit vom O_2-Volumenanteil des trockenen Rauchgases $y_{O_2\,T}$, dem Brennwert H_u und dem CO-Volumenanteil im trockenen Rauchgas $y_{CO\,T}$ zu bestimmen.

Erklärung der Größen

l_{CO} Verlust durch unvollkommene Verbrennung
V_{GT} bezogenes trockenes Rauchgasvolumen in m^3/kg
V_{GoT} bezogenes stöchiometrisches trockenes Rauchgasvolumen in m^3/kg
$y_{O_2\,T}$ gemessener Sauerstoff-Volumenanteil
y_{COT} gemessener Kohlenmonoxid-Volumenanteil
H_u Heizwert in MJ/kg
H_{unCO} Heizwert von Kohlenmonoxid im Normzustand (12,633 MJ/m^3)

Berechnungsformeln:

$$V_{GT} = V_{GoT} = \frac{0{,}21}{0{,}21 - y_{O_2\,T}} \tag{1}$$

$$l_{CO} = \frac{1}{H_u}\left(V_{GT}\,y_{COT}\,H_{unCO}\right) = \frac{1}{H_u}\left(V_{GoT}\,\frac{0{,}21}{0{,}21 - y_{O_2\,T}}\,y_{COT}\,H_{unCO}\right) \tag{2}$$

$$V_{GoT} = 0{,}064975 + 0{,}22538\,H_u \tag{3}$$

Beispiel für Erdgas H

Gegeben: $y_{COT} = 0{,}00175$; $y_{O_2\,T} = 0{,}0335$; $H_u = 47{,}5$ MJ/kg
          $V_{GoT} = 11{,}355$ m^3/kg
          $V_{GT} = 13{,}511$ m^3/kg

Ergebnis: $l_{CO} = \dfrac{1}{47{,}5}\,(13{,}511 \cdot 0{,}00175 \cdot 12{,}633) = 0{,}0063$

0,080
0,075
0,070
0,065
0,060
0,055
0,050
0,045
0,040
0,035
0,030
0,025
0,020
0,015
0,010
0,005
0
Erdgas L H_u = 38,3 MJ/kg
Erdgas H H_u = 47,5 MJ/kg
y_{COT} = 0,00250
0,00225
0,00200
0,00175
0,00150
0,00125
0,00100
0,00075
0,00050
0,00025
0,01125
0,01000
0,00875
0,00750
0,00625
0,00500
0,00375
0,00250
0,00125
0,00000
Verlust durch unvollkommene Verbrennung I_{CO}
O_2-Volumenanteil des trockenen Rauchgases y_{O_2T}

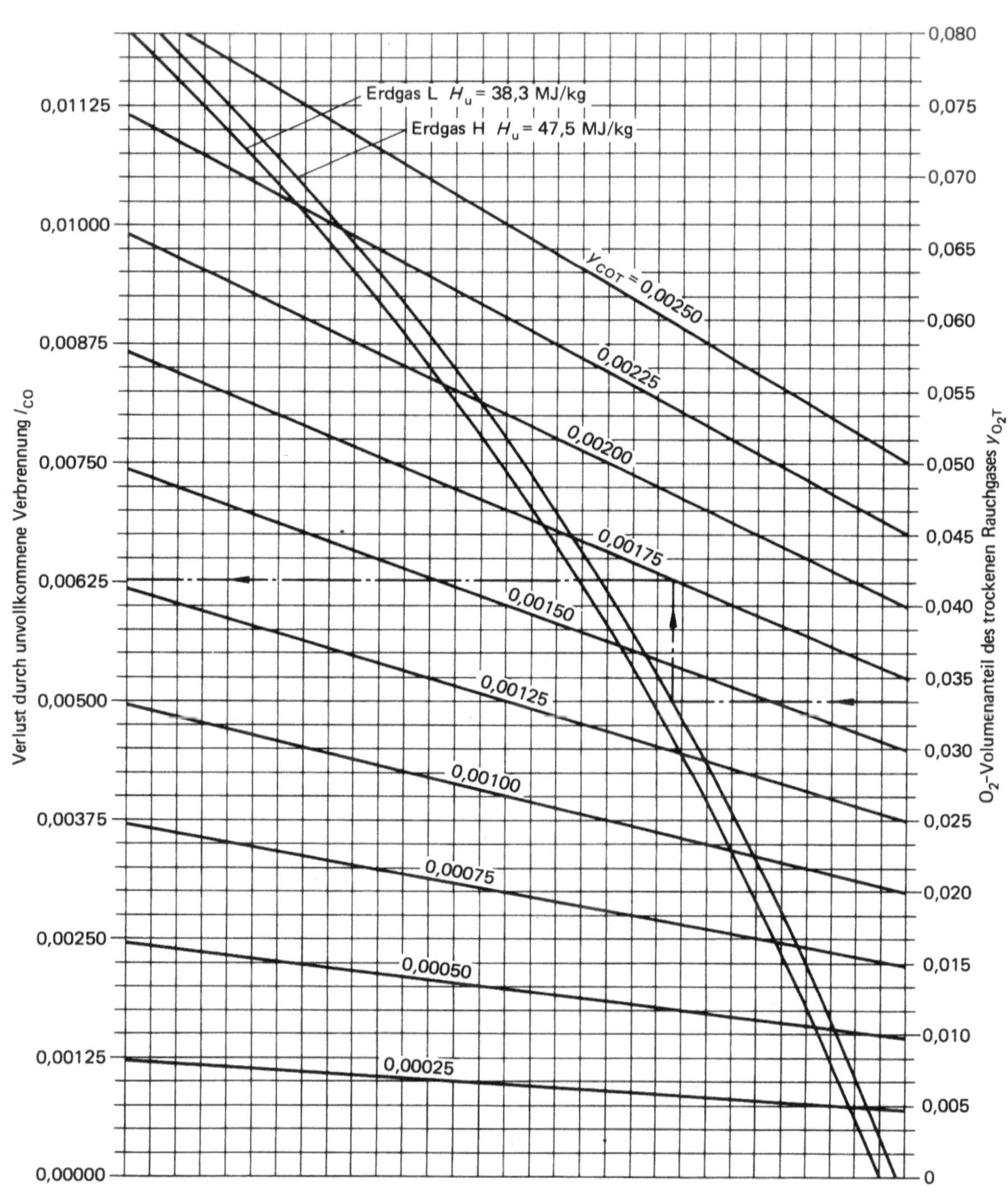

F. Brandt

Erläuterung zu 5.6

Das Arbeitsblatt 5.6 dient dazu, den Dampferzeuger-Strahlungsverlust bei Vollast l_{St} und Teillast $l_{St\,\varphi}$ in Abhängigkeit von der maximalen Dampferzeugerleistung $\dot{Q}_N$, dem Brennstoff und dem Belastungsfaktor φ zu bestimmen.

Erklärung der Größen

l_{St} Vollast-Strahlungsverlust in %
$l_{St\,\varphi}$ Teillast-Strahlungsverlust in %
C Oberflächenfaktor in $m^3/(MW)^{0,7}$ (s. Tabelle)
$\dot{Q}_N$ maximale Dampferzeugerleistung in MW
$\dot{Q}_{N\,\varphi}$ Dampferzeugerleistung bei Teillast in MW
φ Belastungsfaktor

Tabelle:

Brennstoff	Oberflächenfaktor C in $m^2/(MW)^{0,7}$	mittlere Wärmestromdichte q in MW/m^2
Braunkohle Gichtgas	77	405
Steinkohle	56	392
Heizöl, Erdgas	33	347

Berechnungsformeln:

$$l_{St} = Cq\,\dot{Q}_N^{-0,3}\,10^{-6} \tag{1}$$

$$l_{St\,\varphi} = l_{St}/\varphi \tag{2}$$

$$\varphi = \dot{Q}_{N\varphi}/\dot{Q}_N \tag{3}$$

Beispiel bei Vollast

Gegeben: $\dot{Q}_N = 66{,}5$ MW, Steinkohle
Ergebnis: $l_{St} = 0{,}0062 = 0{,}62\,\%$

Beispiel bei Teillast

Gegeben: $\dot{Q}_{N\,\varphi} = 40{,}0$ MW, Steinkohle, $\varphi = 0{,}60$
Ergebnis: $l_{St\,\varphi} = 0{,}0103 = 1{,}03\,\%$

Schrifttum

DIN 1942 „Abnahmeversuche an Dampferzeugern" Ausg. 1975.

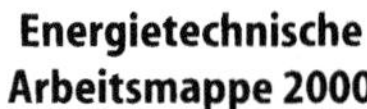

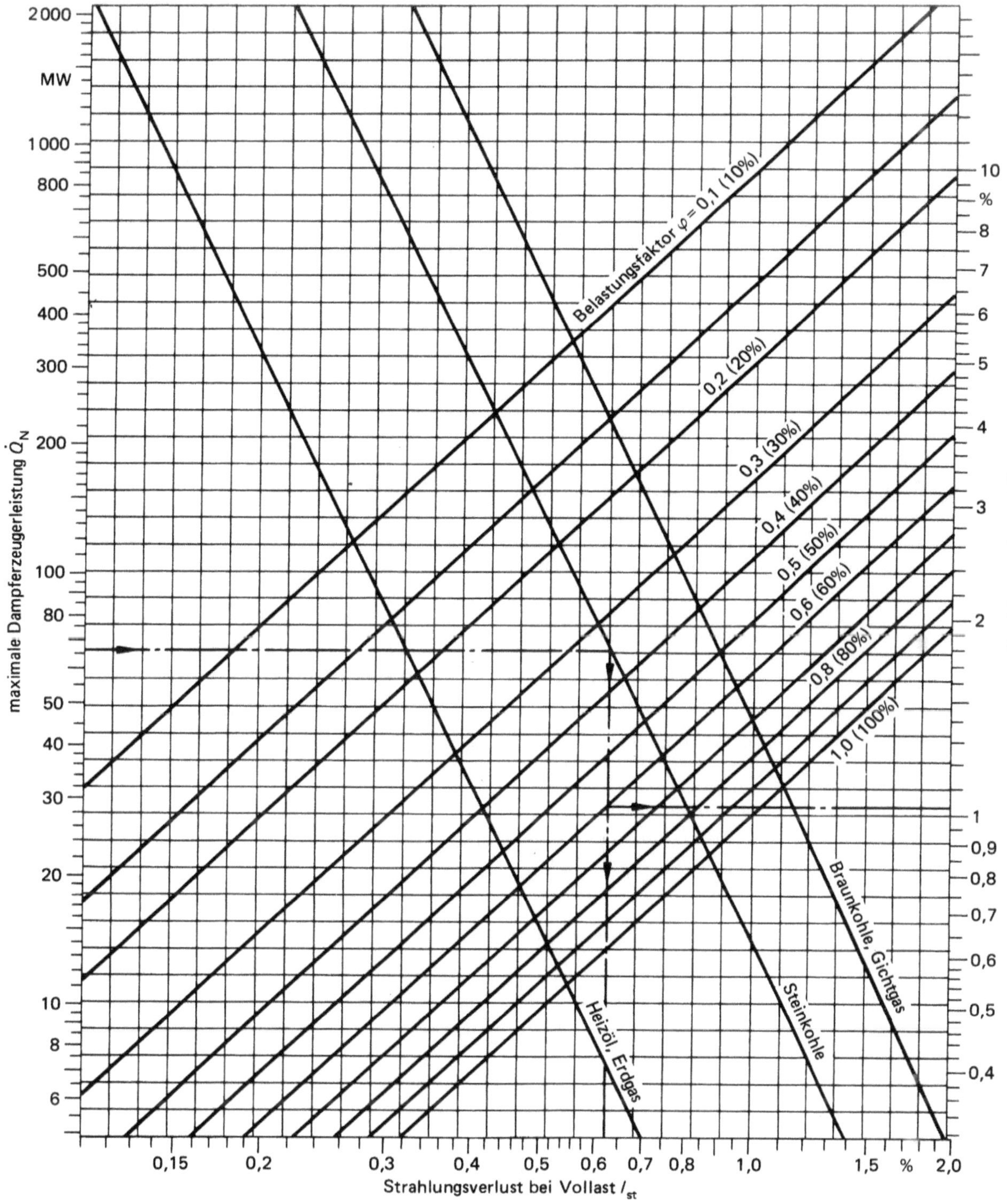
2000
MW
1000
800
500
400
300
200
100
80
50
40
30
20
10
8
6
maximale Dampferzeugerleistung $\dot{Q}_N$
0,15
0,2
0,3
0,4
0,5
0,6
0,7
0,8
1,0
1,5
%
2,0
Strahlungsverlust bei Vollast l_{st}
10
%
8
7
6
5
4
3
2
1
0,9
0,8
0,7
0,6
0,5
0,4
Strahlungsverlust bei Teillast $l_{st\varphi}$
Belastungsfaktor φ = 0,1 (10%)
0,2 (20%)
0,3 (30%)
0,4 (40%)
0,5 (50%)
0,6 (60%)
0,8 (80%)
1,0 (100%)
Heizöl, Erdgas
Steinkohle
Braunkohle, Gichtgas

F. Brandt

Erläuterung zu den Richtlinien

pH-Wert/Säurekapazität bis zum pH-Wert 8,2 ($K_{S\,8,2}$)

Die Korrosion der in Dampfkesselanlagen eingesetzten unlegierten und niedriglegierten Stähle wird wesentlich vom pH-Wert beeinflusst. Dies gilt besonders für salzhaltige Wässer. Der erforderliche pH-wert kann im Kessel- und Speisewasser durch feste Alkalisierungsmittel (z.B. Natriumhydroxid und Trinatriumphosphat) und im Speisewaser und Kondensat durch flüchtige Alkalisierungsmittel (z.B. Ammoniak und Hydrazin) eingestellt werden. Soweit möglich, ist der kombinierte Einsatz unter kontinuierlicher Dosierung anzustreben. Im Kesselwaser muss die Alkalität begrenzt werden, um Angriffe auf bestimmet Werkstoffe zu vermeiden und Schäumen des Kesselwassers zu vermindern.

Kupferwerkstoffe werden durch Ammoniak in höheren Konzentrationen korrosiv angegriffen. Deshalb ist die Zugabe von Ammoniak bzw. Hydrazin (bei Hydrazin wegen der Spaltung zu Ammoniak) so zu begrenzen, dass im Kondensat pH-Werte von 9,3 nicht überschritten werden. Bei Aluminiumwerkstoffen darf die Alkalität einen pH-Wert von 8 nicht wesentlich übersteigen.

Bei Kesselanlagen ohne Einspritzkühler können feste Alkalisierungsmittel direkt in den Speisewasserbehälter gegeben werden. Wenn hinter der Speisewasserpumpe Einspritzwasser abgezweigt wird, darf der Zusatz dieser Mittel erst nach der Abzweigung des Einspritzwassers erfolgen. Das Einspritzwasser darf nur flüchtige Alkalisierungsmittel enthalten, die zweckmäßig entweder in den Speisewasserbehälter oder von den Vorwärmern dosiert werden (Werkstoff der Kesselspeisepumpen berücksichtigen!).

Bei Vorwärmern aus unlegiertem oder niedriglegiertem Stahl kann es sinnvoll sein, einen Teil der flüchtigen Alkalisierungsmittel in den Heizdampf der Vorwärmer zu dosieren, um dort durch pH-Werte von ca. 9,5 einen verstärkten Schutz vor Korrosion zu erzielen. Zur Alkalisierung bestimmter Kondensate können flüchtige Mittel gezielt auch in den Heizdampf direkt dosiert werden.

Kieselsäure

Kieselsäure kann im Wasser kolloidal und gelöst auftreten. Durch die Standard-Analysenverfahren wird nur die gelöste Kieselsäure erfasst. Kolloidale Kieselsäure wird unter Kesselbedingungen in gelöste umgewandelt.

Kieselsäure zeigt eine druck- und temperaturabhängige Löslichkeit im Dampf. Die Kieselsäurekonzentration im Dampf ist zudem abhängig von der Kieselsäurekonzentration und von der Alkalität des Kesselwassers. Um ausreichend reinen Dampf für den Turbinenbetrieb zu erzielen, muss der Kieselsäuregehalt im Speisewasser von Durchlaufkesseln, im Einspritzwasser und im Kesselwasser von Umlaufkesseln begrenzt werden. Die Höchstwerte für die Kieselsäurekonzentration im Kesselwasser in Abhängigkeit von der Alkalität und vom Betriebsüberdruck sind in Bild 1 dargestellt.

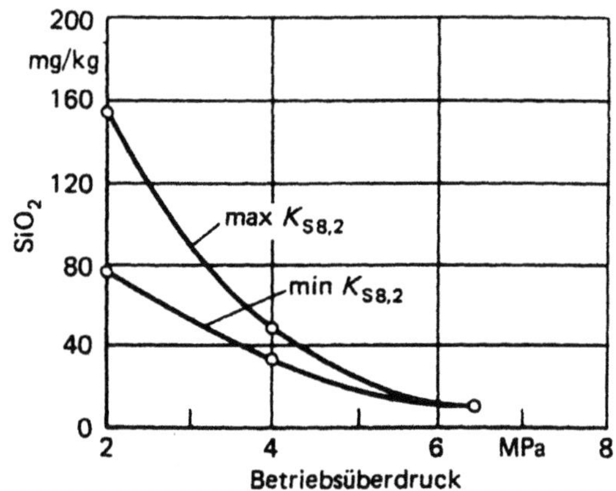

Bild 1. Zulässiger SiO_2-Gehalt in Abhängigkeit vom Betriebsüberdruck und vom $K_{S\,8,2}$.

Schrifttum

VdTÜV-Richtlinien für Speisewasser, Kesselwasser und Dampf von Dampferzeugern bis 68 bar zulässigem Betriebsüberdruck. Ausgabe April 1983, TÜV Rheinland, Köln.

Ein befriedigender Betrieb von Dampferzeugern und Dampfturbinen ist nur möglich, wenn Speisewasser, Kesselwasser und Dampf hinsichtlich ihrer Qualität bestimmte Mindestanforderungen erfüllen. Diese Mindestanforderungen sind in Richtlinien festgelegt, die von den zuständigen Fachverbänden erarbeitet und von Zeit zu Zeit dem Stande der Technik angepasst werden. Für Dampferzeuger mit einem zulässigen Betriebsüberdruck bis 6,8 MPa werden in Deutschland solche Richtlinien von der Vereinigung der Technischen Überwachungsvereine (VdTÜV) und für Dampferzeuger mit höheren Drücken von der VGB Technische Vereinigung der Großkraftwerksbetreiber e.V. herausgegen. Nachfolgend sind diese Richtlinien auszugsweise wiedergegeben, wobei die VdTÜV-Richtlinie dem Stande vom April 1983 und die VGB-Richtlinie dem Stande vom Oktober 1988 entspricht.

1. VdTÜV-Richtlinien

Tabelle 1. Salzhaltiges Speisewasser für Umlaufkessel (Wasserrohr- und Großwasserraumkessel)

Zulässiger Betriebsüberdruck	MPa	$\leq 0{,}1$	$> 0{,}1 \leq 6{,}8$
Allgemeine Anforderungen	–	farblos, klar, frei von ungelösten Stoffen	
pH-Wert[a] bei 25 °C)	–	> 9	> 9[b]
Leitfähigkeit bei 25 °C	μS/cm	nur Richtwerte für Kesselwasser maßgebend	
Summe Erdalkalien ($Ca^{2+} + Mg^{2+}$)	mmol/l	$< 0{,}015$	$< 0{,}010$[b]
Sauerstoff (O_2)	mg/l	$< 0{,}1$	$< 0{,}02$[b]
Kohlensäure (CO_2) gebunden	mg/l	< 25	< 25
Eisen, gesamt (Fe)	mg/l	–	$< 0{,}03$[c]
Kupfer, gesamt (Cu)	mg/l	–	$< 0{,}005$[c]
Kieselsäure (SiO_2)	mg/l	nur Richtwerte für Kesselwasser maßgebend	
Oxidierbarkeit (MnVII $\rightarrow$ MnII) als $KMnO_4$	mg/l	< 10	< 10
Öl, Fett	mg/l	< 3	< 1

[a] ggf. über Hilfsgrößen $K_{S\,8,2}$ gemessen – siehe Erläuterung.
[b] Anforderungen gemäß TRD 611.
[c] für Großwasserraumkessel $\leq 2{,}2$ MPa: Fe $< 0{,}05$ mg/l, Cu: $< 0{,}01$ mg/l.

Tabelle 2. Kesselwasser aus salzhaltigem Speisewasser

Zulässiger Betriebsüberdruck	MPa	$\leq 0{,}1$	$> 0{,}1 \leq 2{,}2$[a]	$> 2{,}2 \leq 4{,}4$	$> 4{,}4 \leq 6{,}8$
Allgemeine Anforderungen	–	farblos, klar, frei von ungelösten Stoffen			
pH-Wert bei 25 °C	–	10,5 bis 12	10,5 bis 12[b]	10 bis 11,8[b]	10 bis 11[b]
Säurekapazität bis pH 8,2 ($K_{S\,8,2}$)	mmol/l	1 bis 12	1 bis 12	0,5 bis 6	0,1 bis 1
Leitfähigkeit bei 25 °C	μS/cm	< 5000	< 10000[b]	< 5000[b]	< 2500[b]
Kieselsäure (SiO_2)	mg/l	–	druckstufenabhängig nach Bild 1		< 10
Phosphat (PO_4)[c]	mg/l	10 bis 20	10 bis 20	5 bis 15	5 bis 15

[a] Für Dampferzeuger mit Überhitzer der Druckstufe $> 0{,}1 \leq 2{,}2$ MPa sind die Kesselwasser-Richtwerte der Druckstufe $> 2{,}2 \leq 4{,}4$ MPa anzuwenden.
[b] Anforderungen gemäß TRD 611.
[c] Die Phosphatdosierung wird empfohlen, ist aber nicht immer erforderlich.

B. Pieper

Tabelle 3. Salzfreies Speisewasser bei alkalischer Fahrweise von Dampfkesseln und Einspritzwasser zur Dampftemperaturregelung

		Umlauf- und Großwasserraumkessel		Durchlaufkessel[b] und Einspritzwasser
zulässiger Betriebsüberdruck	MPa	$\leq 0{,}1$	$> 0{,}1 \leq 6{,}8$	$\leq 6{,}8$
allgemeine Anforderungen		farblos, klar, frei von ungelösten Stoffen		
pH-Wert bei 25 °C	–	> 9	> 9[a]	> 9[a]
Leitfähigkeit bei 25 °C hinter starksaurem Probenahme-Kationenaustauscher	μS/cm	$< 0{,}2$	$< 0{,}2$[a]	$< 0{,}2$[a]
Sauerstoff (O_2)	mg/l	$< 0{,}1$	$< 0{,}1$	kein Richtwert
Eisen, gesamt (Fe)	mg/l	–	$< 0{,}03$	$< 0{,}02$
Kupfer, gesamt (Cu)	mg/l	–	$0{,}005$	$< 0{,}003$
Oxidierbarkeit (MnVII $\to$ MnII) als $KMnO_4$	mg/l	< 10	< 3	< 3
Öl, Fett	mg/l	< 3	< 1	n. n.
Kieselsäure (SiO_2)	mg/l	–	$< 0{,}02$	$< 0{,}02$

[a] Anforderungen gemäß TRD 611.
[b] Für Durchlaufkessel, deren Speisewasser mit Oxidationsmitteln konditioniert wird, gelten die VGB-Richtlinien für Kesselwasserspeisewasser, Kesselwasser und Dampf von Wasserrohrkesseln ab 6,8 MPa Betriebsüberdruck in der jeweils gültigen Fassung.

Tabelle 4. Kesselwasser aus salzfreiem Speisewasser

		bei Zusatz von festen und flüchtigen Alkalisierungsmitteln	bei Zusatz *nur* von flüchtigen Alkalisierungsmitteln
zulässiger Betriebsüberdruck	MPa	$\leq 6{,}8$	
allgemeine Anforderungen		farblos, klar, frei von ungelösten Stoffen	
pH-Wert bei 25 °C	–	9,5 bis 10,5[a, b]	> 7
Leitfähigkeit bei 25 °C hinter starksaurem Probenahme-Kationenaustauscher	μS/cm	< 150[a]	< 3[a]
ohne starksauren Probenahme-Kationenaustauscher	μS/cm	< 50[a]	–
Phosphat (PO_4)	mg/l	< 6	–
Kieselsäure (SiO_2)	mg/l	< 4	< 4

[a] Anforderungen gemäß TRD 6111.
[b] Gemäß TRD 611 wird bei Großwasserraumkesseln von Natrium- oder Kaliumhydroxid als festen Alkalisierungsmittel abgeraten und statt dessen Trinatriumphosphat empfohlen.

B. Pieper

Anhang

zur VGB-Richtlinie für Kesselspeisewasser, Kesselwasser und Dampf von Dampferzeugern über 6,8 MPa zulässigem Betriebsüberdruck – (VGB-R 450 L, Ausgabe 1988).

Während in ionenarmen Wässern, z.B. in Speisewasser oder Kondensat, eine exakte pH-Wert-Messung nicht ohne weiteres durchführbar ist, kann bei Umlaufkesseln der pH-Wert von Kesselwasser, das mit festen Alkalisierungsmitteln konditioniert wird, in einer gekühlten Probe unmittelbar gemessen werden. Wenn das Kesselwasser nur mit Natriumhydroxid konditioniert ist und keine Natriumphosphate enthält, lässt sich sein pH-Wert aber auch aus der Leitfähigkeit errechnen, die mit verhältnismäßig einfachen Mitteln genau messbar ist und ohnehin kontinuierlich-registrierend erfasst werden sollte.

Als Hilfsgrößen zur Ermittlung des pH-Wertes sind die direkt gemessene Leitfähigkeit (κ_{direkt}) und die hinter einem Probenahme-Kationenaustauscher gemessene Leitfähigkeit (κ_{KA}) erforderlich (Bild 1). Mit κ_{direkt} wird die Leitfähigkeit sowohl der zudosierten Natronlauge als auch von Salzen als Summe erfasst. κ_{KA} zeigt die Leitfähigkeit von Säuren an, die im Probenahme-Kationenaustauscher aus Salzen freigesetzt worden sind. Da Säuren etwa die dreifache Leitfähigkeit wie ihre zugehörigen Salze ergeben, entspricht der Anteil, den Salze zur direkt gemessenen Leitfähigkeit beisteuern, etwa $^1/_3\,\kappa_{\mathrm{KA}}$. Die durch Natronlauge im Kesselwasser verursachte Leitfähigkeit ist demnach – etwas vereinfacht – die Differenz aus κ_{direkt} und $^1/_3\,\kappa_{\mathrm{KA}}$. Unter Berücksichtigung der molaren Leitfähigkeit von Natriumhydroxid (243 μS/cm je mmol/l) ergeben sich dann die Konzentration an Natronlauge zu

$$c(\mathrm{NaOH}) = \frac{\kappa_{\mathrm{direkt}} - {}^1/_3\,\kappa_{\mathrm{KA}}}{243}\ \mathrm{mmol/l}$$

und der pH-Wert zu

$$pH = 14 + \log\{c(\mathrm{NaOH})\} \quad \text{bezogen auf mol/l}$$

$$pH = 11 + \log\{c(\mathrm{NaOH})\} \quad \text{bezogen auf mmol/l}$$

$$pH = 11 + \log\left\{\frac{\kappa_{\mathrm{direkt}} - {}^1/_3\,\kappa_{\mathrm{KA}}}{243}\right\}$$

$$pH = 11 - \log 243 + \log\{\kappa_{\mathrm{direkt}} - {}^1/_3\,\kappa_{\mathrm{KA}}\}$$

$$pH = 8{,}60 + \log\{\kappa_{\mathrm{direkt}} - {}^1/_3\,\kappa_{\mathrm{KA}}\}$$

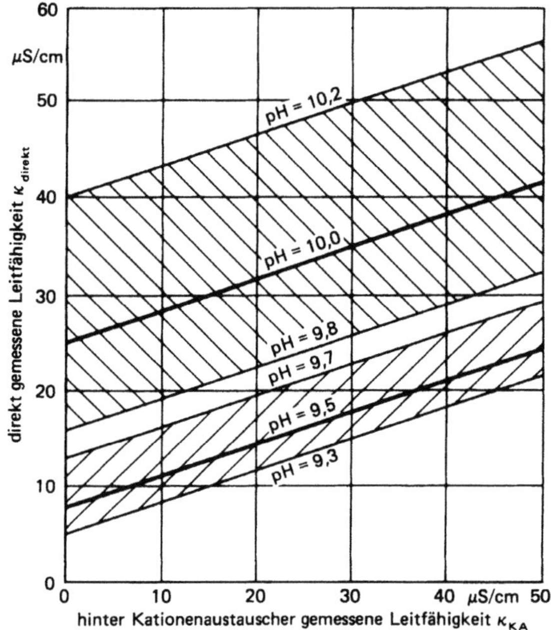

Bild 1. Konditionierung des Kesselwassers von Naturumlaufkesseln mit Natriumhydroxid. Zusammenhang zwischen dem pH-Wert und der direkt gemessenen und der hinter Kationenaustauscher gemessenen Leitfähigkeit.

Aus der graphischen Darstellung dieser Gleichung ist ersichtlich, bei welchen Leitfähigkeiten κ_{direkt} und κ_{KA} die in Tafel 2 der VGB-Richtlinie empfohlen pH-Bereiche $10 \pm 0{,}2$ für $< 13{,}6$ MPa Betriebsüberdruck bzw. $9{,}5 \pm 0{,}2$ für $> 13{,}6$ MPa Betriebsüberdruck erfüllt sind.

Schrifttum

VGB-Richtlinie für Kesselspeisewasser, Kesselwasser und Dampf von Dampferzeugern über 68 bar zulässigem Betriebsüberdruck. Ausgabe Oktober 1988, VGB Kraftwerkstechnik GmbH, Essen.

Tabelle 1. Salzfreies Speisewasser, im Dauerbetrieb. Anforderungen an salzfreies Speisewasser für Durchlaufkessel und Umlaufkessel sowie an das Wasser für Einspritzkühler zur Dampftemperaturregelung. Messstelle: Kesseleintritt (vor der eventuellen Dosierstelle für festes Alkalisierungsmittel)

Richtwerte bzw. Normal-Betriebswerte [2]		Richtwert	Normal-Betriebswert (für Kondensations-kraftwerke)
allgemeine Bedingungen		klar und farblos	
Gesamt-Eisen (Fe)	mg/l	< 0,020	0,010
Gesamt-Kupfer (Cu)	mg/l	< 0,003	0,001
Kieselsäure (SiO_2)	mg/l	< 0,020	0,005
Natrium (Na)	mg/l	< 0,010	0,002
organische Substanzen		s. Abschn. 4.8 der Erläuterungen der VGB-Richtlinie	
Leitfähigkeit bei 25 °C hinter starksaurem Probenahme-Kationenaustauscher, kontinuierliche Messung an der Probenahmestelle	μS/cm	< 0,2	0,1

		neutrale Fahrweise[a]	kombinierte Fahrweise[a]	alkalische Fahrweise
Leitfähigkeit bei 25 °C, direkte und kontinuierliche Messung an der Probenahmestelle	μS/cm	< 0,25	nicht spezifiziert[b]	
pH-Wert bei 25 °C (für Durchlaufkessel und Einspritzkühler nur flüchtige Alkalisierungs-mittel zulässig)		7 bis 8	8 bis 9	9 bis 10
Sauerstoff (O_2)	mg/l	0,050–0,250	0,020–0,150	< 0,100

[a] bezüglich Anwendung dieser Fahrweisen auf Umlaufkessel s. Abschn. 3.4.
[b] als Hilfsgröße für die pH-Wert-Einstellung und anstelle der pH-Wert- bzw. Ammoniak-Messung empfohlen (s. Anhang).

Tabelle 2. Kesselwasser aus salzfreiem Speisewasser, im Dauerbetrieb. Anforderungen an das Kesselwasser von Umlaufkesseln, die mit salzfreiem Speisewasser nach Tabelle 1 gespeist werden

Vorbedingung		Alkalisierung des Kesselwassers mit festen Alkalisierungsmitteln[a]		Alkalisierung des Speisewassers mit flüchtigen Alkalisierungs-mitteln nach Abschn. 3.1[b]; keine zusätzliche Alkalisierung des Kesselwassers
zulässiger Betriebsüberdruck	MPa	< 13,6	> 13,6	alle Betriebsdrücke
Wärmestromdichte	kW/m²	alle Wärmestromdichten	< 250	> 250
Leitfähigkeit bei 25 °C hinter starksaurem Probenahme-Kationenaustauscher, kontinuierliche Messung an der Probenahmestelle	μS/cm	< 50	< 5	< 3
pH-Wert bei 25 °C		10 ± 0,2 9,5 ± 0,2 kontinuierliche Messung, ggf. über Hilfsgrößen (Abschn. 4.2)[b]		im Speisewasser muss der pH-Wert für alkalische Fahr-weise eingestellt sein
im Falle der Trinatriumphosphat-Dosierung: Phosphat (PO_4^{3-})	mg/l	< 6	< 3	entfällt

[a] Die angegebenen pH-Werte sollten vorzugsweise mit NaOH eingestellt werden; falls Trinatriumphosphat dosiert wird, ist die zusätzliche Anwendung von NaOH nur dann erforderlich, wenn die empfohlenen pH-Werte unter Einhaltung des PO_4-Richtwertes durch den Na_3PO_4-Zusatz allein nicht erreicht werden.
[b] VGB-Richtlinie.

B. Pieper

Tabelle 3. Dampf, im Dauerbetrieb. Anforderungen an den Dampf für Kondensationsturbinen

Richtwert bzw. Normal-Betriebswert [2]		Richtwert[a]	Normal-Betriebswert (für Kondensationskraftwerke)
Leitfähigkeit bei 25 °C hinter stark-saurem Probenahme-Kationenaustauscher, kontinuierliche Messung an der Probenahmestelle	μS/cm	< 0,2	0,1
Kieselsäure (SiO_2)	mg/kg	< 0,020	0,005
Gesamt-Eisen (Fe)	mg/kg	< 0,020	0,005
Gesamt-Kupfer (Cu)	mg/kg	< 0,003	0,001
Natrium (Na)	mg/kg	< 0,010	0,002

[a] Die Unterschreitung der Richtwerte bis in den Bereich der Normal-Betriebswerte ist im Interesse der Vermeidung von Wirkungsgradminderungen zu empfehlen.

Sauerstoff

Da in salzfreiem Speisewasser Sauerstoff auf Stahl inhibierend wirkt, ist aus der Sicht der Korrosionsverhütung die frühere strenge Limitierung der Sauerstoffkonzentration nicht mehr erforderlich. Wenn jedoch durch Kondensator-Undichtigkeiten, durch Verunreinigungen in rückgeführten Heiz- und Betriebskondensaten oder durch Ionenschlupf in der Wasseraufbereitungsanlage über einen Zeitraum von mehreren Tagen der Leitfähigkeits-Richtwert für salzfreies Speisewasser (< 0,2 μS/cm) überschritten wird, ist ein Sauerstoff-Richtwert < 0,020 mg/l einzuhalten.

Bei der Konditionierung mit Oxidationsmitteln sollte die Einhaltung der Sauerstoff-Richtwerte durch kontinuierliche Sauerstoffmessung überwacht oder die Oxidationsmitteldosierung so eingestellt werden, dass der Wert für Gesamt-Eisen im Speisewasser das mögliche Minimum erreicht.

Organische Substanzen

Organische Substanzen, die mit dem Speisewasser in den Dampferzeuger eingetragen werden, können nach Anreicherung im Kesselwasser von Umlaufkesseln dessen Schaumneigung erhöhen, Überreißen von Kesselwassertröpfchen verursachen und auf diese Weise mittelbar die Dampfqualität beeinträchtigen. Unter Kesselbedingungen gebildete Zersetzungsprodukte organischer Substanzen können den pH-Wert des Kesselwassers und soweit sie flüchtig sind, die Dampfqualität unmittelbar beeinflussen.

Organische Substanzen im Wasser werden über die Bestimmung des gelösten organischen Kohlenstoffes (DOC-Gehalt) oder mit anderen geeigneten Verfahren erfasst. Der DOC-Gehalt von vollentsalztem Zusatzwasser soll 0,2 mg/l nicht übersteigen [8]. Wenn für den Eintrag organischer Substanzen in den Wasser-Dampfkreislauf auch noch andere Quellen in Betracht zu ziehen sind, wie z. B. in Industriekraftwerken die Rückführung verunreinigter Betriebskondensate, ist eine kontinuierliche Überwachung des DOC-Gehaltes im Kondensat bzw. im Speisewasser zu empfehlen. Auswirkungen solcher Einbrüche zeigen sich beim Betrieb mit salzfreiem Speisewasser meist auch an anderen Messgrößen, beispielsweise in Form einer pH-Wert-Absenkung im Kesselwasser, einer Leitfähigkeitserhöhung im Dampf oder einer Leitfähigkeitsdifferenz zwischen noch nicht vorgewärmtem Speisewasser und Dampf als Folge der Zersetzung organischer Substanzen.

Die Angabe allgemeingültiger Richtwerte ist nicht möglich. Gegebenenfalls müssen Beurteilungskriterien für eine Einflussnahme durch Öl, andere organische Substanzen oder deren Zersetzungsprodukte und für den maximal zulässigen Gehalt an organischen Substanzen nach den betriebsspezifischen Voraussetzungen und Erfahrungen festgelegt werden.

Schrifttum

[2] und [8] aus VGB-Richtlinie.

B. Pieper

Erläuterung zu 7.1

Das Arbeitsblatt 7.1 zeigt den Kupplungswirkungsgrad von Gegendruckturbinen in Abhängigkeit vom mittleren Volumenstrom $\dot{V}_\mathrm{m} = \sqrt{\dot{V}_1 \cdot \dot{V}_2}$ und der Drehzahl.

$\dot{V}_\mathrm{m}$ mittlerer Volumenstrom in m³/s,
$\dot{V}_1$ Volumenstrom am Eintritt der Trubine in m³/s,
$\dot{V}_2$ Volumenstrom am Austritt der Turbine in m³/s,
n Drehzahl in s⁻¹.

Beispiel

Volumenstrom am Eintritt $\quad\dot{V}_1 = 0{,}90$ m³/s
Volumenstrom am Austritt $\quad\dot{V}_2 = 7{,}50$ m³/s
mittlerer Volumenstrom $\quad\dot{V}_\mathrm{m} = 2{,}60$ m³/s

ergibt:

		Linienzug ①	Linienzug ②	
Drehzahl	n	50	150	s^{-1}
Kupplungswirkungsgrad	η_K	78,7	81,8	%

Gegebenenfalls muss noch ein Getriebewirkungsgrad von etwa 98 % berücksichtigt werden.

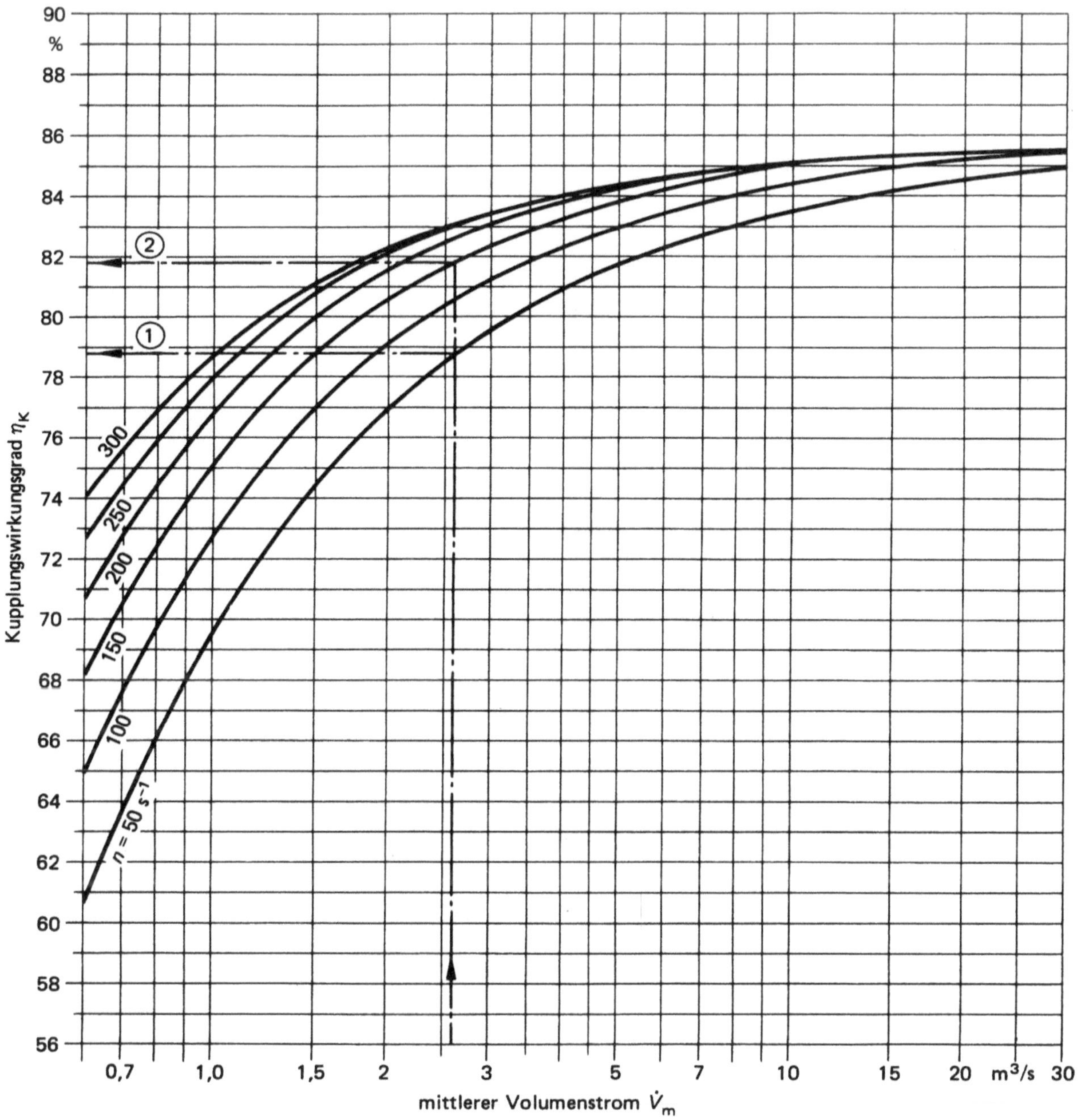

A. Mellgren, P. Bopp

Erläuterung zu 7.2.1

Formelzeichen

h	spez. Enthalpie
k	spez. (Austritts-) Energie
$\dot{m}$	Massenstrom
p	Druck
ϑ	Temperatur
A	ND-Austrittsfläche
P	Leistung
$\dot{V}$	Volumenstrom
VW	Anzahl der Vorwärmstufen

Indizes

mV	mit Vorwärmer
oV	ohne Vorwärmer
s	auf Isentrope bezogen
F	Frischdampf
K	Kupplung
V	Vorwärmung
ω	Austritt der ND-Turbine

Zweck des Arbeitsblattes ist es, die spezifische ND-Austrittsenergie oder die Abdampfgröße von Kondensationsturbinen ohne Zwischenüberhitzung bei gegebenen Auslegungsdaten abzuschätzen.

Dem Arbeitsblatt liegt ein Turbinenwirkungsgrad von 82 % zugrunde und gilt für Schnellläufer (Drehzahl 3600 min^{-1}) mit einer Kupplungsleistung bis zu 20 MW.

Vorgehensweise

1. Bestimmung des isentropen Enthalpiegefälles Δh_s.
   Zuerst wird das Gefälle Δh_{s1} zwischen dem Frischdampfzustand und einem Basis-Abdampfdruck mit den Linienzügen 1 und 2 bestimmt.

   Bei abweichendem Abdampfdruck wird zusätzlich das Gefälle Δh_{s2} mit den Linienzügen 3 und 4 ermittelt.

   Gesamtgefälle: $\Delta h_s = \Delta h_{s1} - \Delta h_{s2}$

   Δh_s kann auch direkt aus einem h, s-Diagramm bestimmt werden.

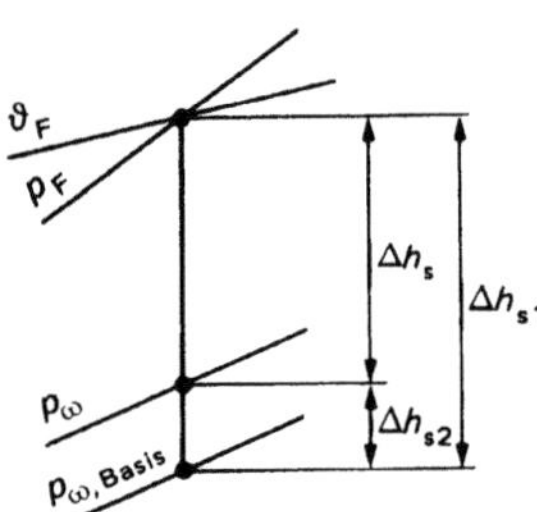

2. Mit der Kupplungsleistung P_K und dem isentropen Gefälle Δh_s wird die Frischdampfmenge ohne Vorwärmer $\dot{m}_{FoV}$ ermittelt (Linienzüge 5 und 6).

3. Die Anzahl der Vorwärmstufen und die Aufwärmspanne der Vorwärmung $\Delta \vartheta_V$ ergibt die Frischdampfmenge mit Vorwärmer $\dot{m}_{FmV}$ (7 und 8). Die Aufwärmspanne $\Delta \vartheta_V$ ist die Temperaturdifferenz zwischen der Vorwärmendtemperatur und der Kondensattemperatur.

4. Mit dem Linienzug 9 ergibt sich die Abdampfmenge $\dot{m}_\omega$.

5. Aus dem Abdampfdruck p_ω ergibt sich der Abdampfvolumenstrom $\dot{V}_\omega$ (Linienzug 10).

6. Mit $\dot{V}_\omega$ wird die spezifische ND-Austrittsenergie k_ω in Abhängigkeit der Austrittsfläche A bestimmt (Linienzug 11).

Beispiel

Kupplungsdruck	P_K	$= 12$ MW
Frischdampfdruck	p_F	$= 4$ MPa
Frischdampftemperatur	ϑ_F	$= 420\,°C$
Abdampfdruck	p_ω	$= 18$ kPa
Anzahl Vorwärmer	VW	$= 2$
Vorwärmendtemperatur	ϑ_V	$= 152\,°C$
Kondensattemperatur	ϑ_ω	$= 58\,°C$

1. $\Delta h_{s1}\,(p_F = 40,\ \vartheta_F = 420,\ p_\omega = 0{,}12) = 1080$ kJ/kg
   $\Delta h_{s2}\,(p_\omega = 0{,}12 \rightarrow p_\omega = 0{,}18)\quad =\ \ \ 50$ kJ/kg
   $\Delta h_s = \Delta h_{s1} - \Delta h_{s2}\qquad\qquad\ = 1030$ kJ/kg

2. $\dot{m}_{FoV}\,(P_K = 12,\ \Delta h_s = 1030)\qquad\ =\ \ 14{,}2$ kg/s

3. $\dot{m}_{FmV}\,(VW = 2,\ \Delta \vartheta_V = 94)\qquad\ =\ \ 14{,}9$ kg/s

4. $\dot{m}_\omega\,(\dot{m}_{FoV} = 14{,}2,\ VW = 2)\qquad\ =\ \ 12{,}7$ kg/s

5. $\dot{V}_\omega\,(\dot{m}_\omega = 12{,}7,\ p_\omega = 0{,}18)\qquad\ =\ \ \ 95$ m³/s

6. $k_\omega\,(\dot{V}_\omega = 95,\ A = 0{,}40$ m²$)\qquad\quad =\ \ \ 32$ kJ/kg

Additional information of this book

(Energietechnische Arbeitsmappe; 978-3-642-63080-4;

978-3-642-63080-4_OSFO8) is provided:

http://Extras.Springer.com

Erläuterung zu 7.2.2

Zweck des Arbeitsblattes ist es, die spezifische ND-Austrittsenergie oder die Abdampfgröße von Kondensationsturbinen ohne Zwischenüberhitzung bei gegebenen Auslegungsdaten abzuschätzen.

Dem Arbeitsblatt liegt ein Turbinenwirkungsgrad von 85 % zugrunde und gilt für normaltourige Turbinen (Drehzahl 3000 min^{-1} und 3600 min^{-1}) mit einer Kupplungsleistung zwischen 10 MW und 110 MW.

Weitere Erläuterungen s. Blatt 7.2.1.

Beispiel

Kupplungsleistung	P_K	$= 40\ \text{MW}$
Frischdampfdruck	p_F	$= 6,3\ \text{MPa}$
Frischdampftemperatur	ϑ_F	$= 485\,°\text{C}$
Abdampfdruck	p_ω	$= 10\ \text{kPa}$
Anzahl Vorwärmer	VW	$= 4$
Vorwärmendtemperatur	ϑ_V	$= 200\,°\text{C}$
Kondensattemperatur	ϑ_ω	$= 46\,°\text{C}$

1. $\Delta h_{s1}\ (p_F = 63,\ \vartheta_F = 485,\ p_\omega = 0,08)$ $= 1240\ \text{kJ/kg}$
   $\Delta h_{s2}\ (p_\omega = 0,08 \rightarrow p_\omega = 0,10)$ $=\ \ \ \ 28\ \text{kJ/kg}$
   $\Delta h_s = \Delta h_{s1} - \Delta h_{s2}$ $= 1212\ \text{kJ/kg}$

2. $\dot m_{FoV}\ (P_K = 40,\ \Delta h_s = 1212)$ $=\ \ \ \ 39\ \text{kg/s}$

3. $\dot m_{FmV}\ (\text{VW} = 4,\ \Delta\vartheta_V = 154)$ $=\ \ \ \ 44\ \text{kg/s}$

4. $\dot m_\omega\ (m_{FoV} = 33,\ \text{VW} = 4)$ $=\ \ \ \ 33\ \text{kg/s}$

5. $\dot V_\omega\ (\dot m_\omega = 33,\ p_\omega = 0,10)$ $=\ \ \ 430\ \text{m}^3/\text{s}$

6. $k_\omega\ (\dot V_\omega = 430,\ A = 2,00\ \text{m}^2)$ $=\ \ \ \ 27\ \text{kJ/kg}$

Additional information of this book

(Energietechnische Arbeitsmappe; 978-3-642-63080-4; 978-3-642-63080-4_OSFO9) is provided:

http://Extras.Springer.com

Erläuterungen zu 7.3, 7.4 und 7.5

Formelzeichen

η	Wirkungsgrad
h	spezifische Enthalpie
k	spezifische (Austritts-) Energie
$\dot{m}$	Massenstrom
n	Drehzahl
p	Druck
ϑ	Temperatur
w	Wärmeverbrauch
z	Vorwärmstufenzahl
K	Faktor
$\dot{M}$	Massenstrom, bezogen auf Leistung
P	Leistung
$\dot{Q}$	Wärmestrom

Indizes

ab	abgeführt
g	gesamt
kZÜ	vor Zwischenüberhitzer
m	mechanisch
s	Sättigungszustand
th	thermisch
zu	zugeführt
ω	Austritt
E	Vorwärmung Ende
F	Frischdampf
Gen	Generator
HD	Hochdruckturbine
KL	Generator-Klemme
K	Kondensator
MD	Mitteldruckturbine
ND	Niederdruckturbine
P	Pumpe
Spt	Speisepumpenturbine
V	Vorwärmer
ZÜ	nach Zwischenüberhitzer

Zweck der Diagramme ist es, den Wärmeverbrauch von Kondensationsturbinen mit einfacher Zwischenüberhitzung (ZÜ) bei beliebigen Auslegungsdaten abzuschätzen. Wegen der Anzahl der Parameter sind die Diagramme so aufgebaut, dass auf dem ersten ein für bestimmte Auslegungsdaten geltender Basis-Wärmeverbrauch aufgetragen ist und auf den folgenden Blättern mit Hilfe von Korrekturkurven dieser Basis-Wärmeverbrauch auf die gewünschten Auslegungsdaten umgerechnet wird.

Den Basis-Wärmeverbrauch zeigt Arbeitsblatt 7.3 in Abhängigkeit vom Frischdampfdruck und der Auslegungsleistung. Dem Frischdampf ist dabei ein bestimmter ZÜ-Druck und damit eine bestimmte Vorwärmendtemperatur zugeordnet. (Letzter Vorwärmer an der kalten ZÜ). Die übrigen Parameter sind mit folgenden Werten eingefroren:

Frischdampftemperatur	ϑ_F	$= 540\,°C$
ZÜ-Temperatur	$\vartheta_{ZÜ}$	$= 540\,°C$
Kondensatordruck	p_K	$= 3{,}5\ \text{kPa}$
spez. Austrittsenergie	k_ω	$= 21\ \text{kJ/kg}$
prozentualer Druckverlust	$\left(\dfrac{\Delta p}{p}\right)_{ZÜ}$	$= 10\,\%$

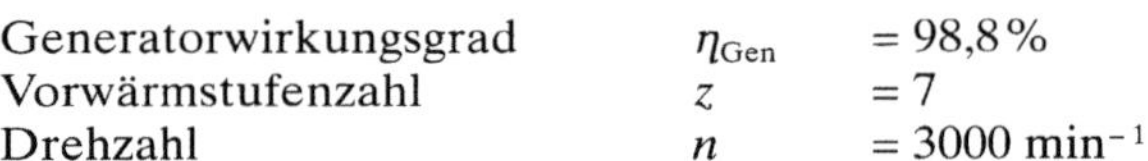

Generatorwirkungsgrad	η_{Gen}	$= 98{,}8\,\%$
Vorwärmstufenzahl	z	$= 7$
Drehzahl	n	$= 3000\ \text{min}^{-1}$

Arbeitsblatt 7.4 zeigt links unten den Einfluss von Frischdampftemperatur, ZÜ-Temperatur und ZÜ-Druckverlust, rechts oben den Einfluss von Vorwärmendtemperatur und Vorwärmstufenzahl.

Auf Arbeitsblatt 7.5 findet man den Einfluss von Vakuum und Austrittsenergie. Letztere ist normalerweise nicht bekannt, da firmenabhängig. Liegt aber für einen bestimmten Fall eine Austrittsenergiekurve in Abhängigkeit vom Abdampfvolumen vor, so kann mit Hilfe der Kurvenschar „Spezifischer Dampfverbrauch" der Frischdampfstrom und mit Hilfe der Kurve „Kondensatordampfstrom in Prozent" der Kondensatordampfstrom und damit das Abdampfvolumen abgeschätzt werden.

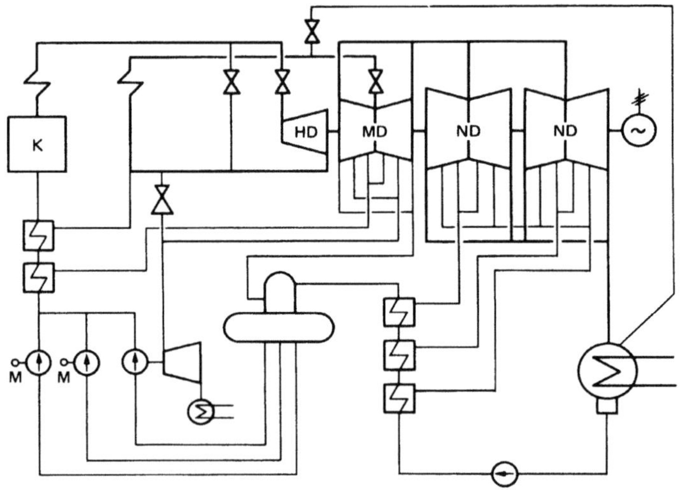

Beispiel

Gesucht wird der Wärmeverbrauch einer ZÜ-Turbogruppe mit folgenden Auslegungsdaten:

Klemmleistung	P_{KL}	$= 300\ \text{MW}$
Frischdampfdruck	p_F	$= 15{,}7\ \text{MPa}$
Frischdampftemperatur	ϑ_F	$= 525\,°C$
ZÜ-Temperatur	$\vartheta_{ZÜ}$	$= 535\,°C$
Vorwärmstufenzahl	z	$= 6$
Vorwärmendtemperatur	ϑ_E	$= 235\,°C$
Konsensatordruck	p_K	$= 5{,}9\ \text{kPa}$
spez. Austrittsenergie	k_ω	$= 37{,}5\ \text{kJ/kg}$
prozentualer Druckverlust	$\left(\dfrac{\Delta p}{p}\right)_{ZÜ}$	$= 8\,\%$
Generatorwirkungsgrad	η_{Gen}	$= 98{,}4\,\%$

Aus Arbeitsblatt 7.3 erhält man

Basis-Wärmeverbrauch	w^*	$= 7860\ \text{kJ/kWh}$

bei

Basis-Vorwärmendtemperatur	ϑ_E^*	$= 242\,°C$
Basis-Druck kalte ZÜ	$p_{kZÜ}^*$	$= 3{,}63\ \text{MPa}$

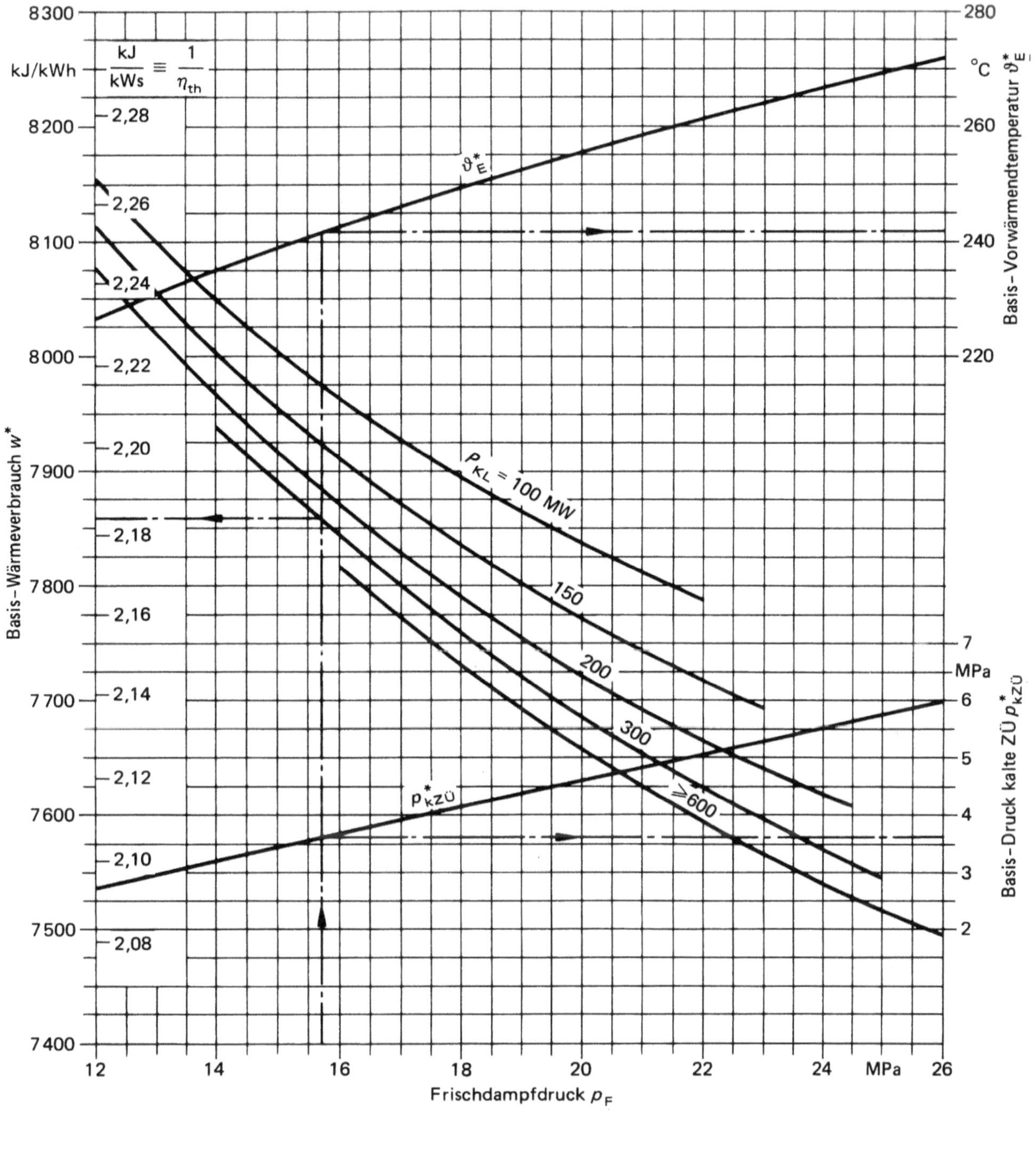

A. Mellgren, E. Koch, P. Bopp

Erläuterungen (Fortsetzung)

Korrekturen bei Abweichungen

Aus Arbeitsblatt 7.4 ergibt sich folgende Korrektur:

1. Frischdampftemperatur ϑ_F = 525 °C: $\Delta w_1 = +0{,}41\,\%$

2. ZÜ-Temperatur $\vartheta_{ZÜ}$ = 535 °C: $\Delta w_2 = +0{,}11\,\%$

3. prozentualer Druckverlust $\left(\dfrac{\Delta p}{p}\right)_{ZÜ} = 8\,\%$: $\Delta w_3 = -0{,}18\,\%$

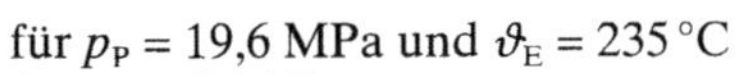

4. Vorwärmendtemperatur ϑ_E:

Sättigungstemperatur des Frischdampfes	ϑ_{sF} für 15,7 MPa	= 345,8 °C
Kondensationstemperatur	ϑ_K für 5,9 kPa	= 35,9 °C
	$\Delta\vartheta_{theor.}$	= 309,9 °C
Vorwärmendtempertur	ϑ_E	= 235,0 °C
	ϑ_K für 5,9 kPa	= 35,9 °C
	$\Delta\vartheta_V$	= 199,1 °C
relative Vorwärmung	$\Delta\vartheta_V/\Delta\vartheta_{theor.}$	= 0,642 (64,2 %)
Vorwärmstufenzahl	z	= 6

$\Delta w_4 = +0{,}45\,\%$

gemäß Arbeitsblatt 7.5:

5. Kondensatordruck p_K.

Ermittlung der Enthalpieerhöhung der Vorwärmung
Speisewasserdruck $p_p = 1{,}25 \cdot p_F = 19{,}6$ MPa
(Faktor 1,25 wegen Druckverluste in den Vorwärmern und im Dampferzeuger)

für $p_P = 19{,}6$ MPa und $\vartheta_E = 235\,°C$	h_E	= 1017 kJ/kg
für $p_K = 5{,}9$ kPa	h'	= 150 kJ/kg
Vorwärmung	Δh_V	= 867 kJ/kg
Faktor (Arbeitsblatt 7.5)	K	= 77,7 %

Ermittlung der isentropen Gefälle aus h,s-Diagramm (Arbeitsblatt 2.1.1):

für $p_F = 15{,}7$ MPa und $\vartheta_F = 525\,°C$	h_F	= 3372 kJ/kg
für $p_{kZÜ} = 3{,}63$ MPa	$h_{kZÜ}$	= 2965 kJ/kg
	Δh_{HD}	= 407 kJ/kg
für $p_{ZÜ} = 3{,}34$ MP und $\vartheta_{ZÜ} = 535\,°C$	$h_{ZÜ}$	= 3531 kJ/kg
für $p_K = 5{,}9$ kPa	h_K	= 2240 kJ/kg
	Δh_{MD+ND}	= 1291 kJ/kg

Gesamtgefälle Δh_g = (407 + 1291) kJ/kg = 1698 kJ/kg

für $p_K = 5{,}9$ kPa gegenüber $p_K^* = 3{,}5$ kPa $\quad \Delta h_K = 64{,}5$ kJ/kg

$$\Delta w_5 = \frac{K \cdot \Delta h_K}{\Delta h_g} = \frac{77{,}7 \cdot 64{,}5}{1698} = +2{,}95\,\%$$

6. spezifische Austrittsenergie $k_\omega = 37{,}5$ kJ/kg:

$$\Delta w_6 = \frac{K \cdot \Delta h_a}{0{,}8 \cdot \Delta h_g} = \frac{77{,}7\,(37{,}5 - 21{,}0)}{0{,}8 \cdot 1698} = +0{,}94\,\%$$

7. Generatorwirkungsgrad $\eta_{Gen} = 98{,}4\,\%$

$$\Delta w_7 = \eta_{Gen}^* - \eta_{Gen} = +0{,}40\,\%.$$

Gesamtkorrektur $\qquad \sum\limits_{i=1}^{7} \Delta w_i = +5{,}08\,\%$

korrigierter Wärmeverbrauch

$w = 7860$ kJ/kWh $\cdot\ 1{,}051 = 8261$ kJ/kWh $= 2{,}295$ kJ/kWs.

Wärmeverbrauch von Turbinen mit Zwischenüberhitzung; Einfluss von Änderungen der Temperatur, des Druckverlustes und der Vorwärmung

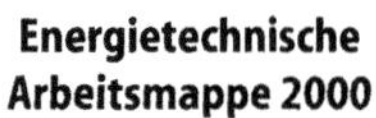

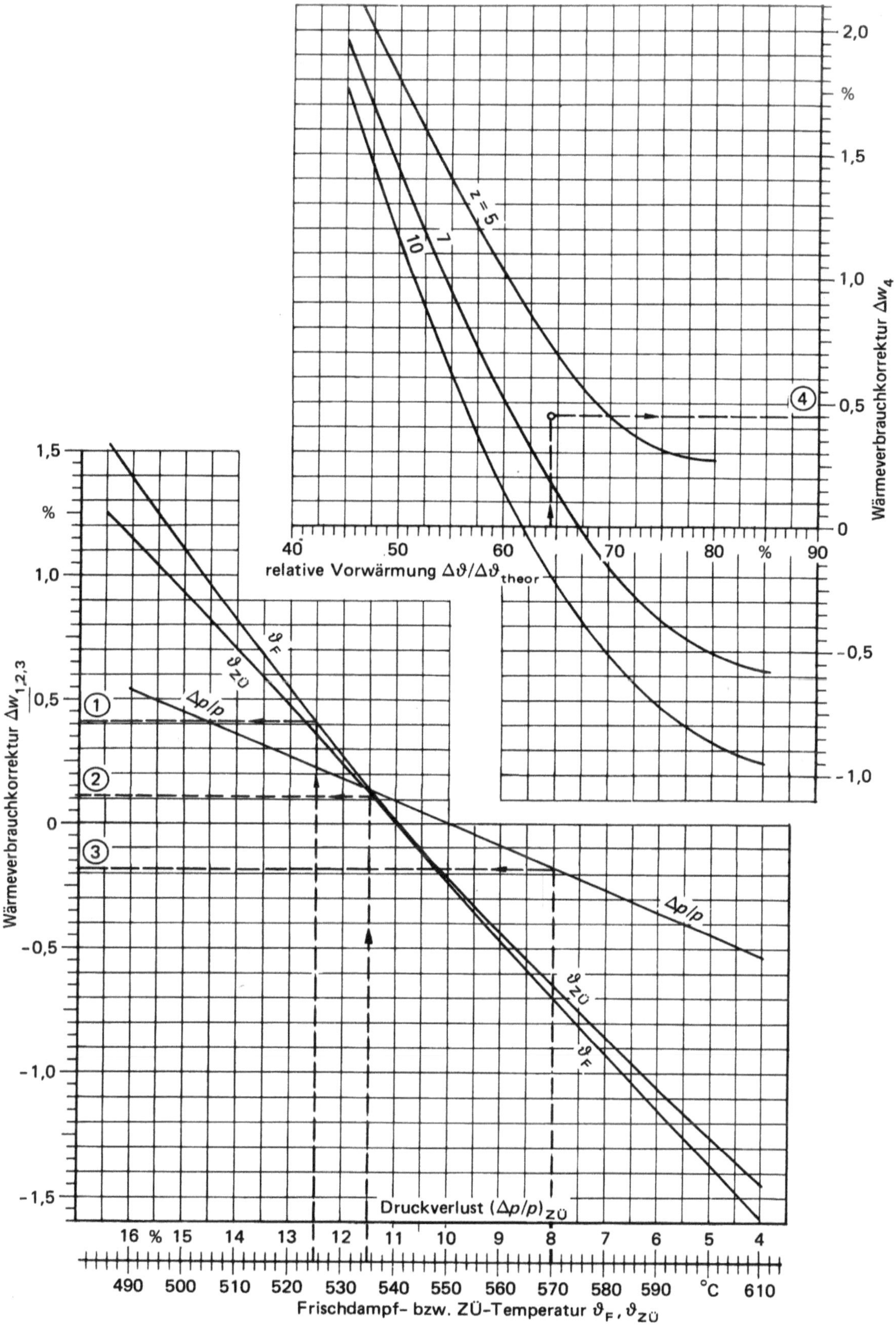

A. Mellgren, E. Koch, P. Bopp

Erläuterungen (Fortsetzung)

Bestimmung des Frischdampf- und Kondensator-Dampfstroms

Aus der Gleichung

$$w = \dot{M}_{\text{spez.}} [(h_F - h_E) + 0{,}9\,(h_{Z\ddot{U}} - h_{\omega D})]$$

kann man den spezifischen Dampfverbrauch und damit die Frischdampfmenge berechnen. Der Faktor 0,9 berücksichtigt dabei die Anzapfung an der kalten ZÜ. Mit dem isentropen Gefälle der HD-Turbine $\Delta h_{\text{HD}} = 407$ kJ/kg und einem angenommenen inneren HD-Wirkungsgrad von 85 % erhält man

$$h_{\omega \text{HD}} = h_F - 0{,}85 \cdot \Delta h_{\text{HD}} =$$
$$(3372 - 0{,}85 \cdot 407)\ \text{kJ/kg} = 3026\ \text{kJ/kg}.$$

Damit wird

$$\dot{M}_{\text{spez.}} = \frac{2{,}295}{(3372 - 1017) + 0{,}9\,(3531 - 3026)}\ \text{kg/kWs} =$$
$$= 0{,}817 \cdot 10^{-3}\ \text{kg/kWs}.$$

Demnach errechnet sich der Frischdampfstrom zu

$$\dot{m}_F = 300\,000 \cdot 0{,}817 \cdot 10^{-3}\ \text{kg/s} = 245\ \text{kg/s}.$$

Aus Arbeitsblatt 7.5 oben erhält man den Anteil des Kondensatordampfstromes $D_K = 69{,}9\,\%$ und damit den Kondensatordampfstrom

$$\dot{m}_K = 245 \cdot 0{,}699\ \text{kg/s} = 171{,}3\ \text{kg/s}.$$

Der Kondensatordampfstrom kann auch wie folgt über den Wärmeverbrauch w bestimmt werden. Aus der Beziehung

$$\eta_{\text{th}} = \frac{1}{w} = \frac{\dot{Q}_{\text{zu}} - \dot{Q}_{\text{ab}}}{\dot{Q}_{\text{zu}}} \cdot \eta_m \cdot \eta_{\text{Gen}} = \frac{P_{\text{Kl}}}{\dot{Q}_{\text{zu}}}$$

erhält man

$$\dot{Q}_{\text{ab}} = \dot{m}_K \cdot \Delta h_{\text{ab}} = P_{\text{Kl}}\left(w - \frac{1}{\eta_m \eta_{\text{Gen}}}\right)$$

mit η_{th} als dem thermischen und η_m als dem mechanischen Wirkungsgrad. $\dot{Q}_{\text{zu}}$ ist die der Turbine zugeführte und $\dot{Q}_{\text{ab}}$ die im Kondensator abgeführte Wärme, Δh_{ab} die spezifische im Kondensator abgeführte Wärme.

Mit einem angenommenen inneren MD + ND-Wirkungsgrad von 90 % erhält man

$$\Delta h_{\text{ab}} = h_{Z\ddot{U}} - 0{,}9 \cdot \Delta h_{\text{MD + ND}} - h' =$$
$$= (3531 - 0{,}9 \cdot 1291 - 150)\ \text{kJ/kg} = 2219\ \text{kJ/kg}.$$

Setzt man $\eta_m \cdot \eta_{\text{Gen}} = 0{,}977$, so erhält man schließlich

$$\dot{m}_K = \frac{300\,000\left(2{,}295 - \dfrac{1}{0{,}977}\right)}{2219}\ \text{kg/s} = 171{,}9\ \text{kg/s},$$

also eine befriedigende Übereinstimmung.

Anlage mit Zweigturbine

Die Beschaufelung der Zweigturbine hat einen geringeren Wirkungsgrad als der entsprechende Beschaufelungsabschnitt der Hauptturbine. Dafür wird der Kondensatordampfstrom und damit die Austrittsenergie der Hauptturbine kleiner. Ferner ist für die Leistung der Zweigturbine kein Generatorverlust zu berücksichtigen. Nimmt man an, daß sich Verbesserung und Verschlechterung die Waage halten, so bleibt der Wärmeverbrauch der Anlage mit Zweigturbine gleich dem der Anlage ohne Zweigturbine, wenn man den Wärmeverbrauch wie folgt definiert:

$$w = \frac{\dot{Q}_{\text{zu}}}{P_{\text{Kl}} + P_{\text{Spt}}}.$$

Will man den Frischdampfstrom bestimmen, so ist der spezifische Dampfverbrauch mit der Gesamtleistung zu multiplizieren. Aus Arbeitsblatt 7.5 unten erhält man den Leistungsanteil der Speisewasserpumpe zu 2,55 % gleich 7,65 MW. Damit ergibt sich

$$\dot{m}_F = 307\,650 \cdot 0{,}817 \cdot 10^{-3}\ \text{kg/s} = 251{,}4\ \text{kg/s},$$
$$\dot{m}_K = 251{,}4 \cdot 0{,}699\ \text{kg/s} = 175{,}7\ \text{kg/s}.$$

Dies ist der Summen-Abdampfstrom. Der Dampfbedarf der Speisepumpenturbine beträgt bei einem isentropen Gefälle von 925 kJ/kg (Dampfentnahme bei 1 MPa, 3200 kJ/kg und Expansion auf 5,9 kPa) und einem Kupplungswirkungsgrad von 80 %

$$\dot{m}_{\text{Spt}} = \frac{7650}{925 \cdot 0{,}8}\ \text{kg/s} = 10{,}3\ \text{kg/s}.$$

Somit beträgt der Dampfstrom in den Hauptkondensator 165,4 kg/s.

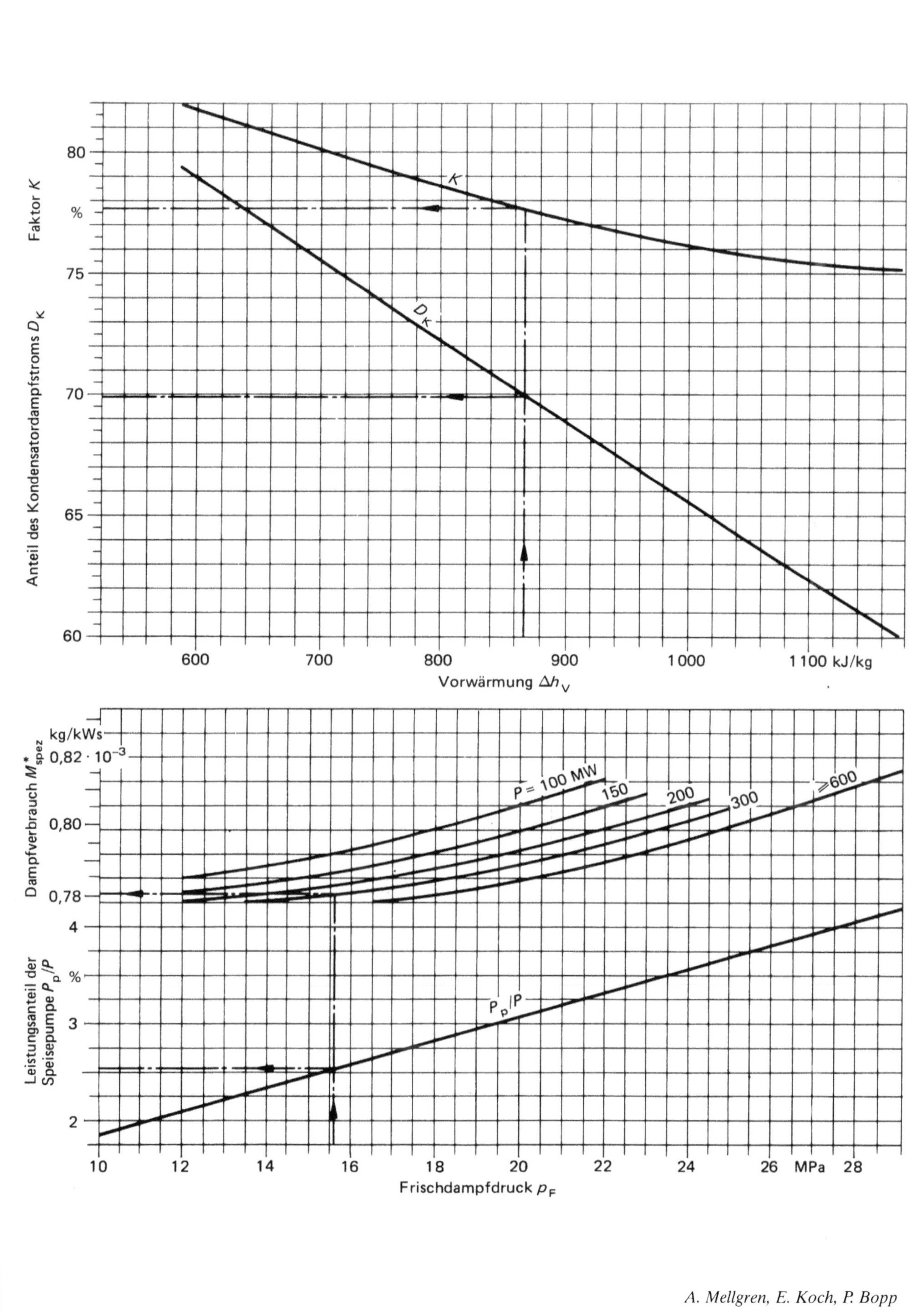

A. Mellgren, E. Koch, P. Bopp

Erläuterung zu 7.6

Formelzeichen

$\dot{m}$ Massenstrom
p Druck
ϑ Temperatur
x spezifischer Dampfgehalt
ε Druckverhältnis
α Schluckfähigkeit

Indizes

1 vor Düse
2 nach Düse
s kritischer Zustand

Für dampfdurchströmte Düsen mit überkritischem Druckverhältnis kann die spezifische Schluckfähigkeit in Abhängigkeit von Druck und Temperatur vor der Düse aus dem Arbeitsblatt entnommen werden. Es gilt $\varepsilon \leq \varepsilon_s$ mit

$$\varepsilon = \frac{p_2}{p_1} \quad \text{und} \quad \varepsilon_s = \frac{p_{2s}}{p_1} .$$

Für überhitzten Dampf gilt $\varepsilon_s = 0{,}546$ und für Sattdampf sowie annähernd auch für Nassdampf $\varepsilon_s = 0{,}577$.

Im Nassdampfgebiet wird der spezifische Dampfgehalt x als Parameter im Diagramm benutzt.

Beispiele

	Linienzug ①	Linienzug ②	
Druck vor Düse p_1	0,235	7,35	MPa
Temperatur ϑ_1	Sattdampf	450	°C
ergibt: spez. Schluckfähigkeit α/p_1	1,5	1,2	$\dfrac{\text{kg } 10^{-3}}{\text{s mm}^2 \text{ MPa}}$
Schluckfähigkeit α	3,53	88,2	$\dfrac{\text{kg } 10^{-3}}{\text{s mm}^2 \text{ MPa}}$

Additional information of this book

(Energietechnische Arbeitsmappe; 978-3-642-63080-4;

978-3-642-63080-4_OSFO10) is provided:

http://Extras.Springer.com

Erläuterung zu 7.7

Formelzeichen

p Druck
ε Druckverhältnis
κ Polytropenexponent
ξ Durchflussbeiwert

Indizes

1 vor Düse
2 nach Düse
s kritischer Zustand

Zugrunde liegende Gleichungen

$$\xi = \sqrt{\dfrac{\varepsilon^{\frac{2}{\kappa}} - \varepsilon^{\frac{\kappa+1}{\kappa}}}{\varepsilon_s^{\frac{2}{\kappa}} - \varepsilon_s^{\frac{\kappa+1}{\kappa}}}}$$

$$\varepsilon = \frac{p_2}{p_1} \quad \text{und} \quad \varepsilon_s = \frac{p_{2s}}{p_1}$$

	Sattdampf	überhitzter Dampf
Polytropenexponent κ	1,14	1,3
kritisches Druckverhältnis ε_s	0,577	0,546

Mit dem Faktor ξ ist die Schluckfähigkeit aus dem Arbeitsblatt 7.6 zu multiplizieren, um den reduzierten Durchfluss bei unterkritischen Druckverhältnissen zu erhalten.

Beispiel

Druck vor Düse	p_1	$= 7{,}35\ \text{MPa}$
Druck nach Düse	p_2	$= 6{,}76\ \text{MPa}$
Druckverhältnis	ε	$= 0{,}92$
kritisches Druckverhältnis (überhitzter Dampf)	ε_s	$= 0{,}546$

ergibt:

Durchflussbeiwert $\qquad \xi = 0{,}570$

aus Blatt 7.6, Beispiel 2:

Schluckfähigkeit $\qquad \alpha = 88{,}2\ \dfrac{\text{kg}\ 10^{-3}}{\text{s mm}^2\ \text{MPa}}$

reduzierter Durchfluss $\qquad \xi \cdot \alpha = 50{,}3\ \dfrac{\text{kg}\ 10^{-3}}{\text{s mm}^2\ \text{MPa}}$

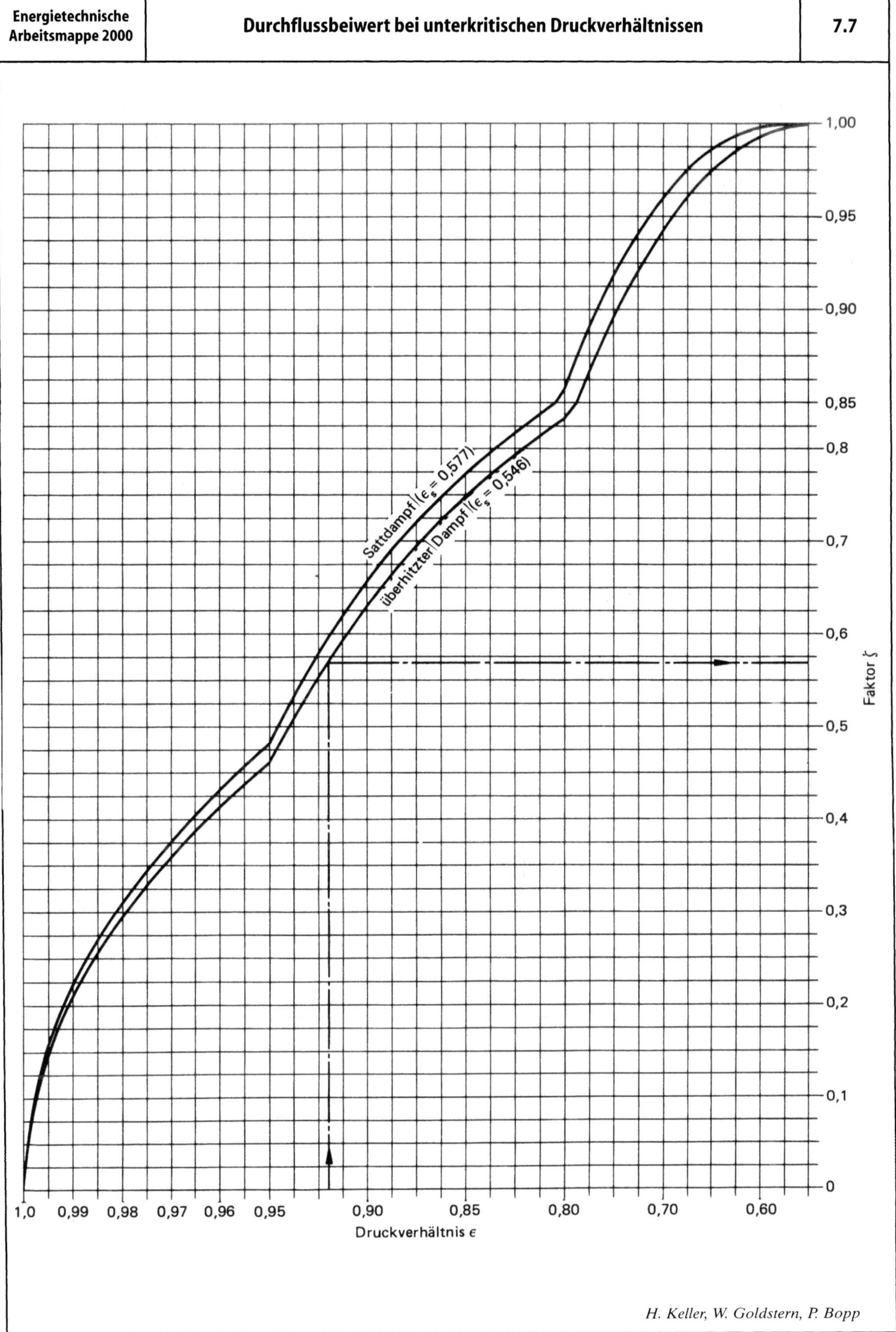

H. Keller, W. Goldstern, P. Bopp

Erläuterung zu 7.8.1

Formelzeichen

$\dot{m}$ Massenstrom
p Druck
v spezifisches Volumen
T Kelvin-Temperatur
X spezifischer Dampfgehalt
K_1 Faktor aus Blatt 7.8.1
C Faktor aus Blatt 7.8.1
K_2 Faktor aus Blatt 7.8.2

Indizes

1 vor Schaufelgruppe
2 nach Schaufelgruppe
* Werte im gesuchten Betriebsfall

Zugrunde liegende Gleichungen

Für Schaufelgruppen (eine oder mehrere Reihen) von Dampfturbinen, bei denen der Dampf an keiner Stelle die kritische Geschwindigkeit erreicht, gilt die Dampfkegelgleichung:

$$\frac{\dot{m}^*}{\dot{m}} = \sqrt{\frac{p_1^{*\,2} - p_2^{*\,2}}{p_1^2 - p_2^2} \cdot \frac{p_1 \cdot v_1}{p_1^* \cdot v_1^*}} \,.$$

Statt der $(p\,v)$-Korrektur kann auch die Temperaturkorrektur $\sqrt{(T_1 \cdot X_1)/(T_1^* \cdot X_1^*)}$ mit genügender Genauigkeit verwendet werden. (Im Heißdampfgebiet gilt $X = 1$.):

$$\frac{\dot{m}^*}{\dot{m}} = \sqrt{\frac{p_1^{*\,2} - p_2^{*\,2}}{p_1^2 - p_2^2} \cdot \frac{T_1 \cdot X_1}{T_1^* \cdot X_1^*}} \,.$$

Ermittlung des Massenstromes $\dot{m}^*$ (Blatt 7.8.1).
Bei Vernachlässigung der $(p\,v)$-Korrektur ergibt sich aus der Dampfkegelgleichung

$$\dot{m}^* = \dot{m}\frac{p_1^*}{p_1} \cdot K_1$$

mit

$$K_1 = \sqrt{\frac{1 - \left(\dfrac{p_2^*}{p_1^*}\right)^2}{1 - \left(\dfrac{p_2}{p_1}\right)^2}} = \frac{C^*}{C}$$

Der Faktor K_1 kann in Abhängigkeit vom Druckverhältnis p_2/p_1 mit p_2^*/p_1^* als Parameter direkt aus dem Arbeitsblatt entnommen oder als Quotient der Faktoren C^* und C gebildet werden. Zur Ermittlung von C^* und C dient die Kurve $C = f\,(p_2/p_1)$ im Arbeitsblatt.

Beispiel

	Eichpunkt	Betriebspunkt	
Druck vor Schaufelgruppe	$p_1 = 10$	$p_1^* = 8$	MPa
Druck nach Schaufelgruppe	$p_2 = 4$	$p_2^* = 4{,}8$	MPa
Massenstrom	$\dot{m} = 70$	$\dot{m}^* = $ gesucht	kg/s

Die Druckverhältnisse $p_2/p_1 = 0{,}4$ und $p_2^*/p_1^* = 0{,}6$ aus dem Diagramm ergeben nach ① den Faktor $K_1 = 0{,}873$ oder nach ② $C\,(0{,}4) = 0{,}916$, $C^*(0{,}6) = 0{,}8$ und

$$K_1 = \frac{0{,}8}{0{,}916} = 0{,}873 \,.$$

Gesuchter Massenstrom $\dot{m}^* = 70 \cdot \dfrac{8}{10} \cdot 0{,}873 = 48{,}9$ kg/s .

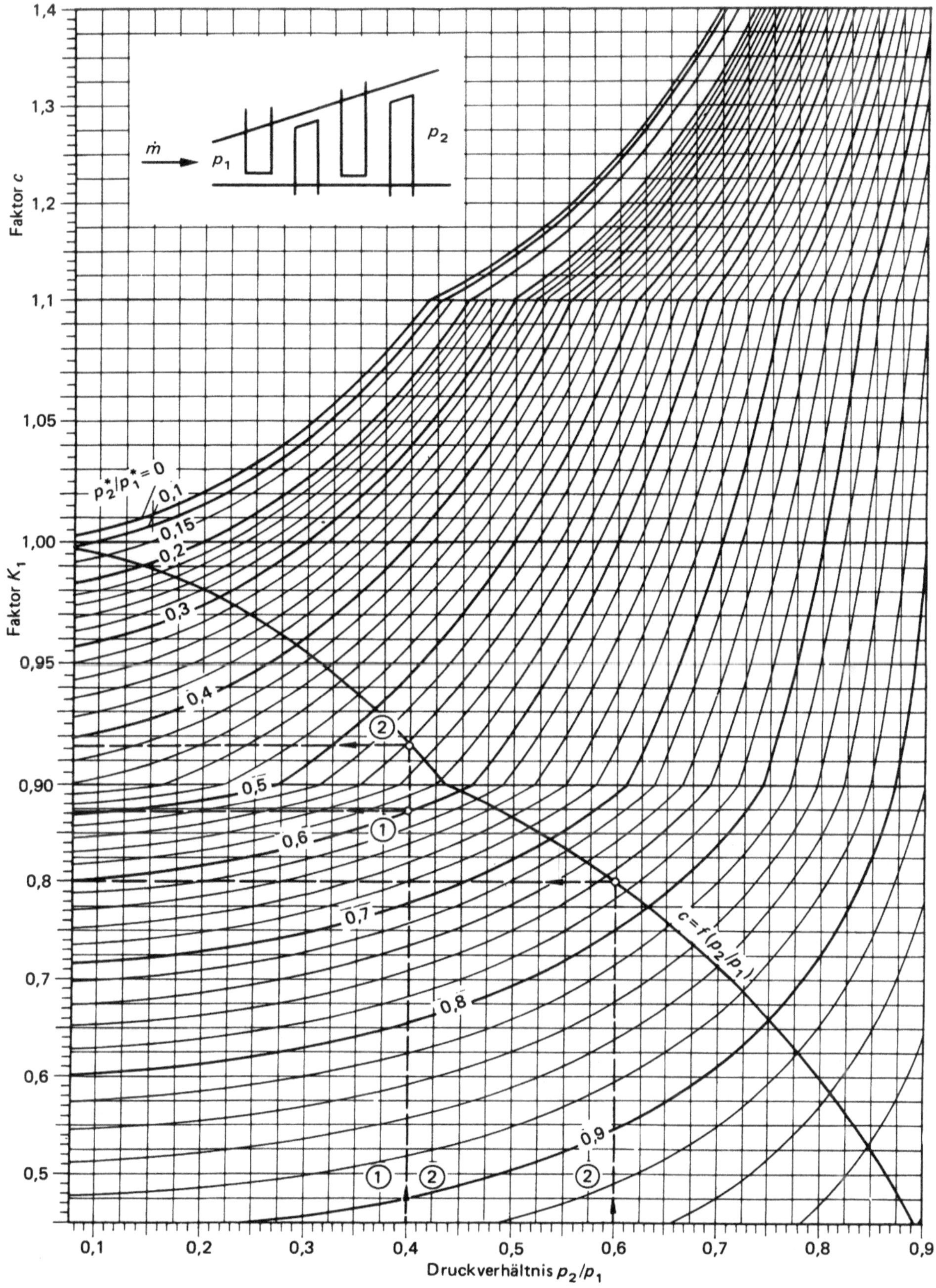

W. Badenhausen

Erläuterung zu 7.8.2

Das Arbeitsblatt 7.8.2 basiert auf der Dampfkegelgleichung. Diese Gleichung sowie Formelzeichen und Indizes sind auf Blatt 7.8.1 zu finden.

Ermittlung des Druckes vor der Schaufelgruppe

Bei Vernachlässigung der $(p\,v)$-Korrektur ergibt sich aus der Dampfkegelgleichung

$$p_1^* = p_1 \frac{\dot{m}^*}{\dot{m}} \cdot K_2$$

mit

$$K_2 = \sqrt{1 - \left(\frac{p_2}{p_1}\right)^2 \left[1 - \left(\frac{\dot{m}}{\dot{m}^*}\frac{p_2^*}{p_2}\right)^2\right]}$$

Beispiel

	Eichpunkt	Betriebspunkt	
Druck vor Schaufelgruppe	$p_1 = 2$	$p_1^* = \text{gesucht}$	MPa
Druck nach Schaufelgruppe	$p_2 = 1$	$p_2^* = 0{,}9$	MPa
Massenstrom	$\dot{m} = 50$	$\dot{m}^* = 60$	kg/s

Mit

$$\frac{\dot{m}^*}{\dot{m}} \cdot \frac{p_2}{p_2^*} = \frac{60 \cdot 1}{50 \cdot 0{,}9} = 1{,}333 \text{ und}$$

$$p_2 = p_1 = \frac{1}{2} = 0{,}5$$

ergibt sich aus dem Diagramm

Faktor $K_2 = 0{,}944$.

Gesuchter Druck vor der Schaufelgruppe

$$p_1^* = 2 \cdot \frac{60}{50} \cdot 0{,}944 = 2{,}265 \text{ MPa.}$$

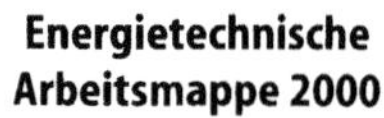

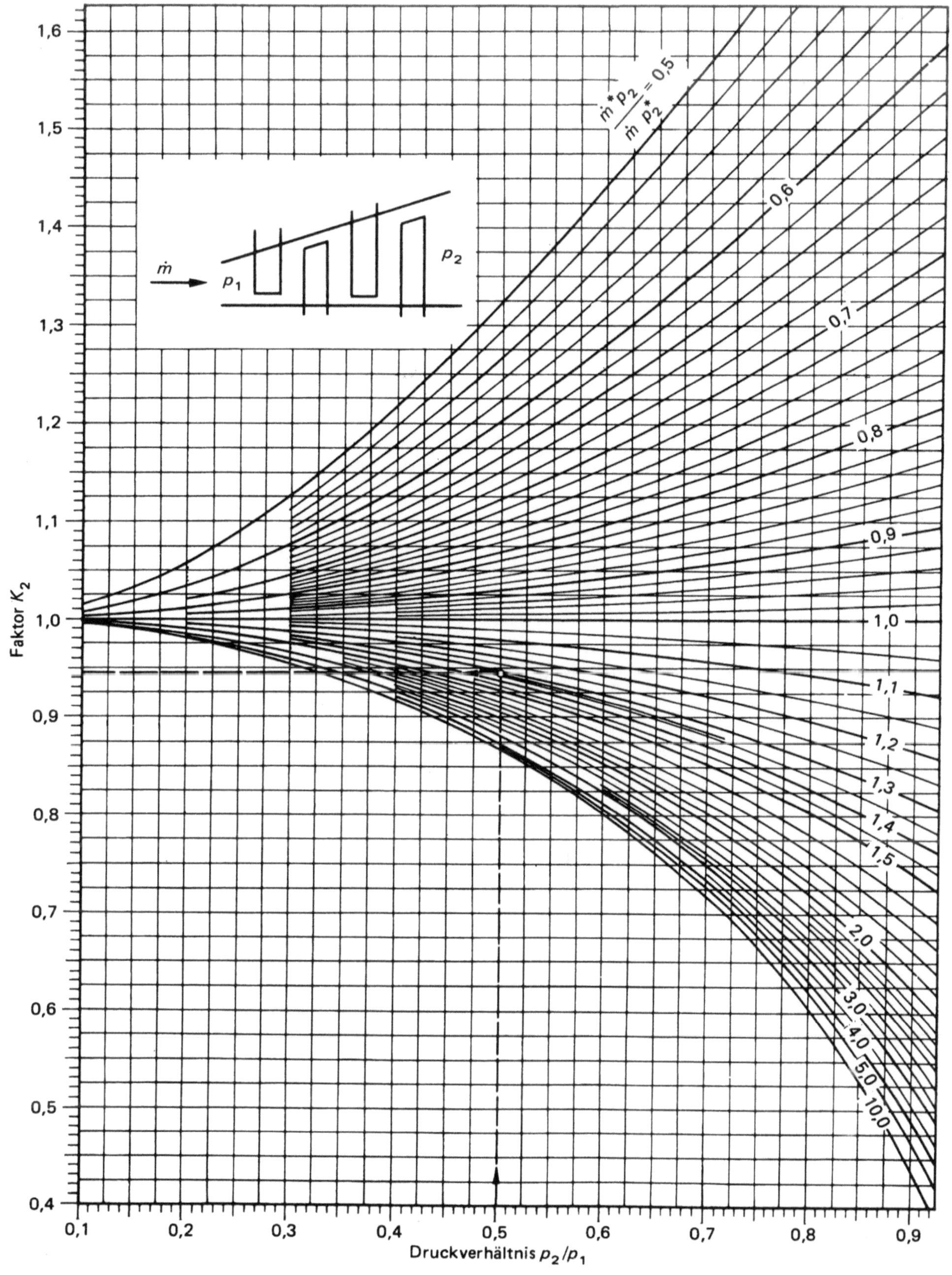

$\frac{\dot{m}^* p_2}{\dot{m}\, p_2^*} = 0{,}5$
0,6
0,7
0,8
0,9
1,0
1,1
1,2
1,3
1,4
1,5
2,0
3,0
4,0
5,0
10,0
$\dot{m}$
p_1
p_2
Faktor K_2
1,6
1,5
1,4
1,3
1,2
1,1
1,0
0,9
0,8
0,7
0,6
0,5
0,4
0,1
0,2
0,3
0,4
0,5
0,6
0,7
0,8
0,9
Druckverhältnis p_2/p_1

Erläuterung zu 8.1

Das Arbeitsblatt dient zur Bestimmung des Wärmedurchgangskoeffizienten k liegender Rohrbündel-Wasserdampfkondensatoren. Das Kühlwasser strömt in den Rohren; der Wasserdampf kondensiert an der Außenfläche der Rohre.

Das Arbeitsblatt ist auf folgende Gleichungen aufgebaut:

Für α_i (Wärmeübergangskoeffizient innen):

$$\frac{\alpha_i \cdot d_i}{\lambda} = \mathrm{Nu}_i = 0{,}024 \cdot \mathrm{Re}^{0.8} \cdot \mathrm{Pr}^{1/3} \tag{1}$$

$$\mathrm{Re} \quad \text{Reynolds-Zahl} = \frac{u_\mathrm{W} \cdot d_i}{\nu} \tag{2}$$

u_W Strömungsgeschwindigkeit des Kühlmittels in den Kondensatorrohren
d_i Rohrinnendurchmesser
ν kinematische Viskosität des Kühlmittels; $\nu = \eta/\varrho$

$$\mathrm{Pr} \quad \text{Prandtl-Zahl} = \frac{\eta \cdot c_p}{\lambda} \tag{3}$$

η dynamische Viskosität
$c_{p,\mathrm{W}}$ spezifische Wärmekapazität des Kühlwassers
λ Wärmeleitfähigkeit.

Für α_a (Wärmeübergangskoeffizient außen):

die von *F. Neumann* [1] abgewandelte Gleichung von *W. Nußelt* für Filmkondensation an horizontalen Rohren:

$$\alpha_a = 0{,}726 \left[\frac{\Delta h \cdot \lambda^3 \cdot \varrho^2 \cdot g \cdot (a + 1)}{\eta \cdot d_a \cdot \Delta \vartheta_m} \right]^{1/4} \tag{4}$$

$$a = \frac{\alpha_a}{\beta} \tag{5}$$

$$\frac{1}{\beta} = \frac{1}{\alpha_i} + \frac{\delta_s}{\lambda_s} + \frac{\delta_R}{\lambda_R} \cdot \tag{6}$$

Kondensiert lufthaltiger Wasserdampf, so ist α_a kleiner als bei der Kondensation reinen Wasserdampfes. Um den Einfluss des (in seiner Größe selten bekannten) Luftgehaltes zu berücksichtigen, wurde der Wärmeübergangskoeffizient α_a nur mit 80 % seines theoretischen Wertes in Rechnung gestellt.

Für den Wärmeleitwiderstand δ_R/λ_R ergeben sich folgende Werte (Tabelle A):

Rohwerkstoff nach DIN 1785	δ_R/λ_R in 10^{-5} m² · K/W für Wanddicken δ_R			
	0,7 mm	1,0 mm	1,5 mm	2,0 mm
SD-Cu	0,323	0,461	0,691	0,922
SB-Cu	0,42	0,599	0,898	1,197
Cu Zn 28 Sn	0,642	0,917	1,376	1,835
Cu Zn 20 Al	0,7	1,0	1,5	2,0
Cu Al 15 As	0,833	1,191	1,786	2,381
St 35.8	1,346	1,923	2,885	3,846
Cu Ni 10 Fe	1,522	2,174	3,261	4,348
Cu Ni 20 Fe	2,09	2,99	4,478	5,97
Cu Ni 30 Fe	2,399	3,413	5,12	6,826
X5 Cr Ni 189 X5 Cr Ni Mo 1812	4,795	6,849	10,274	13,659
Titan	4,516	6,452	9,677	12,903

Anhaltswerte für den Wärmeleitwiderstand δ_s/λ_s von Schmutzschichten in 10^{-4} m² · K/W nach *McAdams* [2] (Tabelle B):

Meerwasser	0,96	reines Flusswasser	1,7
Trink-, Quellwasser	1,7	schlammiges Flusswasser	3,5
Wasser großer Seen	1,7	hartes Wasser (Härte 10° d.H.)	5,7

Ein negativer Einfluss auf den Wärmeübergangskoeffizienten α_a durch die Anzahl der übereinanderliegenden Rohre im Rohrbündel des Kondensators wird nach *Short* und *Brown* [3] nicht angenommen, so dass α_a des gesamten Rohrbündels mit dem Wärmeübergangskoeffizienten für das einzelne waagerechte Rohr gerechnet werden kann.

Schrifttum

[1] *Neumann, F.:* Vereinfachte Berechnung der Wärmedurchgangszahl von Kondensatoren. Z. VDI 91 (1949), S. 331/35.
[2] *McAdams, W. H.:* Heat Transmission, 3. Aufl., S. 189. New York, Toronto, London: McGraw-Hill Book Comp. 1954.
[3] *Short, B. E.,* u. *H. E. Brown:* Proceedings Gen. Disc. Heat Transfer, London 1951, p. 27.
[4] *Baehr, H. D.:* Handbuch der Kältetechnik. Abschnitte Wärmeleitung und Wärmestrahlung, Band III, Springer-Verlag, 1959.

Erläuterung zu 8.1 (Fortsetzung)

Beispiel

Gegeben:

Kühlwassereintrittstemperatur	ϑ_1'	$= 21{,}5\,°\text{C}$
Kühlwassermassenstrom	$\dot{m}_\text{W}$	$= 16750\ \text{kg/s}$
Kondensationstemperatur	ϑ_K	$= 38\,°\text{C}$
Abdampfmassenstrom	$\dot{m}_\text{D}$	$= 382{,}25\ \text{kg/s}$
Enthalpie des Abdampfes	h''	$= 2330\ \text{kJ/kg}$
Enthalpie des Kondensates	h'	$= 152\ \text{kJ/kg}$
Enthalpiedifferenz im Kondensator	Δh	$= h'' - h'$
Wasserqualität		reines Flusswasser

Ausgewählt

Werkstoff	X 5 Cr Ni 189
Kühlwassergeschwindigkeit in den Kondensatorrohren	$u_\text{W} = 1{,}8\ \text{m/s}$
Rohrinnendurchmesser	$d_\text{i} = 21\ \text{mm}$
Rohraußendurchmesser	$d_\text{a} = 23\ \text{mm}$

Ergebnis

Kühlwasseraustrittstemperatur

$$\vartheta_1'' = \frac{\dot{m}_\text{D} \cdot (h'' - h')}{\dot{m}_\text{W} \cdot c_\text{p, W}} + \vartheta_1' = 33{,}37\,°\text{C}$$

Mittlere Kühlwassertemperatur (zur Berechnung der Stoffwerte)

$$\vartheta_{1.\,\text{m}} = \frac{\vartheta_1' + \vartheta_1''}{2} = 27{,}4\,°\text{C}$$

Wärmeübergangskoeffizient auf der Kühlwasserseite

$$\alpha_\text{i} = 6800\ \text{W/(m}^2 \cdot \text{K)}$$

Rohrwanddicke $\quad \delta_\text{R} = \dfrac{d_\text{a} - d_\text{i}}{2} = 1\ \text{mm}$

Wärmeleitwiderstand der Rohrwand aus Tabelle A

$$\delta_\text{R}/\lambda_\text{R} = 6{,}849 \cdot 10^{-5}\ \text{m}^2 \cdot \text{K/W}$$

Wärmeleitwiderstand der Schmutzschicht aus Tabelle B

$$\delta_\text{S}/\lambda_\text{S} = 1{,}7 \cdot 10^{-4}\ \text{m}^2 \cdot \text{K/W}$$

$$\beta = 2595\ \text{W/(m}^2 \cdot \text{K)}$$

mittlere logarithmische Temperaturdifferenz

$$\Delta\vartheta_\text{m} = \frac{\vartheta_1'' - \vartheta_1'}{\ln \dfrac{\vartheta_\text{K} - \vartheta_1'}{\vartheta_\text{K} - \vartheta_1''}} = 9{,}34\,°\text{C}$$

Wärmeübergangskoeffizient auf der Dampfseite

$$\alpha_\text{a} = 13000\ \text{W/(m}^2 \cdot \text{K)}$$

Wärmedurchgangskoeffizient $\quad k = 2164\ \text{W/(m}^2 \cdot \text{K)}.$

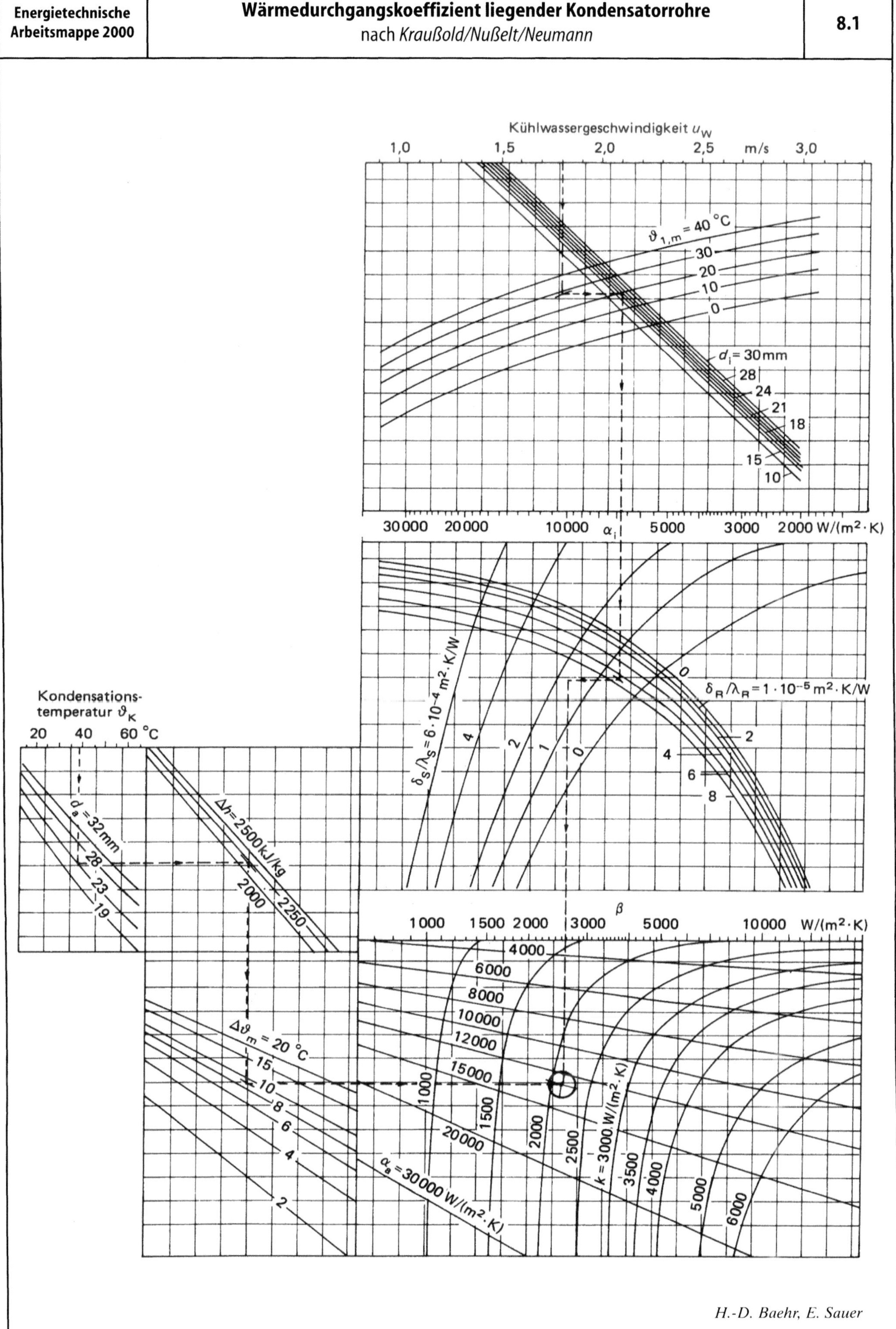

H.-D. Baehr, E. Sauer

Erläuterung zu 8.2

Das Arbeitsblatt dient zur Berechnung der effektiven Kühlrohrlänge L von wassergekühlten Oberflächen-Dampfturbinenkondensatoren.

Zunächst wird der Wärmedurchgangskoeffizient k nach den Richtlinien des Heat Exchange Institute [1] bestimmt.

$$k = 6{,}47878 \, \frac{W}{m \cdot K \cdot mm} \cdot (441{,}325 \text{ mm} - d_a) \cdot \sqrt{u_w \text{ s/m}} \cdot C_T \cdot C_M \cdot C_{CL} \tag{1}$$

C_T Korrekturfaktor für die Kühlwassereintrittstemperaturen, die anders sind als 21 °C.

$$C_T = 1{,}395 - \exp \cdot \left(\frac{-\vartheta_1'}{22{,}61 \,°C} \right) - \frac{(\vartheta_1' - 21\,°C)}{166\,°C} \quad \text{für } 5\,°C < \vartheta_1' < 40\,°C \tag{2}$$

C_M Korrekturfaktor für andere Rohrwanddicken als 1,24 mm und andere Rohrmaterialien als CuZn28Sn.

Korrekturfaktor C_M							
Wandstärke δ_R in mm	0,56	0,71	0,89	1,24	1,65	2,11	2,77
CuZn28Sn / SB-Cu / Aluminium	1,06	1,04	1,02	1,00	0,96	0,92	0,87
CuZn20Al / CuAl5As / Muntzmetall	1,03	1,02	1,00	0,97	0,94	0,90	0,84
CuNi10Fe	0,99	0,97	0,94	0,90	0,85	0,80	0,74
CuNi30Fe	0,93	0,90	0,87	0,82	0,77	0,71	0,64
Kohlenstoffstahl	1,00	0,98	0,95	0,91	0,86	0,80	0,74
X10Cr13	0,88	0,85	0,82	0,76	0,70	0,65	0,59
X5CrNi189 u. X5CrNiMo1812	0,83	0,79	0,75	0,69	0,63	0,56	0,49
X8Cr17	0,78	0,76	0,74	0,69	0,65	0,60	0,54
Titan	0,85	0,81	0,77	0,71	–	–	–

C_{CL} Reinheitsgrad

    Der Reinheitsgrad berücksichtigt die Verschmutzung der Kondensatorrohre während des Betriebes.

$C_{CL} = 0{,}85$ bei Rohren aus Messing, Aluminium, Bronze oder Kupfernickellegierungen

$C_{CL} = 0{,}9$ bis $0{,}95$ bei Rohren aus nichtrostendem Stahl und Titan.

Als nächstes wird nach den Gleichungen für die übertragenen Leistungen

$$\dot{Q} = k \cdot A \cdot \Delta \vartheta_m \tag{3}$$

$$\dot{Q} = \dot{m}_w \cdot c_{p,\,w} \cdot (\vartheta_1'' - \vartheta_1') \tag{4}$$

$$\dot{Q} = \dot{m}_D \cdot \Delta h \tag{5}$$

die wirksame Kühlrohrlänge bestimmt:

$$L = \frac{\varrho_w \cdot c_{p,\,w} \cdot u_w \cdot d_i^2}{4 \cdot Z_w \cdot k \cdot d_a} \cdot \ln \frac{\vartheta_K - \vartheta_1'}{\vartheta_K - \vartheta_1''} \cdot \tag{6}$$

Additional Information of this book

(Energietechnische Arbeitsmappe; 978-3-642-63080-4;

978-3-642-63080-4_OSFO11) is provided:

http://Extras.Springer.com

Additional information of this book

(Energietechnische Arbeitsmappe; 978-3-642-63080-4;

978-3-642-63080-4_OSFO12) is provided:

http://Extras.Springer.com

Anzahl der Kondensatorrohre und Größe der Kondensatorkühlfläche

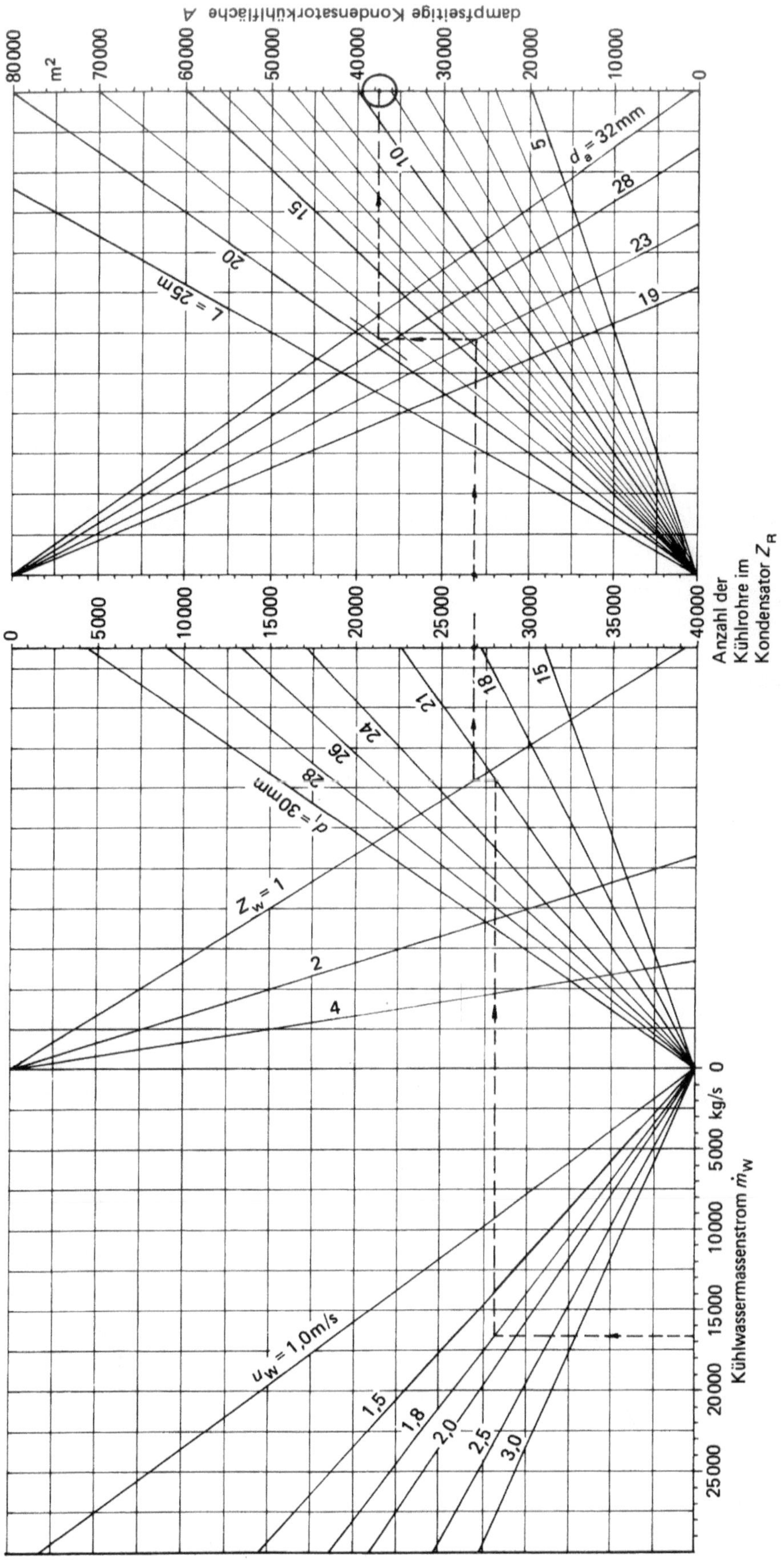

E. Sauer

Erläuterung zu 8.4

Das Arbeitsblatt dient der Betriebsüberwachung wassergekühlter Dampfturbinen-Oberflächenkondensatoren. Als kennzeichnend für das Betriebsverhalten wird der reduzierte Wärmedurchgangskoeffizient k_r ermittelt. Im ordnungsgemäßen Betrieb (keine Verschmutzung, Verstopfung, Überflutung und kein übermäßiger Lufteinbruch) muss der auf zweckmäßig gewählte Bezugswerte (1,9 m/s; 15 °C; 40 kg/(m² · h)) reduzierte Wärmedurchgangskoeffizient k_r bei unterschiedlichen Größen von u_W, ϑ_1' und q_D im Rahmen der zu erwartenden Toleranzen konstant sein.

Berechnungsformeln:

$$k_r = \frac{\dot{m}_W \cdot c_{p,W}}{A} \cdot \ln \frac{(\vartheta_K - \vartheta_1')}{(\vartheta_K - \vartheta_1'')} \cdot \beta_1 \cdot \beta_2 \cdot \beta_3 = k \cdot \beta_1 \cdot \beta_2 \cdot \beta_3 \qquad (1)$$

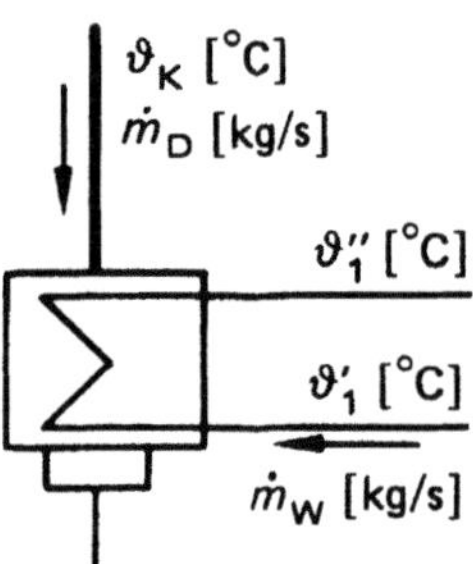

Die Faktoren β_1, β_2 und β_3 sind im Hilfsdiagramm „B" gezeigt und im Arbeitsblatt eingearbeitet. Weiter wird als Hilfsgröße die Formziffer

$$U = \frac{A^{0,9}}{A_1^{0,5}} \qquad (2)$$

benötigt, die dem Hilfsdiagramm „A" entnommen werden kann. Mit einer geeigneten Messeinrichtung im Kraftwerk kann die Kondensatorkennzahl

$$\kappa = \ln \frac{(\vartheta_K - \vartheta_1')}{(\vartheta_K - \vartheta_1'')} = \frac{k \cdot A}{\dot{m}_W \cdot c_{p,W}} \qquad (3)$$

direkt angezeigt werden. Im Arbeitsblatt geht man dann von der κ-Skala gleich auf die Kurve für ϑ_1'.

Schrifttum

G. Schaaf: Zur reduzierten Wärmedurchgangszahl wassergekühlter Dampfturbinen-Oberflächenkondensatoren. BWK 21 (1969) Heft 9, S. 486/89.

Additional information of this book

(*Energietechnische Arbeitsmappe; 978-3-642-63080-4;*

978-3-642-63080-4_OSFO13) is provided:

http://Extras.Springer.com

Additional information of this book

(Energietechnische Arbeitsmappe; 978-3-642-63080-4; 978-3-642-63080-4_OSFO14) is provided:

http://Extras.Springer.com

Additional information of this book

(Energietechnische Arbeitsmappe; 978-3-642-63080-4;

978-3-642-63080-4_OSFO15) is provided:

http://Extras.Springer.com

Erläuterung zu 8.6

Mit Hilfe des Rechenschemas ist es möglich, für einen durch Auslegungsbedingungen bezeichneten Ventilatorkühlturm in Gegenstrombauweise die Kaltwassertemperatur ϑ_{W2} bei vom Auslegungspunkt abweichenden Betriebsbedingungen überschlägig zu berechnen. Das gezeigte Kennfeld gilt nur für eine bestimmte Kühlturmkonstruktion mit den genannten thermischen Auslegungsdaten. Es ist nicht auf andere Kühltürme übertragbar. Das Kennfeld muss für jeden Kühlturm neu ermittelt werden mit den verschiedenen herstellerspezifischen Einbaudaten.

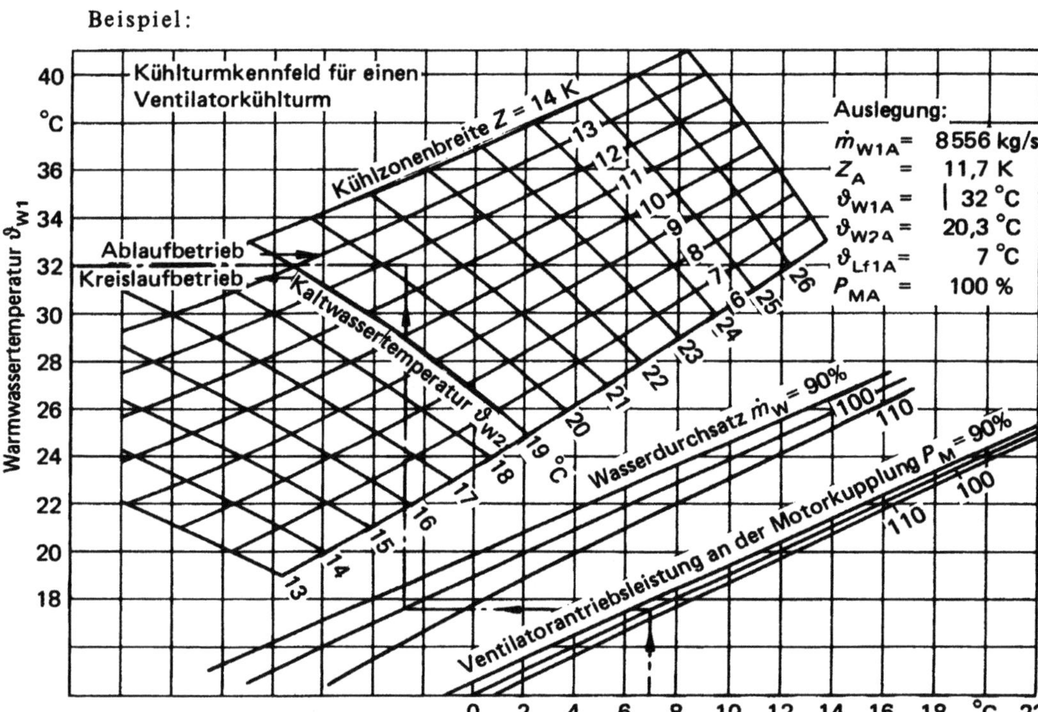

Beispiel

Erklärung der Größen

$\dot{m}_W$ Wassermassenstrom in kg/s
$\dot{m}_L$ Luftmassenstrom in kg/s
δ relative Näherung von K_{NV} an K_{NA} (10^{-2})
λ Luftzahl $\lambda = \dot{m}_L/\dot{m}_W$ bei mittl. Widerstandsbeiwert $\xi = 42{,}5$
r_o Verdampfungsenthalpie von Wasser bei 0 °C in kJ/kg
ϑ_L Temperatur der Luft gemesen am trockenen Thermometer in °C
ϑ_W Wassertemperatur in °C
ε absolute Näherung von K_{NV} an K_{NA}, Grenzabweichung
Z Kühlzonenbreite in K
h_L Enthalpie der Luft in kJ/kg
h_S Enthalpie der gesättigten, feuchten Luft in kJ/kg
P_M Ventilatorantriebsleistung in kW
A_R beregnete Grundfläche in m²
p Luftdruck der Umgebung in Pa
p_D Partialdruck des Wasserdampfes in der Luft in Pa

x Wassergehalt der Luft in kg-Wasser/kg-tr. Luft
c_{pL} spezifische Wärmekapazität der tr. Luft in kJ/(kg·K)
c_{pD} spezifische Wärmekapazität des Wasserdampfes in kJ/(kg·K)
c_W spezifische Wärmekapazität von Wasser in kJ/(kg·K)
C Kühlziffer von Merkel
M Merkel-Zahl

Indizes

A Auslegung	W Wasser
V Variation	1 Eintrittszustand
S Sättigung	2 Austrittszustand
D Dampf	m Mittelwert
L Luft	

Schrifttum

Kühlturmkennfelder, VIK, Essen, 1972.
DIN 1947 Entwurf Febr. 1988. Wärmetechnische Abnahmemessungen an Nasskühltürmen (VDI-Kühlturmregeln). Beuth Verlag GmbH, Berlin.

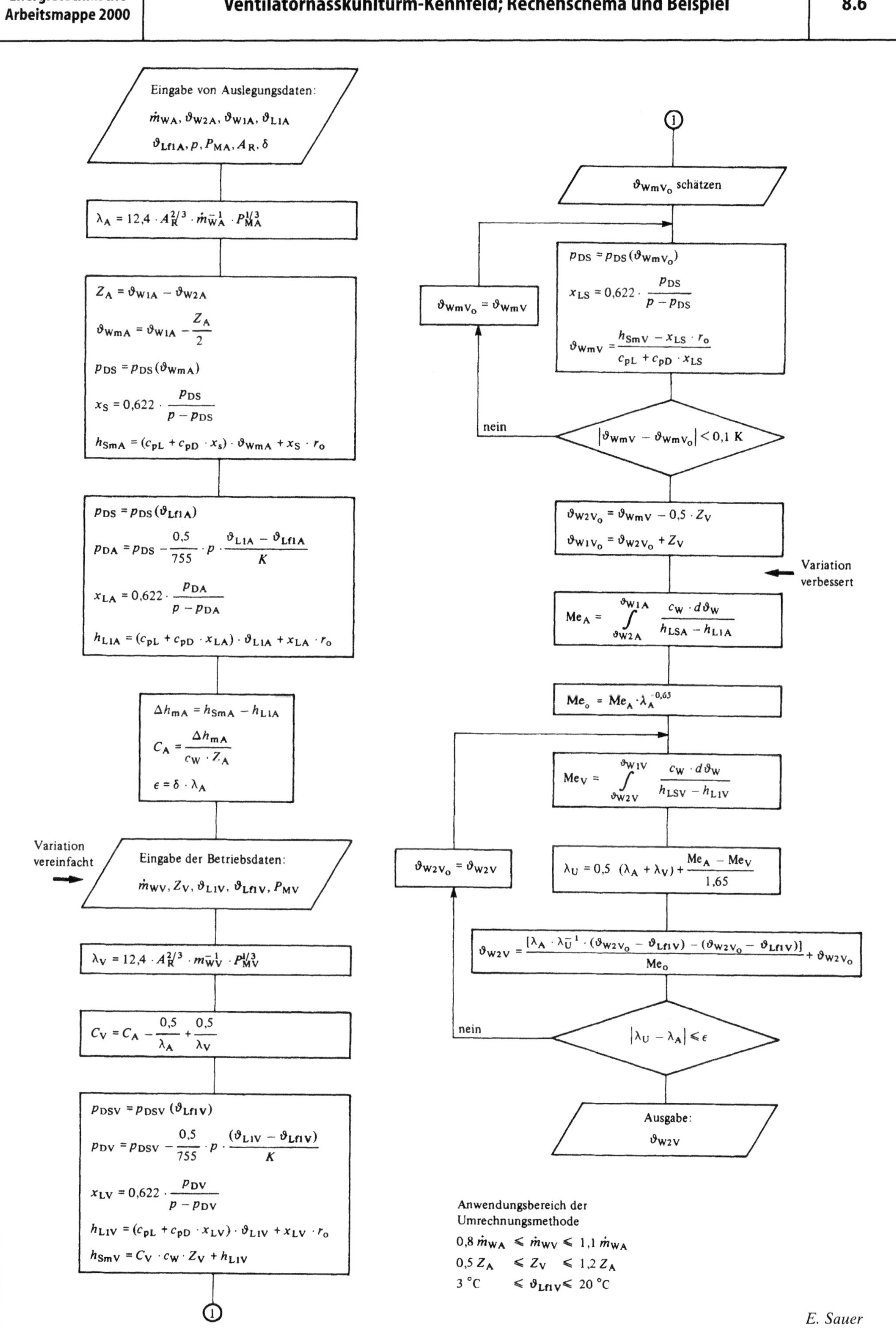

Eingabe von Auslegungsdaten:
$\dot{m}_{WA}, \vartheta_{W2A}, \vartheta_{W1A}, \vartheta_{L1A}$
$\vartheta_{Lf1A}, p, P_{MA}, A_R, \delta$
$\lambda_A = 12{,}4 \cdot A_R^{2/3} \cdot \dot{m}_{WA}^{-1} \cdot P_{MA}^{1/3}$
$Z_A = \vartheta_{W1A} - \vartheta_{W2A}$
$\vartheta_{WmA} = \vartheta_{W1A} - \dfrac{Z_A}{2}$
$p_{DS} = p_{DS}(\vartheta_{WmA})$
$x_S = 0{,}622 \cdot \dfrac{p_{DS}}{p - p_{DS}}$
$h_{SmA} = (c_{pL} + c_{pD} \cdot x_s) \cdot \vartheta_{WmA} + x_S \cdot r_o$
$p_{DS} = p_{DS}(\vartheta_{Lf1A})$
$p_{DA} = p_{DS} - \dfrac{0{,}5}{755} \cdot p \cdot \dfrac{\vartheta_{L1A} - \vartheta_{Lf1A}}{K}$
$x_{LA} = 0{,}622 \cdot \dfrac{p_{DA}}{p - p_{DA}}$
$h_{L1A} = (c_{pL} + c_{pD} \cdot x_{LA}) \cdot \vartheta_{L1A} + x_{LA} \cdot r_o$
$\Delta h_{mA} = h_{SmA} - h_{L1A}$
$C_A = \dfrac{\Delta h_{mA}}{c_W \cdot Z_A}$
$\epsilon = \delta \cdot \lambda_A$
Variation vereinfacht
Eingabe der Betriebsdaten:
$\dot{m}_{WV}, Z_V, \vartheta_{L1V}, \vartheta_{Lf1V}, P_{MV}$
$\lambda_V = 12{,}4 \cdot A_R^{2/3} \cdot \dot{m}_{WV}^{-1} \cdot P_{MV}^{1/3}$
$C_V = C_A - \dfrac{0{,}5}{\lambda_A} + \dfrac{0{,}5}{\lambda_V}$
$p_{DSV} = p_{DSV}(\vartheta_{Lf1V})$
$p_{DV} = p_{DSV} - \dfrac{0{,}5}{755} \cdot p \cdot \dfrac{(\vartheta_{L1V} - \vartheta_{Lf1V})}{K}$
$x_{LV} = 0{,}622 \cdot \dfrac{p_{DV}}{p - p_{DV}}$
$h_{L1V} = (c_{pL} + c_{pD} \cdot x_{LV}) \cdot \vartheta_{L1V} + x_{LV} \cdot r_o$
$h_{SmV} = C_V \cdot c_W \cdot Z_V + h_{L1V}$
1
ϑ_{WmV_o} schätzen
$p_{DS} = p_{DS}(\vartheta_{WmV_o})$
$x_{LS} = 0{,}622 \cdot \dfrac{p_{DS}}{p - p_{DS}}$
$\vartheta_{WmV} = \dfrac{h_{SmV} - x_{LS} \cdot r_o}{c_{pL} + c_{pD} \cdot x_{LS}}$
$\vartheta_{WmV_o} = \vartheta_{WmV}$
nein
$|\vartheta_{WmV} - \vartheta_{WmV_o}| < 0{,}1$ K
$\vartheta_{W2V_o} = \vartheta_{WmV} - 0{,}5 \cdot Z_V$
$\vartheta_{W1V_o} = \vartheta_{W2V_o} + Z_V$
Variation verbessert
$Me_A = \displaystyle\int_{\vartheta_{W2A}}^{\vartheta_{W1A}} \dfrac{c_W \cdot d\vartheta_W}{h_{LSA} - h_{L1A}}$
$Me_o = Me_A \cdot \lambda_A^{-0{,}65}$
$Me_V = \displaystyle\int_{\vartheta_{W2V}}^{\vartheta_{W1V}} \dfrac{c_W \cdot d\vartheta_W}{h_{LSV} - h_{L1V}}$
$\vartheta_{W2V_o} = \vartheta_{W2V}$
$\lambda_U = 0{,}5 \, (\lambda_A + \lambda_V) + \dfrac{Me_A - Me_V}{1{,}65}$
$\vartheta_{W2V} = \dfrac{[\lambda_A \cdot \lambda_U^{-1} \cdot (\vartheta_{W2V_o} - \vartheta_{Lf1V}) - (\vartheta_{W2V_o} - \vartheta_{Lf1V})]}{Me_o} + \vartheta_{W2V_o}$
nein
$|\lambda_U - \lambda_A| \leqslant \epsilon$
Ausgabe:
ϑ_{W2V}
Anwendungsbereich der Umrechnungsmethode
$0{,}8 \, \dot{m}_{WA} \leqslant \dot{m}_{WV} \leqslant 1{,}1 \, \dot{m}_{WA}$
$0{,}5 \, Z_A \leqslant Z_V \leqslant 1{,}2 \, Z_A$
$3\,°C \leqslant \vartheta_{Lf1V} \leqslant 20\,°C$
E. Sauer

Erläuterung zu 8.7

Mit Hilfe der Merkel-Zahl Me lassen sich Nasskühltürme auslegen, sofern Basiswerte bekannt sind. Mit Hilfe des nebenstehenden Rechenschemas lassen sich die Merkel-Zahlen in Abhängigkeit von der Luftzahl λ berechnen.

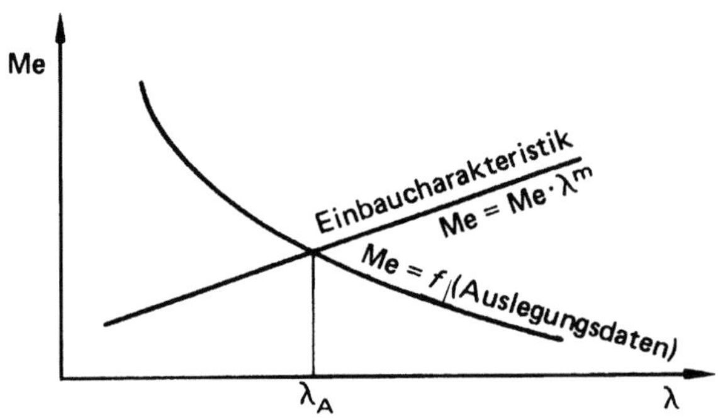

Es wird der Schnittpunkt der vom Kühlturmeinbau abhängigen Kennlinie

$$\text{Me} = \text{Me}_0 \cdot \lambda^m \tag{1}$$

(herstellerspezifisch) mit der von Auslegungsbedingungen abhängigen Kennlinie

$$\text{Me} = \int_{\vartheta_{W2}}^{\vartheta_{W1}} \frac{c_W \cdot d\vartheta_W}{h_{LS} - h_L} \tag{2}$$

gesucht.

Aus der so ermittelten Luftzahl λ_A läßt sich für einen Naturzugkühlturm die beregnete Grundfläche in Zuordnung zur Kühlturmhöhe und für Ventilatorkühltürme die beregnete Grundfläche in Zuordnung zur Ventilatorleistung berechnen bei Kenntnis der Abhängigkeit des Widerstandsbeiwertes ξ von der Luftdurchsatzgeschwindigkeit u_L.

Erklärung der Größen

ϑ_W Wassertemperatur in °C

ϑ_L Lufttemperatur gemessen am trockenen Thermometer in °C

ϑ_{Lf} Lufttemperatur gemessen am feuchten Thermometer in °C

p Luftdruck der Umgebung in bar

p_D Partialdruck des Wasserdampfes in Luft in bar

λ Luftzahl $= \dot{m}_L / \dot{m}_W$

$\dot{m}_L$ Luftmassenstrom in kg/s

$\dot{m}_W$ Wassermassenstrom in kg/s

c_{pL} spezifische Wärmekapazität von tr. Luft in kJ/(kg · K)

c_{pD} spezifische Wärmekapazität von Wasserdampf in kJ/(kg · K)

r_0 Verdampfungsenthalpie von Wasser bei 0 °C in kJ/kg

x Wassergehalt der Luft in kg-Wasser/kg-tr. Luft

N Schrittzahl

Me Merkel-Zahl

c_W mittl. spez Wärmekapazität von Wasser in flüssigem Zustand in kJ/(kg · K)

h Enthalpie in kJ/kg

ξ Widerstandsbeiwert

u Geschwindigkeit in m/s

A Zusammenfassung von Werten

J Hilfsgröße

K zur Vereinfachung

Indizes

0 bei 0 °C

1 Eintrittszustand

2 Austrittszustand

m Mittelwert

W Wasser

L Luft

S Sättigung

A Auslegung

Additional information of this book

(Energietechnische Arbeitsmappe; 978-3-642-63080-4;

978-3-642-63080-4_OSFO16) is provided:

http://Extras.Springer.com

Additional information of this book

(Energietechnische Arbeitsmappe; 978-3-642-63080-4;

978-3-642-63080-4_OSFO17) is provided:

http://Extras.Springer.com

Additional information of this book

(Energietechnische Arbeitsmappe; 978-3-642-63080-4;

978-3-642-63080-4_OSFO18) is provided:

http://Extras.Springer.com

Additional information of this book

(Energietechnische Arbeitsmappe; 978-3-642-63080-4;

978-3-642-63080-4_OSFO19) is provided:

http://Extras.Springer.com

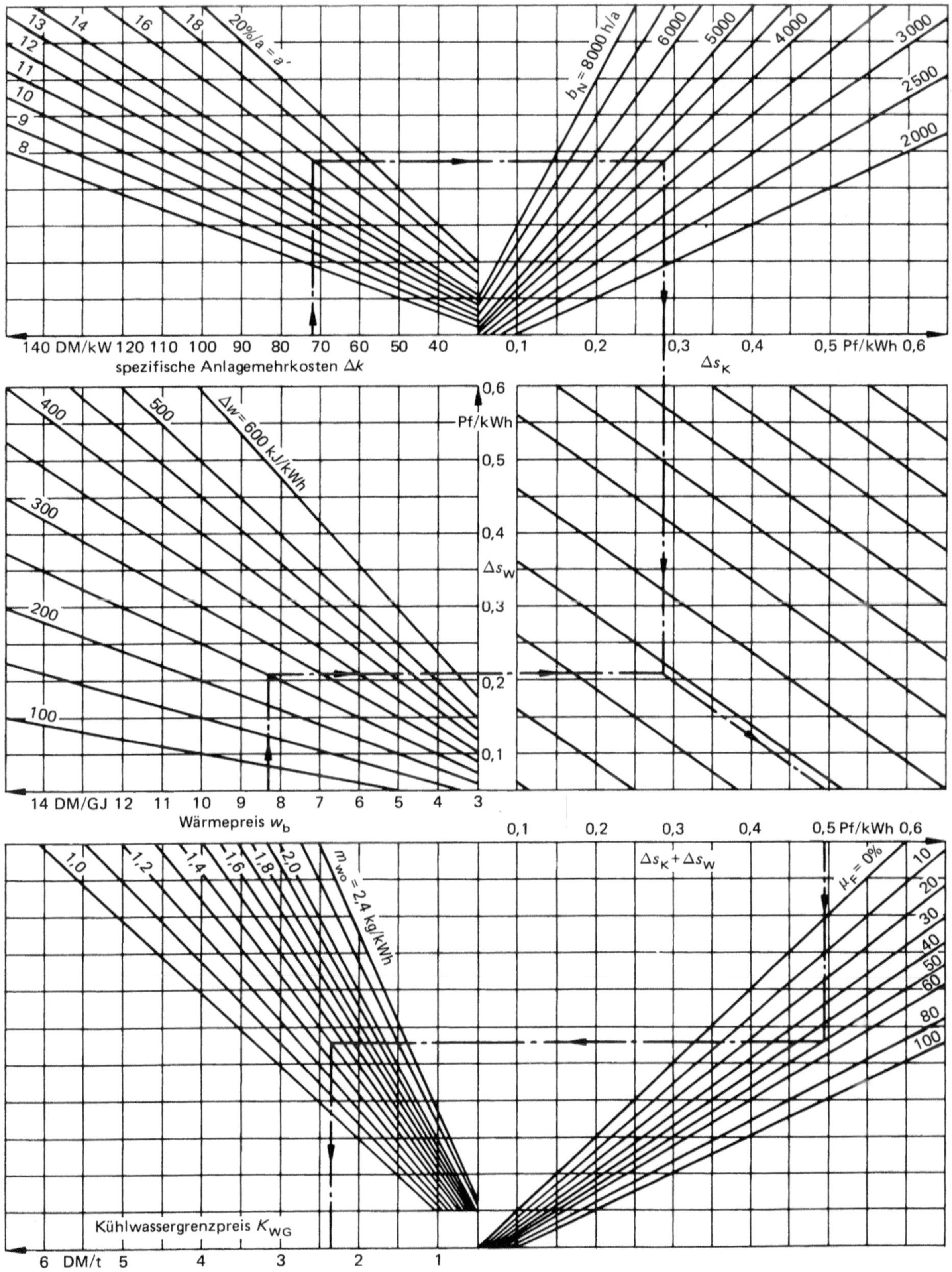

D. Blanck, E. Sauer

Erläuterung zu 9.1.1

Strömungsform	Strömungsgesetz
laminar	$\lambda = 64/\mathrm{Re}$
turbulent glatt	$1/\sqrt{\lambda} = 2 \cdot \lg\left[(\mathrm{Re} \cdot \sqrt{\lambda})/2{,}51\right]$
Übergangsbereich	$1/\sqrt{\lambda} = -2 \cdot \lg\left[2{,}51/(\mathrm{Re} \cdot \sqrt{\lambda}) + k/(3{,}71 \cdot d)\right]$
turbulent rau	$1/\sqrt{\lambda} = 2 \cdot \lg\left[(3{,}71 \cdot d/k)\right]$

Bezeichnungen

d Rohrdurchmesser (innen) in m
k absolute Rauigkeit in m
k/d relative Rauigkeit
w Strömungsgeschwindigkeit in m/s
v kinematische Viskosität des strömenden Mediums in $\mathrm{m^2/s}$
λ Rohrreibungszahl
Re Reynolds-Zahl $= (w \cdot d)/v$

Beispiel

Wasserrohr aus Stahl, neu, geschweißt

$d = 2{,}0$ m
$w = 3{,}5$ m/s
$v\,(20\,°\mathrm{C}) = 1 \cdot 10^{-6}\,\mathrm{m^2/s}$
$k = 10^{-4}$ m (gemäß Tabelle 9.1.2, zur Sicherheit größten Wert gewählt)

Ergebnis

$\mathrm{Re} = 7 \cdot 10^{6}$
$k/d = 5 \cdot 10^{-5}$
$\lambda\ = 0{,}011$
Gewählt (mit Sicherheitszuschlag für Ablagerungen): $\lambda \cdot = 0{,}015$ (bis 0,020).

Schrifttum

Dubbel: Taschenbuch für den Maschinenbau. 19. Aufl. Berlin, Heidelberg, New York: Springer-Verlag 1997.
Eck, B.: Technische Strömungslehre. Bd. 2; 8. Aufl. Berlin, Heidelberg, New York: Springer-Verlag 1981.
VDI-Wärmeatlas. 8. Aufl. Düsseldorf: VDI-Verlag 1997.
Herning, F.: Stoffströme in Rohrleitungen. 4. Aufl. Düsseldorf: VDI-Verlag 1966.
Schmidt, D.: Stahlrohr-Handbuch. 10. Aufl. Vulkan-Verlag 1986.
Richter, H.: Rohrhydraulik. 5. Aufl. Berlin, Heidelberg, New York: Springer-Verlag 1971.

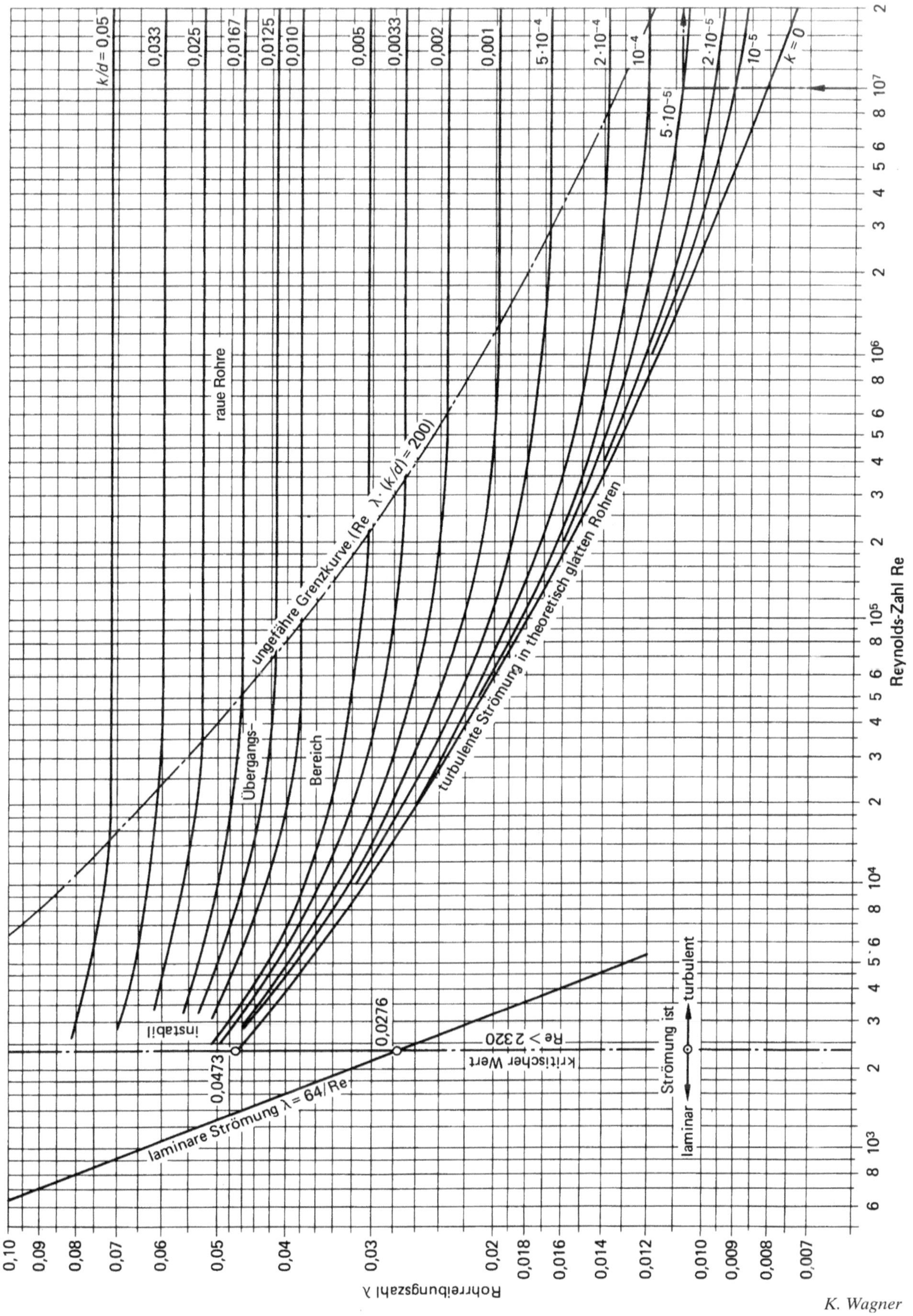

Reynolds-Zahl Re
Rohrreibungszahl λ
k/d = 0,05
0,033
0,025
0,0167
0,0125
0,010
0,005
0,0033
0,002
0,001
5·10⁻⁴
2·10⁻⁴
10⁻⁴
5·10⁻⁵
2·10⁻⁵
10⁻⁵
k = 0
raue Rohre
Übergangs-
Bereich
ungefähre Grenzkurve (Re · λ · (k/d) = 200)
turbulente Strömung in theoretisch glatten Rohren
instabil
laminare Strömung λ = 64/Re
kritischer Wert Re > 2320
Strömung ist
laminar
turbulent
0,0473
0,0276

Massenstrom ṁ
0,3 0,5 0,7 1,0 1,5 2 3 4 5 7 10 15 20 30 50 70 100 150 kg/s 300
Wassertemperatur ϑ
300 °C
250
200
100
4
0,020 m
0,025
0,030
0,040
0,050
0,060
0,070
0,080
0,100
0,125
0,150
0,175
0,200
0,250
0,300
0,350
0,400
0,500
0,600
lichter Rohrdurchmesser d
Strömungsgeschwindigkeit w = 10 m/s
8
6
4
2,0
1,0
0,8
0,6
0,4
0,3
0,2
0,1
Massenstrom bis 300 kg/s
Massenstrom ṁ
6 8 10² 2 3 4 6 8 10³ 2 3 4 kg/s 6 8 10⁴
0,4 m
0,5
0,6
0,7
0,8
0,9
1,0
1,2
1,4
1,6
1,8
2,0
lichter Rohrdurchmesser d
w = 10 m/s
8
6
4
3
2,5
2,0
1,5
1,0
0,8
0,6
0,4
0,3
0,25
0,2
0,15
0,1
große Massenströme ab 60 kg/s

K. Wagner

255

Erläuterung zu 9.1.2

Rohrwerkstoff, Verarbeitung	Zustand der Rohre, Wandbeschaffenheit		Rauigkeitswert k [10^{-3} m]
Asbestzement-Druckrohre	neu, Rohrdurchmesser	0,050 m	0,016
		0,100 m	0,015
		0,150 m	0,013
		0,200 m	0,010
		0,300 m	0,030
	gebraucht		k-Wert meist geringer
Glas	neu		0,001 bis 0,002
	gebraucht		bis 0,003
Kunststoffe	neu		bis 0,002
	gebraucht		bis 0,003
Gummi	neu, Gummidruckschlauch, technisch glatt		~ 0,0016
Ton	neu, gebranntes Drainagerohr		~ 0,7
	aus rohen Tonziegeln		~ 9,0
Rohre aus Backstein-Mauerwerk	(auch Kanäle), normal gefugt		1,3 bis 3,0

Schrifttum

Dubbel: Taschenbuch für den Maschinenbau. 19. Aufl. Berlin, Heidelberg, New York: Springer-Verlag 1997.
Eck, B.: Technische Strömungslehre. Bd. 2; 8. Aufl. Berlin, Heidelberg, New York: Springer-Verlag 1981.
VDI-Wärmeatlas, 8. Aufl. Düsseldorf: VDI-Verlag 1997.
Herning, F.: Stoffströme in Rohrleitungen. 4. Aufl. Düsseldorf: VDI-Verlag 1966.
Schmidt, D.: Stahlrohr-Handbuch. 10. Aufl. Vulkan-Verlag 1986.
Richter, H.: Rohrhydraulik. 5. Aufl. Berlin, Heidelberg, New York: Springer-Verlag 1971.

Rohrwerkstoff, Verarbeitung	Zustand der Rohre, Wandbeschaffenheit	Rauigkeitswert k $[10^{-3}\,\mathrm{m}]$
Stahl		
nahtlos gewalzt	neu, handelsübliche typische Walzhaut	0,02 bis 0,06
	ungebeizt	0,02 bis 0,06
	gebeizt	0,03 bis 0,04
	enge Rohre	bis 0,01
geschweißt	neu, typische Walzhaut	0,04 bis 0,10
mit Überzug	neu, handelsüblich verzinkt	0,10 bis 0,16
	bitumiert	~ 0,05
	zementiert	~ 0,18
	gebraucht (Anhaltswerte)	
	gleichmäßige Rostnarben	~ 0,15
	mäßig verrostet bis leicht verkrustet	0,20 bis 0,50
	mittelstarke Verkrustungen	~ 1,5
	starke Verkrustungen	2,0 bis 4,0
	nach längerem Gebrauch gereinigt	0,15 bis 0,20
	bitumiert, Bitumen stellenweise gelöst und Roststellen	~ 0,10
Mediumeinfluss	Wasserleitungen, Mittelwert	0,4 bis 1,2
	verkrustet, Rostwarzen	1,5 bis 3,0
	Dampfleitungen, Mittelwert	0,2 bis 0,4
	Druckluftleitungen, Mittelwert	0,2 bis 0,4
	Leitungen für Kokerei- und Stadtgas mit Naphtalinablagerungen, verkrustet	1,0 bis 3,0
	Erdgasleitungen, Mittelwert	0,1 bis 0,2
	Hochofengasleitungen	0,8 bis 0,2
Beton	neu, handelsüblich, glattstrich	0,3 bis 0,8
	handelsüblich, mittelrau	1,0 bis 2,0
	handelsüblich, rau	2,0 bis 3,0
	Stahlbeton, sorgfältig geglättet	0,10 bis 0,15
	Schleuderbeton, ohne Verputz	0,20 bis 0,80
	Schleuderbeton, mit glattem Verputz	0,10 bis 0,15
	gebraucht, glatter Verputz, mehrjähriger Betrieb mit Wasser	0,2 bis 0,3
	Rohrstrecken ohne Stöße (Mittelwert)	0,2
	Rohrstrecken mit Stößen (Mittelwert)	2,0
Guss	neu, typische Gusshaut, nicht bitumiert	0,10 bis 0,15
	bitumiert	
	gebraucht, angerostet	0,50 bis 1,0
	leicht bis stark verkrustet	1,5 bis 3,0
	stark verrostet	4,5
	nach mehrjährigem Betrieb gereinigt	0,5 bis 1,5
	Trinkwasserleitungen, im Betrieb	1,5
	Leitungen in städtischen Kanalisationen	1,5 bis 3,0
Stahlblech verzinkt	glatt, für Luftkanäle und Lüfterrohre	0,07 bis 1,20
Buntmetalle z. B. Kupfer, Messing, Bronze, Aluminium u. dgl. (auch als Metallüberzug)	neu, gezogen oder gepresst technisch glatt	0,001 bis 0,002
	gebraucht	bis 0,003

K. Wagner

Erläuterung zu 9.2

Berechnung der Reynolds-Zahl:

$$Re = (w \cdot d)/Rn = (4 \cdot \dot{m})/(\pi \cdot d \cdot v \cdot \varrho)$$
$$= (w \cdot d \cdot \varrho)/\eta = (4 \cdot \dot{m})/(\pi \cdot d \cdot \eta).$$

Bezeichnungen

w mittlere Strömungsgeschwindigkeit in m
d Rohrdurchmesser (innen) in m
v kinematische Viskosität in m^2/s
η dynamische Viskosität in Pa $\cdot$ s
$\dot{m}$ Massenstrom in kg/s
ϱ Dichte in kg/m^3

Beispiel

Gegeben:

Dampfdruck p = 8 MPa
Dampftemperatur ϑ = 500 °C
d = 0,25 m
$\dot{m}$ = 30 kg/s

ergibt:

η = 29,3 $\cdot$ 10^{-6} Pa $\cdot$ s
Re   = 5,2 $\cdot$ 10^6.

Schrifttum

Dubbel: Taschenbuch für den Maschinenbau. 19. Aufl. Berlin, Heidelberg, New York: Springer-Verlag 1997.
Eck, B.: Technische Strömungslehre. Bd. 2; 8. Aufl. Berlin, Heidelberg, New York: Springer-Verlag 1981.
VDI-Wärmeatlas, 8. Aufl. Düsseldorf: VDI-Verlag 1997.
Herning, F.: Stoffströme in Rohrleitungen. 4. Aufl. Düsseldorf: VDI-Verlag 1966.
Schmidt, D.: Stahlrohr-Handbuch. 10. Aufl. Vulkan-Verlag 1986.
Richter, H.: Rohrhydraulik. 5. Aufl. Berlin, Heidelberg, New York: Springer-Verlag 1971.

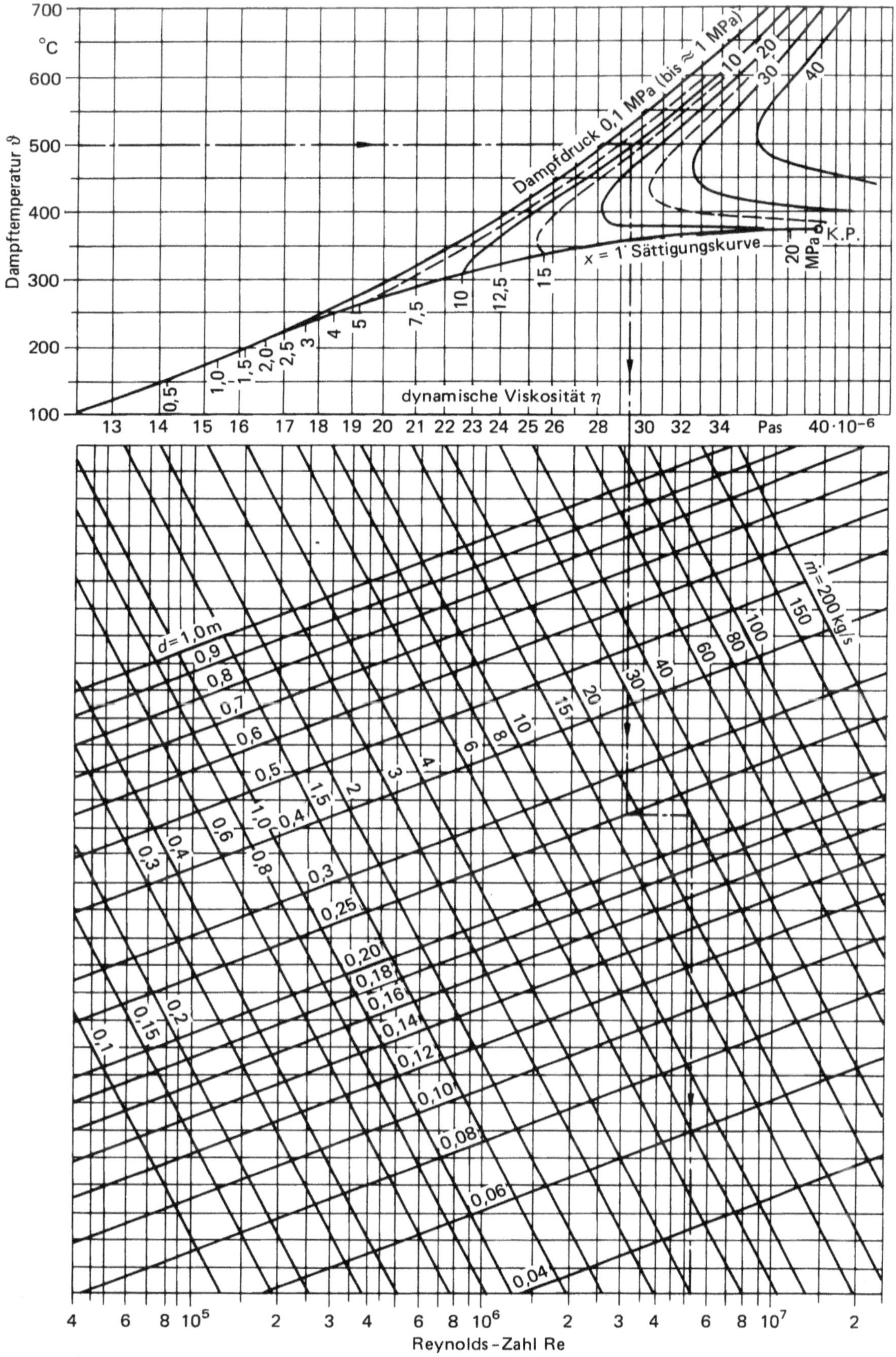
Dampftemperatur ϑ
°C
Dampfdruck 0,1 MPa (bis ≈ 1 MPa)
x = 1 Sättigungskurve
K.P.
20 MPa
dynamische Viskosität η
Pas
40·10⁻⁶
d = 1,0 m
ṁ = 200 kg/s
Reynolds-Zahl Re

K. Wagner

Erläuterung zu 9.3

Die Geschwindigkeit von strömendem Dampf in Rohren errechnet sich aus

$$w = \dot{m}/(\varrho \cdot A) = (4 \cdot \dot{m})/(\varrho \cdot \pi \cdot d^2) \, .$$

Bezeichnungen

w mittlere Strömungsgeschwindigkeit beim vorgegebenen Dampfzustand in m/s
ϱ Dichte des Dampfes in kg/m³
A Querschnittsfläche des Rohres in m²
d lichter Rohrdurchmesser in m
$\dot{m}$ Massenstrom in kg/s.

Die errechnete Strömungsgeschwindigkeit hängt vom Dampfzustand (Temperatur, Druck) ab. Rechnet man mit mittleren Werten des Dampfzustandes, so erhält man die mittlere Strömungsgeschwindigkeit im Rohr.

Von großer praktischer Bedeutung ist die Dampfgeschwindigkeit am Ende der Rohrleitung (Endgeschwindigkeit), z.B. hinsichtlich der Geräuschbildung. In diesem Fall ist der tatsächliche Dampfzustand am Ende der Rohrleitung (nach Temperatur- und Druckänderung) einzusetzen.

Schrifttum

Dubbel: Taschenbuch für den Maschinenbau. 19. Aufl. Berlin, Heidelberg, New York: Springer-Verlag 1997.
Eck, B.: Technische Strömungslehre. Bd. 2; 8. Aufl. Berlin, Heidelberg, New York: Springer-Verlag 1981.
VDI-Wärmeatlas, 8. Aufl. Düsseldorf: VDI-Verlag 1997.
Herning, F.: Stoffströme in Rohrleitungen. 4. Aufl. Düsseldorf: VDI-Verlag 1966.
Schmidt, D.: Stahlrohr-Handbuch. 10. Aufl. Vulkan-Verlag 1986.
Richter, H.: Rohrhydraulik. 5. Aufl. Berlin, Heidelberg, New York: Springer-Verlag 1971.

Strömungsgeschwindigkeit in dampfdurchströmten Rohren

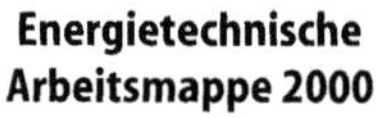

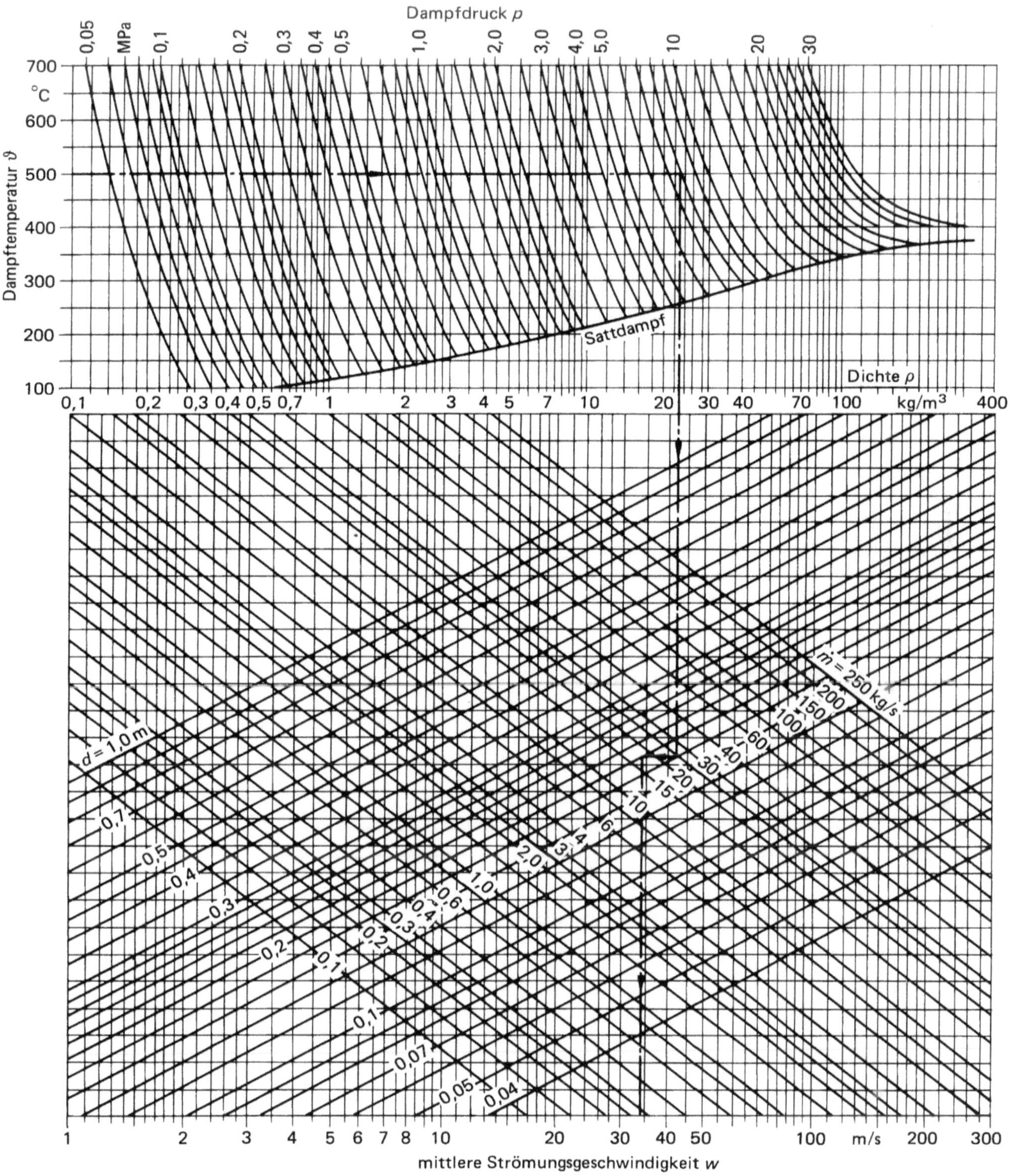

Beispiel

ϑ = 500 °C, p = 8 MPa
$\dot{m}$ = 25 kg/s, d = 0,2 m

Zwischenergebnis: ρ = 24 kg/m³

Ergebnis: w = 33 m/s.

K. Wagner

Erläuterung zu 9.4

Die allgemeine Druckverlustgleichung bei isothermer Strömung lautet

$$(p_1^2 - p_2^2)/(2 \cdot p_1) = (\lambda \cdot l \cdot w_1^2 \, \varrho_1)/(2 \cdot d) \qquad [\text{Pa}] \, .$$

Mit dem Dampfdruck p in MPa ($1 \text{ MPa} = 10^6$ Pa) und dem Massenstrom $\dot{m}$ in kg/s ergibt sich hieraus die Zahlenwertgleichung

$$(p_1^2 - p_2^2)/l = 1{,}62 \cdot 10^{-7} \cdot \lambda \cdot \dot{m}^2 \cdot p_1/(\varrho_1 \cdot d^5) \qquad [\text{MPa}^2/\text{m}]$$

Bezeichnungen

p_1 Dampfdruck am Anfang der Leitung in MPa
p_2 Dampfdruck am Ende der Leitung in MPa
l Länge (bzw. äquivalente Länge) der Leitung in m
λ Reibungszahl (Arbeitsblatt 9.1.1)
$\dot{m}$ Massenstrom in kg/s
ϱ Dichte des Dampfes am Anfang der Leitung in kg/m³
w mittlere Strömungsgeschwindigkeit in m/s
d lichter Rohrdurchmesser in m

Beispiel

Gegeben:

ϑ = 500 °C d = 0,2 m
p = 8 MPa ϱ = 24 kg/m³
k = $5 \cdot 10^{-5}$ m $\dot{m}$ = 30 kg/s

ergibt (aus Arbeitsblatt 9.2):

η = $29{,}4 \cdot 10^{-6}$ Pa · s
Re = $6{,}5 \cdot 10^6$.

Für $k = 5 \cdot 10^{-5}$ m ergibt sich mit $k/d = 5 \cdot 10^{-5}/0{,}2 = 2{,}5 \cdot 10^{-4}$ aus Arbeitsblatt 9.1.1

$\lambda = 0{,}0144.$

Hieraus:

$$(p_1^2 - p_2^2)/l = 1{,}62 \cdot 10^{-7} \cdot 0{,}0144 \cdot 30^2 \cdot 80/(24 \cdot 0{,}2^5) = 2{,}187 \cdot 10^{-2} \text{ MPa}^2/\text{m}$$

Bei einer Leitungslänge von $l = 155$ m errechnet sich der Druckverlust

$p_1^2 - p_2^2 = 3{,}39 \text{ MPa}^2$
$p_2 = \sqrt{p_1^2 - 3{,}39 \text{ MPa}^2} = \sqrt{64 \text{ MPa}^2 - 3{,}39 \text{ MPa}^2} = 7{,}785 \text{ MPa}$
$p_1 - p_2 = 0{,}215 \text{ MPa}$

Schrifttum

Dubbel: Taschenbuch für den Maschinenbau. 19. Aufl. Berlin, Heidelberg, New York: Springer-Verlag 1997.
Eck, B.: Technische Strömungslehre. Bd. 2; 8. Aufl. Berlin, Heidelberg, New York: Springer-Verlag 1981.
VDI-Wärmeatlas, 8. Aufl. Düsseldorf: VDI-Verlag 1997.
Herning, F.: Stoffströme in Rohrleitungen. 4. Aufl. Düsseldorf: VDI-Verlag 1966.
Schmidt, D.: Stahlrohr-Handbuch. 10. Aufl. Vulkan-Verlag 1986.
Richter, H.: Rohrhydraulik. 5. Aufl. Berlin, Heidelberg, New York: Springer-Verlag 1971.

$(p_1^2 - p_2^2)/l$
10^{-1} 6 4 3 2 10^{-2} 6 4 3 2 10^{-3} 6 4 3 2 10^{-4} 6 MPa²/m
$\dot{m}$ = 250 kg/s
1,0
0,9
0,8
0,7
0,6
0,5
0,4
0,3
0,25
0,2
0,18
0,16
0,14
0,12
d = 0,1 m
0,08
0,06
0,04
200
150
100
80
60
40
30
20
10
8
6
4
3
2
1,5
1,0
0,8
0,6
0,4
0,3
0,2
0,15
0,1
425
400
380
360
300
200
150
100
450
475
ϑ = 500 °C
550
600
700
800
30 20 10 MPa 0
Dampfdruck p
λ_R = 0,1
0,09
0,07
0,05
0,04
0,03
0,02
0,016
0,012
0,010
0,008

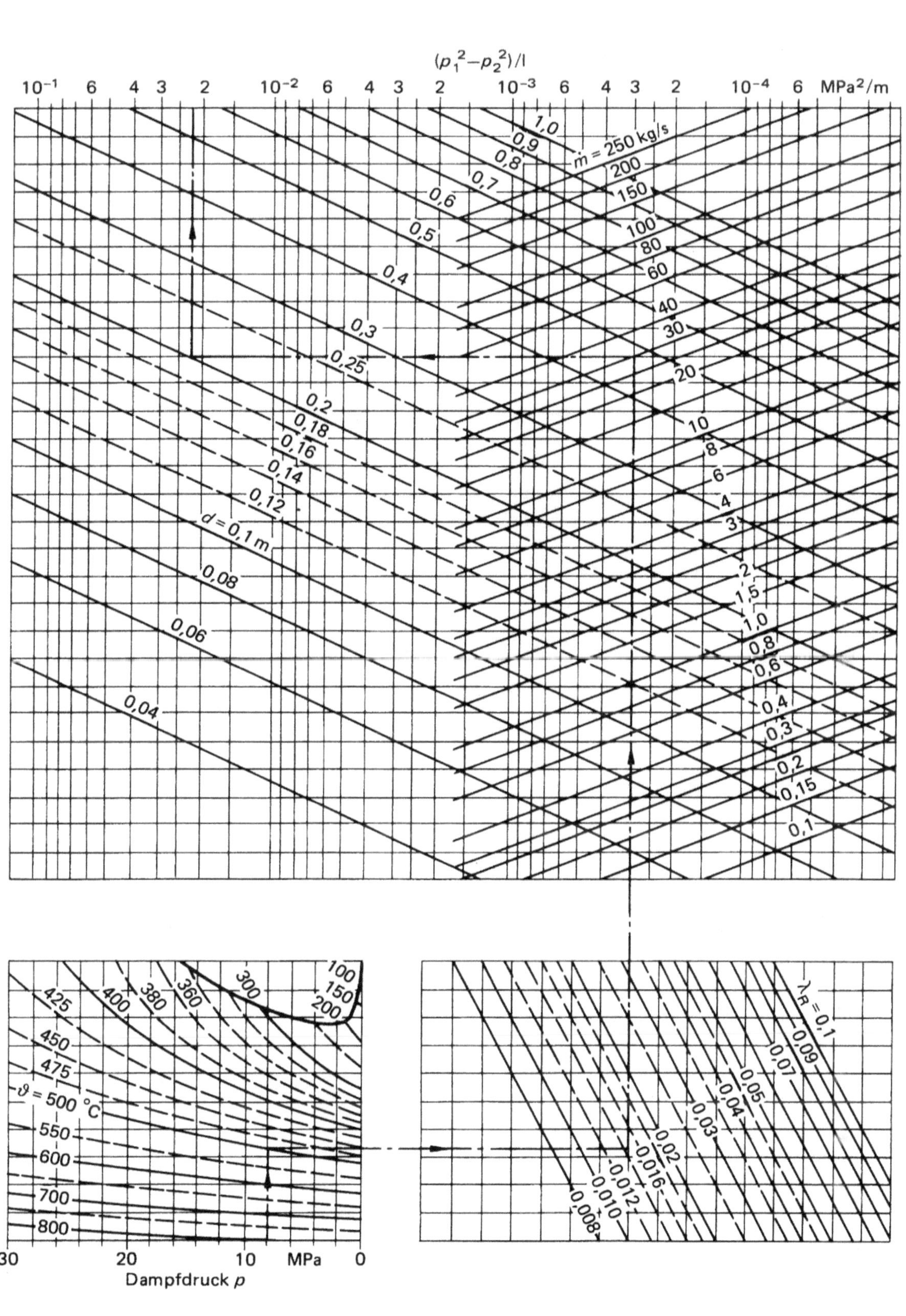

K. Wagner

Erläuterung zu 9.5

Reynolds-Zahl $\mathrm{Re} = \dfrac{w \cdot d}{v}$

Bei Wasser kann der Volumenstrom $\dot{v}$ in l/s dem Massenstrom $\dot{m}$ in kg/s praktisch gleichgesetzt werden. Bei Atmosphärendruck beträgt die Abweichung bis Temperaturen von $\vartheta = 45\,^{\circ}\mathrm{C} < 1\,\%$ und $\vartheta = 65\,^{\circ}\mathrm{C} < 2\,\%$. Bei hohen Drücken (z. B. Speisewassersystemen von Dampferzeugern) wird die Abweichung noch kleiner.

Das Arbeitsdiagramm 9.5 gibt für Wasser folgende Zahlenwertgleichung wieder:

$$\mathrm{Re} = 1{,}274 \cdot \frac{\dot{m}}{d \cdot v \cdot \varrho}$$

Bezeichnungen

$\dot{m}$ Massenstrom in kg/s
$\dot{v}$ Volumenstrom in l/s
v kinematische Viskosität des Wassers in m²/s
d lichter Rohrdurchmesser in m

Tabelle 9.5.1. Dichte ϱ, kinematische Viskosität v und Dampfdruck p von Wasser im Sättigungszustand

ϑ in °C	p in kPa	ϱ in kg/m³	v in 10^{-6} m²/s	ϑ in °C	p in kPa	ϱ in kg/m³	v in 10^{-6} m²/s
0,01	0,61	999,8	1,792	200	1555,1	864,7	0,154
10	1,23	999.7	1,308	210	1908,0	852,8	0,149
20	2,34	998,3	1,004	220	2320,1	840,4	0,144
30	4,24	995,7	0,801	230	2797,9	827,3	0,140
40	7,37	992,2	0,658	240	3348,0	813,6	0,136
50	12,34	988,0	0,554	250	3977,6	799,2	0,132
60	19,92	983,1	0,475	260	4694,0	783,9	0,129
70	31,15	977,7	0,414	270	5505,1	767,8	0,127
80	47,36	971,6	0,365	280	6419,1	750,5	0,124
90	70,11	965,1	0,326	290	7448,8	732,1	0,122
100	101,33	958,1	0,294	300	8591,7	712,2	0,120
110	143,26	950,7	0,268	310	9869,7	690,6	0,119
120	198,54	942,8	0,246	320	11290,0	666,9	0,117
130	270,12	934,6	0,228	330	12864,6	640,4	0,116
140	361,36	925,9	0,212	340	14607,9	610,2	0,115
150	475,97	916,8	0,198	350	16536,7	574,5	0,114
160	618,97	907,3	0,187	360	18673,7	528,3	0,114
170	792,02	897,3	0,174	370	21052,8	448,3	0,115
180	1002,7	886,9	0,168	373,99	22067,0	322,0	0,112
190	1255,2	876,0	0,161				

Schrifttum

Dubbel: Taschenbuch für den Maschinenbau. 19. Aufl. Berlin, Heidelberg, New York: Springer-Verlag 1997.
Eck, B.: Technische Strömungslehre. Bd. 2; 8. Aufl. Berlin, Heidelberg, New York: Springer-Verlag 1981.
VDI-Wärmeatlas, 8. Aufl. Düsseldorf: VDI-Verlag 1997.
Herning, F.: Stoffströme in Rohrleitungen. 4. Aufl. Düsseldorf: VDI-Verlag 1966.
Schmidt, D.: Stahlrohr-Handbuch. 10. Aufl. Vulkan-Verlag 1986.
Richter, H.: Rohrhydraulik. 5. Aufl. Berlin, Heidelberg, New York: Springer-Verlag 1971.

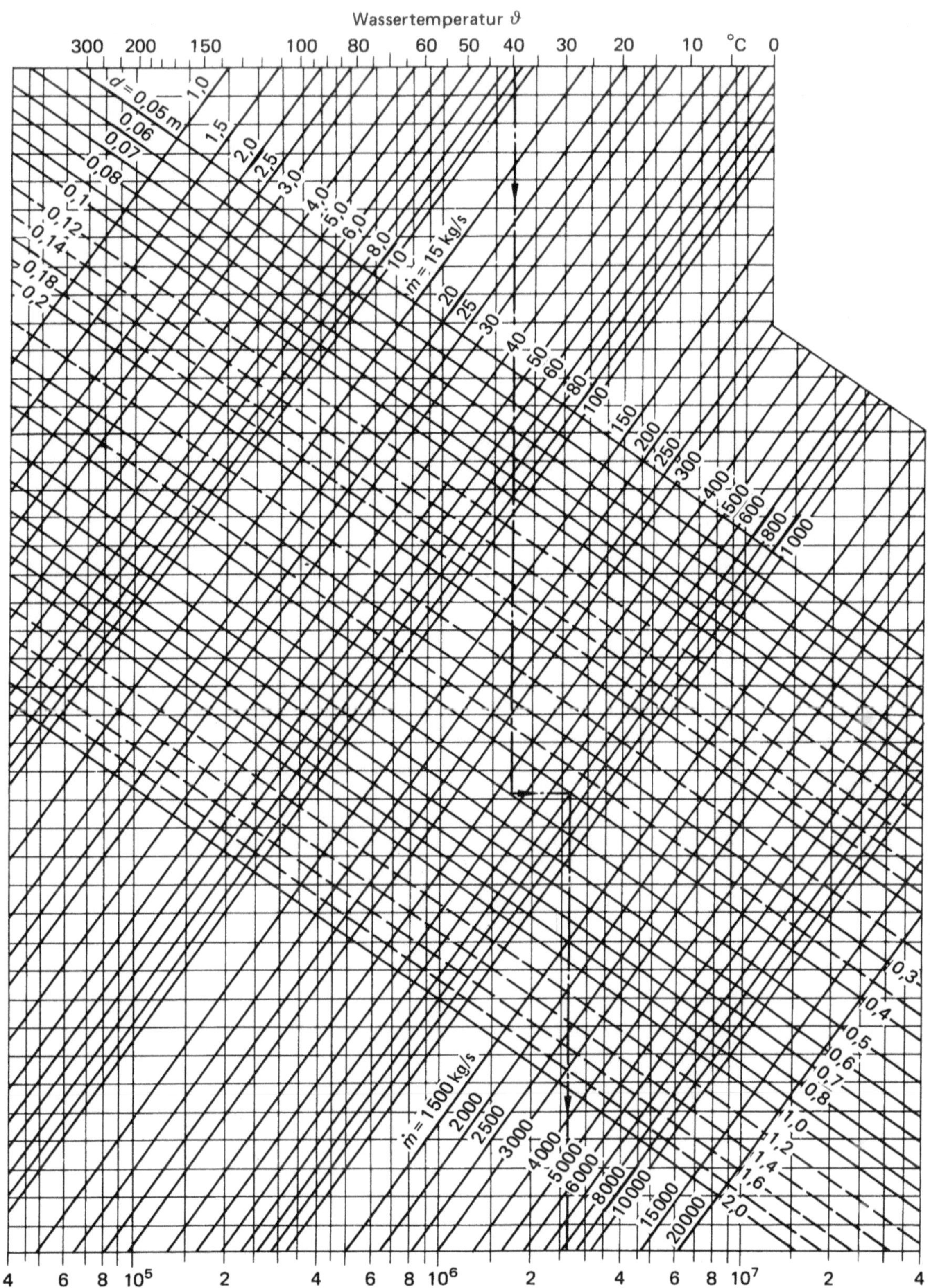

Beispiel: $\vartheta = 40\,^\circ$C, $d = 0{,}5$ m, $\dot{m} = 700$ kg/s

Ergebnis: Re $= 2{,}7 \cdot 10^6$

K. Wagner

265

Erläuterung zu 9.6

Der obere Teil des Diagramms gilt für Wasser-Massenströme bis 300 kg/s und enthält eine Korrekturskala für höhere Wassertemperaturen (Sättigungszustand).

Der untere Teil gilt für Massenströme bis 10000 kg/s.

$$\dot{m} = 0{,}785 \cdot d^2 \cdot w \cdot \varrho \quad [\text{kg/s}] ,$$

$$w = 1{,}274 \cdot \frac{\dot{m}}{d^2 \cdot \varrho} \quad [\text{m/s}] .$$

Bezeichnungen

$\dot{m}$ Massenstrom in kg/s
w Strömungsgeschwindigkeit in m/s
d lichter Rohrdurchmesser in m
ϱ Dichte des Wassers in kg/m^3
ϑ Wassertemperatur in °C

Für Temperaturen des Wassers bis $\vartheta = 45\,°\text{C}$ beträgt der Fehler $< 1\,\%$, wenn mit dem Volumenstrom in l/s statt mit dem Massenstrom in kg/s gerechnet wird, bei Temperaturen bis $\vartheta = 65\,°\text{C}$ ist der Fehler $< 2\,\%$. Die Werte für ϱ sind in Tabelle 9.5.1 enthalten.

Beispiele

1) oberes Diagramm
   $\vartheta = 200\,°\text{C}$, $\varrho = 864{,}68$ kg/m^3, $\dot{m} = 50$ kg/s, $w = 1{,}5$ m/s.
   Ergebnis: $d = 0{,}22$ m;

2) unteres Diagramm
   $\vartheta = 10\,°\text{C}$, $\varrho \sim 1000$ kg/m^3, $\dot{m} = 600$ kg/s, $d = 0{,}6$ m.
   Ergebnis: $w = 2{,}12$ m/s.

Wählt man bei Beispiel 1 den Rohrdurchmesser nach DIN 2448 mit 0,267 m Außendurchmesser und $d = 0{,}2544$ m, so beträgt die Strömungsgeschwindigkeit $w = 1{,}14$ m/s.

Schrifttum

Dubbel: Taschenbuch für den Maschinenbau. 19. Aufl. Berlin, Heidelberg, New York: Springer-Verlag 1997.
Eck, B.: Technische Strömungslehre. Bd. 2; 8. Aufl. Berlin, Heidelberg, New York: Springer-Verlag 1981.
VDI-Wärmeatlas, 8. Aufl. Düsseldorf: VDI-Verlag 1997.
Herning, F.: Stoffströme in Rohrleitungen. 4. Aufl. Düsseldorf: VDI-Verlag 1966.
Schmidt, D.: Stahlrohr-Handbuch. 10. Aufl. Vulkan-Verlag 1986.
Richter, H.: Rohrhydraulik. 5. Aufl. Berlin, Heidelberg, New York: Springer-Verlag 1971.

Strömungsgeschwindigkeit und Rohrdurchmesser bei wasserdurchströmten Rohren

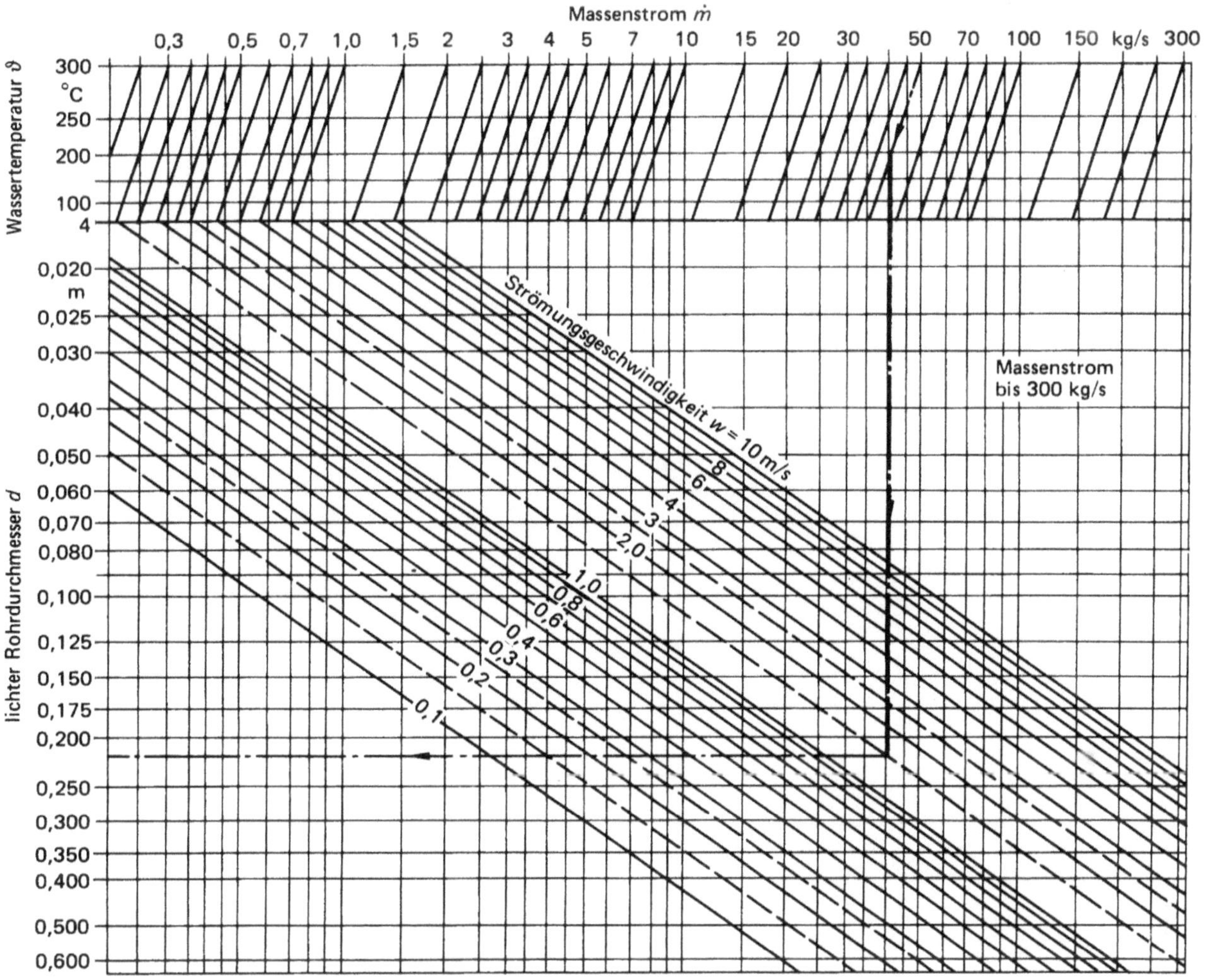

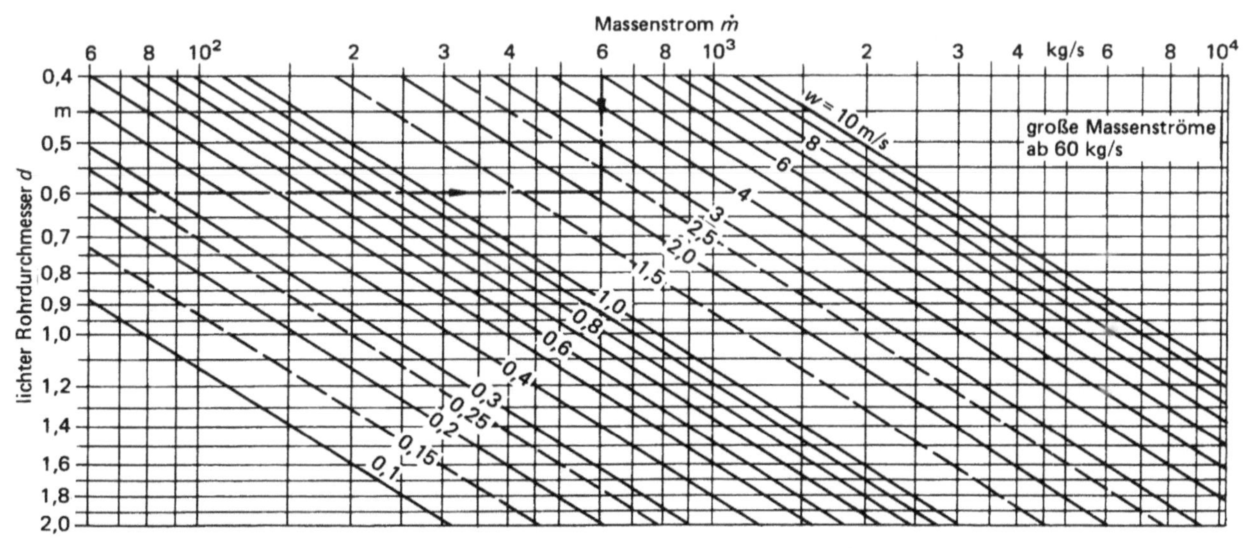

K. Wagner

Erläuterung zu 9.7

Der Druckverlust, der beim Durchströmen inkompressibler Medien in Rohren entsteht, lässt sich mit folgender Zahlenwertgleichung berechnen:

$$p_1 - p_2 = \lambda \cdot \varrho \, \frac{l \cdot w^2}{2 \cdot d} \quad [\text{Pa}] \, .$$

Nach Arbeitsblatt 9.6 gilt

$$w = 1{,}274 \cdot \frac{\dot{m}}{d^2 \cdot \varrho} \quad [\text{m/s}] \, .$$

Hieraus lässt sich für den Druckverlust je m Rohrlänge die im Arbeitsdiagramm 9.7 dargestellte Zahlenwertgleichung ermitteln:

$$\frac{p_1 - p_2}{l} = 0{,}811 \cdot \lambda \cdot \frac{\dot{m}^2}{d^5 \cdot \varrho} \quad [\text{Pa/m}] .$$

Bezeichnungen

p_1, p_2 statischer Druck am Anfang bzw. am Ende der Leitungsstrecke in Pa
l Länge der Leitungsstrecke in m
λ Reibungszahl (Arbeitsblatt 9.1.1)
ϱ Dichte des Wassers (Arbeitsblatt 9.5) in kg/m^3
$\dot{m}$ Massenstrom in kg/s
d lichter Rohrdurchmesser in m

Beispiel

$\dot{m} = 500$ kg/s, $d = 0{,}5$ m, $\vartheta = 300\,^\circ\text{C}$, $\varrho = 712{,}2$ kg/m^3,
$\lambda = 0{,}013$ aus Arbeitsblatt 9.1.

Ergebnis: $\dfrac{p_1 - p_2}{l} = 118$ Pa/m.

Für eine Leitungslänge $l = 280$ m ergibt sich ein Gesamtdruckverlust von $p_1 - p_2 = 118$ Pa/m $\cdot$ 280 m = 33040 Pa.

Zur Berechnung vermaschter Rohrnetze gibt es heute umfangreiche und erprobte EDV-Rechenprogramme. Sie sind teilweise mit Plotprogrammen verbunden, die die rechnerproduzierte Datenfülle in anschaulicher Weise graphisch darstellen.

Schrifttum

Dubbel: Taschenbuch für den Maschinenbau. 19. Aufl. Berlin, Heidelberg, New York: Springer-Verlag 1997.
Eck, B.: Technische Strömungslehre. Bd. 2; 8. Aufl. Berlin, Heidelberg, New York: Springer-Verlag 1981.
VDI-Wärmeatlas, 8. Aufl. Düsseldorf: VDI-Verlag 1997.
Herning, F.: Stoffströme in Rohrleitungen. 4. Aufl. Düsseldorf: VDI-Verlag 1966.
Schmidt, D.: Stahlrohr-Handbuch. 10. Aufl. Vulkan-Verlag 1986.
Richter, H.: Rohrhydraulik. 5. Aufl. Berlin, Heidelberg, New York: Springer-Verlag 1971.

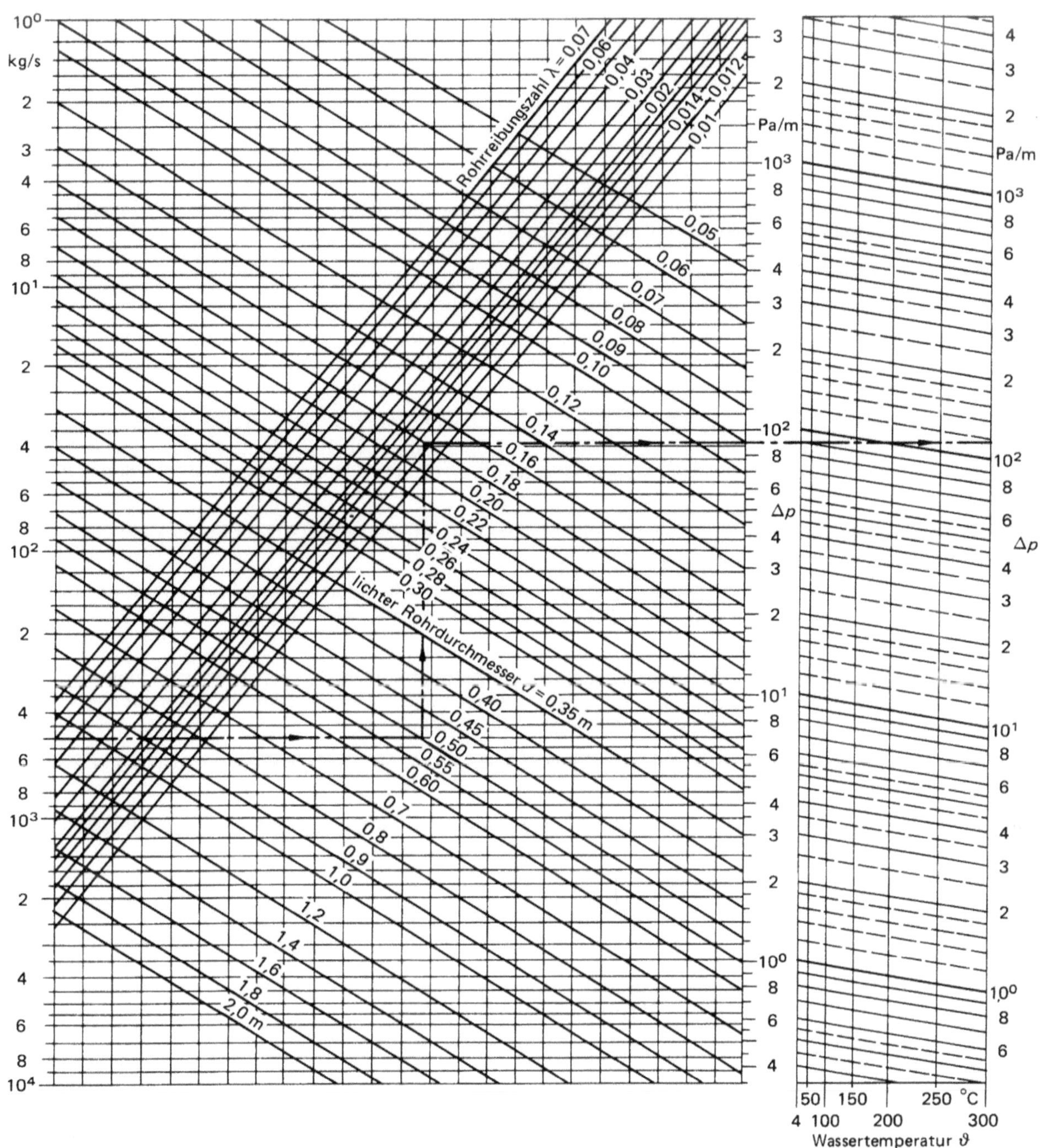

Beispiel: $\dot m$ = 500 kg/s, d = 0,5 m, ϑ = 300 °C, (ρ = 712,2 kg/m^3)

$\quad\quad\quad\quad$ λ = 0,013 (aus Arbeitsblatt 9.1.1)

Ergebnis: $\dfrac{p_1 - p_2}{l}$ = 118 Pa/m;

$\quad\quad\quad$ für l = 280 m ist $p_1 - p_2$ = 33040 Pa

K. Wagner

Allgemeine Erläuterung zu 9.8 bis 9.12

Die Druckdifferenz zwischen einem Punkt (1) vor dem Formstück und einem Punkt (2) dahinter ist allgemein:

$$p_1 - p_2 = w_1^2 \frac{\varrho}{2} \left[\zeta \text{v1} + \lambda_1 \frac{1_E}{d_1} + \left[\left[\frac{w_2}{w_1} \right]^2 - 1 \right] \right]$$

oder

$$p_1 - p_2 = w_2^2 \frac{\varrho}{2} \left[\zeta \text{v2} + \lambda_2 \frac{1_E}{d_2} + \left[1 - \left[\frac{w_1}{w_2} \right]^2 \right] \right].$$

Bei der ersten Form der Gleichung ist die Druckdifferenz auf den Staudruck vor dem Formstück, bei der zweiten Form auf den Staudruck hinter dem Formstück bezogen.

Die Gleichungen enthalten drei Teile:

Der *erste* Teil ist der eigentliche durch das Formstück verursachte Verlust.

Der *zweite* Teil ist der Reibungsdruckverlust eines gleichlangen geraden Rohrstückes. Dieser Anteil ist bei kurzen Formstücken (Ventil, Schieber, plötzliche Verengung usw.) vernachlässigbar. Er muss aber bei langen Formstücken (Rohrbogen, T-Stück, Venturirohr usw.) beachtet werden.

Der *dritte* Teil ist die Differenz der Staudrücke vor und hinter dem Formstück. Dieser Teil ist Null, wenn die Rohrdurchmesser vor und hinter dem Formstück gleich sind*). Er muss aber bei Querschnittsänderungen (Rohrerweiterungen, Rohrverengungen usw.) und bei Massenstromteilungen (T-Stück, Hosenstück usw.) auf jeden Fall beachtet werden.

*) Diese Aussage gilt streng nur für inkompressible Medien (z.B. Flüssigkeiten). In der Praxis kann man sie aber auch in weiten Bereichen auf Gase anwenden.

Die in den folgenden Blättern angegebenen Widerstandsbeiwerte beinhalten grundsätzlich nur den spezifischen Widerstand des Formstückes und sind, wenn nicht ausdrücklich etwas anderes angesagt wird, auf den Staudruck vor dem Formstück bezogen.

Die Störung der Strömung durch das Formstück benötigt eine bestimmte Rohrstrecke, bis sie abgeklungen ist. In der Regel muss man mit Beruhigungsstrecken von 25 bis 50 × D rechnen. Folgen Formstücke in kürzeren Abständen, so können sie sich in ihrem Widerstandsverhalten gegenseitig beeinflussen.

In der Regelungstechnik werden neben dem Widerstandsbeiwert ζ, der Durchflussbeiwert α und der Ventilkoeffizient k_v verwendet.

Die drei Größen lassen sich ineinander umrechnen. Es ist, wenn man für das Regelorgan die Durchflussgleichung verwendet:

$$V = A\,w = \alpha\,A\,\varepsilon\,\Delta p\,2/\varrho\,.$$

Daraus folgt mit $\Delta p = \zeta\,w^2\,\varrho/2$ bei $\varepsilon = 1$ (inkompressible Strömung)

$$V = A\,w = \alpha\,A\,\zeta\,w \quad \text{und} \quad \zeta = 1/\alpha^2\,.$$

Der k_v-Wert gibt den Wasservolumenstrom in m³/h bei einer Wasserdichte $\varrho_0 = 1000$ kg/m³ an, der bei einer Druckdifferenz von $\Delta p_0 = 1$ bar die Regelarmatur durchströmen würde, d.h. es ist:

$$k_v = V = \alpha\,A\,\sqrt{\Delta p_0\,2/\varrho_0} \quad \text{und} \quad \zeta = 1/\alpha^2 = (A^2\,2/\varrho_0\,\Delta p_0)/k_v^2\,.$$

$$\Delta p = \zeta_v\,w^2\,\frac{\varrho}{2}$$

w Strömungsgeschwindigkeit im Rohr vor der Armatur

Die Daten sind Anhaltswerte, sie setzen eine gerade Anlaufstrecke von mindestens 12 × Rohrdurchmesser voraus. Die ζ_v-Werte gelten für vollständig geöffnete Armaturen.

Schieber (mit Einschnürung):

Parallelschieber:

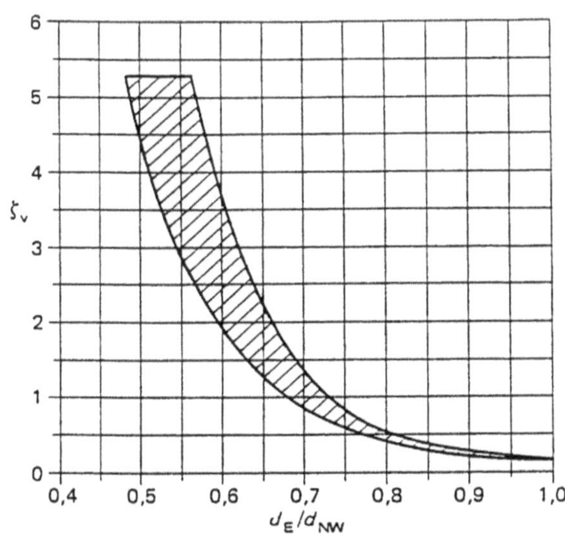
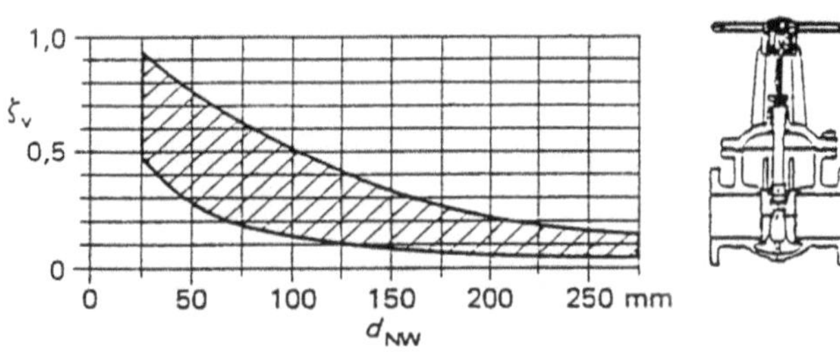

d_E Durchmesser der verengten Stelle
d_{NW} Nennweite

Ventile:

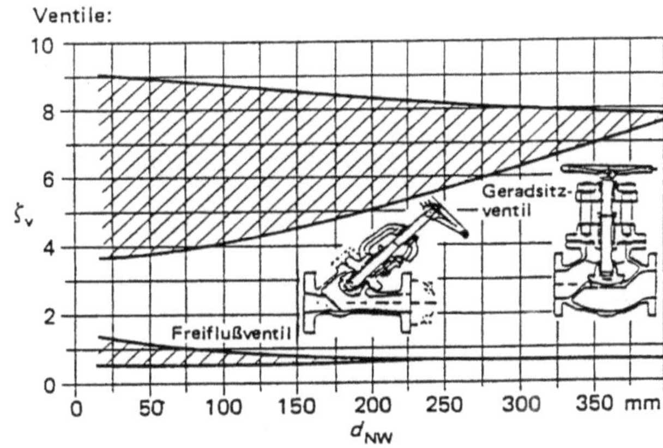

Widerstandsbeiwerte verschiedener Ventilformen für NW 100:

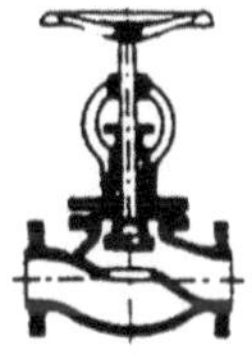
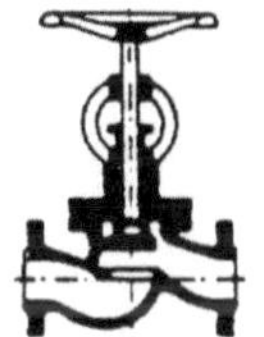
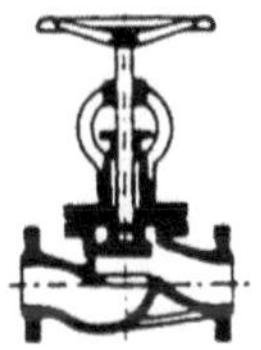

DIN-Ventil
ζ_v = 4 bis 9

Reform-Ventil
ζ_v = 3,4

Rhei-Ventil
ζ_v = 2,7

Koswa-Ventil
ζ_v = 2,5

Patent-Freifluß-Ventil
ζ_v = 0,6

Nennweite [mm]		50	100	200	300	400
Eckventile	ζ_v	3,3	4,1	5,3	6,2	6,6
Rückschlagventile	ζ_v	5,5	4,6	4,8	4,8	4,8
Rückschlagklappen	ζ_v	1,4	1,2	1,0	1,0	1,0
Hähne	ζ_v	0,6 bis 1,0				

F. Brandt

271

Erläuterung zu 9.9

Rohrbogen (Krümmer)

$$p_1 - p_2 = w_1^2 \frac{\varrho}{2} \left[\zeta_{KV} + \lambda_R \frac{1}{D} \right]$$

$$= w_1^2 \frac{\varrho}{2} \lambda_R \left[\zeta_{KV} + \frac{1}{D} \right]$$

$$= w_1^2 \frac{\varrho}{2} \lambda_R \left[\zeta_{KV} + \pi\, R\, \frac{\delta}{180} \right] \qquad \text{Rohrbogenwinkel } \delta \text{ in Grad}$$

Querschnittserweiterung

Plötzliche Querschnittserweiterung

Der Druckverlust wird bei einer plötzlichen Querschnittserweiterung durch den „Carnotschen Stoßverlust" ohne zusätzlichen empirischen Beiwert gut wiedergegeben.

$$\Delta p_C = w_1^2 \frac{\varrho}{2} \left[1 - \frac{A_1}{A_2} \right]^2 = w_1^2 \frac{\varrho}{2} \zeta_C$$

Konische Querschnittserweiterung

Verlust durch Strömungablösung:

$$\Delta p_V = w_1^2 \frac{\varrho}{2} \zeta' \left[1 - \frac{A_1}{A_2} \right]^2$$

Verlust durch Wandreibung:

$$\Delta p_R = w_1^2 \frac{\varrho}{2} \lambda_R \frac{1}{D_1} \zeta_{Erw}$$

mit

$$\zeta_{Erw} = \frac{1}{4} \frac{1 - (D_1/D_2)^4}{D_2/D_1 - 1} \quad \text{und} \quad \lambda_R = 0{,}02$$

Druckdifferenz zwischen den Punkten 1 und 2:

$$\Delta p = \Delta p_V + \Delta p_R + \left[\left[\frac{A_1}{A_2} \right]^2 - 1 \right]$$

Querschnittsverengung

Bei einer Querschnittsverengung wird die Druckdifferenz üblicherweise auf den engen Querschnitt (A_2) bezogen, um den Grenzfall A_1 gegen unendlich mit einbeziehen zu können.

Plötzliche Querschnittsverengung

$$\Delta p_V = w_2^2 \frac{\varrho}{2} \zeta_{VR} \left[1 - \frac{A_2}{A_1} \right]$$

$$\zeta_{VR} = f(r/D_2); \quad \zeta_{VR} = 0{,}5 \text{ (scharfe Kante)}$$

Konische Querschnittsverengung

Verlust durch Strömungablösung an der engsten Stelle des Konus:

$$\Delta p_V = w_2^2 \frac{\varrho}{2} \zeta_{VR}$$

mit $\zeta_{VR} = 0{,}2$ (Mittelwert)

Verlust durch Wandreibung:

$$\Delta p_R = w_2^2 \frac{\varrho}{2} \lambda_R \frac{1}{D_2} \zeta_{Ver}$$

mit

$$\zeta_{Ver} = \frac{1}{4} \frac{1 - (D_2/D_1)^4}{D_1/D_2 - 1} \quad \text{und} \quad \lambda_R = 0{,}02$$

Druckdifferenz zwischen den Punkten 1 und 2:

$$\Delta p = \Delta p_V + \Delta p_R + w_2^2 \frac{\varrho}{2} \left[1 - \left[\frac{A_2}{A_1} \right]^2 \right]$$

Rohrbogen (Kruemmer)

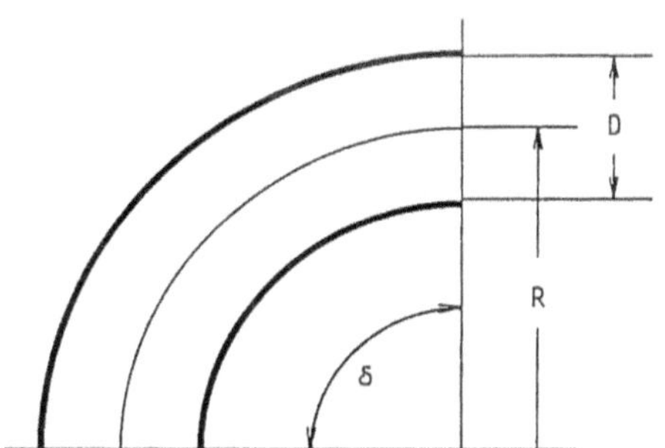

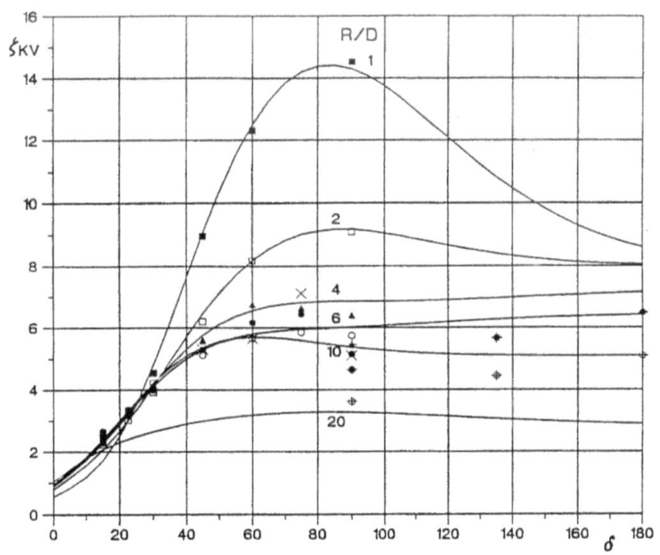

Querschnittserweiterung

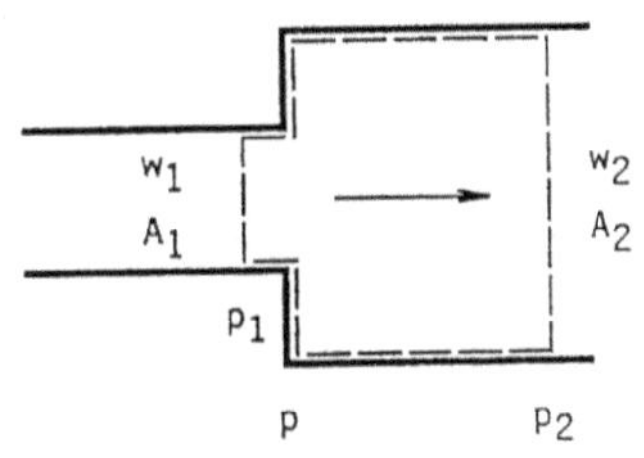

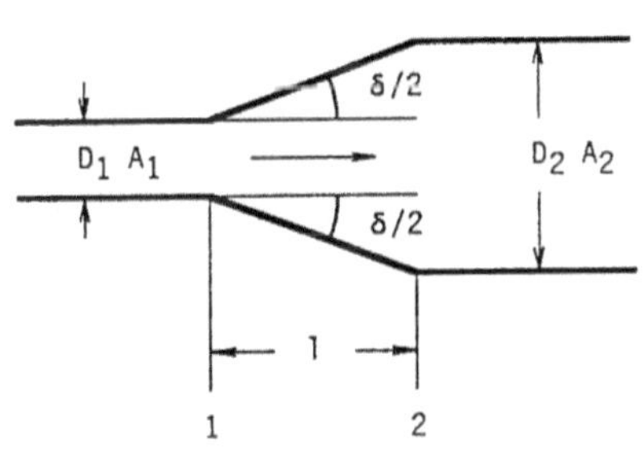

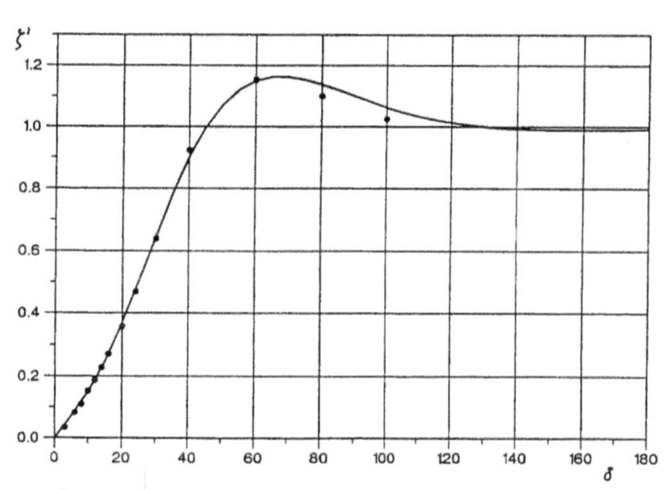

Querschnittsverengung

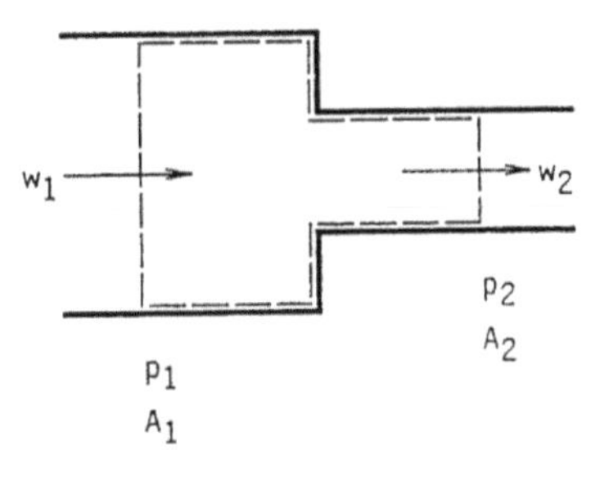

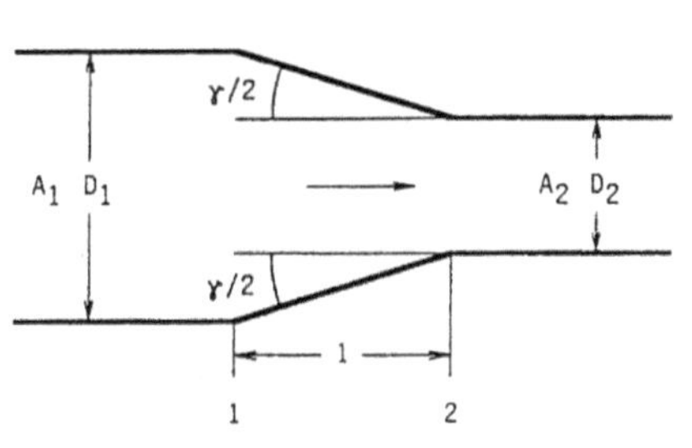

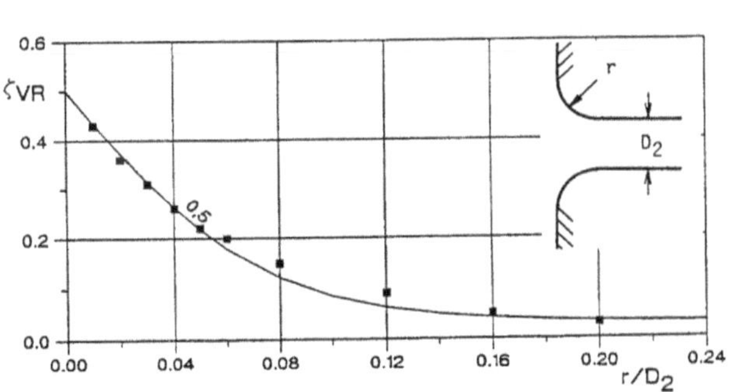

F. Brandt

Erläuterung zu 9.10

Rohrverzweigungen, Verteilerstücke

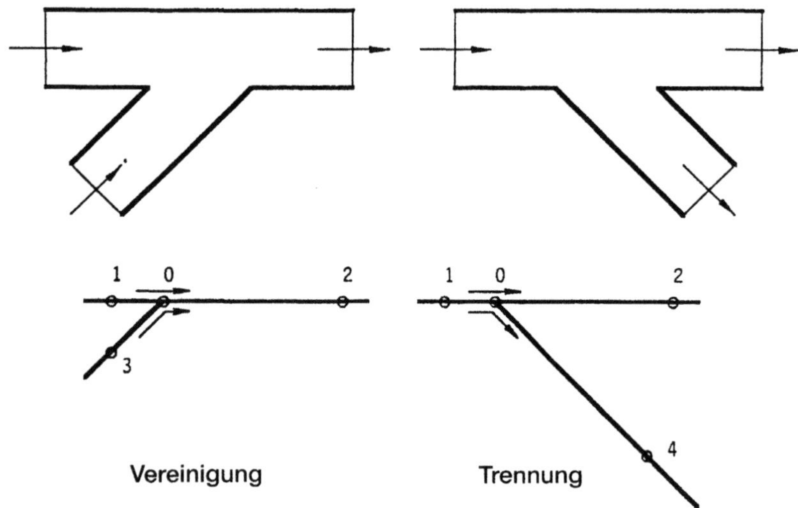

Vereinigung, Durchgang

$$p_2 = p_1 - w_2^2 \frac{\varrho}{2}\left[\zeta_{\mathrm{VdV}} + (1 - (1 - x)^2) + \lambda_{\mathrm{R1}}\frac{l_{10}}{D_1}\,(1 - x)^2 + \lambda_{\mathrm{R2}}\frac{l_{02}}{D_2} \right]$$

Vereinigung, Abzweig

$$p_2 = p_3 - w_2^2 \frac{\varrho}{2}\left[\zeta_{\mathrm{VaV}} + (1 - (ax)^2) + \lambda_{\mathrm{R3}}\frac{l_{30}}{D_3}\,(ax)^2 + \lambda_{\mathrm{R2}}\frac{l_{02}}{D_2} \right]$$

Trennung, Durchgang

$$p_2 = p_1 - w_1^2 \frac{\varrho}{2}\left[\zeta_{\mathrm{VdT}} + ((1 - x)^2 - 1) + \lambda_{\mathrm{R1}}\frac{l_{10}}{D_1} + \lambda_{\mathrm{R2}}\frac{l_{02}}{D_2}\,(1 - x)^2 \right]$$

Trenung, Abzweig

$$p_4 = p_1 - w_1^2 \frac{\varrho}{2}\left[\zeta_{\mathrm{VaT}} + ((ax)^2 - 1) + \lambda_{\mathrm{R1}}\frac{l_{10}}{D_1} + \lambda_{\mathrm{R4}}\frac{l_{04}}{D_4}\,(ax)^2 \right]$$

x Massenstromverhältnis (Verhältnis des Massenstromes im Abzweig zum Gesamtmassenstrom)
a Querschnittsverhältnis zwischen Durchgang und Abzweig

Der Staudruck wird mit der Geschwindigkeit in dem Rohr gebildet, in dem der gesamte Massenstrom fließt.

Rohrverzweigungen, Verteilerstücke

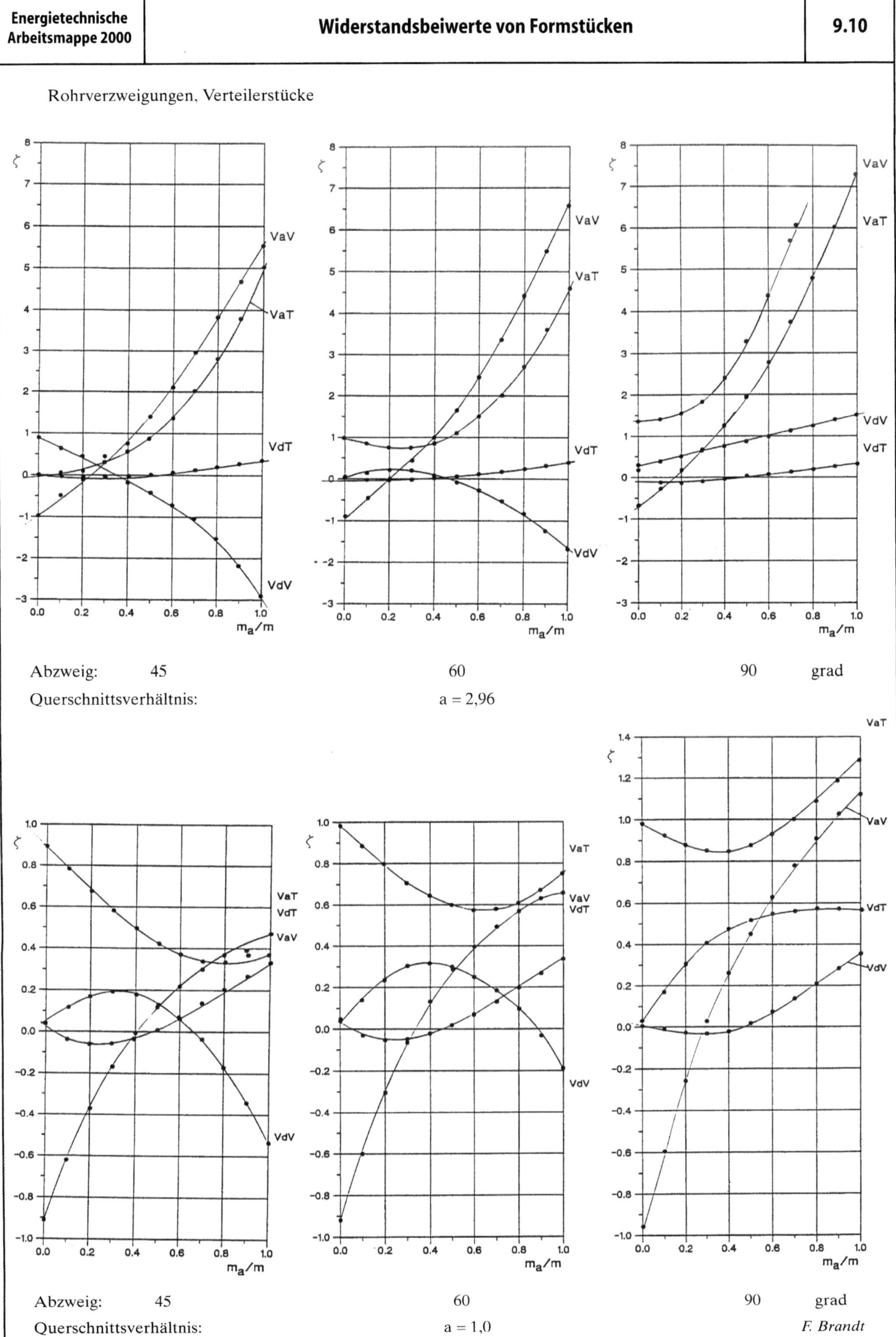

F. Brandt

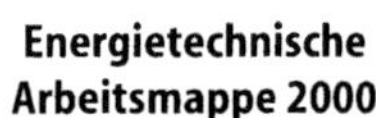

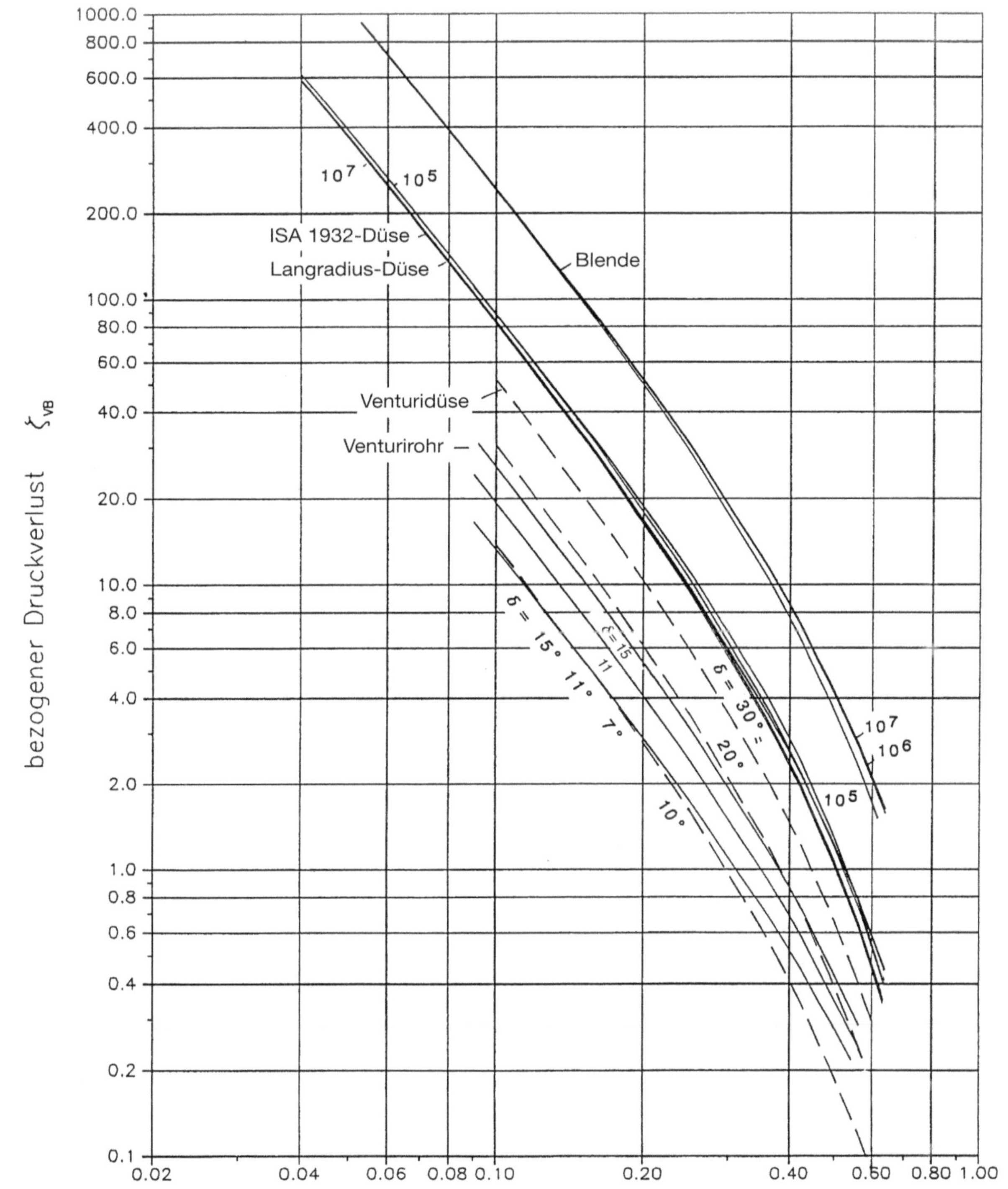

Öffnungsverhältnis $m = \beta^2$

$$\Delta p_{VB} = w^2 \frac{\varrho}{2} \zeta_{VB}$$

w Geschwindigkeit im Rohr

F. Brandt

Saugkörbe	Schläuche (z. B. für Druckluft)	Rundschweißung

mit Fußventil
 	
$\zeta = 2{,}2$ bis $2{,}5$
	Schlauchverbindungsstücke: $\zeta = 0{,}5$ bis $1{,}0$
	Schlauchverschraubungen: $\zeta = 1{,}5$ bis $2{,}0$
	
	Schlauchkupplungen
	  mit Metallhülsen $\zeta = 1{,}9$ bis $2{,}0$
	  mit Gummidichtungen: $\zeta = 2{,}0$ bis $3{,}0$
		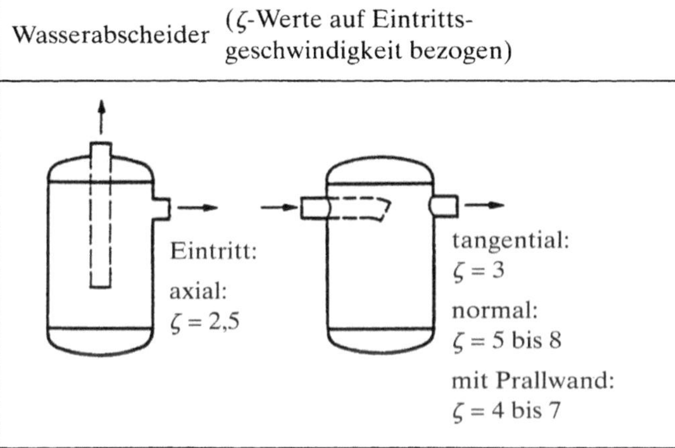$\zeta = 0{,}02$ bis $0{,}05$

Ausgleicher (Kompensatoren)

Wellen-Ausgleicher: $\zeta = 0{,}2$ je Welle

Lyra-Bogen:
Glattrohr $\zeta = 0{,}7$
Faltenrohr $\zeta = 1{,}4$

Metallschlauch-Ausgleicher
mit Innenspirale $\zeta = 0{,}5$ bis $1{,}0$
ohne Innenspirale $\zeta = 1$ bis 2

Wasserabscheider (ζ-Werte auf Eintrittsgeschwindigkeit bezogen)

Eintritt:
axial: $\zeta = 2{,}5$

tangential: $\zeta = 3$
normal: $\zeta = 5$ bis 8
mit Prallwand: $\zeta = 4$ bis 7

Schrifttum

Idelchik, I. E.: Handbook of Hydraulic Resistance. 3rd. ed. CRC Press, published in USA.
Brandt, F.: Dampferzeuger, Kesselsysteme, Energiebilanz, Strömungstechnik. FDBR-Fachbuchreihe Band 3, Vulkan-Verlag 1992.
Dubbel: Taschenbuch für den Maschinenbau. Berlin, Heidelberg, New York. Springer-Verlag 1981.
Eck, B.: Technische Strömungslehre. Band 2, 8. Aufl. Berlin, Heidelberg, New York. Springer-Verlag 1981.
Herning, F.: Stoffströme in Rohrleitungen. 4. Aufl. Düsseldorf. VDI-Verlag 1966.
Schmidt, D.: Stahlrohr-Handbuch. 10. Aufl. Vulkan-Verlag 1986.
Richter, H.: Rohrhydraulik. 5. Aufl. Berlin, Heidelberg, New York. Springer-Verlag 1971.

F. Brandt

Erläuterung zu 9.13.1

Für den konvektiven Wärmeübergang an einem ungedämmten horizontalen Rohr in ruhender Luft gilt die Gleichung von *Churchill* und *Chu* (VDI-Wärmeatlas, 4. Auflage, Seite Fa 5):

$$\mathrm{Nu} = \left\{ A + \frac{0{,}387 \cdot \mathrm{Ra}^{1/6}}{\left[1 + \left(\dfrac{B}{\mathrm{Pr}} \right)^{9/16} \right]^{8/27}} \right\}^2 \qquad (1).$$

Dimensionslose Kennzahlen:

$$\mathrm{Nu} = \frac{\alpha_k \cdot l}{\lambda}; \quad \mathrm{Ra} = \mathrm{Gr} \cdot \mathrm{Pr};$$

$$\mathrm{Gr} = \frac{g \cdot l^3 \cdot \beta \cdot (\vartheta_O - \vartheta_L)}{\nu^2}; \quad \mathrm{Pr} = \frac{\nu}{a} = \frac{\nu \cdot \varrho \cdot c_p}{\lambda}.$$

Es bedeuten:

A, B Konstanten (siehe Gültigkeitsbereich),
α_k Wärmeübergangskoeffizient,
l charakteristische Länge,
g Erdbeschleunigung (9,81 m/s²),
ϑ_O, ϑ_L Temperatur der Rohroberfläche bzw. der Luft,
β thermischer Ausdehnungskoeffizient
     $(\beta = 1/T_L = 1/(\vartheta_L + 273))$.

Stoffwerte von Luft (zu bilden bei: $\vartheta_m = (\vartheta_O + \vartheta_L)/2$, z.B. gemäß VDI-Wärmeatlas, Seite Db 8):

λ Wärmeleitfähigkeit,
ν kinematische Viskosität,
ϱ Dichte,
c_p spezifische Wärmekapazität bei konstantem Druck.

Gültigkeitsbereich und charakteristische Länge:

$\mathrm{Ra} < 10^3$: $A = 0{,}6$; $B = 0{,}559$; $l = d_a$;
            d_a: Rohraußendurchmesser.

$\mathrm{Ra} > 10^3$: $A = 0{,}825$; $B = 0{,}492$; $l = d_a \, \pi/2$.

Für den Wärmeverlust je m Rohr aufgrund natürlicher Konvektion gilt

$$(\phi/l)_k = \pi \, d_a \, \alpha_k \, (\vartheta_O - \vartheta_L) \qquad (2)$$

Diese Gleichung ist im Diagramm 9.13.1a für $\vartheta_L = 20\,°\mathrm{C}$ ausgewertet $((\phi/l)_{k.\,N})$.

Für den Wärmeverlust je m Rohr aufgrund von Strahlung gilt

$$(\phi/l)_S = \pi \, d_a \, C \left[\left(\frac{\vartheta_O + 273}{100} \right)^4 - \left(\frac{\vartheta_L + 273}{100} \right)^4 \right]. \qquad (3)$$

Diese Gleichung ist im Diagramm 9.13.1b für $\vartheta_L = 20\,°\mathrm{C}$ und dem Strahlungskoeffizienten $C = C_1 = 4{,}65\ \mathrm{W/(m^2 K^4)}$ bzw. $\varepsilon = 1$ ausgewertet $((\phi/l)_{S.\,N})$.

Korrekturfaktoren:

Weicht die Lufttemperatur von 20 °C ab, so gilt

$$(\phi/l)_k = f_{Tk} (\phi/l)_{k.\,N}$$
und
$$(\phi/l)_S = f_{TS} (\phi/l)_{S.\,N}.$$

Die Korrekturfaktoren f_{Tk} und f_{TS} können den Hilfsdiagrammen 9.13.1c und 9.13.1d entnommen werden.

Weicht der Strahlungskoeffizient von $C_1 = 4{,}65\ \mathrm{W/(m^2 K^4)}$ ab, so ist $(\phi/l)_S$ mit dem Emissionsgrad ε zu multiplizieren.

Für den gesamten Wärmeverlust je m ungedämmtes Rohr in ruhender Luft folgt damit

$$\phi/l = f_{Tk} (\phi/l)_{k.\,N} + f_{TS} \, \varepsilon \, (\phi/l)_{S.\,N}. \qquad (4)$$

$(\phi/l)_{k.\,N}$ spezifischer Wärmeverlust durch Konvektion in ruhender Luft bei $\vartheta_L = 20\,°\mathrm{C}$ (aus Diagramm 9.13.1a),
$(\phi/l)_{S.\,N}$ spezifischer Wärmeverlust durch Strahlung bei $C = C_1$ bzw. $\varepsilon = 1$ und $\vartheta_L = 20\,°\mathrm{C}$ (aus Diagramm 9.13.1b),
$g_{Tk}; f_{TS}$ Korrekturfaktoren bei Abweichung der Lufttemperatur von 20 °C (aus Hilfsdiagramm 9.13.1c und 9.13.1d),
ε Emissionsgrad (z.B. aus Tafel 6, VDI 2055, Juli 1994),
C_1 $= 4{,}65\ \mathrm{W/(m^2 K^4)}$.

Beispiel

Rohroberflächentemperatur: $\vartheta_O = 225\,°\mathrm{C}$
ruhende Luft (d.h. Wärmeübergang durch natürliche Konvektion);
Lufttemperatur: $\vartheta_L = 10\,°\mathrm{C}$
Rohraußendurchmesser: $d_a = 0{,}35\ \mathrm{m}$
Emissionsgrad $\varepsilon = 0{,}75$

Lösung

Aus Diagramm 9.13.1a:	$(\phi/l)_{k.\,N} = 1615\ \mathrm{W/m}$
Aus Diagramm 9.13.1b:	$(\phi/l)_{S.\,N} = 2771\ \mathrm{W/m}$
Aus Hilfsdiagramm 9.13.1c:	$f_{Tk} = 1{,}07$
Aus Hilfsdiagramm 9.13.1d:	$f_{TS} = 1{,}02$

Spezifischer Wärmeverlust nach Gl. (4):

$$\phi/l = (1{,}07 \cdot 1615 + 1{,}02 \cdot 0{,}75 \cdot 2771)\ \mathrm{W/m} = 3848\ \mathrm{W/m}.$$

Additional information of this book

(*Energietechnische Arbeitsmappe; 978-3-642-63080-4;*

978-3-642-63080-4_OSFO20) is provided:

http://Extras.Springer.com

Erläuterung zu 9.13.2

Wird das Rohr senkrecht zur Achse von Wind umströmt, so ändert sich der konvektive Wärmeübergang. Der Strahlungswärmeübergang bleibt dagegen unverändert. Das erste Glied in Gl. (4) ist nun durch $(\phi/l)_{k,w}$ zu ersetzen. $(\phi/l)_{k,w}$ kann dem Arbeitsdiagramm 9.13.2 als Funktion der Windgeschwindigkeit, des Rohraußendurchmessers d_a, der Temperaturdifferenz $\vartheta_O - \vartheta_L$ und der Mitteltemperatur $\vartheta_m = (\vartheta_O + \vartheta_L)/2$ entnommen werden. Das Nomogramm beruht auf Gleichungen, die im VDI-Wärmeatlas (4. Aufl. 1984, Abschnitt Ge) angegeben sind.

Für den gesamten Wärmeverlust je m ungedämmtes Rohr, das von Wind umströmt wird, gilt demnach

$$\phi/l = (\phi/l)_{k,w} + f_{TS}\,\varepsilon\,(\phi/l)_{S,N} \tag{5}.$$

$(\phi/l)_{k,w}$ spezifischer Wärmeverlust bei einem von Wind umströmten Rohr (Arbeitsblatt 9.13.2).

Die übrigen Formelzeichen sind bereits bei Gl. (4) definiert.

Bei kleinen Luftgeschwindigkeiten kann $(\phi/l)_{k,w}$ kleiner als $f_{Tk}\,(\phi/l)_{k,N}$ werden. In diesem Fall ist mit dem größeren Wert beider Faktoren zu rechnen.

Beispiel

Rohroberflächentemperatur	$\vartheta_O = 225\,°C$
Lufttemperatur	$\vartheta_L = 20\,°C$
Windgeschwindigkeit	$w = 2{,}5$ m/s
Rohraußendurchmesser	$d_a = 0{,}35$ m
Emissionsgrad	$\varepsilon = 0{,}75$

Lösung

$$\vartheta_m = \frac{\vartheta_O + \vartheta_L}{2} = \frac{(225 + 10)\,°C}{2} = 117{,}5\,°C.$$

$$\vartheta_O - \vartheta_L = 215\,°C.$$

Aus Arbeitsblatt 9.13.2: $(\phi/l)_{k,w} = 3362$ W/m.

Übrige Werte siehe Beispiel 1.

Spezifischer Wärmeverlust nach Gl. (5).

$$\phi/l = (3362 + 1{,}02 \cdot 0{,}75 \cdot 2771)\,\text{W/m} = 5482 \text{ W/m}.$$

m/s
5
4
3
2
1
0
Windgeschwindigkeit w
d_a = 1 m
0,9
0,8
0,7
0,6
0,5
0,4
0,3
0,2
0,1
0,01
50
100
ϑ_m = 25 °C
50
100
150
200
300
400
ϑ_0 − ϑ_L = 150 °C
200
250
300
350
400
450
500
0   5000   10000   15000   20000   25000   30000 W/m 35000
Wärmeverlust je m Rohr (φ/l)_{k,W}
ϑ_m = (ϑ_0 + ϑ_L) / 2

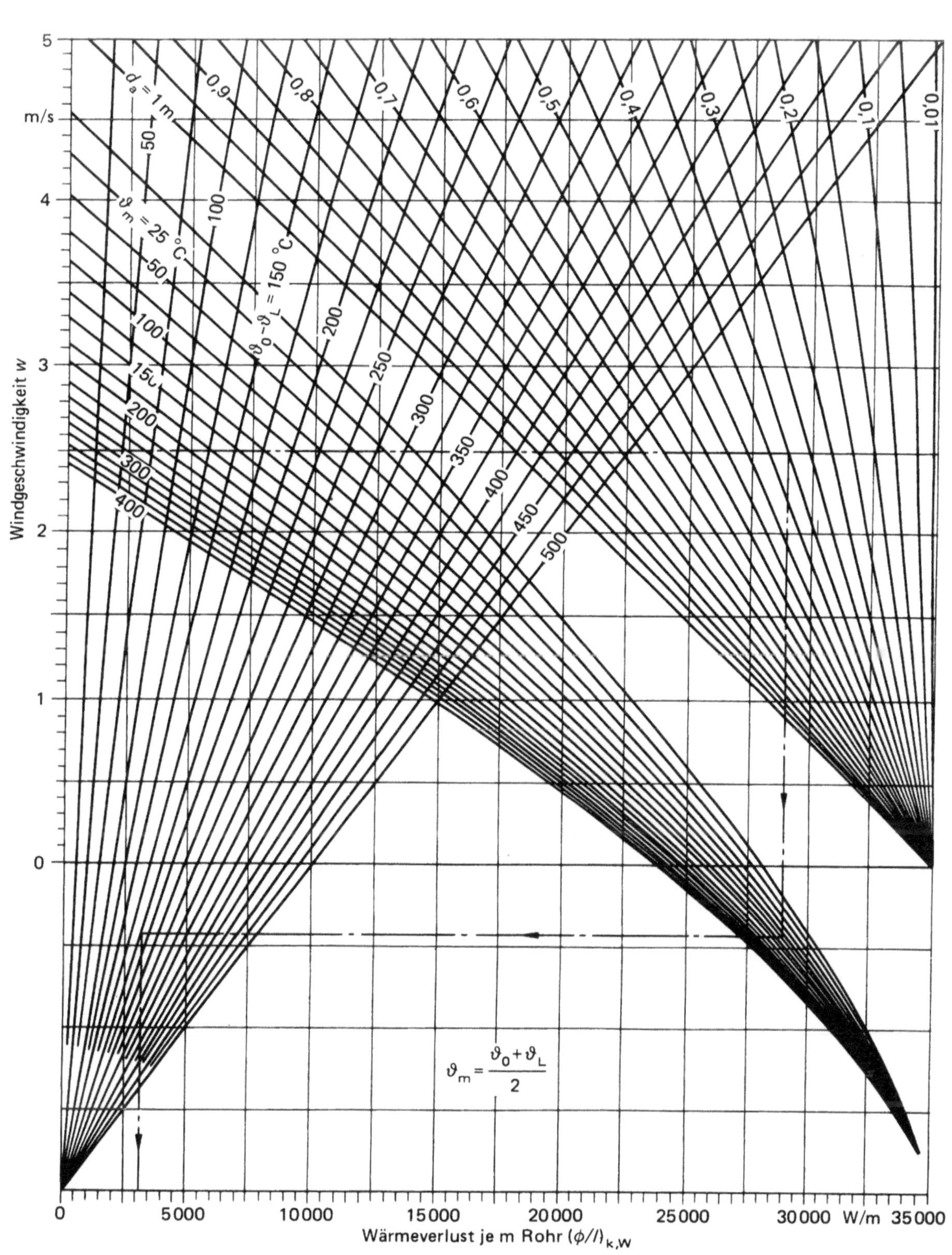

H. Auracher

Erläuterung zu 9.14.1

Die Schwierigkeit bei der Ermittlung des Wärmeverlusts eines wärmegedämmten Rohres liegt darin, dass der äussere Wärmeübergangskoeffizient von den Strömungsbedingungen in der Umgebung des Rohres (ruhende Luft oder Wind) und vom Strahlungsaustausch mit der Umgebung abhängt sowie auch von der Oberflächentemperatur der Dämmschicht, die zunächst nicht bekannt ist. In den Arbeitsblättern 9.14.1 bis 9.14.4 wird ein graphisches Verfahren angewandt, das davon Gebrauch macht, dass im stationären Zustand der Wärmestrom durch die Wärmedämmung gleich dem Wärmestrom von der Dämmschichtoberfläche an die Umgebung sein muss.

Rechengang

Für den Wärmestrom je m Rohr vom Fluid an die Dämmschichtoberfläche gilt (unter Vernachlässigung des Wärmeübergangswiderstandes zwischen Fluid und Rohr sowie der Wanddicke des Rohres)

$$\phi/l = \frac{\vartheta_\mathrm{F} - \vartheta_\mathrm{O}}{1/\Lambda_\mathrm{R}} \, . \tag{1}$$

Der Wärmedurchlaßwiderstand des Rohres ist

$$\frac{1}{\Lambda_\mathrm{R}} = \frac{\ln\,(d_\mathrm{a}/d_\mathrm{i})}{2\,\pi\lambda} = \frac{\ln\,(1 + 2\,s/d_\mathrm{i})}{2\,\pi\lambda} \, . \tag{2}$$

d_i Innendurchmesser des Rohres,
d_a Außendurchmesser der Dämmschicht,
s Dämmschichtdicke,
λ Wärmeleitfähigkeit der Dämmschicht,
ϑ_F Fluidtemperatur,
ϑ_O Oberflächentemperatur der Dämmschicht.

Der spezifische Wärmestrom nach Gl. (1) muss gleich demjenigen sein, der von der Dämmschichtoberfläche an die Umgebung abfließt. Dieser Wärmestrom hat einen konvektiven $((\phi/l)_\mathrm{k})$ und einen Strahlungsanteil $((\phi/l)_\mathrm{S})$, so dass gilt

$$\phi/l = (\phi/l)_\mathrm{k} + (\phi/l)_\mathrm{S} \tag{3}.$$

Gleichungen zur Berechnung der beiden Anteile werden hier zunächst nicht benötigt. Sie sind in den Arbeitsblättern 9.14.2 bis 9.14.4 zusammengestellt.

Die Beziehungen (1) und (3) für den spezifischen Wärmeverlust werden, wie umseitig im Schema gezeigt, so in einem Diagramm dargestellt, dass der spezifische Wärmeverlust als gemeinsame Ordinate auftritt. Parameter auf der einen Seite ist der mit π multiplizierte Wärmedurchlasswiderstand π/Λ_R (Gl. (2)) und auf der anderen Seite der Außendurchmesser d_a (unabhängige Variable in Gl. (3)). Auch wenn der Wert ϑ_O zunächst noch unbekannt ist, gibt es doch nur einen Wert von (ϕ/l), für den der Betrag des gesamten Temperaturgefälles zwischen Fluid und Umgebung $(\vartheta_\mathrm{F} - \vartheta_\mathrm{L})$ gerade zwischen die Kurven mit den vorgegebenen Werten von d_a und π/Λ_R passt. Sucht man diesen Wert (ϕ/l) für eine gegebene Differenz $(\vartheta_\mathrm{F} - \vartheta_\mathrm{L})$ auf (Blatt 9.14.2 bis 9.14.4), so lässt sich auf den Abszissen auch die Temperaturdifferenz und damit die gesuchte Oberflächentemperatur ϑ_O ablesen.

Ablauf des Rechengangs

– Ermittlung der Größe π/Λ_R für vorgegebene Werte von λ, s und d_i (mit umseitigem Diagramm; siehe auch nachstehendes Beispiel);
– Ermittlung des spezifischen Wärmeverlusts (ϕ/l) und der Außentemperatur ϑ_O des wärmegedämmten Rohres für eine vorgegebene Gesamttemperaturdifferenz $(\vartheta_\mathrm{F} - \vartheta_\mathrm{L})$ (Blatt 9.14.2 bis 9.14.4 mit Rechengang einschließlich der Berücksichtigung des Windeinflusses und der Strahlung).

Beispiel

Innendurchmesser des Rohres $\quad d_\mathrm{i} = 0{,}267$ m,

Außendurchmesser der Dämmschicht $\qquad\qquad d_\mathrm{a} = 0{,}407$ m,

Wärmeleitfähigkeit der Dämmschicht $\qquad\qquad \lambda = 0{,}07$ W/(mK).

Daraus folgt:

$s = (d_\mathrm{a} - d_\mathrm{i})/2 = 0{,}07$ m; $\quad d_\mathrm{a}/d_\mathrm{i} = 1{,}524$; $\quad s/d_\mathrm{i} = 0{,}262$.

Aus dem Diagramm ermittelt man $\pi/\Lambda_\mathrm{R} = 3$ mK/W.

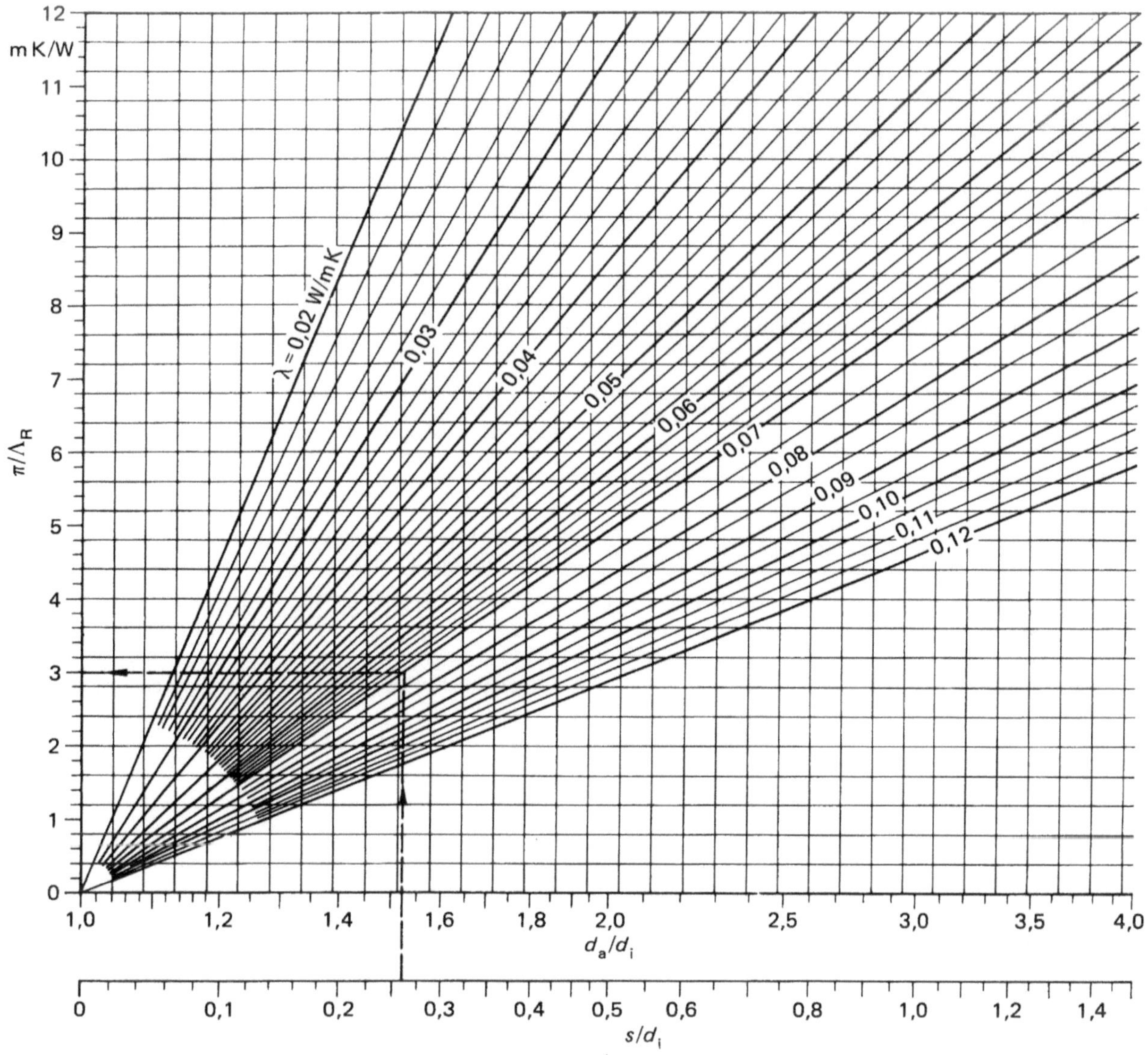

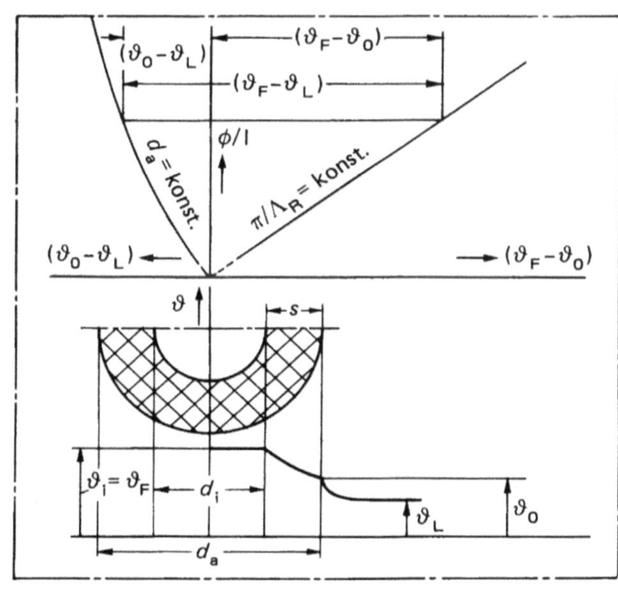

schematische Darstellung des Rechengangs

U. Grigull, H. Auracher

Erläuterung zu 9.14.2

Dem Diagramm rechts liegen folgende Annahmen zugrunde:

Lufttemperatur $\vartheta_\mathrm{L} = 20\,°\mathrm{C}$,

Windgeschwindigkeit (Wärmeübergang durch natürliche Konvektion) $w = 0$ m/s,

Strahlungskoeffizient $C_1 = 4{,}65$ W/(m²K⁴).

Die im rechten Teil des Diagramms eingezeichnete Größe π/Λ_R bestimmt man mit Arbeitsblatt 9.14.1.

Der Wärmeverlust ϕ/l ergibt sich als Ordinate einer horizontalen Strecke, deren Endpunkte auf den Kurven mit den Parametern π/Λ_R und d_a liegen und deren Länge so bemessen ist, dass die beiden Temperaturdifferenzen $\vartheta_\mathrm{F} - \vartheta_\mathrm{O}$ (rechts) und $\vartheta_\mathrm{O} - \vartheta_\mathrm{L}$ (links), die auf den beiden Abszissenmaßstäben abgelesen werden, zusammen gerade die vorgegebene Temperaturdifferenz $\vartheta_\mathrm{F} - \vartheta_\mathrm{L}$ ergeben. Dazu nimmt man, ausgehend vom Punkt A, die Strecke bis zum Wert $\vartheta_\mathrm{F} - \vartheta_\mathrm{L}$ (nach rechts) beispielsweise in einen Stechzirkel. Dann verschiebt man dessen linke Spitze entlang der Kurve für das vorgegebene d_a so, dass die Strecke parallel zur Abszissenachse bleibt, bis die rechte Spitze auf der Kurve für den ermittelten Wert von π/Λ_R liegt. Am Ordinatenmaßstab wird ϕ/l, an den beiden Abszissenmaßstäben $\vartheta_\mathrm{F} - \vartheta_\mathrm{O}$ und $\vartheta_\mathrm{O} - \vartheta_\mathrm{L}$ abgelesen.

Beispiel

Temperaturgefälle $\vartheta_\mathrm{F} - \vartheta_\mathrm{L} = 125$ K,

Größe π/Λ_R nach Arbeitsblatt 9.14.1 $\pi/\Lambda_\mathrm{R} = 3{,}0$ mK/W,

Außendurchmesser des Wärmeschutzes $d_\mathrm{a} = 0{,}407$ m;

ergibt:

spezifischer Wärmeverlust $\phi/l = 118$ W/m,

Differenz zwischen Innen- und Außentemperatur des Wärmeschutzes $\vartheta_\mathrm{F} - \vartheta_\mathrm{O} = 113$ K,

Differenz zwischen Oberflächentemperatur des Dämmaterials und Umgebungstemperatur $\vartheta_\mathrm{O} - \vartheta_\mathrm{L} = 12$ K,

Oberflächentemperatur des Dämmaterials $\vartheta_\mathrm{O} = 32\,°\mathrm{C}$.

Weichen die Lufttemperatur und die Strahlungskonstante von den hier angenommenen Werten ab, so gilt das Diagramm rechts nicht mehr. Man kann sich jedoch auch dann auf verhältnismäßig einfache Art und Weise die gesuchten Größen ϕ/l und ϑ_O beschaffen. Da in der Regel die äußere Temperaturdifferenz $\vartheta_\mathrm{O} - \vartheta_\mathrm{L}$ klein gegenüber der inneren ist, braucht man bei dieser Berechnung keine sehr hohe Genauigkeit anzustreben.

Es ist wie folgt vorzugehen:

Für den äußeren Wärmeübergang durch natürliche Konvektion gilt

$$(\phi/l)_\mathrm{k} = \pi \cdot d_\mathrm{a} \cdot \alpha_\mathrm{k} (\vartheta_\mathrm{O} - \vartheta_\mathrm{L}) \,. \tag{1}$$

Der Wärmeübergangskoeffizient α_k lässt sich mit der Näherungsgleichung

$$\alpha_\mathrm{k} = 1{,}22 \sqrt[4]{\frac{\vartheta_\mathrm{O} - \vartheta_\mathrm{L}}{d_\mathrm{a}}} \ \text{W/(m}^2\,\text{K)}; \quad (d_\mathrm{a} \text{ in m})$$

berechnen. Für den Wärmeübergang durch Strahlung gilt

$$(\phi/l)_\mathrm{S} = \pi \cdot d_\mathrm{a} \cdot C_1 \cdot \varepsilon \left[\left(\frac{\vartheta_\mathrm{O} + 273}{100} \right)^4 - \left(\frac{\vartheta_\mathrm{L} + 273}{100} \right)^4 \right]$$

mit ε als Emissionsgrad der Dämmschichtoberfläche.

Für die in der Regel vorgegebenen Größen d_a und ϑ_L werden nun mit Gl. (1) bis (3) einige Werte für den Gesamtwärmestrom

$$\phi/l = (\phi/l)_\mathrm{k} + (\phi/l)_\mathrm{S} \tag{4}$$

berechnet. Parameter ist hierbei die zunächst unbekannte Oberflächentemperatur ϑ_O. Die Wertepaare ϕ/l und $\vartheta_\mathrm{O} - \vartheta_\mathrm{L}$ werden sodann in den linken Teil des Diagramms eingezeichnet. Es ergibt sich eine Kurve für den vorgegebenen Wert d_a, mit dessen Hilfe die gesuchten Größen ϕ/l und ϑ_O wie oben erläutert ermittelt werden können. Es genügt zumeist, einige wenige Punkte der benötigten Kurve zu berechnen, da der Zahlenwert der gesuchten Größen anhand des Diagramms abgeschätzt werden kann.

Schrifttum

VDI-Richtlinie 2055 „Wärme- und Kälteschutz für betriebs- und haustechnische Anlagen", Juli 1994.

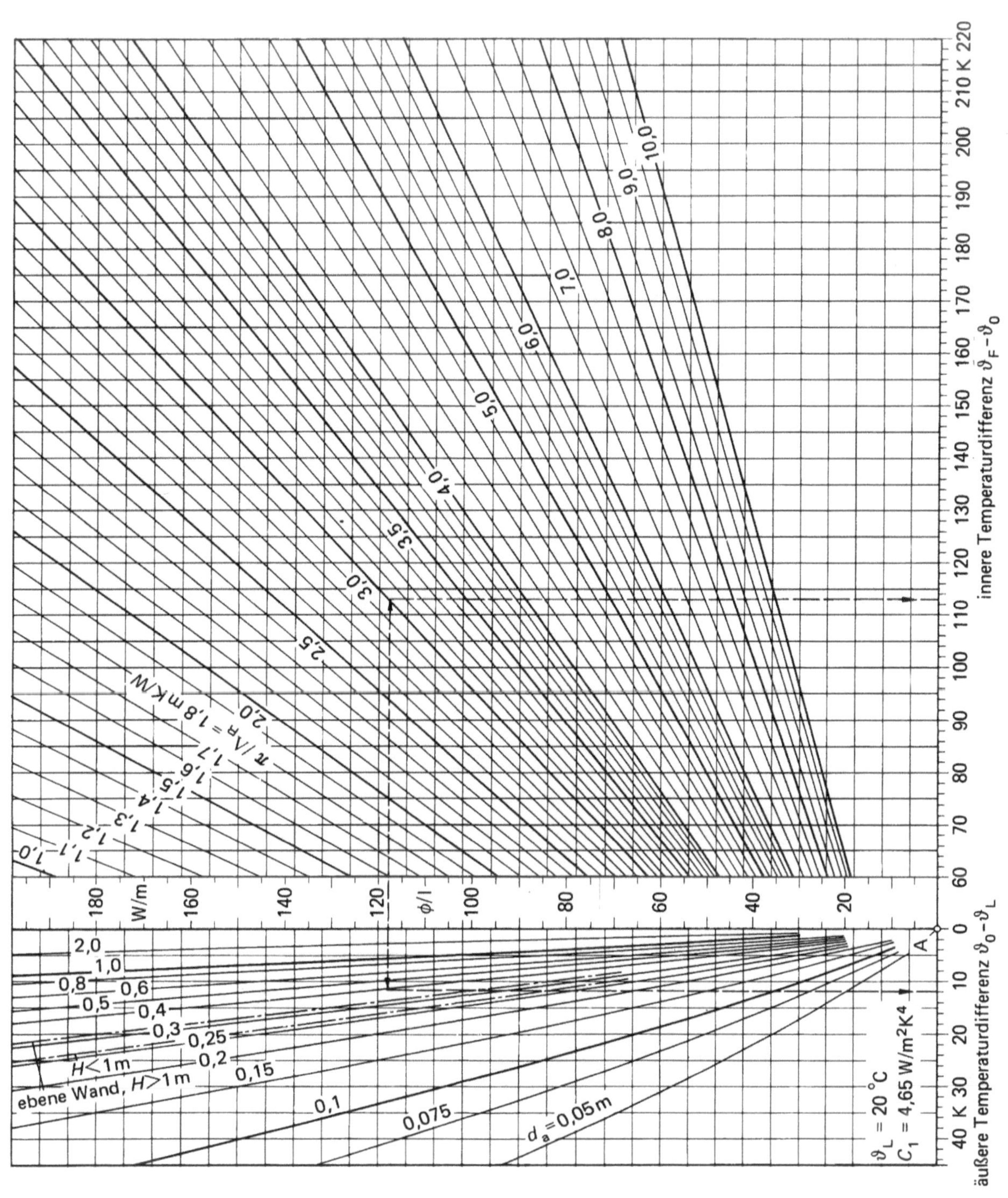

U. Grigull, H. Auracher

Erläuterung zu 9.14.3

Dem Diagramm rechts liegen folgende Annahmen zugrunde:

Lufttemperatur $\vartheta_L = 20\,°C$,

Windgeschwindigkeit
(Wärmeübergang durch natürliche Konvektion) $w = 0$ m/s,

Strahlungskoeffizient $C_1 = 4,65$ W/(m^{2}K^4).

Die im rechten Teil des Diagramms eingezeichnete Größe π/Λ_R wird mit Arbeitsblatt 9.14.1 bestimmt.

Der Wärmeverlust ϕ/l ergibt sich als Ordinate einer horizontalen Strecke, deren Endpunkte auf den Kurven mit den Parametern π/Λ_R und d liegen und deren Länge so bemessen ist, dass die beiden Temperaturdifferenzen $\vartheta_F - \vartheta_O$ (rechts) und $\vartheta_O - \vartheta_L$ (links), die auf den beiden Abszissenmaßstäben abgelesen werden, zusammen gerade die vorgegebene Temperaturdifferenz $\vartheta_F - \vartheta_L$ ergeben. Dazu nimmt man, ausgehend vom Punkt A, die Strecke bis zum Wert $\vartheta_F - \vartheta_L$ (nach rechts) beispielsweise in einen Stechzirkel. Dann verschiebt man dessen linke Spitze entlang der Kurve für das vorgegebene d_a so, dass die Strecke parallel zur Abszissenachse bleibt, bis die rechte Spitze auf der Kurve für den ermittelten Wert von π/Λ_R liegt. Am Ordinatenmaßstab wird ϕ/l, an den beiden Abszissenmaßstäben $\vartheta_F - \vartheta_O$ und $\vartheta_O - \vartheta_L$ abgelesen.

Beispiel

Temperaturgefälle $\vartheta_F - \vartheta_L = 300$ K,
Größe π/Λ_R nach Arbeitsblatt 9.14.1 $\pi/\Lambda_R = 3,0$ mK/W,
Außendurchmesser des Wärmeschutzes $d_a = 0,407$ m;

ergibt:

spezifischer Wärmeverlust $\phi/l = 288$ W/m,

Differenz zwischen Innen- und Außentemperatur des
Wärmeschutzes $\vartheta_F - \vartheta_O = 275$ K,

Differenz zwischen Oberflächentemperatur des
Dämmaterials und Umgebungstemperatur $\vartheta_O - \vartheta_L = 25$ K,

Oberflächentemperatur des Dämmaterials $\vartheta_O = 45\,°C$.

Weicht die Lufttemperatur und die Strahlungskonstante von den hier angenommenen Werten ab, so gilt das Diagramm rechts nicht mehr. Eine Methode, wie die gesuchten Größen ϕ/l und ϑ_O trotzdem ermittelt werden können, ist bereits im Arbeitsblatt 9.14.2 beschrieben. Sie gilt unverändert auch für das Arbeitsblatt 9.14.3.

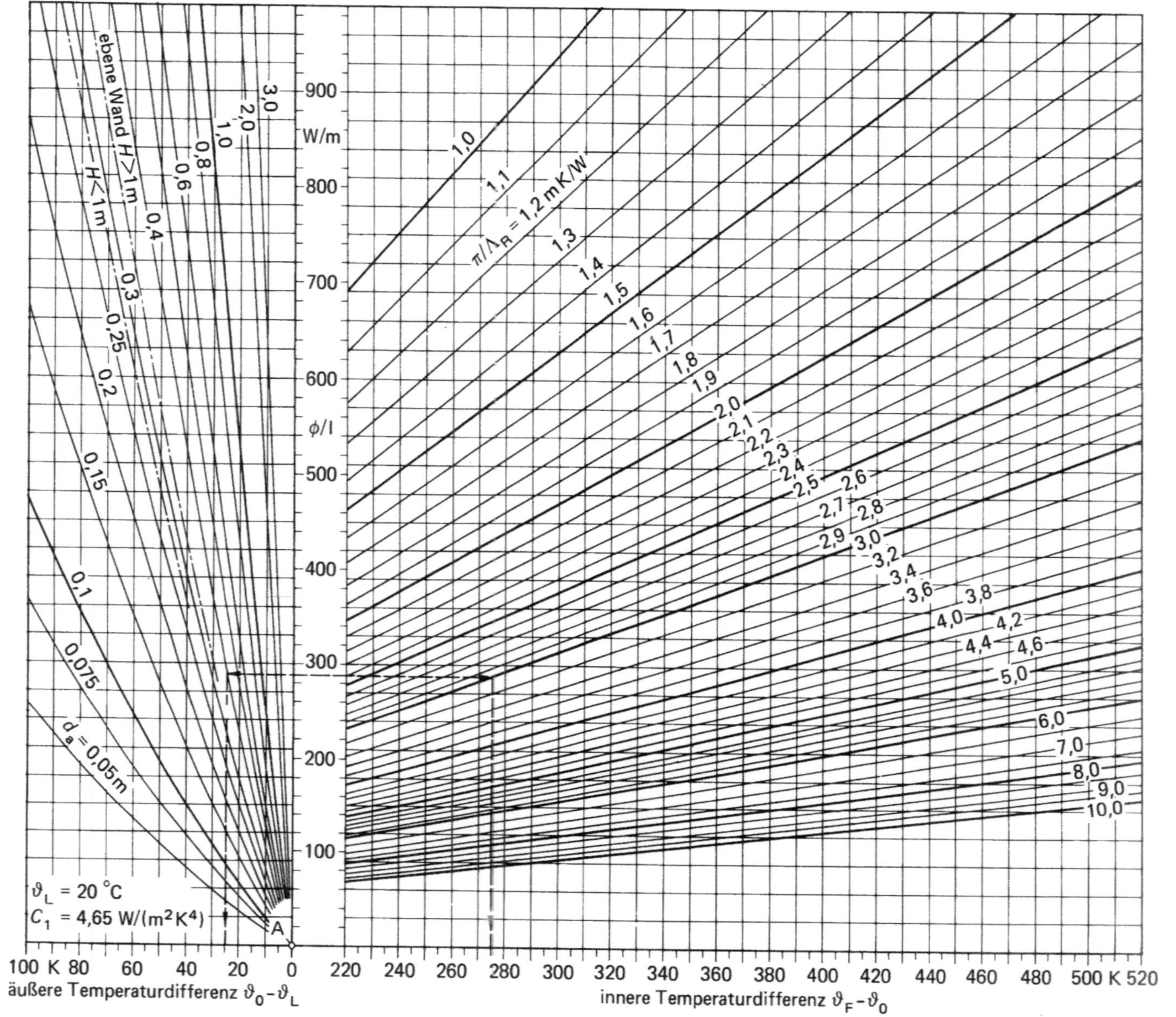
ebene Wand $H > 1$ m
$H < 1$ m
3,0
2,0
1,0
0,8
0,6
0,4
0,3
0,25
0,2
0,15
0,1
0,075
$d_a = 0,05$ m
W/m
ϕ/l
900
800
700
600
500
400
300
200
100
$\vartheta_L = 20\,°C$
$C_1 = 4,65\ W/(m^2 K^4)$
A
$\pi/\Lambda_R = 1,2\ mK/W$
1,0
1,1
1,3
1,4
1,5
1,6
1,7
1,8
1,9
2,0
2,1
2,2
2,3
2,4
2,5
2,6
2,7
2,8
2,9
3,0
3,2
3,4
3,6
3,8
4,0
4,2
4,4
4,6
5,0
6,0
7,0
8,0
9,0
10,0
100 K 80   60   40   20   0
äußere Temperaturdifferenz $\vartheta_0 - \vartheta_L$
220 240 260 280 300 320 340 360 380 400 420 440 460 480 500 K 520
innere Temperaturdifferenz $\vartheta_F - \vartheta_0$

Erläuterung zu 9.14.4

Dem Diagramm rechts liegen folgende Annahmen zugrunde:

Lufttemperatur	$\vartheta_L = 0\,°C$,
Windgeschwindigkeit	$w = 5\ \text{m/s}$,
Strahlungskoeffizient	$C_1 = 4{,}65\ \text{W/(m}^2\text{K}^4)$.

Die im rechten Teil des Diagramms eingezeichnete Größe π/Λ_R wird mit Arbeitsblatt 9.14.1 bestimmt.

Der Wärmeverlust ϕ/l ergibt sich als Ordinate einer horizontalen Strecke, deren Endpunkte auf den Kurven mit den Parametern π/Λ_R und d_a liegen und deren Länge so bemessen ist, dass die beiden Temperaturdifferenzen $\vartheta_F - \vartheta_O$ (rechts) und $\vartheta_O - \vartheta_L$ (links), die auf den beiden Abszissenmaßstäben abgelesen werden, zusammen gerade die vorgegebene Temperaturdifferenz $\vartheta_F - \vartheta_L$ ergeben. Dazu nimmt man, ausgehend vom Punkt A, die Strecke bis zum Wert $\vartheta_F - \vartheta_L$ (nach rechts) beispielsweise in einen Stechzirkel. Dann verschiebt man dessen linke Spitze entlang der Kurve für das vorgegebene d_a so, dass die Strecke parallel zur Abszissenachse bleibt, bis die rechte Spitze auf der Kurve für den ermittelten Wert von π/Λ_R liegt. Am Ordinatenmaßstab wird ϕ/l, an den beiden Abszissenmaßstäben $\vartheta_F - \vartheta_O$ und $\vartheta_O - \vartheta_L$ abgelesen.

Beispiel

Temperaturgefälle	$\vartheta_F - \vartheta_L = 350\ \text{K}$,
Größe π/Λ_R nach Arbeitsblatt 9.14.2	$\pi/\Lambda_R = 3{,}0\ \text{mK/W}$,
Außendurchmesser des Wärmeschutzes	$d_a = 0{,}407\ \text{m}$;

ergibt:

spezifischer Wärmeverlust	$\phi/l = 355\ \text{W/m}$,
Differenz zwischen Innen- und Außentemperatur des Wärmeschutzes	$\vartheta_F - \vartheta_O = 339\ \text{K}$,
Differenz zwischen Oberflächentemperatur des Dämmaterials und Umgebungstemperatur	$\vartheta_O - \vartheta_L = 11\ \text{K}$,
Oberflächentemperatur des Dämmaterials	$\vartheta_O = 11\,°C$.

Weicht die Lufttemperatur, die Windgeschwindigkeit oder die Strahlungskonstante von den hier angenommenen Werten ab, so gilt das Diagramm rechts nicht mehr. Eine Methode, wie die gesuchten Größen ϕ/l und ϑ_O trotzdem ermittelt werden können, ist bereits im Arbeitsblatt 9.14.2 beschrieben. Diese Methode gilt auch für das vorliegende Arbeitsblatt. Es ist lediglich eine Änderung vorzunehmen: Anstelle von Gl. (2) in Arbeitsblatt 9.14.2 tritt die Näherungsgleichung für den Wärmeübergang bei erzwungener Konvektion:

$$\alpha_k = \frac{8{,}1 \cdot 10^{-3}}{d_a} + 3{,}14\,\sqrt{\frac{w}{d_a}} \quad \text{für} \quad d_a\,w \le 8{,}55 \cdot 10^{-3}\ \text{m}^2/\text{s}$$

bzw.

$$\alpha_k = 2\,w + 3{,}14\,\sqrt{\frac{w}{d_a}} \quad \text{für} \quad d_a\,w > 8{,}55 \cdot 10^{-3}\ \text{m}^2/\text{s}$$

Schrifttum

VDI-Richtlinie 2055, Juli 1994.

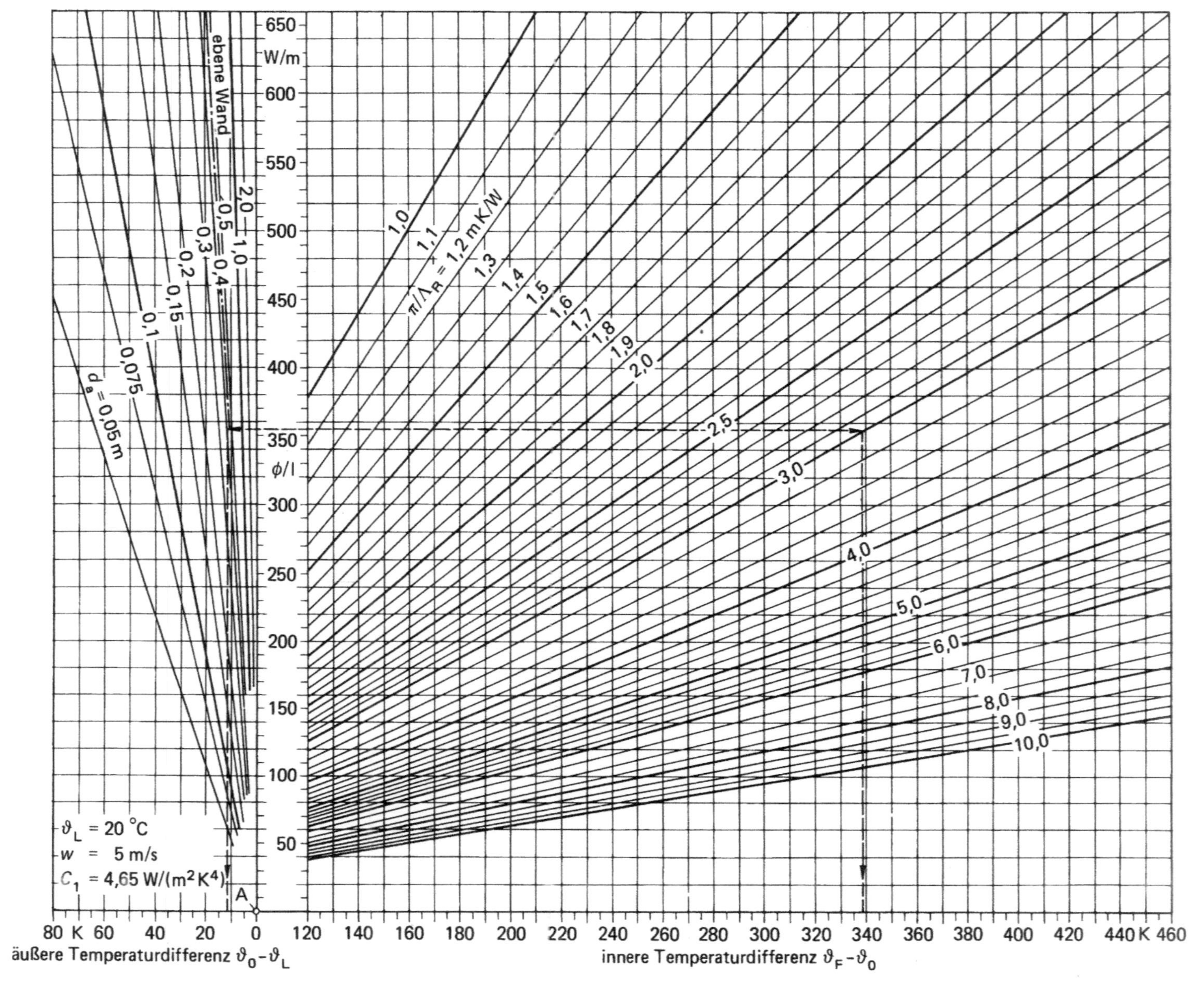

U. Grigull, H. Auracher

Armaturen, wie z.B. Ventile und Schieber, und Einbauten in die Dämmschicht, wie z.B. Abstandhalter und Stützen, Rohrhalterungen oder Rohraufhängungen, sowie Flansche erzeugen zusätzliche Wärmeverluste, die zu denjenigen des ungestörten wärmegedämmten Rohres (Arbeitsblatt 9.14) hinzuzurechnen sind. Eine exakte Berechnung dieser zusätzlichen Verluste ist nicht möglich. Im folgenden sind grobe Anhaltswerte für die notwendigen Korrekturen zusammengestellt. Genauere Angaben sind dem Schrifttum zu entnehmen.

a) Ventile und Schieber

Der Einfluss von Ventilen, Schiebern und Flanschen lässt sich durch Hinzufügen einer fiktiven, gleichwertigen Rohrlänge Δl zur gegebenen Länge l berücksichtigen. Der gesamte Wärmeverlust ergibt sich aus dem spezifischen Wärmeverlust des Rohres (nach Arbeitsblatt 9.14) multipliziert mit $(l + \Delta l)$. Die gleichwertige Rohrlänge Δl liegt zwischen 4 und 30 m.

b) Flanschenpaar

Der zusätzliche Wärmeverlust des zum wärmegedämmten Rohr gehörenden Flanschenpaares ist durch folgende gleichwertige Längen zu berücksichtigen:

Nicht gedämmt:

Man berechnet ein Drittel der gleichwertigen Länge des ungedämmten Ventils gleichen Durchmessers.

Gedämmt:

Bei Berücksichtigung der Gesamtlänge des Rohres einschließlich Flansch ist kein Zuschlag erforderlich. Für Rohre mit Flanschklappe gilt: Gesamtlänge des Rohres plus 1 m Zuschlag.

c) Rohrhalterungen und Rohraufhängungen

Der zusätzliche Wärmeverlust wird durch prozentuale Zuschläge in Höhe von 15 bis 25 % zum Verlust des ungestörten wärmegedämmten Rohres berücksichtigt.

d) Einbauten in die Dämmschicht

Der zusätzliche Wärmeverlust durch Einbauten in die Dämmschicht, wie z.B. Abstandhalter und Stützen, wird durch einen Zuschlag $\Delta\lambda$ zur Wärmeleitfähigkeit λ des Dämmmaterials berücksichtigt. Der spezifische Wärmeverlust des Rohres nach Arbeitsblatt 9.14 ist daher mit einer gleichwertigen Wärmeleitfähigkeit $\lambda + \Delta\lambda$ zu ermitteln. $\Delta\lambda$ liegt zwischen 0,003 und 0,01 W/m K.

Schrifttum

VDI-Richtlinie 2055, Juli 1994.

Erläuterung zu 9.16

Die auf die Länge bezogene (spezifische) Temperaturabnahme $\Delta\vartheta/l$ eines in einer Rohrleitung strömenden Fluids ergibt sich aus

$$\frac{\Delta\vartheta}{l} = \frac{\phi/l}{\dot{m}\,c}\,.$$

ϕ/l spezifischer Wärmeverlust des Rohres (siehe Arbeitsdiagramme 9.13, 9.14 und 9.15),

$\dot{m}$ Massenstrom

c spezifische Wärmekapazität des Fluids (aus Tabellenwerken; für c kann mit guter Näherung die spezifische Wärmekapazität c_p bei konstantem Druck eingesetzt werden).

Das Diagramm oben rechts enthält die spezifische Wärmekapazität des Wasserdampfes. Bei anderen Stoffen ist an der Skala für c_p mit dem anderweitig gegebenen Wert zu beginnen.

Da sich das Fluid in Strömungsrichtung abkühlt, nimmt bei konstanten Umgebungsbedingungen der Temperaturunterschied zwischen Fluid und Umgebung ab. Damit verringert sich auch der spezifische Wärmeverlust ϕ/l. Die oben angegebene Gleichung bzw. das Nomogramm gilt somit streng genommen für kurze Rohrabschnitte. Die gesamte Temperaturabnahme des Fluids im Rohr muss daher abschnittweise berechnet werden. Die Länge der Abschnitte sollte so gewählt werden, dass der darin auftretende Temperaturabfall $\Delta\vartheta$ klein gegen die Temperaturdifferenz zwischen Fluid und Umgebungsluft ist $[\Delta\vartheta \ll (\vartheta_F - \vartheta_L)]$, denn dann kann der spezifische Wärmeverlust des Abschnitts mit guter Näherung als konstant angenommen werden. Häufig ist die gesamte Temperaturabnahme des Fluids im Rohr so klein, dass auf eine abschnittweise Berechnung verzichtet werden kann.

Die mitgeteilte Berechnungsgleichung bzw. das Nomogramm gilt nur unter der Voraussetzung, dass im Rohr keine Phasenumwandlung (Kondensation, Verdampfung) auftritt.

Der Rechenmethode liegt die in der Regel zulässige Annahme zugrunde, dass die Abkühlung des Rohr- und Isoliermaterials vernachlässigbar ist.

Beispiel

In einem isolierten, 8 m langen Rohr strömen $\dot{m}$ = 6,95 kg/s Wasserdampf bei 50 bar. Die Eintrittstemperatur beträgt ϑ_1 = 320 °C. Wie groß ist die Austrittstemperatur?

Die spezifische Wärmekapazität (aus Nomogramm oder Wasserdampftafel) beträgt c_p = 2,87 kJ/kgK. Der Wärmeverlust je m Rohr für $\vartheta_1 = \vartheta_F$ = 320 °C (aus den Arbeitsdiagrammen 9.13, 9.14 und 9.15) ist ϕ/l = 288 W/m. Die Abkühlung des Fluids je m Rohr beträgt

$$\frac{\Delta\vartheta}{l} = \frac{288\ \text{W/m}}{6{,}95\ \text{kg/s} \cdot 2{,}87\ \text{kJ/kgK}} = 0{,}0144\ \text{K/m}\,.$$

Die Austrittstemperatur ist

$$\vartheta_2 = \vartheta_1 - 8\ \text{m}\,(\Delta\vartheta/l) = (320 - 8 \cdot 0{,}0144)\,°\text{C} = 319{,}89\,°\text{C}.$$

Da sich die Fluidtemperatur im Rohr nur geringfügig ändert, ist eine abschnittweise Berechnung nicht erforderlich.

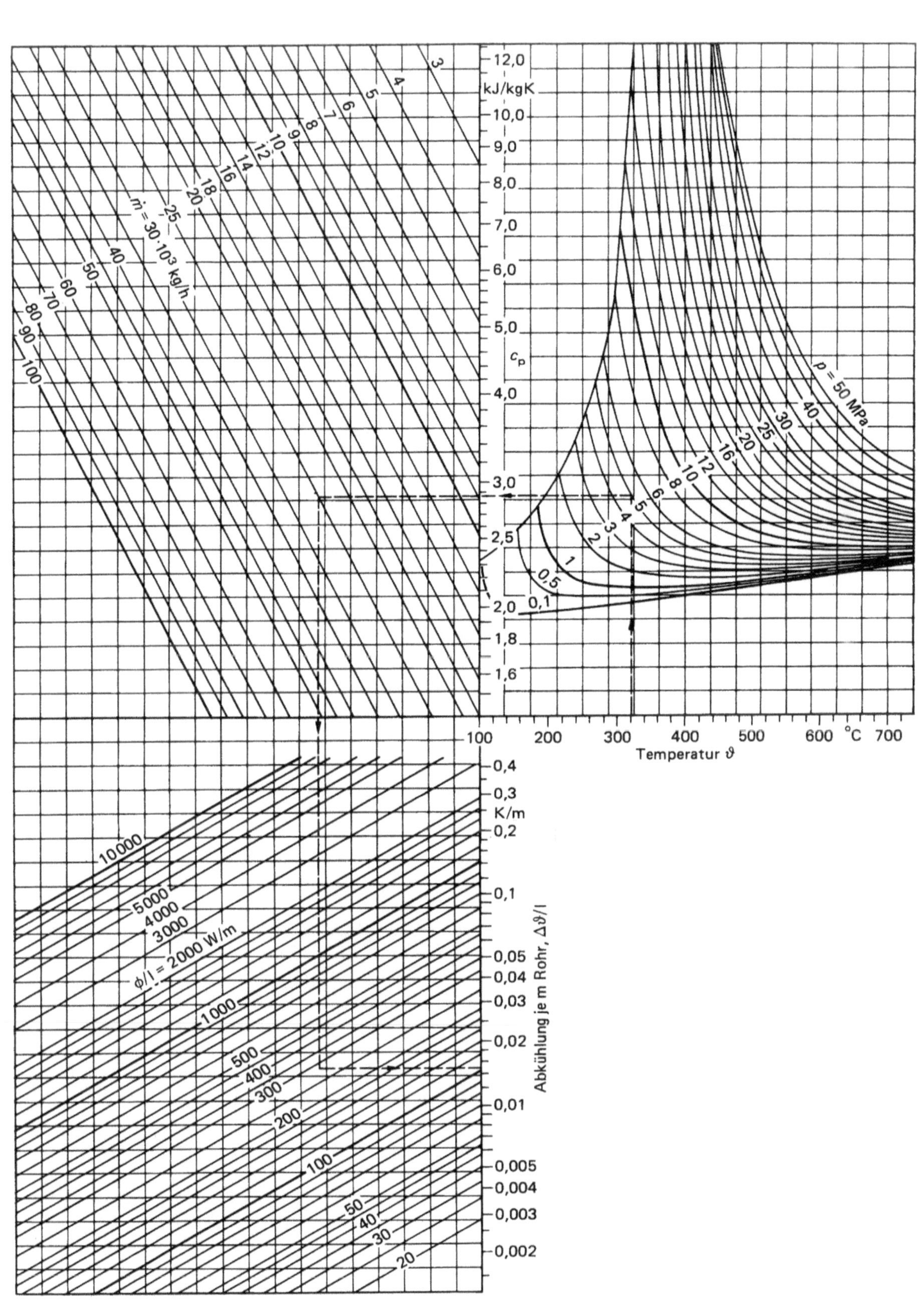

U. Grigull, W. Goldstern, H. Auracher

Erläuterung zu 9.17

Dämmungen mindern mit zunehmender Dämmschichtdicke die Wärmeverluste des Objektes und damit die vom Wärmepreis abhängigen Kosten; dagegen steigen die Investitionen und die Kosten z. B. für Abschreibung, Verzinsung und Wartung. Die Summe beider Kostenverläufe erreicht bei einer bestimmten Dämmschichtdicke ein Minimum. Dieser Wert wird als wirtschaftliche Dämmschichtdicke bezeichnet. Unterschiedliche Kostenfunktionen für z. B. gerade Rohrleitungen und Armaturen ergeben auch unterschiedliche wirtschaftliche Dämmschichtdicken. Man unterscheidet zwischen statischem und dynamischem Kostenminimum.

Statisches Kostenminimum

Für das Ermitteln des Kostenminimums wird bei Wirtschaftlichkeitsberechnungen häufig die statische Rechenmethode angewendet. Die zum Zeitpunkt der Berechnung jährlich anfallenden Wärmeverlustkosten werden zu den aktuellen Kapitalkosten (jährliche Wärmeschutzkosten) addiert. Die Optimierung ergibt die wirtschaftliche Dämmschichtdicke nach dem statischen Kostenminimum, bei dem z. B. Preise und Zinsen konstant über die Lebensdauer der Dämmung angenommen werden. Das statische Kostenminimum hat deshalb seine Berechtigung nur in Zeiten mit stabilen und während der Nutzungsdauer der Dämmung konstanten Kostenverhältnissen.

Dynamisches Kostenminimum

Beim dynamischen Kostenminimum werden Energiepreissteigerungen, die aus erhöhten Kosten für Exploration, Verknappung, Verarbeitung, Transport und Umweltschutz zu erwarten sind, berücksichtigt. Der einmaligen Investition für den Wärmeschutz werden jährlich wachsende Wärmeverlustkosten bei gleichbleibendem Wärmeverlust gegenübergestellt. Statt der zum Zeitpunkt der Berechnung anfallenden Kosten eines Jahres werden die Kosten während der Nutzungsdauer der Dämmung betrachtet. Das dynamische Kostenminimum wird mit Hilfe der Barwertmethode entwickelt. Dabei geht man von wahrscheinlichen Kosten während der Nutzungsdauer der Dämmung aus. Im Regelfall werden prozentuale jährliche Preissteigerungen vorgegeben; sie können für verschiedene Kostenarten, z. B. Brennstoffe, Wartung, unterschiedlich sein. Da die Kosten zu verschiedenen Zeitpunkten anfallen, werden sie durch Diskontierung „gleichwertig" gemacht.

Ermittlungsweg

1. Kapitaldienstfaktor b

Kalkulationsmethode	$b = \dfrac{\text{jährliche fixe Betriebskosten}}{\text{Kosten der Dämmung}}$ in 1/a
1. Addition der vier Einflussgrößen	$\dfrac{1}{n} + \dfrac{z + r + g}{100}$
2. Berücksichtigung der Tilgung während der Nutzungsdauer	$\dfrac{1}{n} + \dfrac{1}{100}\left(\dfrac{z+1}{2} + r + g\right)$
3. Annuität	$\dfrac{\dfrac{z}{100}}{1 - \left(\dfrac{1}{1 + \dfrac{1}{100}}\right)^{n}} + \dfrac{r + g}{100}$

2. Kostenkennzahl K_{D}

$$K_{\mathrm{D}} = 50\,\frac{d_{\mathrm{i}} K'}{K_{\mathrm{o}}}$$

3. Betriebskennzahl B

$$B = \frac{\lambda\,(\vartheta_{\mathrm{i}} - \vartheta)\,\beta}{d_{\mathrm{i}} b K_{\mathrm{o}}} \cdot 3{,}6 \cdot 10^{-6}$$

4. Dynamisierungsfaktor f
(bei $f = 1$ erhält man das statische Kostenminimum)

$$f = \frac{S_{1}}{S_{2}}$$

$$S_{1} = \frac{1 - \left(\dfrac{1 + p/100}{1 + z/100}\right)^{n}}{1 - \dfrac{1 + p/100}{1 + z/100}} \qquad S_{2} = \frac{1 - \left(\dfrac{1}{1 + z/100}\right)^{n}}{1 - \dfrac{1}{1 + z/100}}$$

5. Korrektur der Betriebskennzahl

$$B^{*} = f \cdot B$$

6. Ermittlung von s/d_{i} aus dem Diagramm

Erläuterung zu 9.17 (Fortsetzung)

Bezeichnungen

s	Dämmschichtdicke in m
d_i	Rohrinnendurchmesser in m
K_o	auf $s = 0$ extrapolierte Kosten der Wärmeedämmung in DM/m²
K'	Kostensteigerung bei einer Vergrößerung der Dämmschichtdicke um 1 cm in DM/(m² cm)
λ	Wärmeleitfähigkeit des Dämmstoffes in W/(m K)
$\vartheta_i - \vartheta_o$	Differenz zwischen Rohrinnen- und Dämmschichtoberflächentemperatur
β	Benutzungsdauer in h/a
W	Wärmepreis in DM/GJ
n	Nutzungsdauer in a
z	Zinssatz in %/a
r	jährlicher Wartungsanteil in %/a
g	jährlicher Gemeinkostanteil in %/a
p	Energiepreissteigerung in %/a

Beispiel

Gegeben:

$$
\begin{aligned}
d_j &= 0{,}108 \text{ m} \\
K' &= 2{,}70 \text{ DM/(m}^2 \text{ cm)} \\
K_o &= 100 \text{ DM/m}^2 \\
\lambda_B &= 0{,}05 \text{ W/(m K)} \\
\vartheta_i &= 200\,^\circ\text{C} \\
\vartheta_a &= 14\,^\circ\text{C} \\
\beta &= 8000 \text{ h/a} \\
W &= 6 \text{ DM/GJ} \\
n &= 10\text{a} \\
z &= 8\,\%/\text{a} \\
p &= 5\,\%/\text{a} \\
r + g &= 2\,\%\text{a} .
\end{aligned}
$$

Der Kapitaldienstfaktor ergibt sich nach der Methode 2 zu:

$$
b = \left[\frac{1}{10} + \frac{1}{100} \cdot \left(\frac{8+1}{2} + 2 \right) \right] \frac{1}{a} = \frac{0{,}165}{a}
$$

Mit der Kostenkennzahl

$$
K_D = 50 \cdot \frac{0{,}108 \cdot 2{,}70}{100} = 0{,}146
$$

und der Betriebskennzahl

$$
B = \frac{0{,}05 \cdot 186 \cdot 8000 \cdot 6}{0{,}108 \cdot 0{,}165 \cdot 100} \cdot 3{,}6 \cdot 10^{-6} = 0{,}902
$$

sowie mit dem Dynamisierungsfaktor f aus

$$
S_1 = \frac{1 - \left(\dfrac{1{,}05}{1{,}08} \right)^{10}}{1 - \dfrac{1{,}05}{1{,}08}} = 8{,}84
$$

$$
S_2 = \frac{1 - \left(\dfrac{1}{1{,}08} \right)^{10}}{1 - \dfrac{1}{1{,}08}} = 7{,}25
$$

$$
f = \frac{S_1}{S_2} = \frac{8{,}84}{7{,}25} = 1{,}22
$$

folgt:

$$
B^* = B \cdot f = 0{,}902 \cdot 1{,}22 = 1{,}10
$$

und nach Diagramm 9.17 $s/d_i = 0{,}61$ bzw. $s = 66$ mm.

Schrifttum

VDI-Richtlinie 2055, Juli 1994.

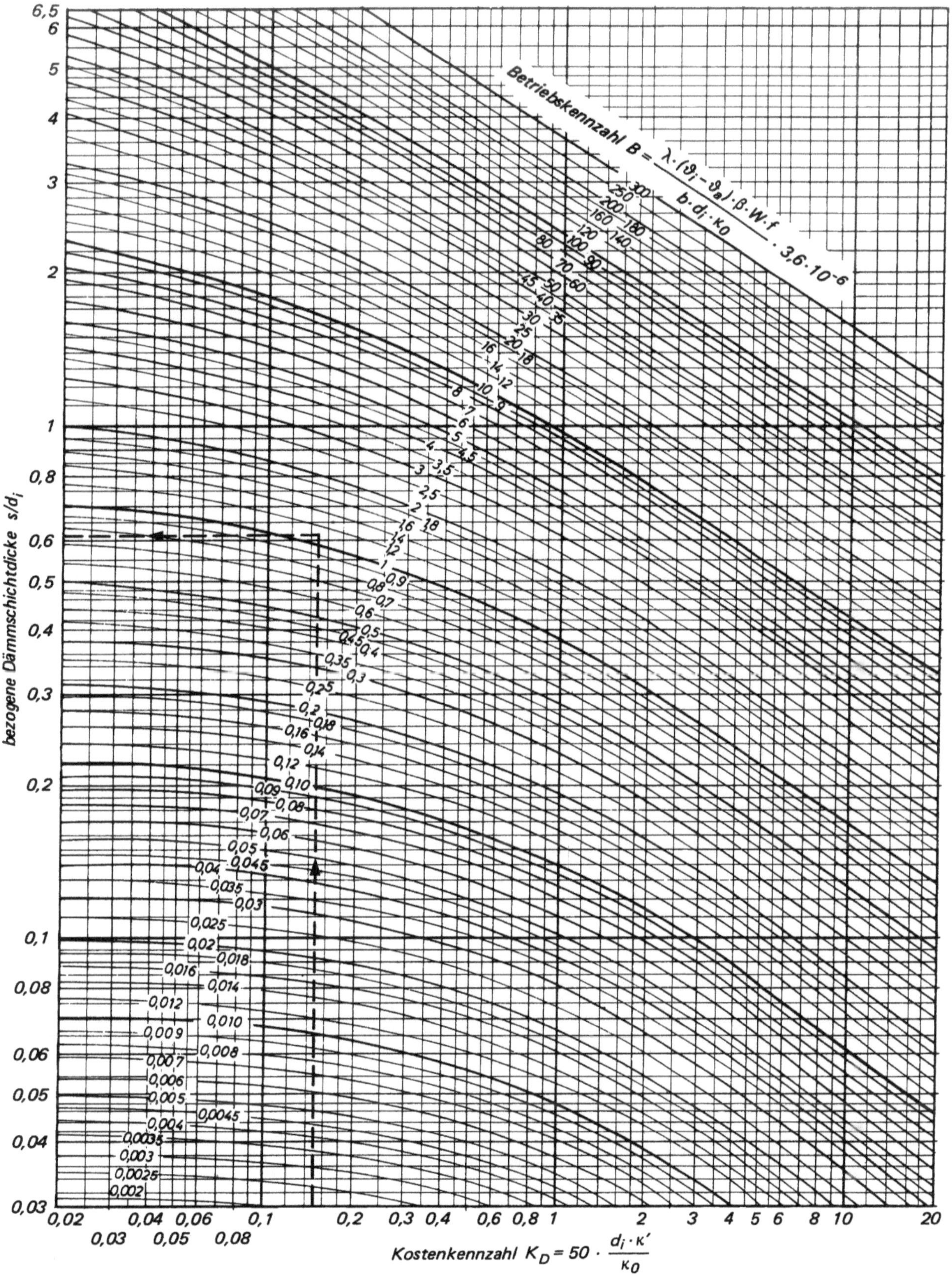

Betriebskennzahl $B = \frac{\lambda \cdot (\vartheta_i - \vartheta_a) \cdot \beta \cdot W \cdot f}{b \cdot d_i \cdot \kappa_0} \cdot 3{,}6 \cdot 10^{-6}$
bezogene Dämmschichtdicke s/d_i
Kostenkennzahl $K_D = 50 \cdot \frac{d_i \cdot \kappa'}{\kappa_0}$
0,02 0,03 0,04 0,05 0,06 0,08 0,1 0,2 0,3 0,4 0,6 0,8 1 2 3 4 5 6 8 10 20
0,03 0,04 0,05 0,06 0,08 0,1 0,2 0,3 0,4 0,5 0,6 0,8 1 2 3 4 5 6 6,5

Erläuterung zu 9.18

Reynolds-Zahl $Re = \dfrac{w \cdot d}{v}$;

w mittlere Strömungsgeschwindigkeit in m/s,
d lichter Rohrdurchmesser in m,
v kinematische Viskosität in m²/s.

Der Wert von v ist stark abhängig von der Mediumtemperatur. Als Beispiele sind im unteren Teil des Arbeitsdiagrammes Näherungswerte für verschiedene Ölsorten eingetragen.

Bei der Strömung in Rohren ist die Reynolds-Zahl 2320 der Grenzwert zwischen laminarer und turbulenter Strömung. Strömungen in der Nähe des Grenzwertes 2320 schlagen leicht aus laminarer in turbulente Strömungsform (bzw. umgekehrt) um, z.B. durch Temperaturänderung. Dies hat einen bedeutenden Einfluss auf den Druckverlust. Zwischen beiden Strömungsformen liegt jedoch ein dem turbulenten Bereich zuzuordnendes Übergangsgebiet.

Anhand von Re kann aus Blatt 9.1 für angenommene Rauigkeitswerte der Rohrwand die Rohrreibungszahl λ entnommen werden. Bei laminarer Strömung ist die Rohrreibungszahl λ weitgehend unabhängig vom Zustand der Rohrwand und umgekehrt proportional der Reynolds-Zahl:

$$\lambda = \frac{64}{Re} \quad \text{(Blatt 9.1)}.$$

Auch bei turbulenter Strömung ist λ aus Diagramm 9.1 zu entnehmen.

Beispiel

Mittelschweres Heizöl von 50 °C

$v = 15{,}4 \cdot 10^{-6}$ m²/s,
$w = 1{,}3$ m/s,
$d = 100$ mm

ergibt

Re = 8442. Die Strömung ist turbulent.

Schrifttum

Dubbel: Taschenbuch für den Maschinenbau. 19. Aufl. Berlin, Heidelberg, New York: Springer-Verlag 1997.
Eck, B.: Technische Strömungslehre. Bd. 2; 8. Aufl. Berlin, Heidelberg, New York: Springer-Verlag 1981.
VDI-Wärmeatlas. 8. Aufl. Düsseldorf: VDI-Verlag 1997.
Herning, F.: Stoffströme in Rohrleitungen. 4. Aufl. Düsseldorf: VDI-Verlag 1966.
Schmidt, D.: Stahlrohr-Handbuch. 10. Aufl. Vulkan-Verlag 1986.
Richter, H.: Rohrhydraulik. 5. Aufl. Berlin, Heidelberg, New York: Springer-Verlag 1971.

Hochviskose Öle: Kinematische Viskosität und Reynolds-Zahl bei Strömung in Rohrleitungen

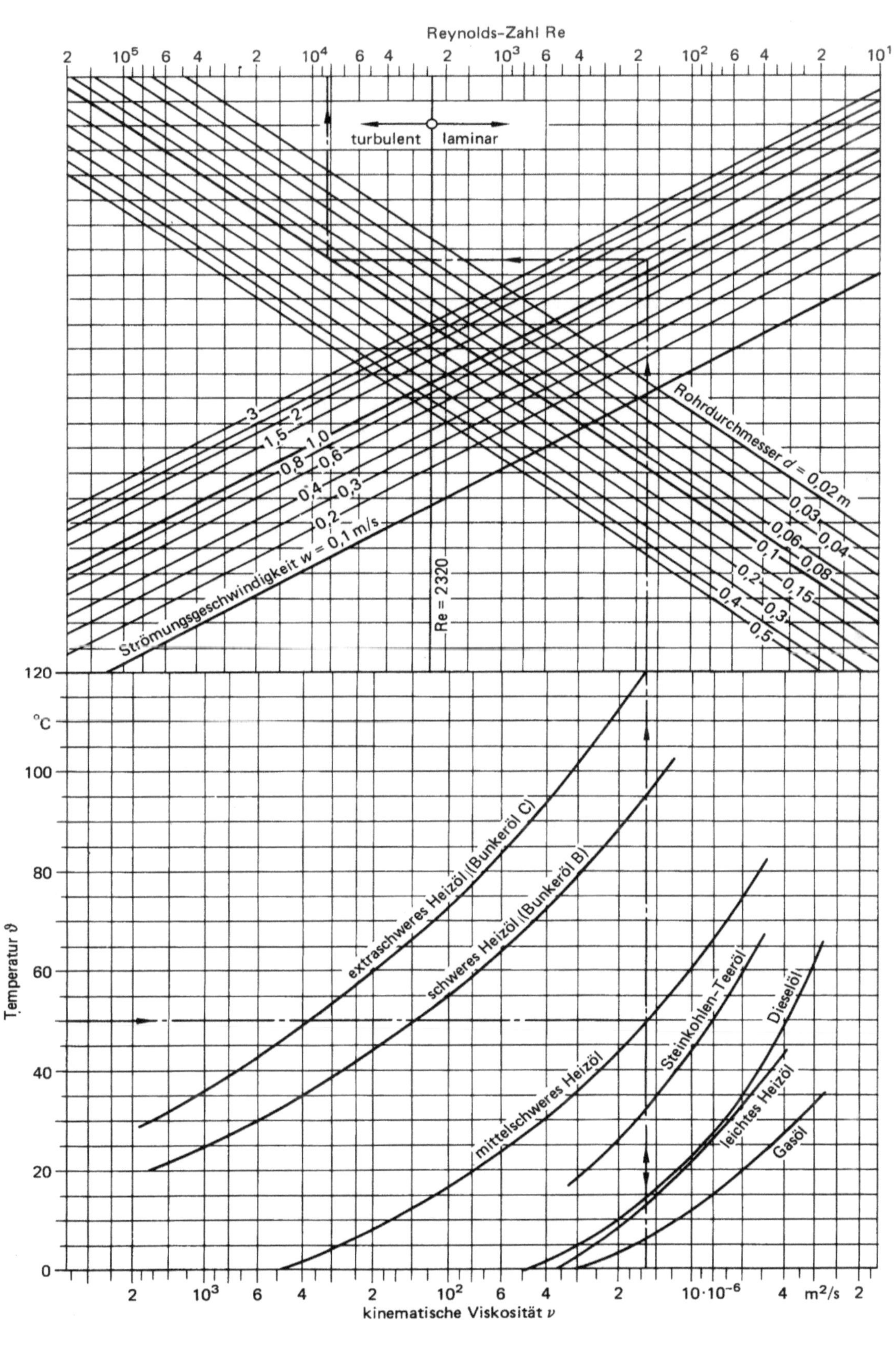

K. Beck

Erläuterung zu 9.19

Der spezifische Druckverlust beträgt

$$\frac{p_1 - p_2}{l} = \lambda \cdot \frac{\varrho \cdot w^2}{2\,d}\,.$$

p_1 statischer Druck am Anfang der Leitung in Pa,
p_2 statischer Druck am Ende der Leitung in Pa,
l Länge der Leitung in m (bei der Berechnung des spezifischen Druckverlustes wird $l = 1$ m gesetzt),
w Strömungsgeschwindigkeit der Flüssigkeit in m/s,
ϱ Dichte der Flüssigkeit bei der Temperatur ϑ in kg/m³,
d innerer Rohrdurchmesser in m.

Die Dichte ϱ und die kinematische Viskosität v werden dem unten stehenden Diagramm entnommen. Die Reynolds-Zahl kann aus dem Arbeitsblatt 9.18 abgelesen werden. Ist Re < 2320, so ist die Strömung laminar.

Die Rohrreibungszahl λ ergibt sich aus dem Arbeitsblatt 9.1 anhand der absoluten Rohrrauigkeit k, dem Rohrdurchmesser d und der abgelesenen Reynolds-Zahl Re.

Beispiel 1: Schweres Heizöl

$\vartheta = 60\,^\circ$C, $d = 0,1$ m, $w = 115$ m/s,
v (aus Diagramm) = $72 \cdot 10^{-6}$ m²/s,
ϱ (aus Diagramm) = 943 kg/m³,
Re (aus Arbeitsblatt 9.18) = 1597,
λ (aus Arbeitsblatt 9.1) = 0,04.

Die Strömung ist laminar.

Ergebnis: $\Delta p/l$ = 250 Pa/m.

Beispiel 2: Leichtes Heizöl

$\vartheta = 40\,^\circ$C, $d = 0,08$ m, $w = 1,3$ m/s,
v (aus Diagramm) = $4,6 \cdot 10^{-6}$ m²/s,
ϱ (aus Diagramm) = 816 kg/m³,
Re (aus Arbeitsblatt 9.18) = 22610,
λ (aus Arbeitsblatt 9.1) = 0,03.

Die Strömung ist turbulent.

Ergebnis: $\Delta p/l$ = 260 Pa/m.

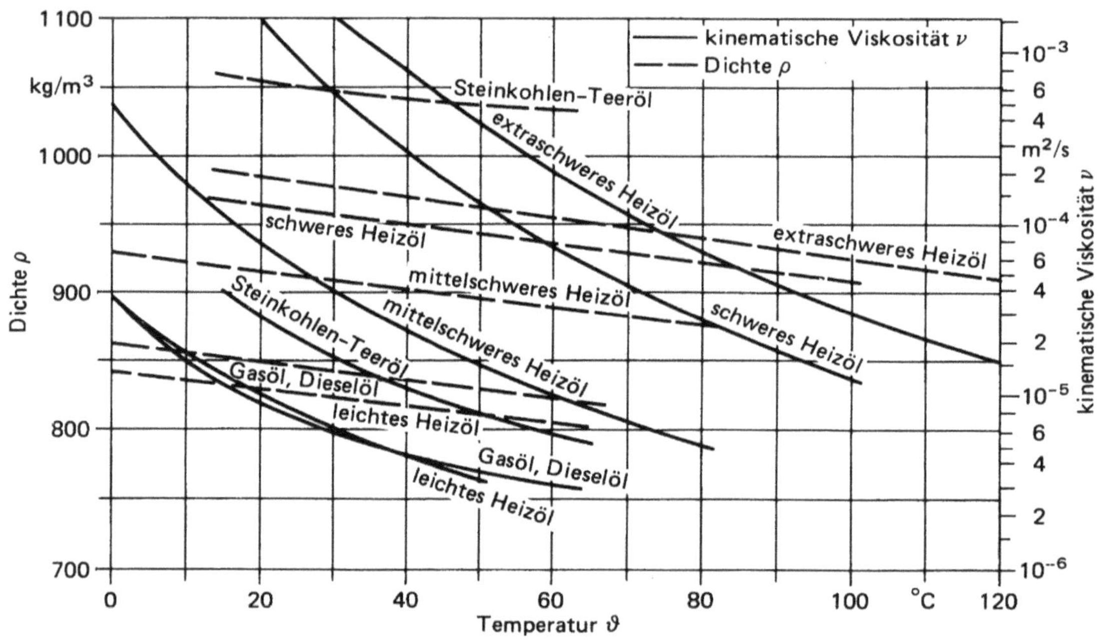

Schrifttum

Dubbel: Taschenbuch für den Maschinenbau. 19. Aufl. Berlin, Heidelberg, New York: Springer-Verlag 1997.
Eck, B.: Technische Strömungslehre. Bd. 2; 8. Aufl. Berlin, Heidelberg, New York: Springer-Verlag 1981.
VDI-Wärmeatlas. 8. Aufl. Düsseldorf: VDI-Verlag 1997.
Herning, F.: Stoffströme in Rohrleitungen. 4. Aufl. Düsseldorf: VDI-Verlag 1966.
Schmidt, D.: Stahlrohr-Handbuch. 10. Aufl. Vulkan-Verlag 1986.
Richter, H.: Rohrhydraulik. 5. Aufl. Berlin, Heidelberg, New York: Springer-Verlag 1971.

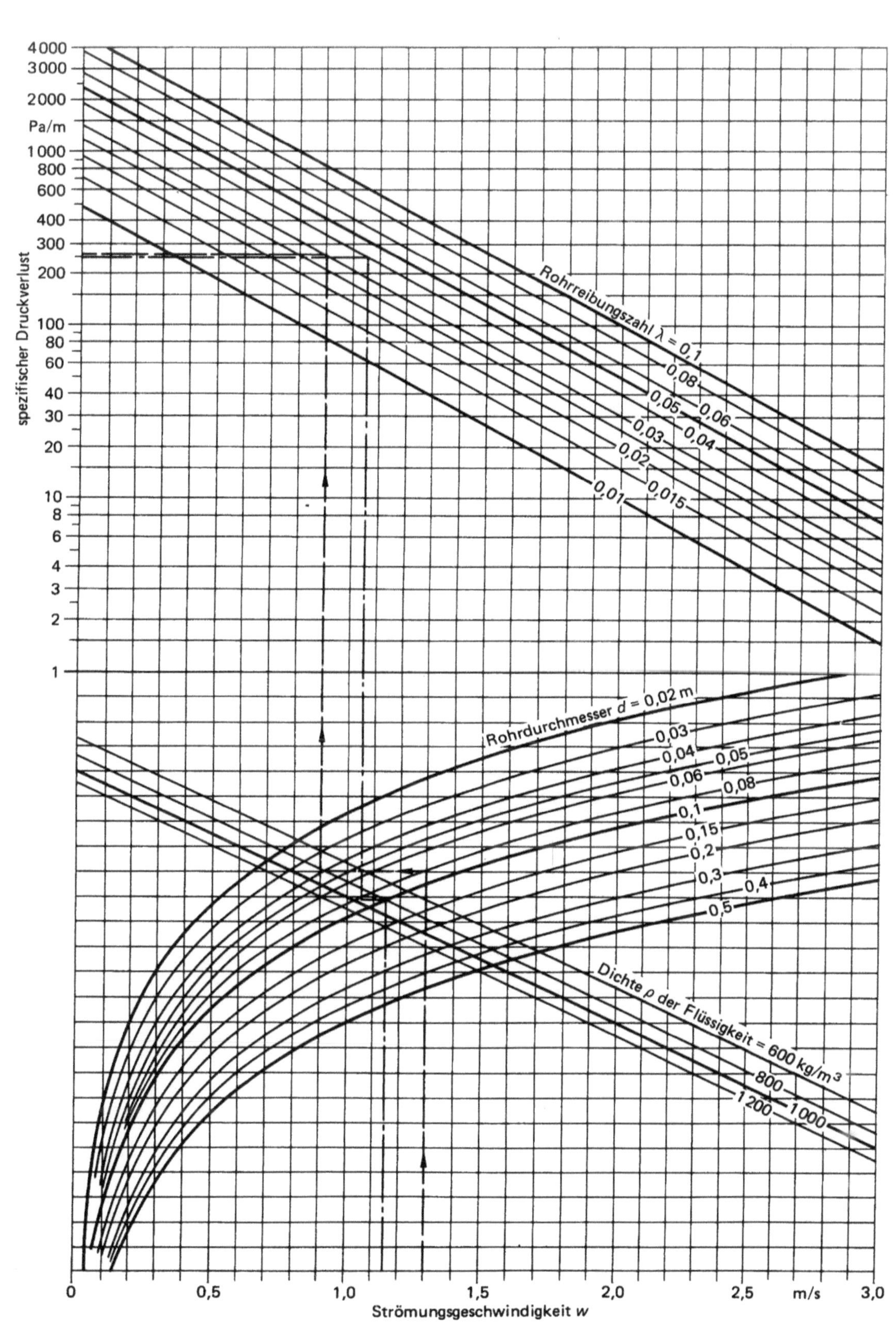

K. Beck, K. Wagner

Anwendungsbeispiele zu 10.1

1. Beispiel: Flüssigkeits-Verdrängungsspeicher

gegeben:

$$E_{ab} = 23 \text{ MWh} = 8,28 \cdot 10^{10} \text{ J}$$
$$T_{max} = 180\,°\text{C}$$
$$T_{min} = 60\,°\text{C}$$

weitere Daten:

$$\bar{c}_{pSp} = \bar{c}_{pW} \approx 4,25 \frac{\text{kJ}}{\text{kgK}}$$

$$\bar{\varrho}_{Sp} = \bar{\varrho}_{W} \approx 1000 \frac{\text{kg}}{\text{m}^3}$$

$$\eta_{Sp} = 0,99 \quad \text{aus Richtwerte-Tabelle}$$

$$\varepsilon_{Sp} = 0,90 \quad \text{aus Richtwerte-Tabelle}$$

$$f_S = 0,2 \quad \text{aus Richtwerte-Tabelle}$$

$$w_{max} = 0,007 \frac{\text{m}}{\text{s}}$$

berechnet:

$$E_{zu} = \frac{E_{ab}}{\eta_{Sp}} = 23,232 \text{ MWh}$$

$$\Delta E_{Spmax} = \frac{E_{ab}}{\varepsilon_{Sp}} = 25,556 \text{ MWh}$$

$$m_{Sp} = \frac{\Delta E_{Spmax}}{\bar{c}_{pSp} \cdot (T_{max} - T_{min})} = 180\,392 \text{ kg}$$

$$V_{Sp} = \frac{m_{Sp}}{\varrho_{Sp}} = 180 \text{ m}^3$$

$$e_{Speff} = \frac{E_{ab}}{m_{Sp}} = 4,59 \cdot 10^5 \frac{\text{J}}{\text{kg}}$$

$$e_{SptheoM} = \frac{e_{Speff}}{\varepsilon_{Sp}} = 5,00 \cdot 10^5 \frac{\text{J}}{\text{kg}}$$

$$\chi_{Speff} = \frac{E_{ab}}{V_{Sp}} = 4,59 \cdot 10^8 \frac{\text{J}}{\text{m}^3}$$

$$\chi_{SptheoM} = \frac{\chi_{Speff}}{\varepsilon_{Sp}} = 5,00 \cdot 10^8 \frac{\text{J}}{\text{m}^3}$$

$$D_{Sp} = \sqrt[3]{\frac{4\,V_{Sp} \cdot f_S}{\pi}} = 3,581 \text{ m}$$

$$S_{Sp} = \quad = 0,814 \text{ m}$$

$$H_{Sp} = \frac{D_{Sp}}{f_S} = 17,907 \text{ m}$$

$$O_{Sp} = \pi \cdot D_{Sp}^2 \cdot \left(\frac{1}{2} + \frac{1}{f_S}\right) = 222 \text{ m}^2$$

$$\dot{E}_{abmax} = \quad = 35,956 \text{ MW}$$

$$\tau_{minab} = \quad = 0,640 \text{ h}$$

$$\tau_{minzu} = \quad = 0,646 \text{ h}$$

2. Beispiel: Gefällespeicher

gegeben:

$$m_{ex} = 1000 \text{ kg}$$
$$p_b = 14 \text{ MPa}$$
$$p_e = 10 \text{ MPa}$$

weitere Daten:

$$\varepsilon_{Sp} = 0,95 \quad \text{aus Richtwerte-Tabelle}$$
$$f_S = 0,25 \quad \text{aus Richtwerte-Tabelle}$$

berechnet:

$$m_{exmax} = \frac{m_{ex}}{\varepsilon_{Sp}} = 1052,632 \text{ kg}$$

$$\left(\frac{m_{exw}}{V_{Wb}}\right) = \quad = 65 \frac{\text{kg}}{\text{m}^3} \text{ aus Diagramm 10.3 abgelesen}$$

$$V_{Sp} = \frac{m_{exmax}}{\left(\dfrac{m_{exw}}{V_{Wb}}\right)} = 16,194 \text{ m}^3$$

$$D_{Sp} = \quad = 1,727 \text{ m}$$

$$S_{Sp} = \quad = 0,384 \text{ m}$$

$$H_{Sp} = \quad = 6,910 \text{ m}$$

$$O_{Sp} = \quad = 42 \text{ m}^2$$

Energieformen

sensible thermische Energie (mit Temperaturänderung)

latente thermische Energie (bei Phasenwechseln)

Aggregatzustand

Einstoffspeicher: Flüssigkeit

Zweistoffspeicher: Flüssigkeit und feste Stoffe; Gas und feste Stoffe

Art

Entleerungsspeicher

Verdrängungsspeicher

Fluide und feste Stoffe

Wasser, Thermoöl, Salz

Stahl, Guss, Keramik, Sand

Speicherzyklus

Beladen, Speichern, Entladen, evtl. Ruhen

Richtwerte für Speicher für thermische Energie

Kennwert		e_{SpthcoM} $\dfrac{\Delta E_{\mathrm{Spmax}}}{m_{\mathrm{Sp}}}$ J/kg	χ_{SpthcoM} $\dfrac{\Delta D_{\mathrm{Spmax}}}{V_{\mathrm{Sp}}}$ J/m³	η_{Sp} $\dfrac{E_{\mathrm{ab}}}{E_{\mathrm{zu}}}$ 1	$\varepsilon_{\mathrm{Sp}}$ $\dfrac{E_{\mathrm{ab}}}{\Delta E_{\mathrm{Spmax}}}$ 1	f_{S} $\dfrac{D_{\mathrm{Sp}}}{H_{\mathrm{Sp}}}$ 1
Speicherart						
Flüssigkeits-speicher	Entleerung	$10^5 - 10^6$	$10^8 - 10^9$	$0{,}95 - 0{,}99$	$0{,}99$	$1{,}0 - 2{,}0$
	Verdrängung	$10^5 - 10^6$	$10^8 - 10^9$	$0{,}95 - 0{,}99$	$0{,}9 - 0{,}99$	$0{,}15 - 2{,}5$
Latentspeicher		$10^5 - 10^6$	$10^8 - 10^9$	$0{,}95 - 0{,}99$	$0{,}9 - 0{,}95$	$0{,}2 - 2{,}0$
Gefällespeicher		$10^5 - 10^6$	$10^8 - 10^9$	$0{,}95 - 0{,}99$	$0{,}9 - 0{,}99$	$0{,}15 - 2{,}5$
Zweistoffspeicher		$10^4 - 10^5$	$10^8 - 10^9$	$0{,}95 - 0{,}99$	$0{,}1 - 0{,}8$	
Regenerator		$10^4 - 10^5$	$10^5 - 10^8$	$0{,}98 - 0{,}99$	$0{,}05 - 0{,}2$	$0{,}2 - 0{,}5$
		spez. Speicher-kapazität	vol. Speicher-kapazität	Wirkungsgrad	Ausnutzungs-grad	Schlankheits-grad

W. Bitterlich

Formelzeichen

Zeichen (Einheit) Bedeutung

c_p	$\left(\dfrac{J}{kgK}\right)$	spezifische Wärmekapazität bei konstantem Druck
D_{Sp}	(m)	Innendurchmesser des Speichers
E	(J)	Energie allgemein (Sammelbegriff für viele Energiearten)
E_{Sp}	(J)	gespeicherte Energie
E_{ab}	(J)	Nutzenergieabgabe des Speichers während eines Speicherzyklus
E_{fort}	(J)	ungenutzte Energieabgabe des Speichers während eines Speicherzyklus
E_{zu}	(J)	Energiezufuhr zum Speicher während eines Speicherzyklus
$\dot{E}_{ab}$	(W)	Entlade-Energiestrom, Entladeleistung
$\dot{E}_{zu}$	(W)	Belade-Energiestrom, Beladeleistung
e_{Sp}	$\left(\dfrac{J}{kg}\right)$	spezifische Energiekapazität
f_S	(1)	Schlankheitsgrad
h	$\left(\dfrac{J}{kg}\right)$	spezifische Enthalpie
H_{Sp}	(m)	nutzbare innere Höhe des Speichers
m_{Sp}	(kg)	Masse
$\dot{m}$	$\left(\dfrac{kg}{s}\right)$	Massenstrom
O_{Sp}	(m²)	Oberfläche des Speichers
p	(Pa)	Druck
Q	(J)	Wärme
$\dot{Q}$	(W)	Wärmestrom
r_{ph}	$\left(\dfrac{J}{kg}\right)$	spezifische Umwandlungsenergie
S_{Sp}	(m)	Speicherkennzahl
$T; t$	(K;°C)	Temperatur
$T_{ph}; t_{ph}$	(K; °C)	Umwandlungstemperatur
u	$\left(\dfrac{J}{kg}\right)$	spezifische innere Energie
V	(m³)	Volumen
v	$\left(\dfrac{m^3}{kg}\right)$	spezifisches Volumen
ω	$\left(\dfrac{m}{s}\right)$	Geschwindigkeit

ω_{max}	$\left(\dfrac{m}{s}\right)$	maximale Geschwindigkeit der Trennschicht
x	(1)	Dampfgehalt von Nassdampf $\left(x \underset{def}{=} \dfrac{m_{Dampf}}{m_{ges}}\right)$
z_{Voll}	(1)	Jahresvollzyklen
ΔE_{Spmax}	(J)	theoretischer Maximalwert der gespeicherten Energie während eines Speicherzyklus
ε_{Sp}	(1)	energetischer Ausnutzungsgrad
η_{Sp}	(1)	energetischer Nutzungsgrad
η_{Spa}	(1)	energetischer Jahresnutzungsgrad
ϱ	$\left(\dfrac{kg}{m^3}\right)$	Dichte
τ	(s)	Zeit
τ_{ab}	(s)	Entladezeit (mit $\dot{E}_{zu} \ll E_{ab}$)
τ_{zu}	(s)	Beladezeit (mit $\dot{E}_{ab} \ll \dot{E}_{zu}$)
τ_{min}	(s)	minimale Speicher-Ladezeit
χ_{Sp}	$\left(\dfrac{J}{m^3}\right)$	volumetrische Energiekapazität

Indizes und sonstige Zeichen

Zeichen Bedeutung

a	in einem Jahr, Jahres…
ab	Abfuhr, Entladen
b	Beginn des Entladens (beim Gefällespeicher)
D	Dampf, verursacht durch den Anfangsdampf (Gefällespeicher)
e	Ende des Entladens (beim Gefällespeicher)
eff	effektiv
ex	abgegeben (beim Gefällespeicher)
$fest$	fest
$flüss$	flüssig
$fluid$	fluid (flüssig oder gasförmig)
$fort$	ungenutzt abgeführt
max	maximal
min	minimal
ph	Umwandlung, bei der Umwandlung
Sp	Speicher
$theoM$	theoretischer Maximalwert
W	Wasser, verursacht durch das Anfangswasser (Gefällespeicher)
zu	Zufuhr, Beladen
$Zykl$	Zyklus
Δ	Differenz
0	Beginn eines Zyklus
$-$	Mittelwert

Definitionen

Bezeichnung	Definition	Einheiten
spezifische Energiekapazität	$e_{\mathrm{Sp_{eff}}} =_{\mathrm{def}} \dfrac{E_{\mathrm{ab}}}{m_{\mathrm{Sp}}}$	$\dfrac{\mathrm{J}}{\mathrm{kg}}$
	$e_{\mathrm{Sp_{theom}}} =_{\mathrm{def}} \dfrac{\Delta E_{\mathrm{Sp_{max}}}}{m_{\mathrm{Sp}}}$	$\dfrac{\mathrm{J}}{\mathrm{kg}}$
	$E_{\mathrm{ab}} =_{\mathrm{def}} \displaystyle\int_0^{\tau_{\mathrm{ab}}} \dot{E}_{\mathrm{ab}}(\tau) \cdot d\tau$	W
	$m_{\mathrm{Sp}} = V_{\mathrm{Sp}} \cdot \bar{\varrho}_{\mathrm{Sp}}$	kg
	$\Delta E_{\mathrm{Sp_{max}}} =_{\mathrm{def}} E_{\mathrm{Sp_{max}}} - E_{\mathrm{Sp_{min}}}$	J
	$\Delta E_{\mathrm{Sp_{max}}} = m_{\mathrm{Sp}} \cdot \bar{c}_{\mathrm{pSp}} \cdot (T_{\mathrm{max}} - T_{\mathrm{min}})$ (Flüssigkeitsspeicher)	J
	$\Delta E_{\mathrm{Sp_{max}}} = m_{\mathrm{Sp}} \cdot [\bar{c}_{\mathrm{Pfest}} \cdot (T_{\mathrm{ph}} - T_{\mathrm{min}}) + r_{\mathrm{ph}} + \bar{c}_{\mathrm{Pflüss}} \cdot (T_{\mathrm{max}} - T_{\mathrm{ph}})]$ (Latentspeicher)	J
	$\Delta E_{\mathrm{Sp_{max}}} = [m_{\mathrm{fluid}} \cdot \bar{c}_{\mathrm{Pfluid}} + m_{\mathrm{fest}} \cdot \bar{c}_{\mathrm{Pfest}}] \cdot T_{\mathrm{max}} - T_{\mathrm{min}})]$ (Zweistoffspeicher)	J
volumetrische Energiekapazität	$\chi_{\mathrm{Sp_{eff}}} =_{\mathrm{def}} \dfrac{E_{\mathrm{ab}}}{V_{\mathrm{Sp}}} \qquad \chi_{\mathrm{Sp_{theom}}} =_{\mathrm{def}} \dfrac{\Delta E_{\mathrm{Sp_{max}}}}{V_{\mathrm{Sp}}}$	$\dfrac{\mathrm{J}}{\mathrm{m}^3}$
energetischer Nutzungsgrad	$\eta_{\mathrm{Sp}} =_{\mathrm{def}} \dfrac{E_{\mathrm{ab}}}{E_{\mathrm{zu}}} = 1 - \dfrac{E_{\mathrm{Fort}}}{E_{\mathrm{zu}}}$	1
	$E_{\mathrm{zu}} =_{\mathrm{def}} \displaystyle\int_0^{\tau_{\mathrm{zu}}} \dot{E}_{\mathrm{zu}}(\tau) \cdot d\tau \qquad E_{\mathrm{ab}} =_{\mathrm{def}} \displaystyle\int_0^{\tau_{\mathrm{ab}}} \dot{E}_{\mathrm{ab}}(\tau) \cdot d\tau$	W
energetischer Jahresnutzungsgrad	$\eta_{\mathrm{Sp_a}} =_{\mathrm{def}} \dfrac{E_{\mathrm{ab_a}}}{E_{\mathrm{zu_a}}} = 1 - \dfrac{E_{\mathrm{Fort_a}}}{E_{\mathrm{zu_a}}}$	1
	$E_{\mathrm{zu_a}} =_{\mathrm{def}} \displaystyle\int_0^{1\mathrm{a}} \dot{E}_{\mathrm{zu}}(\tau) \cdot d\tau \qquad E_{\mathrm{ab_a}} =_{\mathrm{def}} \displaystyle\int_0^{1\mathrm{a}} \dot{E}_{\mathrm{ab}}(\tau) \cdot d\tau$	W
Ausnutzungsgrad	$\varepsilon_{\mathrm{Sp}} =_{\mathrm{def}} \dfrac{E_{\mathrm{ab}}}{\Delta E_{\mathrm{Sp_{max}}}}$	1
abweichend für Gefällespeicher	$\varepsilon_{\mathrm{Sp}} =_{\mathrm{def}} \dfrac{m_{\mathrm{ex}}}{m_{\mathrm{ex_{max}}}}$	1
	$m_{\mathrm{ex_{max}}} = V_{\mathrm{Sp}} \cdot \left(\dfrac{m_{\mathrm{ex\,W}}}{V_{\mathrm{W\,b}}} \right)$	kg
Schlankheitsgrad	$f_{\mathrm{S}} =_{\mathrm{def}} \dfrac{D_{\mathrm{Sp}}}{H_{\mathrm{Sp}}}$	1
Speicherkennzahl	$S_{\mathrm{Sp}} =_{\mathrm{def}} \dfrac{V_{\mathrm{Sp}}}{O_{\mathrm{Sp}}} \approx \dfrac{D_{\mathrm{Sp}}}{4 + 2 f_{\mathrm{S}}}$	m
minimale Speicher-Ladezeit	$\tau_{\mathrm{min_{ab}}} =_{\mathrm{def}} \dfrac{E_{\mathrm{ab}}}{\dot{E}_{\mathrm{ab_{max}}}}$	s
	$\tau_{\mathrm{min_{zu}}} =_{\mathrm{def}} \dfrac{E_{\mathrm{zu}}}{\dot{E}_{\mathrm{zu_{max}}}}$	s
	$\dot{E}_{\mathrm{ab_{max}}} = \dfrac{\pi \cdot D_{\mathrm{Sp}}^2}{4} \cdot w_{\mathrm{max}} \cdot \bar{\varrho}_{\mathrm{Sp}} \cdot \bar{c}_{\mathrm{pSp}} \cdot (T_{\mathrm{max}} - T_{\mathrm{min}})$	W
	$\dot{E}_{\mathrm{zu_{max}}} \approx \dot{E}_{\mathrm{ab_{max}}}$	W
	$w_{\mathrm{max}} \approx 0{,}007$	$\dfrac{\mathrm{m}}{\mathrm{s}}$
Zahl der Jahresvollzyklen	$z_{\mathrm{Voll}} =_{\mathrm{def}} \dfrac{\displaystyle\int_0^{1\mathrm{a}} \dot{E}_{\mathrm{ab}}(\tau) \cdot d\tau}{\Delta E_{\mathrm{Sp_{max}}}}$	1

W. Bitterlich

Erläuterung zu 10.3

Die Arbeitsblätter 10.3 und 10.4 dienen dazu, graphisch die abgegebene Dampfmasse eines Gefällespeichers zu ermitteln bei vorgegebenen Werten für den Anfangs- und den Enddruck. Sie wurden gezeichnet nach Werten, die durch exakte numerische Berechnung des vollständigen Gleichungssystems für Gefällespeicher errechnet wurden.

Folgende Voraussetzungen wurden bei der Berechnung und bei der Erstellung der Diagramme 10.3 und 10.6 getroffen:

– adiabater Behälter,
– keine thermische und mechanische Schrumpfung des Behälters,
– keine Massenzufuhr während des Entladens,
– homogener Zustand im Behälter.

Durchgezogene Linien in Bild 10.3 und 10.4:

– Anfangsentladezustand nur Wasser, im Behälter befindet sich kein Dampf (Dampfgehalt $x_b = 0$),
– 1 % Dampffeuchte des abgegebenen Dampfes.

Die abgegebene Dampfmasse m_{exW} wird auf das Anfangswasservolumen V_{Wb} bezogen.

Gestrichelte Linien in Bild 10.3:

Bei beliebigem Anfangsentladezustand (Dampfgehalt $x_b > 0$) wird der Anteil der abgegebenen Dampfmasse m_{exD} aufgrund der Anfangsdampfmasse im Behälter auf das Anfangsdampfvolumen V_{Db} bezogen.

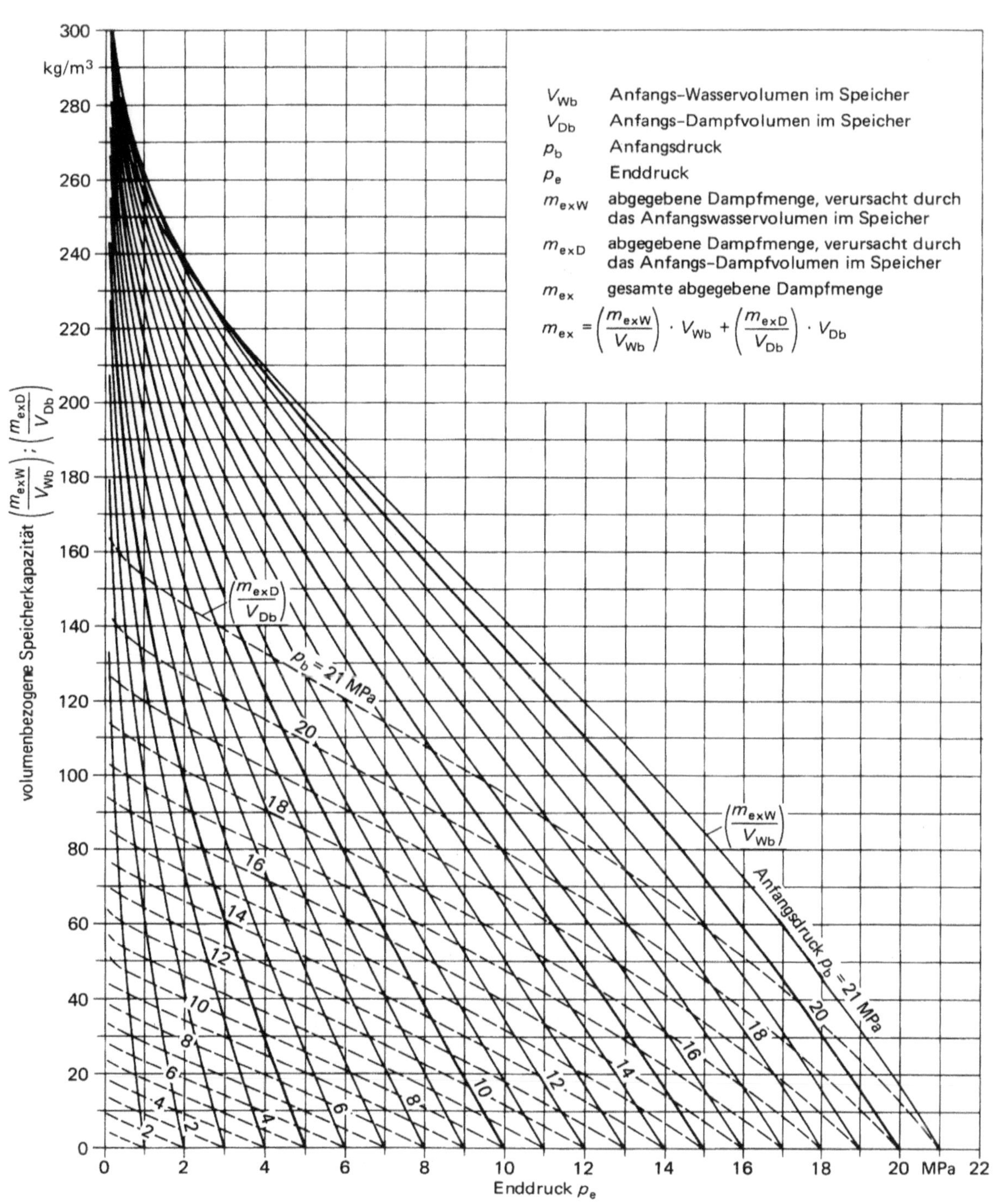

W. Bitterlich

Erläuterung zu 10.4

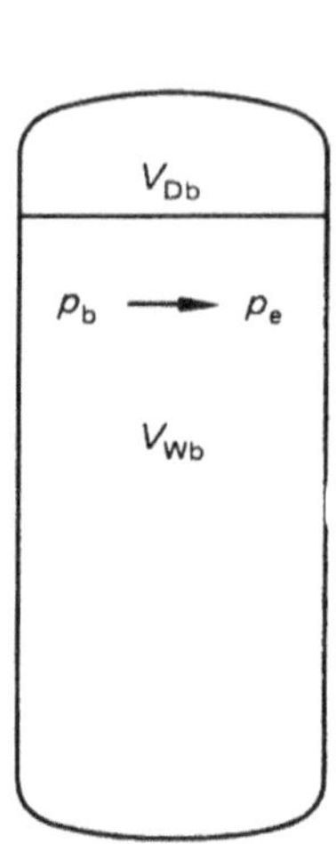

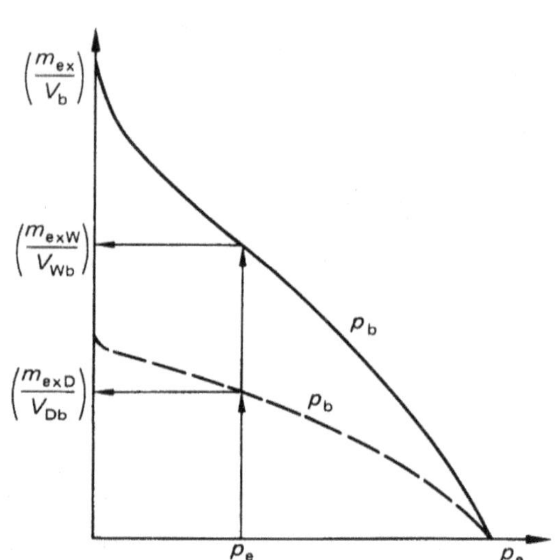

Beispiel zu 10.3

Gegeben $p_b = 16$ MPa $\qquad V_{Wb} = 10$ m^3
$\qquad\qquad\; p_e = 12$ MPa $\qquad V_{Db} = 1$ m^3

abgelesen aus Bild 10.3 $\qquad \left(\dfrac{m_{exW}}{V_{Wb}}\right) = 61$ kg/m^3

$$\left(\dfrac{m_{exD}}{V_{Db}}\right) = 28 \text{ kg/m}^3$$

berechnet $m_{ex} = 61$ kg/m$^3 \cdot 10$ m$^3 + 28$ kg/m$^3 \cdot 1$ m$^3 = 638$ kg

Beispiel zu 10.4

Gegeben $p_b = 4{,}0$ MPa $\qquad V_{Wb} = 10$ m^3
$\qquad\qquad\; p_e = 3{,}0$ MPa $\qquad V_{Db} = 1$ m^3

abgelesen aus Bild 10.4: $\qquad \left(\dfrac{m_{exW}}{V_{Wb}}\right) = 35$ kg/m^3

berechnet $m_{ex} \approx 35$ kg/m$^3 \cdot 10$ m$^3 \approx 350$ kg

genauere Ermittlung mit Bild 10.3: $\left(\dfrac{m_{exD}}{V_{Db}}\right) = 5$ kg/m^3

$m_{ex} = 350$ kg $+ 5$ kg/m$^3 \cdot 1$ m$^3 = 355$ kg

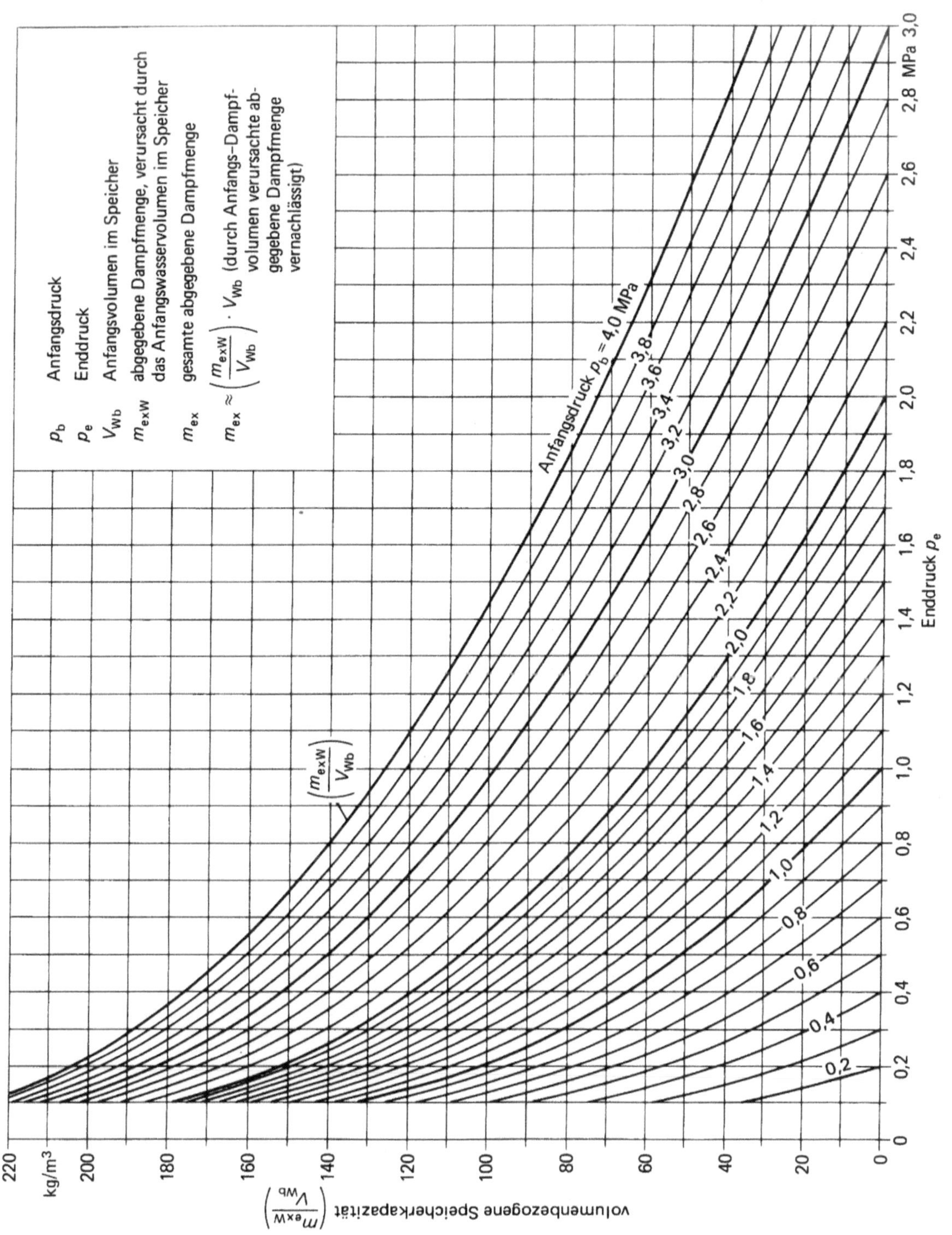

W. Bitterlich

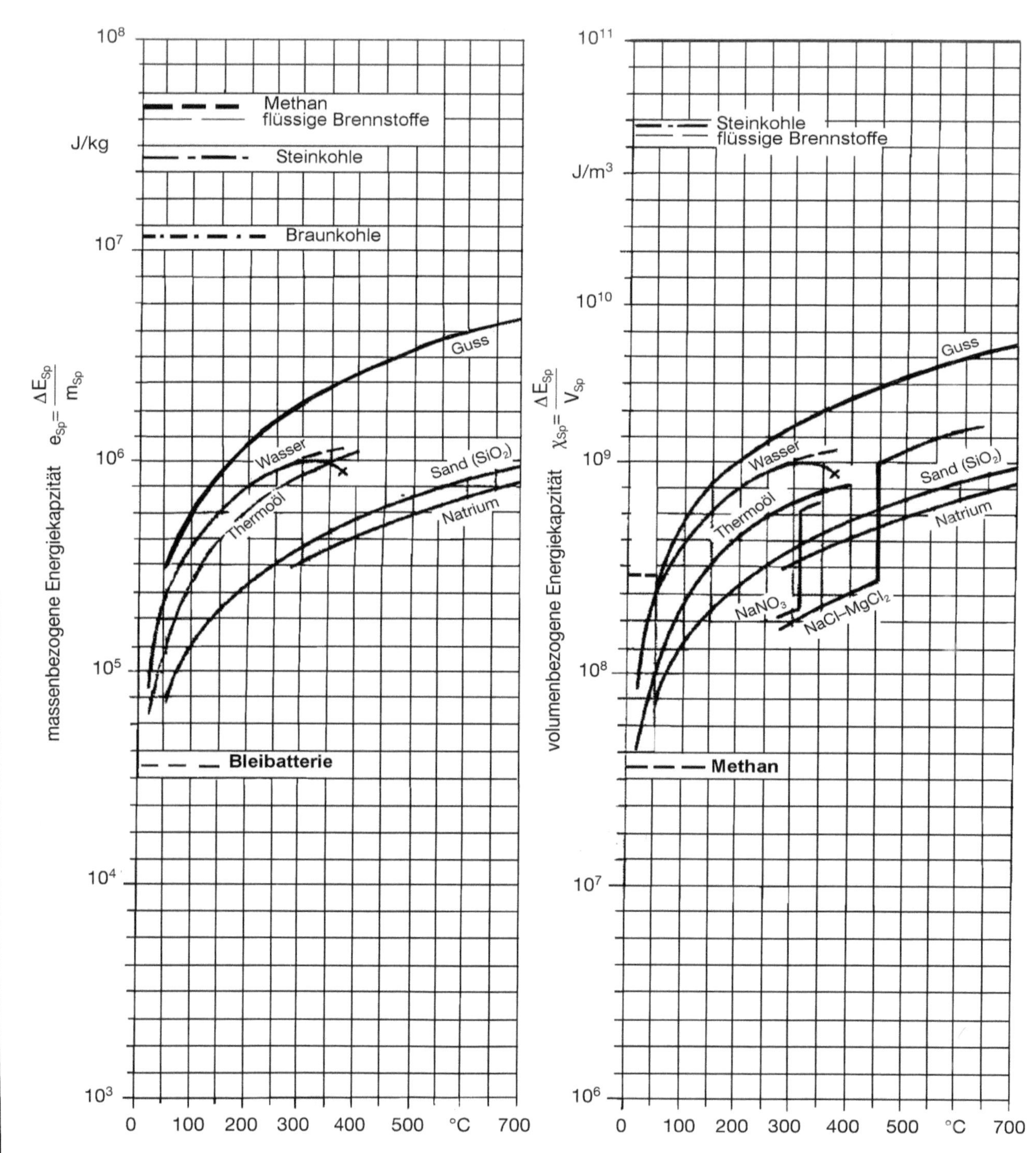

Schrifttum

Bohn, T., u. *W. Bitterlich:* Grundlagen der Energie und Kraftwerkstechnik. Technischer Verlag Resch/Verlag TÜV Rheinland, Köln 1982.

W. Bitterlich

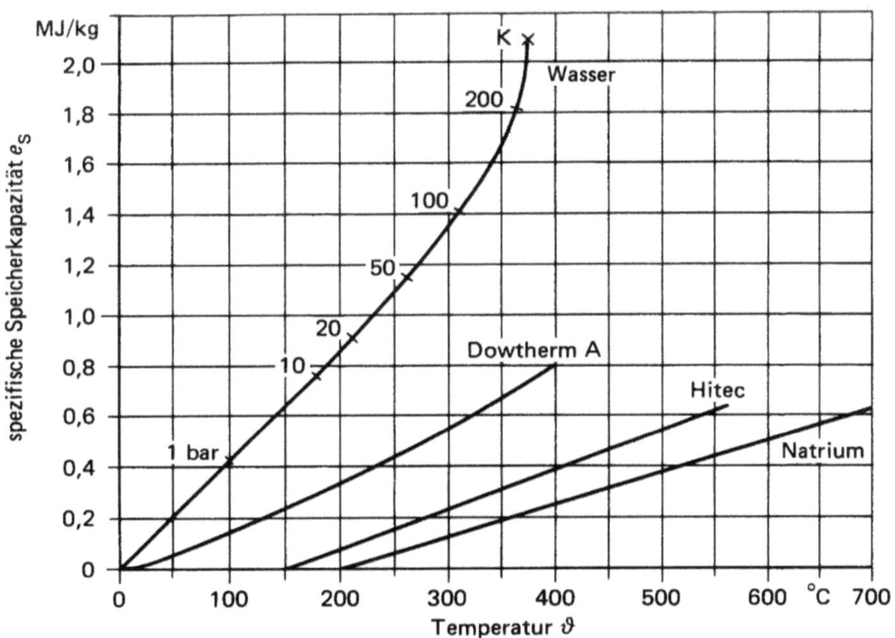

Spezifische Speicherkapazität als Funktion der Temperaturänderung
für ausgewählte Speichermedien

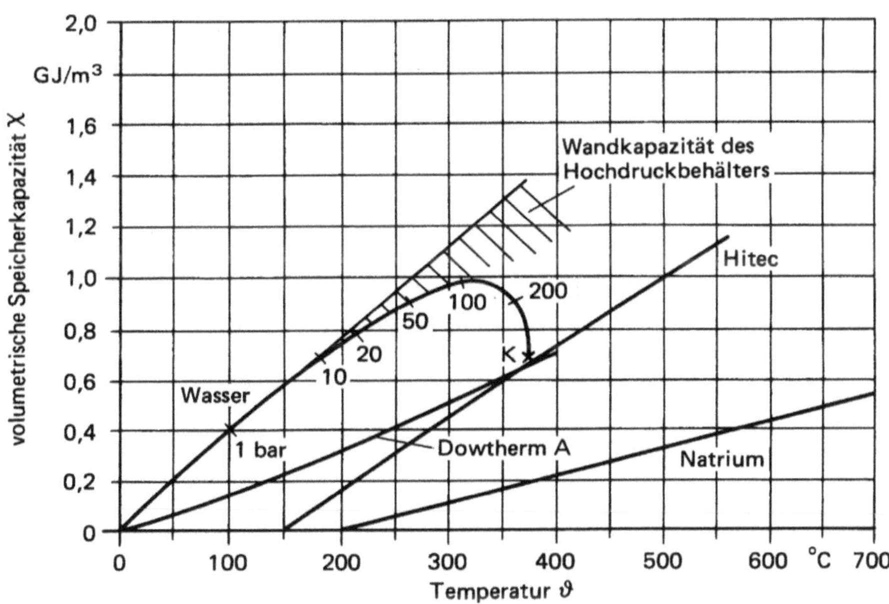

Volumetrische Speicherkapazität als Funktion der Temperaturänderung
für ausgewählte Speichermedien

Schrifttum

Thermische Energiespeicher für den Temperaturbereich 200 °C bis 500 °C. Institut für Kerntechnik und Energiewandlung e.V., Stuttgart. Forschungsvorhaben BMFT ET 4335 A, Bericht Nr. IKE 5 TF-39-80, Juni 1980.

Erläuterung zu 11.1 und 11.2

In Fluidenergiemaschinen wird als Arbeitsmaschine dem Fluid mechanische Leistung P und ggf. auch Wärme $\dot{Q}$ zugeführt, die den Enthalpiestrom $\dot{m} \cdot \Delta h_t$ erhöht.

$$P + \dot{Q} = \dot{m} \cdot \Delta h_t = \dot{m} \cdot (y_t + j_t + q_t)$$

Als Kraftmaschine vollzieht sich der Prozess in umgekehrter Richtung. Von der gesamten spezifischen Enthalpiesteigerung ist nur der Anteil y_t als gewünscht und nutzbar anzusehen, während die Dissipation j_t als Verlust zu werten ist. Wird von außen spezifische Wärme q_t zugeführt, so beeinflusst diese die Zustandsänderung und kommt in allen drei Integralen zur Geltung:

$$y_t = \int v \cdot dp_t; \quad j_t = \int T_t \cdot d_{S_{t\,irr}}; \quad q_t = \int T_t \cdot d_{S_{t\,rev}}.$$

Als beste Annäherung an die wirkliche Zustandsänderung wird eine polytrope Zustandsänderung angenommen. Für sie ist der Polytropenparameter v_t konstant, der definiert ist als:

$$v_t \underset{\text{def}}{=} \frac{dh_t}{v \cdot dp_t} = \frac{\Delta h_t}{y_t}.$$

Für Arbeitsmaschinen (Index A) lässt er sich auch durch den polytropen Wirkungsgrad η_{tA} ausdrücken

$$v_t = \frac{y_t + j_t + q_t}{y_t} = \frac{1}{\eta_{tA}} + \frac{q_t}{y_t} + \frac{1}{\eta_{tA}} \cdot \left(1 + \frac{q_t}{y_t + j_t}\right)$$

und für Kraftmaschinen (Index K)

$$v_t = \eta_{tK} + \frac{q_t}{y_t} = \eta_{tK} \cdot \left(1 + \frac{q_t}{y_t + j_t}\right).$$

Im Falle von Vorgängen ohne Wärmezu- oder -abfuhr (adiabate Zustandsänderungen) entfällt das jeweils zweite Glied.

Die spezifische Strömungsarbeit y_t ist für Fluide, die im Bereich der Zustandsänderung als isochor angenommen werden können (auch Gase bei sehr kleiner Druckänderung):

$$y_t = \frac{\Delta p_t}{\varrho}$$

$$\text{und} \quad P + \dot{Q} = \frac{\dot{V} \cdot \Delta p_t}{\eta_{tA}} \cdot \left(1 + \frac{q_t}{y_t + j_t}\right)$$

$$\text{bzw.} \quad P + \dot{Q} = \eta_{tK} \cdot \dot{V} \cdot \Delta p_t \cdot \left(1 + \frac{q_t}{y_t + j_t}\right).$$

Für Gase kann die spezifische Strömungsarbeit den Nomogrammen 11.1 und 11.2 entnommen werden.

Beispiele: # Arbeitsmaschine (Index V = Verdichter)   Kraftmaschine (Index T = Turbine)

	Arbeitsmaschine (Index V = Verdichter)	Kraftmaschine (Index T = Turbine)
1	$\left(\dfrac{p_{t2}}{p_{t1}}\right)_V = 3{,}7$	$\left(\dfrac{p_{t2}}{p_{t1}}\right)_T = 0{,}2$
2	$K^* = 2{,}8 \quad (\eta_{tV} = 0{,}8; \quad k = 1{,}4)$	$K^* = 8 \quad (\eta_{tT} = 0{,}6; \quad k = 1{,}25)$
3	$M^* = 30 \dfrac{\text{kg}}{\text{kmol}}$	$M^* = 30 \dfrac{\text{kg}}{\text{kmol}}$
4	$T_{t1} = 600 \text{ K}$	$T_{t1} = 1600 \text{ K}$
abgelesen:	$y_t = 277{,}3 \dfrac{\text{kJ}}{\text{kg}}$	$y_t = -646{,}5 \dfrac{\text{kJ}}{\text{kg}}.$

(# Die Zahlen beziehen sich auf die Nummern der Hilfsgeraden in den Nomogrammen)

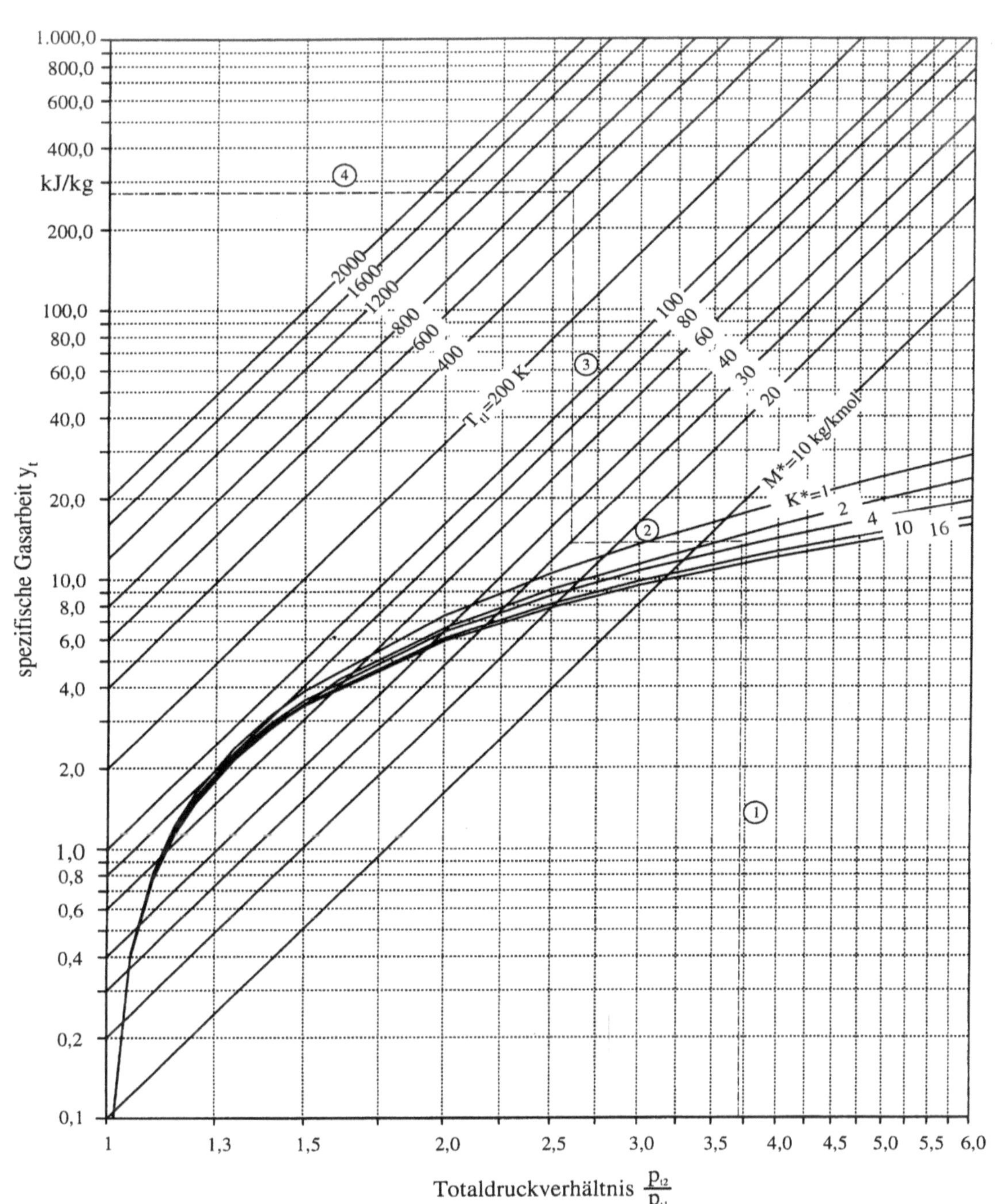

$$y_t \;=\; \frac{k}{\nu_t \cdot (k-1)} \cdot Z \cdot R \cdot T_{t1} \left[\left(\frac{p_{t2}}{p_{t1}} \right)^{\frac{\nu_t \cdot (k-1)}{k}} - 1 \right] \quad \text{mit } \nu_t = \frac{1}{\eta_{tV}} \text{ bei } q_t = 0$$

$$y_t \;=\; K^* \cdot \frac{8314,51 \frac{J}{\text{kmol K}}}{M^*} \cdot T_{t1} \cdot \left[\left(\frac{p_{t2}}{p_{t1}} \right)^{\frac{1}{K^*}} - 1 \right]$$

$$M^* \;=\; \frac{8314,51 \frac{J}{\text{kmol K}}}{Z \cdot R} \quad \text{äquivalente molare Masse}$$

$$K^* \;=\; \frac{k}{\nu_t \cdot (k-1)} \quad \text{Druckexponent der Polytrope}$$

$$P \;=\; \rho_1 \cdot \nu_t \cdot y_t \cdot \dot{V}_1 \quad \text{Leistung}$$

G. Dibelius, W. Bitterlich

315

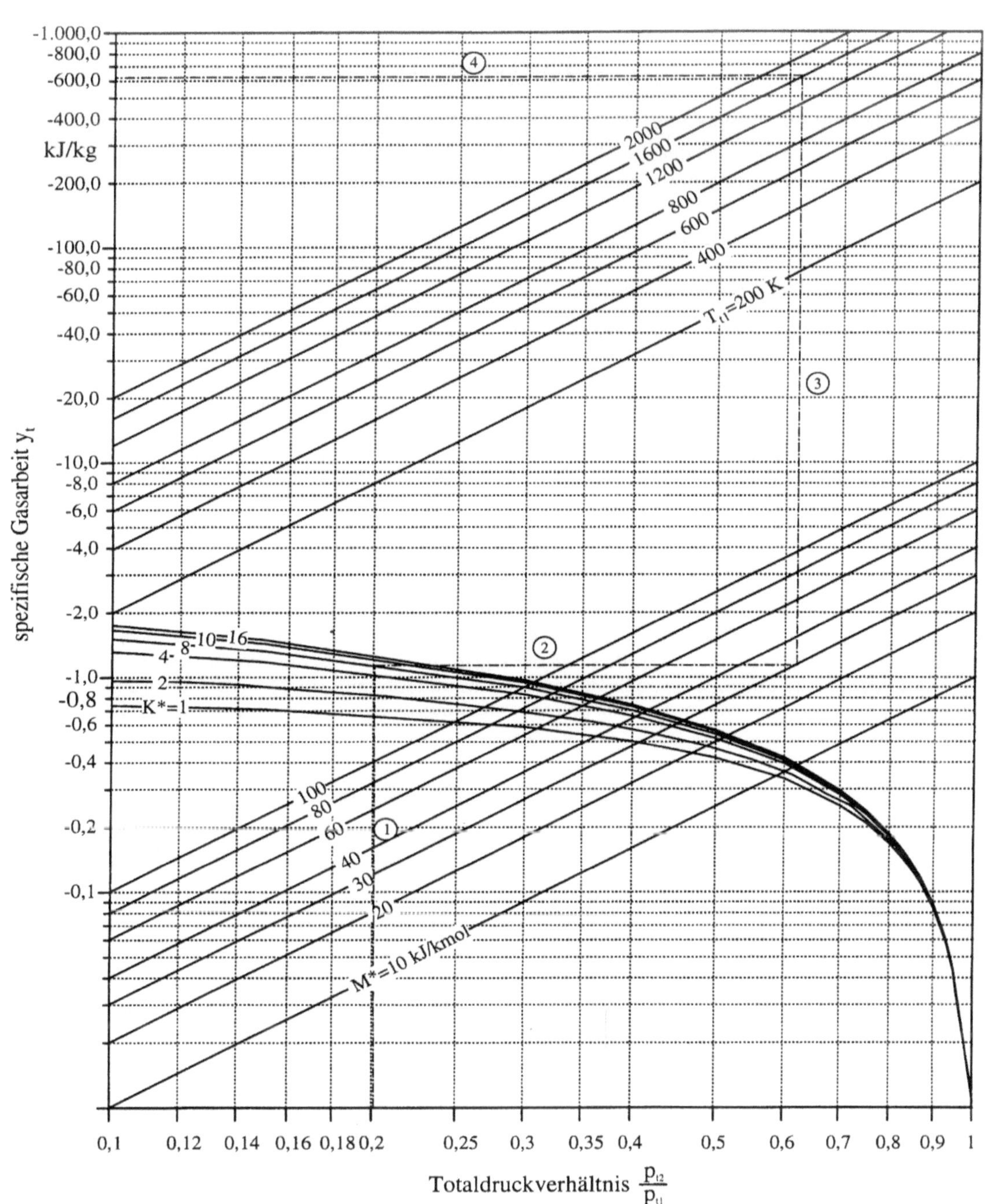

$$y_t = \frac{k}{\nu_t \cdot (k-1)} \cdot Z \cdot R \cdot T_{t1} \left[\left(\frac{p_{t2}}{p_{t1}} \right)^{\frac{\nu_t \cdot (k-1)}{k}} - 1 \right] \quad \text{mit } \nu_t = \eta_{tT} \text{ bei } q_t = 0$$

$$y_t = K^* \cdot \frac{8314,51 \, \frac{J}{kmol\,K}}{M^*} \cdot T_{t1} \cdot \left[\left(\frac{p_{t2}}{p_{t1}} \right)^{\frac{1}{K^*}} - 1 \right]$$

$$M^* = \frac{8314,51 \, \frac{J}{kmol\,K}}{Z \cdot R} \quad \text{äquivalente molare Masse}$$

$$K^* = \frac{k}{\nu_t \cdot (k-1)} \quad \text{Druckexponent der Polytrope}$$

$$P = \rho_1 \cdot \nu_t \cdot y_t \cdot \dot{V}_1 \quad \text{Leistung}$$

G. Dibelius, W. Bitterlich

Erläuterung zu 11.3

Cordier-Diagramm zur Bestimmung von Bauweise, Größe und Drehzahl von Turbomaschinen

Die Bauweise (axial, diagonal oder radial), die Größe (größter Durchmesser D des Laufrades) und die Drehzahl n einstufiger Turboarbeits- und Turbokraftmaschinen müssen sich nach der Aufgabenstellung gekennzeichnet durch die spezifische Strömungsarbeit y_t und den Volumenstrom $\dot{V}_E$ richten, wenn ein hoher Wirkungsgrad erreicht werden soll. Dieser Zusammenhang zwischen den folgenden Kenngrößen wurde erstmals empirisch von Cordier in dem nach ihm benannten Diagramm dargestellt, das später auch durch Optimierungsrechnungen bestätigt werden konnte.

spezifische Drehzahl
$$\sigma_{yM} =_{\text{def}} \frac{\varphi_M^{\frac{1}{2}}}{|\psi_{yM}|^{\frac{3}{4}}} = 2{,}108 \cdot n \cdot \frac{\dot{V}_E^{\frac{1}{2}}}{|y_t|^{\frac{3}{4}}}$$

spezifischer Durchmesser
$$\delta_{yM} =_{\text{def}} \frac{|\psi_{yM}|^{\frac{1}{4}}}{\varphi_M^{\frac{1}{2}}} = 1{,}054 \cdot D \cdot \frac{|y_t|^{\frac{1}{4}}}{\dot{V}_E^{\frac{1}{2}}}$$

wobei

Maschinen-Druckkenngröße $\psi_{yM} =_{\text{def}} \dfrac{y_t}{u_D^2/2}$ Maschinen-Durchflusskenngröße $\varphi_M =_{\text{def}} \dfrac{c_D}{u_D} = \dfrac{\dfrac{\dot{V}_E}{\pi \cdot D^2/4}}{\pi \cdot n \cdot D}$

Die beiden maßgebenden Kenngrößen sind so gewählt, dass in der spezifischen Drehzahl neben der die Aufgabenstellung beschreibenden Größen nur die Drehzahl n in der ersten Potenz eingeht und im spezifischen Durchmesser entsprechend nur der größte Laufraddurchmesser D in der ersten Potenz. Beide Kenngrößen lassen sich leicht mit den üblichen Stufenkenngrößen in Verbindung bringen. Die Bauweisen sind eindeutig an bestimmte Bereiche der spezifischen Drehzahl oder des spezifischen Durchmessers geknüpft.

In der Praxis ist meistens einer der beiden Maschinenparameter vorgegeben.

– die Drehzahl durch An- oder Abtrieb der Turbomaschine,
– der Durchmesser durch Maschinengröße, durch zur Verfügung stehendes Bauvolumen und damit zusammenhängend durch die Maschinenkosten.

Im ersten Fall ergibt sich aus dem Codier-Diagramm die Bauweise und die Maschinengröße, im zweiten Fall ebenfalls die Bauweise und die Drehzahl.

Zur numerischen Auswertung dieses Zusammenhanges hat sich als günstig erwiesen, als Regressionsfunktion eine Hyperbel anzunehmen.

$$\delta_{yM} = \frac{A}{\sigma_{yM}} + B$$

	Turbinen (T)		Verdichter und Pumpen (V)	
Koeffizienten	A	B	A	B
Werte	0,4464555	0,8636826	0,742189	0,936593

Vielstufige Maschinen lassen sich als Summe einzelner Stufen behandeln, wobei der Parameter Stufenzahl ggf. iterativ zu bestimmen ist.

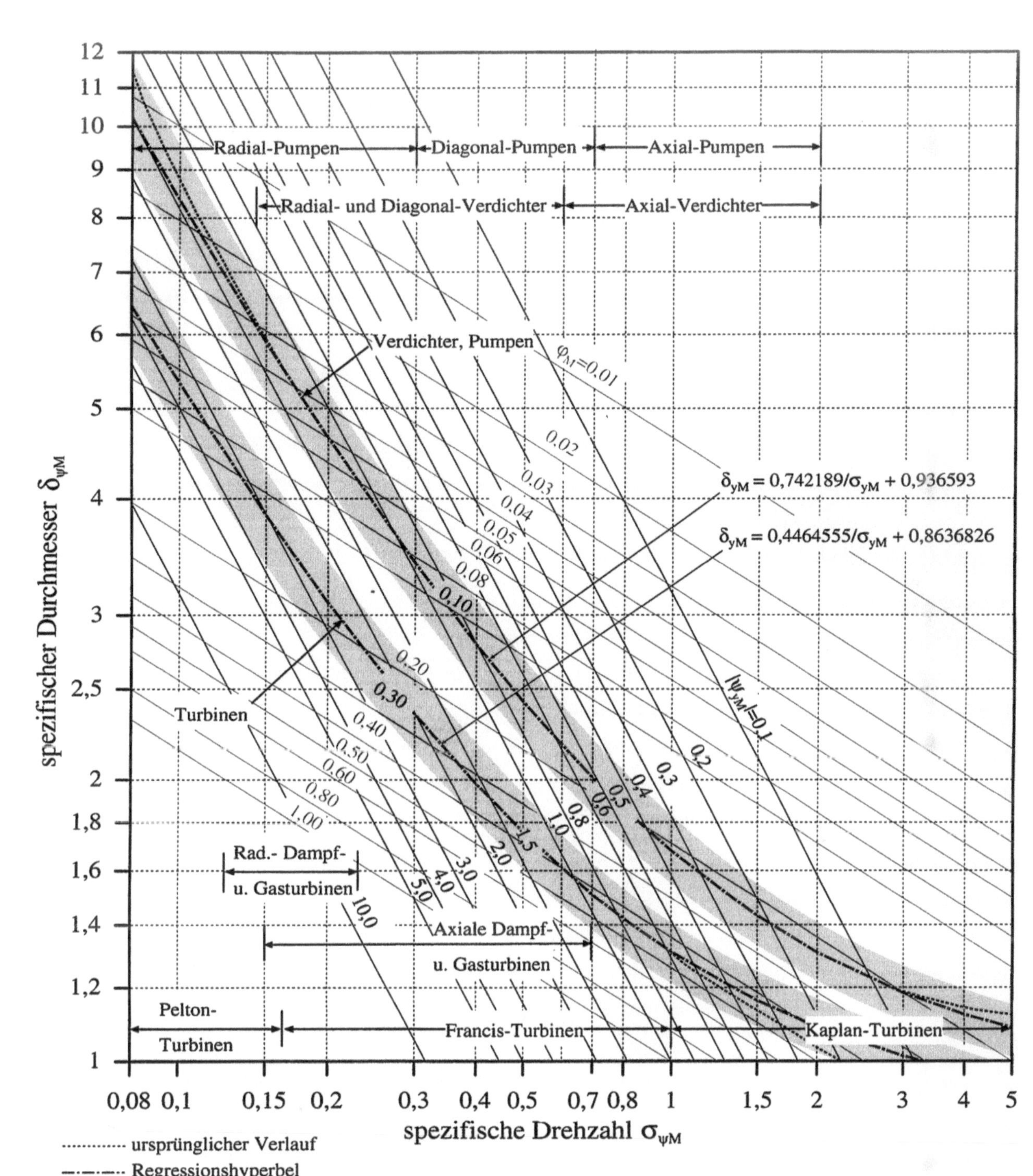

$$y_t =_{def} \int_E^A v \cdot dp + \Delta \frac{c^2}{2} + g \cdot \Delta z$$

$$\sigma_{yM} =_{def} \frac{\varphi_M^{1/2}}{|\psi_{yM}|^{3/4}} = 2{,}108 \cdot n \cdot \frac{\dot{V}_E^{1/2}}{|y_t|^{3/4}} \qquad \varphi_M =_{def} \frac{c_D}{u_D} \qquad c_D =_{def} \frac{\dot{V}_E}{\pi \cdot \frac{D^2}{4}}$$

$$\delta_{yM} =_{def} \frac{|\psi_{yM}|^{1/4}}{\varphi_M^{1/2}} = 1{,}054 \cdot D \cdot \frac{|y_t|^{1/4}}{\dot{V}_E^{1/2}} \qquad \psi_{yM} =_{def} \frac{y_t}{\frac{u_D^2}{2}} \qquad u_D =_{def} \pi \cdot n \cdot D$$

G. Dibelius, W. Bitterlich

Erläuterung zu 11.4

Das Diagramm dient zur Ermittlung derjenigen Rückkühltemperatur in den Zwischenkühlern eines Luftkompressors, die einen Kondensatausfall vermeidet.

Beispiel

Luft wird in einem 4stufigen Kompressor mit 3facher Zwischenkühlung von 0,1 MPa, 20 °C, 70 % relative Feuchte auf 0,7 mPa verdichtet. Die Zwischendrücke (Kühlstufen) liegen bei 0,165, 0,27 und 0,43 MPa. Der Taupunkt in den einzelnen Kühlstufen würde bei folgenden Rückkühltemperaturen erreicht:

Zwischenkühler 1 (0,165 MPa)   22,4 °C

Zwischenkühler 2 (0,27 MPa)   30,7 °C

Zwischenkühler 3 (0,43 MPa)   39,2 °C

Kühlung

Druckluft wird aus energetischen Gründen und wegen möglicher Temperaturgrenzen gekühlt. Kühlmittel können die Umgebungsluft (Wärmeübertrager mit Zwangsventilation) oder bei Wasserkühlung Frischwasser oder Umlaufwasser sein. Bei einer Umlaufwasserkühlung ist auch ein Zweikreissystem möglich: der Primärkreis arbeitet mit gut aufbereitetem Wasser als Zwischenträger in einem geschlossenen System, dessen aus der Luft aufgenommene Wärme wird über Wärmeübertrager in einem offenen System an die Umgebungsluft oder einen Wasserstrom weniger guter Qualität abgegeben.

Der Temperaturabstand der Druckluft-Rückkühltemperatur zur Eintrittstemperatur des Kühlmittels beeinflusst die *Kühlfläche*. Auch die Erwärmung des Kühlmittels kann begrenzt sein (Umweltschutz).

Taupunktunterschreitung

Mit zunehmendem Druck nimmt die Fähigkeit der angesaugten Luft, Wasserdampf aufzunehmen, ab. Der Massenanteil des gebundenen Wassers errechnet sich zu

$$x = R_{\text{Gas}}/R_{\text{H}_2\text{O}} \cdot p_{\text{D}}/(p - p_{\text{D}}) \quad \text{kg/kg} ;$$

p_{D} Sattdampfdruck, temperaturabhängig.

Bei Unterschreitung des Taupunktes fällt im Kühler Kondensat aus, das mit den aggressiven Bestandteilen in der Luft säurebildende Verbindungen eingeht. Sie bedingen entsprechend hochwertige Werkstoffe für Wärmeübertrager und Verdichterinnenteile. Für exakte Rechnungen ist der jeweilige Säuretaupunkt zu beachten, der den Beginn einer Kondensatbildung im Vergleich zur normalen Wasserkondensation zu höheren Temperaturen verschieben kann.

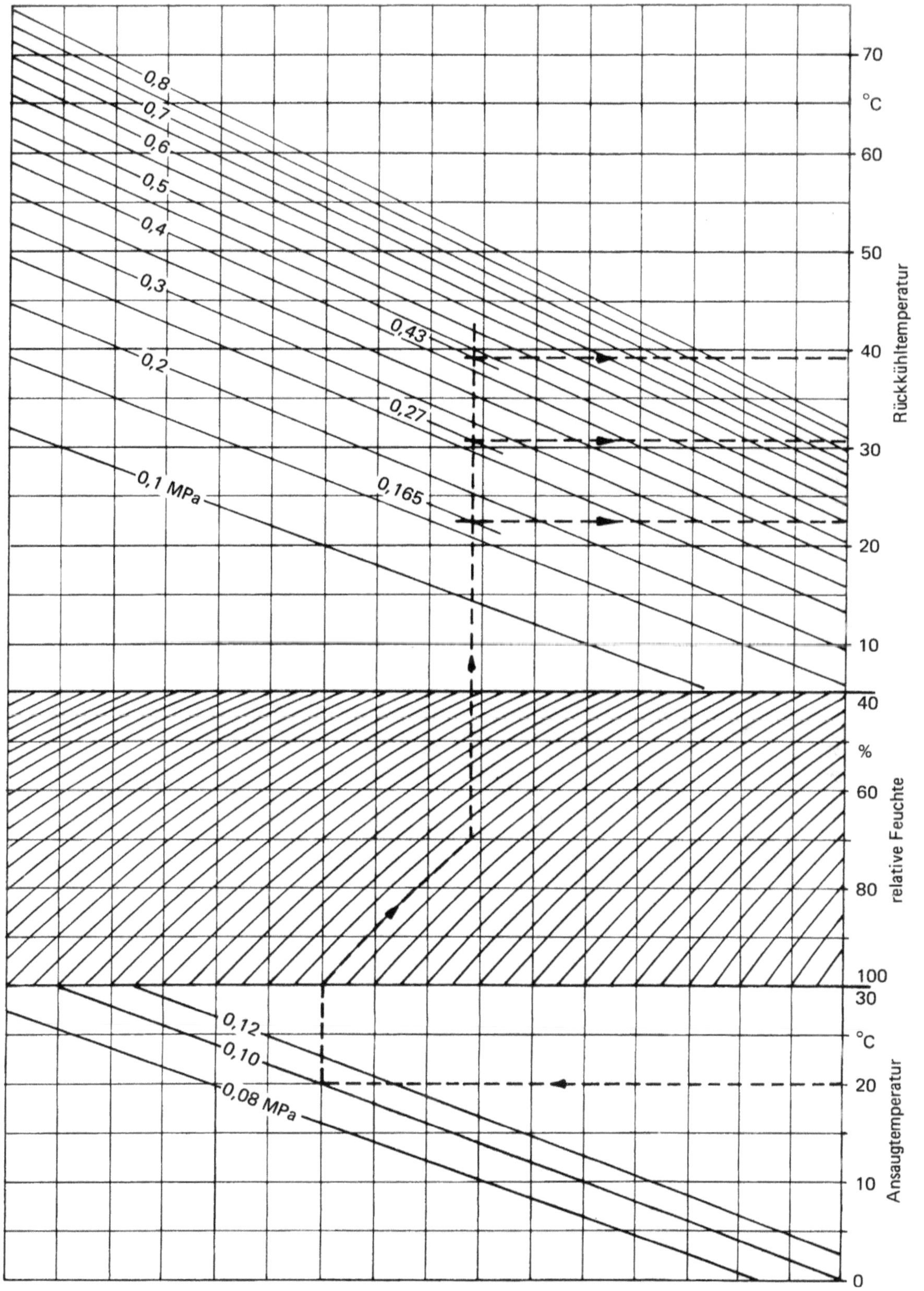

0,8
0,7
0,6
0,5
0,4
0,3
0,2
0,1 MPa
0,43
0,27
0,165
70
°C
60
50
40
30
20
10
Rückkühltemperatur
40
%
60
80
100
relative Feuchte
30
°C
20
10
0
Ansaugtemperatur
0,12
0,10
0,08 MPa

H. Hasenrahm

Erläuterung zu 11.5

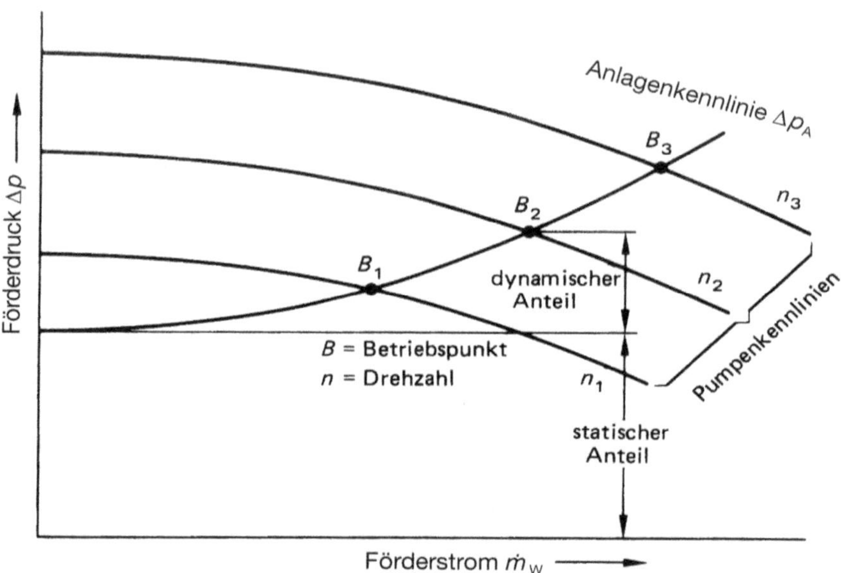

Lageänderung des Betriebspunktes von B_1 nach B_3 auf der Anlagenkennlinie Δp_A durch Erhöhung der Pumpendrehzahl von n_1 auf n_3

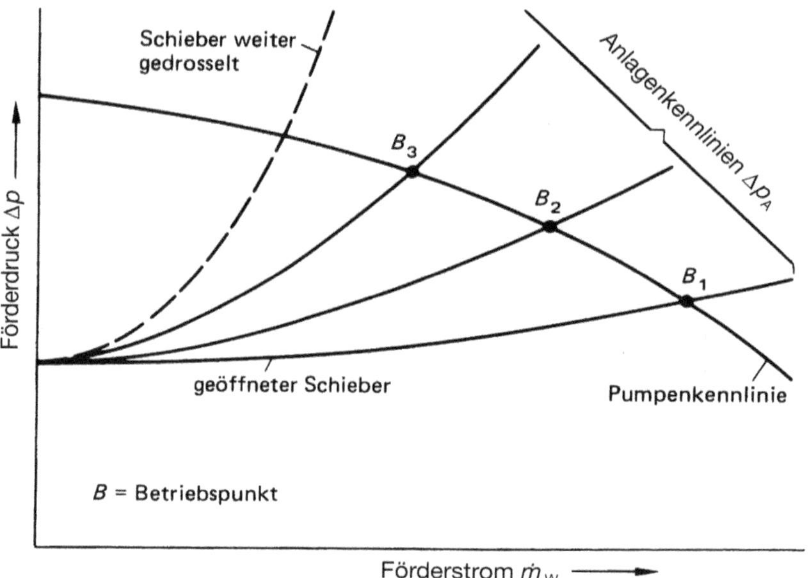

Lageänderung des Betriebspunktes von B_1 nach B_3 auf der QH-Linie durch zunehmende Drosselung

Δp_{geo} geodätischer Druckunterschied in MPa

$p_a - p_e$ Druckunterschied zwischen Ein- und Austrittsquerschnitt der Anlage in MPa (bei offenen Behältern entfällt dieser Anteil)

$v_a; v_e$ Strömungsgeschwindigkeit am Aus- bzw. Eintrittsquerschnitt der Anlage in m/s

Δp_V Druckverlust in der Anlagenrohrleitung in MPa (s. Abschn. 9)

ϱ Dichte des Speisewassers in kg/m³

Ermittlung des Leistungsbedarfs von Pumpen

Beispiel:

Förderstrom	$\dot{m}_W$	$=$	$33{,}3$ kg/s ($= 120$ t/h)
Temperatur	ϑ	$=$	$300\,°C$
Pumpen-Förderdruck	Δp	$=$	16 MPa
Wirkungsgrad	η	$=$	$0{,}78$ ($78\,\%$)

ergibt:

Leistungsbedarf $\quad P \quad = \quad 960$ kW

Empfehlung zur Ermittlung der Motorleistung mit üblichen Sicherheitszuschlägen:

bis 7,5 kW ca. 20 %, von 7,5 bis 40 kW ca. 15 %, ab 40 kW ca. 10 % Leistungszuschlag.

Zugrunde liegende Gleichung:
(mit obenstehenden Einheiten)

$$P = 100\,\frac{\dot{m}_W\,\Delta p}{\eta\,\varrho}\,,$$

ϱ Dichte des Speisewassers in kg/m³ bei der Temperatur

K. Gaffal

Erläuterung zu 11.6

Beispiel:

Ermittlung des Betriebspunktes

Zu fördern ist Mineralöl mit einer kinematischen Viskosität von $v_z = 500 \cdot 10^{-6}$ m²/s und einer Dichte $\varrho_z = 0{,}897$ kg/dm³.

Bekannt sind die Kennlinie und die Betriebsdaten einer Pumpe bei Wasserförderung mit

$\dot{V}_W = 31$ l/s (= 111,6 m³/h)
$H_W = 20$ m
$n = 1450$ l/min

Index W: Wasser
Index z: zähe Flüssigkeit

Um die neuen Betriebsdaten bei Förderung des Mineralöles zu bestimmen, müssen zusätzlich die Pumpendaten im Optimum aus der Einzelkennlinie ermittelt werden und folgende weitere Daten bekannt sein:

Förderstrom	$\dot{V}_{W.\,opt}$	31[a]	l/s
Förderhöhe	$H_{W.\,opt}$	20[a]	m
Wirkungsgrad	$\eta_{W.\,opt}$	0,78[a]	–
Drehzahl	n	1450	l/min
kinematische Viskosität	v_z	$500 \cdot 10^{-6}$	m²/s
Dichte	ϱ_z	0,897	kg/dm³
Fallbeschleunigung	g	9,81	m/s²

[a] aus Einzelkennlinie

Mit folgendem Rechenschema werden 4 Punkte der neuen Kennlinie bestimmt:

$n_{q.\,W}$ aus Arbeitsblatt 11.8	27				l/min
$f_{\dot{V}.\,W}$	0,78				–
$f_{H.\,W}$	0,83				–
$f_{\eta.\,W}$	0,49				–
$\dot{V}/\dot{V}_{opt}$	0	0,8	1,0	1,2	–
$\dot{V}_W$ aus Kennlinien-	0	24,8	31	37,2	l/s
H_W heft für 4 Punkte	25	21,6	20	18,2	m
η_W der Kennlinie	0	0,74	0,78	0,73	–
$\dot{V}_z = \dot{V}_W \cdot f_{Q.W}$	0	19,3	24,2	29	l/s
$H_z = $	$= H_W$	$= H_W \cdot f_{H.W} \cdot 1{,}03$	$= H_W \cdot f_{H.W}$	$= H_W \cdot f_{H.W}$	
	25	[b] 18,5	16,6	15,1	m
$\eta_z = \eta_W \cdot f\eta_W$	0	0,36	0,38	0,36	–
$P_z = \dfrac{\varrho_z \cdot g \cdot H_z \cdot \dot{V}_z}{\eta_z \cdot 1000}$		8,7	9,3	10,7	kW

Mit diesen Werten liegen 4 Punkte der $\dot{V}H_z$- und $\dot{V}\eta_z$-Linie und 3 Punkte der $\dot{V}P_z$-Linie fest.

[b] wird H_z größer als H_W, ist $H_z = H_W$ zu setzen

Ermittlung der Pumpengröße

Zu fördern ist Mineralöl, gesucht ist die Pumpengröße, mit der die folgenden Betriebsdaten erreicht werden sollen:

Förderstrom	$\dot{V}_{z.\,Betr}$	31	l/s
Förderhöhe	$H_{z.\,Betr}$	20	m
kinematische Viskosität	v_z	$500 \cdot 10^{-6}$	m²/s
Dichte	ϱ_z	0,897	kg/dm³

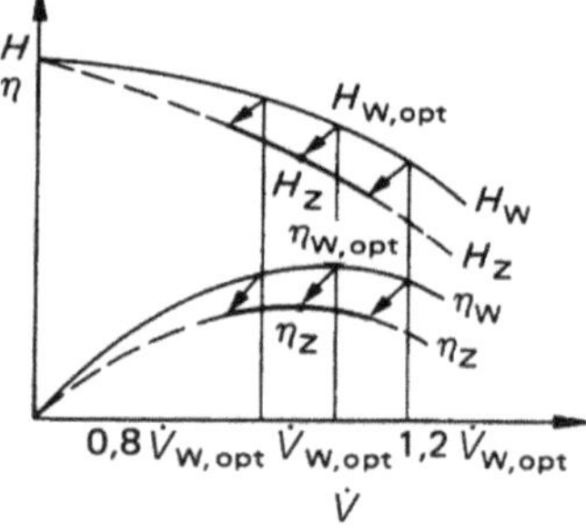

Graphische Darstellung des Rechenvorganges

Mit folgendem Rechenschema werden die obigen Betriebsdaten auf Wasserverhältnisse umgerechnet und damit die geeignete Pumpengröße ausgesucht.

n gewählt		1450	l/min
$n_{q.\,W}$[c] aus Arbeitsblatt 11.8		27	l/min
$f_{\dot{V}.\,z}$ aus Arbeitsblatt 11.7		0,8	–
$f_{H.\,z}$		0,86	–
$\dot{V}_{W.\,Betr} = \dfrac{\dot{V}_{z.\,Betr}}{f_{\dot{V}.\,z}}$		38,8	l/s
$H_{W.\,Betr} = \dfrac{H_{z.\,Betr}}{f_{H.\,z}}$		23,3	m

[c] mit $\left.\begin{array}{l} \dot{V}_{z.\,Betr} = \dot{V}_{opt} \\ H_{z.\,Betr} = H_{opt} \end{array}\right\}$ näherungsweise

Graphische Darstellung des Rechenvorganges

Gültigkeitsbereich:
Einstufige Kreiselpumpen mit Spiralgehäuse, spezifische Drehzahl $n_q = 6{,}5$ bis 45 l/min, Förderstrombereich $\dot{V} = 14$ bis 155 m³/h.

Quelle:
KSB Kreiselpumpenlexikon 1989 KSB Druckschrift „Auslegung von Kreiselpumpen" 1983.

$f_{\dot V,W}$
$f_{\eta,W}$
$f_{H,W}$
H
η
$H_{W,opt}$
H_Z
H_W
H_Z
$\eta_{W,opt}$
η_W
η_Z
η_Z
$0,8\ \dot V_{W,opt}$
$\dot V_{W,opt}$
$1,2\ \dot V_{W,opt}$
$\dot V$
$n_{q,W}$
45
30
20
10
6,5
45
30
20
10
6,5
$n_{q,W}$
5 10 15 20 25 30 35 40 45
Kurve-Nr. 1 2 3 4 5 5 4 3 1
Kurve-Nr. 1 2 3 4 5
500 1/min
725
875
960
1160
1450
1750
2000
2900
3500
6000
Drehzahl n
Förderhöhe $H_{Z,Betr.}$, $H_{W,opt}$
400 m
200
300
100
150
60
80
30
40
15
20
8
10
4
6
2
3
1
1,5
kinematische Viskosität ν_Z 1 m²/s
1,5
3
5
8
2
4
6
10
15
20
30·10⁻⁶
40
50
60
80
100
150
200
250
300
400
500
600
800
1000
1500
2000
2500
3000
4000
1 2 3 4 5 10 20 30 40 50 100 200 300 500 1000 2000 m³/h 5000 10000
0,3 0,5 1 2 3 4 5 10 20 30 40 50 100 200 300 500 1000 l/s 2000
Förderstrom $\dot V_{Z,Betr.}$, $\dot V_{W,opt}$

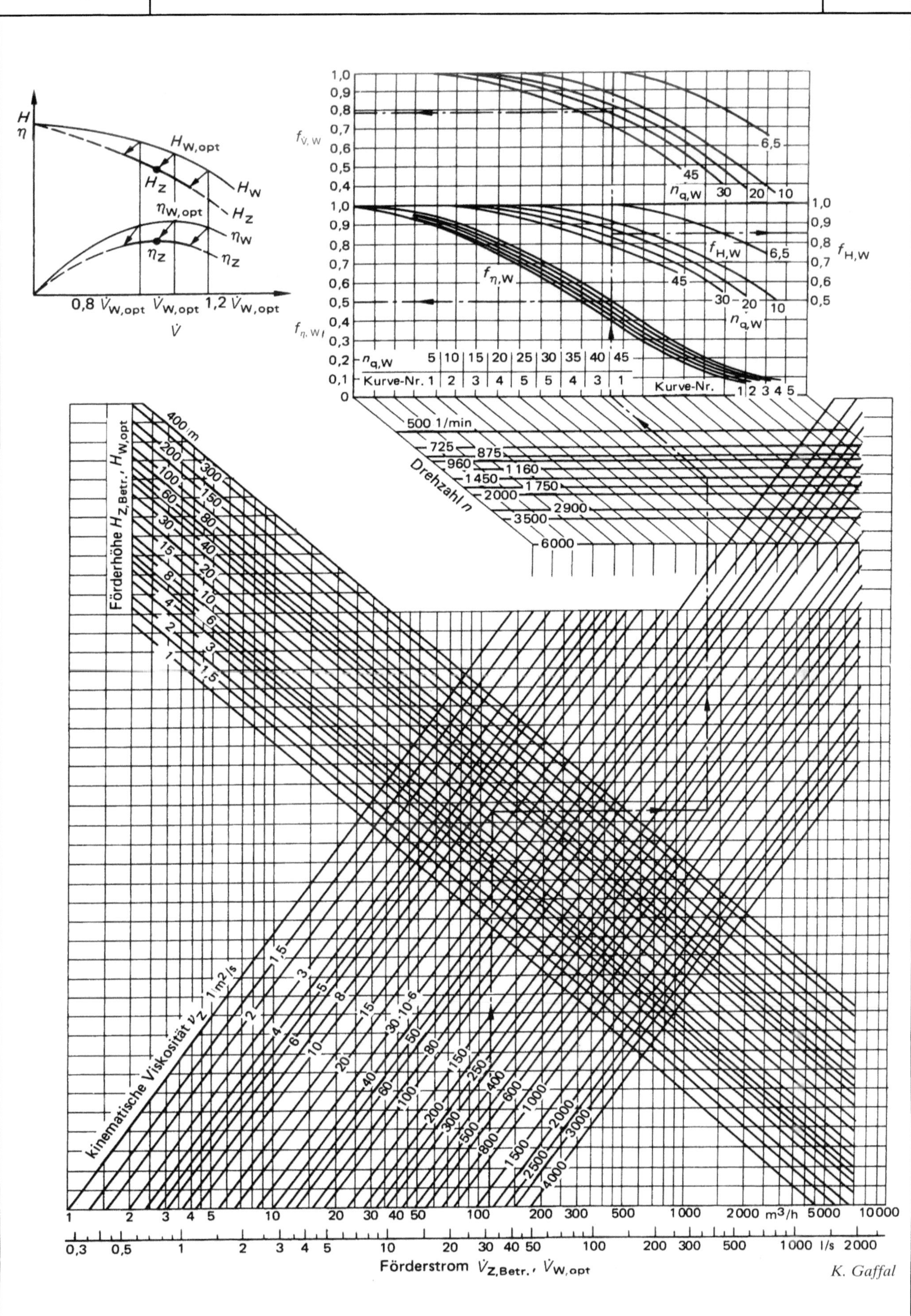

K. Gaffal

325

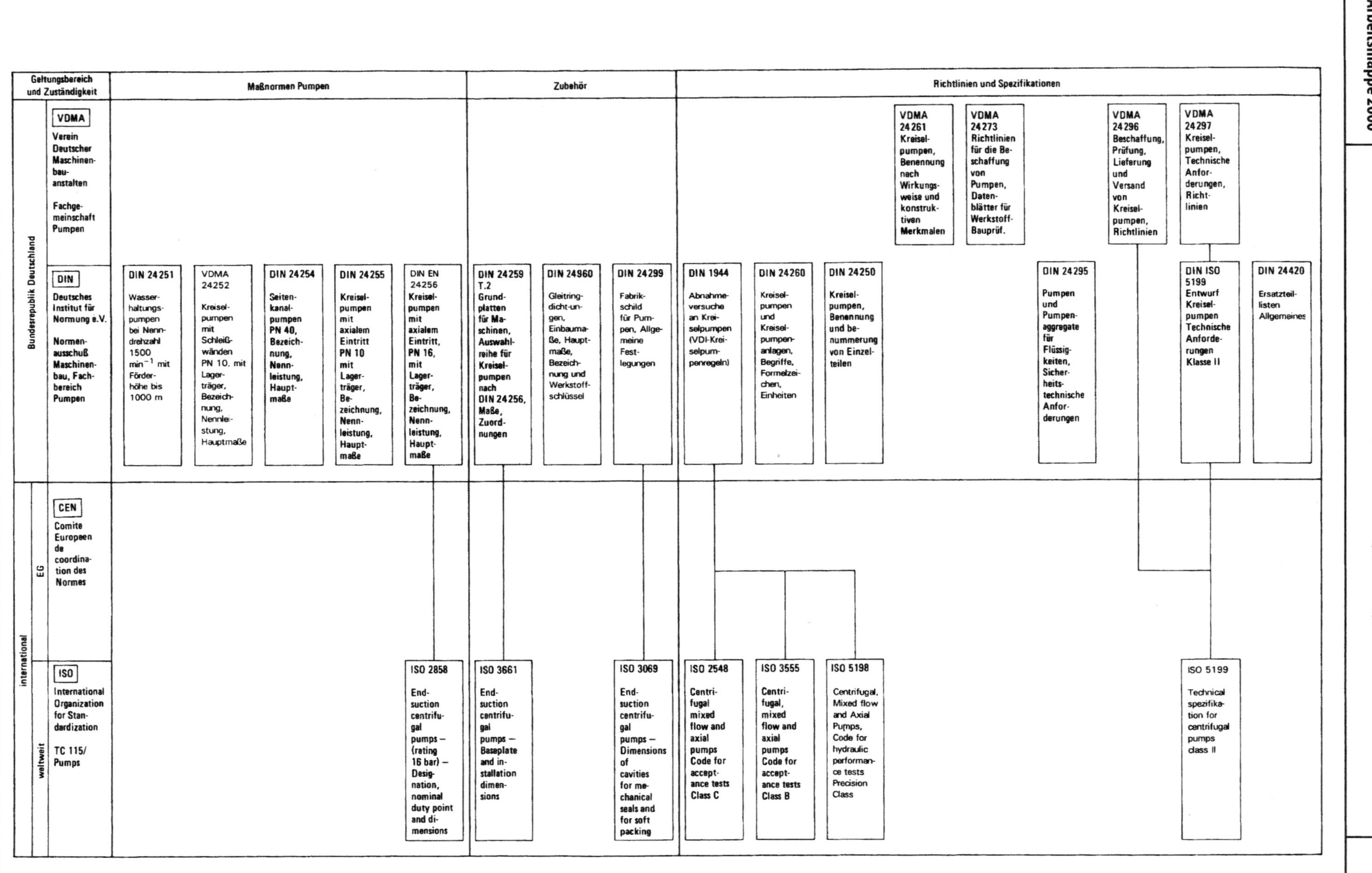
Geltungsbereich und Zuständigkeit
Maßnormen Pumpen
Zubehör
Richtlinien und Spezifikationen

VDMA
Verein Deutscher Maschinenbauanstalten
Fachgemeinschaft Pumpen

DIN
Deutsches Institut für Normung e.V.
Normenausschuß Maschinenbau, Fachbereich Pumpen

CEN
Comite Europeen de coordination des Normes

ISO
International Organization for Standardization
TC 115/ Pumps

Bundesrepublik Deutschland
EG
international
weltweit

DIN 24251
Wasserhaltungspumpen bei Nenndrehzahl 1500 min^{-1} mit Förderhöhe bis 1000 m

VDMA 24252
Kreiselpumpen mit Schleißwänden PN 10, mit Lagerträger, Bezeichnung, Nennleistung, Hauptmaße

DIN 24254
Seitenkanalpumpen PN 40, Bezeichnung, Nennleistung, Hauptmaße

DIN 24255
Kreiselpumpen mit axialem Eintritt PN 10 mit Lagerträger, Bezeichnung, Nennleistung, Hauptmaße

DIN EN 24256
Kreiselpumpen mit axialem Eintritt, PN 16, mit Lagerträger, Bezeichnung, Nennleistung, Hauptmaße

DIN 24259 T.2
Grundplatten für Maschinen, Auswahlreihe für Kreiselpumpen nach DIN 24256, Maße, Zuordnungen

DIN 24960
Gleitringdichtungen, Einbaumaße, Hauptmaße, Bezeichnung und Werkstoffschlüssel

DIN 24299
Fabrikschild für Pumpen, Allgemeine Festlegungen

DIN 1944
Abnahmeversuche an Kreiselpumpen (VDI-Kreiselpumpenregeln)

DIN 24260
Kreiselpumpen und Kreiselpumpenanlagen, Begriffe, Formelzeichen, Einheiten

DIN 24250
Kreiselpumpen, Benennung und benummerung von Einzelteilen

VDMA 24261
Kreiselpumpen, Benennung nach Wirkungsweise und konstruktiven Merkmalen

VDMA 24273
Richtlinien für die Beschaffung von Pumpen, Datenblätter für Werkstoff-Bauprüf.

DIN 24295
Pumpen und Pumpenaggregate für Flüssigkeiten, Sicherheitstechnische Anforderungen

VDMA 24296
Beschaffung, Prüfung, Lieferung und Versand von Kreiselpumpen, Richtlinien

VDMA 24297
Kreiselpumpen, Technische Anforderungen, Richtlinien

DIN ISO 5199
Entwurf Kreiselpumpen Technische Anforderungen Klasse II

DIN 24420
Ersatzteillisten Allgemeines

ISO 2858
End-suction centrifugal pumps – (rating 16 bar) – Designation, nominal duty point and dimensions

ISO 3661
End-suction centrifugal pumps – Baseplate and installation dimensions

ISO 3069
End-suction centrifugal pumps – Dimensions of cavities for mechanical seals and for soft packing

ISO 2548
Centrifugal mixed flow and axial pumps Code for acceptance tests Class C

ISO 3555
Centrifugal mixed flow and axial pumps Code for acceptance tests Class B

ISO 5198
Centrifugal, Mixed flow and Axial Pumps, Code for hydraulic performance tests Precision Class

ISO 5199
Technical spezifikation for centrifugal pumps class II

Ermittlung der Umrechnungsfaktoren $f_{Q,z}$ und $f_{H,z}$ für zähe Medien

Gegeben: Daten für Betrieb mit zäher Flüssigkeit; gesucht: Daten für Betrieb mit Wasser

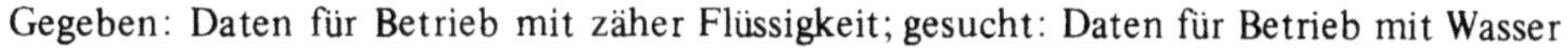

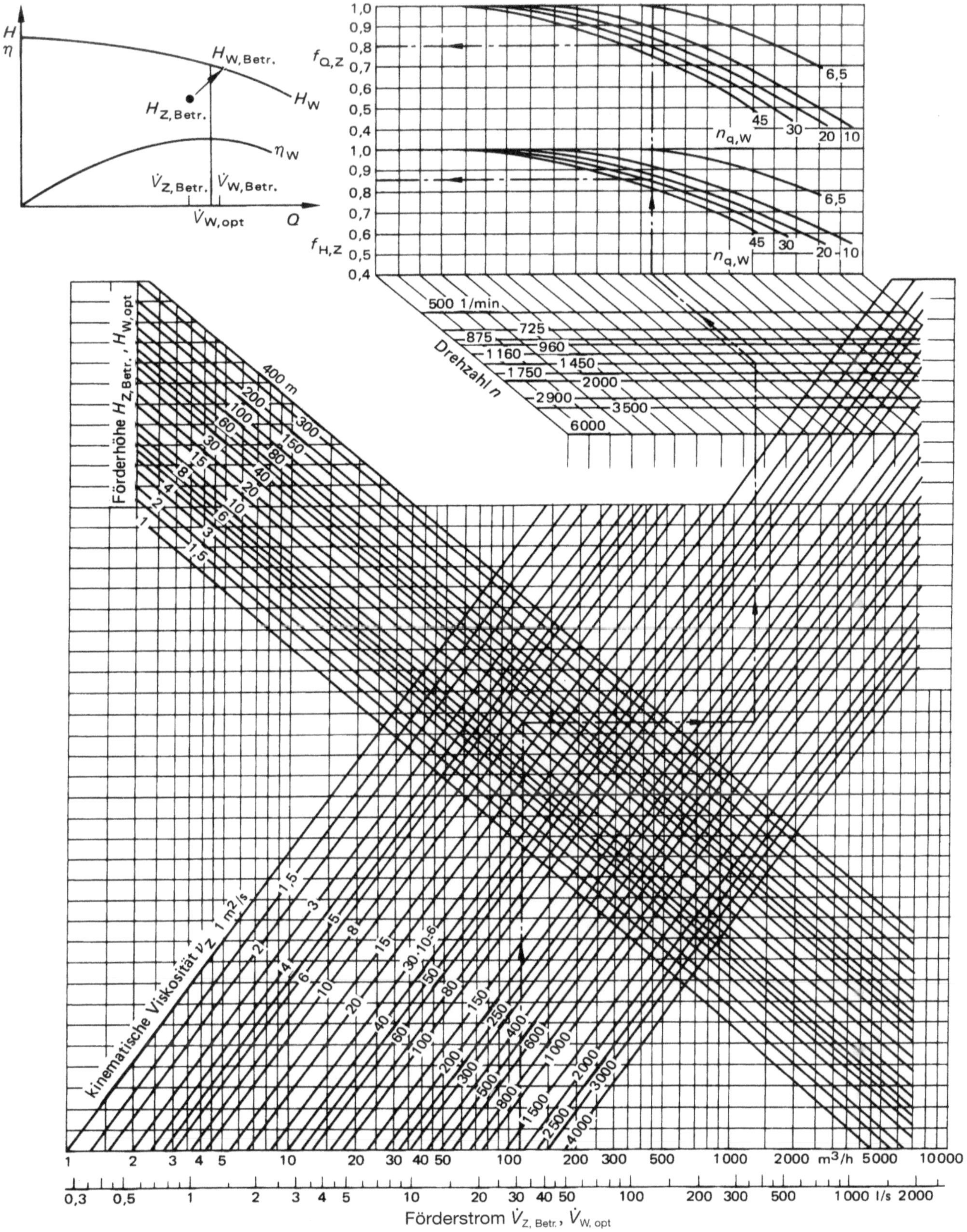

Berechnungsbeispiel s. Arbeitsblatt 11.6

K. Gaffal

Erläuterung zu 11.8

NPSH-Werte

Fall a) Saugbetrieb, Pumpe ist über dem Flüssigkeitsspiegel aufgestellt:

$$\text{NPSH}_\text{vorh} = \frac{p_\text{e} + p_\text{b} - p_\text{D}}{\varrho \cdot g} + \frac{v^2}{2g} - H_\text{V. S} - H_\text{s geo} .$$

Bei kalten Förderflüssigkeiten, z. B. Wasser, und bei offenem Behälter, also mit

$p_\text{b} = 1$ bar,
$p_\text{e} = 0$ bar,
$\varrho = 1000$ kg/m³,
$g = 10$ m/s² (mit 2 % Fehler gegenüber 9,81 m/s²),
($v_\text{e}^2/2\,g$ kann entfallen, wegen vernachlässigbar kleiner Geschwindigkeitshöhe im Saug- bzw. Zulaufbehälter)

vereinfacht sich für die Praxis die Gleichung zu $\text{NPSH}_\text{vorh} \approx 10 - H_\text{V. S} - H_\text{S geo}$.

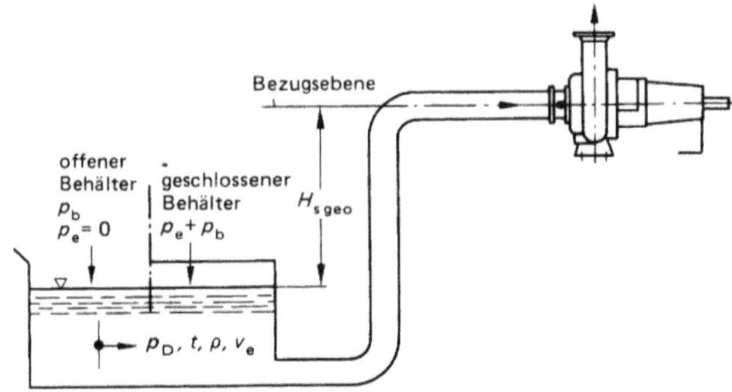

Fall b) Zulaufbetrieb, Pumpe ist unterhalb des Flüssigkeitsspiegels aufgestellt:

$$\text{NPSH}_\text{vorh} = \frac{p_\text{e} + p_\text{b} - p_\text{D}}{\varrho \cdot g} + \frac{v^2}{2g} - H_\text{V. S} + H_\text{z geo} .$$

Vereinfacht für die Praxis mit den Bedingungen unter Fall a):

$\text{NPSH}_\text{vorh} \approx 10 - H_\text{V. S} + H_\text{z geo}$.

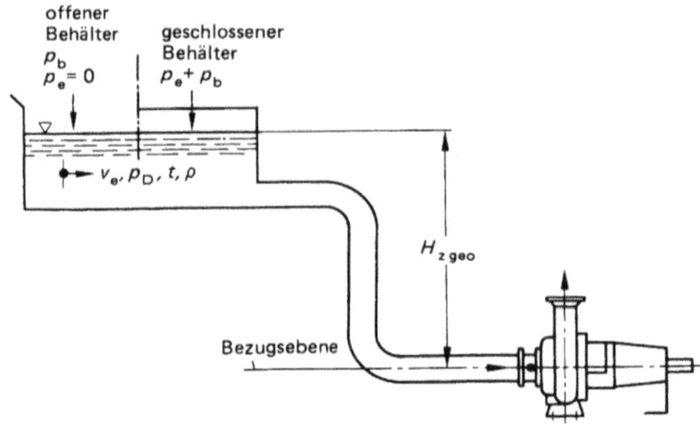

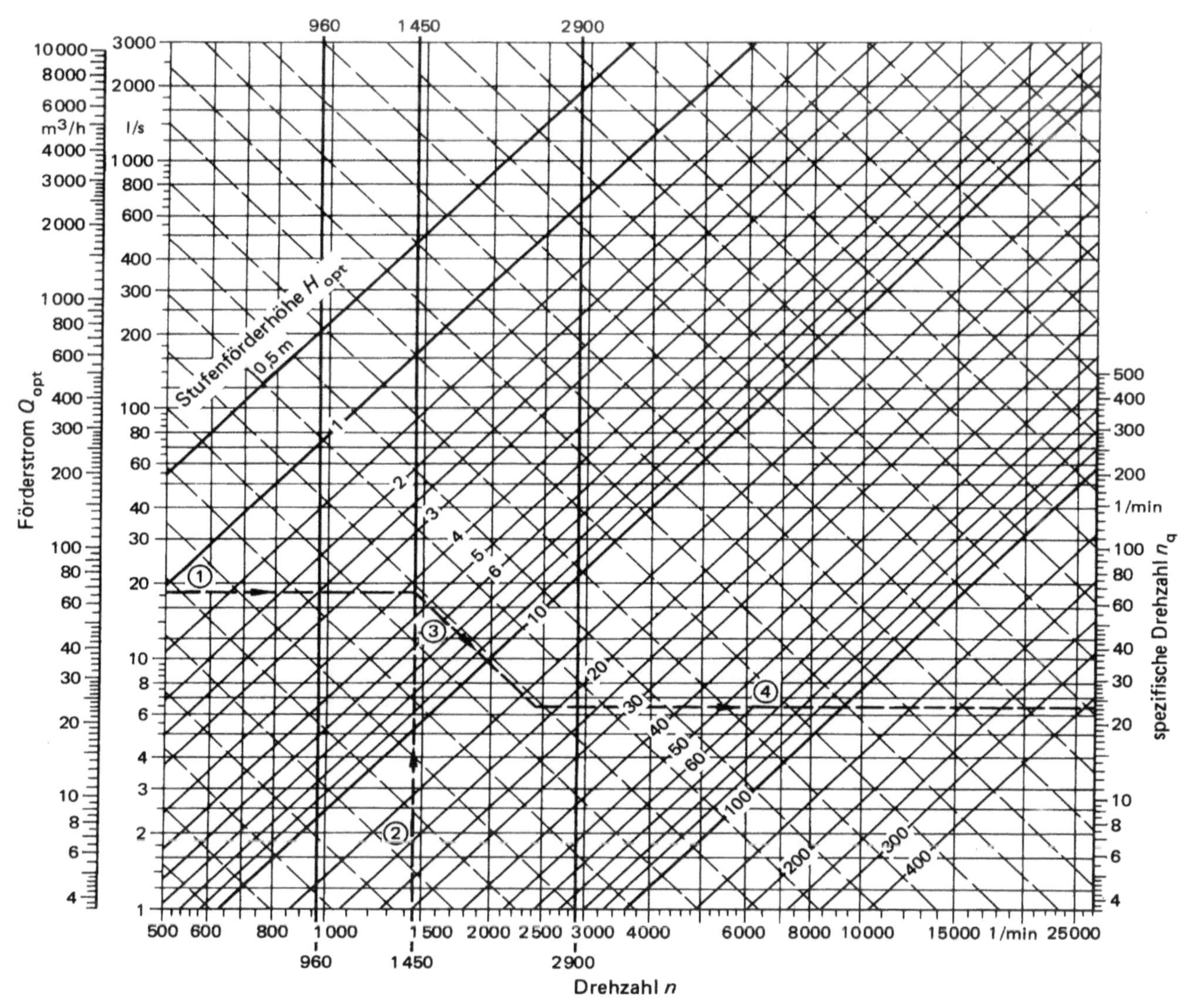

Gleichungen	Einheiten				
	Q_{opt}	H_{opt}	n	n_{q}	$g = 9{,}81$
$n_{\mathrm{q}} = n \cdot \dfrac{\sqrt{Q_{\mathrm{opt}}/1}}{(H_{\mathrm{opt}}/1)^{3/4}}$	m³/s	m	1/min	1/min	
$n_{\mathrm{q}} = 333 \cdot n \cdot \dfrac{\sqrt{Q_{\mathrm{opt}}}}{(g \cdot H_{\mathrm{opt}})^{3/4}}$	m³/s	m	1/s	1/min	m/s² DIN 24 260
$n_{\mathrm{q}} = 5{,}55 \cdot n \cdot \dfrac{\sqrt{Q_{\mathrm{opt}}}}{(g \cdot H_{\mathrm{opt}})^{3/4}}$	m³/s	m	1/min	1/min	m/s²

Alle Gleichungen führen zu zahlengleichen Ergebnissen.

Bei mehrstufigen Pumpen ist die Stufenförderhöhe, bei Pumpen mit zweiströmigen Laufrädern ist nur der halbe Förderstrom einzusetzen.

Beispiel: $Q_{\mathrm{opt}} = 66$ m³/h $= 18{,}3$ l/s; $n = 1450$ 1/min; $H_{\mathrm{opt}} = 17{,}5$ m.   Ergebnis: $n_{\mathrm{q}} = 23$ 1/min.

K. Gaffal

Erläuterung zu 12.1

Bei *einwelligen Gasturbinen* treibt die Turbine sowohl den Verdichter als auch direkt oder über ein Getriebe gekuppelt den Nutzleistungsempfänger, meistens einen elektrischen Synchrongenerator, an. In diesen Fällen ist die Betriebsdrehzahl des Maschinensatzes konstant.

Die Leistung einer Gasturbine wird im wesentlichen bestimmt durch ihre *Auslegung* für die Eintrittstemperatur in die Turbine, den angesaugten Luftmassenstrom und das Druckverhältnis des Verdichters, aber auch durch die *Umgebungsbedingungen am Aufstellungsort*, die Lufttemperatur (15 °C), den Luftdruck (1,013 bar) und die relative Luftfeuchte (60 %). Leistung und spezifischer Brennstoffverbrauch werden normgerecht für die in Klammern angegebenen ISO-Ansaugbedingungen gemacht, ändern sich aber bei davon abweichenden Bedingungen.

Bei abnehmenden Luftansaugtemperaturen steigt die Leistung, so dass sie bei tiefen Umgebungstemperaturen regeltechnisch auf die mechanische Maximalleistung begrenzt werden muss. Im dargestellten Beispiel beträgt sie 124 % und würde erst bei –40 °C erreicht. Außerdem ändert sich die Leistung bei gleicher Temperatur im gleichen Verhältnis wie der Umgebungsdruck oder die Dichte der angesaugten Luft.

Die Höhe der zulässigen Turbineneintrittstemperatur hängt von den im heißen Bereich der Turbine verwendeten Werkstoffen, der Kühlluftmenge und der angewendeten Kühltechnik ab.

Zur *Leistungsregelung* können sowohl der Luftmassenstrom und das Druckverhältnis des Verdichters durch verstellbare Leitschaufeln in den vorderen Stufen des Verdichters als auch die Brennstoffzufuhr und damit die Turbineneintrittstemperatur reduziert werden. Die so erreichbaren Betriebspunkte werden zusammen mit der Abhängigkeit von der Lufttemperatur im *Kennfeld* dargestellt. Aufgetragen sind über der Luftansaugtemperatur die Generatorleistung, der Abgasmassenstrom und die Abgastemperatur, wobei die beiden letztgenannten als Ausgangsdaten für eine weitere Nutzung der Wärme im Abgas der Gasturbine gebraucht werden. Zu beachten ist, welche Verluste ein- oder ausgeschlossen sind oder korrigiert werden müssen.

Das Kennfeld gilt für ein konkretes Beispiel einer modernen, handelsüblichen Gasturbine in der für den industriellen Einsatz typischen Bauweise. Es wird sowohl von den für Verdichter und Turbine charakteristischen Eigenschaften bestimmt, aber auch in welcher Weise die Regelungsmöglichkeiten eingesetzt werden. Das Kennfeld ist mit relativen Größen dargestellt, die auf dieselbe Größe am Nennbetriebspunkt bezogen sind, damit es bei Kenntnis entsprechender Daten für ähnliche Maschinen aus einem Gasturbinenkatalog auch als Orientierung dafür verwendet werden kann.

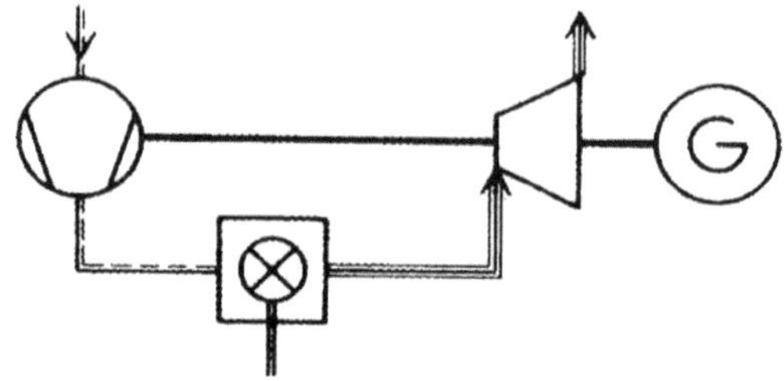

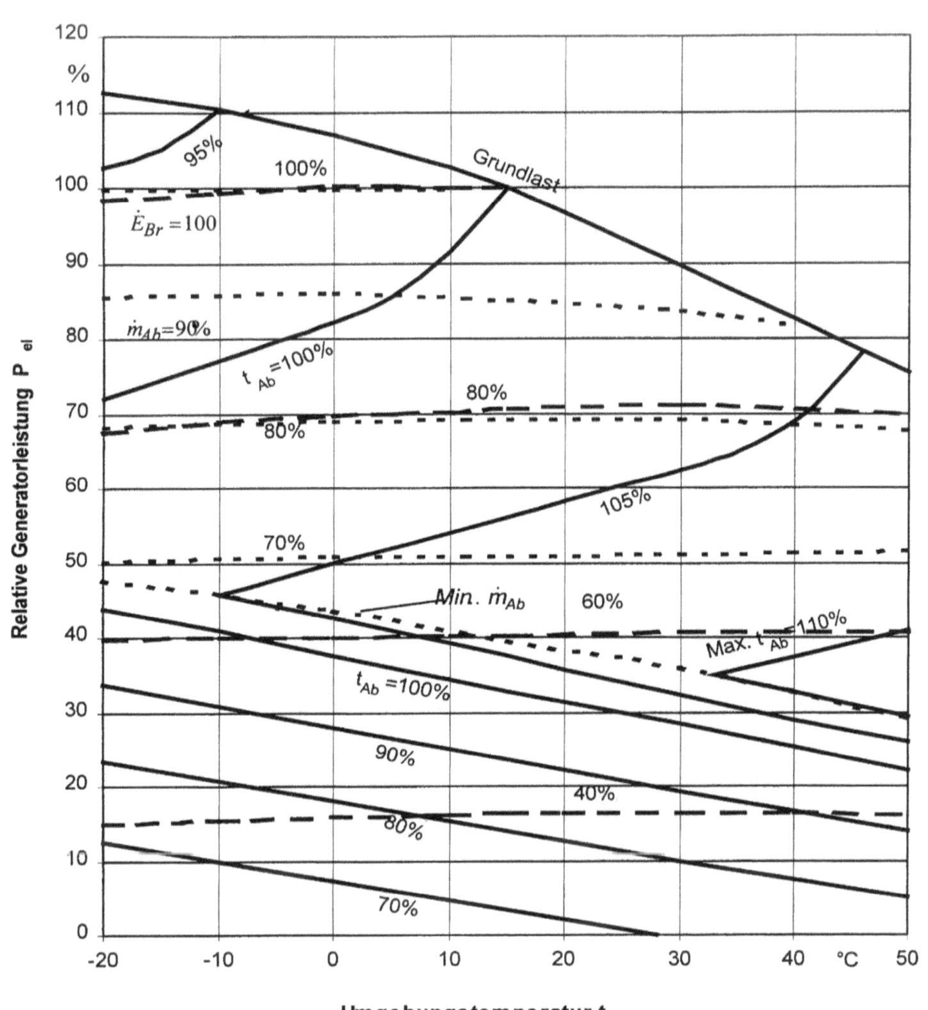

Auslegungsdaten für den Betrieb mit Erdgas und
bei Druckverlusten im Lufteintritt von 0,87 kPa und im Abgasaustritt von 1,25 kPa,
beim Umgebungsluftzustand:

	Druck	0,1013 MPa (0 m Höhe)
	Temperatur	15 °C
	relative Luftfeuchtigkeit	60 %

Generatorleistung P_{il0}	70,1 MW	Abgasmassenstrom $\dot{m}_{Ab}$	204,2 kg/s
Brennstoffenergie $\dot{E}_{Br}$	205,1 MW	Abgastemperatur t_{Ab}	590 °C

Bei abweichenden Bezugsbedingungen sind folgende Korrekturen erforderlich:

Höhe: Leistungs- und Massenstromabnahme entsprechend der Abnahme der Luftdichte bei gleicher Temperatur von 1,17 % je 100 m.

Einfluss zusätzlicher Druckverluste auf:	P_{el}	$\dot{E}_{Br}$	t_{Ab}
je 1 kPa im Lufteintritt	−1,56 %	−0,78 %	+1,7 K
je 1 kPa im Abgasaustritt	−0,52 %	−	+1,1 K

T. Becker, G. Dibelius

Erläuterung zu 12.2

Aeroderivate werden Gasturbinen genannt, die mit Komponenten oder Modulen von Flugtriebwerken in unterschiedlicher Weise aufgebaut sind. Fast alle Flugtriebwerke sind selbst schon *Mehrwellenmaschinen*, wobei jeweils ein Teilverdichter mit einer Teilturbine im ungefähr gleichen Druckbereich auf einer Welle zusammenarbeiten. Die im Flugtriebwerk nach Austritt aus der Niederdruckturbine zum Vortrieb verwendete Energie wird im Aeroderivat durch zusätzliche Stufen in der Niederdruck-Teilturbine oder durch eine getrennte „Nutzleistungsturbine" zur Umwandlung in mechanische und elektrische Energie genutzt. Während sich im Flugtriebwerk die Drehzahlen aller Wellen dem Leistungsgewicht entsprechend einstellen, hat im Aeroderivat die Antriebswelle des Generators eine konstante Drehzahl.

Das dargestellte Kennfeld gilt für ein *Zweiwellen-Aeroderivat* zum Generatorantrieb mit Niederdruckverdichter und Niederdruck-/Nutzleistungsturbine auf der mit konstanter Drehzahl laufenden Welle und Hochdruckverdichter und -turbine auf der anderen Welle mit sich leistungsabhängig einstellender Drehzahl. Aus dem Vergleich der Leistungsdaten und der Kennfelder für eine Aeroderivat-Zweiwellenmaschine (12.2) und eine industrielle Einwellenmaschine (12.1) lassen sich die je nach Anwendungsfall zu beurteilenden Vor- und Nachteile der beiden Bauarten ablesen. Die unterschiedliche Lage der Abgasisothermen wird nicht nur durch die Maschinencharakteristiken, sondern durch die unterschiedlichen Regelkonzepte bestimmt.

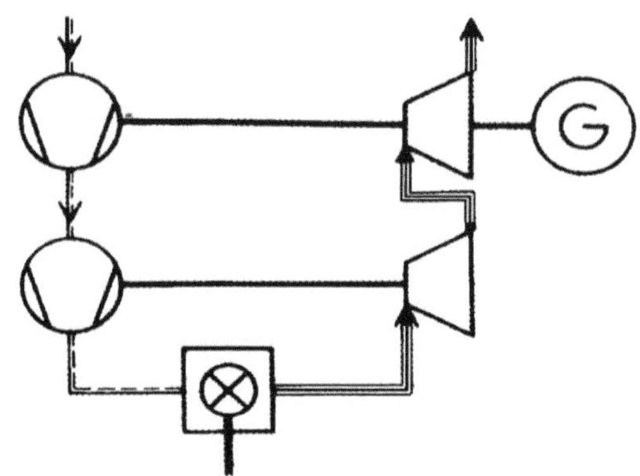

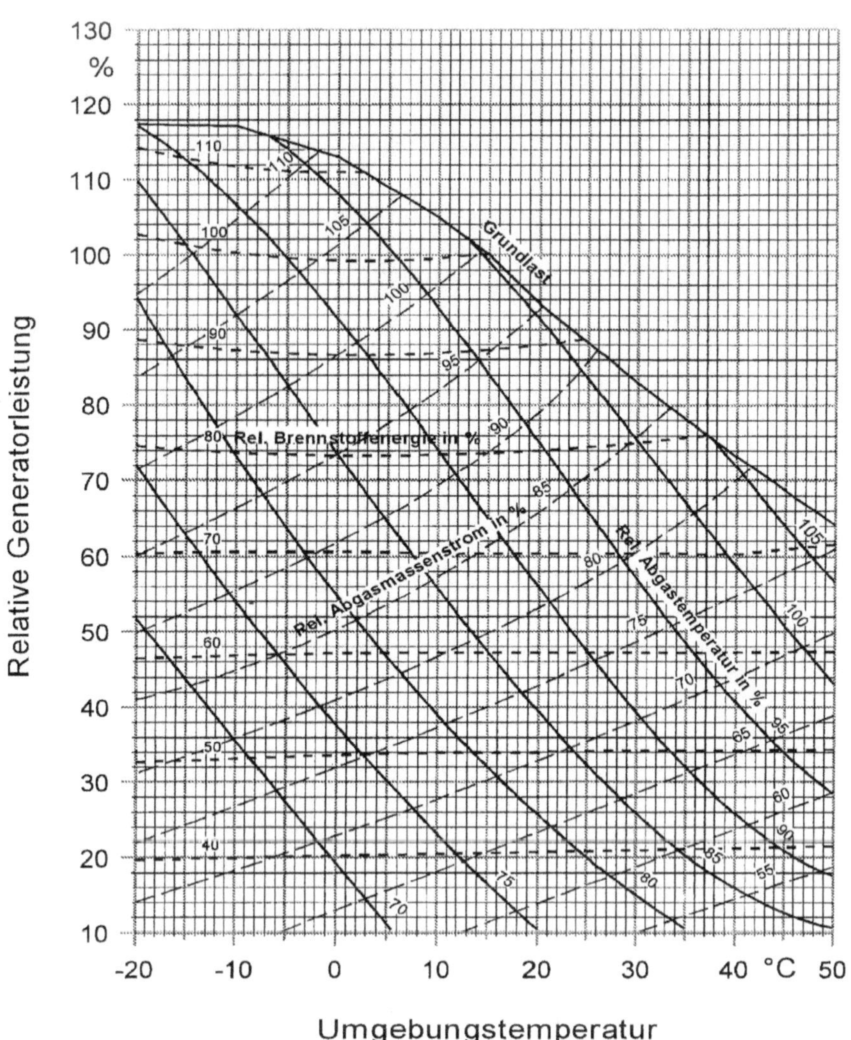

Auslegungsdaten für den Betrieb mit Erdgas und
beim Umgebungsluftzustand:

	Druck	0,1013 MPa (0 m Höhe)
	Temperatur	15 °C
	relative Luftfeuchtigkeit	60 %

Generatorleistung P_{el0}	42,52 MW	Abgasmassenstrom $\dot{m}_{Ab}$	125,7 kg/s
Brennstoffenergie $\dot{E}_{Br}$	103,65 MW	Abgastemperatur t_{Ab}	452 °C

Bei abweichenden Bezugsbedingungen sind folgende Korrekturen erforderlich:

Höhe: Leistungs- und Massenstromabnahme entsprechend der Abnahme der Luftdichte bei gleicher Temperatur von 1,17 % je 100 m.

Einfluss zusätzlicher Druckverluste auf:	P_{el}	$\dot{E}_{Br}$	t_{Ab}
je 1 kPa im Lufteintritt	−1,45 %	− 0,98 %	+2,0 K
je 1 kPa im Abgasaustritt	−4,5 %	−	+1,5 K

T. Becker, G. Dibelius, G. Simpson

Erläuterung zu 12.3

Zweiwellen-Gasturbinen für den industriellen Einsatz werden auch mit Verdichter und Verdichter-Antriebsturbine auf einer Welle (Gaserzeuger) und einer davon getrennten Nutzleistungsturbine auf der Antriebswelle gebaut. Das dargestellte Kennfeld einer Gasturbine im 13-MW-Bereich gilt für den Fall, dass die Nutzleistungsturbine einen Generator antreibt, also bei konstanter Drehzahl arbeitet. Sie eignet sich aber auch zum direkten Antrieb von Arbeitsmaschinen (z.B. Pipelineverdichter oder -pumpen) mit variabler Drehzahl (s. 12.4).

Das für den Generatorantrieb gültige, hier dargestellte Kennfeld ähnelt sehr dem des Aeroderivats 12.2, obwohl die Teilturbinen in unterschiedlicher Weise auf den beiden Wellen angeordnet sind. Die Knicke in den Verläufen der Kurven für konstante Parameterwerte entsprechen dem hier angewendeten Regelkonzept.

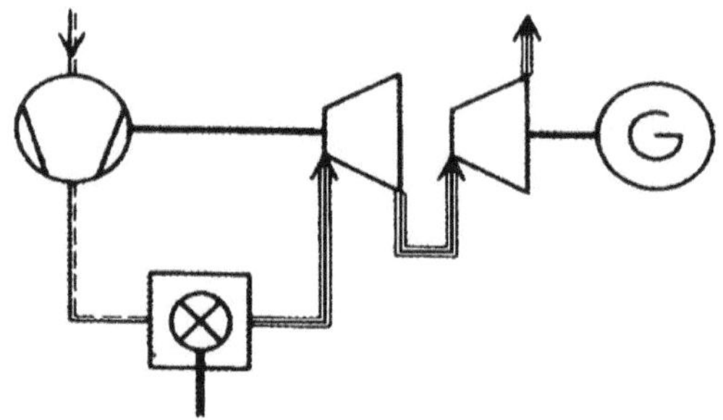

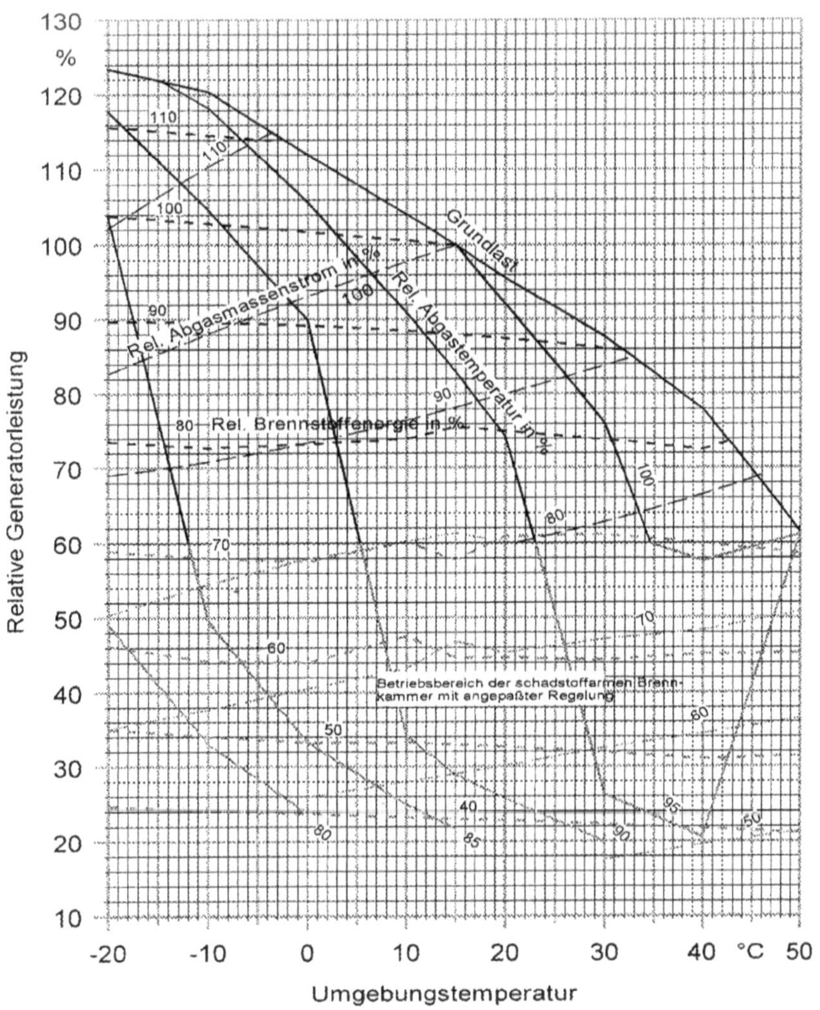

Auslegungsdaten für den Betrieb mit Erdgas und
beim Umgebunsluftzustand:

	Druck	0,1013 MPa (0 m Höhe)
	Temperatur	15 °C
	relative Luftfeuchtigkeit	60 %

Generatorleistung P_{el0}	12,9 MW	Abgasmassenstrom $\dot{m}_{Ab}$	39,6 kg/s
Brennstoffenergie $\dot{E}_{Br}$	38,1 MW	Abgastemperatur t_{Ab}	570 °C

Bei abweichenden Bezugsbedingungen sind folgende Korrekturen erforderlich:

Höhe: Leistungs- und Massenstromabnahme entsprechend der Abnahme der Luftdichte bei gleicher Temperatur von 1,17 % je 100 m.

Einfluss zusätzlicher Druckverluste auf:	P_{el}	$\dot{E}_{Br}$	t_{Ab}
je 1 kPa im Lufteintritt	−1,75 %	−1,07	+2,0 K
je 1 kPa im Abgasaustritt	−0,76 %	–	+2,0 K

T. Becker, G. Dibelius, G. Simpson

Erläuterung zu 12.4

Zweiwellen-Gasturbinen mit getrennter Nutzleistungsturbine eignen sich vor allem *zum mechanischen Antrieb* von Arbeitsmaschinen, z.B. von Verdichtern oder Pumpen in Pipelines. In diesem Fall sellt sich die Drehzahl der Nutzleistungsturbine in Abhängigkeit der für die Arbeitsmaschine gewünschten Leistung ein. Das dargestellte Kennfeld gilt für die gleiche Maschine wie unter 12.3 in der anderen Anwendung.

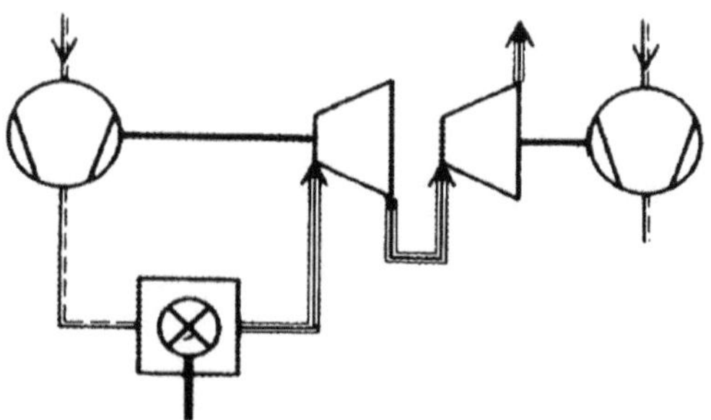

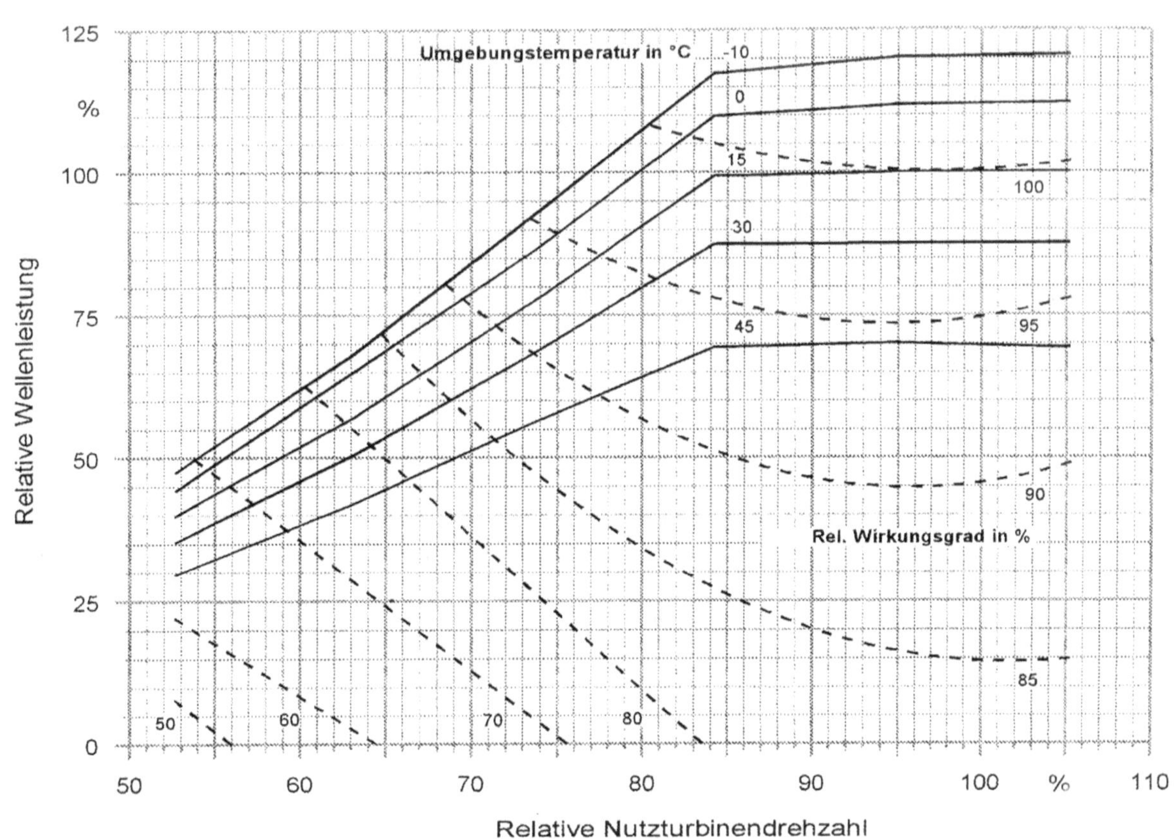

Auslegungsdaten für den Betrieb mit Erdgas und
beim Umgebungsluftzustand

			Druck	0,1013 MPa (0 m Höhe)
			Temperatur	15 °C
			relative Luftfeuchtigkeit	60%

Wellenleistung P_{m0}	13,435 MW		Abgasmassenstrom $\dot{m}_{Ab}$	39,6 kg/s
Brennstoffenergie $\dot{E}_{Br}$	38,098 MW		Abgastemperatur t_{Ab}	570 °C
Wirkungsgrad η	35,26 %		Nutzturbinendrehzahl n	9500 min^{-1}

Bei abweichenden Bezugsbedingungen sind folgende Korrekturen erforderlich:

Höhe: Leistungs- und Massenstromabnahme entsprechend der Abnahme der Luftdichte bei gleicher Temperatur von 1,17 % je 100 m.

Einfluss zusätzlicher Druckverluste auf:	P_{el}	$\dot{E}_{Br}$	t_{Ab}
je 1 kPa im Lufteintritt	−1,75 %	−1,07	+2,0 K
je 1 kPa im Abgasaustritt	−0,76 %	−	+2,0 K

T. Becker, G. Dibelius, G. Simpson

Erläuterung zu 12.5

Im *energetischen Kennfeld* für die industrielle Einwellen-Gasturbine nach 12.1 ist aufgetragen, auf welche Anteile sich die mit dem Brennstoff zugeführte Energie verteilt. Hauptsächlich wird ein dem Wirkungsgrad der Gasturbine entsprechender Anteil zunächst in mechanische und dann in elektrische Energie umgewandelt. Doch ist der größere Teil der mit dem Brennstoff zugeführten Energie als Wärme im Abgas enthalten. Nur im Fall von Anlagen zur ausschließlichen Deckung von elektrischer Spitzenlast wird sie verloren gegeben; in den anderen Fällen wird sie großenteils bis zu einer durch den Taupunkt vorgegebenen unteren Temperatur (bei Betrieb der Gasturbine mit Erdgas 100 °C und bei Betrieb mit Heizöl EL 140 °C) in einem der Gasturbine nachgeschalteten Abhitzekessel an andere Wärmeträger abgegeben. Nur die dann noch im Abgas verbleibende Restwärme geht wie auch die sonstigen Verluste verloren. Bei Turbinen mit höheren oder niedrigeren Wirkungsgraden ergibt sich eine andere Aufteilung in nutzbare Abgas-Wärmeleistung und elektrische Energie, jedoch bleibt die Verlustenergie in ähnlicher prozentualer Größenordnung bestehen. Jedenfalls ist die verwertbare Energie im ganzen für die Gasturbine vorgesehenen Betriebsbereich zu betrachten.

Als *Verwendungsmöglichkeiten der Abgaswärme* in integrierten Anlagenkomponenten kommen in Frage:

- Kraft-Wärme-Kopplung (KWK),

- Vorschaltgasturbine,

- Kombinierte Gas- und Dampfturbinenanlage.

Kraft-Wärme-Kopplung

Viele und sehr unterschiedliche Prozesse, z.B. in der Verfahrenstechnik, der Papier- oder Pertroindustrie, brauchen Wärme im Temperaturbereich bis etwa 500 °C, die in den meisten Fällen mit Wasserdampf, aber auch mit anderen Wärmeträgern in den Prozess eingekoppelt wird.

Um das Wärmeangebot von dem durch die Gasturbine gelieferten in beschränktem Rahmen zu erweitern, können im Gaspfad auch Zusatzbrenner eingebaut werden, die meist mit dem gleichen Brennstoff wie die Gasturbine und mit dem Restsauerstoffgehalt im Abgas versorgt werden; denn bei einem Luftverhältnis von beispielsweise 3 sind im Abgas noch $^2/_3$ des in der Luft zugeführten Sauerstoffs vorhanden.

Vorschaltgasturbine

Das Abgas der Gasturbine kann aus dem letztgenannten Grund auch als hoch vorgewärmter Oxidator für einen mit anderem Brennstoff, z.B. Kohle, versorgten Kessel verwendet werden.

Kombinierte Gas- und Dampfturbinen-Anlage

Die relativ hohen Abgastemperaturen der Gasturbine erlauben hochparametrischen Dampf zu gewinnen, der sich in Dampfturbinen abarbeiten lässt. Bei Expansion bis zum Kondensationsdruck wird elektrische Leistung in der Größenordnung der Hälfte der Gasturbinenleistung dazugewonnen (s. 12.7). Die Dampfturbine kann aber auch als Gegendruck- oder Entnahmemaschine ausgeführt werden.

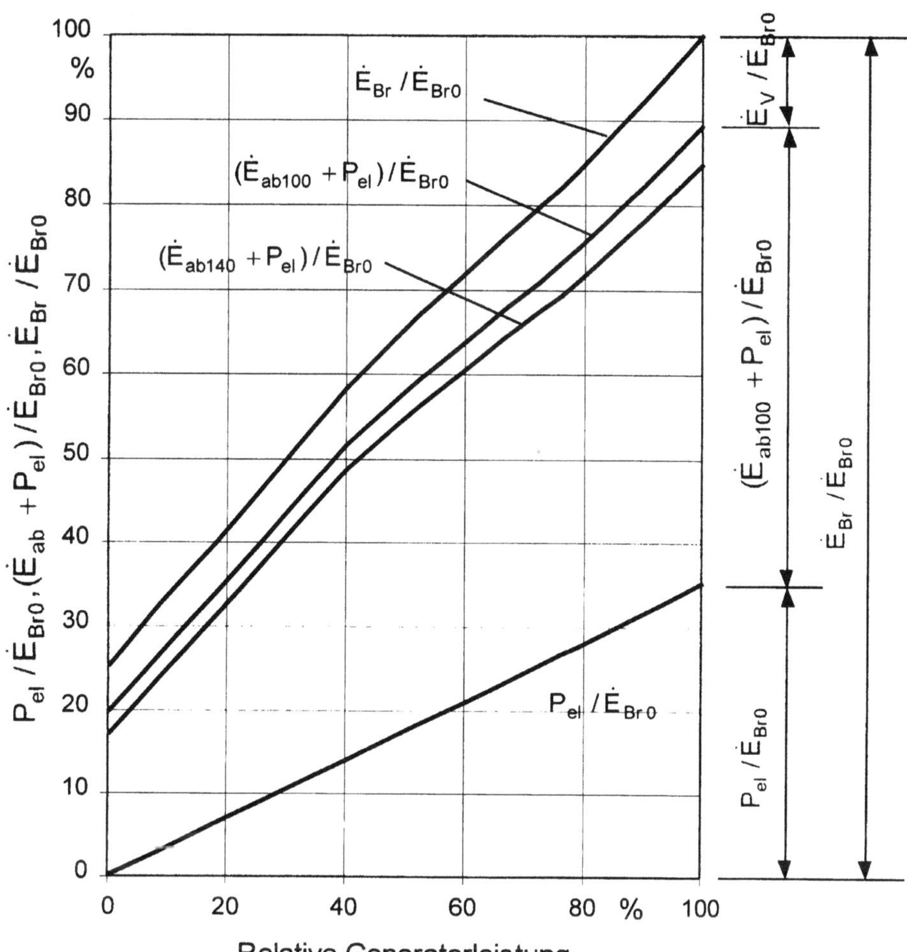

Nomenklatur:

P_{el}	Generatorklemmenleistung
$\dot{E}_{Br}$	Brennstoffenergie
$\dot{E}_{Br0}$	Brennstoffenergie bei Grundlast
$\dot{E}_{ab100}$	Abgas-Wärmeleistung bis zur Abkühlung auf 100 °C
$\dot{E}_{ab140}$	Abgas-Wärmeleistung bis zur Abkühlung auf 140 °C
$\dot{E}_V$	Verluste

Energiebilanz: $\dot{E}_{Br} = P_{el} + \dot{E}_{ab} + \dot{E}_V$

T. Becker, G. Dibelius

Erläuterung zu 12.6

Im *energetischen Kennfeld* für die Aeroderivat-Gasturbine nach 12.2 ist aufgetragen, auf welche Anteile sich die mit dem Brennstoff zugeführte Energie verteilt: in einen in elektrische Energie umgewandelten Anteil, in einen ausnutzbaren Abgaswärmeanteil, in einen Wärmeverlustanteil und sonstige Verluste. Der Vergleich mit dem entsprechenden Diagramm 12.5 für die industrielle Gasturbine in 12.1 zeigt eine etwas bessere Ausnutzung der zugeführten Brennstoffenergie zur Erzeugung elektrischer Energie durch die Gasturbine, entsprechend geringere Möglichkeit zur Ausnutzung der Wärme, etwas größere Verluste und einen hauptsächlich durch unterschiedliche Regelsysteme verursachten, etwas anderen Verlauf dieser Größen im Teillastbereich.

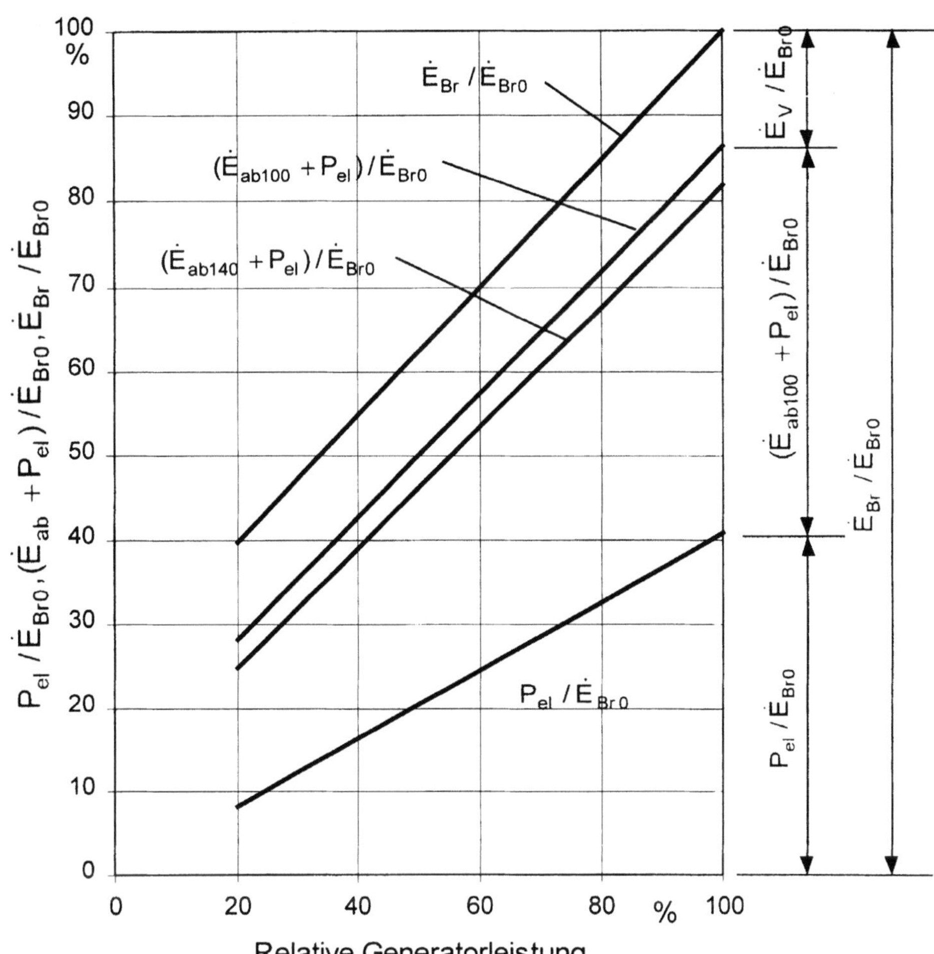

Nomenklatur:

P_{el}		Generatorklemmenleistung
$\dot{E}_{Br}$		Brennstoffenergie
$\dot{E}_{Br0}$		Brennstoffenergie bei Grundlast
$\dot{E}_{ab100}$		Abgas-Wärmeleistung bis zur Abkühlung auf $100\,°C$
$\dot{E}_{ab140}$		Abgas-Wärmeleistung bis zur Abkühlung auf $140\,°C$
$\dot{E}_V$		Verluste

Energiebilanz: $\dot{E}_{Br} = P_{el} + \dot{E}_{ab} + \dot{E}_V$

T. Becker, G. Dibelius, G. Simpson

Erläuterung zu 12.7

Kombinierte Gas- und Dampfturbinenanlagen nutzen die im Abgas der Gasturbine enthaltene Wärme (s. 12.5) in einem Abhitzedampferzeuger. Der gewonnene Dampf treibt im üblichen Kreisprozess eine Dampfturbine entweder mit einem zweiten Generator oder zusammen mit der Gasturbine einen entsprechend größeren Generator auf einer Welle an. In jedem Fall wird die *gesamte elektrische Leistung* um die der Dampfturbine erhöht. Dieser Anteil vergrößert sich im Teillastbereich noch gegenüber dem Nennpunkt (12.7).

Da ja dem Dampfprozess kein zusätzlicher Brennstoff zugeführt wird, erhöht sich der *Wirkungsgrad* durch die Kombination fast vollständig entsprechend der Dampfturbinenleistung (12.7). Mit dieser Kombination der beiden Prozesse werden die zur Zeit höchstmöglichen Wirkungsgrade für thermische Kraftwerke erreicht. Prinzipiell ist dies möglich, weil die Gasturbine – die hohe Gastemperatur ausnutzend – nur wenig durch die Nachschaltung des Dampfturbinenprozesses beeinflusst wird. Die Abgastemperatur ist jedenfalls genügend hoch, um im Abhitzekessel Dampf in einem für Dampfkraftwerke üblichen Temperatur- und Druckbereich zu erzeugen. So lässt sich durch die Kombination der beiden hochentwickelten Prozesse der ganze Temperaturbereich zwischen Feuerungstemperatur der Gasturbine bis zu den von Kühlmittel und -technik abhängigen Kondensationsbedingungen im Kondensator des Dampfkreislaufes nutzen.

In einem kombinierten Gas-Dampfturbinenprozess ist eine höhere Abgastemperatur der Gasturbine kein Verlust, sondern kommt dem Dampfprozess zugute. Sie hängt ja bei vorbestimmter Feuerungstemperatur von dem Druckverhältnis der Gasturbine ab und kann begrenzt durch die Eigenschaften der Werkstoffe für den Abhitzekessel und die Dampfturbine optimiert werden. Für die meisten industriellen Gasturbinen wird mit Rücksicht auf diese Anwendung das Druckverhältnis so gewählt, dass eine Abgastemperatur zwischen 550°C und 620°C erreicht wird. Aeroderivate haben bedingt durch ihre Auslegung als Flugtriebwerk höhere Druckverhältnisse und Gasturbinenwirkungsgrade, im Fall ihres Einsatzes in kombinierten Anlagen aber schlechtere Dampfturbinenwirkungsgrade. Deshalb eignen sie sich mehr für die Prozessdampferzeugung in Kraft-Wärme-Kopplungs-Anlagen.

Der zu erreichende Gesamtwirkungsgrad hängt aber noch davon ab, wie die Wärme des Abgases im Abhitzekessel an den Dampf übertragen wird, wie also die kontinuierliche Abkühlung des Gases einerseits und die Erwärmung, Verdampfung und Überhitzung des Dampfes andererseits mit ihren unterschiedlichen Temperaturprofilen bei möglichst geringem Temperaturabfall und dementsprechend geringem Exergieverlust aneinander angepasst werden können. Dies gelingt besser, wenn die Wärme an den Dampf in mehr als einer Druckstufe zugeführt wird, womit sich allerdings auch die Komplexität der Anlage steigert.

In nebenstehenden Bildern 12.7 sind die Auslegungsverhältnisse und das Teillastverfahren verschiedener aktueller kombinierter Gas-Dampfturbinenkraftwerke dargestellt. In allen Beispielen ist eine einzige einwellige Gasturbine, die speziell für dieses Einsatzgebiet optimiert wurde, mit einem Dampfprozess kombiniert.

Der einfachste Aufbau eines Abhitzedampferzeugers, ist der mit einem einzigen Verdampfer (1-Druckprozess) K_1, in dem die Abgaswärme der Gasturbine 12.1 nur bis zu einem Temperaturniveau von ca. 180°C ausgenutzt wird. Doch ist der Wirkungsgrad dieses Kraftwerkes relativ gering.

Für die gleiche Gasturbine 12.1 mit einem 2-Druckprozess K_2 (s. Schaltbild 1) ergibt sich eine bessere Ausnutzung des Gasturbinenabgases bis zu ca. 100°C und ein Anstieg des Gesamtwirkungsgrades um 3,6 Prozentpunkte.

Für eine Gasturbine der heute größten Leistungsklasse mit einem 2-Druckprozess K_3 ergibt sich wegen des besseren Gasturbinenwirkungsgrades auch ein besserer Gesamtwirkungsgrad bei praktisch gleicher Leistungsaufteilung.

Der 3-Druckprozess mit Zwischenüberhitzung K_4 (s. Schaltbild 2) wird für die gleiche Gasturbine des Beispiels 3 wirtschaftlich optimal eingesetzt. Dabei wird der Dampf der zweiten Druckstufe der kalten Zwischenüberhitzung zugeführt und zusammen mit dem Abdampf der Hochdruck-Dampfturbine überhitzt.

Prozesse mit mehr als drei Druckstufen ergeben nochmals eine geringe Verbesserung des Anlagenwirkungsgrades. Wegen der hohen Investitionskosten im Verhältnis zur erzielten Wirkungsgradsteigerung kommen diese Prozesse derzeit kaum zum Einsatz.

Erläuterung zu 12.7 (Fortsetzung)

Auslegungsdaten kombinierter Gas-/Dampfturbinenkraftwerke

Kraftwerk	P_{GT0}[a] MW	P_{DT0} MW	P_{DT0}/P_{GT0} %	$\dot{E}_{Br0}$ MW	η_{el0}[b] %	t_F °C	$t_{ab.\,GT}$ °C	$t_{ab.\,AK}$ °C	$\dot{m}_{ab}$ kg/s	p_{FD} MPa	t_{FD} °C
1	69,6	31,2	44,8	205,0	49,2	1287	590	180	204	6	480
2	69,6	38,6	55,5	205,0	52,8	1287	590	100	204	9	540
3	255,2	140,7	55,1	694,0	57,0	1327	609	80	645	8	550
4	254,6	149,8	58,8	694,0	58,3	1327	609	80	645	11	550

[a] Zusätzliche Druckverluste zur Berücksichtigung des Abhitzekessels
[b] Brutto-Wirkungsgrade; Eigenbedarf des Dampfkreislaufes ca. 1,5 % und Eigenbedarf der Gasturbine ca. 1 %

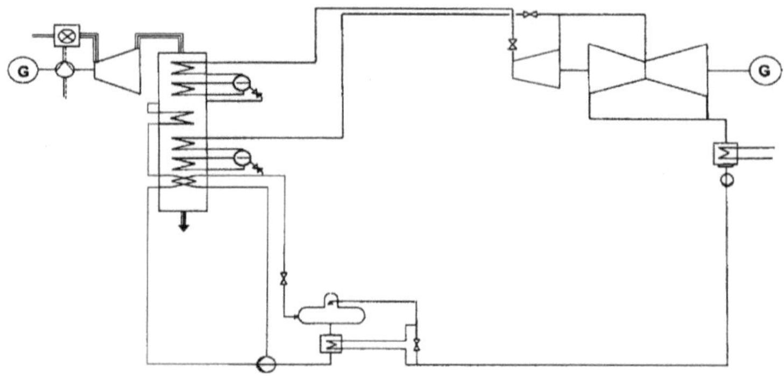

Bild 1: Vereinfachtes Schaltbild des Dampfkreislaufes als 2-Druckprozess

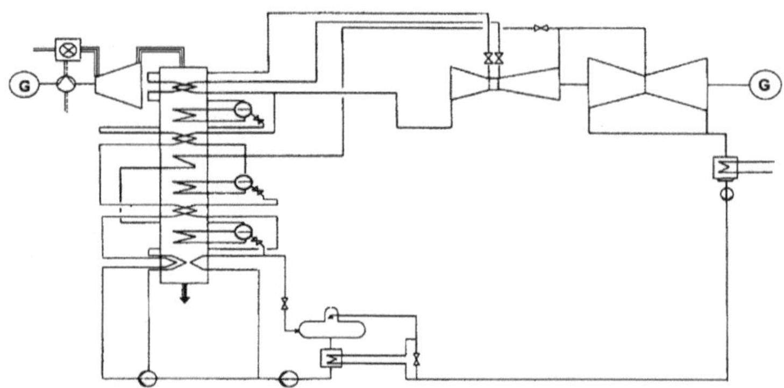

Bild 2: Vereinfachtes Schaltbild des Dampfkreislaufes als 3-Druckprozess

T. Becker, G. Dibelius, J. Klebes, L. Miermann

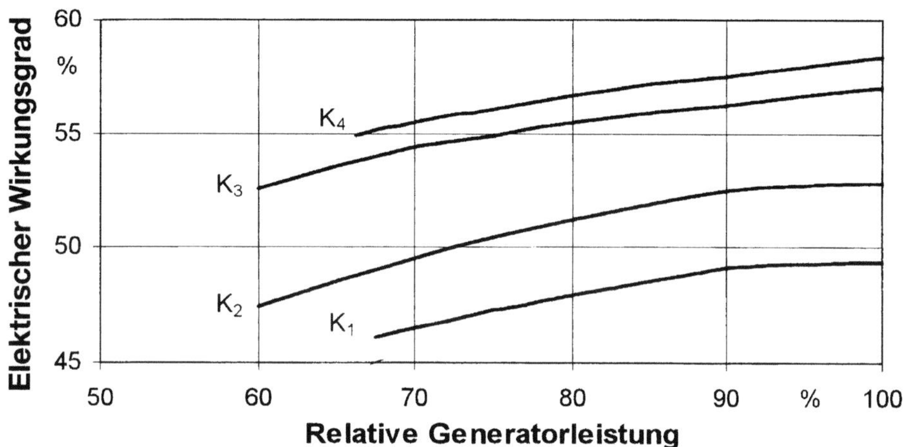

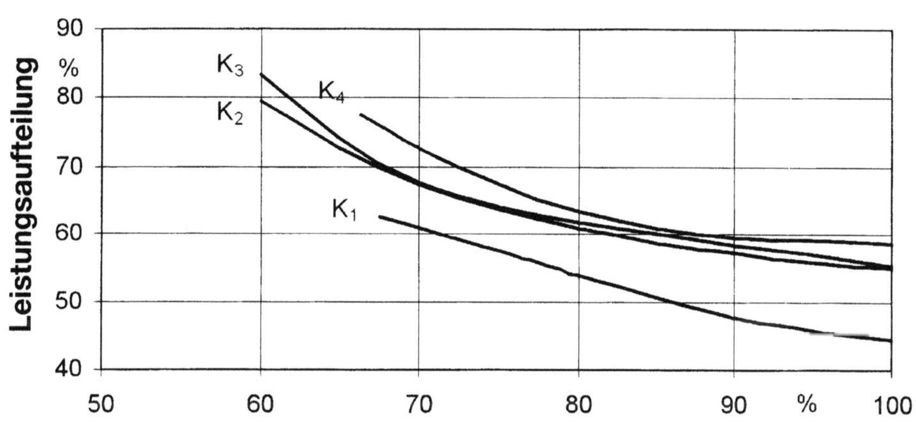

Elektrischer Wirkungsgrad: $\quad \eta_{el} = \dfrac{P_{DT} + P_{GT}}{\dot{E}_{Br}} * 100\,\%$ $\qquad$ Leistungsaufteilung: $\quad P_{LA} = \dfrac{P_{DT}}{P_{GT}} * 100\,\%$

Nomenklatur:

P_{DT}, P_{GT}	Dampfturbinen- bzw. Gasturbinenleistung
P_{DT0}, P_{GT0}	Dampfturbinen- bzw. Gasturbinenleistung bei Grundlast
$\dot{E}_{BR}$	Brennstoffenergie der Gasturbine
$\dot{E}_{BR0}$	Brennstoffenergie der Gasturbine bei Grundlast

Kraftwerktyp:

K_1	1-Druck-Dampfprozess, Gastrubine gemäß 12.1
K_2	2-Druck-Dampfprozess, Gastrubine gemäß 12.1
K_3	3-Druck-Dampfprozess
K_4	3-Druck-Dampfprozess mit Zwischenüberhitzung

η_{el0}	elektrischer Wirkungsgrad
T_F	Feuerungstemperatur (Def.: Totaltemperatur der Heißgase von der ersten Laufschaufelreihe)
$T_{ab.\,GT}$, $T_{ab.\,AK}$	Abgastemperatur nach Gasturbine bzw. Abhitzekessel
$\dot{m}_{ab}$	Abgasmassenstrom
p_{FD}, T_{FD}	Frischdampfdruck, Frischdampftemperatur

T. Becker, G. Dibelius, J. Klebes, L. Miermann

Erläuterung zu 12.8

Bei den Schadstoffemissionen von Gasturbinen unterscheidet man in erster Linie zwischen den Stickoxid-(NO, NO_2) und Kohlenmonoxid-Emissionen (CO). Die NOx-Emission hat die größte Bedeutung und man unterscheidet drei Quellen der NOx-Entstehung.

Das „thermische" NOx entsteht nach Zeldovic durch ein Zerfallen des Luftstickstoffs, welches dann mit dem Luftsauerstoff zu NOx aufoxidiert. Diese Reaktion findet in der Flamme statt und nimmt exponentiell mit der Verweilzeit in der heißen Zone mit Temperaturen über 1300 °C zu.

Die beiden anderen Quellen sind einerseits die „promte" NOx-Bildung nach Fenimore und andererseits die NOx-Bildung aus Brennstoffstickstoff. Die thermische NOx-Emission bildet in der Regel die Hauptquelle.

Die örtliche Flammentemperatur, ist eine der Haupteinflussgrößen und wird unter anderem beeinflusst durch die Brennstoffart, das örtliche Brennstoff/Luft-Verhältnis, die Temperatur der Verbrennungsluft und den Verbrennungsdruck, wohingegen die Verweilzeit abhängig ist von der strömungstechnischen und thermodynamischen Auslegung der Brennkammer.

Da die Flammentemperatur die NOx-Bildung hauptsächlich beeinflusst, kommt es darauf an, dass sie möglichst gleichmäßig ohne Temperaturspitzen verteilt ist. Bei *gasförmigen Brenstoffen* wird das durch Vormischen des Brennstoffes mit der Luft erreicht. Das ermöglicht, dass der nach TA-Luft gesetzlich vorgeschriebene Grenzwert eingehalten wird. Die Grenzwerte der Dynamisierung der TA-Luft von 1991 schreiben für Neuanlagen bei Betrieb mit Erdgas und einer Feuerungswärmeleistung von < 100 MW einen Grenzwert von 150 mg/Nm³, bezogen auf 15 % O_2 und für eine Feuerungswärmeleistung von > 100 MW einen Grenzwert von 100 mg/Nm³, bezogen auf 15 % O_2 vor. Der CO-Emissionsgrenzwert nach TA-Luft ist 100 mg/Nm³ für Nennlast. Bei allen modernen Gasturbinen mit Vormischbrennkammer werden die TA-Luft Grenzwerte im Vormischbetrieb eingehalten. Das sich einstellende Emissionsniveau (s. schraffierten Bereich im Bild) ist z.B. abhängig vom Konstruktionsprinzip der Brennkammer, der Erdgaszusammensetzung und den Umgebungsbedingungen.

Bei sinkender Gasturbinenlast wird durch das Zufahren der variablen Verdichtereintrittsleitschaufeln das Brennstoff/Luft-Verhältnis konstant gehalten, um so den schadstoffarmen Vormischbetrieb aufrecht erhalten zu können.

In vorliegendem Beispiel ist der minimale Verdichtereintrittsleitschaufelwinkel bei 50 % Last erreicht, d.h. eine weitere Reduzierung des Luftmassenstroms ist nicht mehr möglich. Zur weiteren Lastreduzierung wird nun der Brennstoff verringert, mit der Folge, dass das Brennstoff/Luft-Gemisch zu mager wird und kein reiner Vormischbetrieb mehr möglich ist. Dann muss auf die Eindüsung des Gases in den Luftstrom (Diffusionsbetrieb) mit ungleichmäßiger Temperaturverteilung und dementsprechender höherer NOx-Produktion umgeschaltet werden, die nur für beschränkte Zeit z.B. beim Starten oder bei Störfällen zugelassen ist.

Bei anderen *Sondergasen*, wie Flüssiggas, Raffineriegas, Kokereigas, und auch bei *Flüssigbrennstoffen* wie Heizöl EL oder Naphtha, muss eine Brennkammer gewählt werden, die nur im Diffusionsmode betrieben wird. Die NOx-Emissionen müssen mittels Dampfeindüsung oder Wassereinspritzung reduziert werden.

Die benötigte Dampf- bzw. Wassermenge kann direkt in die Primärzone der Brennkammer eingebracht werden. Bei Flüssigbrennstoffen wie Heizöl EL besteht auch die Möglichkeit der Wasser-Öl-Emulsion. Die benötigte Eindüsungsmenge zur Einhaltung der Grenzwerte liegt je nach Brennstoff zwischen dem 1- bis 1,3-fachen des Brennstoffmassenstroms. Die Eindüsungsmenge sollte aber nicht zu groß sein, da zwar die NOx-Emission mit steigenden Massenströmen weiter reduziert wird, aber im Gegenzug die CO-Emission steigt. Durch die Eindüsung erhöht sich natürlicherweise auch die Leistung der Gasturbine.

Die CO-Emission folgt den gegensätzlichen Gesetzmäßigkeiten wie die NOx-Emission. Eine geringe CO-Emission wird erreicht durch hohe Flammentemperaturen und eine genügend lange Verweilzeit zur Aufoxidation zu Kohlendioxid.

Bei Betrieb mit flüssigen Brennstoffen ist zusätzlich noch die Schwefeldioxidemission zu beachten, deren Höhe vom brennstoffgebundenen Schwefel abhängt und somit über Brennstoffspezifikationen begrenzt werden kann.

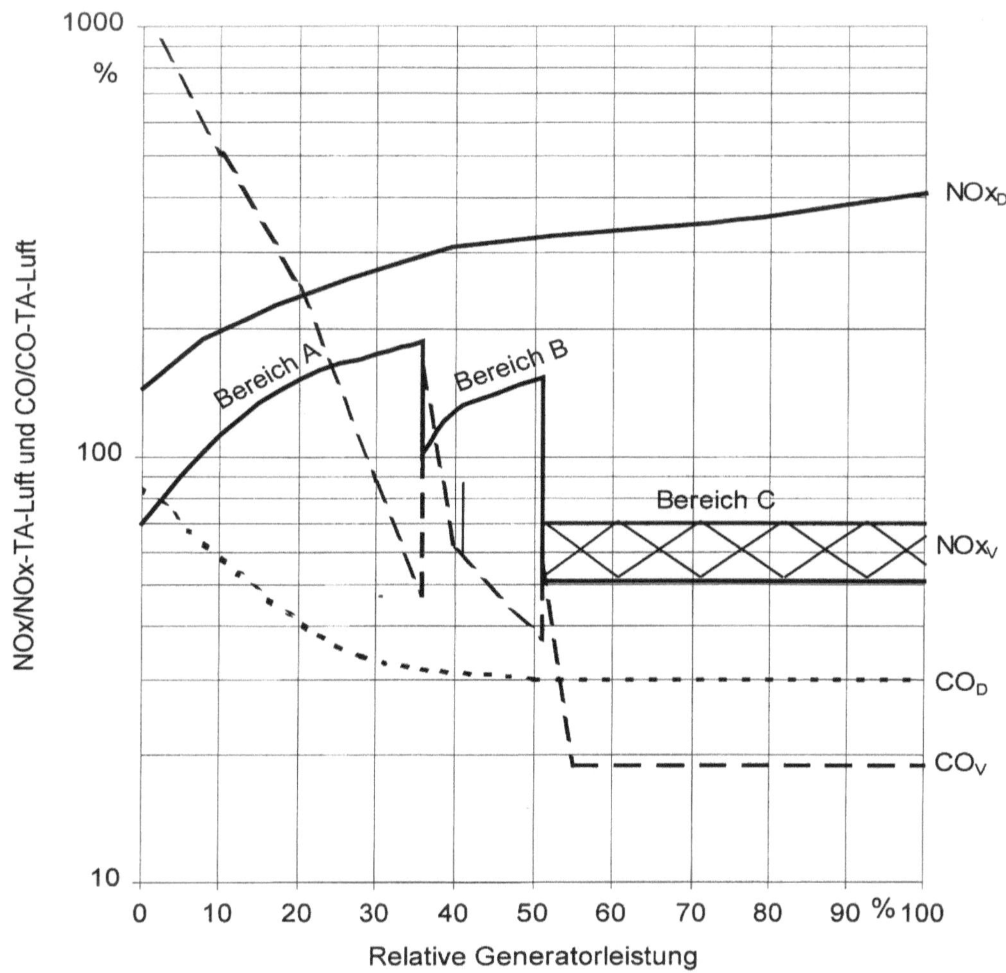

NOx_V und CO_V: Emissionen einer für den Vormischbetrieb ausgelegten Brennkammer

Es werden drei Betriebsbereiche unterschieden:

– Bereich A: Brennkammer im Diffusionsbetrieb
– Bereich B: Betrieb der Brennkammer im Vormischbetrieb mit Stützflamme
– Bereich C: Vormischbetrieb (50–100 % Last)

NOx_D und CO_D: Emission einer Brennkammer, die über den gesamten Lastbereich im Diffusionsmode betrieben wird.

T. Becker, G. Dibelius

Internationale Standards

ISO 2314:	Gas turbines: Acceptance tests
ISO 2314/AMD1:	Acceptance tests for combinedcycle power plants
ISO 3977:	Gas turbines: Procurement (z. Zt. in Überarbeitung mit folgenden Teilen):
Part 1:	General definitions
Part 2:	Standard reference conditions and ratings
Part 3:	Design requirements
Part 4:	Fuels, environmental
Part 5:	Applications
Part 6:	Combined cycles
Part 7:	Technical information
Part 8:	Inspection, testing, installation and commissioning
Part 9:	Reliability, availability, maintainability and safety
ISO 3977: 1991/DAM 1:	Gas turbines, Procurement; Amendment 1: Basic procurement information for combined-cycle plants.
ISO 10494:	Gas turbines and gas turbine sets; Measurement of emitted airborne noise; Engineering and survey method.
ISO/DIS 10816-4:	Mechanical vibration; Evaluation of machine vibration by measurement on non rotating parts; Part 4: Guidelines for gas turbine driven sets excluding aircraft derivatives.
ISO 11042-1:	Gas turbines; Exhaust gas emission; Part 1: Measurement and evaluation. (Diesem Normenentwurf wurde zugestimmt).
ISO 11042-2:	Gas turbines; Exhaust gas emission; Part 2: Automated emission monitoring.
ISO 11086:	Gas turbines; Vocabulary.

Europäische Standards

Pr EN45537:	Gas turbines; Procurement (auf Basis der in Überarbeitung befindlichen ISO 3977 wird zusätzlich eine Europäische Norm erarbeitet).

DIN-Standards

DIN 4319-1:	Dampf- und Gasturbinen; thermodynamisch und strömungsmechanische Begriffe für Dampf- und Gasturbosätze: Teil 1: Grundlagen.
DIN 4319-2:	Dampf- und Gasturbinen, thermodynamische und strömungsmechanische Begriffe für Dampf- und Gasturbosätze; Teil 2: Funktionsbegriffe und funktionelle Maschinenbegriffe.
DIN 4340:	Gasturbinen; Begriffe, Benennungen, (1993 zurückgezogen).
DIN 4341-1:	Gasturbinen; Abnahmeregeln für Gasturbinen; Grundlagen.
DIN 4341-2:	Gasturbinen; Abnahmeregeln für Gasturbinen; Auswertungsbeispiele.
DIN 4342:	Gasturbinen; Normbezugsbedingungen, Angaben über Betriebswerte (wird nach Erscheinen der DIN ISO 3977 zurückgezogen).
DIN ISO 10816-4:	Bewertung der Schwingungen von Maschinen durch Messungen an nichtrotierenden Teilen. Teil 4: Maschinensätze mit Antrieb durch Gasturbine mit Ausnahme von Flugtriebswerken.

VDI-Richtlinien

VDI 4670-2:	Thermodynamische Stoffwerte von feuchter Luft und Verbrennungsgasen.

Für Industrie-Gasturbinen gilt folgende Verordnung:

Technische Anleitung zur Reinhaltung der Luft/TA-Luft vom 27. 2. 1986.

Eine aktuelle Übersicht über die angebotenen Industrie-Gasturbinen wird jährlich von folgenden Fachzeitschriften veröffentlicht:

Gas Turbine World, P.O. Box 447, Southport CT06490, USA;
Turbomachinery International, P.O. Box 5550, Norwalk CT 06856-5550, USA.

Erläuterung zu 13.1

Das Arbeitsblatt 13.1 dient dazu, aus der gewünschten elektrischen Leistung P_{el}, dem Gesamtwirkungsgrad $\eta_{el} \cdot \eta_e$ und dem Luftverhältnis λ den Erdgasnormvolumenstrom $\dot{V}_{EG}$, die Brenngasleistung $\dot{V}_{EG} \cdot H_u$ und den Normvolumenstrom des feuchten Abgases $\dot{V}_{Abg.\,f}$ zu bestimmen. Ferner kann über die elektrische Leistung P_{el} bei einem elektrischen Wirkungsgrad $\eta_{el} = 0{,}98$ über die Motordrehzahl n und das Hubvolumen V_H das Drehmoment M und der effektive Mitteldruck p_{me} ermittelt werden.

Das Nomogramm verwendet auf Zehnerpotenzen (10^x) reduzierte Einheiten, um eine große Bandbreite von Motorleistungen behandeln zu können. Das bedeutet, dass mit Ausnahme von n und p_{me} der für einen konkreten Fall gültige Zehnerexponent x einzusetzen ist.

Das Arbeitsblatt wurde mit den Daten des Gases Methan als Bezugsbasis erstellt.

Erklärung der Größen

H_u Heizwert des Erdgases in MJ/m^3
M Drehmoment in Nm
n Drehzahl in min^{-1}
P_{el} elektrische Leistung in kW
p_{me} effektiver Mitteldruck in MPa
$\dot{V}_{Abg.\,f}$ Normvolumenstrom des feuchten Abgases in m^3/h
$\dot{V}_{EG}$ Normvolumenstrom des Erdgases in m^3/h
V_H Hubvolumen in l
η_e effektiver Wirkungsgrad
η_{el} elektrischer Wirkungsgrad
λ Luftverhältnis

Berechnungsformeln:

$$\dot{V}_{EG} = \frac{P_{el}}{H_u\,\eta_{el}\,\eta_e} \tag{1}$$

$$H_u = 36\ \text{MJ/m}^3$$

$$\dot{V}_{EG} \cdot H_u = \frac{P_{el}}{\eta_{el}\,\eta_e} \tag{2}$$

$$\dot{V}_{Abg.\,f} = (1 + 9{,}5\,\lambda) \cdot \dot{V}_{EG} \tag{3}$$

$$M = \frac{P_{el}}{0{,}000105\,\eta_{el} \cdot n} \quad \text{(Zahlenwertgleichung)} \tag{4}$$

$$p_{me} = \frac{M}{79{,}6\,V_H} \quad \text{(Zahlenwertgleichung)} \tag{5}$$

Bei einer geforderten elektrischen Leistung $6 \cdot 10^2$ kW und einem Gesamtwirkungsgrad des Motor/Generator-Satzes ($\eta_{el} \cdot \eta_e$) von 0,35 (1) ist ein Erdgasanschluss für einen Erdgas-Volumenstrom von $1{,}7 \cdot 10^2$ m^3/h bzw. für eine Brenngasleistung von $17 \cdot 10^2$ kW (2) notwendig. Soll für den Generatorantrieb ein Magermotor (z.B. $\lambda = 1{,}6$) verwendet werden, dann muss die Abgasleitung einen Abgasvolumenstrom von $27 \cdot 10^2$ m^3/h aufnehmen können (4).

Bei einer Drehzahl des Motors von 1500 min^{-1} (5) sind Antriebswelle und Kupplung am Generator auf ein Drehmoment (4-Takt-Motor) von $38{,}8 \cdot 10^2$ Nm (6) auszulegen. Ein Motor mit einem Hubvolumen von beispielsweise $0{,}45 \cdot 10^2$ l muss einen effektiven Mitteldruck von 1,09 MPa (8) erreichen.

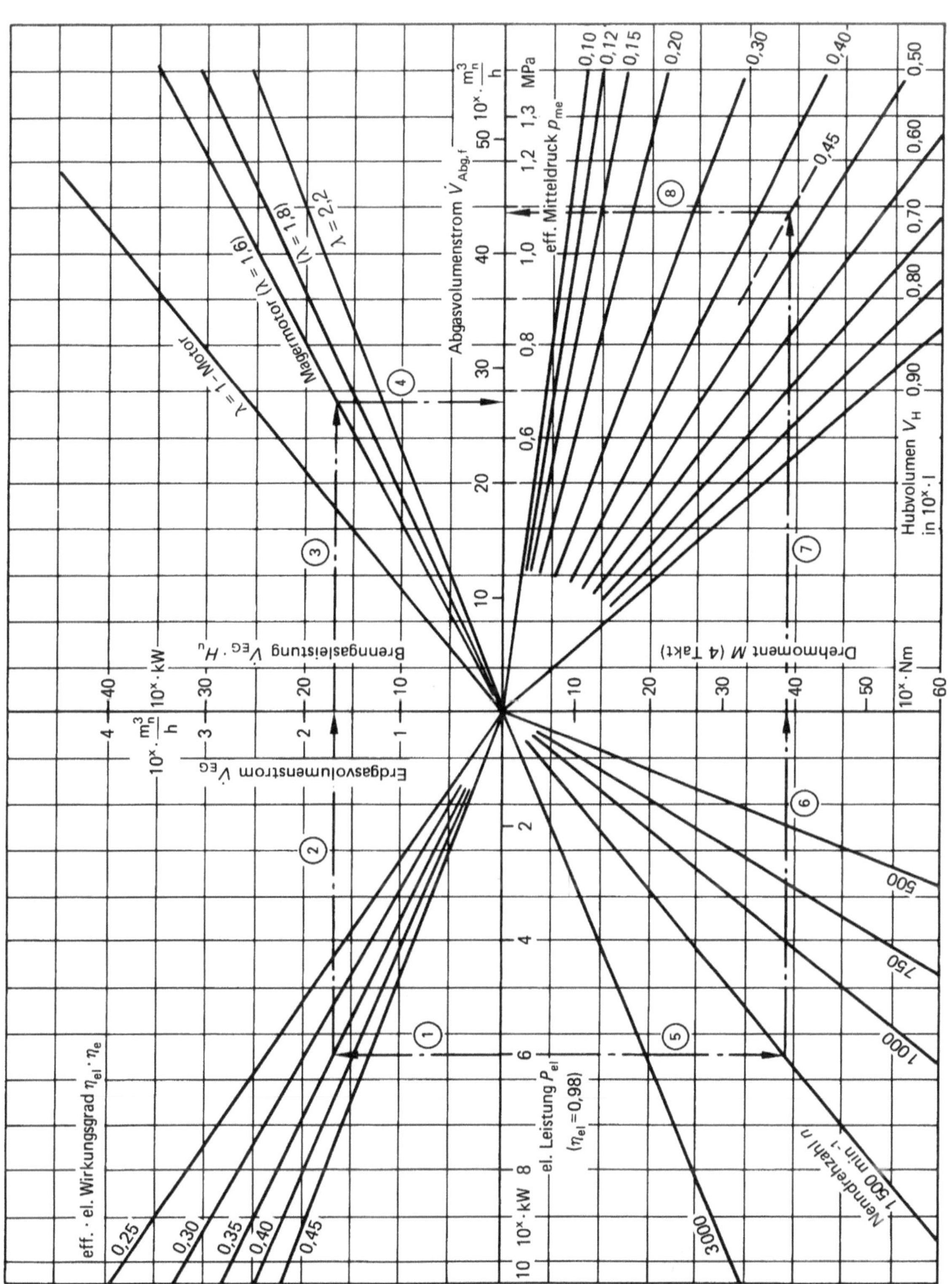

Abgasvolumenstrom $\dot{V}_{\mathrm{Abg.f}}$ $10^x \cdot \frac{m_n^3}{h}$
eff. Mitteldruck p_{me} MPa
0,10
0,12
0,15
0,20
0,30
0,40
0,45
0,50
0,60
0,70
0,80
0,90
Hubvolumen V_H in $10^x \cdot l$
$\lambda = 2,2$
$(\lambda = 1,8)$
$(\lambda = 1,6)$
Magermotor
$\lambda = 1$ - Motor
Brenngasleistung $\dot{V}_{EG} \cdot H_u$
$10^x \cdot kW$
Erdgasvolumenstrom $\dot{V}_{EG}$
$10^x \cdot \frac{m_n^3}{h}$
Drehmoment M (4 Takt)
$10^x \cdot Nm$
eff. · el. Wirkungsgrad $\eta_{el} \cdot \eta_e$
0,25
0,30
0,35
0,40
0,45
el. Leistung P_{el}
$(\eta_{el} = 0,98)$
$10^x \cdot kW$
Nenndrehzahl n
1 500 min^{-1}
500
750
1 000
3 000

Erläuterung zu 13.2

Das Nomogramm 13.3 dient der überschlägigen Bestimmung von Emissionswerten bzw. Emissionsfaktoren für verschiedene Brennstoffe aus gemessenen Schadstoffkonzentrationen bei dem jeweils vorliegenden O_2-Gehalt.

Gleichzeitig kann die Massenkonzentration in mg/m² bei verschiedenen Bezugs-O_2-Gehalten abgelesen werden.

Diese entsprechen den vorkommenden Anwendungsfällen (Heizkessel, Gasmotoren und Gasturbinen) nach den Vorgaben der TA Luft bzw. den technischen Regeln. Eine genaue Umrechnung der Emissionswerte erfolgt nach den angegebenen Formeln (s. Beispiel). Soweit keine Brennstoffanalyse vorliegt, ist das zugehörige Verhältnis $V_{min.\,tr}/H_u$ zugrunde zu legen. Bei anderen als den hier aufgeführten Brennstoffen muss die Brennstoffanalyse herangezogen werden.

Erläuterung der Bezeichnungen

C — Schadstoffkonzentration beim jeweiligen O_2-Gehalt im Betriebszustand in ppm (cm^3/m^3)

ϱ — Dichte in mg/cm^3 ($\triangleq kg/m^3$)

O_2 — Sauerstoffgehalt im trockenen Abgas in Vol.-%

$V_{min.\,tr}/H_u$ — auf Brennstoff bezogenes Abgasvolumen bei stöchiometrischer Verbrennung ($\lambda = 1,0$) in m^3/kWh

H_u — Heizwert des Brennstoffs in MJ/m^3 (Brenngas und MJ/kg (flüssige oder feste Brennstoffe)

E_m — Emissionsfaktor in mg/kg

E_e — Emissionsfaktor in mg/kWh

$\dot{V}$ — Volumenstrom in m^3/h

$\dot{m}$ — Massenstrom in kg/h

m — Masse in kg

t — Betriebszeit in h

P — Leistung in kW

Indizes

B — flüssiger oder fester Brennstoff

G — Brenngas

S — Schadstoff

n — Normzustand

b — Bezugszustand (O_2)

0 — bei 0-Vol.-% O_2

m — Masse

e — energiebezogen

min, tr — stöchiometrische Verbrennung, trockenes Abgas

p — Nutzleistung

ohne Index: Messwert

Berechnungsformeln:

$$C_0 = C \, \frac{21}{21 - O_2} \tag{1}$$

$$C_b = C \, \frac{21 - O_{2.0}}{21 - O_2} = C_0 \, \frac{21 - O_{2.b}}{21} \tag{2}$$

$$C_m = C \cdot \varrho_S \tag{3}$$

$$C_{m.b} = C_b \cdot \varrho_S \tag{4}$$

$$E_{m.G} = C_0 \cdot V_{min.\,tr} \cdot \varrho_{S.n}/\varrho_{G.n} \quad \text{bei Brenngasen} \tag{5}$$

$$E_{m.B} = C_0 \cdot V_{min.\,tr} \cdot \varrho_{S.n} \quad \begin{array}{l}\text{bei flüssigen und}\\\text{festen Brennstoffen}\end{array} \tag{6}$$

$$E_e = C_0 \cdot \varrho_S \, \frac{V_{min.\,tr}}{H_u}$$

$$= E_{m.G} \cdot \frac{\varrho_{G.n}}{H_{u.n}} = \frac{E_{m.B}}{H_{u.B}} \tag{7}$$

$$E_p = \frac{E_e}{\eta} \tag{8}$$

$$\dot{m}_S = E_p \cdot P \cdot 10^{-6}$$

$$= E_{m.G} \cdot \dot{V}_G \cdot \varrho \cdot 10^{-6} = E_{m.B} \cdot \dot{m}_B \cdot 10^{-6} \tag{9}$$

$$m_S = \sum \dot{m}_S \cdot t \tag{10}$$

Normdichte $\varrho_{S.n}$ verschiedener Schadgase

NO_x (als NO_2):	2,05 kg/m³
CO:	1,25 kg/m³
CH_4 (auch C_mH_n als CH_4):	0,718 kg/m³

Verhältnisse $V_{min.\,tr}/H_u$ bei verschiedenen Brennstoffen

Erdgas H:	0,238 m³/MJ
Erdgas L:	0,241 m³/MJ
Methan:	0,238
Propan:	0,238
Butan:	0,241
Heizöl EL:	0,243.

Erläuterung zu 13.2 (Fortsetzung)

Beispiel (s. auch Nomogramm)

Gasmotor

P = 50 kW
η = 31 %
t = 4000 h (Vollast)

Erdgas H

$V_{\text{min. tr}}$ = 9,33 m³/m³
$H_{\text{u. n}}$ = 39,13 MJ/m³
$\varrho_{\text{g. n}}$ = 0,838 kg/m³
C_{NO_x} = 190 ppm $\quad\rightarrow$ ①
O_2 = 7,5 Vol.-% $\quad\rightarrow$ ②

Ergebnis

$$C_0' = 190 \cdot \frac{21}{21 - 7,5} = 295,6 \text{ ppm} \qquad \rightarrow ③$$

Schadstoffkomponente: NO_x als NO_2 ($\varrho_S = 2,05$) $\quad\rightarrow$ ④

$$C_{\text{m. 0}} = 295,6 \cdot 2,05 = 606 \text{ mg/m}^3 \qquad \rightarrow ⑤ \text{ u. } ⑦b$$

Sauerstoffbezug: 5 Vol.-% $\qquad \rightarrow$ ⑥a
0 Vol.-% $\qquad \rightarrow$ ⑥b

$$C_{\text{m. b}} = 190 \cdot \frac{21 - 5}{21 - 7,5} \cdot 2,05 = 462 \text{ mg/m}^3 \qquad \rightarrow ⑦a$$

$$V_{\text{min. tr}}/H_u = \frac{9,33}{39,13} = 0,238 \text{ m}^3/\text{MJ} \qquad \rightarrow ⑧$$

(Linie für Erdgas H)

$$E_{\text{m. G}} = 295,6 \cdot 9,33 \cdot \frac{2,05}{0,838} = 6,747 \text{ mg/kg}$$

$$E_e = 295,6 \cdot 2,05 \cdot \frac{9,33}{39,13} = 145 \text{ mg/MJ} \qquad \rightarrow ⑨$$

$$E_p = \frac{145}{0,31} = 466 \text{ mg/MJ}$$

$$\dot{m}_S = 1678 \cdot 50 \cdot 10^{-6} = 0,0839 \text{ kg/h}$$

$$m_S = 0,0839 \cdot 4000 \text{ kg} = 335,6 \text{ kg}$$

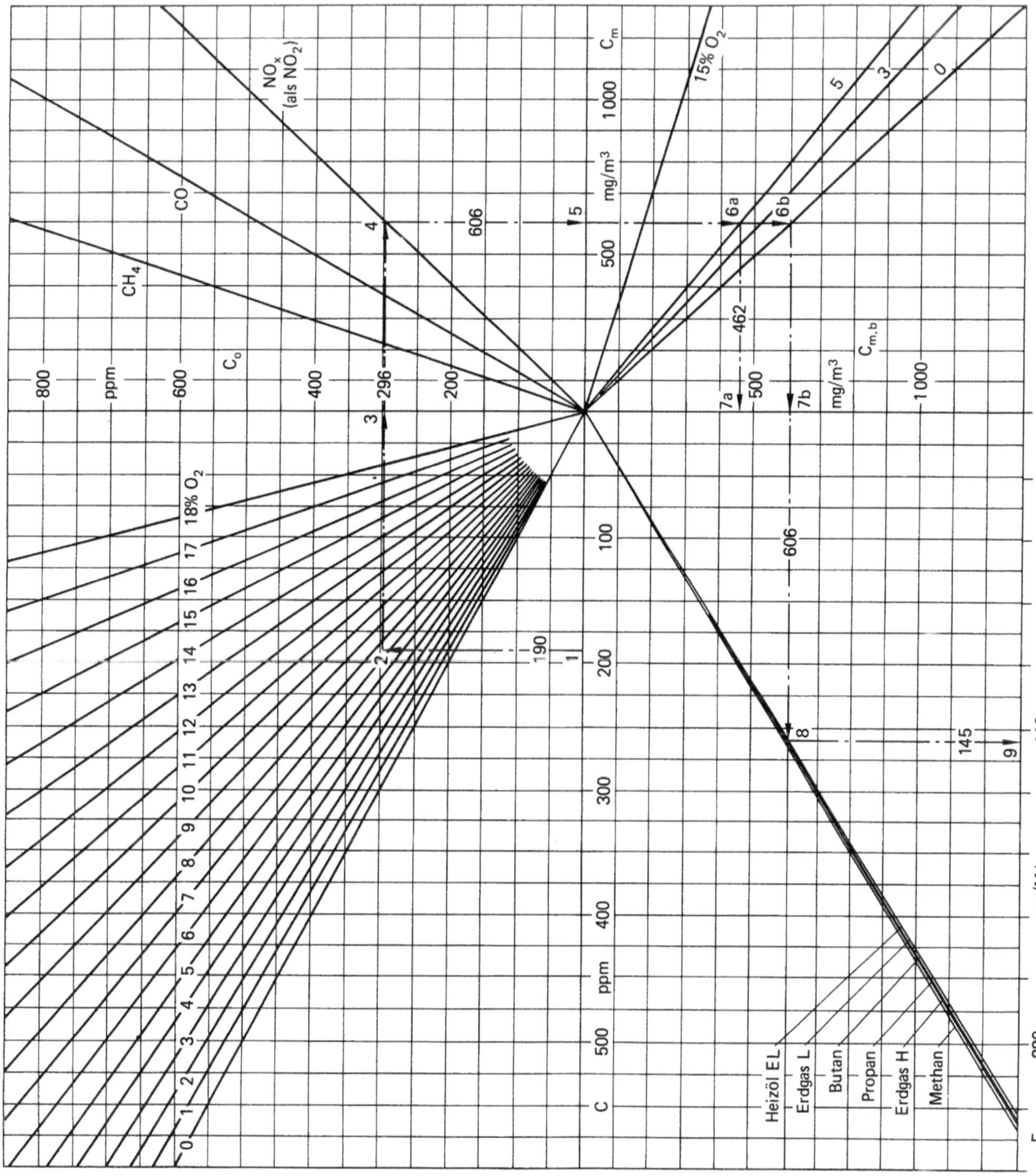

O. Menzel, H. Wackertapp, P. H. H. Leijendeckers

Erläuterung zu 13.3.1

Die bestimmende Größe zur Beurteilung der Klopffestigkeit von Brenngasen ist die Methanzahl (MZ). Sie ist mit der Oktanzahl für Benzinbetrieb vergleichbar und gibt das prozentuale Methan-Volumenverhältnis einer Methan/Wasserstoff-Mischung an, die unter definierten Randbedingungen dieselbe Klopfstärke aufweist wie das zu untersuchende Gas.

Wenn z.B. Erdgas H eine Methanzahl von 85 aufweist, so heißt das, dass unter bestimmten motorischen Bedingungen dieses Erdgas die gleiche Klopfstärke aufweist wie ein Gemisch aus 85% Methan und 15% Wasserstoff.

Zur Ermittlung des Methanzahlbedarfes eines Gasmotors wird das Methanzahlangebot (MZA) durch die Zugabe von Wasserstoff zum Methan soweit verändert, bis es dem Methanzahlbedarf (MZB) des Motors entspricht.

Zur Gewährleistung eines sicheren Motorbetriebes muss das MZA immer größer oder gleich dem MZB des Motors sein.

Beispiel

1. Bei brennwertgleicher Zumischung von 20% Butan/Luft ergibt sich eine Methanzahlverringerung von 95 (A) auf etwa 58 Einheiten (1). Die relative Dichte steigt von 0,57 auf 0,72. Der Wobbeindex geht von 14,7 auf rund 13,1 kWh/m³ zurück. Der Luftbedarf – nicht im Diagramm dargestellt – bleibt bei brennwertgleicher Zumischung nahezu konstant.
2. Bei brennwertgleicher Zumischung von 20% Butan/Luft und anschließender wobbewertgleicher Zumischung von 10% Butan/Luft ergibt sich eine Methanzahlverringerung von 95 auf etwa 40 Einheiten (2). Die relative Dichte liegt bereits bei 0,82 und der Brennwert steigt von 11,1 auf rund 11,8 kWh/m³. Der Luftbedarf steigt wie der Brennwert um rund 6% von 9,55 auf etwa 10,15 m³ Luft/m³ Brenngas.

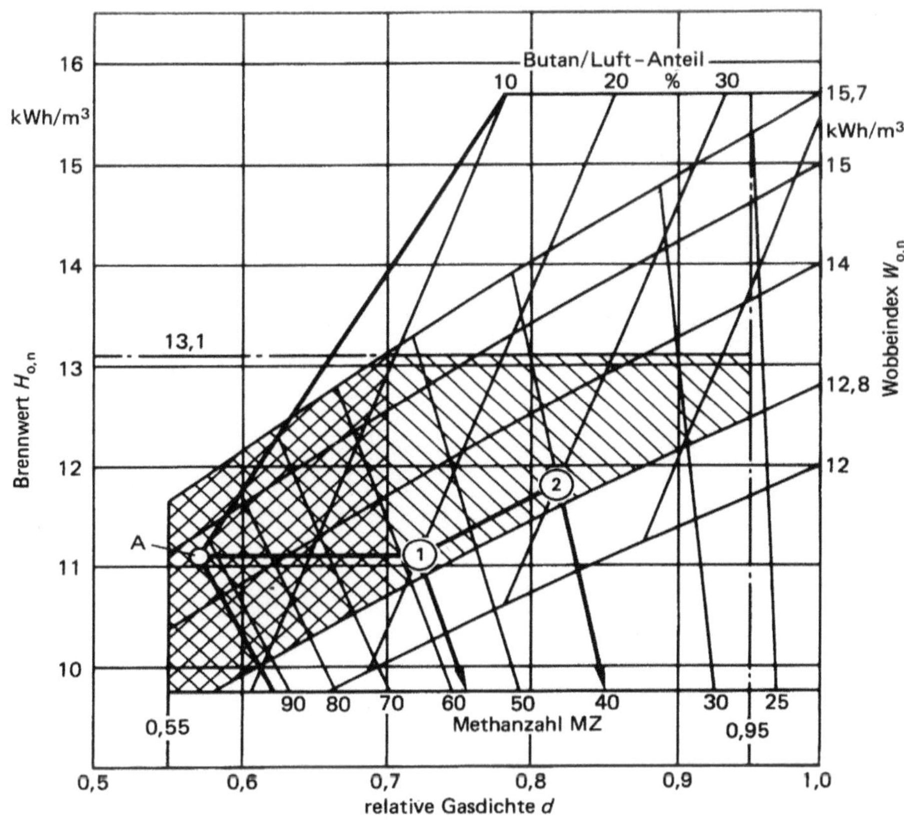

Bereich gemäß G 260, Teil I

erweiterter Bereich gemäß G 260, Teil II

G 260: Arbeitsblatt aus dem Regelwerk des DVGW

Teil I: Gasbeschaffenheit
Teil II: Ergänzungsregeln für Gase der 2. Gasfamilie

Verwendete Gleichungen bzw. mathematische Zusammehänge:

$$W_{0.n} = \frac{H_{0.n}}{\sqrt{d}} \left[\frac{kWh/m^3}{\sqrt{1}} \right]$$

H.J. Schollmeyer, H. Wackertapp, P.H.H. Leijendeckers

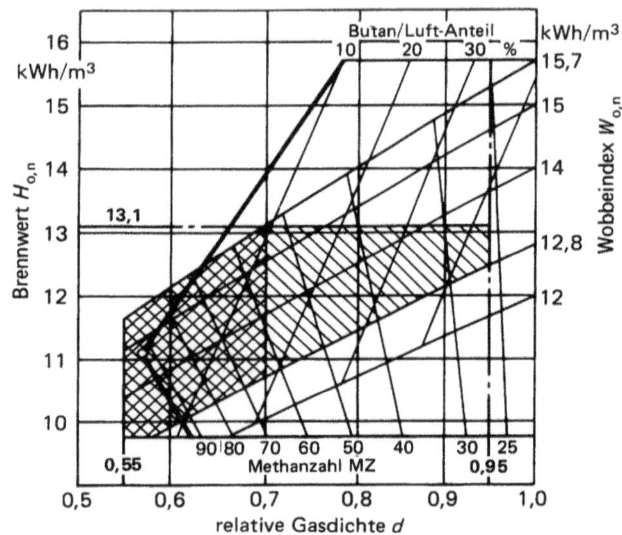

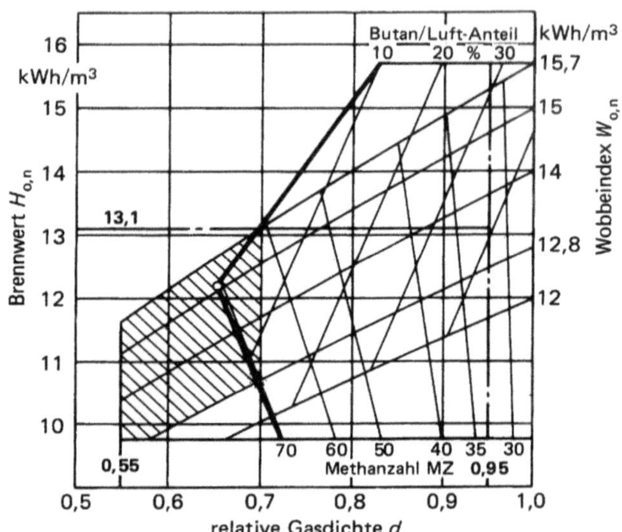

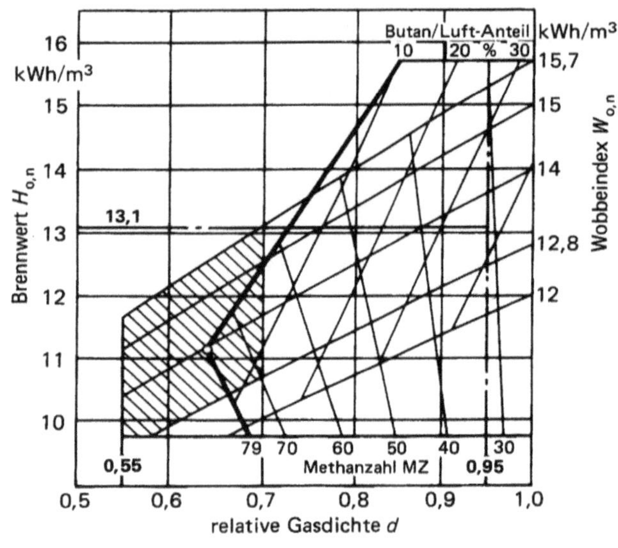

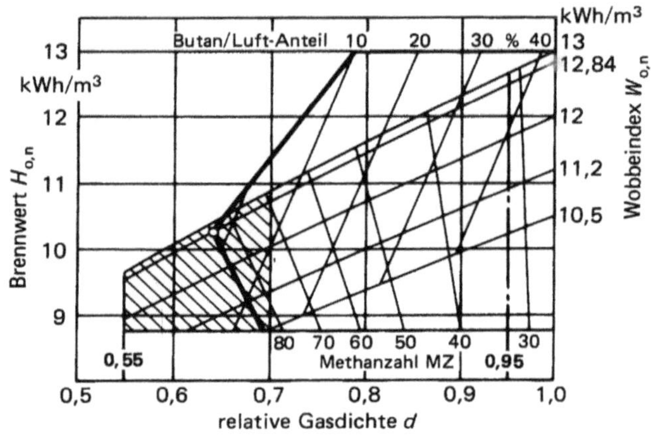

H.J. Schollmeyer, H. Wackertapp, P.H.H. Leijendeckers

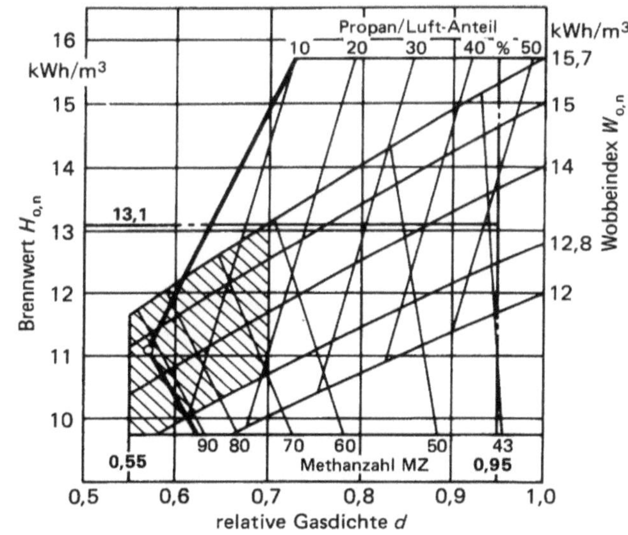

Propan/Luft–Zumischung zum Erdgas H (GUS)

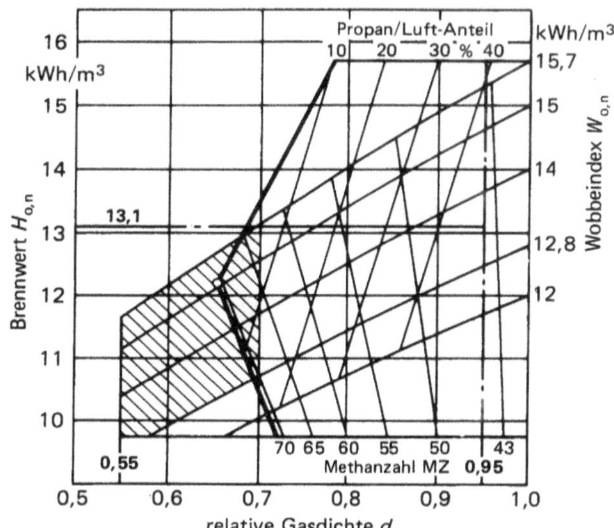

Propan/Luft–Zumischung zum Erdgas H (Nordsee)

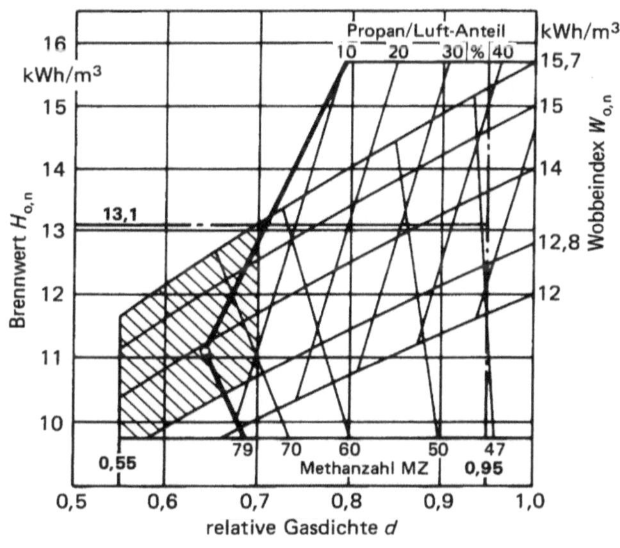

Propan/Luft–Zumischung zum Verbundgas H

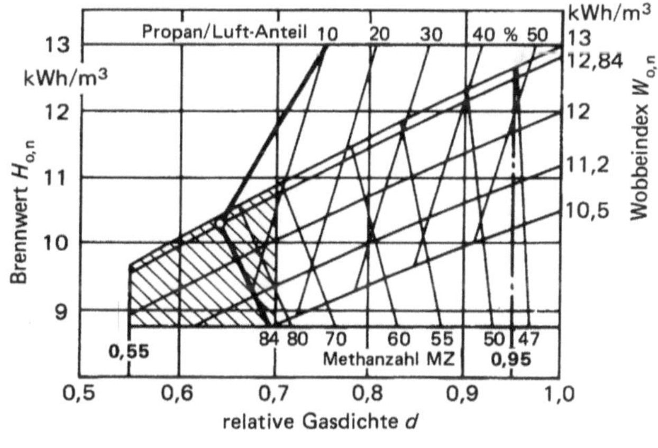

Propan/Luft–Zumischung zum Erdgas L (Niederlande)

H. J. Schollmeyer, H. Wackertapp, P. H. H. Leijendeckers

Erläuterung zu 13.4

Wirtschaftlichkeit von BHKW – Rechnungsgang mit Beispiel

(Normierte Darstellung, bezogen auf elektrische Leistung, z.B. in kW)

1. Energiekosten konventionelle Wärmeproduktion/Stromeinkauf

– ausgehend von der elektrischen Leistung der KWK-Anlage z.B. 1,2 MW ① über die Vollbenutzungs-stunden per Jahr ergibt sich über ② mit dem Wärme/-Strom-Verhältnis der KWK-Anlage ③, dem anwendbaren Teil der Wärmeproduktion ④ und dem Wirkungsgrad eines konventionellen Heiz-kessels ⑤ der Gasverbrauch im Beispiel mit $12 \cdot 10^3$ Einheiten; der Schnittpunkt mit der Gaspreiskurve ergibt über 6 den Wert der konventionellen Wärmeproduktion ($0,5 \cdot 10^3$ Einheiten).

– ausgehend von der Elektrizitätsproduktion ② ergibt sich über ⑦ mit dem Strommischpreis der Wert der Stromproduktion ⑧ und ⑨ ($1,75 \cdot 10^3$ Einheiten).

– die Addition der Wärmeproduktionskosten ⑥ und der Stromkosten ⑩ ergibt mit ⑪ die jährlichen Brennstoffkosten ($2,25 \cdot 10^3$ Einheiten).

2. Energiekosten KWK-Anlage (Wärme- und Stromproduktion)

– ausgehend von der Elektrizitätsproduktion ② und ⑬ ergeben sich mit dem elektrischen Wirkungsgrd der KWK-Anlage über ⑭ und dem Gaspreis mit ⑮ die Brennstoffkosten ($1 \cdot 10^3$ Einheiten).

3. Jahresertrag

– der Schnittpunkt ⑫ und ⑮ mit ⑯ ergibt die Differenz ($1,25 \cdot 10^3$ Einheiten) zwischen den Brennstoff-kosten des konventionellen Systems und der KWK-Anlage.

– ausgehend von der Elektrizitätsproduktion ② und ⑬ ergeben sich mit ⑱ und den Wartungskosten pro Energieeinheit mit ⑲ die jährlichen Wartungskosten ($0,2 \cdot 10^3$ Einheiten). Der Schnittpunkt ⑲ und ⑰ ergibt mit ⑳ den Jahresertrag der KWK-Anlage ($1,05 \cdot 10^3$ Einheiten).

4. Rückverdienzeit

– ausgehend von der elektrischen Leistung der KWK-Anlage ergeben sich mit ㉑ und den spezifischen Investitionskosten ㉒ die Investitionskosten der KWK-Anlage (DM 2200). Der Schnittpunkt ㉒ mit dem Jahresertrag ⑳ ergibt die Rückverdienzeit (2 Jahre).

Der Rechnungsgang kann beliebig für Einheitsgrößen in kW, MW oder GW angefangen werden. Nur ändern sich die spezifischen Investitionskosten demgemäß mit $10^{-3}:1:10^3$.

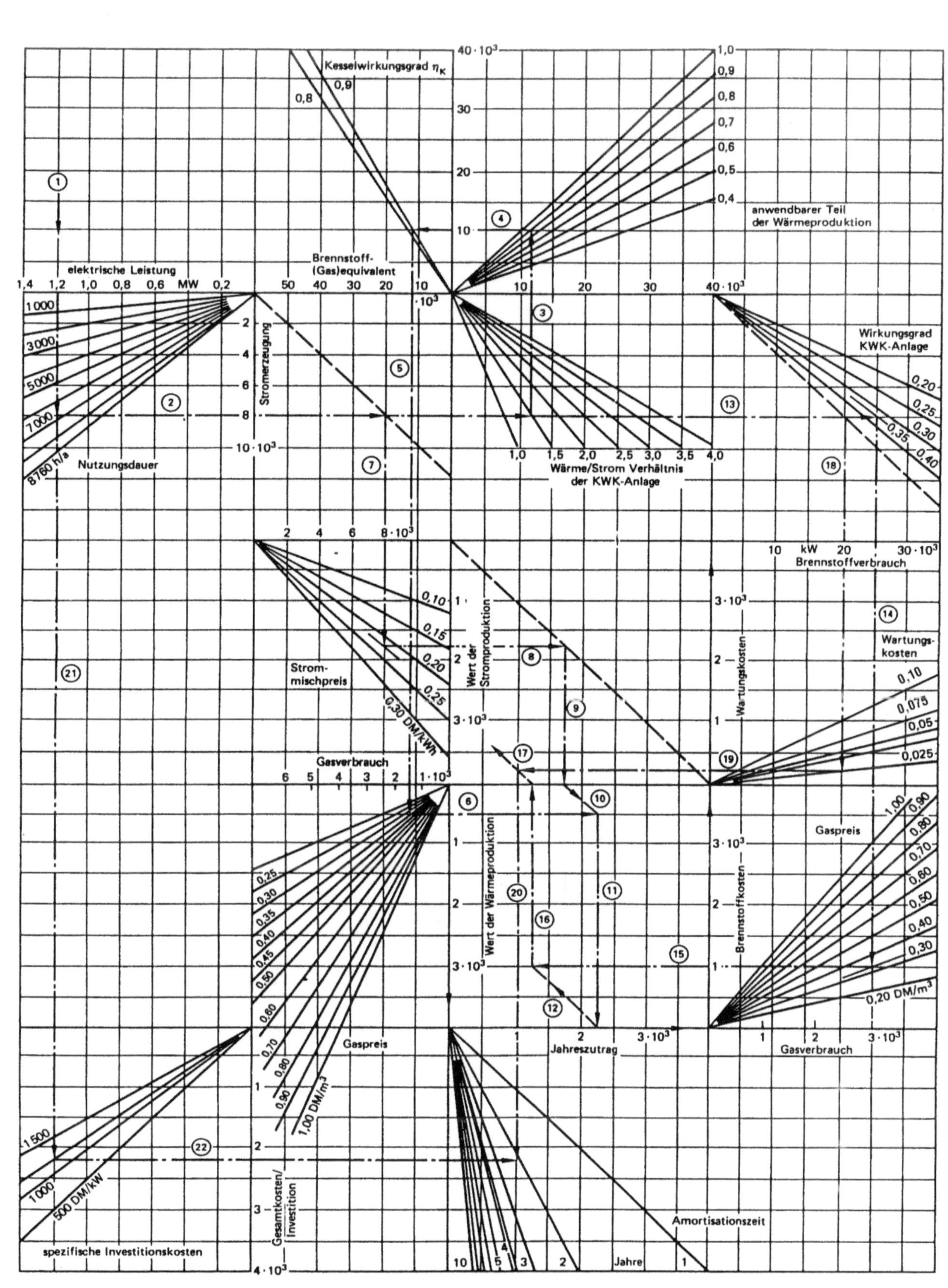

P.H.H. Leijendeckers

Erläuterung zu 13.5

Energieeinsparungspotential von BHKW – Rechnungsgang mit Beispiel

(Normierte Darstellung, bezogen auf den Elektrizitätsbedarf, z. B. in kWh/a)

A: Referenz: Stromeinkauf und eigene Wärmeerzeugung

- vom totalen Strombedarf (z. B. $0{,}9 \cdot 10^6$ kWh/a) aus zur Wirkungsgradlinie der Elektrizitätserzeugung (① und ②)

- vom totalen Wärmebedarf (z. B. $2{,}5 \cdot 10^6$ kWh/a) aus zur Wirkungsgradlinie der Wärmeerzeugung (③ und ④)

- vom Schnittpunkt ② und ④ aus unter 45° (Addition) zum gesamten primären Energiebedarf ⑤ ($5{,}4 \cdot 10^6$ kWh/a)

B: Alternative: teilweise eigene Stromerzeugung mit Restwärmebenutzung und Abhitze

- vom totalen Elektrizitätsverbrauch aus zur Linie des Eigenstromanteils ⑥ und 45° Hilflinie 7 vor Subtraktion) und zur Wirkungsgradlinie für Eigenstromerzeugung ⑧.

- Eigenstromerzeugungsanteil zur Wirkungsgradlinie der Eigenstromerzeugung ⑨ und ⑩ ergibt den Brennstoffverbrauch des Blockheizkraftwerkes ($1{,}6 \cdot 10^6$ kWh/a).

- für den Restwärmeanteil am totalen Wärmebedarf über ⑪, ⑫ und ⑬ zum totalen Wärmeverbrauch ⑭ ($2{,}5 \cdot 10^6$ kWh/a).

- über ⑮ (45° Hilflinie subtrahieren) zu ⑯ für den verbleibenden Wärmebedarf ($1{,}75 \cdot 10^6$ kWh/a).

- vom verbleibenden Wärmebedarf aus zur Kesselwirkungsgradlinie ⑰ und zum verbleibenden Energieverbrauch für die Zusatzheizung.

- Addition des Brennstoffverbrauchs für Eigenstromerzeugung und Zusatzheizung über ⑱, ⑲ nach ⑳ mit dem Brennstoffverbrauch für Stromeinkauf ㉑ ergibt den totalen Energiebedarf über ㉒ ($4{,}6 \cdot 10^6$ kWh/a). Der Unterschied zwischen dem Ablesen von ⑤ und ㉒ ergibt auf der rechten Abszisse die Energieeinsparung ($0{,}8 \cdot 10^6$ kWh/a).

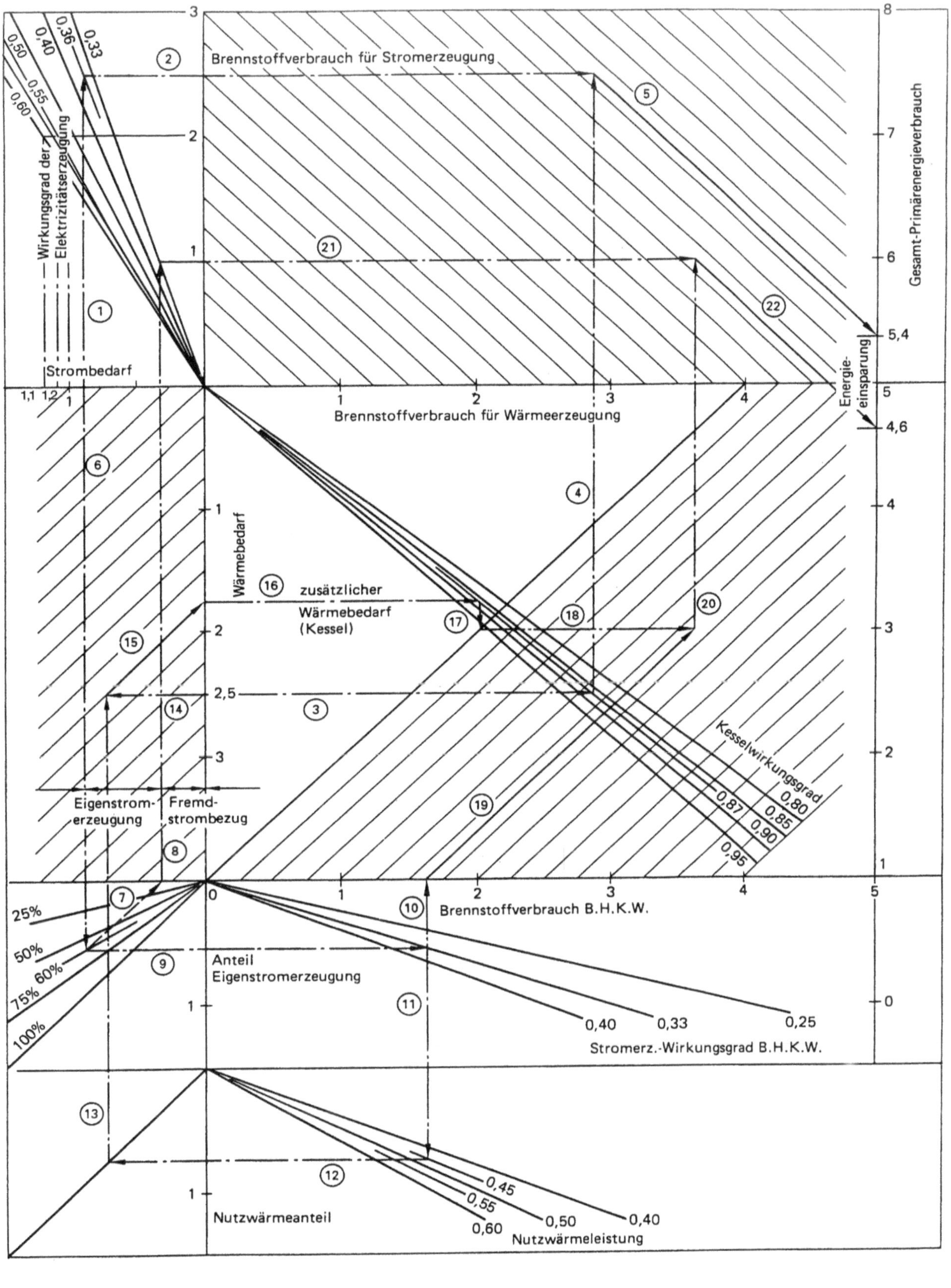

P. H. H. Leijendeckers

Erläuterung zu 13.6

(Normierte Darstellung, bezogen auf die Wärmeleistung z. B. in kW)

– Vom Kesselwirkungsgrad ① zur Wirkungsgradlinie (Leistungshyperbel) ergibt über ② in ③ den Energieverbrauch des Heizkessels (1,18).

– Vom Leistungsanteil (0,5) der Elektro-(Gas-)motorwärmepumpe an der gesamten Wärmeleistung ④ ergibt sich mit der geordneten Jahresdauerlinie über ⑤ mit ⑥ der Beitrag am Wärmeverbrauch der Wärmepumpe (90 %) und zur Zusatzheizung (10 %) weiter über ⑦ und Hilfsstrahl ⑧.

– Von der Heizungslauftemperatur ⑨, der Art der Wärmequellennutzung und der Heizzahl ⑩ über Wirkungsgradlinie und Leistungshyperbel ⑪ zum Energiegebrauchsfaktor 0,6 bis auf ⑫.

– Der Schnittpunkt von ⑧ und ⑫ ergibt über ⑬ den Anteil der Wärmepumpe am Energieverbrauch (0,54).

– Der restliche Teil für Zusatzheizung wird über ⑭ und ⑮ am Wärmepumpenanteil zugeordnet.

– Über ⑯ und Hilfsstrahl ⑰ wird der Zusatzheizungsanteil umgerechnet auf den tatsächlichen Energiebedarf (0,12) der Zusatzheizung ⑱.

– Die Energieeinsparung (0,52) ist im Vergleich zu einem konventionellen Heizkessel nun direkt abzulesen.

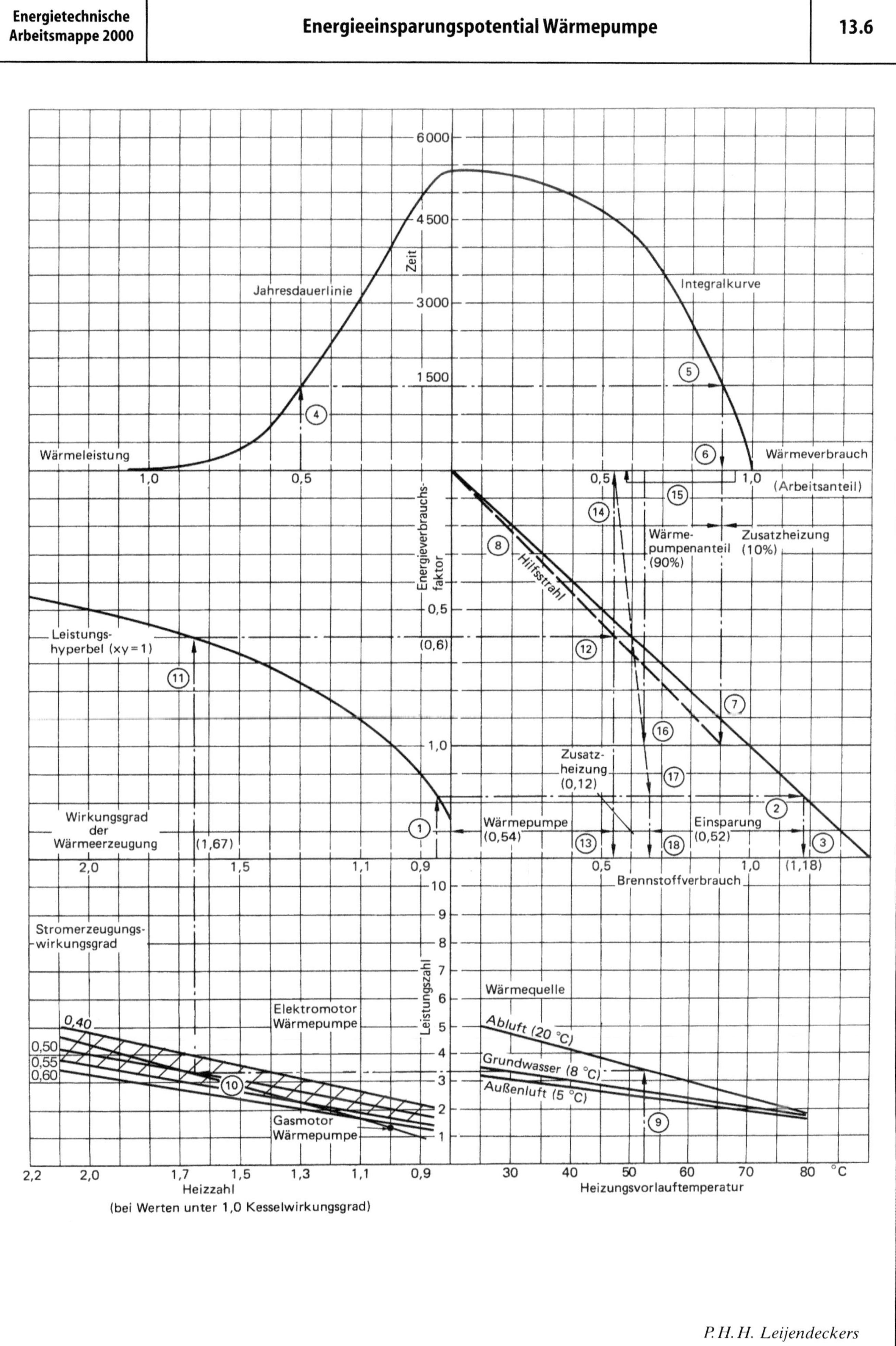

P. H. H. Leijendeckers

Erläuterung zu 14.1

Die Diagramme 14.1 beziehen sich auf Heizkraftwerke nach dem Gegendruckdampfprozess mit einer dem Frischdampfzustand angemessenen Speisewasservorwärmung. Aufgetragen ist in Diagramm 14.1, oben, die Stromkennzahl

$$\sigma = \frac{\text{erzeugte elektrische Nettoleistung}}{\text{ausgekoppelter Heizwärmestrom}} = \frac{P_{\text{el}}}{\dot{Q}_{\text{H}}} \tag{1}$$

in Abhängigkeit vom Heizdampfdruck p_{H} der höchsten Heizwasservorwärmstufe bzw. der dazugehörigen Heizwassertemperatur ϑ_{H} unter Berücksichtigung einer Wärmeübertragergrädigkeit von 5 K. Bei zweistufiger Vorwärmung wird von 50 °C Heizwasserrücklauftemperatur ausgegangen, wobei gleiche Wärmeströme für den Anzapf- und den Gegendruckdampf zugrunde gelegt werden. Daraus ergeben sich in etwa gleiche Vorwärmspannen für das Heizwasser.

Die Linienzüge gelten für verschiedene Frischdampfzustände. Bis auf das Heizkraftwerk des Frischdampfzustandes 2,8 MPa/390 °C dient der Anzapfdampf auch der Vorwärmung des Kesselspeisewassers. Bei dem 19 MPa-Heizkraftwerk ist eine Zwischenüberhitzung auf 530 °C vorgesehen.

Dem Arbeitsblatt liegen folgende Annahmen zugrunde:

Stromeigenbedarf $\varepsilon = 0{,}05$ bis $0{,}07$ (gültig für Kohlenstaubfeuerung: $0{,}05$ bis $0{,}06$ bei $p > 7{,}1$ MPa; $0{,}06$ bis $0{,}07$ bei $p \leq 7{,}1$ MPa).

Generatorwirkungsgrad $\eta_{\text{G}} = 0{,}96$ bei 2 MVA; $0{,}98$ bei 120 MVA.

Innerer Wirkungsgrad der Turbine $\eta_{\text{i}} = 0{,}82$ bis $0{,}86$ mit zunehmendem Dampfvolumenstrom steigend;

mechanischer Wirkungsgrad der Turbine $\eta_{\text{m}} = 0{,}97$ bei 2 MW; $0{,}98$ bei 25 MW; $0{,}992$ bei 100 MW.

Im Diagramm 14.1, unten, ist der Brennstoffaufwand

$$\beta = \frac{\dot{Q}_{\text{BrHKW}} - \dot{Q}_{\text{BrKW}}}{\dot{Q}_{\text{H}}} = \sigma \left(\frac{1}{\eta_{\text{HKW}}} - \frac{1}{\eta_{\text{KW}}} \right) \tag{2}$$

Wie im Diagramm 13.1, oben, in Abhängigkeit vom Heizdampfdruck und von der Heizwassertemperatur wiedergegeben. Hierbei bedeuten

$\dot{Q}_{\text{BrHKW}}$ Brennstoffwärmeverbrauch des Heizkraftwerks,

$\dot{Q}_{\text{BrKW}}$ Brennstoffwärmeverbrauch des Vergleichs-Kondensationskraftwerks gleicher elektrischer Leistung,

η_{HKW} elektrischer, auf die eingesetzte Brennstoffwärme bezogener Wirkungsgrad des Heizkraftwerks,

η_{KW} elektrischer, auf die eingesetzte Brennstoffwärme bezogener Wirkungsgrad des Vergleichskraftwerks.

Aus der Energiebilanz

$$\dot{Q}_{\text{BrHKW}} \, \eta_{\text{DEHKW}} + P_{\text{mP}} - \dot{Q}_{\text{H}} - P_{\text{mT}} = 0 \tag{3}$$

folgt bei Vernachlässigung der mechanischen Kondensatpumpenleistung P_{mP} mit Gl. (2) und (1) die einfache Beziehung

$$\beta \approx \frac{1}{\eta_{\text{DEHKW}}} - \sigma \left[\frac{1}{\eta_{\text{KW}}} - \frac{1}{\eta_{\text{DEHKW}} \, \eta_{\text{m}} \, \eta_{\text{G}} \, (1 - \varepsilon)} \right]. \tag{4}$$

Dem Arbeitsblatt liegen die Annahmen $\eta_{\text{DEHKW}} = 0{,}897$ und $\eta_{\text{KW}} = 0{,}38$ zugrunde; sie sind gültig für ein Kohlekraftwerk.

P_{mT} mechanische Turbinenleistung

Indizes

Br   Brennstoff
H   Heizwärme
HKW   Heizkraftwerk
KW   Kraftwerk (im einzelnen Vergleichs-Kondensationskraftwerk)

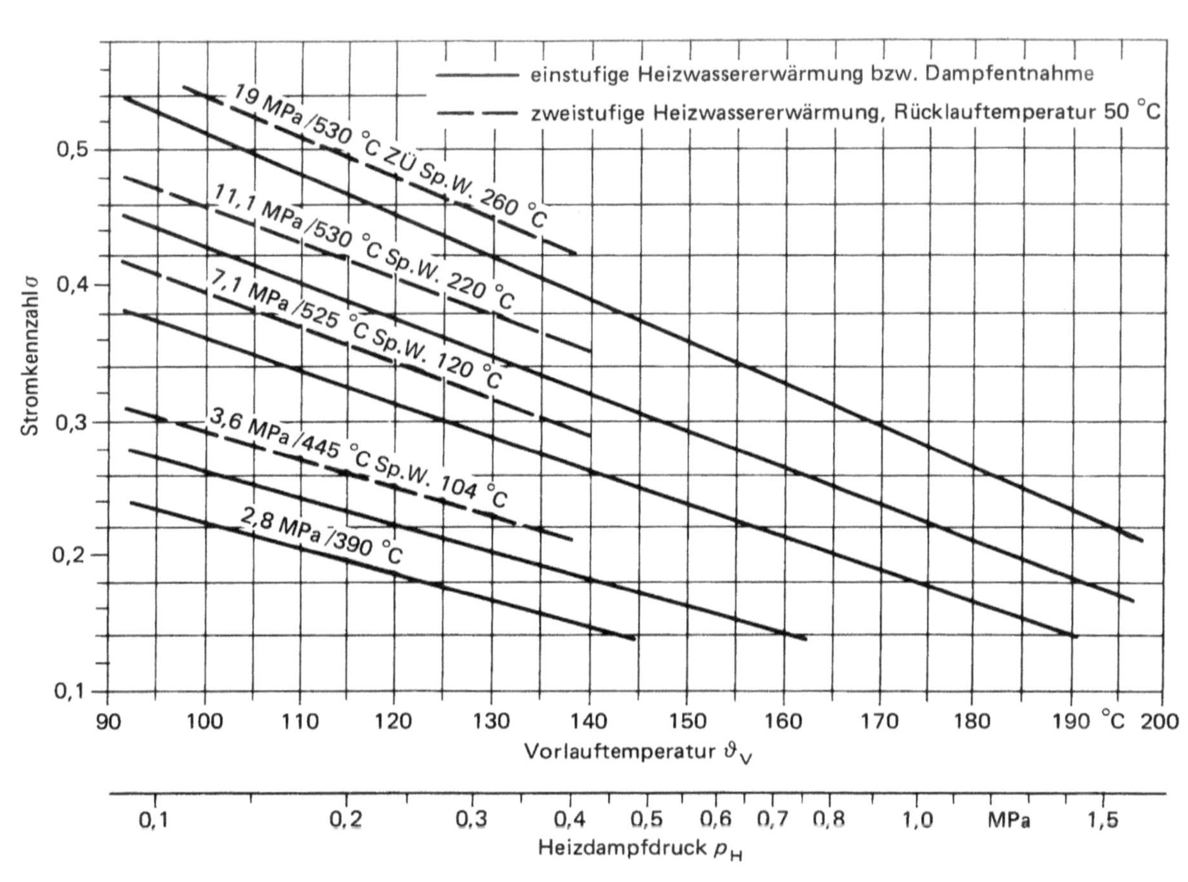

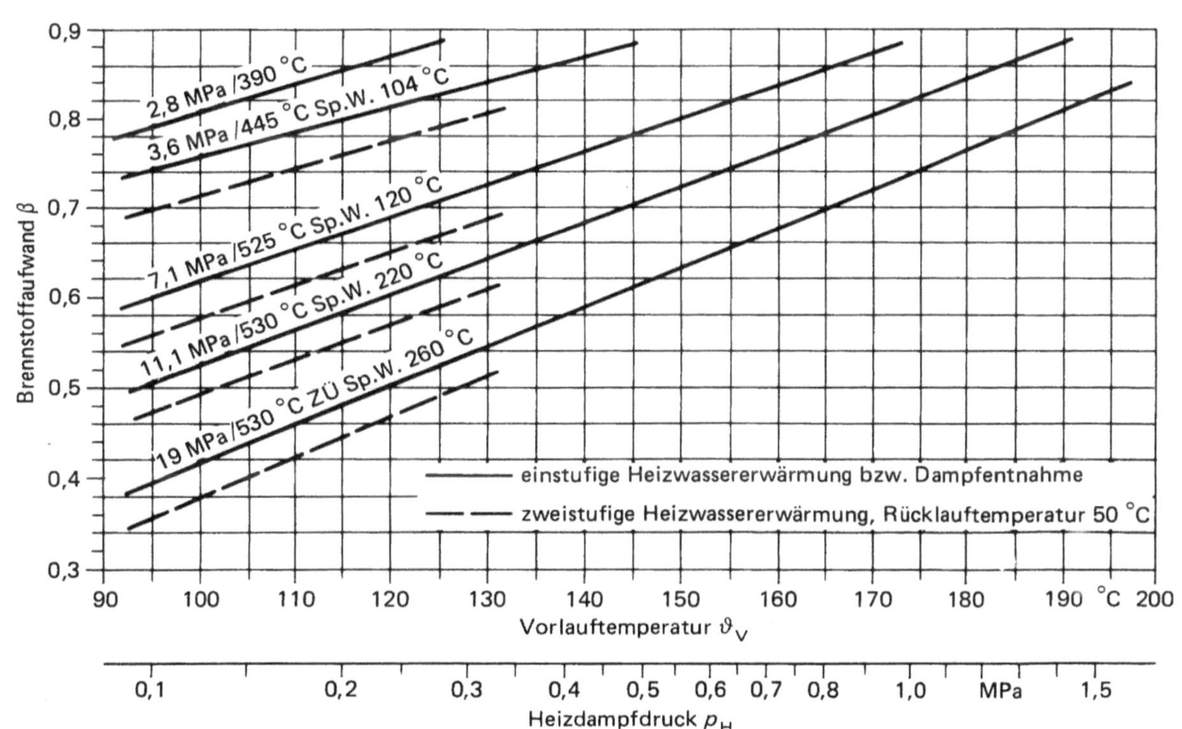

J. Korek, P. Winske

Erläuterung zu 14.2

Das Arbeitsblatt 14.2 bezieht sich auf Kondensationskraftwerke mit Wärmeauskopplung. Wiedergegeben ist die Stromeinbuße des ausgekoppelten Heizdampfes

$$SE = \frac{\text{Minderleistung des Kraftwerkes infolge Wärmeauskopplung}}{\text{ausgekoppelter Heizwärmestrom}}$$

$$= \frac{P_{\text{elKW}} - P_{\text{elHKW}}}{\dot{Q}_{\text{H}}}$$

$$= \frac{\Delta P_{\text{mT}}\, \eta_{\text{m}}\, \eta_{\text{G}}\, (1 - \varepsilon)}{\dot{Q}_{\text{H}}}$$

in Abhängigkeit vom Dampfdruck p_{H} der höchsten Heizwasservorwärmstufe bzw. der dazugehörigen Heizwassertemperatur ϑ_{H} unter Berücksichtigung einer Wärmeübertragergrädigkeit von 5 K.

Hierbei bedeuten

P_{elKW} elektrische Nettoleistung des Kondensationskraftwerkes bei reinem Kondensationsbetrieb,

P_{elHKW} die elektrische Nettoleistung desselben Kondensationskraftwerkes bei Wärmeauskopplung,

ΔP_{mT} die mechanische Minderleistung der Turbine infolge Wärmeauskopplung.

Als weitere Parameter sind gewählt der Kondensatordruck p_0 und die Anzahl der Heizwasservorwärmstufen. Bei zweistufiger Vorwärmung wird von einer Heizwasserrücklauftemperatur $\vartheta_{\text{R}} = 50\,°\text{C}$ und von gleich großen Wärmeströmen je Stufe ausgegangen.

Je 10 K höhere Rücklauftemperatur ϑ_{R} steigt die Stromeinbuße SE um 0,0054.

Dem Arbeitsblatt liegen im Übrigen folgende Daten zugrunde:

Dampfzustand nach Zwischenüberhitzung: 4,0 MPa bei 530 °C

$\eta_{\text{i}} = 0,88,$
$\eta_{\text{m}} = 0,995,$
$\eta_{\text{G}} = 0,98,$
$\varepsilon = 0,08.$

Symbole und Indizes s. Arbeitsblatt 14.1.

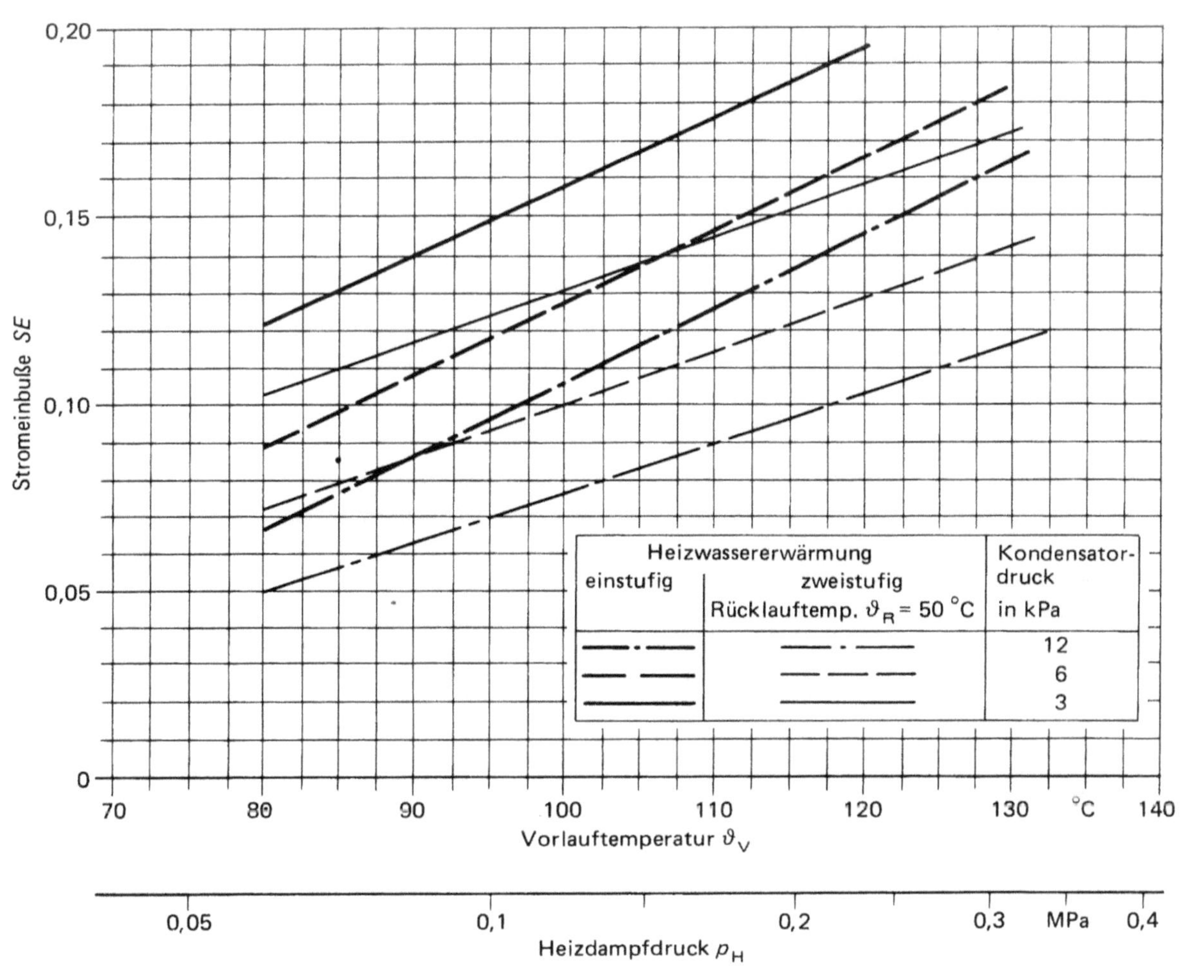

J. Korek, P. Winske

369

Erläuterung zu 15.1.1

Messgrößen

Druckmessung in Flüssigkeiten, Gasen und Dämpfen.

Druckskale

Gemessen werden Drücke als Differenz Δp zum Umgebungsdruck p_u, Druck null (Vakuum $p = 0$) oder einem anderen Druck.

Anzugeben sind Druckwerte als absolute Drücke p, um Irrtümer zum Beispiel in Stoffwertberechnungen zu vermeiden.

Druckmessverfahren

Mit *unmittelbaren* Druckmeßverfahren können *mittelbare* Verfahren kalibriert werden. Die angegebenen Werte sind Orientierungswerte.

Federmanometer: Genauigkeitsklassen 0,1 bis 4, bei Plattenfeder-Manometer ab 1,6. Die Temperaturfehler liegen zwischen 0,03 bis 0,4 %/10 K (nach DIN 16255). Diese Klassenangabe bedeutet hier den garantierten Fehler in Prozent vom Skalen- oder Messbereichsendwert.

Elektrische Drucksensoren: Die Ausführungen sind unterschiedlich und nicht genormt. Bei Messorttemperaturen über etwa 200 °C ist eine Sensorkühlung notwendig. Die höchsten Grenzfrequenzen f_g erreichen die piezoelektrischen Drucksensoren.

Bis zur Grenzfrequenz f_g erfolgt die Abbildung zeitlich veränderlicher Drücke formgetreu innerhalb einer Toleranz (zum Beispiel f_g $(1/\sqrt{2}) \triangleq 0{,}71$ bis $1{,}41$ oder 3 dB). Zwischen der Grenzfrequenz f_g des zu messenden Druckes und der Einschwingzeit T_E des Sensors gilt näherungsweise für alle Sensoren die Beziehung $f_\mathrm{g} = 1/(2 \cdot T_\mathrm{E})$.

Ankopplung von Drucksensoren

Hydrostatische Druckmessung: Der Drucksensor p_1 misst die Summe von Flüssigkeitsfüllstand ($\varrho \cdot g \cdot h$) und Gasdruck (p_2). Für die Aufgabe Gasdruckmessung ist der Messort 1 systematisch falsch, dagegen kann die Aufgabe Füllstandmessung mit den Sensoren 1 und 2 gelöst werden.

Hydrodynamische Druckmessung: Für die Messung der hydrodynamischen Druckanteile (p_stat, p_dyn) sind gesonderte Druckentnahmen notwendig.

Für die Einsatzbedingungen wie Fluidtemperatur, Umgebungstemperatur und -feuchte sowie Körperschall und Beschleunigungen sind die Herstellerangaben zu berücksichtigen.

Messgrößen

Druck	p	$1\ \text{Pa} = 1\ \text{N/m}^2$	SI-Einheiten (s. Blatt 1.1)
Kraft	$F = p \cdot A$	N	
Schallwechseldruck	$\tilde{p}$	Effektivwert, Pa	
Schalldruckpegel	$20 \cdot \lg(\tilde{p}/p_0)\ \text{dB}$	Dezibel, $p_0 = 2 \cdot 10^{-5}\ \text{Pa}$ (Hörschwelle)	

Druckskale

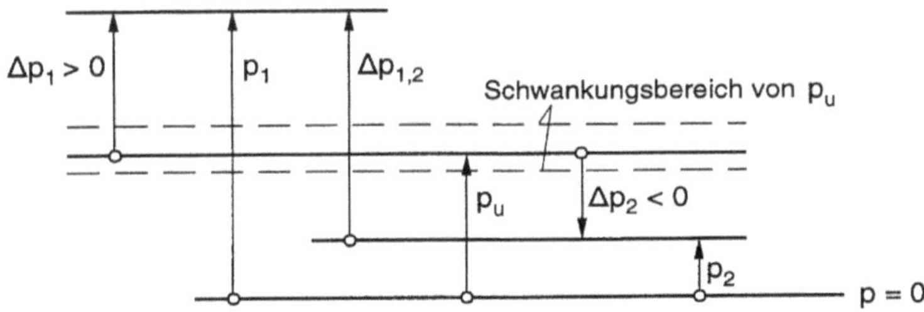

unmittelbare Druckmessung		**mittelbare Druckmessung**		
	Einsatzbereich Δp		**Einsatzbereich** Δp	**fg**
Flüssigkeitssäulen		Federmanometer		
Schrägrohrmanometer	1 Pa … 1 kPa	Rohr-	0,01 … 400 MPa	
U-Rohrmanometer	10 Pa … 10 kPa = 0,1 MPa	Platten-	0,001 … 4 MPa	1 Hz
		Kapsel-	$5 \cdot 10^{-5}$ … 0,06 MPa	
Kolbenmanometer	0,3 bar … 10^3 bar	elektr. Drucksensor		
	30 kPa … 100 MPa	induktiver	0,001 … 60 MPa	10 kHz
		kapazitiver	10^{-4} … 70 MPa	20
		piezoresistiver	0,01 … 50 MPa	20
		piezoelektrischer	0,2 … 1000 MPa	10^3

hydrostatische Druckmessung

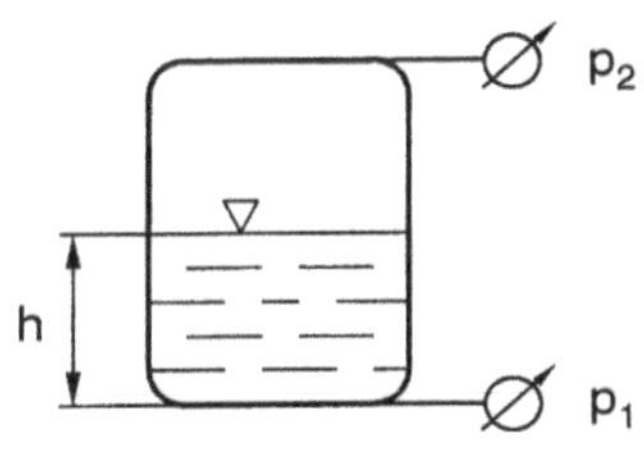

$$p_1 = \varrho \cdot g \cdot h + p_2$$

hydrodynamische Druckmessung

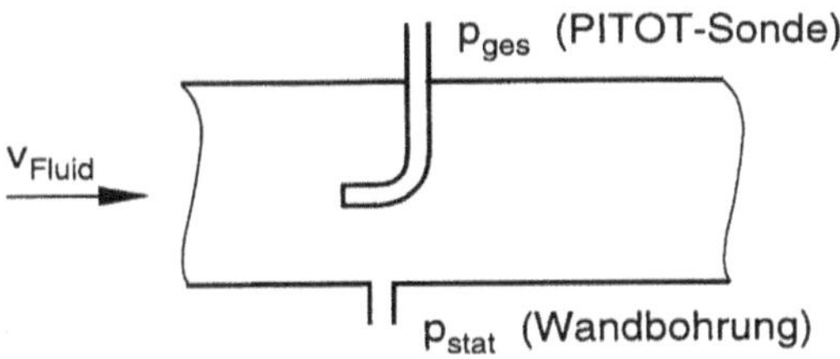

$$p_{ges} = p_{stat} + \frac{\varrho}{2} v_F^2$$

$$p_{ges} = p_{stat} + p_{dyn}$$

$$p_{dyn} = p_{ges} - p_{stat} \quad \text{(PRANDTL-Sonde)}$$

Erläuterung zu 15.1.2

Druckentnahmebohrungen für die Messung von p_{stat}

Die Messung des statischen Drucks (p_{stat}) kann je nach Druckentnahmeausführungen vom dynamischen Druck (p_{dyn}) verfälscht sein (Fehler $\Delta p_{stat}/p_{dyn}$).

MACH-Zahl M = Fluidgeschwindigkeit/Schallgeschwindigkeit.

Schrifttum

Armentrout, E.C.; Kicks, J.C.: Journal of Engineering for Power Vol. 101 (1979) July, pp 373–383

Messgeräteanordnung nach DIN 16255 und VDE/VDI 3512

Kalibrieren: Mit unmittelbaren Druckmessverfahren (Flüssigkeitsmanometer, Druckwaage) oder mit mittelbaren Druckmessverfahren (elektrische Referenzsensoren in Kalibratoren).

Der Druckmesswert wird vor Ort angezeigt und/oder in ein Prozessleitsystem wie Steuerung, Regelung oder Messwertverarbeitung weitergeleitet. Das vom Sensor erzeugte Signal wird so nahe wie möglich am Messort in ein Einheitssignal (z.B. 4 bis 20 mA oder ein Digitalsignal) gewandelt oder umgesetzt und verarbeitet, um Signalverfälschungen einzuschränken.

Weiteres Schrifttum

DIN 1314	*Druck* (Grundbegriffe, Einheiten)
DIN 1319, Teil 4	Behandlung von *Unsicherheiten* bei der Auswertung von Messungen
DIN 16005	Über*druck*messgeräte mit elastischem Messglied für die allgemeine Anwendung
DIN 16006	Über*druck*messgerät mit Rohrfeder (Sicherheitstechnische Anforderungen und Prüfung)
DIN 16086	Elektrische *Druck*messgeräte
DIN 16255	Über*druck*messgeräte mit elastischem Messglied
DIN 45630	Grundlagen der *Schall*messung
DIN 45635	Geräuschmessung an Maschinen (Luft*schall*messung)
VDI 2048	*Messunsicherheiten* bei Abnahmemessungen an energie- und kraftwerkstechnischen Anlagen
VDI 2638	Kenngrößen für *Kraft*aufnehmer
VDE/VDI 3512 Bl. 3	Messanordnung für *Druck*messungen

Sammlung von VGB-Richtlinien und VGB-Empfehlungen für die Leittechnik, Band I – Messtechnik (Verlag VGB-Kraftwerkstechnik, Essen)

Druckentnahmebohrung D und Fehler Δp_stat

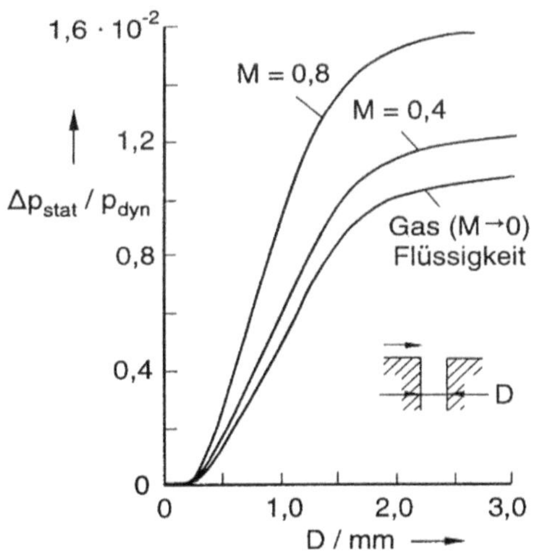

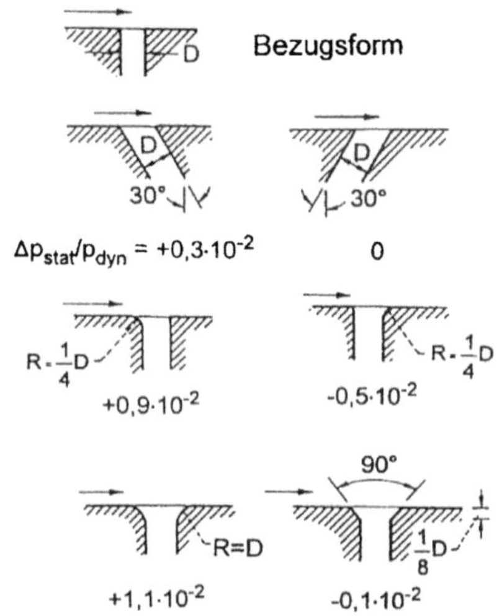

Messgeräteanordnung

Zustand des Messstoffes	flüssig			gasförmig		
Zustand in der Messleitung	flüssig	ausgasend	verdampft	gasförmig	feucht	kondensiert
Beispiele	Kondensat	siedende Flüssigkeiten	„Flüssig-gase"	trockene Luft	feuchte Luft Rauchgase	Wasser-dampf
a) Druckmessgerät oberhalb des Entnahmestutzens	1	2	3	4	5	6
b) Druckmessgerät unterhalb des Entnahmestutzens	7	8		9	10	11

Die Anordnungen 3, 4, 5, 7, 8, und 11 sind zu bevorzugen.

Erläuterung zu 15.2.1

In energietechnischen Anlagen dominieren *Thermoelemente* und *Widerstandsthermometer* (Berührungsthermometer) für die Fluid- und Anlagenteiltemperaturmessung. Die Wahl richtet sich in erster Linie nach den Temperaturbereichen. Die Zuordnungen der Ausgangsgrößen (Thermospannungen U_t für eine Vergleichs- oder Bezugstemperatur von $0\,°C$ sowie Widerstände R_t) und Eingangsgröße Temperatur sind genormt (*Grundwertreihen*). Hier wird ein Überblick der genormten *Temperatureinsatzbereiche* und *Grenzabweichungen* (Fehler) der nicht gekapselten Temperatursensoren (Messeinsätze ohne Schutzrohre) gegeben. Für installierte Messketten sind weitere Abweichungen zu berücksichtigen: Je nach den Wärmetransportbedingungen im gekapselten Temperatursensor kommen statische und dynamische Abweichungen hinzu, des weiteren Abweichungen durch Signalverarbeitung (Transmitter, A-D-Umsetzer). Bei Thermoelementen ist die Abweichung der Vergleichsstellentemperatur oder der entsprechenden Korrekturspannung einzubeziehen.

Ein *Thermoelement* erfasst primär Temperaturdifferenzen: In der Schaltung a und b zwischen den Orten 1 und 4. Auf diese Weise können Temperatur*differenzen* direkt gemessen werden. Für *Temperatur*messungen wird die Vergleichsstellentemperatur nach den angegebenen Schaltungen oder mit einem Widerstandsthermometer erfasst.

Die Widerstandsmessung an *Widerstandsthermometern* erfasst die temperaturabhängige Widerstandsänderung des Sensors und der Anschlussleitungen (systematischer Fehler). Die Fehlerkompensation z.B. mit der angegebenen Dreileiterschaltung ist auch im Schutzrohr zwischen Messwiderstand und Signalverarbeitung im Schutzrohrkopf zu empfehlen.

Schrifttum

DIN 1319, Teil 4	Behandlung von *Unsicherheiten* bei der Auswertung von Messungen
DIN 16160 Bl. 1	Thermometer, Allgemeine Begriffe
DIN 16160 Bl. 5	Thermometer, Begriffe für elektrische Thermometer
DIN 43710/DIN IEC 584	Thermoelemente, Grundwerte
DIN 43714/DIN IEC 584	Ausgleichsleitungen
DIN 43729	Thermoelemente und Widerstandsthermometer, Anschlussköpfe
DIN 43760/DIN IEC 751	Widerstandsthermometer, Grundwertreihe
DIN 43762	Widerstandsthermometer, Messeinsätze
DIN 43763	Metallene Schutzrohre für Widerstandsthermometer und Thermoelemente
DIN 43764	Rauchgas-Widerstandsthermometer
DIN 43765	Widerstandsthermometer mit Schutzrohr Form B
DIN 43766	Widerstandsthermometer und Thermoelemente mit Schutzrohr Form C
DIN 43769	Widerstandsthermometer und Thermoelemente mit Messeinsätzen ohne zusätzliches Schutzrohr
DIN 43770	Übersichtsblatt für Widerstandsthermometer und Thermoelemente mit und ohne Schutzrohr
VDI 2048	*Messunsicherheiten* bei Abnahmemessungen an energie- und kraftwerkstechnischen Anlagen
VDI/VDE 3511	Technische Temperaturmessungen
VDI/VDE 2640 Bl. 4	Bestimmung der mittleren Temperatur in strömenden Flüssigkeiten

Sammlung von VGB-Richtlinien und VGB-Empfehlungen für die Leittechnik, Band I – Messtechnik (Verlag VGB-Kraftwerkstechnik, Essen) 1.6 Temperaturmessung mit Thermoelementen und Widerstandsthermometern; Einsatzkriterien und Fehlergrenzermittlung

Thermoelemente

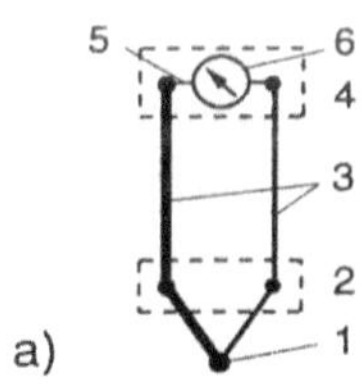

1 Messtemperatur
2 Anschlussstellen
3 Thermoelementmaterial
  oder Ausgleichsleitung (DIN 43 714)
4 bekannte Vergleichstemperatur oder
  unbekannte zweite Messtemperatur
  bei Temperaturdifferenzmessung
5 Kupferanschluss (VDE 0250)
6 Anzeige oder Signalverarbeitung für
  Thermospannung U_t

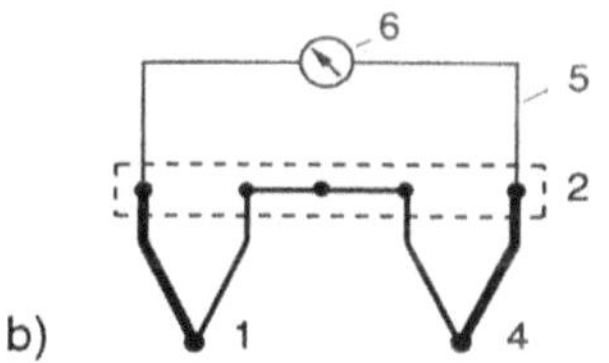

a) Thermoelementschaltung mit Vergleichsstelle (4) am Übergang von Thermoelementmaterial zum elektrischen Anschlussmaterial (5)

b) Thermoelementschaltung mit gleichartigem Thermoelement an Mess- und Vergleichsstelle (1 und 4)

Einsatzbereiche und Grenzabweichungen nach DIN IEC 584

Klasse	1	2	3[2]
Grenzab-weichungen[1] (±) **Typ T (Cu-CuNi)**	0,5 K oder 0,004 · |t| die Grenzabweichungen gelten im Temperaturbereich von **−40 °C bis 350 °C**	1 K oder 0,0075 · |t| **−40 °C bis 350 °C**	1 K oder 0,015 · |t| **−200 °C bis 40 °C**
Grenzab-weichungen[1] (±) **Typ E (NiCr-CuNi)** **Typ J (Fe-CuNi)** **Typ K (Ni-CrNi)**	1,5 K oder 0,004 · |t| die Grenzabweichungen gelten im Temperaturbereich von **−40 °C bis 800 °C** **−40 °C bis 750 °C** **−40 °C bis 1000 °C**	2,5 K oder 0,0075 · |t| **−40 °C bis 900 °C** **−40 °C bis 750 °C** **−40 °C bis 1200 °C**	2,5 K oder 0,015 · |t| **−200 °C bis 40 °C** **−** **−200 °C bis 40 °C**
Grenzab-weichungen[1] (± **Typ R und S (PtRh-Pt)** **Tpy B (PtRh-PrRh)**	1 K oder [1 + (t-1100) · 0,003] K die Grenzabweichungen gelten im Temperaturbereich von **0°C bis 1600°C**	1,5 K oder 0,0025 · |t| **0°C bis 1600°C** **600°C bis 1700°C**	4 K oder 0,005 · |t| **—** **600°C bis 1700°C**

[1] Die Grenzabweichungen sind in Kelvin [sowie in Prozent vom Messwert (Betrag des Messwertes in Grad Celsius \|t\|)] angegeben. Es gilt der jeweils höhere Wert.

[2] Die Toleranzen der Klassen 1 und 2 gelten in den jeweils angegebenen Temperaturbereichen. Werden Thermodrähte und Thermopaare der Klassen 1 und 2 unterhalb der unteren Grenztemperatur eingesetzt, so können die Grenzabweichungen der Klasse 3 überschritten werden.

Widerstandsthermometer

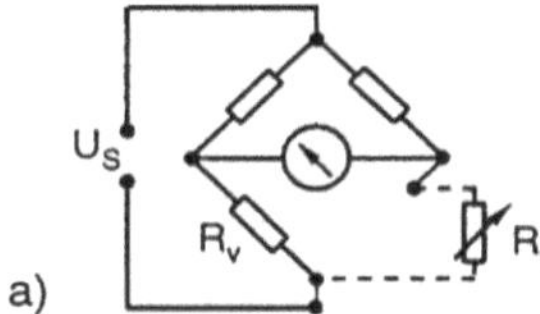

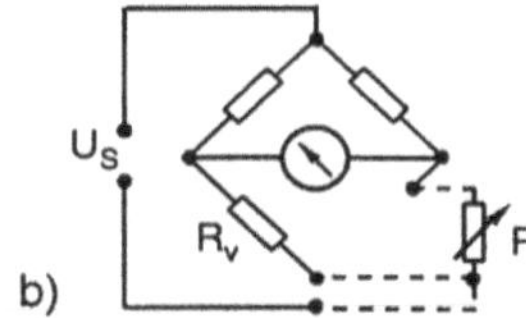

Widerstandsmessung R_t mit WHEATSTONEscher Brücke (Konstantspeisespannung U_S oder -strom)

a) Zweileiteranschluss mit abgeglichenem Zuleitungswiderstand
b) Dreileiteranschluss für Kompensation des Zuleitungswiderstandes (falls $R_v = R_t$)

In der **Grundwert**-Gleichung sind:

R_t der Widerstand in Ω bei der Temperatur t
t die Temperatur in °C.

Die **Grenzabweichungen (Fehler)** für Messwiderstände Pt 100 und Ni 100 sind durch nachfolgende Zahlenwertgleichungen festgelegt:

für **PT 100:**
Grenzabweichungen in °C
$= ± (0,15 + 0,002 \, |t|)$ für Klasse A
Grenzabweichungen in °C
$= ± (0,3 + 0,005 \, |t|)$ für Klasse B
für **Ni 100:**
Grenzabweichungen in °C
$= ± (0,4 + 0,007 \, |t|)$ für 0 bis 250 °C
Grenzabweichungen in °C
$= ± (0,4 + 0,028 \, |t|)$ für −60 bis 0°C.
Hierin ist $|t|$ der Betrag der Temperatur.

Für die Berechnung der **Grundwerte** von einem Platin-Messwiderstand mit 100 Ω bei 0 °C (Pt 100 nach DIN IEC 751) und von einem Nickel-Messwiderstand mit 100 Ω bei 0 °C (Ni 100 nach DIN 43 760) gelten folgende Zahlenwertgleichungen:

für **Pt 100** im Temperaturbereich von **0 bis 850 °C:**
$$R_t = 100 \, (1 + 3{,}90802 \cdot 10^{-3} \cdot t - 0{,}5802 \cdot 10^{-6} \cdot t^2)$$
für **Pt 100** im Temperaturbereich von **−200 bis 0 °C:**
$$R_t = 100 \, (1 + 3{,}90802 \cdot 10^{-3} \cdot t - 0{,}5802 \cdot 10^{-6} \cdot t^{-2}$$
$$+ \, 0{,}42735 \cdot 10^{-9} \cdot t^3 - 4{,}2735 \cdot 10^{-12} \cdot t^4)$$
für **Ni 100** im Temperaturbereich von **−60 bis 250 °C:**
$$R_t = 100 + 0{,}5485 \cdot t + 0{,}665 \cdot 10^{-3} \cdot t^2$$
$$+ \, 2{,}805 \cdot 10^{-9} \cdot t^4 - 2 \cdot 10^{-15} \cdot t^6$$

Erläuterung zu 15.2.2

Fluidtemperaturmessung:
Abweichung ($F = \vartheta_{\text{Sensor}} - \vartheta_{\text{Fluid}}$) durch Wärmeleitung

Fehlerabschätzung über die stationäre Wärmeleitung in einem Stab. Die Abweichung wird verkleinert durch lange Eintauchlänge (schräger Einbau). Analog ist die Abweichung bei in die Umgebung herausragenden Thermometerschutzarmaturen abzuschätzen.

Für Sensor: Umfang U, Querschnitt A, Wärmeleitfähigkeit λ, Länge 1, Temperatur ϑ_{S}

Für Fluid: Wärmeübergangskoeffizient α, Temperatur ϑ_{F}

Bei Temperaturmessungen in Gasen ist je nach dem Temperaturunterschied zwischen Sensor und Umfassungskonstruktion ein Strahlungsschutz vorzusehen.

Oberflächentemperaturmessung mit Berührungsthermometern:
Abweichung ($F = \vartheta_{\text{Sensor}} - \vartheta_{\text{Oberfläche}}$)

Ausschlaggebend sind der thermische Kontakt zwischen Sensor (S) und Oberfläche (O). Der geringere Fehler der (prinzipiellen) Fehlerkurve 1 gegenüber 2 kann durch größeren Anpressdruck p, kleineren Winkel φ, längere Auflage 1 und Wärmeleitpaste erreicht werden. Parameter für die Wärmeableitung sind die Umgebungstemperatur ϑ_{U} und die Wärmeleitfähigkeit λ_{M} des Messobjektes.

Dynamik von Berührungsthermometern

Die dynamische Abweichung $\Delta\vartheta(t)$ nach einem Temperatursprung $\Delta\vartheta_0$ für den Sensor kann in erster Näherung mit einer Exponentialfunktion abgeschätzt werden. Die Zeitkonstante T enthält die Sensorwärmekapazität ($m \cdot c$), die wärmeübertragende Fläche des Sensors (A), den Wärmeübergangskoeffizienten α bei Fluidtemperaturmessungen und die Temperaturleitfähigkeit a_0 des Objektes bei Oberflächentemperaturmessungen. – Der dynamische Kennwert (Zeitkonstante, Einschwingzeit oder Grenzfrequenz) ist keine Sensorkonstante, sondern von der thermischen Ankopplung abhängig.

Kalibrieren: Normgerechte Thermoelemente und Widerstandsthermometer werden nicht kalibriert, wenn die genormten Toleranzen ausreichen. Andernfalls und bei Prüfungen sollten Temperatursensoren im eingebauten Zustand mit einem Referenzsensor kalibriert werden (Schutzrohr mit redundantem Sensorplatz). Nur in Sonderfällen werden Temperatursensoren in Thermostaten kalibriert. – Die Messleitung und Signalverarbeitung können mit einem elektrischen Phantom (Widerstände für Widerstandsthermometer und Spannungsquelle für Thermoelemente) ohne Sensor geprüft werden.

Berührungsfreie Oberflächentemperaturmessung über Infrarot-Strahlung

Die wahre Oberflächentemperatur (T_{W} in K) ist im allgemeinen geringer als die Temperatur (T_{S}) des schwarzen Strahlers, die das Pyrometer für die Emissionsgradeinstellung $\varepsilon = 1$ anzeigt. Der Faktor F_{G} berücksichtigt die Umgebungsstrahlung (Umgebungstemperatur T_{U}). Der Emissionsgrad eines Objektes ($\varepsilon_{\text{Objekt}}$) kann mit einer provisorischen, berührenden Oberflächentemperaturmessung (z.B. mit einem Mantelthermoelement $\vartheta_{\text{W}} = \vartheta_{\text{TE}}$) und variierter ε-Einstellung am Pyrometer (angezeigte Temperatur ϑ_{A}) aus der Fehlerabhängigkeit ($\vartheta_{\text{A}} - \vartheta_{\text{TE}}) = f(\varepsilon)$ ermittelt werden (Weiteres auf folgendem Blatt).

Fluidtemperaturmessung:

Abweichung ($F = \vartheta_{Sensor} - \vartheta_{Fluid}$) durch Wärmeleitung zwischen Sensor und Fluid

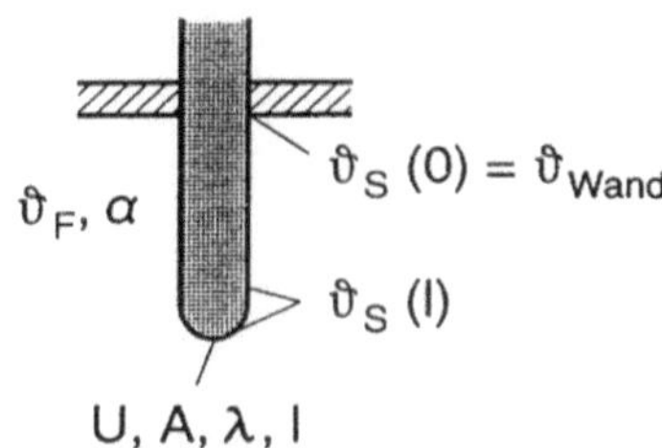

$$\vartheta_S (l) - \vartheta_F = \frac{\vartheta_S (0) - \vartheta_F}{\cos h (l \sqrt{\alpha \cdot U / \lambda \cdot A})}$$

Oberflächentemperaturmessung mit Berührungsthermometern:

Abweichung ($F = \vartheta_{Sensor} - \vartheta_{Oberfläche}$)

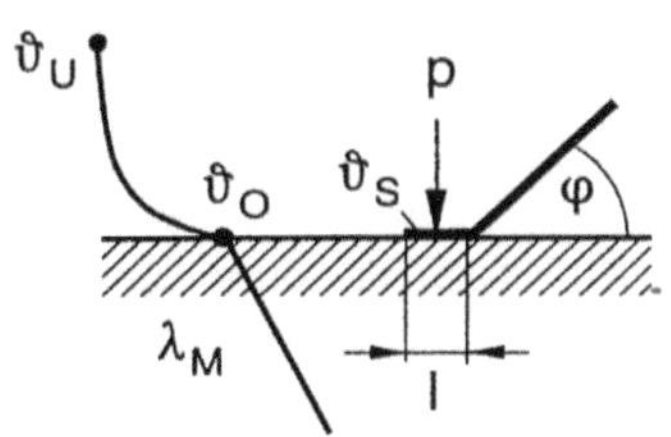

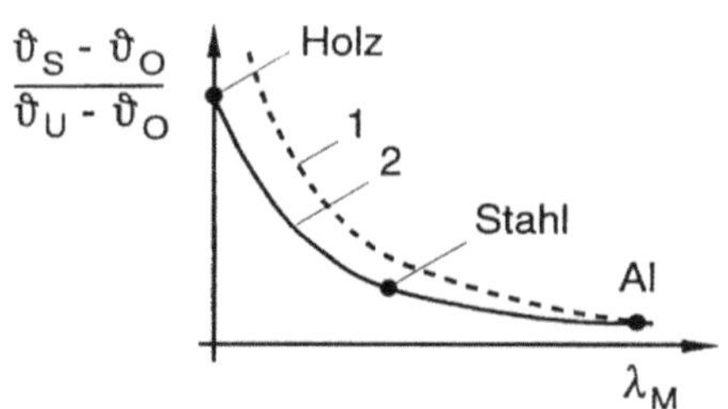

Dynamik von Berührungsthermometern

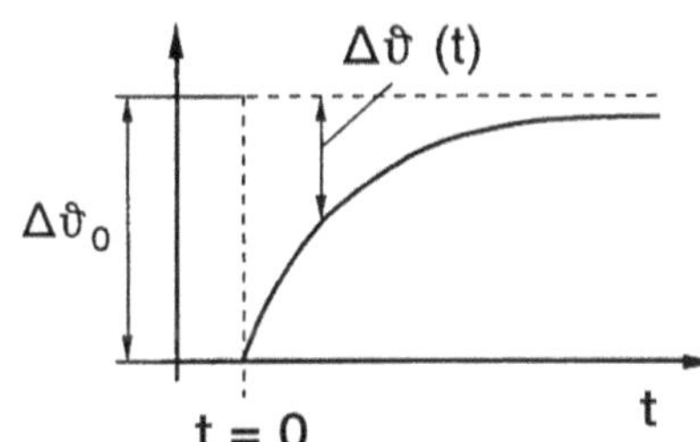

dynamischer Fehler:

$$\Delta\vartheta (t) = \Delta\vartheta_0 \cdot \exp (-t/T)$$

Fluidtemperaturmessung:

$$T = \left(\frac{m \cdot c}{A}\right)_s \cdot \frac{1}{\alpha_F}$$

Oberflächentemperaturmessung:

$$T = \left(\frac{m \cdot c}{A}\right)_s \cdot \frac{1}{a_0}$$

Berührungsfreie Oberflächentemperaturmessung über Infrarot-Strahlung

Gesamtstrahlungspyrometer

$$T_W = T_S \cdot (F_G / \varepsilon)^n$$

$$F_G = 1 - (1 - \varepsilon) (T_U / T_S)^n$$

$n \approx 0{,}25$ (elektr. Nichtleiter)

$n \approx 0{,}20$ (elektr. Leiter)

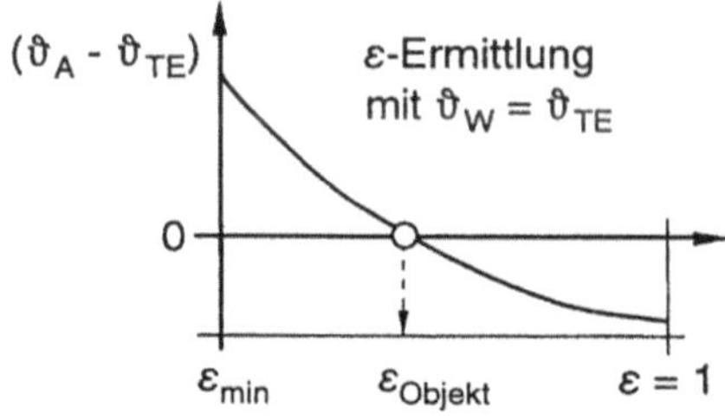

Erläuterung zu 15.2.3

Messprinzip: aus der gemessenen *Wärme*strahlung (im Prinzipbild die Spektraldichte $L\,(T_\mathrm{M},\,\varepsilon,\,T_\mathrm{U})$) wird mit Hilfe der Strahlungsgesetze auf die Objekt*temperatur* (T_M) geschlossen. Die Messgeräte wie Pyrometer für Punktmessung oder IR-Kamera für zweidimensionale Abbildung werden nach Spektralbereich ($\Delta\lambda$) und Objekttemperatur (T_M) gewählt. Die Messunsicherheit ist abhängig von der Unsicherheit des Emissionsgrades ε, der Berücksichtigung der Objektumgebung (IR-Durchlässigkeit, Temperatur T_u) und der optischen Abbildung. Für Gleichungen 1–4: Reflexionsgrad: $0 \le \varrho\,(\lambda,\,T_\mathrm{M}) \le 1$; Transmissionsgrad: $0 \le \tau\,(\lambda,\,T_\mathrm{M}) \le 1$; Absorptionsgrad: $0 \le \alpha\,(\lambda,\,T_\mathrm{M}) \le 1$.

Schwarzer Strahler $\varepsilon\,(\lambda,\,T) = 1$: Die dargestellte spektrale Strahldichte L_S eines schwarzen Strahlers wird für unpolarisierte Strahlung vom *Planckschen Strahlungsgesetz* (5) angegeben (mit den Konstanten $C_1 = 3{,}742 \cdot 10^{-12}$ W $\cdot$ cm^2; $C_2 = 1{,}439$ cm $\cdot$ K und $\Omega_0 = 1$ sr). Die in den Halbraum abgestrahlte Energie M_S (bezogen auf die Strahlerfläche) ist das Integral des Planckschen Strahlungsgesetzes (5) über alle Wellenlängen (λ); unter Annahme des Lambertschen Kosinusgesetzes ($M = \pi \cdot \Omega_0 \cdot L$). Das ist das Stefan-Boltzmann-Gesetz (6). Die Eigenschaft schwarzer Strahler ($\varepsilon = 1$) kann stofflich (z.B. mit schwarzer Oberflächenbeschichtung) oder geometrisch (z.B. Hohlraumstrahler in Rohrform) erreicht werden.

Messobjekte $\varepsilon\,(\lambda,\,T)$: Nicht alle *Messobjekte* (Strahler) und *Strahlungssensoren* strahlen und absorbieren mit $\varepsilon\,(\lambda,\,T) = \alpha\,(\lambda,\,T) = 1$. Der *Emissionsgrad* $\varepsilon\,(\lambda,\,T)$ ist keine Stoffkonstante, wenn die Oberfläche variiert (Rauhtiefe, Fremdschichten, Oxydation). Emissionsgradermittlung: siehe vorheriges Blatt.

Strahlungssensoren (Messverfahren): Der *Spektralbereich* der Pyrometer wird durch die Sensorcharakteristik und die Transmission sowie Reflexion der strahlführenden Bauteile bestimmt. *Thermische* Strahlungsempfänger (wie geschwärzte Thermoelemente, Widerstandsthermometer, pyroelektrische Kristalle) besitzen im ungekapselten Zustand eine von der Wellenlänge unabhängige Empfindlichkeit. Für Messungen mit *Gesamtstrahlungssensoren* (Index G) gilt $T_\mathrm{M} = \varepsilon^{-0{,}25}\,T_\mathrm{S.\,G}$. Ein Gesamtstrahlungspyrometer erfasst mindestens 90 % der von einem Messobjekt ausgehenden Strahlung. Für in einer Wellenlänge λ empfindliche Strahlungsempfänger (*Teilstrahlung*, Index T) ergibt sich aus einem zur letzten Gleichung analogen Ansatz und der Planckschen Gleichung (5)

$$T_\mathrm{M} = \left[\frac{1}{T_\mathrm{S.\,T}} + \frac{\lambda}{C_2}\,\ln \varepsilon(\lambda,\,T_\mathrm{M})\right]^{-1}$$

als Zusammenhang zwischen wahrer Temperatur T_M und gemessener spektraler Temperatur $T_\mathrm{S.\,T}$ (Band- und Linienstrahlungspyrometer). – Bei einer zweiten Gruppe von Strahlungspyrometern wird nicht eine spektrale Strahldichte verwendet, sondern das *Verhältnis* von zwei monochromatischen Strahldichten. Die Verhältnistemperatur $T_\mathrm{S.\,V}$ ist die Temperatur eines „schwarzen Strahlers, für die das Verhältnis der Strahldichten $L_\mathrm{S}\,(\lambda_1,\,T_\mathrm{S,\,V})/L_\mathrm{S}\,(\lambda_2,\,T_\mathrm{S.\,V})$ ebenso groß wie beim Messobjekt mit der Temperatur T_M. Die Verhältnistemperatur $L_\mathrm{S.\,V}$ kann kleiner oder größer sein als die Objekttemperatur T_M:

$$T_\mathrm{M} = \left[\frac{1}{T_\mathrm{S.\,V}} + \frac{\lambda_1\lambda_2}{C_2\,(\lambda_1 - \lambda_2)}\,\ln \frac{\varepsilon(\lambda_1)}{\varepsilon(\lambda_2)}\right]^{-1}$$

Bei einem Messobjekt mit $\varepsilon(\lambda_1) = \varepsilon(\lambda_2)$, das ist ein *grauer* Strahler, ist $T_\mathrm{M} = T_\mathrm{S.\,V}$.

Kalibrieren: Für Temperaturmessungen wird das Ausgangssignal der Strahlungssensoren nicht als Strahldichte L_M kalibriert, sondern als Temperatur T_S eines „schwarzen" Strahlers. Bei Messungen an nicht „schwarzen" Strahlern ($\varepsilon < 1$) ist die ermittelte „schwarze" Temperatur T_S keine thermodynamische Temperatur, sondern eine Hilfsgröße. Sie ist geringer als die wahre Temperatur eines Objektes mit $\varepsilon < 1$, weil der zur Kalibrierung benutzte „schwarze" Strahler wegen $\varepsilon = 1$ die gleiche Strahldichte L_M bei geringerer Temperatur T_S erzeugt.

Optische Abbildungsbedingungen (Visierkennwert): Die mit dem Pyrometer ermittelte Temperatur ist der Mittelwert über das Strahlermessfeld (Durchmesser D_M), das auf dem Strahlungsempfänger (Durchmesser D_E) abgebildet wird. Der Messfelddurchmesser D_M ist abhängig von der Entfernung a zwischen Strahler und Empfänger bzw. Pyrometer sowie der Pyrometeroptik, gekennzeichnet mit dem Visierkennwert ($V = D_\mathrm{M}/a$).

Thermografie, Thermovision oder IR-Kamera: Die Abbildung eines strahlenden Objekts im IR-Bereich erfolgt punktweise (kleines Messfeld) mit Teil- oder Bandstrahlungssensoren. Der *Bildaufbau* erfolgt mit einem Sensor und einer Zweiachsen-Abtastung oder mit einer Sensorzeile und einer Einachsen-Abtastung oder mit einer Sensormatrix. Maßgeblich sind Bildaufbauzeit und Bildpunktzahl. Die weitere Bearbeitung wie z.B. *Isothermendarstellung* wird mit digitaler Bildverarbeitung vorgenommen. Ohne Kenntnis der Emissionsgradverteilung ist das Ergebnis ein *Wärmebild*.

Wärmestrahler

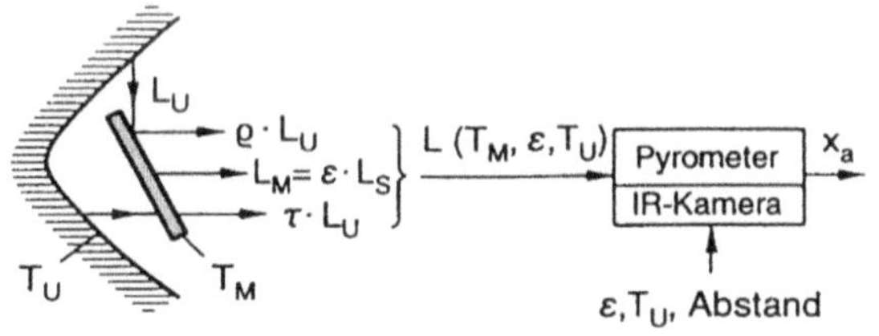

- Bilanz für Umgebungsstrahlung L_U:

$$\varrho\,(\lambda, T_M) \cdot L_U + \tau\,(\lambda, T_M) \cdot L_U + \alpha\,(\lambda, T_M) \cdot L_U = L_U \qquad (1)$$

vereinfacht: $\boxed{\varrho + \tau + \alpha = 1}$ (2)

- Rückführung des beliebigen Strahlers L_M auf den Schwarzen Strahler L_S (Kirchhoffsches Strahlungsgesetz):

$$L_M\,(\lambda, T_M) = \alpha\,(\lambda, T_M) \cdot L_S\,(\lambda, T_M) = \varepsilon\,(\lambda, T_M) \cdot L_S\,(\lambda, T_M) \qquad (3)$$

vereinfacht: $\boxed{\text{Absorptionsgrad } \alpha = \text{Emissionsgrad } \varepsilon}$ (4)

Schwarzer Strahler $\varepsilon\,(\lambda, T) = 1$

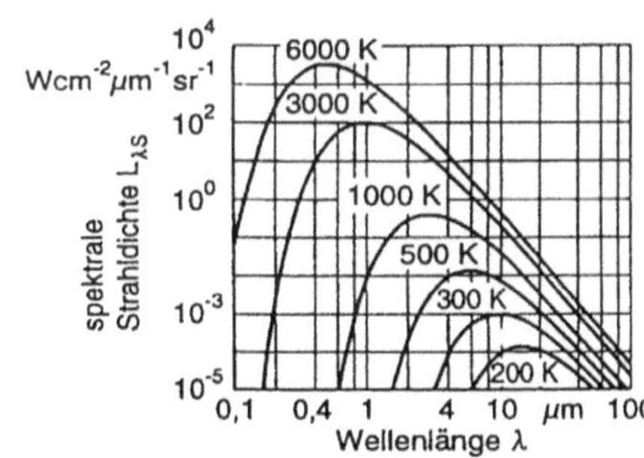

$$L_{\lambda,S}\,(\lambda, T) = C_1 \left[\pi \cdot \Omega_0 \cdot \lambda^5 \left(\exp\,(C_2/\lambda \cdot T) - 1\right)\right]^{-1} = \frac{dM_S}{d\lambda} \qquad \text{Planck} \quad (5)$$

mit $C_1 = 3{,}742 \cdot 10^{-12}\,W \cdot cm^2$; $C_2 = 1{,}439\,cm \cdot K$; $\Omega_0 = 1\,sr$

$$M_S\,(T) = \int L_{\lambda,S} \cdot d\lambda = \sigma \cdot T^4 \qquad \text{Stefan - Boltzmann} \quad (6)$$

mit $\sigma = 5{,}667 \cdot 10^{-8}\,W \cdot m^{-2} \cdot K^{-4}$

Emissionsgrad $\varepsilon\,(\lambda, T)$

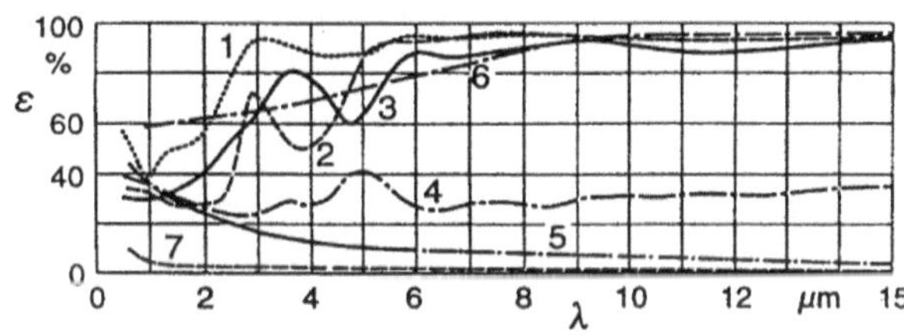

strahlungsundurchlässige Stoffe

1	gehobeltes Eichenholz	5	Stahl, blank
2	Schamotte	6	Stahl, oxidiert
3	helle Tapete	7	Silber, poliert
4	Aluminiumbronze		

strahlungsdurchlässige Stoffe

1	Wasser	(0,500 mm)
2	Glas	(1,000 mm)
3	PVC-Folie	(0,100 mm)
4	PE-Folie	(0,030 mm)

Messgerätewahl nach Spektralbereich

Spektralbereich μm	Strahler	Temperaturbereich °C	kein Einfluss der Atmosphäre	weitere Angaben
< 0,8 [1] (Δλ < 0,1) [2]	Metalle, Oxide, Flammen	> 700 (500)		
< 1,5 (Δλ < 0,5)	Oxide, Metalle mit Oxidschichten	> 400	×	
2,0 . . . 2,6	Gläser	300 . . . 1600	×	Eindringtiefe 150 mm
3,0 . . . 4,0	Gläser	300 . . . 1600	×	Eindringtiefe 12,5 mm
3,4 . . . 3,6	Thermoplaste	50 . . . 300	×	Dicke d < 0,1 mm
4,5...5,5...8	Gläser	50...200...1600	×	d > 1 mm, Oberflächentemperatur
6,2 . . . 9,5	Thermoplaste	50 . . . 300		d > 0,1 mm, kleine Messobjekte
7,2 . . . 8,2	feuerfeste Steine, Ziegel, Gläser	100 . . . 2000	×	Glasdicke d < 1 mm, Einfluss nicht-leuchtender Flammen ist gering
7,8 . . . 8,2	Thermoplaste	50 . . . 300	×	d < 0,1 mm
9,0 . . . 14,0 [3]	Nichtmetalle	-50 . . . 300	×	

[1] auch Verhältnisparameter bei Staub und Wasserdampf, [2] Spektralpyrometer, [3] auch Gesamtstrahlungspyrometer

Kalibrieren

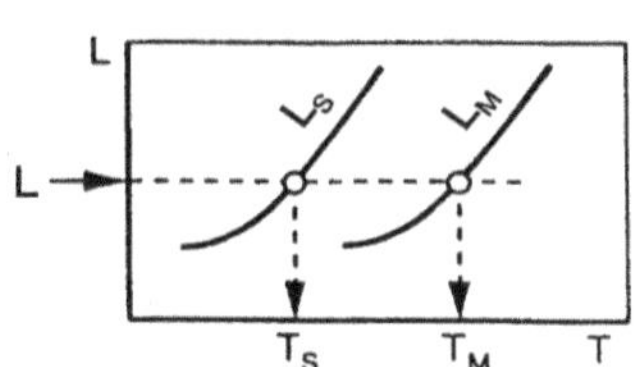

Optische Abbildung

$$\frac{D_1 - D_E}{D_M - D_1} = \frac{b}{a}$$

$$V = \frac{D_M}{a}$$

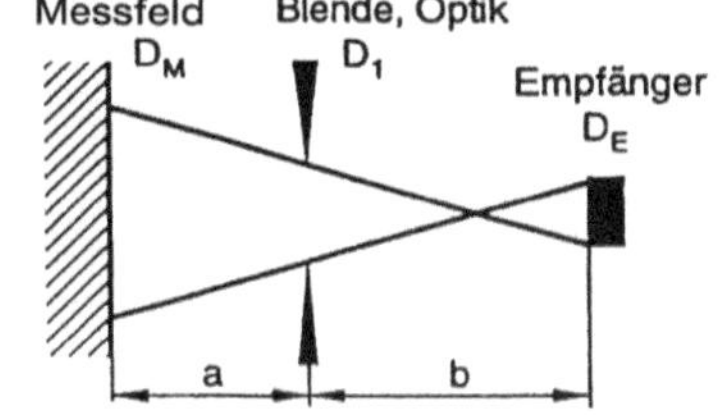

Erläuterung zu 15.3.1

Der kurze *Überblick zu ausgewählten Durchflussmessverfahren* ist geordnet nach der Veränderung des *Querschnitts* (1. Spalte) durch das Messgerät, die maßgeblich ist für Druckverlust, Schmutzempfindlichkeit und Wartung. Entscheidend für die Auswahl des *Messverfahrens* (2. Spalte) ist die vorrangig notwendige Durchfluss-*Messgröße* (3. Spalte). Die seltener gebrauchten übrigen Durchfluss-Messgrößen können durch weitere Signalverarbeitung beschafft werden. Die angegebenen Durchfluss-Messgrößen Volumen V, Volumenstrom $\dot{V}$ und Massenstrom $\dot{M}$ sind die Mittelwerte über dem durchströmten Querschnitt. Die Geschwindigkeit v ist die örtliche Geschwindigkeit am Messort im Querschnitt mit Ausnahme des Ultraschall-Messverfahrens. In diesem Fall sind die angegebenen Geschwindigkeiten die Mittelwerte zwischen Sender und Empfänger.

Die Angaben zum *Aggregatzustand* des Messstoffes bedeuten: ● geeignet und ○ bedingt geeignet.

Die Angaben zum *Einsatzbereich* gelten für das Messverfahren zur Zeit, der Messbereich (Spreizung) der einzelnen Messgeräte ist unterschiedlich. Der erreichbare minimale *Fehler* ist Ausdruck des Entwicklungsstandes und der physikalischen Grenzen. Die vom Hersteller angegebenen Fehlergrenzen sind gebunden an Einbaubedingungen wie ungestörte Zulauflänge 1 (je nach Typ 1 > (3 ... 20) · NW) und Auslauflänge (1 > (3 ... 5) · NW).

DIN 1319, Teil 4	Behandlung von *Unsicherheiten* bei der Auswertung von Messungen
VDI/VDE 02040; 2041; 3512; DIN 1952; ISO 5167	Durchflussmessung mit *Blenden, Düsen und Venturidüsen*
VDI 2048	*Messunsicherheiten* bei Abnahmemessungen an energie- und kraftwerkstechnischen Anlagen
VDI/VDE 2640	Netzmessungen (von *örtlichen Geschwindigkeiten*) in Strömungsquerschnitten (Allgemeine Richtlinien und mathematische Grundlagen)
VDI/VDE 2641	*Magnetisch-induktive* Durchflussmessung
VDI/VDE 2642	*Ultraschall*-Durchflussmessung
VDI/VDE 2643	*Wirbelzähler* zur Volumen- und Durchflussmessung
VDI/VDE 3513	*Schwebekörper*-Durchflussmesser
EN ISO 5167-1	*Ein- und Auslaufstrecken* für Durchflussmesseinrichtungen

Sammlung von VGB-Richtlinien und VGB-Empfehlungen für die Leittechnik, Band I – Messtechnik (Verlag VGB-Kraftwerkstechnik, Essen) 2.4 Praktische Hinweise für die Auslegung, Prüfung und Montage von Durchflussmessstrecken mit *Drossel*geräten.

Es wird empfohlen, die in VDI/VDE-Richtlinien enthaltenen Erfahrungen und in Normen enthaltenen Festlegungen zu einzelnen Messverfahren zu nutzen.

Durchflussmessverfahren
(Volumen, Volumen- und Massenstrom)

Einbauten im Querschnitt	Messverfahren	[1]	Gas	Flüssigk.	Dampf	max. Temp./°C	max. Druck/10^5 Pa	Durchfluss bzw. Geschwindigkeit	min. Fehler %
beweglich	Messkammern		●	○					
	Drehkolben-Gaszähler	V	●			< 60	< 20	0,1 … 400 m³/h	0,1
	Ringkolben-Zähler	V		●				0,005 … 50 m³/h	0,5
	Messflügel		●	●					
	Turbinenrad-Zähler	V	●			60	100	5 … 25000 m³/h	0,2
	Flügelrad-Zähler	V		●		130	40	0,2 … 300 m³/h [4]	2
	Schwebekörper-DFM [2]	$\dot{V}$	●	●		360	64	0,2 … 3600 m³/h	0,5
starr	Wirkdruck-DFM	$\dot{V}$	●	●	●			$5000 < Re_D < 10^8$	0,5
	Wirbelfrequenz-DFM	$\dot{V}$	●	●	○	280	40	9 … 90000 kg/h (Sattdampf)	1
	Staurohr	v	●		○			> 0,02 m/s	0,7
	Hitzdraht, -film	v	●	○		150 (800)		0,1 … 500 m/s (Luft)	
ohne	MID [3]	$\dot{V}$		●		180	40	10^{-1} … 10^5 m³/h	0,2
	Ultraschall-DFM	v	○	●		70	100	0,03 … 30 m/s	1
	CORIOLIS-DFM	$\dot{M}$		●		200	250	… 15 … 180000 kg/h	0,2
	Laufzeit/Laser-2-Focus [5]	v	●	●	○	[5]	[5]	0,1 mm/s … 300 m/s	
	Laser-DOPPLER [5]	v	●	●		[5]	[5]	0,003 … 300 (800) m/s	

[1] Vorrangig gemessene Messgröße: V = Volumen; $\dot{V}$ = Volumenstrom; v = Geschwindigkeit; $\dot{M}$ = Massenstrom.
[2] DFM = Durchflussmesser.
[3] MID = magnetisch - induktive - DFM; minimale Leitfähigkeit > 0,05 μS/cm.
[4] für Kaltwasser s. Δp-Diagramm (Blatt 15.3.2)
[5] schlupffreier bzw. schlupfarmer Tracer sowie optischer Zugang notwendig.

Erläuterung zu 15.3.2

Durchflussmessung mit genormten Blenden, Düsen und Venturirohren (Wirkdruck DFM)

Auswahl der Bauart nach Re_D-Bereich, Druckverlust, Messunsicherheit, Einbaulänge u.a. Berechnung und Ausführung nach vorgegebenem Durchfluss, Rohrdurchmesser, Wirk- bzw. Differenzdruck u.a. anhand von folgenden Normen und Richtlinien:

	DIN 1952/ISO 5167	**VDI/VDE 2040**
Blende	$50 < D < 1000$ mm	$5000 < Re_D < 10^8$
Düse	$50 < D < 630$ mm	$2 \cdot 10^4 < Re_D < 10^7$
Venturirohr	$50 < D < 500$ mm	$2 \cdot 10^5 < Re_D < 2 \cdot 10^6$

REYNOLDS-Zahl; $Re_D = v \cdot D/\gamma$

v = Durchflussgeschwindigkeit, D = Rohrinnendurchmesser, γ = kinematische Zähigkeit.

Die erforderlichen geraden, glatten Rohrstrecken sind vor der Messstelle mindestens 10 D und danach 4 D; für Krümmer, Verzweigungen und Armaturen müssen größere Abstände vorgesehen werden.

Schrifttum

Angegebene DIN und VDI/VDE

Druckverlust in Abhängigkeit vom Durchsatz im Einsatzbereich

SK = Schwebekörper-Durchflussmesser,
WF = Wirbelfrequenz-Durchflussmesser,
T = Turbinenrad-Volumenzähler,
F = Flügelrad-Wasserzähler (WOLTMAN-Volumenzähler)
C = Geradrohr-CORIOLIS-Massenstrommesser
(DN = Nennweite [mm])

Schrifttum

Applikationsschriften von Herstellern

Durchflussbestimmung aus einer Punkt-Geschwindigkeitsmessung

(zum Beispiel Staurohr-Sonde, Hitzdraht-, Laser-DOPPLER-, Laser-Zwei-Focus-Anemometer) im repräsentativen relativen Wandabstand y^* (für Kreisquerschnitt relativer Wandabstand $y = 1 - r/R$), an dem die örtliche Geschwindigkeit v (r) gleich der über dem Querschnitt (A) gemittelten Geschwindigkeit v_m ist.

Kalibrieren von Durchflussmessverfahren mit direkten Verfahren (z.B. Behälterfüllung und Zeitmessung) oder Referenzmesseinrichtung.

Schrifttum

VDI/VDE 2640   Netzmessungen in Strömungsquerschnitten

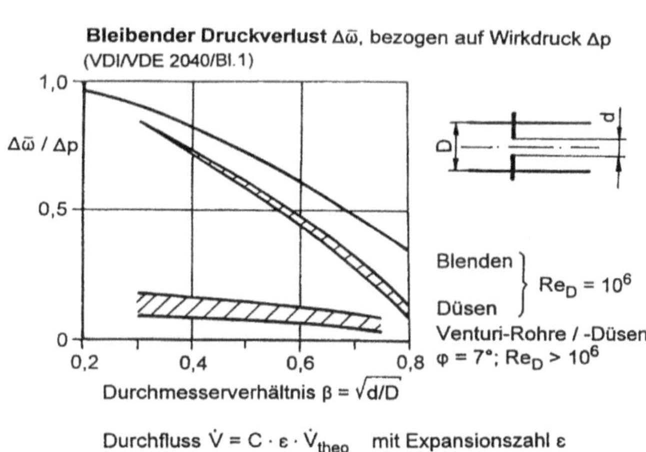

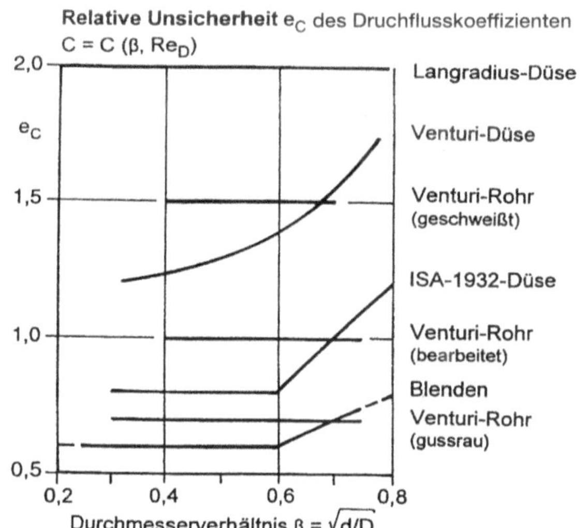

Druckverlust in Abhängigkeit vom Durchsatz im Einsatzbereich

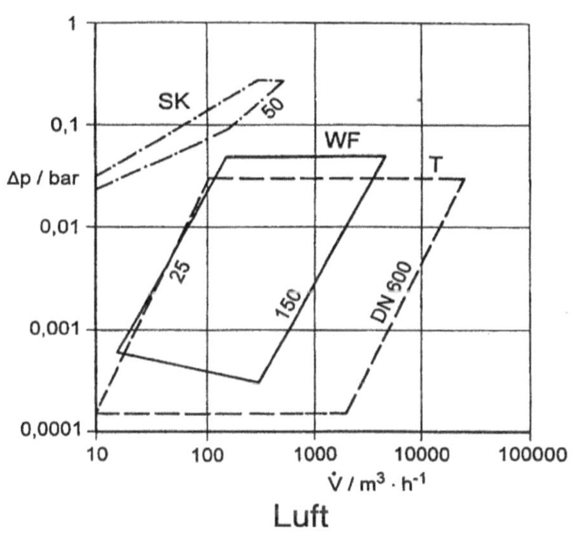

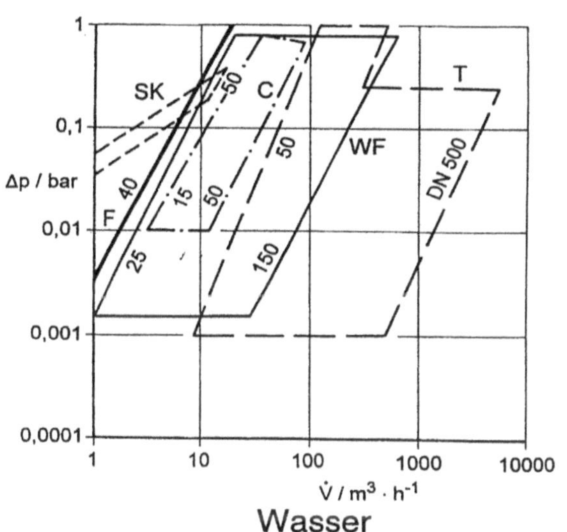

Durchflussbestimmung aus einer Punkt-Geschwindigkeitsmessung
$$(\ \dot{V} = A \cdot v_m\ )$$

Laminare Rohrströmung: $v (r) / v_{max} = 1 - (\frac{r}{R})^2$; $v_m = 0,5 \cdot v_{max}$
Turbulente Rohrströmung: $\dot{V} = A \cdot v (y^*)$

Potenzprofil: $v (r) / v_{max} = y^m$

ISO DIN 7145 für $Re_D > 10^4$;   (λ = 0,03)
$Re_D > 3 \cdot 10^4$;   (λ = 0,06)

Log. Profil: $v (r) / v_{max} = 1 + 2,5 \sqrt{\frac{\lambda}{8}} (\frac{3}{2} + \ln y)$

Erläuterung zu 15.4.1

Messprinzipien
eignungsgeprüfter Emissionsmessgeräte für kontinuierliches Messen

NDIR – Fotometer für nicht disperse Infrarot-Absorption
NDUV – Fotometer für nicht disperse Ultraviolett-Absorption
VIS – Fotometer für sichtbaren Strahlungsbereich

Transmission (Extinktion) und Streulicht im Durchfluss für Staub: In der Regel ist das Ergebnis eine relative Angabe (in % Trübung). Die Kalibrierung der Extinktion bzw. Transmission (*Durchflussküvette*) in Massenkonzentrationen wird anlagentypisch vorgenommen. – Die optische Bewertung des auf einem *Filter* Abgeschiedenen (diskontinuierlich) erfolgt mit einem Reflektometer als Schwärzung (in % Opazität).

β-Absorption für Staub: Das mit Staub beladene Filter wird mit einem β-Strahler durchstrahlt, die Schwächung ist ein Maß für die abgeschiedene Masse.

CL = Chemolumineszenz: Die Oxidation von Stickstoffmonoxid NO mit Ozon O_3 ist mit Lichtemission verbunden. Der NO_2-Anteil kann vorher thermisch zu NO konvertiert werden (Umsatzgrad < 1). Die Stickoxid-Emission von Verbrennungseinrichtungen besteht zum überwiegenden Teil aus NO (Richtwert 95 % NO und 5 % NO_2), so dass Messgeräte mit primärer NO-Empfindlichkeit zu wählen sind.

FID-Flammenionisationsdetektor: Das zu analysierende Gas wird in die Luft einer vorgemischten Wasserstoffflamme geleitet. Zwischen Brennerdüse und einer Elektrode über der Flamme liegt eine Gleichspannung. Durch die mitverbrennenden Kohlenwasserstoffe entsteht ein Ionenstrom, der ein Maß für alle organisch gebundenen Kohlenstoffatome ist. Das Messgerät wird vorwiegend mit Methan (CH_4), Butan (C_4H_{10}) oder Propan (C_3H_{10}) kalibriert.

Thermomagnetischer Sensor: Sauerstoff ist paramagnetisch. Der von einem Magneten angezogene Sauerstoff verliert durch Erwärmen über die CURIE-Temperatur seine magnetische Eigenschaft. Die entstehende Sekundärströmung ist der zu detektierende Messeffekt.

Elektrochemischer (nasser) Sauerstoffsensor (HERSCH-Zelle): Der Sensor enthält Blei-Anode, Gold-Katode und sauren Elektrolyt (Essigsäure). Der Sauerstoff diffundiert zur Katode.

Elektrochemischer (trockener) Sauerstoffsensor (λ-Sonde): Der für Sauerstoffionen leitfähige Festelektrolyt ist eine u. a. mit Yttriumoxid (Y_2O_3) dotierte Zirkonoxidkeramik (ZrO_2). Die Elektroden sind gasdurchlässige Platinschichten. Eine Elektrode ist dem zu analysierenden Gas (unbekannter O_2-Partialdruck) und die andere Elektrode einem Referenzgas (Luft mit bekanntem O_2-Partialdruck) zugewandt.

Schrifttum

VDI-Handbuch: Reinhaltung der Luft. Teil 4 und 5 zu Analysen- und Messverfahren
Umweltbundesamt II 4.4: Eignungsgeprüfte kontinuierlich arbeitende Emissionsmesseinrichtungen (Stand: Juli 1996)

Konzentrationsmaße

Konzentrationen geben den **volumenmäßigen oder massenmäßigen Anteil** eines Stoffes (Komponente i) in einem Gemisch (Index ges) an.

Anteil	Zehnerpotenz		Abkürzung
$\dfrac{V_i}{V_{ges}}$; $\dfrac{M_i}{M_{ges}}$	10^{-2}	%	(Prozent)
	10^{-3}	‰	(Promille)
	10^{-6}	ppm	(parts per million)
	10^{-9}	ppb	(parts per billion)
$\dfrac{M_i}{V_{ges}}$	$\dfrac{mg}{m^3}$		für Partikel, Aerosole, Gas, Dampf

Die **Umrechnung** einer Gas- oder Dampf-Konzentration **Volumen-ppm** in **mg/m^3** ist an die Angabe von Druck p und Temperatur T [K] gebunden:

$$\left[\begin{array}{l} \text{Konzentration } [\text{mg/m}^3] = \text{Konzentration } [\text{Volumen-ppm}] \cdot K \\[2mm] \text{mit } K = \dfrac{p}{RT} = \dfrac{p \cdot M_{Mol}}{\Re \cdot T} = \dfrac{M_{Mol}}{V_{Mol}} \end{array} \right]$$

allgemeine Gaskonstante $\Re$ = 8,3145 J/(mol · K), spezifische Gaskonstante R der Komponente, molare Masse M_{Mol} [g/mol] der Komponente und Molvolumen V_{Mol} (z.B. V_{Mol} = 24,36 l/mol für $p = 10^5$ Pa und T = 293 K).

Messprinzipien eignungsgeprüfter Emissionsmessgeräte

● geeignet , ○ bedingt geeignet

	Fotometrie				β-Absorpt.	CL	FID	thermo-magnet.	elektrochemisch	
	NDIR	NDUV	Transmiss./Extinktion	Streulicht					nass	trocken
CO_2	●									
CO	●									
NO	○	●				●				
NO_2	●	○				●				
SO_2	●	●								
HCl	●									
NH_3	●									
$\Sigma C_n H_m$							●			
O_2								●	●	●
Staub			●	●	●					

Erläuterung zu 15.4.2

Messanordnungen

Anzustreben sind kurze Entfernungen zwischen Messort und Sensor, um Konzentrationsänderungen (z.B. durch Adsorption, Absorption, Kondensation) in den Verbindungsleitungen zu vermeiden. Das Ziel sind Messanordnungen *ohne Gasentnahme* (*in-situ*).

Bei Messeinrichtungen *mit Gasentnahme* sind sowohl Leitungslänge als auch Anzahl der zwischengeschalteten Elemente zu minimieren.

Kalibrieren von Messverfahren für Gaskonzentrationen: Prüfgasmischungen im Durchfluss oder in Küvette. Prüfen der Signalverarbeitung mit Phantomen (optische Filter, elektrische Widerstände, Spannungsquellen).

Schrifttum

DIN 1319, Teil 4 Behandlung von *Unsicherheiten* bei der Auswertung von Messungen
VDI 2048   *Messunsicherheiten* bei Abnahmemessungen an energie- und kraftwerkstechnischen Anlagen

Sammlung von VGB-Richtlinien und VGB-Empfehlungen für die Leittechnik, Band I – Messtechnik (Verlag VGB-Kraftwerkstechnik, Essen) 2.6 Abnahme- und Kontrolluntersuchungen an Rauchgasreinigungsanlagen.

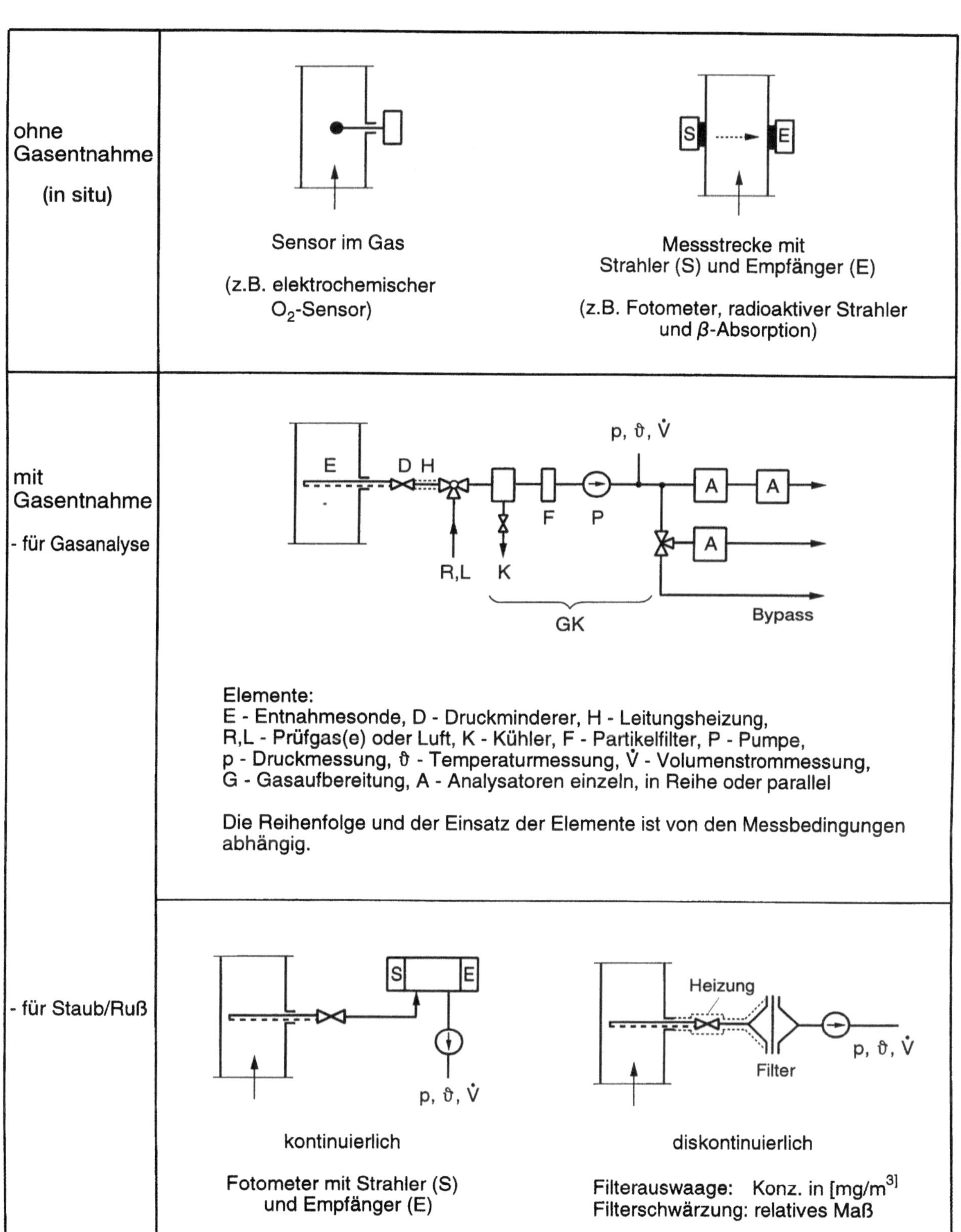

Elemente:
E - Entnahmesonde, D - Druckminderer, H - Leitungsheizung,
R,L - Prüfgas(e) oder Luft, K - Kühler, F - Partikelfilter, P - Pumpe,
p - Druckmessung, ϑ - Temperaturmessung, $\dot{V}$ - Volumenstrommessung,
G - Gasaufbereitung, A - Analysatoren einzeln, in Reihe oder parallel

Die Reihenfolge und der Einsatz der Elemente ist von den Messbedingungen abhängig.

Erläuterung zu 15.5.1

Mit der Feuchtemessung in Luft wird der Anteil Wasserdampf (als Partialdruck p_D oder Masse m_D) im Gemisch feuchte Luft (p) ermittelt. Die Feuchtemessung ist ein Sonderfall der Gasanalyse, weil die Partialdrücke der übrigen Komponenten zusammengefasst werden (trockene Luft).

$$p = p_\mathrm{D} + p_{\mathrm{O_2}} + p_{\mathrm{N_2}} + \cdots = p_\mathrm{D} + p_{\text{trockene Luft}}$$

Indizes: D = Dampf, L = Luft, S = Sättigungszustand, W = Wasser, ohne Index = feuchte Luft

Kalibrieren von Feuchte-Sensoren: Vergleichsmessungen mit Psychrometer (siehe Auswertung anhand des MOLLIER-h, x-Diagramms) oder über wässrige Lösungen (DIN 50008).

Feuchtemaße

absolute Feuchte $= \dfrac{\text{Masse des Wasserdampfes}}{\text{Volumen der feuchten Luft}}$
$\qquad f = \dfrac{m_D}{V} = \dfrac{p_D}{R_W \cdot T}$

relative Feuchte $= \dfrac{\text{Feuchte}}{\text{Feuchte bei Sättigung}}$
$\qquad \varphi = \dfrac{f}{f_S} = \dfrac{p_D}{p_{D_S}}$

Feuchtegrad $= \dfrac{\text{Masse des Wasserdampfes}}{\text{Masse der trockenen Luft}}$
$\qquad x = \dfrac{m_D}{m_L} = \dfrac{R_L}{R_W} \cdot \dfrac{p_D}{p - p_D}$

Sättigungsgrad $= \dfrac{\text{Feuchtegrad}}{\text{Feuchtegrad bei Sättigung}}$
$\qquad \psi = \dfrac{x}{x_S} = \dfrac{p_D}{p_{D_S}} \cdot \dfrac{p - p_{D_S}}{p - p_D}$

Messtechnik

		Sensor	Zwischenmessgrößen
direkte Messverfahren	Sättigungsverfahren	Taupunkthygrometer (1)	Taupunkttemperatur an Spiegel oder Oberflächenwiderstand mit geregelter Kühlung
		● Lithium-Chlorid-Taupunkthygrometer (2)	Ersatz der Taupunkttemperatur durch Gleichgewichtstemperatur des LiCl-H₂O-Systems
	Absorptionsverfahren	Absorptions-Hygrometer	Bestimmung des im Absorptionsmittel absorbierten Wassers und der zugehörigen Luftmenge
		Elektrolyse-Hygrometer (3)	elektrolytischer Strom in hygroskopischem Stoff bei konstanter Speisespannung
indirekte Messverfahren	Verdunstungsverfahren	● Psychrometer (4)	Temperaturdifferenz zwischen trockenem und feucht gehaltenem Temperatursensor
	hygroskopische Verfahren	gravimetrisches Hygrometer	Massezunahme eines hygroskopischen Probekörpers
		● Haar-Hygrometer (5)	Längenänderung von Fasern
		● Leitwert-Hygrometer (6)	elektrischer Leitwert über hygrophiler Oberfläche
		Farb-Hygrometer	feuchtebedingte Farbänderung von Salzen
	spektrale Verfahren	● IR-Hygrometer (7)	nicht disperse IR-Absorption
		Mikrowellen-Hygrometer	Änderung der Dielektrizitätskonstante

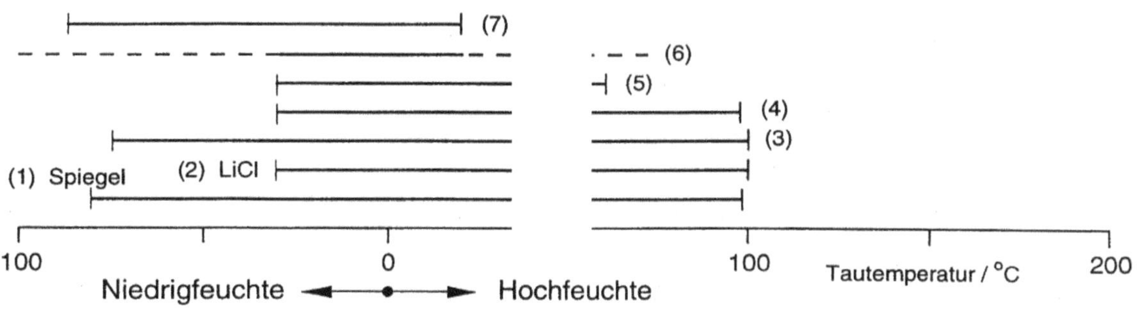

Erläuterung zu 15.5.2

zur weiteren Auswertung von Feuchtemessungen anhand der (h, x)-Diagramme (Blatt 2.2.7.1 und 2.2.7.3) oder entsprechender Algorithmen.

Taupunkthygrometer (1)

Die Ausgangsgröße von Taupunkthygrometern (Spiegel mit geregelter Kühlung oder $LiCl–H_2O$-System) ist die Tau- oder Sättigungstemperatur ϑ_S. Zusätzlich ist die Lufttemperatur ϑ_L zu messen.

Die Tautemperatur ϑ_S ist auf der Kurve relativer Feuchte $\varphi = 100\,\%$ bzw. 1 einzutragen, womit der Sättigungs-Wasserdampfgehalt bzw. der Feuchtegrad x_S ermittelt ist. Der Schnittpunkt von x_S = konst. und der Isothermen der Lufttemperatur ϑ_L ergibt die am Messort vorliegende relative Feuchte φ (Feuchtezustandspunkt).

Beispiel

Aus den Zwischenmessgrößen $\vartheta_S = -0{,}5\,°C$ und $\vartheta_L = 20\,°C$ ergeben sich $x = 3{,}6$ g/kg und $\varphi = 0{,}26$.

Psychrometer (4)

Die Ausgangsgrößen eines Psychrometers sind die Temperaturen des trockenen Temperatur-Sensors (Lufttemperatur ϑ_L) und die des feucht gehaltenen Sensors ϑ_F. Die Temperatur ϑ_F wird im Beharrungszustand des gekoppelten Wärme-Stoffübergangs erreicht. Gerätetechnisch ist zu gewährleisten, dass die Verdunstungswärme für die Abkühlung des feuchten Temperatursensors (ϑ_F) ausschließlich der vorbeiströmenden Luft entzogen wird (adiabat, h = konst.), sonst sind gerätetypische Korrekturen zu beachten. Der Feuchtezustand der Luft am Psychrometer wird in zwei Schritten im h, x-Diagramm ermittelt:

– Der Schnitt der Isothermen für den feuchten Temperatursensor (ϑ_F) mit der Sättigungskurve ($\varphi = 1$) ergibt die zugehörige Isenthalpe (h).
– Der Schnitt dieser Isenthalpe (h) mit der Isothermen der Lufttemperatur (ϑ_L) ist der Zustandspunkt der feuchten Luft.

Beispiel

Aus $\vartheta_F = 10\,°C$ und $\vartheta_L = 20\,°C$ folgen $x = 3{,}7$ g/kg; $\varphi = 0{,}24$ und Tautempertur $\vartheta_S = -0{,}3\,°C$.

Haarhygrometer (5)

Das Haarhygrometer ist in Maßzahlen für die relative Feuchte (φ) kalibriert. Mit einer zusätzlichen Lufttemperaturmessung (ϑ_L) ist der Feuchtezustandspunkt im MOLLIER-Diagramm festgelegt.

Beispiel

Mit $\varphi = 0{,}5$ und $\vartheta_L = 23\,°C$ ergeben sich $x = 8{,}8$ g/kg und die Tautemperatur $\vartheta_S = 12\,°C$.

Schrifttum

Lehrbücher zur technischen Thermodynamik
DIN 1319, Teil 4   Behandlung von *Unsicherheiten* bei der Auswertung von Messungen
DIN 50008   Konstantklimate über wässrigen Lösungen
VDI 2048   *Messunsicherheiten* bei Abnahmemessungen an energie- und kraftwerkstechnischen Anlagen

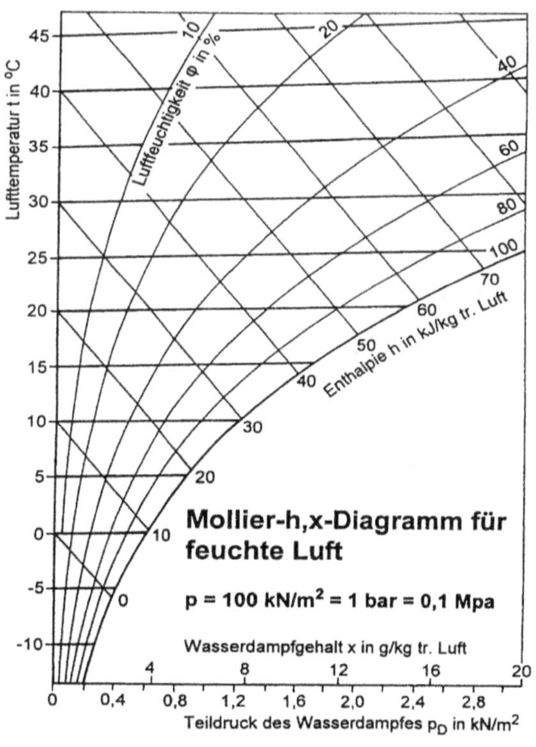

Lufttemperatur t in °C
Luftfeuchtigkeit φ in %
Enthalpie h in kJ/kg tr. Luft
10
20
40
60
80
100
70
60
50
40
30
20
10
0
Mollier-h,x-Diagramm für feuchte Luft
p = 100 kN/m² = 1 bar = 0,1 Mpa
Wasserdampfgehalt x in g/kg tr. Luft
Teildruck des Wasserdampfes pD in kN/m²

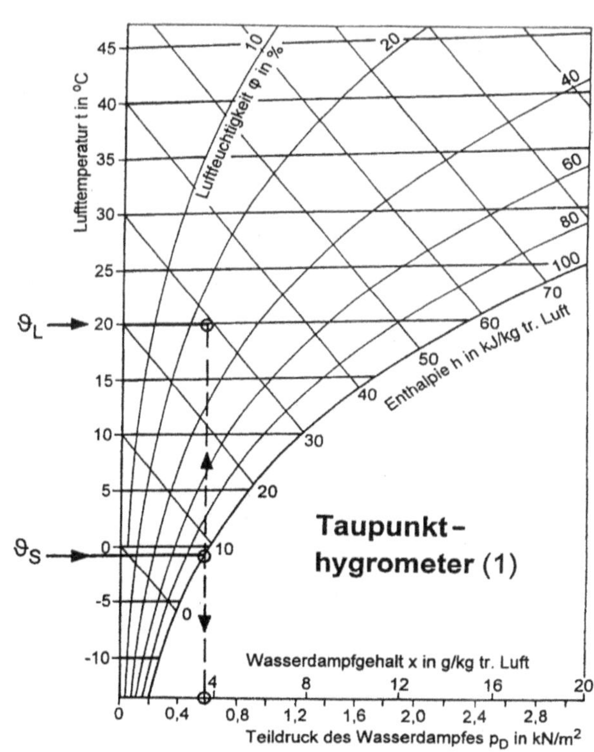

Lufttemperatur t in °C
Luftfeuchtigkeit φ in %
Enthalpie h in kJ/kg tr. Luft
10
20
40
60
80
100
70
60
50
40
30
20
10
0
ϑL
ϑS
Taupunkt-hygrometer (1)
Wasserdampfgehalt x in g/kg tr. Luft
Teildruck des Wasserdampfes pD in kN/m²

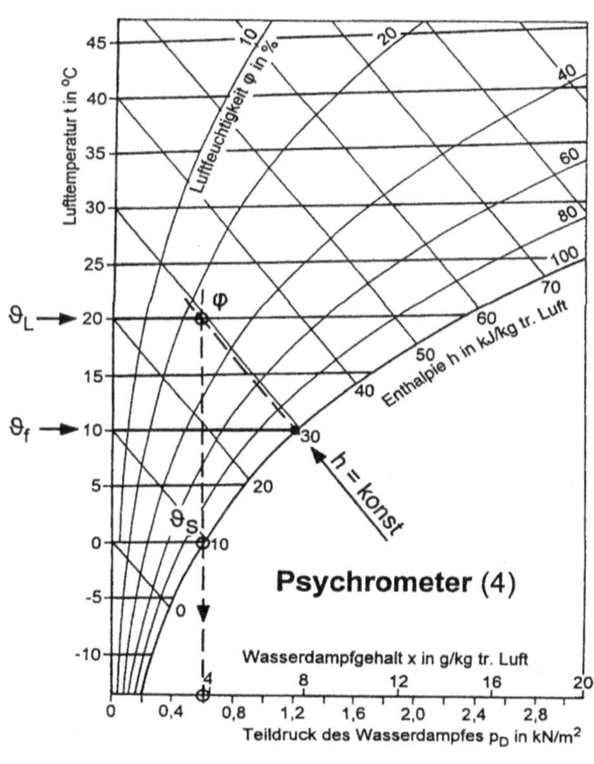

Lufttemperatur t in °C
Luftfeuchtigkeit φ in %
Enthalpie h in kJ/kg tr. Luft
10
20
40
60
80
100
70
60
50
40
30
20
10
0
ϑL
ϑf
ϑS
φ
h = konst
Psychrometer (4)
Wasserdampfgehalt x in g/kg tr. Luft
Teildruck des Wasserdampfes pD in kN/m²

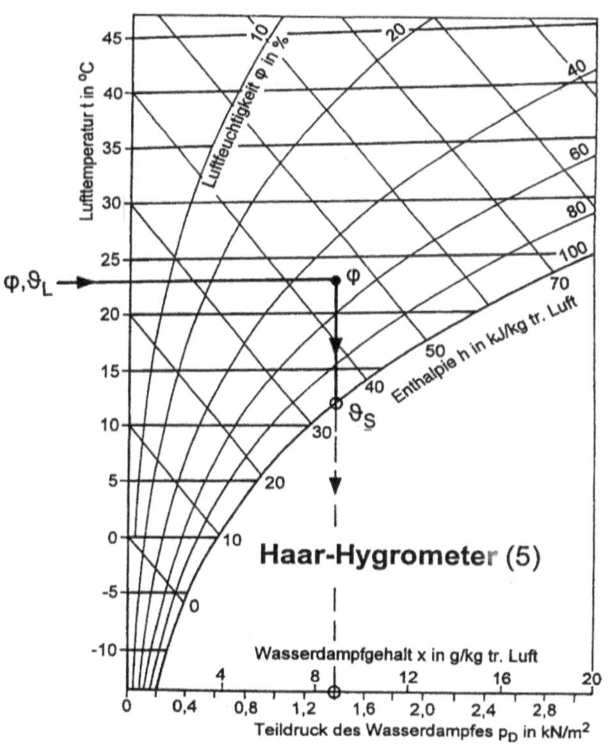

Lufttemperatur t in °C
Luftfeuchtigkeit φ in %
Enthalpie h in kJ/kg tr. Luft
10
20
40
60
80
100
70
60
50
40
30
20
10
0
φ,ϑL
φ
ϑS
Haar-Hygrometer (5)
Wasserdampfgehalt x in g/kg tr. Luft
Teildruck des Wasserdampfes pD in kN/m²